国家“十二·五”规划重点图书
中国地质调查局
青藏高原1:25万区域地质调查成果系列

中华人民共和国

区域地质调查报告

比例尺：1:250 000

多巴区幅

(H45C001004)

项目名称：1:25万多巴区幅区域地质调查
项目编号：200013000138
项目负责：曲永贵
图幅负责：王永胜
报告编写：曲永贵　王永胜　段建祥　张树岐　王忠恒
吕　鹏　刘贵忠　李学彬　冯德臣　谢元和
于喜文　姜雪飞　孙中纲　李庆武　梁世福
王洪双　郭双山　郑春子
编写单位：吉林省地质调查院
单位负责：郭文秀（院长）

中国地质大学出版社
ZHONGGUO DIZHI DAXUE CHUBANSHE

内容提要

2000年，为配合国家西部大开发战略，中国地质调查局在青藏高原组织实施了新一轮跨世纪区域地质调查工作。吉林地质调查院首赴西藏承担了多巴区幅1:25万区域地质调查工作，项目编号200013000138。经过三年的奋战，完成填图面积15 876km^2，在基础地质、矿产地质等诸多方面都取得了丰硕的地质成果。主要成果包括：①首次在永珠蛇绿岩带北侧发现奥陶纪地层，并在其中发现北方珠角石动物群，为研究该区早古生带的构造属性提供了新资料。②发现了较为完整的志留纪牙行刺生物地层剖面，将志留纪划分为四个统。③在永珠蛇绿岩带内新发现超镁铁质—镁铁质堆晶杂岩、大规模基性席状岩墙群、枕状玄武岩、放射虫硅质岩，确定了两期超镁铁质岩的存在。其热侵位特征及轻稀土富集、枕状玄武岩偏碱性的特征说明可能为一种新类型的蛇绿岩。④区内湖水水域面积增大及退化柳科乔木林的发现，对研究高原生态及气候的变迁具有重要意义。⑤总结了区域成矿规律，新发现金及多金属矿点、矿化点18处。

该报告于2003年4月在成都通过评审，评级优秀。它的完成为研究青藏高原的地质构造演化史以及高原隆升过程提供了新资料。

图书在版编目（CIP）数据

中华人民共和国区域地质调查报告·多巴区幅（H45C001004）：比例尺1:250 000/曲永贵，王永胜，段建祥等著．—武汉：中国地质大学出版社，2011.10

ISBN 978-7-5625-2524-0

Ⅰ.①中…

Ⅱ.①曲…②王…③段…

Ⅲ.①区域地质-地质调查-调查报告-中国②区域地质-地质调查-调查报告-湟中县

Ⅳ.①P562

中国版本图书馆CIP数据核字（2010）第157136号

中华人民共和国区域地质调查报告
多巴区幅（H45C001004）：比例尺1:250 000

曲永贵　王永胜　段建祥　**等著**

责任编辑：徐润英　　　　责任校对：张咏梅

出版发行：中国地质大学出版社（武汉市洪山区鲁磨路388号）　　邮编：430074

电　　话：（027）67883511　　传真：（027）67883580　　**E-mail**：cbb @ cug. edu. cn

经　　销：全国新华书店　　**http**：//www. cugp. cug. edu. cn

开本：880毫米×1230毫米 1/16　　字数：580千字　印张：17.75　图版：28　附图：1

版次：2011年10月第1版　　印次：2011年10月第1次印刷

印刷：武汉中远印务有限公司　　印数：1—1 500册

ISBN 978-7-5625-2524-0　　定价：248.00元

前　言

青藏高原包括西藏自治区、新疆维吾尔自治区及青海省南部、四川省西部和云南省西北部，面积达260万km^2，是我国藏民族聚居地区，平均海拔4 500m以上，被誉为地球第三极。青藏高原是全球最年轻的高原，记录着地球演化最新历史，是研究岩石圈形成演化过程和动力学的理想区域，是“打开地球动力学大门的金钥匙”。青藏高原蕴藏着丰富的矿产资源，是我国重要的资源后备基地。青藏高原是地球表面的一道天然屏障，影响着中国乃至全球的气候变化。青藏高原也是我国主要大江大河和一些重要国际河流的发源地。开展青藏高原地质调查与研究，对于推动地球科学研究、保障我国资源战略储备、促进边疆经济发展、维护民族团结、巩固国防建设具有非常重要的现实意义和深远的历史意义。

1999年国家启动了“新一轮国土资源大调查”专项，按照温家宝总理“新一轮国土资源大调查要围绕填补和更新一批基础地质图件”的指示精神。中国地质调查局组织开展了青藏高原空白区1∶25万区域地质调查攻坚战，历时6年多，投入3亿多，调集24个来自全国省（自治区）地质调查院、研究所、大专院校等单位组成的精干区域地质调查队伍，每年近千名地质工作者奋战在世界屋脊，脚步遍及雪域高原，完成了全部空白区158万km^2 112个图幅的区域地质调查工作，实现了我国陆域中比例尺区域地质调查的全面覆盖，在中国地质工作历史上树立了新的丰碑。

西藏1∶25万H45C001004（多巴区）幅区域地质调查项目，由吉林省地质调查院承担，工作区位于青藏高原腹地、冈底斯山的北麓。目的是对测区不同地质单位、不同的构造-地层单位采用不同的填图方法进行全面的区域性地质调查。最终通过对沉积建造、变质变形、岩浆作用的综合分析，反演区域地质演化史，建立构造模式。

H45C001004（多巴区）幅地质调查工作时间为2000—2002年，累计完成地质填图面积为13 676km^2，实测地质剖面264.68km。地质路线2 980km，采集薄片样品1 468件、光片11件，硅酸盐115件、稀土分析104件、微量元素分析105件、人工重砂27件、K－Ar测年10件，U－Pb锆石年龄4件、大化石1 482件、微体化石123件、热释光5件、基本分析54件、光谱分析22件，全面完成了设计工作量。主要成果有：(1) 地层古生物方面：①在永珠蛇绿岩带以北新发现并建立奥陶纪拉塞组，该组整合于中奥陶世柯尔多组之下，为一套碳酸盐岩组合，产丰富的北方型珠角石动物群化石 *Armenoceras*（阿门角石）、*Wutinoceras*（五顶角石）、*Crmoceras*（链角石）、? *Curtoceras*、（柯尔特角石）、*Ordosoceras*（鄂尔多斯角石）、*Discoactinoceras*（盘珠角石）、*Adaomsoceras*（阿当斯角石）、*Liulinoceras*（柳林角石）、*Stereoplasmoceras*（灰角石）。上述化石中的 *Ordosoceras* 在我国北方为早奥陶世晚期大湾期北庵庄段上部的带化石，*Stereoplasmoceras* 在我国北方为早奥陶世晚期牯牛潭期五阳山段的带化石。因此，我们认为本区的头足类完全可与我国北方早奥陶世晚期珠角石动物群进行对比，自下而上建立 *Ordosoceras* 带和 *Stereoplasmoceras* 带。并确认该动物群在藏北的地质时代应早于以往人们报导的冈底斯北缘其他头足类化石的时代，属于早奥陶世晚期动物群。②在区内古生代地层中采集了大量的牙形刺化石，尤以志留纪最为丰富，为我国奥陶系—志留系分界的研究和志留纪地层的详细研究提供了重要的依据。③在永珠蛇绿岩带以南的木纠错一带发现并建立了中—晚三叠世多布日组。下段以碎屑岩为主夹灰岩；上段以灰岩、生物碎屑灰岩为主，底部夹少量细碎屑岩。含六射珊瑚、海参、腹足类、藻类、介形虫、植物及植物孢粉。与下伏地层木纠错组为角度不整合。海参化石产于上段，时代为晚三叠世诺利阶。④在永珠蛇绿岩带以北的较大区域内发现并建立了晚侏罗世—早白垩世日拉组。该套地层无论纵向还是横向上岩性变化十分明显，是与盆地伸展初期的盆岭构造环境相对应的一套沉积岩石组合。下部岩性以钙质砾岩、橄榄质碎屑岩（索尔碎屑岩）、灰岩、大理岩及放射虫硅质岩、硅质粉砂岩、硅质、泥质板岩组合为特征。上部以条带状大理岩、块状大理岩、泥晶灰岩、生物碎屑灰岩为特征。上与早白垩世多尼组呈整合接触，下与球状橄榄岩不整合接触。⑤在早白垩世郎山组之上发现并建立了两个地层单元——早白垩世康曲组和余穷组。康曲组岩石以紫色调为主的杂色细碎屑岩为主，夹碳酸盐岩，厚度大于475m，产圆笠虫、双壳、腹足等化石。下与郎山组呈整合接触，上与余穷组呈整合接触。余穷组以中层状碳酸盐岩为主，夹少量细碎屑岩，厚度大于1 266m，产圆笠虫、腕足、双壳、腹足、钙藻类等化石。下与康曲组呈整合接触。（2）蛇绿岩方面：蛇绿岩问题是本次青藏高原国土资源大调查工作的关注点之一。本次工作发现：①永珠蛇绿岩带的超镁铁质岩就位时间为两期，第一期蛇绿岩的就位时间为印支期，这期蛇绿岩在晚侏罗世永珠蛇绿岩带强烈拉开时形成了远岸橄榄质海山，并在其周围形成了裙裾堆积的橄榄质碎屑岩，该岩性组合底部以没有或极少见到陆缘碎屑为特征，向上逐渐见有浅水相的放射虫硅质岩及含瓣腮类化石、橄榄石碎屑的泥灰岩。第二期的（主期）纯橄榄岩及辉石橄榄岩具有明显的热侵位特征，在接触部位的橄榄岩颜色由深绿变为黄绿，粒度由中粒变为细粒；外接触带的灰岩明显重结晶、砂岩中的石英明显出现再生长大、泥质岩石形成堇青石角岩等。②在大面积出露的基性岩墙群上发现了直接覆盖其上的枕状玄武岩，二者之间并没有断层迹象。这些事实均有悖于目前国际、国内有关蛇绿岩研究的理论体系，笔者深望广大地质同仁在今后的研究工作中予以关注。（3）构造方面：①近年来，青藏高原是否存在大陆板块缝合带及其位置的确定一直是地学工作者争论的焦点。本次工作在永珠蛇绿岩带以北的奥陶纪拉塞组灰岩中发现了数量丰富的珠角石动物群，而这一在古地理领域研究中曾被广泛关注的动物群仅在青藏高原就发现于珠穆朗玛峰地区、本工作区及柴达木盆地北缘。同样在本区广泛分布的早二叠世拉嘎组冰砾岩向南见于珠穆朗玛峰地区，向北见于羌塘中央隆起带。青藏高原上这些由南而北在古地理环境上的明显趋同，广大研究者在划分南、北大陆时应给予足够的重视。②本次工作在永珠蛇绿岩带以南的木纠错一带发现了不整合于二叠纪地层之上的多布日组，该组上段灰岩中含有晚三叠世化石，而厚度较大的下段碎屑岩中无可鉴定化石，其沉积时代应为中三叠世，与第一期蛇绿岩的就位时间相近，是印支期地质运动的产物。③永珠蛇绿岩带首次拉开时间为中三叠世，与其配套生成的有多布日组；再次拉开时间为晚侏罗世，沉积证据为日拉组。永珠蛇绿岩带最终闭合时间为晚白垩世早期，具有山前磨拉石建造特征的晚白垩世竞柱山组是最好的证据。（4）矿产方面：新发现矿点18处，以金、铜矿产为主。根据区内矿产的时间与空间分布，岩浆构造控矿规律，初步划分如下成矿远景区：①永竹桥-果芒错-昌拉Cr、Ni、Au、Cu远景区；②可嘎-雪如含金多金属成矿远景区；③沙拖拉-卡来金多金属远景区；④伦波日-床玛油气远景区；⑤硼（锂镁）盐湖远景区。可嘎-雪如含金多金属成矿远景区是一个尚未被人们深入认识的一个具有巨大找矿潜力的区域，成矿地质条件优越，是寻找贵金属及铜多金属矿产的有利地区。

2003年4月，中国地调局组织专家对项目进行最终成果验收，评审认为，成果报告资料齐全，工作量达到（或超过）设计规定，技术手段、方法、测试样品质量符合有关规范、规定。报告章节齐备，论述有据，在地层古生物、蛇绿岩、构造、矿产等方面取得了较突出的进展和重要成果，反映了测区地质构造特征和现有研究程度，经评审委员会认真评议，一致建议项目报告通过评审，多巴区幅成果报告被评为优秀级。

参加报告编写的人员有曲永贵、王永胜、段建祥、张树岐、王忠恒、吕鹏、刘贵忠、李学彬、冯德臣、谢元和、于喜文、姜雪飞、孙中纲、李庆武、梁世福、王洪双、郭双山、郑春子，由曲永贵、王永胜统定全稿。1:25万地质图由王永胜编稿，吉林省地调院信息发展中心王立民微机制图。其他图件由段建祥、吕鹏、李学彬、王永胜编稿，姜雪飞、李庆武、李学彬微机制图，资料归档由孙中纲完成。

在整个项目实施和报告编写过程中，得益于许多单位和领导的大力协助、支持，尤其要感谢的是：中国地质调查局、成都地质矿产研究所、中国科学院南京地质古生物研究所、中国地质大学岩石教研室；调查工作始终得到潘桂堂研究员、王大可研究员、王义昭教授级高工、莫宣学教授等专家的指导和帮助，在此表示诚挚的谢意。

为了充分发挥青藏高原1:25万区域地质调查成果的作用，全面向社会提供使用，中国地质调查局组织开展了青藏高原1:25万地质图的公开出版工作，由中国地质调查局成都地调中心与项目完成单位共同组织实施。出版编辑工作得到了国家测绘局孔金辉、翟义青及陈克强、王保良等一批专家的指导和帮助，在此表示诚挚的谢意。

鉴于本次区调成果出版工作时间紧、参加单位较多、项目组织协调任务重以及工作经验和水平所限，成果出版中可能存在不足与疏漏之处，敬请读者批评指正。

“青藏高原1:25万区调成果总结”项目组

2010年9月

目　录

第一章　绪　论

一、目的任务

根据中国地调局第0100122096号任务书，H45C001004（多巴区幅）1:25万区域地质调查项目由吉林省地质调查院承担，工作性质：基础地质调查，项目编号20001300009251，工作年限2000年1月至2002年12月。

目的任务：按照1:25万区域地质调查技术要求及行业有关规范、指南，参照造山带填图的新方法，应用遥感等新技术手段，以区域构造调查与研究为先导，合理划分测区的构造单元，对测区不同地质单元、不同构造-地层单元，采用不同的填图方法进行全面的区域地质调查。

具体任务：本着图幅带专题的原则，对测区中生代盆地应用综合地层学方法，确定不同地质时期的沉积岩相、古地理环境及古生物群落；对永珠-纳木错蛇绿岩带进行详细的野外地质、岩石学、构造变形、岩石化学等方面深入调查与研究，确定永珠-纳木错蛇绿岩带与班公错-怒江蛇绿岩带的关系；应用综合地质学方法研究和比较永珠-纳木错蛇绿岩带两侧古地理、古生物群落的差异；以活动论、板块构造理论为指导，重塑该区构造面貌和构造过程。

二、位置及交通

工作区北起色林错北岸，南至申扎县永珠乡，东起班戈县，西侧至申扎县波嘎，面积15 876km^2，隶属班戈县和申扎县管辖，地理坐标：东经88°30′00″～90°00′00″，北纬31°00′00″～32°00′00″。区内除北侧那曲—措勤公路相通外，主要为申扎—那曲县级公路，局部第四纪沟谷及湖边可以季节性行车，交通十分不便（图1－1）。

三、自然地理及经济概况

工作区位于青藏高原中段，冈底斯—念青唐古拉山脉北麓，总体显示高原湖盆景观，区内地势南高北低，西藏自治区第二大湖——色林错位于图幅北部，南部分布有木纠错、果芒错、普嘎错等小型湖盆。区内最高峰位于西南角，海拔5 658m，最低湖面4 522m，最大相对高差1 100m。区内山脉总体走向北西—北西西向，与区内主体构造方向一致。

区内湖泊及第四系面积约占图幅的1/5，湖泊均为内陆咸水湖，产钾盐、硼砂等矿产。在湖周围局部及大沟谷中发育有湖沼及河流沼泽，大部分沟谷干涸缺水。有水河谷水流短，水量不大，主要在雨季向湖沼补给，其他季节补给量小，湖面逐渐退缩。但由于新构造运动影响，色林错等湖盆存在明显的裂陷迹象，加之气候转暖，导致源于唐古拉山的扎加藏布补给量增加，色林错、班戈错等湖泊水域面积在1969年以来的三十几年里明显增加。

区内为大陆高原气候，气温变化较大，以干燥寒冷为主，显示出荒漠草原景观，每年10月至翌年5月为冰雪覆盖，长达7个月。最低气温达零下40℃，夏季气温变化较大，午间可达零上30℃，夜晚可达零下3℃～5℃，年平均气温在零度以下。年降水较少，集中在雨季，而且变化不定，多带有雪粒及冰雹，降水量仅为200～300mm。日照时间长，空气稀薄，紫外线辐射强，风沙较大。

区内基岩裸露不佳，大部为残坡积及转石、风砂覆盖的圆顶剥蚀地貌，地势剥蚀不深，起伏不大。

区内人烟稀少，除多巴区、雄梅主要乡镇人口相对集中外，大部分为散居游牧民，牲畜以牛羊为主，产肉、皮、毛及酥油。没有工业，围绕湖区阶段性有钾盐、硼砂等矿产品开发业，近几年来，地矿系统从事过铬铁矿、铜矿等勘查工作。

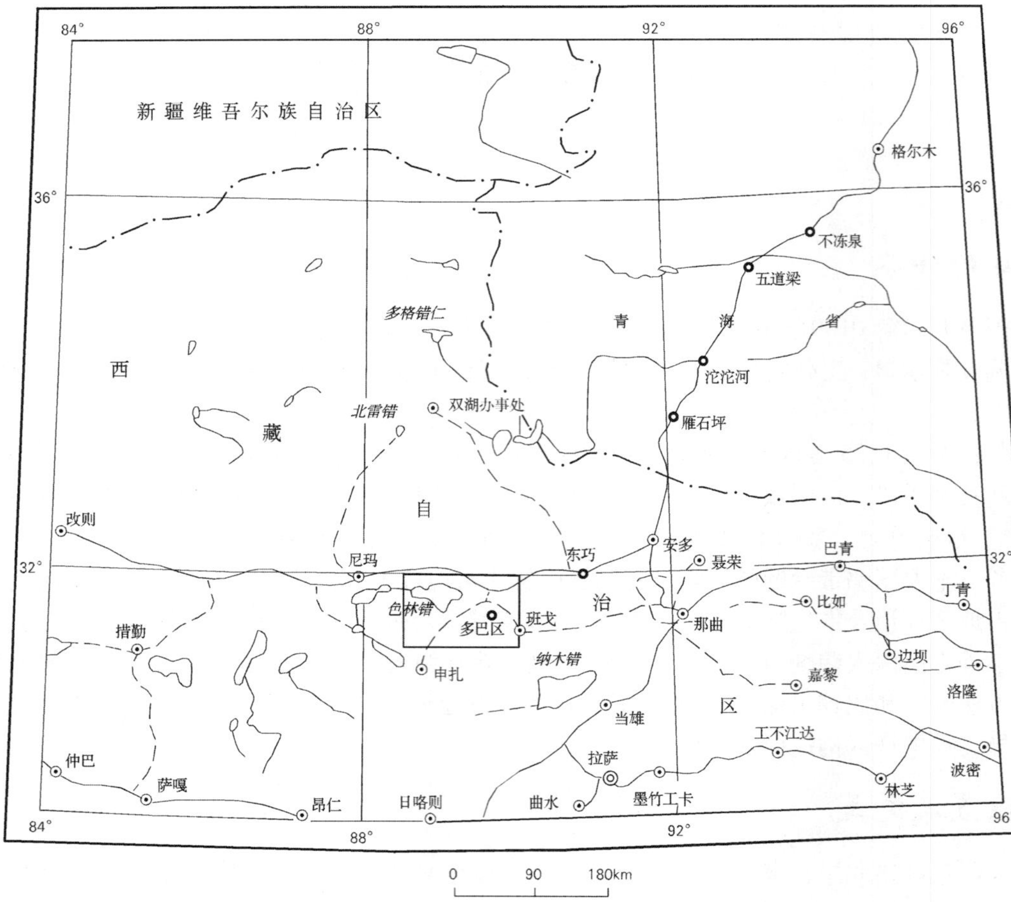

图1-1　多巴区幅（H45C001004）交通位置图

四、地质调查研究历史及研究程度

本区地质调查研究工作始于1951年。1951—1953年，由中国科学院西藏工作队地质组李璞等人在班戈县班戈错南北进行了路线调查，将区内伦坡拉盆地南缘中生代地层划分为侏罗系班戈错层。1958年西藏地质局821地质队在本区班戈湖做过硼砂、钾盐普查及初步勘探工作。1957—1958年间，地质部石油局青海石油普查大队在该区进行过石油普查工作，相应地进行1∶100万~1∶200万地质草测，王文彬等人将李璞所划的侏罗系班戈错层一部分划归三叠系，命名为班戈湖岩系，将多巴一带划分为早白垩世门德落子岩系和晚白垩世渠土堡岩系，两者为不整合接触。该划分方案在1957年第一届全国地层会议上采纳。1966—1974年间，西藏地质局第四地质调查队开展了以伦坡拉盆地为中心的（包括班戈盆地）石油地质普查及勘探工作。工作中进行1∶5万~1∶10万地质草测，将班戈湖岩系一部分划归早白垩世。1957年国家计委地质局在本区进行高原1∶50万航磁测量试验。1977年中国科学院青藏高原综合考察队曾在申扎以北做过路线地质调查研究。1977年西藏地质一队对永珠超基性岩体进行铬铁矿普查工作。1980年西藏地质五队在色林错一带做过航磁异常检查和已知超基性岩体普查工作，化探分队也进行了1∶50万那曲幅地球化学测量工作。

以上工作除航磁测量及化探测量是面上工作外，其他地质工作都是针对某些地质问题所做的矿点上工作，资料比较零散，工作程度较低，没有形成详细的系统资料。

1976—1983年间西藏区调队开展了1∶100万日喀则幅区域地质调查工作，在充分收集研究前人资料的基础上，通过较详细的路线调查和实测剖面、路线剖面的测制，建立了本区的地层单位及构造格架，利用板块观点对区内构造环境进行初步探讨和分析，为本次工作提供了最直接的地质依据。

1993 年出版的《西藏自治区区域地质志》及 1997 年出版的《西藏自治区岩石地层》（多重地层划分对比研究），运用现代地层学新理论、新方法，结合本区的具体情况，在前人工作资料基础上，对前人划分方案进行了系统研究清理，合理划分了地层分区，建立了各地层区的岩石单位系列，并加以对比。首次对西藏蛇绿岩套赋于岩石地层单位的名称，并进行了清理研究。首次建立了西藏地层数据库，为生产、科研院校等单位提供了宝贵资料（图 1－2、表 1－1）。

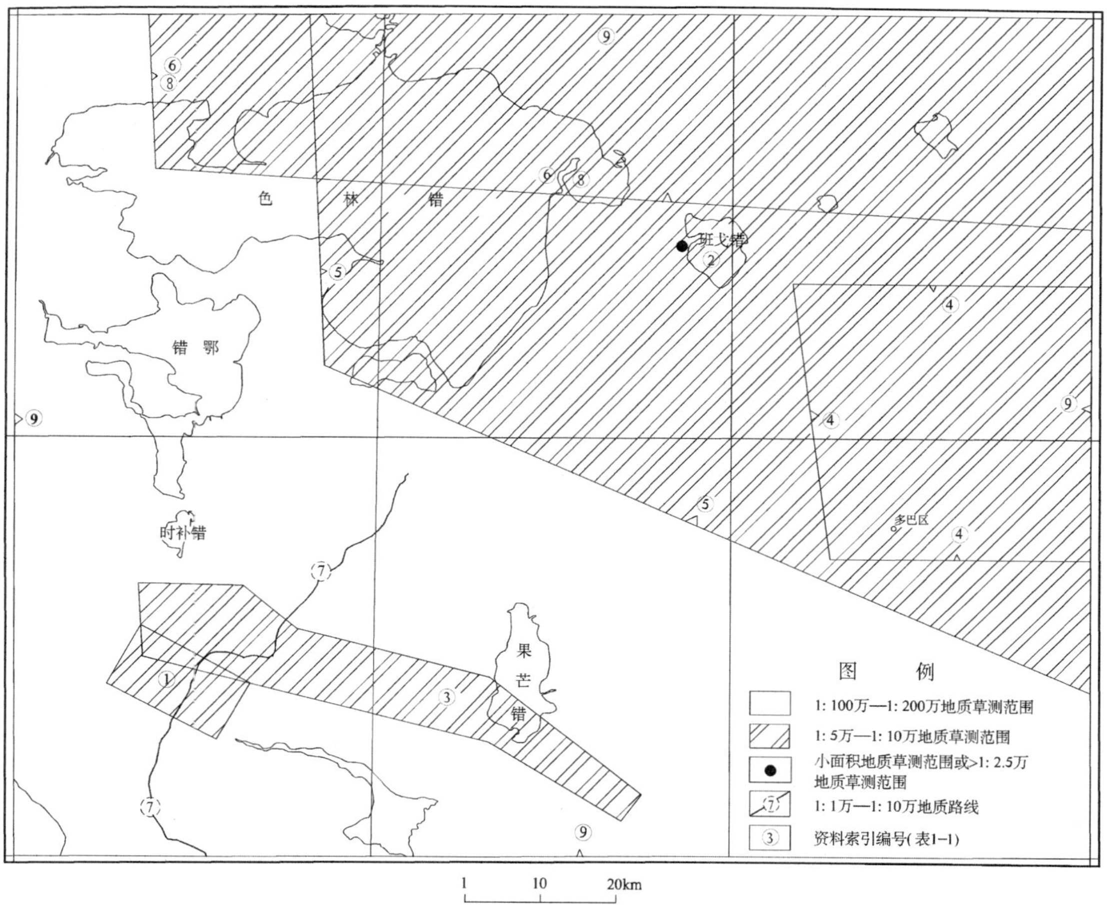

图 1－2　多巴区幅（H45C001004）研究程度图

五、任务完成情况

测区面积 15 876km^2，其中可测面积 13 676km^2，其余为水体所覆盖，本图幅的工作分四个阶段进行：

第一阶段　2000 年 3 月—2000 年 5 月，为资料收集及物资设备准备阶段；

第二阶段　2000 年 6 月—2000 年 12 月，为野外踏勘，主干剖面测制，主干路线调查，填图单元确立及设计编写阶段；

第三阶段　2001 年 1 月—2002 年 5 月，为面积性填图及综合整理阶段；

第四阶段　2002 年 6 月—2002 年 12 月，为野外验收、野外补遗及报告编写阶段。23 位同志（表 1－2）在 3 年的时间里，按着任务书的要求，分阶段全面地完成了设计工作量（表 1－3）。

地形图质量评估：

地质调查工作中所使用的手图为中国人民解放军总参谋部测绘局 1969 年航摄，1971 年绘制的 1:10万地形图，使用中国地质调查局信息中心提供的1:25万数字化地形图作地理底图，精度均符合工

表1-1 测区地质调查历史简表

序号	调查时间	成果名称	作者单位	出版时间	出版单位
1	1957	藏北香沙宗江掌区地质报告	西藏地质局831队	1957	西藏地质局
2	1957	西藏黑河地区班戈湖硼砂及钾盐矿区普查及初步勘探工作报告书	西藏地质局821队	1957	西藏地质局
3	1967	西藏申扎县永珠超基性岩体铬铁矿普查找矿总结	西藏第一地质大队	1967	西藏地质局
4	1968	西藏高原班戈盆地工作报告	地质部第四普查大队	1968	西藏地质局
5	1970	班戈盆地地质普查报告	西藏地质局第四地质大队	1970	西藏地质局
6	1970	西藏伦坡拉盆地石油地质综合研究工作初步小结	西藏地质局第四地质大队	1970	西藏地质局
7	1976	1976年青藏高原综合科学考察报告	中国科学院青藏高原综合科学考察队	1977	中国科学院
8	1977	西藏那曲地区伦坡拉盆地西部石油地质调查报告	西藏地质局第四地质大队	1977	西藏地质局
9	1977—1979	1:100万区域地质调查报告《日喀则幅（H-45）、亚东幅（G-45）》	西藏地质局区调队	1983	西藏地质局

表1-2 项目工作人员一览表

姓名	职务	职称	主要工作	工作时间（年．月）	备注
曲永贵	队长、技术负责	教授级高工	全面负责	2000.3~2002.12	
薛天武	副队长、技术负责	高工	阶段性工作	2000.3~2001.3	
王永胜	技术负责	高工	基础地质	2000.3~2002.12	
段建祥	技术负责	高工	矿产地质	2000.3~2002.12	
张树岐	地层组长	高工	古生界、三叠系	2000.3~2002.12	
刘贵忠		高工	白垩系	2000.3~2002.12	
李学彬		高工	第四系	2000.3~2002.12	
冯德臣		工程师	侏罗系、第三系	2000.3~2002.12	
姜雪飞		助工	第三系、微机操作	2000.3~2002.12	
郑春子		教授级高工	古生物鉴定及生物地层划分	2000.10~2002.12	
王忠恒	岩石组长	工程师	蛇绿岩、火山岩、变质岩	2000.3~2002.12	
谢元和		工程师	花岗岩	2000.3~2002.12	
孙中纲		工程师	变质岩	2000.3~2002.12	
梁世福		助工	火山岩	2000.3~2002.12	
吕　鹏	构造遥感组长	工程师	构造、遥感解译	2000.3~2002.12	
李庆武		工程师	构造、兼职卫生员	2000.3~2002.12	
郭双山	矿产组长	高工	区域矿产	2000.3~2002.12	
于喜文		工程师	化探、快速分析	2000.3~2002.12	
王洪双	后勤组长综合员	工程师	财务、后勤	2000.3~2002.12	
孙继龙		高级工	采样兼报务	2000.3~2002.12	
郭忠义	司机组长	高级工	运输管理	2000.3~2002.12	
周建荣		中级工	司机	2000.3~2002.12	
达　瓦			司机	2000.3~2002.10	

表 1-3　多巴区幅实物工作量一览表

工作项目	单位	2000 年度	2001 年度	2002 年度	总计	设计工作量	备注
一、1∶25 万区域地质调查	km^2	5 000	8 676		13 676	13 676	100%
二、1∶25 万路线地质调查长度	km	930	2 050		2 980	2 800	106.1%
三、1∶25 万路线地质调查观察点	个	581	1 478		2 059		
四、1∶10 万草测（重点区解剖）	km^2		650		650		
五、1∶1 万草测（矿点）	km^2		10		10		
六、实测地质剖面	km				264.68	117	226%
1. 地层剖面	km	40.9	79.77	3.5	115.17	50	230.34%
2. 侵入岩剖面	km	21.3	60.68		81.98	37	221.57%
3. 火山岩剖面	km		19.49	1.04	19.49		
4. 构造剖面	km		34	13	34	47	156.7%
七、剥土（槽探）	m^3	270	464	125.71	859.71	2 000	42.98%
八、采集各类样品							
1. 硅酸盐分析	件	41	71	3	115	70	164%
2. 稀土全分析	件	41	60	3	104	70	148%
3. 微量元素分析	件	41	60	4	105	70	150%
4. 人工重砂	件	16	11		27	30	90%
5. 薄片	件	570	799	99	1 468	1 000	146.8%
6. 光片	件	5	6		11	10	110%
7. K-Ar 年龄样	件		10		10	10	100%
8. U-Pb（锆石）年龄	组		4		4		
9. 热释光样	件		5		5	2	250%
10. Ca-Mg 比值	件	8	5		13	100	13%
11. 化石样	件	959	281	242	1 482	1 300	114%
12. 微古化石	件		121	2	123	7	1 757.1%
13. 基本分析	件	32	22		54	50	108%
14. 光谱分析	件	22			22		
15. 钐-钕年龄	组					2	改做 U-Pb
16. 铷-锶年龄	组					3	改做 U-Pb
17. ^{14}C 年龄	件					6	改做热释光
九、遥感解译	km^2	15 876			15 876	15 876	100%

作要求。

地质调查工作质量评述：

项目工作中严格执行了三级质量检查制度，检查数量均达到和超过了有关规定的要求，对调查工作的顺利完成起到了重要作用。西南地区项目管理办公室组织专家组于2001年7月对项目进展情况进行了野外实地检查，并于2002年6月在长春对项目原始资料进行验收。

项目组根据专家意见于2002年6～8月份进行了野外补课。西南地区项目管理办公室于2002年9月20日下达野外验收意见书，认为多巴区幅各项原始资料达到设计要求，同意转入室内报告编写。

参加报告编写人员及分工：第一章由曲永贵编写，第二章由张树岐、刘贵忠、冯德臣、李学彬、姜雪飞、郑春子编写，第三章由王忠恒、谢元和、梁世福编写，第四章由王忠恒、孙中纲编写，第五章由吕鹏、曲永贵编写，第六章由段建祥、于喜文、郭双山、吕鹏、王洪双编写，第七章由王永胜编写。最后由曲永贵、王永胜统定全稿。1∶25万地质图由王永胜编稿，吉林省地调院信息发展中心王立民微机制图。其他图件由段建祥、吕鹏、李学彬、王永胜编稿，姜雪飞、李庆武、李学彬微机制图。资料归档由孙中纲完成。地质图建库由宜昌地质矿产研究所李莉、万勇泉、白云山完成。文字部分由王永胜、郑春子完成，图件部分由刘冶兵完成。

第二章　地　　层

测区地层属于滇藏大区的冈底斯-腾冲地层区和班公错-怒江地层区。其中，冈底斯-腾冲地层区根据永珠蛇绿岩带两侧沉积环境和岩石组合类型、生物群面貌的差异，可将测区的地层划分为两个小区，即永珠蛇绿岩带以南为申扎小区，以北为多巴-雄梅小区。班公错-怒江地层区属纳卡错-东卡错小区。经过本次工作可将区内地层划分如下岩石地层填图单元：前震旦系念青唐古拉岩群、下奥陶统拉塞组、中—上奥陶统柯尔多组、上奥陶统刚木桑组、上奥陶统—中志留统德悟卡下组、上—顶志留统扎弄俄玛组、下泥盆统达尔东组、下泥盆统—下石炭统查果罗玛组、下—上石炭统永珠组、上石炭—下二叠统拉嘎组、下二叠统昂杰组、中二叠统下拉组、上二叠统木纠错组、上三叠统多布日组、中—上侏罗统接奴群、上侏罗统—下白垩统日拉组、日拉组索尔碎屑岩、下白垩统则弄群、捷嘎组、多尼组、郎山组、康曲组、余穷组、去申拉组、上白垩统竟柱山组、古—始新统牛堡组、渐新统丁青湖组、上新统乌郁群、第四系松散砂砾层。详见测区岩石地层单位序列表（表2-1）。

第一节　前震旦系

——前震旦系念青唐古拉岩群（AnZ*Nq*）

念青唐古拉岩群在区内属最古老的沉积作用形成的一套岩石地层，但由于经历了漫长的地质演化历程，并经受了构造作用、岩浆作用及变质作用的影响，其原始叠复层序、示顶标志、原岩面貌特征不明显，故称念青唐古拉岩群。

念青唐古拉岩群一名是由念青唐古拉片麻岩演变而来。李璞等（1959）在《西藏自治区东部地质矿产调查资料》一书中首次称之为“念青唐古拉片麻岩”。西藏自治区区调队（1979）将其称为念青唐古拉群，西藏自治区区调队（1983）① 和《西藏自治区地质志》（1993）、《西藏自治区岩石地层》（1997）均引用此名。

原始定义：它组成念青唐古拉轴部，以粗粒斑状云母片麻岩及石榴子石黑云母花岗片麻岩为主，并含少量角闪片麻岩及角闪岩透镜体或条带。

现在定义：岩性为黑云二长片麻岩、黑云斜长片麻岩、绿帘斜长角闪岩、透辉石大理岩、长石石英岩及石英岩、石英片岩、花岗片麻岩、板岩、千枚岩组成的一套变质地层体。

区内念青唐古拉岩群分布于图幅南部木纠错-普嘎错一带，呈带状断续分布，面积约53.2km^2。

Ⅰ. 据申扎县下扎—日卓东前震旦系念青唐古拉岩群实测剖面（图2-1），其层序如下：

上覆地层：达尔东组浅紫灰色厚—巨厚层细晶灰岩

═══════ 断　层 ═══════

念青唐古拉岩群（AnZ*Nq*）：　　1 142.40m

① 西藏自治区地质矿产局区域地质调查大队.1983，日喀则幅、亚东幅区域地质调查报告（1∶100万）

表 2-1 多巴区幅岩石地层单位序列表

界	系	统		代号	冈底斯-腾冲地层区：申扎小区	冈底斯-腾冲地层区：多巴-雄梅小区	班公错-怒江地层区：纳卡错-东卡错小区
新生界	第四系	全新统		Q_4	冲积、洪积、湖积、沼积、坡积、残积、风积、冰水积等松散砂砾及盐类		
		更新统	上统	Q_3			
			中统	Q_2			
			下统	Q_1			
	新近系	上新统		N_2	乌郁群N_2W		
		中新统		N_1			
	古近系	渐新统		E_3			丁青湖组E_3d
		始新统		E_2		牛堡组$E_{1-2}n$	
		古新统		E_1			
中生界	白垩系	上统		K_2		竟柱山组K_2j	
		下统		K_1	捷嘎组K_1jg	余穷组K_1y	
						康曲组K_1k	
						郎山组K_1l	
					则弄群K_1Z	多尼组K_1d	去申拉组K_1q
	侏罗系	上统		J_3	索尔碎屑岩 SSS；日拉组J_3K_1r		接奴群$J_{2-3}J$
		中统		J_2			
		下统		J_1			
	三叠系	上统		T_3	多布日组T_3d		
		中统		T_2			
		下统		T_1			
古生界	二叠系	上统		P_3	木纠错组P_3m		
		中统		P_2	下拉组P_2x		
		下统		P_1	昂杰组P_1a		
	石炭系	上统		C_2	拉嘎组C_2P_1l		
		下统		C_1	永珠组$C_{1-2}y$		
	泥盆系	上统		D_3	查果罗玛组$D_1C_1\hat{c}$		
		中统		D_2			
		下统		D_1	达尔东组D_1d		
	志留系	顶统		S_4	扎弄俄玛组$S_{3-4}\hat{z}$		
		上统		S_3			
		中统		S_2	德悟卡下组O_3S_2d		
		下统		S_1			
	奥陶系	上统		O_3	刚木桑组O_3g		
		中统		O_2	柯尔多组$O_{2-3}k$		
		下统		O_1		拉塞组O_1l	
	前震旦系				念青唐古拉岩群 AnZNq	上岩组 AnZNq^2；下岩组 AnZNq^1	

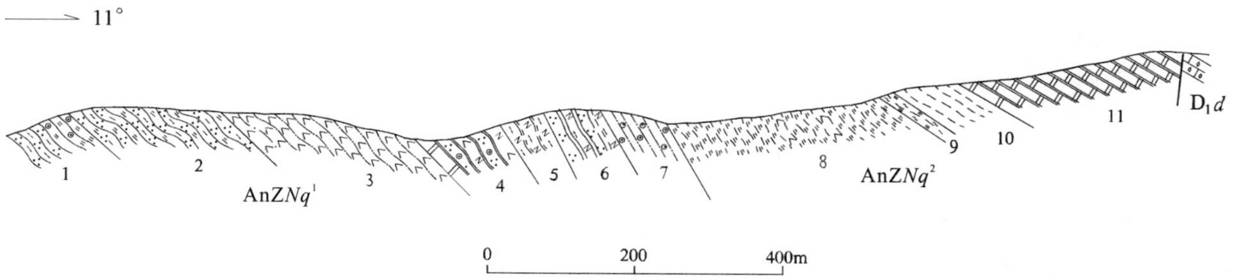

图2-1 申扎县下扎—日卓东前震旦系念青唐古拉岩群实测剖面图

上岩组：	489.31m
11. 灰白色细粒含石英大理岩	187.89m
10. 灰绿色千枚岩、紫色千枚岩互层	43.95m
9. 灰—灰绿色白云绿泥石千枚岩	20.41m
8. 灰色绢云母千枚岩夹灰绿色细粒角闪岩	237.06m
下岩组：	653.09m
7. 灰绿色含石榴石糜棱岩	65.08m
6. 灰白色石英岩、灰黑色斜长角闪岩、黑云斜长片麻岩	68.82m
5. 灰色黑云斜长片麻岩	57.01m
4. 中上部为灰白色含石榴石石英岩夹灰黑色细粒斜长角闪岩透镜体，底部为灰白色细粒大理岩	60.43m
3. 灰黑色角闪变粒岩	161.72m
2. 灰白色含二云石英岩	161.44m
1. 上部为灰—灰白色含石榴白云母片岩，下部为灰色黑云石英片岩	78.60m

（未见底）

Ⅱ. 据申扎县甲布弄前震旦系念青唐古拉岩群实测剖面（图2-2），其层序如下：

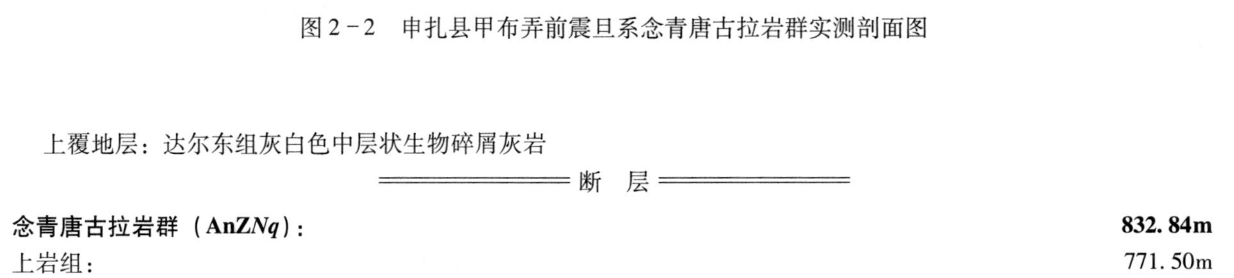

图2-2 申扎县甲布弄前震旦系念青唐古拉岩群实测剖面图

上覆地层：达尔东组灰白色中层状生物碎屑灰岩

═══════ 断 层 ═══════

念青唐古拉岩群（AnZNq）：	**832.84m**
上岩组：	771.50m
8. 灰白色变质钙质粉砂岩，夹灰绿色绿泥片岩、灰白色、灰黄色大理岩透镜体或薄层	262.14m
7. 灰—深灰色条带状含石英细粒大理岩，夹灰白色变质粉砂岩	38.49m
6. 灰白色变质石英粉砂岩	78.35m
5. 灰—灰绿色变质细粒石英砂岩夹灰白色、黄白色条带状细粒大理岩薄层	158.16m
4. 灰绿色变质细粒长石砂岩、钙质粉砂岩，下部为灰绿色千枚状角闪石英片岩	234.36m

下岩组：		61.34m
3.	灰黑色斜长角闪岩	33.42m
2.	灰—灰绿色绿泥白云石英片岩、褐色含石英磁铁矿、灰绿色角闪片岩	16.99m
1.	灰黑色斜长角闪岩	>10.93m

（未见底）

从剖面测制结果可以看出，本区的念青唐古拉岩群大致可以分为两个岩石组合，下岩组岩石组合为斜长角闪岩、黑云斜长片麻岩、绿泥白云石英片岩、含石榴石白云母片岩、黑云石英片岩、含二长石英岩、角闪变粒岩、含石榴石石英岩、大理岩、石英岩、角闪片岩、含石英磁铁矿层、含石榴石糜棱岩；上岩组岩石组合为变质钙质粉砂岩、含石英大理岩、千枚状角闪石英片岩、绢云千枚岩夹角闪岩、白云绿泥千枚岩、千枚岩、变质细粒长石石英砂岩、绿泥片岩。从上述描述中可以看出，该岩群中具变质相标志的矿物以白云母和绿泥石为主，未见矽线石的出现，其变质程度低于高角闪岩相。其中，下岩组以低角闪岩相为主，上岩组以绿片岩相为主，其上岩组的变质程度明显低于下岩组，反映了它们不属一次变质事件的产物。其变质类型可能属区域动力热流变质作用形成的递变变质带的一部分，其原岩可能为类复理石建造及少量基性火山岩，其形成环境可能与冈瓦纳大陆北缘的边缘增生沉积区有关。

到目前为止，尚未发现念青唐古拉岩群底部的岩层，其顶部在不同地方分别与下泥盆统达尔东组或下泥盆—下石炭统查果罗玛组呈断层接触。

该岩群的地质时代是根据许荣华等（1985）在羊八井北沟的眼球状黑云母片麻岩中测定的锆石 U-Pb 等时线年龄值 1 250Ma，暂定其原岩为中元古代为主体的沉积产物，并按传统划法暂归于前震旦系。

第二节　下古生界

区内下古生界主要分布于冈底斯-腾冲地层区永珠蛇绿岩带两侧的申扎小区和多巴-雄梅小区。其岩石地层有下奥陶统拉塞组、中—上奥陶统柯尔多组、上奥陶统刚木桑组、上奥陶统—中志留统德悟卡下组、上—顶志留统扎弄俄玛组。其中，下奥陶统拉塞组仅见于多巴-雄梅小区，其余各组在上述两小区中均有分布。

一、奥陶系

区内的奥陶纪地层主要分布于永珠蛇绿岩带附近的柯尔多、门德俄玛、拉塞、扎地、卡不等地。早奥陶世地层主要见于永珠超基性岩带以北申扎县雄梅乡以东的拉塞、扎地、卡不一带；中、晚奥陶世地层主要见于永珠超基性岩带以南的柯尔多、门德俄玛一带。其中，早奥陶世地层称拉塞组，该组是本次工作首次发现并命名的岩石地层单位，其岩性以灰—深灰色厚层状灰岩、泥质灰岩为主，上部夹有杂色岩层。中—上奥陶统柯尔多组和上奥陶统刚木桑组是由西藏自治区地质局综合普查大队夏代祥（1979）研究并命名。20 世纪 80 年代后中国科学院南京地质古生物研究所倪寓南、陈挺恩以及中国地质科学院林宝玉等人先后也对该区的奥陶系进行过研究和划分（表 2-2）。

1. 下奥陶统拉塞组（O_1l）

（1）岩石地层特征

下奥陶统拉塞组是本幅在 2000 年进行野外地质调查时，在永珠超基性岩带以北申扎县雄梅乡以东的拉塞一带发现的一套下奥陶统拉塞灰岩。2002 年 6 月野外验收期间该套拉塞灰岩得到各位专家评委的关注和确认。2002 年 7 月野外补课期间我们对该套拉塞灰岩进行了详细研究，并认为该套地层的岩石组合特征和生物群面貌，与区内的其他岩石地层单元存在明显差异，故建立组级岩石地层填图单元。

该组主要分布于申扎县雄梅乡拉塞、扎地、卡不一带。出露面积约 15km^2。

表 2-2 多巴区幅下古生界划分沿革表

<table>
<tr><th rowspan="2">系</th><th rowspan="2">统</th><th rowspan="2">夏代祥
1979</th><th rowspan="2">倪寓南
1981、1986</th><th rowspan="2">戎嘉余、许汉奎
1981</th><th rowspan="2">林宝玉
1981、1983</th><th rowspan="2">1:100 万地质报告
1983</th><th rowspan="2">饶靖圆
1988</th><th rowspan="2">陈挺恩
1986</th><th rowspan="2">西藏地质志
1993</th><th rowspan="2">西藏岩石地层
1997</th><th colspan="3">本文</th></tr>
<tr><th>系</th><th>统</th><th>组</th></tr>
<tr><td rowspan="5">志留系</td><td rowspan="3">上统</td><td rowspan="4"></td><td rowspan="4">扎弄俄玛组</td><td rowspan="2">页岩夹灰岩层</td><td rowspan="4">扎弄俄玛组</td><td rowspan="3"></td><td rowspan="2">门德俄约组</td><td rowspan="5"></td><td rowspan="3">门德俄约组</td><td rowspan="4">扎弄俄玛组</td><td rowspan="5">志留系</td><td>顶统</td><td rowspan="3">扎弄俄玛组
$S_{3-4}z$</td></tr>
<tr><td rowspan="2">上统</td></tr>
<tr><td rowspan="2">扎弄俄玛组</td><td rowspan="2">扎弄俄玛组</td></tr>
<tr><td>中统</td><td rowspan="2">德悟卡下组</td><td>扎弄俄玛组</td><td>中统</td><td rowspan="3">德悟卡下组
O_3S_2d</td></tr>
<tr><td>下统</td><td>德悟卡下组</td><td>德悟卡下组</td><td>德悟卡下组</td><td>德悟卡下组</td><td>德悟卡下组</td><td>德悟卡下组</td><td>德悟卡下组</td><td>下统</td></tr>
<tr><td rowspan="6">奥陶系</td><td rowspan="3">上统</td><td rowspan="3">刚木桑组</td><td rowspan="2">申扎组</td><td rowspan="6"></td><td rowspan="4">阿觉阿布多组
申扎组</td><td rowspan="3">刚木桑组</td><td rowspan="6"></td><td>申扎组</td><td>申扎组</td><td>申扎组</td><td rowspan="6">奥陶系</td><td rowspan="3">上统</td></tr>
<tr><td rowspan="2">刚木桑组</td><td rowspan="2">刚木桑组</td><td rowspan="2">刚木桑组</td><td rowspan="2">刚木桑组
O_3g</td></tr>
<tr><td>刚木桑组</td></tr>
<tr><td rowspan="2">中统</td><td rowspan="2">柯尔多组</td><td rowspan="2">柯尔多组</td><td rowspan="2">柯尔多组</td><td rowspan="2">雄梅组</td><td rowspan="2">柯尔多组</td><td rowspan="2">柯尔多组</td><td rowspan="2">中统</td><td rowspan="2">柯尔多组
$O_{2-3}k$</td></tr>
<tr><td rowspan="2"></td></tr>
<tr><td>下统</td><td></td><td></td><td></td><td></td><td></td><td></td><td>下统</td><td>拉赛组
O_1l</td></tr>
</table>

Ⅰ. 据申扎县拉塞下奥陶统拉塞组层型剖面（图 2－3），层序如下：

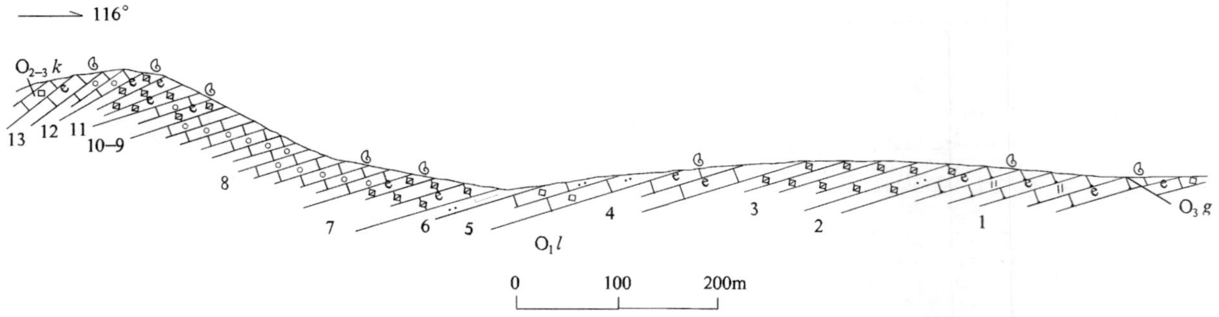

图 2－3　申扎县拉塞下奥陶统拉塞组实测剖面图

上覆地层：柯尔多组紫色中厚层生物碎屑粉晶灰岩

——————— 整　合 ———————

拉塞组（O_1l）： **436.45m**

13. 深灰色中薄层状生物碎屑灰岩，产头足类、牙形刺、苔藓虫、海百合茎　16.33m

头足类化石：*Wutinoceras* sp.

牙形刺化石：*Panderodus unicastatus*（Branson et Mehl）

苔藓虫化石：*Monotrypa* sp.

12. 灰—深灰色中层状细粒砾状灰岩，产头足类、海绵、苔藓虫、海百合茎、腕足碎片　29.25m

头足类化石：*Sactoceras* sp.（图版 XVII，7）

海绵化石：*Rhopalocoelia* sp.

11. 深灰色中层状生物碎屑泥晶灰岩，产苔藓虫、头足类、海百合茎碎片　46.64m

10. 灰色中层状中粒砾状灰岩　2.02m

9. 灰色中厚层状含生物碎屑泥晶灰岩，产头足类、海百合茎　18.16m

头足类化石：? *Curtoceras* sp.（图版 XVI，8）

Ormoceras sp.（图版 XVII，18）

8. 灰—深灰色中层—块状中粒砾状灰岩与灰绿色中厚层状中粒砾状灰岩韵律层。产头足类、海百合茎　114.4m

头足类化石：*Deiroceras* cf. *globsom* Zholt et Shen（图版 XVII，12）

7. 灰色中层状含生物碎屑泥晶灰岩　40.33m

头足类化石：*Armenoceras* sp.（图版 XVII，1，5，6）

Wutinoceras sp.（图版 XVII，4）

Ordosoceras sp.，*Ormoceras* sp.

6. 黄色薄层状钙质粉砂岩　8.41m

5. 灰色中层状含粉砂粉晶灰岩　25.21m

4. 灰色中厚层状生物碎屑亮晶砂屑灰岩，产头足类、腕足、海绵、海百合茎　26.85m

头足类化石：*Sactoceras* sp.（图版 XVII，8）

Ordosoceras sp.（图版 XVII，20）

Ormoceratidae（图版 XVII，21）

Wutinoceras sp.

腕足化石：*Hesperinia* sp.（图版 XVI，5，10）

海绵化石：*Receptaculites* sp.（图版 IV，12，13）

3. 灰色微层状团粒泥晶灰岩　47.3m

2. 紫色薄层状含粉砂泥晶灰岩　10.56m

1. 深灰色中薄层状含生物碎屑白云石化团粒灰岩，产头足类、苔藓虫、海绵　50.99m

头足类化石：*Discoactinoceras multiplexum* Kobayashi（图版 XVI，3）

Armenoceras sp.（图版 XVII，10，11，13）

Wutinoceras sp.（图版 XVII，9）

Adaomsoceras sp. （图版 XVII，17）

Ormoceras sp.

? *Sactoceras* sp.

Oncoceratida

苔藓虫化石：*Batostoma* sp.

Monotrypa sp.

海绵化石：*Hudsonspongia* sp.

（未见底）

Ⅱ. 据申扎县雄梅乡扎地下奥陶统拉塞组实测剖面（图 2-4），其层序如下：

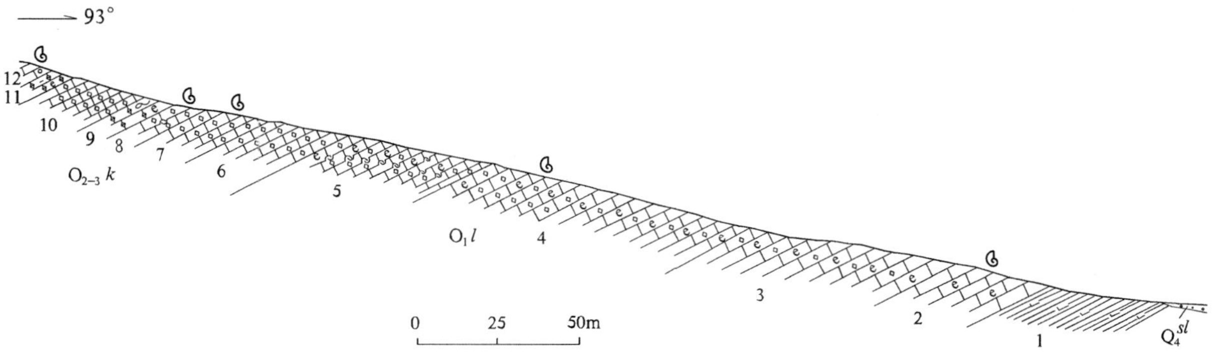

图 2-4　申扎县雄梅乡扎地下奥陶统拉塞组、中上奥陶统柯尔多组实测剖面图

上覆地层：柯尔多组灰色中层状结晶灰岩

——————— 整　合 ———————

拉塞组（O_1l）：	**292.88m**
5. 灰色中层状含生物碎屑硅质结核粉晶灰岩，底部为 1.18m 厚的灰色中层状结晶灰岩	52.10m
4. 深灰色中薄层状含生物碎屑粉晶灰岩，产头足类、海百合茎	101.60m
头足类化石：*Liulinoceras* sp. （图版 XVII，16，22）	
3. 灰色中薄层状含生物碎屑结晶灰岩	71.44m
2. 深灰色薄层状含生物碎屑亮晶砂屑灰岩，产头足类、腹足。	33.95m
头足类化石：*Ormoceras* sp.	
1. 灰色钙质页岩	34.97m

（未见底）

拉塞组厚度大于 436.45m。岩性以灰—深灰色中薄层状含生物碎屑白云石化团粒灰岩、泥晶灰岩、粉晶灰岩、砂屑灰岩、砾状灰岩（同生砾岩）为主，产牙形刺、头足类、海绵、海百合茎、腕足类、苔藓虫等化石。下部灰岩夹少量紫色薄层状含粉砂泥晶灰岩，中部灰岩夹少量黄色薄层状钙质粉砂岩及页岩，上部以生物碎屑灰岩、泥晶灰岩、粉晶灰岩、中细粒砾状灰岩为主。其上与柯尔多组紫色中厚层生物碎屑粉晶灰岩呈整合接触，下未见底。从上述剖面的岩石组合来看，拉塞组以碳酸盐岩和砾状灰岩为主，陆源碎屑物极少，其砾状灰岩主要见于上部，其砾状灰岩的"砾石"和胶结物均由生物碎屑灰岩组成。从生物群面貌来看，生物以浮游的珠角石类为主，形成了珠角石、海绵、苔藓虫为组合的生物群特征。

拉塞组的基本层序特征如图 2-5 所示，是由灰色中层状含生物碎屑泥晶灰岩与灰—深灰色中层—块状砾状灰岩及灰绿色中层状砾状灰岩韵律层叠置而组成，其中灰—深灰色砾状灰岩与灰绿色砾状灰岩又形成了韵律。其基本层序是一系列对称的向上粒度变细层序组成的退积型层序，反映了此时海水向上加深，为海侵体系域的产物。

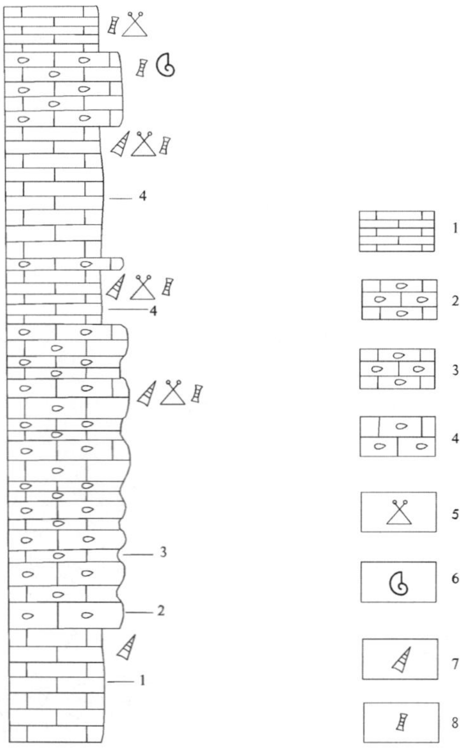

图2-5 申扎县拉塞下奥陶统拉塞组基本层序

1. 灰色深灰色中层状含生物碎屑泥晶灰岩；
2. 灰—深灰色中层砾状灰岩；
3. 灰绿色中厚层砾状灰岩；
4. 灰色中厚—块状砾状灰岩；
5. 海绵类化石；6. 腕足类化石；
7. 角石类化石；8. 海百合类化石

（2）时代讨论

2000年本图幅在拉塞附近的5074地质点采集了头足类化石，经郑春子（教授级高工）鉴定为阿门角石 *Armenoceras* sp.（图版 XVII，23），并认为该化石的地质时代应为奥陶纪。2001年12月，本图幅将该批化石送往中国科学院南京地质古生物研究所外检，经陈挺恩研究员检查确认该化石为阿门角石 *Armenoceras* sp.，并提出西藏自治区北部申扎县雄梅乡拉塞一带产阿门角石 *Armenoceras* sp. 的地层时代属早奥陶世晚期。2002年本图幅对拉塞组进行了系统研究和分析，并在上述野外实测地层剖面中采集了大量的化石。其中，头足类经中国科学院南京地质古生物研究所陈挺恩研究员鉴定，其属种有：*Discoactinoceras multiplexum* Kobayashi（图版 XVI，3），*Armenoceras* sp.（图版 XVII，10，11，13）（图版 XVII，1，5，6），*Wutinoceras* sp.（图版 XVII，9）（图版 XVII，4），*Adaomsoceras* sp.（图版 XVII，17），*Sactoceras* sp.（图版 XVII，8）（图版 XVII，7），*Ordosoceras* sp.（图版 XVII，20），Oncoceratida，Ormoceratidae（图版 XVII，21），? *Curtoceras* sp.（图版 XVI，8），*Ormoceras* sp.（图版 XVII，18），*Liulinoceras* sp.（图版 XVII，16，22），*Deiroceras* cf. *globsom* Zholt et Shen（图版 XVII，12）。其中，*Wutinoceras* sp.，? *Curtoceras* sp.，*Armenoceras* sp.，*Ordosoceras* sp.，*Discoactinoceras multiplexum* Kobayashi，*Adaomsoceras* sp.，*Liulinoceras* sp. 等化石在我国主要分布于东北、华北、内蒙古等地下奥陶统上部。腕足类：四方贝 *Hesperinia* sp.（图版 XVI，5，10），由中国科学院南京地质古生物研究所许汉奎研究员鉴定，并确认该属为最早期扭月贝类，在我国仅见于内蒙古卓子山地区的下奥陶统上部的三道坎组上部，是早奥陶世晚期标准化石之一，区内可建立 *Hesperinia* 化石带（表2-3）。海绵类由中国科学院南京地质古生物研究所邓占球研究员鉴定，其属种有 *Receptaculites* sp.（图版 IV，12，13），*Rhopalocoelia* sp.，*Hudsonspongia* sp.，其地质时代为早—中奥陶世，其中 *Receptaculites-Rhopalocoelia* 可作为该期海绵组合（表2-3）。牙形刺：*Panderodus unicostatus*（Branson et Mehl），由中国科学院南京地质古生物研究所王成源研究员鉴定，其地质时代为早奥陶世—早泥盆世。苔藓虫：*Batostoma* sp.，*Monotrypa* sp.，由中国科学院南京地质古生物研究所胡兆珣研究员鉴定，其地质时代为奥陶纪。

此外，本图幅在拉塞附近的6284地质点采集了大量头足类化石，其属种有：*Discoactinoceras* sp.（图版 XVI，2），*Armenoceras* sp.（图版 XVII，23），*Mesowutinoceras* sp.；在卡不一带6283地质点采集了大量头足类化石，其属种有 *Armenoceras* sp.（图版 XVII，3，14），*Mesowutinoceras* cf. *giganteum* Chen（图版 XVII，2），*Sactoceras* sp.（图版 XVII，19），*Discoactinoceras* sp.（图版 XVI，7）；在扎地一带6275地质点采集了头足类化石，其属种有 *Stereoplasmoceras* cf. *pseudoseptatum* Grabau（图版 XVII，15）。其生物群面貌与上述拉塞组剖面中的生物群面貌相同，均属早奥陶世珠角石动物群。

因此，综合上述各门类化石的鉴定结果和生物群特征，我们认为拉塞组应为早奥陶世晚期沉积产物。

众所周知，我国的奥陶纪头足类化石明显地划分为北方型珠角石动物群和南方型直角石动物群。其中珠角石动物群包括 *Armenoceras*（阿门角石）、*Wutinoceras*（五顶角石）、*Crmoceras*（链角石）、

Actinoceras（珠角石）等；直角石动物群包括 *Sinoceras*（震旦角石）、*Michilinoceras*（米契林角石）等。关于青藏高原昆仑山以南地区奥陶纪头足类化石的研究至今仅有中奥陶世头足类化石的报导，且以 *Michilinoceras*（米契林角石）为主体，具典型的南方型直角石动物群的特征。而目前我们所发现的 *Armenoceras*（阿门角石）、*Wutinoceras*（五顶角石）、*Crmoceras*（链角石）、? *Curtoceras*、（柯尔特角石）、*Ordosoceras*（鄂尔多斯角石）、*Discoactinoceras*（盘珠角石）、*Adaomsoceras*（阿当斯角石）、*Liulinoceras*（柳林角石）、*Stereoplasmoceras*（灰角石）系北方型珠角石动物群中的代表性分子。该动物群广泛分布于中国北部、朝鲜、欧洲、俄罗斯、北美及格陵兰的奥陶纪地层中。1997 年陈均远曾报导在昆仑山地区已发现该动物群。但昆仑山以南地区、华南地块、冈底斯地块以往研究中均未有发现。因此，我们认为在冈底斯板片北缘出现北方型动物群化石 *Armenoceras*（阿门角石）、*Wutinoceras*（五顶角石）、*Crmoceras*（链角石）、? *Curtoceras*、（柯尔特角石）、*Ordosoceras*（鄂尔多斯角石）、*Discoactinoceras*（盘珠角石）、*Adaomsoceras*（阿当斯角石）、*Liulinoceras*（柳林角石）、*Stereoplasmoceras*（灰角石）具有重大意义。同时，上述化石中的 *Ordosoceras* 在我国北方为早奥陶世晚期大湾期北庵庄段上部的带化石，*Stereoplasmoceras* 在我国北方为早奥陶世晚期牯牛潭期五阳山段的带化石。因此，我们认为藏北的头足类完全可与我国北方早奥陶世晚期珠角石动物群进行对比，并可自下而上建立 *Ordosoceras* 带和 *Stereoplasmoceras* 带（表 2－3）。并确认该动物群在藏北的地质时代应早于以往人们报导的冈底斯北缘其他头足类化石的时代，属于早奥陶世晚期动物群，即应属北方大陆（华北陆块）上升为陆之前的早奥陶世晚期的珠角石动物群鼎盛期的最大海侵期的产物。

综上所述，冈底斯北缘珠角石动物群的发现，增加了该区古生物学的重要信息。从地层学角度看，它证实了在永珠超基性岩带北侧有早奥陶世地层存在。从大地构造角度看，本区至少是处于两个大陆的过渡带，这一生物群过渡带的存在，为研究冈瓦纳古陆的演化历史及区域构造格架的建立提供了重要的依据。

2. 中—上奥陶统柯尔多组（$O_{2-3}k$）

（1）岩石地层特征

柯尔多组由夏代祥（1979）创名，据西藏自治区区调队（1983）① 介绍，原指整合于刚木桑组之下的条带状灰岩、薄层灰岩，现指整合于刚木桑组钙质页岩之下、整合于拉塞组灰岩之上的碳酸岩及碎屑岩。区内柯尔多组岩石组合以深灰、灰色、紫色薄层—中层碳酸盐岩为主。厚度约为 674. 92m。该组主要分布于门德俄玛、刚木桑、知洼古古、扎地等地，分布面积约为 12km²。

Ⅰ. 据申扎县 5118 高地—窝日中—上奥陶统柯尔多组实测剖面（图 2－6），其层序如下：

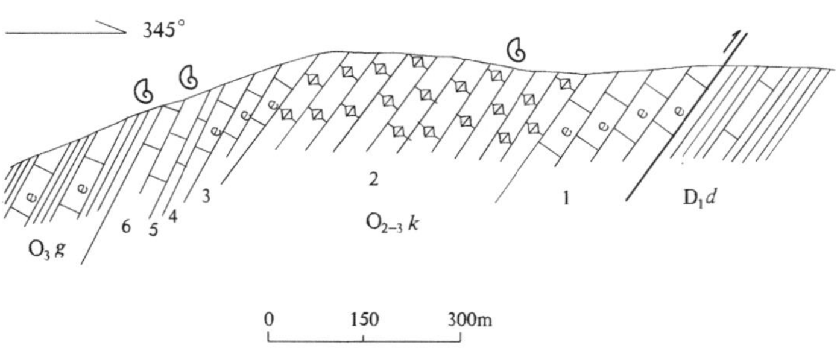

图 2－6　申扎县 5118 高地—窝日中—上奥陶统柯尔多组实测剖面图

上覆地层：刚木桑组深灰—灰绿色页岩与深灰色中层状生物碎屑灰岩韵律层

———————— 整　合 ————————

① 西藏自治区地质矿产局区域地质调查大队. 1983，日喀则幅、亚东幅区域地质调查报告（1∶100 万）

表 2－3　多巴区幅早古生代生物地层划分表

年代地层			岩石地层	主要化石类群组合序列				
系	统	阶		牙形刺	头足	笔石	腕足	海绵
志留系	顶		扎弄俄玛组 $S_{3-4}z$	*Ozarkodina steinhorensi* *Ozarkodina crispa* 带 *Ozarkodina inclinata inclinata*				
	上	卢德福德阶						
		戈斯特阶						
	中	侯默阶	德悟卡下组 O_3S_2d	*Ozarkodina sagitta rhenana* *Pterospathodus celloni* 带 *Pterospathodus penatus* *Pterospathodus precerus* *Icriodella inconstans* 带		*Oktavites* *Monograptus marri* *Demirastrites triangularis* 带 *Normalograptus mirnyensis* *Normalograptus ojsuensis* 带	*Hirnantia* 带	
		申伍德阶						
	下	特列奇阶						
		埃隆阶						
		鲁丹阶						
奥陶系	上	阿什极阶	刚木桑组 O_3g	*Amorphognathus superbus* 带	*Michelinoceras huangniganense* 带			
		卡拉道克阶	柯尔多组 $O_{2-3}k$	*Eoplacognathus jianyeensis* *Pygodus anserinus* 带	*Michelinoceras elongatum* 带 *Sinoceras chinense* 带 *Lituites* 带			
	中	达瑞威尔阶						
	下		拉塞组 O_1l	*Panderodus unicastatus*	*Stereoplasmoceras* 带 *Ordosoceras* 带 *Armenoceras*		*Hesperinia* 带	*Receptaculites-Rhopalocoeliaz* 组合
		特马豆克阶						

柯尔多组（$O_{2-3}k$）： **674.92m**

6. 灰色中薄层灰岩， 50.58m

　牙形刺化石：*Panderodus* sp.

5. 紫色薄层状泥晶灰岩 5.62m
4. 深灰色中层状生物碎屑灰岩 28.10m
3. 灰色中薄层生物碎屑灰岩 61.82m
2. 紫色薄层状泥晶灰岩与灰色中层状泥晶灰岩韵律层，灰色泥晶灰岩的裂隙中分布有次生硅质岩，该泥晶灰岩中产头足类：Oncocerida 349.79m
1. 灰黑色中层状生物碎屑灰岩，夹紫色灰岩团块 179.01m

（未见底）

Ⅱ. 据申扎县雄梅乡扎地中—上奥陶统柯尔多组实测剖面（图2-4），其层序如下：

（未见顶）

柯尔多组（$O_{2-3}k$）： **121.91m**

12. 紫红色中厚层状亮晶砂屑灰岩。含少量硅质结核，产头足类、海绵。 12.32m

　头足类化石：*Discoceras* sp.（图版XVI，9）

　　　　　　Discoactinoceras sp.

　海绵化石：*Rhopalocoelia* sp.

11. 灰色中层状含泥质含生物碎屑泥晶灰岩 9.24m
10. 灰色薄层状结晶灰岩 27.72m
9. 深灰色薄层状泥质条带生物碎屑泥晶灰岩 12.32m
8. 灰色中层状硅质结核粉晶灰岩，产头足类 10.93m
7. 灰色中层状粉晶灰岩，产头足类、牙形刺 21.86m

　头足类化石：*Westonoceras* sp.（图版XVI，1）

　　　　　　Michelinoceras sp.

　　　　　　Beloitoceras sp.

　牙形刺化石：*Eoplacognathus jianyeensis* An et Ding

6. 灰紫色薄层状结晶灰岩 27.52m

——————— 整　合 ———————

下伏地层：拉塞组灰色中层状含生物碎屑硅质结核粉晶灰岩

图2-7　申扎县窝日中上奥陶统柯尔多组基本层序

1. 灰色中层泥晶灰岩；
2. 紫色薄层泥晶灰岩；
3. 灰黑色中层生物碎屑灰岩；
4. 鹦鹉螺化石采集层

幅内该组以灰—深灰—紫色薄—中层状生物碎屑灰岩、泥晶灰岩、条带状结晶灰岩、结晶灰岩、硅质结核粉晶灰岩为主，上与刚木桑组呈整合接触，下与拉塞组呈整合接触。其沉积特征具典型的浅海碳酸盐岩沉积建造特征。其中，紫色薄层状泥晶灰岩、中厚层状亮晶砂屑灰岩、浮游生物、海绵等的出现说明当时的水体处于潮下带低能沉积环境。此外，该组未见碎屑岩的出现，说明该组沉积时期陆源物质极度贫乏，其原因可能与广海环境有关。

柯尔多组中部的基本层序特征如图2-7所示，是由灰黑色中层生物碎屑灰岩、泥晶灰岩与灰色中层生物碎屑灰岩、泥晶灰岩的韵律组成，其特征是粒度向上变细层变薄，属于退积型层序，表明海水向上逐渐加深，为海侵体系域的产物。

（2）时代讨论

上述剖面的化石是由本图幅采集和分析，经中国科学院南京地质古生物研究所王成源研究员鉴定牙形刺有 *Eoplacognathus jianyeensis* An et Ding，*Panderodus* sp.，其中，*Eoplacognathus* jianyeensis An et Ding（表2-3）的地质时代为晚奥陶世。剖面中的头足类经中国科学院南京地质古生物研究所陈挺恩研究员鉴定其属种有 *Westonoceras* sp.（图版 XVI，1），*Beloitoceras* sp. *Discoceras* sp.（图版 XVI，9），*Discoactinoceras* sp.，*Michelinoceras* sp.，Oncocerida（仲角石类）；果格龙2244 地质点有 *Michelinoceras* cf. *pararegulare* T. E. Chen（图版 XVI，4）。其中，Oncocerida 类化石在西藏北部仅有两个层位出现，即晚奥陶世或早泥盆世晚期地层；*Westonoceras* sp.（图版 XVI，1），*Beloitoceras* sp.，*Discoceras* sp.（图版 XVI，9）的地质时代为中—晚奥陶世；*Michelinoceras* cf. *pararegulare* T. E. Chen（图版 XVI，4）的地质时代为中奥陶世。海绵：*Rhopalocoelia* sp. 经中国科学院南京地质古生物研究所邓占球研究员鉴定，其地质时代为早—中奥陶世。因此，根据上述化石的地质分布，以及该组与上覆地层晚奥陶世刚木桑组的整合关系和与下覆地层拉塞组的整合关系，确定该段地层的地质时代是中晚奥陶世。此外，西藏自治区区调队、中国地质科学院成都地质矿产研究所、中国科学院南京地质古生物研究所等单位也对该段地层进行过研究，并收集了丰富的古生物学资料。其中牙形刺有 *Pygodus anserinus* lamont and Lindstrom，*Roundya inclinata*（Rhodes），*Oistodus forceps* Lindstrom。它们之中的 *Pygodus anserinus* 是欧洲、北美、澳洲以及中国陕西、湖北、内蒙古等地的中奥陶世晚期（Llandeiliana 晚期）的带化石。因此，从上述剖面和前人工作可以肯定在区内存在 *Pygodus anserinus* 带（表2-3）。但值得特别关注的是 *Oistodus forceps* 仅分布于欧洲、北美、亚洲、澳大利亚、南美早奥陶世晚期（Arenigian 期）的 *Prioniodus elegans*-*Baltoniodus navis* 带。因此，上述的 *Oistodus forceps* 的鉴定如果无误，该段地层的底部可能存在早奥陶世晚期的地层。头足类有 *Michelinoceras elongatum*，*M. huangniganense*，*M. paraelongatu*，*Eosomichelinoceras* sp.，*Sinoceras chinense*，*S.* sp.，*Lituites* sp.，*Richardsonoceras* cf. *asiaticum*，*R.*. *renotum* Lai，*Richardsonoceroides* sp.，*Trocholites deprrssus*，*Beloitoceras* sp.，*Actinomorphas stenosiphonotum* Lai，*Tripteroceras* sp.，*Allumettoceras* sp.，*Tragoceras* sp.，*Geisonoceras* sp.，*Grafronoceras* sp. *Discoceras* cf. *eurasiaticum*。其中，*Lituites*，*Sinoceras elongatum*，*Richardsonoceras chinense* 分别是我国南方晚奥陶世早期宝塔组的3个带化石（表2-3），本区亦存在这3个带，*Michelinoceras elongatum* 亦是鄂西宝塔组、陕南宝塔组的主要分子，并大量出现于浙西砚瓦山组及滇西晚奥陶世早期；*Eosomichelinoceras* 分布于鄂西、黔北、滇西和藏南的中奥陶统；*Beloitoceras* 为北美及西北欧中奥陶世晚期至晚奥陶世早期的常见化石。根据上述头足类化石陈挺恩研究员（1987）曾在该区自下而上建立3个中奥陶世头足类化石组合：① *Lituites*-*Richardsonoceroides* 组合；②*Michelinoceras paraelongatum*-*Sinoceras* 组合；③ *Richardsonoceras*-*Trocholites deprrssus* 组合。此外，值得一提的是，上述头足类属直角石动物群，其生物群面貌与华南中晚奥陶世头足类完全相同。所以可以肯定早奥陶世拉赛组沉积时期的海域与北方相通，中—晚奥陶世柯尔多组沉积时期的海域与南方相通。

综上所述，柯尔多组的沉积时代可能以中—晚奥陶世为主，但不排除其底部存在早奥陶世沉积的可能。

3. 上奥陶统刚木桑组（O_3g）

（1）岩石地层特征

刚木桑组一名由夏代祥（1979）根据申扎县城北28km 的刚木桑创建，原指位于申扎组和柯尔多组之间的瘤状灰岩、生物碎屑灰岩及钙质页岩、页岩，现指整合于德悟卡下组（包括申扎组）笔石页岩之下和柯尔多组中薄层灰岩之上的含结核的碳酸盐岩及页岩，含头足类、笔石、三叶虫等。

区内刚木桑组分布于刚木桑、门德俄玛、知洼古古，面积约 60km^2。

Ⅰ. 据申扎县5118 高地东南坡上奥陶统刚木桑组实测剖面（图2-8），其层序如下：

上覆地层：德悟卡下组灰黄色钙质页岩

——————— 整　合 ———————

刚木桑组（O_3g）：　　104.80m

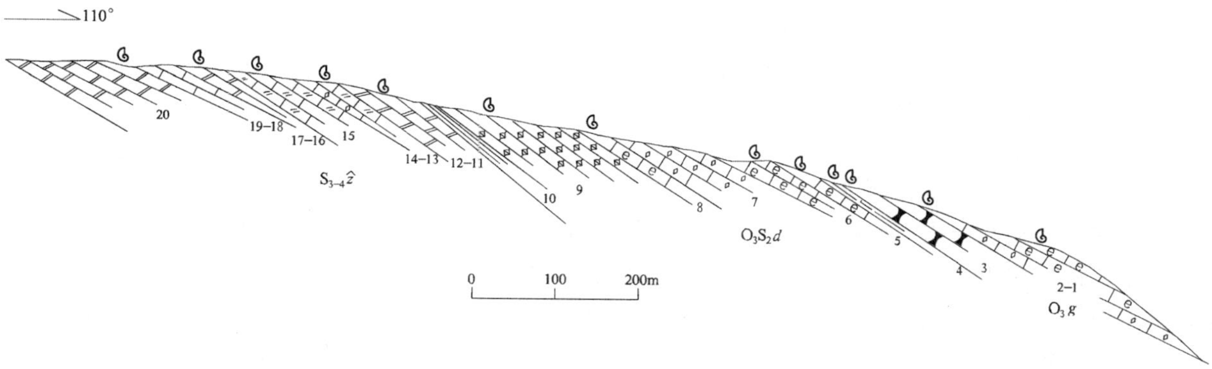

图 2－8　申扎县 5118 高地东南坡上奥陶统刚木桑组—上顶志留统扎弄俄玛组实测剖面图

3. 灰—深灰色中薄层瘤状灰岩，含黄铁矿，产牙形刺、介形、苔藓虫、腹足　　35.41m

牙形刺化石：*Protopanderodus robustus*（Hading）

Dichognathus sp.

2. 灰色微层状含生物碎屑粉晶灰岩，上部夹 0.5m 厚的灰黄色泥灰岩，灰岩中产牙形刺、海百合茎、珊瑚、鹦鹉螺、介形、海参、海绵骨针及三叶虫。　　10.74m

牙形刺化石：*Ansella* sp.

Protopanderodus sp.（图版 VII，1）

Protopanderodus robustus（Hading）

Panderodus sp.

1. 深灰色中层状生物碎屑灰岩，产介形、海参、海绵骨针、放射虫、海百合茎　　58.65m

（未见底）

该剖面只测得了刚木桑组上部层位。

Ⅱ. 据申扎县刚木桑沟南上奥陶统刚木桑组实测剖面（图 2－9），其层序如下：

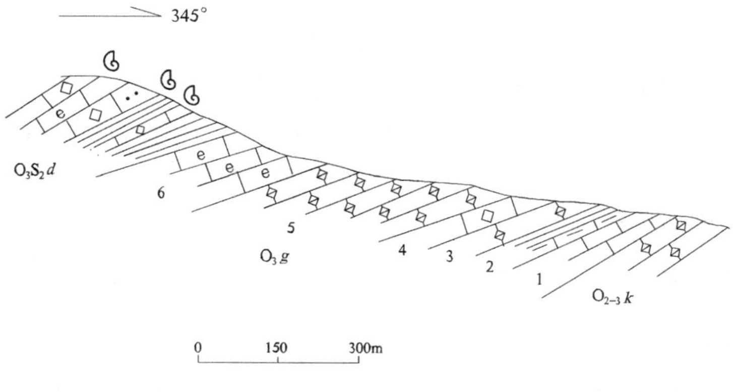

图 2－9　申扎县刚木桑沟南上奥陶统刚木桑组实测剖面图

上覆地层：德悟卡下组深灰色钙质页岩

——————— 整　合 ———————

刚木桑组（O_3g）：　　388.15m

6. 灰色薄层状含黄铁矿生物碎屑灰岩　　99.56m
5. 灰色微薄层状泥晶灰岩　　152.50m
4. 灰色中层状粉晶灰岩　　65.85m
3. 深灰色中层状泥晶灰岩　　21.95m

2. 土黄色微层状泥质灰岩，上部为页岩 21.95m
1. 深灰色中层状灰岩 26.34m

——————— 整 合 ———————

下伏地层：柯尔多组灰色中厚层状泥晶灰岩

刚木桑组的岩性稳定，厚度为388.15m，岩性以灰色—深灰色微层、薄层、中薄层状生物碎屑灰岩、泥晶灰岩、粉晶灰岩、瘤状灰岩为主，夹页岩及泥灰岩，是一套浅海碳酸盐岩夹少量碎屑岩的沉积。与下伏柯尔多组灰色中厚层状泥晶灰岩之间为整合接触，与上覆德悟卡下组页岩之间亦为整合接触。该组以微层、薄层灰岩、瘤状灰岩及少量页岩为基本层序，并见有少量深水习性的放射虫、海绵骨针和浮游生物鹦鹉螺，其特征可能与滨岸最大海进期中—外陆棚斜坡和盆地凝缩层或饥饿层有关。其层序可能属相对深水环境的一部分，即该期海平面可能相对上升，海浸可能最大，沉积速度可能最低。

（2）时代讨论

刚木桑组中含较丰富的化石。其中，可以识别的主要有牙形刺、头足类、腕足类、笔石、腹足、三叶虫、介形、海参、海绵骨针、放射虫、海百合茎等。上述剖面中的牙形刺由本图幅采集和分析，中国科学院南京地质古生物研究所王成源研究员鉴定牙形刺有 *Protopanderodus robustus*（Hading），*Dichognathus* sp.，*Panderodus* sp.，*Ansella* sp.，其中 *Protopanderodus robustus*，*Ansella* sp. 的地质分布时代为晚奥陶世。此外，前人也曾对该组进行过研究。其中，西藏自治区区调队、中国科学院南京地质古生物研究所戎嘉余、许汉奎、陈挺恩、倪寓南以及中国地质科学院林宝玉等人也对该组生物地层进行过研究和划分（表2-2），其中牙形刺 *Amorprhognathus superbus* 是北大西洋生物地理区晚奥陶世（Caradocian 晚期）的带化石（表2-3）；头足 *Michelinaceras huangnigense* 是晚奥陶世“Ashgillian”阶最底部的带化石（表2-3），常见于浙西晚奥陶世黄泥岗组和贵州的晚奥陶世地层中，*Pleurorthoceras* 为美国俄亥俄州晚奥陶世地层的标准化石，该化石也产于我国四川、安徽的五峰阶中，*Diestoceras* 产于江西砚瓦山组，常与北美晚奥陶世常见分子 Orthonybyoceras 共生。因此，笔者认为本区存在上述的 *Amorprhognathus superbus* 牙形刺带和 *Michelinaceras huangnigense* 头足带（表2-3）。

由此看出，区内的刚木桑组的时代为 Caradocian 晚期—Ashgillian 早期，即为晚奥陶世。

二、上奥陶统—志留系

测区内的上奥陶统—志留系是由西藏自治区地质局综合普查大队在1977—1978年间首先发现，并于1980年公开报导，之后中国科学院南京地质古生物研究所戎嘉余、许汉奎（1981）、倪寓南（1986）等人以及中国地质科学院北京地质矿产研究所林宝玉（1981）、中国地质科学院成都地质矿产研究所喻洪津（1985）、《西藏自治区地质志》（1993）、《西藏自治区岩石地层》（1997）也对本区的该套地层进行过研究，并提出各自的划分方案（表2-2）。

1. 上奥陶—中志留统德悟卡下组（O_3S_2d）

（1）岩石地层特征

德悟卡下组一名由西藏自治区地质局综合普查大队（1979）创建，西藏自治区区调队（1983）在1∶100万日喀则幅、东亚幅地质报告中刊出。原指平行不整合于达尔东组之下、整合于刚木桑组之上的一套灰岩及笔石页岩。现定义指整合于刚木桑组深灰色薄层瘤状灰岩之上、扎弄俄玛组浅色灰岩中厚层状灰岩之下的一套页岩、粉砂岩与灰岩互层的地质体，产笔石等。

本图幅所称的德悟卡下组是从岩石地层学角度出发，并根据野外地质填图工作中极易识别的需要，把岩石组合特征极为相似的原申扎组和德悟卡下组合并，并舍去厚度不大的申扎组，而采用德悟卡下组一名。

区内德悟卡下组分布在刚木桑、5118高地、德悟卡下、日阿觉、亚布多、果格龙等地，面积为18km^2。

Ⅰ. 据申扎县5118高地东南坡上奥陶—中志留统德悟卡下组实测剖面（图2-8），其层序如下：

上覆地层：扎弄俄玛组灰黑色中层状细晶白云岩与灰白色薄层状粉晶白云岩韵律层

——————— 整　合 ———————

德悟卡下组（O_3S_2d）： **152.42m**

10. 灰紫色页岩　10.11m
9. 黑色薄层状泥晶灰岩，夹1.5m厚的土黄色钙质页岩，产牙形刺、海绵骨针、无铰纲腕足　48.96m
　牙形刺化石：*Panderodus gracilis*（Branson et Mehl）
　　Ozarkodina sagitta rhenana? Walliser
　　Coelocerodontus sp.
　　gen. et. sp. indet（图版 VII，2）
8. 灰色薄层状生物碎屑灰岩，产珊瑚、海参、海绵骨针、海百合茎、介形、海参　13.03m
7. 黑色微层状结晶灰岩，产牙形刺、海参、海绵骨针、海百合茎　28.05m
　牙形刺化石：*Panderodus unicostatus*（Branson et Mehl）
　　Panderodus sp.
6. 灰色中薄层含生物碎屑灰岩，产牙形刺、介形、海绵骨针、腕足、海百合茎　34.28m
　牙形刺化石：*Icriodella inconstans* Aldridge（图版 VII，5，6）
　　Panderodus sp.
　　Coelocerodontus sp.
　　Belodella resima（Philip）（图版 VII，3）
5. 深灰色薄层状生物碎屑灰岩，产牙形刺、海百合茎、介形、海参、海绵骨针和少量的腕足　14.06m
　牙形刺化石：*Protopanderodus* cf. *rectus*（Lindstrom）（图版 VII，4）
　　Protopanderodus liripipus Kennedy，Barnes et Uyeno
　　Protopanderodus sp.
　　Panderodus sp.
4. 灰黄色钙质页岩，顶部为灰色石英砂屑灰岩，页岩中产丰富的笔石，灰岩中产腕足、介形、海百合茎　3.93m
　腕足化石：*Hirnantia sagittifera*（M'Coy）（图版 XVI，17，19）
　　Dalmanella testudinaria（Dalman）（图版 XVI，12）
　　Plectothyrella crassicosta（Dalman）（图版 XVI，15，16）
　　Cliftonia cf. *oxoplecioides* Wright（图版 XVI，11，13，14，18）
　　Paromalomena polonica（Temple）
　笔石化石：*Normalograptus ojsuensis*（Koren and Mikhailova）（图版 XIX，4，5）
　　Normalograptus mirnyensis（Obut and Sobolevskaya）
　　Normalograptus cf. *normalis*（Lapwnth）
　　Normalograptus sp.

——————— 整　合 ———————

下伏地层：刚木桑组深灰色中薄层瘤状灰岩

Ⅱ. 据申扎县雄梅乡果格龙上奥陶—中志留统德悟卡下组实测剖面（图2-10），其层序如下：

上覆地层：扎弄俄玛组灰色中层状含生物碎屑鲕粒灰岩

——————— 整　合 ———————

德悟卡下组（O_3S_2d）： **233.09m**

16. 紫色中薄层状灰岩　13.14m
　牙形刺化石：*Ozarkodina excavata excavata*（Bransen et Mehl）
　　Ozarkodina media Walliser
　　Ozarkodina inclinatainclinata（Rhodes）
15. 灰色薄层状生物碎屑粉晶灰岩　14.17m

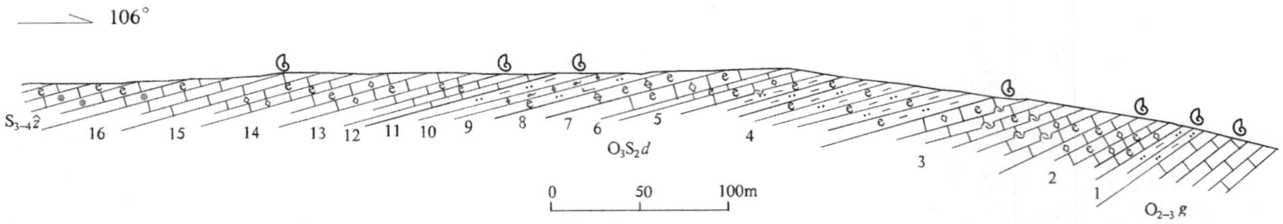

图 2-10　申扎县雄梅乡果格龙上奥陶—中志留统德悟卡下组实测剖面图

14. 深灰色薄层状生物碎屑粉晶灰岩　17.72m
13. 灰色薄层状生物碎屑灰岩　15.86m
　牙形刺化石：*Pterospothodus procerus* Walliser
　Pterospothodus penatus Walliser
　Pseudooneotodus beckmanni (Bischeff et Sannemann)
　Panderopus sp.
　Ozarkodina sp.
12. 黄绿色中薄层状泥质条带生物碎屑粉晶灰岩　4.10m
11. 土黄色条带状泥质粉砂岩　12.32m
　笔石化石：*Normalograptus* ex gr. *mirnyensis* (Obut et Sobolevskaya)
10. 深灰色中层状泥质条带含生物碎屑泥晶灰岩　6.16m
9. 黄色薄层状含生物碎屑钙质粉砂岩　10.79m
8. 紫红色中层网格状生物碎屑泥晶灰岩，网格成分为含粉砂泥岩　18.51m
7. 浅灰色薄层状含生物碎屑细晶灰岩　18.51m
6. 紫红色中层状含生物碎屑泥晶灰岩　4.52m
5. 灰色中层状含硅质结核生物碎屑微晶灰岩　7.69m
4. 灰绿色薄层状含生物碎屑粉砂质泥岩　41.8m
3. 灰色薄层状硅质结核生物碎屑粉晶灰岩，产海绵、腕足碎片　29.72m
2. 红色中层状生物碎屑粉晶灰岩　14.4m
　牙形刺化石：*Panderopus* sp.
1. 黄色极薄层状泥质粉砂岩　3.68m
　笔石化石：*Monograptus* sp.

——————整　合——————

下伏地层：刚木桑组浅灰色中厚层状亮晶砾屑灰岩

该组厚度为233.09m。下与刚木桑组呈整合接触，上与扎弄俄玛组呈整合接触。岩性由土黄色、灰黄色钙质页岩、灰紫色页岩、粉砂质泥岩、泥质粉砂岩、钙质粉砂岩与灰色、深灰色、紫红色中薄层状生物碎屑灰岩、泥晶灰岩、粉晶灰岩互层组成。从总体上看下部以薄层状碳酸盐岩和细碎屑岩为主，基本上呈互层状产出，基本层序如图2-11所示。上部粉晶灰岩、泥晶灰岩较发育，并夹少量的页岩、钙质页岩。其岩性特征反映了较宁静的浅海沉积环境特征。其下部可能属于饥饿段沉积，向上可能过渡为高水位体系域。

（2）时代讨论

本图幅在上述地层剖面中系统采集、分析和鉴定了大量的牙形刺、腕足和笔石。牙形刺经中国科学院南京地质古生物研究所王成源研究员鉴定，其属种有 *Pterospothodus procerus* Walliser，*Pterospothodus penatus* Walliser，*Pseudooneotodus beckmanni* (Bischeff et Sannemann)，*Ozarkodina excavata excavata* (Bransen et Mehl)，*Ozarkodina media* Walliser，*Ozarkodina inclinata inclinata* (Rhodes)，*Protopanderodus* cf. *rectus* (Lindstrom)（图版 VII，4），*Protopanderodus liripipus* Kennedy，Barnes et Uyeno，*Protopanderodus* sp.，*Icriodella inconstans* Aldridge（图版 VII，5，6），*Belodella resima* (Philip)（图版 VII，3），*Coelocerodontus*

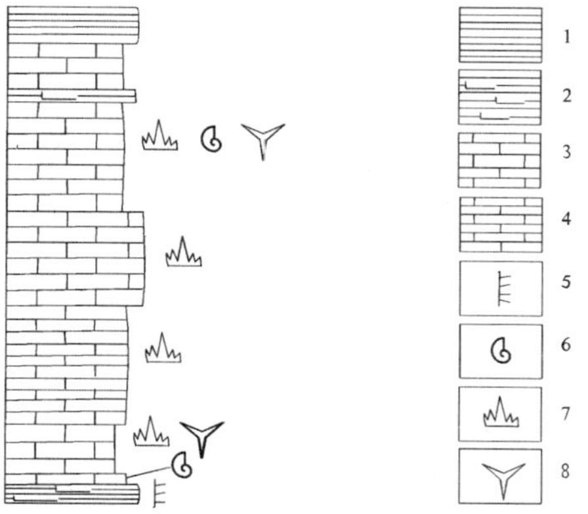

图2-11 申扎县5118高地东南坡上奥陶—中志留统德悟卡下组基本层序

1. 灰紫色页岩；2. 土黄色、灰黄色钙质页岩；3. 灰色、深灰色薄层生物碎屑灰岩、泥晶灰岩；4. 黑色微层结晶灰岩；5. 笔石类化石采集层；6. 腕足类化石采集层；7. 牙形刺化石采集层；8. 海绵骨针化石采集层

sp.， gen. et. sp. indet （图版 VII，2），*Panderodus unicostata*（Branson et Mehl），*Panderodus* sp.。其中，*Icriodella inconstans* 是早志留世鲁丹阶（Rhuddanian）的带化石（表2-3）；*Pterospothodus procerus*，*Pterospothodus penatus* 是早志留世特列奇阶（Telychian）*Pterospothodus testudinaria* Dalman，*Plectothyrella crassicosta*（Dalman），*Cliftonia* cf. *oxoplecioides* Wright，*Paromalomena polonica*（Temple）。其所有的化石均属晚奥陶世末期的赫尔南特动物群。其中，*Hirnantia* 为晚奥陶世末期赫尔南特阶（阿什极尔阶最顶部）的带化石（表2-3）。笔石经中国科学院南京地质古生物研究所陈旭研究员鉴定属种有 *Normalograptus ojsuensis*（Koren and Mikhailova），*Normalograptus mirnyensis*（Obut and Sobolevskaya），*Normalograptus* ex gr. *mirnyensis*（Obut and Sobolevskaya），*Normalograptus* cf. *normalis*（Lapwnth），*Normalograptus* sp.，*Monograptus* sp.。其中，*Normalograptus ojsuensis* 为晚奥陶世末期赫尔南特阶（阿什极尔阶最顶部）的带化石（表2-3），*Normalograptus mirnyensis*（Obut and Sobolevskaya），*Normalograptus* cf. *normalis*（Lapwnth）是晚奥陶世末期赫尔南特阶主要化石，*Normalograptus* ex gr. *mirnyensis*（Obut and Sobolevskaya）（表2-3）只限于兰多维列世早期。除上述剖面笔石外，我们在刚木桑南山（PVIII Hs 12）采到笔石：*Climacograptus rectangularis xizangensis* Ni（图版 XIX，1，6），*Climacograptus miserabilis* Elles et Wood（图版 XIX，2，3，8），*Climacograptus rectangularis xizangrnsis* Ni，*Climacograptus* sp.，*Monoclimacis* sp.（图版 XIX，7），*Glyptograptus* sp.（图版 XIX，9），*Oktavites* sp.（图版 XIX，10）；在申扎县日阿觉一带（PIII'Hs 37）采到笔石：*Monoclimacis* sp.，*Monograptus marri* Perner；在5341地质点采到笔石：Normalograptid；在6280地质点采到笔石：Normalograptid，*Monograptus lobiferus*（M'Coy），*Normalograptus normalis*（Lapworth）；在6284地质点采到笔石：*Normalograptus* sp.，*Monograptus* sp.，Normalograptid，*Demirastrites triangularis*（Harkness），*Glyptograptustamariscus linearis* Perner，*Rivagraptus bellulus*（Tornquist）。其中，*Demirastrites triangularis* 是兰多维列世埃隆阶（Aeronian）带化石（表2-3）。*Monograptus marri* 是兰多维列世特列奇阶上部的标准化石之一（表2-3）；*Oktavites* sp.，*Normalograptus normalis*，*Monograptus lobiferus* 等仅见于早志留世（表2-3）。此外，在给弄附近的5342地质点有头足类：? *Huroniella* sp.（图版 XVI，6），其地质时代为早—中志留世。因此，根据上述各门类化石确定德悟卡下组为晚奥陶世晚期—中志留世沉积产物。

但值得特别关注的是，经研究上述剖面可详细地划分出晚奥陶世、早志留世、中志留世以及晚顶志留世（详见扎弄俄玛组）。即第4、5层为晚奥陶世，牙形刺有 *Protopanderodus liripipus* Kennedy，Barneset Uyeno，*Protopanderodus* sp.，*Panderodus* sp.，其中 *Protopanderodus liripipus* 是晚奥陶世的重要分子；腕足有 *Hirnantia sagittifera*（M' coy），*Dalmanella testudinaria* Dalman，*Plectothyrella crassicosta*（Dalman），*Cliftonia* cf. *oxoplecioides* Wright，*Paromalomena polonica*（Temple）。其中，*Hirnantia* 是晚奥陶世末期的赫尔南特动物群的标准化石（表2-3）；笔石：*Normalograpraptus ojsuensis*（Koren and Mikhailova），*Normalograpraptus mirnyensis*（Obut and Sobolevskaya），*Normalograpraptus* cf. *normalis*（Lapwnth），*Normalograpraptus* sp.，是晚奥陶世末期赫南特亚阶的标准化石（表2-3）。第6—8层为早志留世，牙形刺有 *Panderodus unicostata*（Branson et Mehl），*Panderodus* sp.，*Icriodella inconstans* Aldridge，*Panderodus* sp.，*Coelocerodontus* sp.，其中第6层牙形刺 *Icriodella inconstans* 是早志留世鲁丹阶（Rhuddanian）的带化石（表2-3）。第9、10层为中志留世，牙形刺有 *Panderodus gracilis*（Branson et Mehl），*Ozarkodina sagitta rhenana* ？Walliser，*Coelocerodontus* sp.。其中 *Ozarkodina sagitta rhenana* 是中志留统的标准化石

(表2-3)。因此，通过上述系统剖面的研究，这一划分为我国奥陶—志留系分界的研究和志留纪地层的详细研究提供了重要的依据(图2-12)，同时这一划分也是我国志留纪生物地层研究的重大进展。

该地层自发现以来，曾有许多人对此进行了专门研究，收集了丰富的化石资料。其中尤以西藏自治区区调队、中国科学院南京地质古生物研究所、中国地质科学院成都地质矿产研究所的研究最为突出。其中牙形刺 *Pterospathodus celloni* 是我国早志留世晚期的带化石，*Ozarkodina sagitta rhenana* 是温洛克统（Wenlock）下部的申伍德阶（Sheinwoodian）的带化石，*Panderodus gracilis* 是温洛克统（Wenlock）的常见分子，*Icriodella inconstans*，*Panderodus unicostatus* 则是兰多维列统（Liandovery）特列奇阶（Telychian）的重要分子。*Protopanderodus liripipus*，*Protopanderodus robustus* 为晚奥陶世阿什阶（Ashgillian）的重要分子。

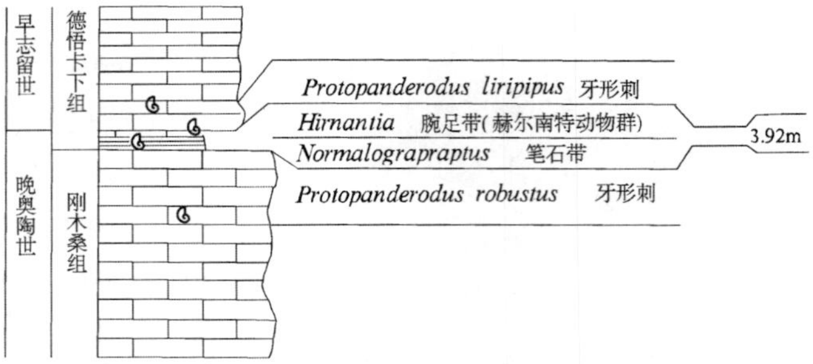

图2-12　申扎县5118高地东南坡奥陶—志留纪分界位置图

2. 上—顶志留统扎弄俄玛组（$S_{3-4}z$）

（1）岩石地层特征

1981年林宝玉将原“德悟卡下组”顶部分出，创名为扎弄俄玛组。1981年许汉奎又将林宝玉所创名的“扎弄俄玛组”下部称扎弄俄玛组；1985年喻洪津又将原德悟卡下组顶部以灰岩为主的地层新命名为门德俄约组，下部仍称扎弄俄玛组；1988年倪寓南仍沿用扎弄俄玛一名，主要指下部页岩夹灰岩地层。

现在该组主要指整合于德悟卡下组碳酸盐岩、细碎屑岩之上，平行不整合于达尔东组薄层状角砾灰岩之下的一套灰白色深灰色中薄层白云岩。

区内的扎弄俄玛组主要分布在5118高地、门德俄约、扎弄俄玛、桑日、果格龙等地，分布面积约为20km^2

据申扎县5118高地东南坡上—顶志留统扎弄俄玛组实测剖面（图2-8），其层序如下：

扎弄俄玛组（$S_{3-4}z$）：	（未见顶）	**156.31m**
20. 紫色中厚层状细晶白云岩，含珊瑚、海百合茎		28.64m
19. 灰白色中层状粉晶白云岩、灰紫色薄层状结晶灰岩、青灰色泥晶灰岩韵律层		3.33m
18. 灰黑色中薄层状结晶灰岩		7.08m
17. 灰白色中厚层状细晶白云岩，产牙形刺、海百合茎		15.24m
牙形刺化石：*Pseudooneotodus* sp.		
16. 深灰色中层状细晶白云岩，具水平层理		4.76m
15. 灰白色中薄层状白云质灰岩，含黄铁矿，产牙形刺、海百合茎、珊瑚		23.98m
牙形刺化石：*Ozarkodina steinhorensi* ?		
Ozarkodina inclinata (Rhodes)		
Pseudooneotodus beckmanni (Bischoff et Sannemann)		
Ligonodina sp.		
Plectospathodus sp.		
14. 深灰色微层状细晶灰岩，具水平层理		2.45m
13. 灰白色中薄层状白云质灰岩，含黄铁矿		21.79m
牙形刺化石：*Ozarkodina inclinata* (Rhodes)		

Kockelella variabilis Walliser

Neoprioniodus multiformis Walliser

12. 深灰色薄层状含生物碎屑粉晶白云岩，产牙形刺、珊瑚、腕足、海百合茎　3.97m

牙形刺化石：*Pseudooneotodus bicornis* Drygant（图版 VIII，13）

Pseudooneotodus beckmanni（Bischoff et Sannemann）

Panderodus sp.

Ozarkodina media（Walliser）（图版 VII，12）

Ozarkodina inclinata inclinata（Rhodes）（图版 VIII，7，8）

Ozarkodina excavata Branson et Mehl

Ozarkodina inclinata Branson et Mehl

11. 灰黑色中层状细晶白云岩与灰白色薄层状粉晶白云岩韵律层，产牙形刺、海绵骨针、海百合茎、腹足　45.07m

牙形刺化石：*Panderodus unicostatus* Branson et Mehl

Panderodus sp.

Ozarkodina sagitta rhenana Walliser

Ozarkodina excavata excavata Branson et Mehl（图版 VIII，1，2，3，4）

Ozarkodina excavata Branson et Mehl

Ozarkodina ? *crispa*（Walliser）（图版 VII，9，10）

Ozarkodina inclinata（Rhodes）

Ozarkodina inclinata inclinata（Rhodes）（图版 VIII，5，6）

Ozarkodina media（Walliser）（图版 VII，7，8，11）

Ozarkodina sp.

Pseudooneotodus beckmanni（Bischoff et Sannemann）

——————— 整　合 ———————

下伏地层：德悟卡下组灰紫色页岩

该剖面测得扎弄俄玛组的厚度为 156.31m。岩性组合特征是灰白色薄—中层状细晶、粉晶白云岩，白云质灰岩，夹深灰色、灰黑色结晶灰岩。其中，白云岩成分稳定，水平层理清晰，产牙形刺、珊瑚、海绵骨针、海百合茎、腹足等化石，是一套典型的与蒸发环境有关的浅海原生白云岩；白云质灰岩中局部可见黄铁矿，也说明当时海水蒸发量可能略大于海水的供给量。因此，我们认为扎弄俄玛组沉积时期其周边可能存在一次大规模海退。

扎弄俄玛组与下伏地层德悟卡下组为连续沉积的整合接触，而与上伏地层达尔东组之间是否有间断、间断时间有多长一直存在争议。但通过我们的工作现已在上述剖面中发现晚志留世罗德洛统（Ludiow）晚期卢德福德阶末期的带化石 *Ozarkodina crispa*（表 2－3），该化石存在于该剖面的最底部，其上的牙形刺组合具罗德洛统（Ludiow）—普里道利统（Pridoli）生物群特征，因此，我们确认该组的顶部存在顶志留统。但是目前尚未发现顶志留统标准化石，而扎弄俄玛组厚度变化大以至于局部缺失等均说明其顶部缺少沉积或经历过剥蚀。

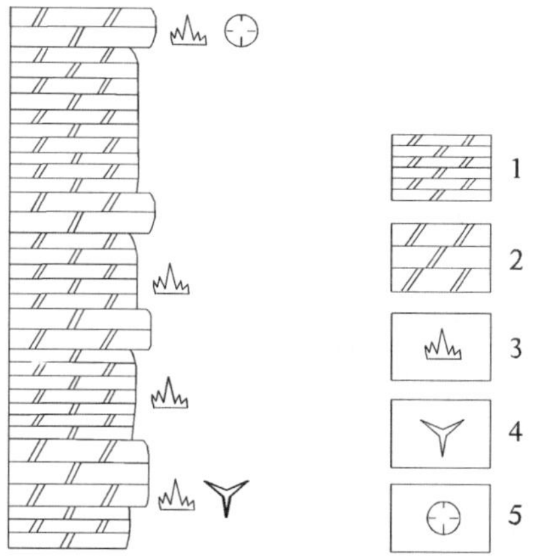

图 2－13　申扎县 5118 高地上顶志留统扎弄俄玛组基本层序

1. 灰白色薄层粉晶白云岩；
2. 灰黑色中层细晶白云岩；
3. 牙形刺化石采集层；
4. 海绵骨针化石采集层；
5. 珊瑚化石采集层

扎弄俄玛组的基本层序特征如图 2－13 所示，该层序是由灰黑色中层细晶白云岩与灰白色薄层粉晶白云岩所组成，具有粒度向上变粗的进积型层序特征，为晚期高水位体系域的产物。

（2）时代讨论

上述剖面的牙形刺以及其他门类化石均由本图幅系统采集和分析。其中，牙形刺经中国科学院南京地质古生物研究所王成源研究员鉴定有 *Ozarkodina steinhorensi*，? *Ozarkodina inclinata*，*Ozarkodina inclinata inclinata*（Rhodes），*Ozarkodina excavata* Branson et Mehl，*Ozarkodina sagitta rhenana* Walliser，*Ozarkodina crispa*（Walliser），*Ozarkodina media*（Walliser），*Ozarkodina* sp.，*Panderodus unicostatus*，*Panderodus* sp.，*Ligonodina* sp.，*Plectospathodus* sp.，*Pseudooneotodus beckmanni*（Bischoff et Sannemann），*Pseudooneotodus bicornis* Drygant，*Kockelella variabilis* Walliser，*Neoprioniodus multiformis* Walliser，*Walliserodus* sp.。其中第 11 层（该剖面下部）的牙形刺 *Ozarkodina crispa* 是晚志留世罗德洛统（Ludiow）上部卢德福德阶末期的带化石（表 2－3），再则该层之上的牙形刺化石组合以罗德洛统（Ludiow）—普里道利统（Pridoli）生物群特征为主。因此，该组的地质时代放在晚—顶志留世为宜。此外，在申扎县雄梅乡果格龙一带发现该组，并在该组的底部中采到牙形刺：*Pseudooneotodus beckmanni*（Bischeff et Sannemann），*Ozarkodina media* Walliser，*Ozarkodina remscheidensis*（Zieglar），*Ozarkodina excavata*（Bransen et Mehl），*Panderopus* sp.。其中，*Ozarkodina media* 的地质时代为晚志留世—早泥盆世，其生物群面貌具晚志留世特征。

综上所述，区内下古生界自下奥陶统拉塞组至上—顶志留统扎弄俄玛组为连续沉积的海相碎屑岩-碳酸盐岩地层。其上与上古生界达尔东组呈平行不整合接触。下奥陶统拉塞组为区内基底岩系前震旦系念青唐古拉岩群之上最早的沉积盖层，其海域与昆仑山以北的各地块（鄂尔多斯、华北及塔里木、柴达木）相通，是一套以碳酸盐岩为主，陆源碎屑物较少，产北方型珠角石动物群的岩石地层。早奥陶世末期随着原特提斯洋的扩张，北方大陆的形成，其海域与古地中海和我国南方相连，形成了一套具典型的滨海碳酸盐岩沉积建造为特征，产南方型直角石动物群的柯尔多组。尔后，随着海平面的相对上升，海浸的扩大，沉积速度的降低，形成了一套与相对深水环境有关的微层、薄层、中薄层状浅海碳酸盐岩夹少量碎屑岩沉积的刚木桑组。德悟卡下组为较宁静的浅海沉积环境形成的薄层状碳酸盐岩和细碎屑岩互层，向上逐渐过渡为浅海-滨浅海沉积环境。扎弄俄玛组是一套典型的与蒸发环境有关的浅海原生白云岩、白云质灰岩。说明当时海水蒸发量略大于海水的供给量。其周边可能存在一次大规模海退。

第三节　上古生界

区内上古生界主要分布于冈底斯-腾冲地层区永珠蛇绿岩带两侧的申扎小区和多巴-雄梅小区。其岩石地层有下泥盆统达尔东组、下泥盆统—下石炭统查果罗玛组、下—上石炭统永珠组、上石炭—下二叠统拉嘎组、下二叠统昂杰组、中二叠统下拉组、上二叠统木纠错组（表 2－4）。其中，下泥盆统达尔东组、下泥盆统—下石炭统查果罗玛组、下—上石炭统永珠组在上述两小区中均有分布。上石炭—下二叠统拉嘎组、下二叠统昂杰组、中二叠统下拉组、上二叠统木纠错组仅见于申扎小区。

一、泥盆系—下石炭统

区内的泥盆、石炭系的研究始于 1979 年，西藏自治区地质局综合普查大队夏代祥等人，中国地质科学院成都地质矿产研究所范影年和饶靖国（1988），中国科学院南京地质古生物研究所许汉奎（1981）和夏凤生（1986）、中国地质科学院北京地质矿产研究所林宝玉等（1981、1983、1984）先后对本区的泥盆—石炭系提出了各自的划分意见（表 2－4）。

（一）下泥盆统达尔东组（D_1d）

1. 岩石地层特征

达尔东组由达尔东群降级而来。1979 年夏代祥根据申扎县永珠北达尔东泥盆系剖面创建了达尔东群，代表下—中泥盆统，岩性以薄层灰岩、生物灰岩、泥灰岩为主，夹砂页岩。现定义为一套深灰色薄

表 2-4 多巴区幅上古生界划分

系	统	夏代祥 1979 年	许汉奎 1981 年	杨式溥、范影年 1981 年	林宝玉 1981、1983 年	1:100 万地质报告 1983 年	范影年 1988 年	饶靖圆 1988 年	西藏地质志 1993 年	西藏岩石地层 1997 年	本报告 系	本报告 统	本报告 组
二叠系	上统										二叠系	上统	木纠错组 P_3m
	下统	下拉组			下拉组 日阿组	下拉组		卓布组 下拉组 石块地组	下拉组 日阿组	下拉组		中统	下拉组 P_2x
石炭系	上统	昂杰组		郎玛日阿组 昂杰组	昂杰组	昂杰组	郎玛日阿组 昂杰组		昂杰组	昂杰组		下统	昂杰组 P_1a
		永珠群		斯所组	拉嘎组	斯所组	斯所组			拉嘎组	石炭系	上统	拉嘎组 C_2P_1l
	下统			永珠段 巴日阿郎寨段 朋嘎段 多那个里段	永珠公社组 洛工组	永珠群	永珠组 巴日阿郎寨组 朋嘎组 多那个里组			永珠组		下统	永珠组 $C_{1-2}y$
泥盆系	上统	查果罗玛组	灰岩层	德日昂玛组	查果罗玛群	查果罗玛组		查果罗玛组	查果罗玛组	查果罗玛组	泥盆系	上统	查果罗玛组 D_1C_1c
	中统	达尔东群	查果罗玛组		郎玛群	达尔东群		德日昂玛组	德日昂玛组			中统	
	下统		郎玛组 德日昂玛组 ? 日阿觉组 达尔东组	查果罗玛组	德日昂玛组			上郎玛沟组 达尔东组 张恩组	达尔东组	达尔东组		下统	达尔东组 D_1d
				达尔东组 郎玛沟组	达尔东组								

层灰岩、生物碎屑灰岩、泥灰岩为主的地层体，含丰富的竹节石、腕足类、珊瑚等，底界与扎弄俄玛组之间呈平行不整合接触，顶界与查果罗玛组呈整合接触。区内达尔东组主要分布在木纠错东西两侧和果芒错—玖如错一线，分布面积为400km^2。自从西藏自治区地质局综合普查大队夏代祥等（1978）首先对区内的泥盆系进行研究和划分以来，之后中国科学院南京地质古生物研究所许汉奎（1981）、武汉地质学院杨式溥（1981）等、中国地质科学院北京地质矿产研究所林宝玉（1981、1983），中国地质科学院成都地质矿产研究所喻洪津（1985）、中国科学院南京地质古生物研究所倪寓南（1987）、中国地质科学院成都地质矿产研究所饶靖国（1988）等，都对该区的泥盆系进行过研究并提出各自的划分方案（表2－4）。

Ⅰ. 据申扎县日阿觉—达尔东下泥盆统达尔东组实测剖面（图2－14），其层序如下：

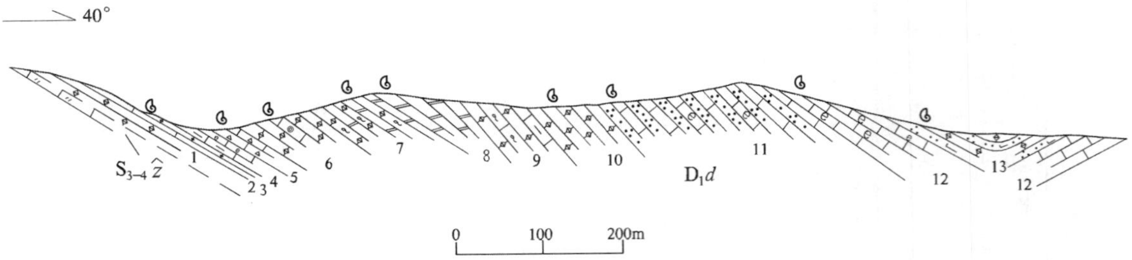

图2－14　申扎县日阿觉—达尔东下泥盆统达尔东组实测剖面图

达尔东组（D_1d）：　　（未见顶）　　**637.58m**

13. 灰色薄层状细粒钙质石英粉砂岩与灰色—浅灰色中层状泥晶灰岩韵律层，粉砂岩具层面构造，灰岩中产竹节石、螺类。　　32.13m

竹节石化石：*Nowakia acuaria* ?

12. 灰色中薄层状生物碎屑灰岩，产海百合茎、珊瑚、腕足等　　30.48m

11. 深灰色薄层状粉屑灰岩与灰色浅灰色微层状中细粒石英砂岩韵律，夹含生物碎屑灰岩，产牙形刺、竹节石　　157.68m

牙形刺化石：*Pandorinellina optima*（Moskalenko）（图版 VI，6）
　　Icriodus sp.（图版 V，3，4）

竹节石化石：*Nowakia acuaria*

珊瑚化石：? *Thamnopora* sp.

在褶皱另一翼产牙形刺化石：*Polygnathus* cf. *kitabicus* Yolkin et al.（图版 V，5）
　　Polygnathus sp.
　　Ozarkodina sp.

珊瑚化石：*Coenites* sp.
　　Cladopora sp.
　　Favosites sp.（图版 II，15）
　　Thamopora sp.

10. 深灰色微层状泥晶灰岩，产丰富的竹节石和海绵骨针　　55.29m

竹节石化石：*Tentaculites* sp.

9. 灰色中薄层状泥晶灰岩，夹泥质条带状灰岩，上部为紫红色微层状泥质灰岩，产牙形刺、竹节石　　42.88m

牙形刺化石：*Belodella* sp.
　　Pseudooneotodus beckmanni（Bischoff et Sanneman）

竹节石化石：*Styliolina* sp.
　　Nowakia sp.

在褶皱另一翼产牙形刺化石：*Ozarkodina pandora* Morph，Murphy，Matti et Walliser（图版 V，1，2）
　　Pandorinellina exigua postexcelsa Wang et Ziegler

Belodella sp.

Bryantodus sp.

竹节石化石：*Nowakia acuaria*？

8. 灰色中薄层状粉晶、细晶白云岩，产牙形刺、珊瑚 53.90m

牙形刺化石：*Ozarkodina* sp.

Panderodus sp.

珊瑚化石：*Cladopora* sp.

Heliolites sp.（图版Ⅱ，16）

在褶皱另一翼产牙形刺化石：*Lonchodina* sp.

7. 灰色微层状泥质条带泥晶灰岩与灰黄色微层状细晶白云岩韵律层，夹灰色角砾状灰岩。泥晶灰岩中产海百合茎、珊瑚、腕足、牙形刺、头足类等 54.83m

牙形刺化石：*Plectospathodus* sp.

Ozarkodina remscheidensis（Ziegler）（图版Ⅴ，6，7）

Ozarkodina remscheidensis remscheidensis（Ziegler）（图版Ⅵ，4，7）

Ozarkodina denckemanni Ziegler

Pandorinellina sp.

头足类化石：*Michelinoceras* sp.

6. 深灰色微层状泥晶灰岩夹0.5m厚的鲕状灰岩，鲕状灰岩中产珊瑚、腕足、牙形刺、海百合茎 71.36m

牙形刺化石：*Pseudooneotodus beckmanni*（Bischoff et Sanneman）（图版Ⅴ，12）

Ozarkodina pandora alpha Morph，Murphy，Matti et Walliser（图版Ⅵ，12）

Ozarkodina sp.（图版Ⅵ，3）

Pandorinellina optima（Moskalenko）

Belodella sp.

珊瑚化石：*Taxopora* sp.

5. 浅灰—灰色中层状角砾状灰岩，产珊瑚、螺类 22.75m

4. 灰色微层状泥质灰岩，深灰色中薄层状生物碎屑微晶灰岩，产珊瑚、海百合茎、牙形刺等 53.52m

牙形刺化石：*Pandorinellina* sp.

Ozarkodina pandora alpha Morph，Murphy. Matti et Walliser（图版Ⅵ，9，10，11）

Ozarkodina pandora Murphy，Matti et Walliser

3. 灰色中薄层状泥晶灰岩 15.72m

牙形刺化石：*Ozarkodina excavata excavata*（Branson et Mehl）（图版Ⅴ，8，9，10）

Ozarkodina excavata？*excavata*（Branson et Mehl）（图版Ⅵ，8）

Ozarkodina？*excavata*（Branson et Mehl）（图版Ⅴ，11）

Ozarkodina remscheidensis remscheidensis（Ziegler）（图版Ⅵ，5）

Ozarkodina wurmi

Ozarkodina inclinata inclinata（Rhodes）

2. 灰色薄板状灰岩 13.82m

1. 紫红色薄层状泥晶灰岩，产海百合茎、海绵、海参等 33.22m

---------- 平行不整合 ----------

下伏地层：扎弄俄玛组浅灰色厚层白云质灰岩

Ⅱ. 据申扎县查果罗玛—德悟卡下下泥盆统达尔东组实测剖面（图2－15），其地层层序如下：

上覆地层：查果罗玛组灰黑色厚—块状砂屑灰岩

———————— 整 合 ————————

达尔东组（D_1d）： **1 069.01m**

10. 灰色中层状含砂屑生物碎屑灰岩，产腕足、珊瑚 31.17m

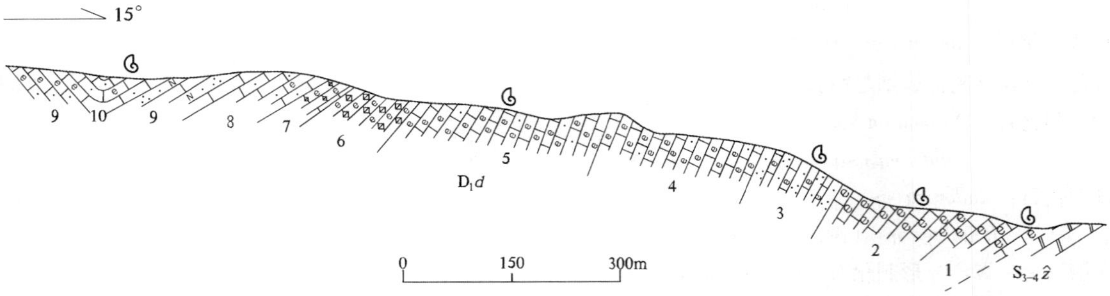

图 2-15　申扎县查果罗玛—德悟卡下下泥盆统达尔东组实测剖面图

9.	浅土黄色微层状细粒长石石英砂岩与灰色中薄层状灰岩韵律层	62. 11m
8.	紫红色中层状砂屑含生物碎屑灰岩	58. 19m
7.	土黄色生物碎屑泥晶灰岩与紫红色生物碎屑泥晶灰岩韵律，下部为灰色中层含砂屑生物碎屑灰岩 在褶皱另一翼产头足类化石：Michelinoceras sp.	23. 30m
6.	浅黄色薄层状生物碎屑泥晶灰岩与紫红色生物碎屑泥晶灰岩韵律层	69. 79m
5.	灰色中薄层含砂屑生物碎屑灰岩，产腕足、珊瑚、苔藓虫	222. 38m
4.	深灰色中层状含砂屑生物碎屑灰岩	205. 08m
3.	灰白色中厚层状细粒石英砂岩与灰色中薄层生物碎屑灰岩韵律，砂岩中具水平层理	117. 87m
2.	灰色中层状含生物碎屑灰岩，产珊瑚、双壳	184. 09m
1.	灰黑—黑色中厚层状生物碎屑灰岩，产珊瑚、苔藓虫、海百合茎 珊瑚化石：*Martinophyllum* sp. 在褶皱另一翼产珊瑚化石：*Tryplasma*? sp.（图版 II，8）	95. 03m

---------平行不整合---------

下伏地层：扎弄俄玛组灰色厚层细晶白云岩

达尔东组在日阿觉—达尔东山剖面厚度为 637. 58m，在查果罗玛剖面厚度为 1 069. 01m。岩石组合主要为灰色—深灰色中薄层状生物碎屑灰岩、泥晶灰岩、浅灰—灰色中层状角砾状灰岩和土黄色紫红色中薄层状砂屑灰岩、生物碎屑灰岩，夹少量的石英砂岩。产珊瑚、头足类、竹节石、海绵骨针、海百合茎、介形、牙形刺等化石。与下伏扎弄俄玛组呈平行不整合接触。与上覆查果罗玛组呈整合接触。早泥盆世早期本区发生了规模较大的海侵，形成了碳酸盐岩为主夹碎屑岩的沉积。其中，生物以浮游为生的角石和竹节石为主体，局部产底栖的腕足、珊瑚、海百合茎。早泥盆世中晚期，海水逐渐加深而趋于平静。

达尔东组的基本层序特征如图 2-16 所示，在下部是由浅灰—灰色微层中细粒石英砂岩与浅灰—灰色中层泥晶灰岩、粉屑灰岩组成，上部由灰色薄层钙质石英粉砂岩与灰色泥晶灰岩、粉屑灰岩组成，其变化特征是自下而上粒度变细，具退积层序的特征，反映海水向上加深，为海侵体系域的产物。

（2）时代讨论

达尔东组的牙形刺均由本图幅采集和分析，经中国科学院南京地质古生物研究所王成源研究员鉴定牙形刺有：*Ozarkodina excavata excavata*（Branson et Mehl）（图版 V，8，9，10）（图版 VI，8），*Ozarkodina? excavata*（Branson et Mehl）（图版 V，11），*Ozarkodina pandora alpha* Morph，Murphy，Matti et Walliser（图版 VI，9，10，11，12），*Ozarkodina pandora* Morph，Murphy，Matti et Walliser（图版 V，1，2），*Ozarkodina wurmi* Wang et Ziegler，*Ozarkodina inclinata inclinata*（Rhodes），*Ozarkodina inclinata*（Rhodes），*Ozarkodina remscheidensis remscheidensis*（Ziegler）（图版 VI，4，5，7），*Ozarkodina remscheidensis*（Ziegler）（图版 V，6，7），*Ozarkodina denckemanni* Ziegler，*Ozarkodina* sp.（图版 VI，3），*Pandorinellina optima*（Moskalenko）（图版 VI，6），*Pandorinellina exigua postexcelsa* Wang et Ziegler，*Pandorinellina* sp.，

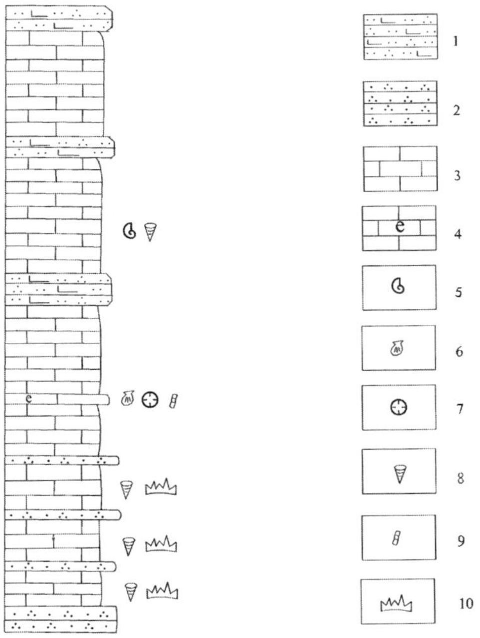

图 2－16　申扎县达尔东早泥盆世达尔东组基本层序

1. 灰色薄层钙质石英粉砂岩；
2. 浅灰—灰色微层中细粒石英砂岩；
3. 浅灰—灰色中层岩泥晶灰岩、粉晶灰岩；
4. 灰色生物碎屑砂屑灰岩；
5. 腕足类化石富集层；
6. 双壳类化石富集层；
7. 珊瑚类化石富集层；
8. 竹节石类化石富集层；
9. 海百合茎类化石富集层；
10. 牙形刺化石富集层

Pseudooneotodus beckmanni（Bischoff et Sanneman）（图版Ⅴ，12），*Protopanderodus liripipus* Kennedy，Barnes et Uyeno，*Panderodus* sp.，*Belodella* sp.，*Plectospathodus* sp.，*Panderodus* sp.，*Lonchodina* sp.，*Bryantodus* sp.，*Icriodus* sp.（图版Ⅴ，3，4），*Polygnathus* cf. *kitabicus* Yolkin et al.（图版Ⅴ，5），*Polygnathus* sp. 等。其中，*Ozarkodina pandora* 是早泥盆世洛赫科夫阶（Lochkovian）特有化石（表 2－5），*Polygnathus* cf. *kitabicus* 是早泥盆世埃姆斯阶（Emsian）带化石（表 2－5）。除上述剖面中化石外，在日阿觉达尔东山（PⅢ'WH 10）采到牙形刺：*Belodella resima*（Philip）（图版Ⅴ，13），*Ancyrodelloides* sp.（图版Ⅵ，1，2）；在刚木桑南山（PⅧ WH 34）采到牙形刺：*Ozarkodina excavata tuma* Murphy et Matti（图版Ⅷ，9，10，11，12）。其中，*Ancyrodelloides* sp. 的地质时代为早泥盆世早期（Lochkovian）（表 2－5）。因此，确认本区存在 *Polygnathus* cf. *kitabicus* 带和 *Ozarkodina pandora-Ancyrodelloides* 组合（表 2－5），其牙形刺的地质时代应为早泥盆世。

本图幅在达尔东组还采得了大量的竹节石，经中国科学院南京地质古生物研究所穆道成研究员鉴定竹节石有：*Nowakia acuaria*，*Nowakia* sp.，*Tentaculites* sp.，*Styliolina* sp.，*Metastyliolina* sp. 等，其中 *Nowakia acuaria* 是布拉格阶（Pragian）的带化石（表 2－5），*Styliolina* sp. 的时代为洛赫科夫阶（Lochkovian）—布拉格阶（Pragian）。1979 年西藏区调队于达尔东剖面还采到 *Guerichina xizangensis*，*Guerichina strangulata*，*Nowakiapraecuesor*，*Nowakia funneliforme*，*Nowakia xizangensis* 等，其中 *Guerichina strangulata* 在波西米亚是晚布拉格阶（Pragian）的带化石（表 2－5），*Guerichina xizangensis* 是珠峰地区的凉泉组上部的带化石，该带可与波西米亚竹节石第四带，即 *Guerichina strangulata* 带相比较。*Nowakia praecueso* 在波西米亚地区是埃姆斯阶（Emsian）的带化石（表 2－5）。因此，确认本区存在 *Nowakia praecueso* 带、*Nowakia acuaria* 带和 *Guerichina strangulata* 带（表 2－5），其地质时代应为早泥盆世。

上述剖面中的四射珊瑚：*Martinophyllum* sp.，*Tryplasma*? sp.（图版Ⅱ，8）（表 2－5），由吉林地调院郑春子（教授级高工）鉴定，并建立早泥盆世 *Martinophyllum* 珊瑚带。上述剖面中的床板珊瑚：*Coenites* sp.，*Favosites* sp.（图版Ⅱ，15），*Thamopora*? sp.，*Cladopora* sp.，*Heliolites* sp.（图版Ⅱ，16），*Taxopora* sp. 等，由中国科学院南京地质古生物研究所邓占球研究员鉴定，其地质时代为志留纪—中泥盆世。

此外，本次工作中在申扎县申布弄一带的达尔东组中还采集了苔藓虫化石，经中国科学院南京地质古生物研究所胡兆珣研究员鉴定属种有 *Leptotrypella* sp.，*Eridotrypa*? sp.，其地质时代为早—中泥盆世。

综上所述，从达尔东组的牙形刺和竹节石以及其他各门类化石的鉴定结果可以认为达尔东组应为早泥盆世的沉积产物。

表2-5　多巴区幅晚古生代生物地层划分表

年代地层			岩石地层	主要化石类群组合序列					
系	统	阶		牙形刺	䗴	珊瑚	头足	腕足	竹节石
二叠系	乐平统	长兴阶	木纠错组 P_3m						
		吴家坪阶							
	瓜德鲁普统	卡匹敦阶	下拉组 P_2x		*Neoschwagerina* 带 *Nankinella*	*Ipciphyllum*- *Waagenophyllum*- *Wentzelellites* 组合		*Dielasma millepunctatum*- *Psudoantiquatonia mutabilis* 组合	
		沃德阶							
		罗德阶							
	乌拉尔统	空谷阶	昂杰组 P_1a	*Neostreptognathodus*		*Lophophyllidium*		*Spiriferella*-*Costiferina* 组合 *Neospirifer* *Pseudosyringothyris* *Paeckelmannella*	苔藓虫： *Polypora* *Fenestella*
		亚丁斯克阶	拉嘎组 C_2P_1l						
		萨克马尔阶							
		阿瑟尔阶							
石炭系	宾夕法尼亚亚系	格舍尔阶							
		卡西莫夫阶	永珠组 $C_{1-2}y$	*Declinognathodus inaequalis* *Gnathodus girtyi*-*Gnathodus texanus* 组合		*Cyathaxonia* *Lophyllidium* *Bradyphyllum*	*Goniatites* 带	*Trigonatreta* cf. *paucicostulata*- *Elivella baschkirica* 组合 *Choristites*-*Spirigerella* 组合 *Productus*-*Rhipidomella tibetena*	
		莫斯科阶							
		巴什基尔阶							
	密西西比亚系	谢尔普霍夫阶							
		维宪阶							
		杜内阶	查果罗玛组 $D_1C_1\hat{c}$	*Caudicriodus angustus angustus*		*Canadiphyllum*? *Martinophyllum* 带		*Cyrtospirifer* 组合 *Yunnanella*	
泥盆系	上	法门阶							
		弗拉阶							
	中	吉维特阶							
		艾菲尔阶							
	下	埃姆斯阶	达尔东组 D_1d	*Polygnathus* cf. *kitabicus* 带 *Ozarkodina pandora*- *Ancyrodelloides* 组合		*Tryplasma*? *Favosites* *Heliolites*	*Michelinoceras*		*Nowakia praecueso* 带 *Nowakia acuaria* 带 *Guerichina strangulata* 带
		布拉格阶							
		洛霍考夫阶							

2. 下泥盆—下石炭统查果罗玛组（$D_1C_1\hat{c}$）

（1）岩石地层特征

查果罗玛组一名由夏代祥等（1979）创建，原始定义为灰—灰白色白云岩、灰岩、竹叶状灰岩等，时代为晚泥盆世。之后林宝玉（1981、1984）、杨式溥（1981）、许汉奎（1981）、饶靖国（1988）先后在原查果罗玛组地层中划分出巴日阿郎寨段、德日昂玛组（朋嘎段、多那个里段）、朗玛群、洛工组、朋嘎组、多那个里组、木纠布曲组等。这些组从岩性特征方面难以从原查果罗玛组中区分出来，并且它们均不属于岩石地层单位，因此本报告和《西藏自治区岩石地层》观点一致，仍沿用查果罗玛组一名，主要指整合于达尔东组深灰色薄层生物灰岩、泥灰岩之上，永珠组砂岩、页岩之下的浅灰色厚层—块状石灰岩、白云质灰岩。

测区内的查果罗玛组主要分布在达东玛尔、摸山—木纠错、果芒错—玖如错一线，近东西向带状分布，在雄梅乡东的嘎木也有分布。出露面积765km²。

据申扎县永珠乡朋嘎—郎玛下泥盆—下石炭统查果罗玛组实测剖面（图2－17），其地层层序如下：

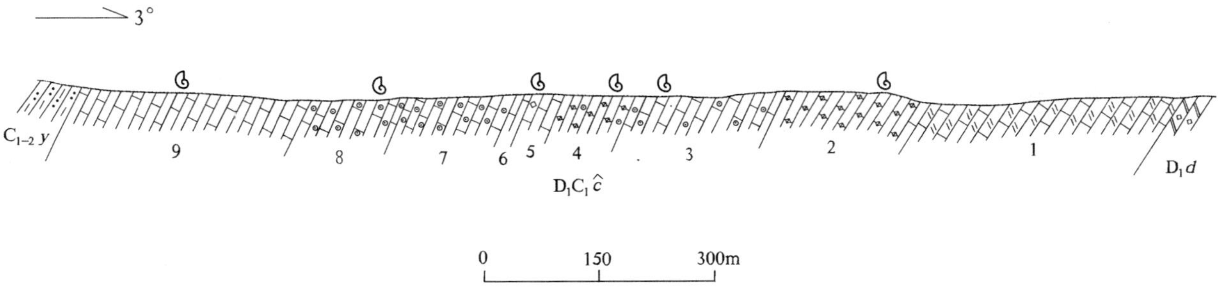

图2－17 申扎县永珠乡朋嘎—郎玛下泥盆—下石炭统查果罗玛组实测剖面图

上覆地层：永珠组深灰绿色纹层状粉砂质泥岩

——————— 整 合 ———————

查果罗玛组（$D_1C_1\hat{c}$）： **1 148.76m**

9. 灰色厚层—块状含生物碎屑砂屑灰岩夹团块状鲕粒灰岩，砂屑灰岩中产腕足碎片。西藏自治区区测队于该层采到珊瑚、层孔虫 216.17m

   珊瑚化石：*Pseudozaphrentis tenuiseptata* Fen

   Scoliopora chaguoluomaensis Jin

   层孔虫化石：*Amphipora pervesiculata* Lecompte

   Stachyodes costulata Lecompte

   Stachyodes lagowiensis tenuicolumnaris Zukalova

   Anostylostrona longmenshanensis Wang

8. 浅灰色厚层状鲕粒灰岩，局部含少量海百合茎 105.58m
7. 灰色块状鲕粒灰岩，夹灰色薄层状砾屑砂屑亮晶灰岩 138.57m

   牙形刺化石：*Belodella resima*（Philip）（图版Ⅸ，5），

   Caudicriodus angustus cauda Wang（图版Ⅸ，6，7，8，9）

   Caudicriodus angustus angustus（Stewart st Sweet）（图版Ⅸ，10，11，12，13）

   Caudicriodus sp.（图版Ⅸ，14）

6. 灰色厚层状砾屑砂屑亮晶灰岩 18.72m
5. 灰色块状微晶灰岩，夹灰色粒屑灰岩 42.26m

   牙形刺化石：*Ozarkodina excavata excavata*（Branson et Mehl）（图版Ⅸ，4）

   Ozarkodina sp.

   西藏自治区区测队于该层采到层孔虫化石：*Anostylostrona* sp.

Stachyodes xainzaensis Wang

4. 灰色厚层状含鲕粒泥晶灰岩　89.61m

牙形刺化石：*Ozarkodina excavata excavata*（Branson et Mehl）（图版 IX，3）

Ozarkodina excavata（Branson et Mehl）

Ozarkodina sp.

3. 灰色厚层状鲕粒灰岩、含鲕粒砂屑灰岩。西藏自治区区调队于该层中采到珊瑚、层孔虫　152.36m

珊瑚化石：*Pseudozaphrentis tenuiseptata* Fen

Pseudozaphrentis minor Fen

Pseudozaphrentis xainzaensis Fen

层孔虫化石：*Stachyodes* cf. *costulata* Lecompte

2. 浅灰色灰白色厚层状含砂屑泥晶灰岩、砂屑灰岩，夹粉红色粉晶灰岩透镜体　169.35m

泥晶灰岩中产牙形刺化石：*Pandorinellina exigua philipi* Klapper

Belodella resima（Philip）

1. 浅灰色块状白云质灰岩　216.14m

——————整　合——————

下伏地层：达尔东组浅灰色中薄层状含生物碎屑细晶白云岩

查果罗玛组的厚度为 1 148.76m。下部为厚层块状白云质灰岩，中部为浅灰色灰色厚层—块状鲕粒灰岩、含砂屑鲕粒灰岩夹粒屑灰岩、微晶灰岩、粉晶灰岩，上部为灰色厚层—块状含生物碎屑灰岩，在德日昂玛一带有似竹叶状灰岩分布。鲕状灰岩和竹叶状灰岩的大量出现，说明当时的水体处于潮汐带高能沉积环境。处于高水位体系域。该组与下伏地层达尔东组呈整合接触，与上覆地层永珠组深灰绿色纹层状粉砂质泥岩呈整合接触。

（2）时代讨论

对于查果罗玛组的生物地层研究前人曾做了大量的工作。因此，本图幅主要做了牙形刺和珊瑚的采集和分析工作，经中国科学院南京地质古生物研究所王成源研究员鉴定牙形刺有 *Pandorinellina exigua philipi* Klapper，*Ozarkodina excavata excavata*（Branson et Mehl）（图版 IX，3，4），*Ozarkodina* sp.，*Belodella resima*（Philip）（图版 IX，5），*Caudicriodus angustus cauda* Wang（图版 IX，6，7，8，9），*Caudicriodus angustus angustus*（Stewart st Sweet）（图版 IX，10，11，12，13），*Caudicriodus* sp.（图版 IX，14）。其中，*Caudicriodus angustus angustus* 主要分布于上述剖面第 7 层，其地质时代为中泥盆世艾菲尔阶的重要化石（表 2-5），而 *Pandorinellina exigua philipi*，*Ozarkodina excavata excavata* 主要分布于上述剖面第 7 层以下，其地质时代为布拉格—埃姆斯阶。因此上述剖面的第 7 层以下的地质时代为早泥盆世，从第 7 层开始进入中泥盆世。

此外，在本次工作中我们在果芒错东岸的查果罗玛组上部（D6012 地质点）采到早石炭世珊瑚，经中国科学院南京地质古生物研究所廖卫华研究员鉴定珊瑚有：*Canadiphyllum*? sp.，*Zaphriphyllum*? sp.，*Bothrophyllum*? sp.。其中 *Canadiphyllum*? sp.（表 2-5）、*Zaphriphyllum*? sp. 的地质时代为早石炭世。西藏自治区综合队也曾在该组采到牙形刺：*Ozarkodina eurekaensis*，*Palmatokepis glabra pectinata*，*Polygnathus communis*，*P. gronbergi*，*Spathognathus frankenwaldensis*，其中 *Ozarkodina eurekaensis* 是吉维特阶（Givetian）的主要分子。西藏自治区区测队采到珊瑚：*Pseudozaphrentis minor* Fen，*P. tenuiseptata* Fen，*P. xainzaensis* Fen，*Scoliopora chaguoluomaensis* Jin，其地质时代为晚泥盆世。1983 年西藏自治区区调队在木纠错一带采到腕足：*Cyrtospirifer* sp. 和 *Yunnanella* sp. 其时代为晚泥盆世（表 2-5）。

西藏自治区区调队还曾在上述地层中采到层孔虫：*Amphipora pervesiculata* Lecompte，*Stachyodes costulata* Lecompte，*S. xainzaensis* Wang，*S. lagowiensis tenuicolumnaris* Zukalova，*Anostylostrona longmenshanensis* Wang，*A.* sp.。

综上所述，从查果罗玛组的牙形刺、珊瑚以及腕足的时代来看查果罗玛组应为早泥盆世—早石炭世的沉积产物。

二、石炭系

早在1958年，原地质部青海石油普查大队在该区进行过工作，并将该区的石炭—二叠系划分为塔尔玛岩系、沙龙列丁岩系、米酒雄岩系。详细的研究工作始于1970年，夏代祥等人对分布在测区内的该地层进行详细的划分，之后杨式溥和范影年、林宝玉、夏凤生和章炳高等人先后根据各自的研究成果提出了划分方案。详见划分沿革表（表2－4）。

1. 下—上石炭统永珠组（$C_{1-2}y$）

（1）岩石地层特征

永珠组是由永珠群降级而来。现在定义：指整合于查果罗玛组灰岩之上、拉嘎组含砾砂岩之下的一套浅海相碎屑岩，其主要岩性为细粒石英砂岩、页岩、少量粉砂岩，夹多层灰岩或钙质砂岩。化石主要为珊瑚、腕足类、少量双壳类、三叶虫等。永珠组主要分布于松多、汤莱、洛工、洛岗、绿刚勒、强觉那普、央丁勒、那八尔巴、舍所、果布、结果、错门丁嘿、将那林下等地，呈近东西向展布，分布面积约445km²。

Ⅰ. 据申扎县德日昂玛—下拉山下—上石炭统永珠组实测剖面（图2－18），其层序如下：

上覆地层：拉嘎组灰白色中层状砂质砾岩

——————— 整 合 ———————

永珠组（$C_{1-2}y$）： **1 568.12m**

27. 灰白色中层状细粒石英砂岩，顶部为灰色钙质页岩 24.98m
26. 灰色页岩 22.33m
25. 青灰色中层状砂屑石英粗粉砂岩 107.21m
24. 灰色钙质页岩与灰白色中薄层细粒石英砂岩韵律层 24.20m
23. 灰绿色页岩，夹两层0.5m厚的灰色生物碎屑灰岩，灰岩中产腕足、双壳类 39.12m

腕足化石：*Trigonatreta* cf. *paucicostulata*（Reed）（图版XV，9）
Neospirifer sp.
Marginifera sp.
Striatifera? sp.
Elivella baschkirica（Tschernyschew）
Uncinunellina tetraplicata Lee et Gu，*Rhynchopora* sp.

双壳类化石：Pectinacea

22. 灰色页岩 38.63m
21. 灰白色中薄层中细粒石英砂岩，上部夹20m厚的灰色含砾中粒石英砂岩，底部为灰黑色页岩 83.56m
20. 灰白色中薄层中粒石英砂岩夹灰色生物碎屑灰岩砾石，砂岩具水平层理和交错层理，下部为3m厚的灰色中薄层含生物屑灰岩 96.90m

灰岩砾石中产腕足化石：*Adminiculoria* cf. *middlessi*（Diener）
Elivella baschkirica（Tschernyschew）
"*Spirifer*" sp.

生物碎屑灰岩中产腕足化石：*Uncinunellina wangenheimi*（Pander）（图版XIV，2，3，6）
Levipustula xizangensis Yang（图版XV，6，7，8）
Notothyris? sp.
Juresania sp.
Acanthoplecta sp.
Linoproductus sp.
Trigonatreta cf. *paucicostulata*（Reed）
Neospirifer sp.

Choristites sp.
Dielasma sp.
Athyris sp.
"*Spirifer*" sp.
Squamularia sp.
Uncinunellina tetraplicata Lee et Gu
Spirigerella sp.

19. 灰黄色中薄层细粒石英砂岩、粉砂岩，具水平层理　112.74m
18. 灰白色中层状石英粗粉砂岩、中粒石英砂岩，夹0.5m厚的灰色生物碎屑灰岩，灰岩中产珊瑚、腕足、海合茎、牙形刺　72.96m

牙形刺化石：*Streptognathodus sinuatus* Harris and Hollingsworth
Streptognathodus sp.

遗迹化石：*Taenidium* sp.

17. 灰色中薄层细粒石英砂岩与浅灰绿色微层状粉砂岩泥质粉砂岩韵律层，产珊瑚、海百合茎、腕足　12.43m
16. 灰色微薄层状粉砂质细粒石英砂岩　42.95m
15. 灰白色中薄层状细粒石英砂岩　20.76m
14. 灰绿色微层状粉砂质细粒石英砂岩，夹灰色生物碎屑灰岩透镜体，并含有灰色中细粒石英砂岩砾石。灰岩中产珊瑚、海合茎、腕足、苔藓虫　62.21m

腕足化石：*Lissochonetes* sp.
Hemiplethorhynchus sp.
Chonetes sp.

苔藓虫化石：*Leioclema* sp.（图版 XI，12，13）
Meekopora yini Yang（图版 XI，14）（图版 XII，10）
Meekopora regularis Trizna（图版 XII，1，2）（图版 XIII，11）
Fenestella tenax Ulrich

13. 黄灰色细粉砂岩与灰绿色粉砂岩韵律层夹30cm厚的灰白色含石英砂屑生物碎屑灰岩。灰岩中产珊瑚、腕足、三叶虫、海百合茎　71.86 m

腕足化石：*Paeckelmannella* sp.
Neospirifer sp.
Brachythyris sp.
Choristites sp.

三叶虫：Phillipsiidae

12. 灰绿色条带状钙质细粉砂岩与灰黑色页岩韵律，下部为灰白色中层状生物碎屑灰岩。灰岩中产丰富的珊瑚、腕足、双壳、海百合茎　23.31 m

珊瑚化石：*Lophophyllidium* sp.

腕足化石：*Uncinunellina wangenheimi*（Pander）
Neospirifer derjawini（Janischewsy）
Neospirifer sp.
Phricodothyris echinnatas（Chao）
Choristites sp.
Spirigerella sp.
Overtonia sp.
Levipustula（?）*xizangensis* Yang
Liosotella? sp.
Brachythyris sp.
Linoproductus sp.
Martinia sp.

双壳类化石：*Pernopecten* sp.

11. 灰绿色微层状细粉砂岩，含钙质泥质粗粉砂岩，夹15cm厚的灰白色生物碎屑灰岩、灰岩结核。生物碎屑灰岩中产珊瑚、腕足、双壳 77.19 m

珊瑚化石：*Cumminsia* sp.

Empodesma sp.

Cyathaxonia sp. （图版III，9，12）

Bradyphyllum sp.

腕足化石："*Spirifer*" sp.

Choristites sp.

Spirigerella sp. （图版XIV，11，12，13，16）

Neospirifer derjawini（Janischewsy）

Neospirifer sp.

Eomarginifera xizangensis Yang

Paucispinifera sp. （图版XV，20，21，23）

Choristites xainzangensis Yang（图版XIV，18）

Chonetes sp.

Phricodothyris echinata（Chao）（图版XIV，5，7，8，9）

Martinia xainzaensis Yang

Juresania sp.

Athyris sp.

Martinia sp.

Squamularia sp.

Psilocamera sella（Kutorga）（图版XIV，14，17，19，20）

Marginifera sp.

Brachythyris sp.

双壳类化石：*Wilkingia* cf. *costata*（Meek et Worthen）

Wilkingia sp.

Posidoniella cf. *sulcata* Hind

Chaenomya? cf. *qabdoensis* Liu et Zhang

Sanguinolites? sp.

Cardiomorpha? sp.

Pectinacea

10. 灰绿色微层状—中薄层状粉砂岩、灰色中薄层细粒石英砂岩、深灰色钙质页岩 193.44m

9. 灰绿色粉砂质泥岩、钙质页岩，50cm厚的灰色生物碎屑灰岩。灰岩中产牙形刺、腕足、珊瑚、菊石 22.73m

牙形刺化石：*Gnathodus girtyi girtyi* Hass（图版X，4）

Declinognathodus sp. （图版X，7）

Streptognathodus sp.

腕足化石：*Linoproductus* sp.

8. 灰绿色页岩与灰黑色页岩韵律层，上部夹1m厚的灰色生物碎屑灰岩，灰岩中富产珊瑚、腕足、双壳 203.36m

腕足化石：*Overtonia* sp.

Spirigerella sp.

Brachychyris subcircularis Yang

Avonia sp.

7. 灰黑色页岩，底部为1.0m厚的灰绿色泥质石英粉砂岩，上部夹1.5m厚的灰绿色泥质粉砂岩。页岩中产珊瑚、腕足、牙形刺、海百合茎 70.16m

牙形刺化石：*Gnathodus girtyi simplex* Dunn（图版X，9）

Neognathodus sp.

Streptognathodus sp.

腕足化石：*Athyris* sp.

Martinia sp.

6. 灰绿色页岩，产腕足、双壳、菊石、牙形刺、海百合茎　26.20m

牙形刺化石：*Gnathodus girtyi girtyi* Hass（图版 X，5）

Gnathodus girtyi simplex Dunn（图版 X，8，10，11）

Gnathodus texanus Roundy（图版 X，15，16，17，18）

Gnathodus girtyi collinsoni Rhodes

Austin et Druce（图版 X，21）

Declinognathodus inaequalis（Higgins）（图版 X，12）

Declinognathodus cf. *inaequalis*（Higgins）（图版 X，20）

Declinognathodus sp.（图版 X，6）

Neognathodus inaequalis Koziskja

Streptognathodus sp.

Idiognathoides sp.

腕足化石：*Rhipidomellatibetena* Yang（图版 XV，13，17，18，22）

Linoproductus sp.

Athyris sp.

Striatifera sp.

Productus sp.

Schizophoria sp.

5. 灰黑色钙质页岩，产菊石、海百合茎　18.66m

菊石化石：*Goniatites* sp.

4. 紫色灰绿色页岩，夹 60cm 厚的灰色薄层含石英砂屑泥质生物碎屑泥晶灰岩，灰岩中产牙形刺、腕足、菊石、海百合茎　24.59m

牙形刺化石：*Gnathodus girtyi girtyi* Hass（图版 X，3）

Declinognathodus inaequalis（Higgins）（图版 X，13，14）

Declinognathodus cf. *inaequalis*（Higgins）（图版 X，19）

3. 灰绿色微层泥质粉砂岩，夹灰色石英砂屑生物碎屑灰岩薄层　13.90m
2. 灰黑色灰绿色钙质页岩，含粉砂质细砂岩砾石　12.48m
1. 灰绿色微层石英细粉砂岩　49.26m

——————— 整　合 ———————

下伏地层：查果罗玛组紫红色生物碎屑灰岩

Ⅱ. 据申扎县昂杰下—上石炭统永珠组实测剖面（图 2-19），其层序如下：

上覆地层：拉嘎组灰色厚层细砾质中砾岩

——————— 整　合 ———————

永珠组（$C_{1-2}y$）：　183.41m

6. 灰色灰绿色薄层凝灰质岩屑长石石英粉砂岩，含砂屑凝灰质粉砂岩，夹两层灰岩薄层。粉砂岩中含少量化石碎片　55.05m
5. 灰色薄层细粒长石石英砂岩，具水平层理和交错层理。底部为水道相砂砾岩　6.45m
4. 灰绿色薄层状细粒凝灰质石英砂岩、灰黄色中层凝灰质长石石英砂岩，石英砂岩中局部含细砾石　41.98m
3. 灰白色中层中细粒凝灰质岩屑钙质杂砂岩，底部具水道相沉积特征的砾岩、含砾粗砂岩　9.99m
2. 灰绿色中层状细粒凝灰质杂砂岩　44.33m
1. 灰白色厚层状含砾中粒岩屑石英砂岩，顶部具水平层理　25.61m

（未见底）

从上述剖面可以看出，永珠组的岩性以细粒石英砂岩、页岩、少量粉砂岩和多层灰岩或钙质砂岩为主。与下伏地层查果罗玛组紫红色生物碎屑灰岩之间为连续沉积的整合接触，与上伏地层拉嘎组灰白色砂质砾岩之间亦为连续沉积的整合接触。区内的永珠组在德日昂玛山南坡厚度为 1 568. 12m。底部以石英细粉砂岩、钙质页岩、页岩为主，夹多层生物碎屑灰岩；中部为粉砂岩、细砂岩；上部为细—中砂岩，顶部钙质页岩，局部见有砾石出现。此外，在拉嘎一带的永珠组，其上部层位中含大量的火山物质，同时出现了具有海底水道相沉积特征的砾岩、砂砾岩，说明本区早石炭世已经结束晚泥盆世末期的海退，开始进入缓慢的海进时期，且至晚石炭世早期才形成滨浅海相沉积环境。但值得特别提出的是，永珠组上部具冷水特征的珊瑚和腕足的出现，说明该组在晚石炭世早期沉积时期经历了石炭纪冰期的影响，海水可能较冷。拉嘎一带的永珠组中—基性火山碎屑岩的出现说明当时的地壳可能伴有张裂活动。

（2）时代讨论

永珠组的化石十分丰富，在上述Ⅰ剖面系统采集到大量的腕足类化石，经中国地质科学院沈阳地质矿产研究所苏养正研究员和吉林地调院郑春子（教授级高工）鉴定有以下属种：*Trigonatreta* cf. *paucicostulata*（Reed）（图版 XV，9），*Marginifera* sp.，*Martinia xainzaensis* Yang，*Martinia* sp.，“*Spirifer*” sp.，*Squamularia* sp.，*Spirigerella* sp.（图版 XIV，11，12，13，16），*Striatifera* sp.，*Schizophoria* sp.，*Elivella baschkirica*（Tschernyschew），*Eomarginifera xizangensis* Yang，*Uncinunellina tetraplicata* Lee et Gu，*Uncinunellina wangenheimi*（Pander）（图版 XIV，2，3，6），*Neospirifer derjawini*（Janischewsy），*Neospirifer* sp.，*Notothyris*? sp.，*Paeckelmannella* sp.，*Paucispinifera* sp.（图版 XV，20，21，23），*Phricodrthyris echinata*（Chao）（图版 XIV，5，7，8，9），*Psilocamera sella*（Kutorga）（图版 XIV，14，17，19，20），*Choristites xainzangensis* Yang（图版 XIV，18），*Choristites* sp.，*Chonetes* sp.，*Overtonia* sp.，*Levipustula xizangensis* Yang（图版 XV，6，7，8），*Liosotella*? sp.，*Linoproductus* sp.，*Lissochonetes* sp.，*Rhipidomella tibetena* Yang（图版 XV，13，17，18，22），*Rhipidomella* sp.，*Rhynchopora*，*Brachychyris subcircularis* Yang，*Brachythyris* sp.，*Dielasma* sp.，*Athyris* sp.，*Acanthoplecta* sp.，*Avonia* sp.，*Hemiplethorhynchus* sp.，*Juresania* sp. 等。其中，*Rhipidomella tibetena* Yang，*Productus* sp.，*Brachychyris subcircularis* Yang 在上述Ⅰ剖面中主要分布于第 11 层以下，其生物群面貌具早石炭世晚期特征，且 *Productus-Rhipidomella tibetena* 可作为该期生物组合（表 2－5）。*Spirigerella* sp.，*Phricodothyris echinata*（Chao），*Choristites* sp. *Psilocamera sella*（Kutorga）*Trigonatreta* cf. *paucicostulata*（Reed），*Elivella baschkirica*（Tschernyschew）在上述Ⅰ剖面中主要分布于第 11 层以上，其地质时代为晚石炭世早期。其中，*Choristites*、*Spirigerella* 主要分布于第 11 层至第 20 层之间，该段地层可确定为 *Choristites-Spirigerella* 晚石炭世早期下部组合（表 2－5）；*Trigonatreta* cf. *paucicostulata*（Reed），*Elivella baschkirica* 主要分布于第 20 层以上，该段地层可确定为 *Trigonatreta* cf. *paucicostulata-Elivella baschkirica* 晚石炭世早期上部组合（表 2－5）。此外，以上腕足种属虽然较多，但已经开始出现特化，且 *Choristitites* 的内部结构不同于华南威宁期的 *Choristites*，并且冷水习性的 *Uncinunellina* 已经悄然出现。上述Ⅰ剖面中的牙形刺经采集和分析，中国科学院南京地质古生物研究所王成源研究员鉴定有牙形刺：*Gnathodus girtyi girtyi* Hass（图版 X，3，4，5），*Gnathodus girtyi simplex* Dunn（图版 X，8，9，10，11），*Gnathodus girtyi collinsoni* Rhodes，Austin et Druce（图版 X，21），*Gnathodus texanus* Roundy（图版 X，15，16，17，18），*Declinognathodus inaequalis*（Higgins）（图版 X，12，13，14），*Declinognathodus* cf. *inaequalis*（Higgins）（图版 X，19）（图版 X，20），*Declinognathodus* sp.（图版 X，6，7），*Neognathodus inaequalis* Koziskja，*Neognathodus* sp.，*Streptognathodus sinuatus* Harris and Hollingsworth，*Streptognathodus* sp.，*Idiognathoides* sp.。其地质时代为早石炭世晚期—晚石炭世早期。其中，*Gnathodus girtyi-Gnathodus texanus* 可作为早石炭世晚期组合（表 2－5），该组合在上述Ⅰ剖面中位于第 11 层以下。此外，需特别说明的是，*Declinognathodus inaequalis* 常出现于晚石炭世早期（表 2－5），但在本区与 *Gnathodus girtyi*，*Gnathodus texanus* 混生，且以 *Gnathodus girtyi*，*Gnathodus texanus* 为主，因此，上述Ⅰ剖面第 11 层以下仍归于早石炭世。

在上述Ⅰ剖面的第 5 层产菊石 *Goniatites* sp.，该化石由中国科学院南京地质古生物研究所孙东立研究员鉴定，并确认 *Goniatites* 为下石炭统维宪阶上部带化石（表 2－5）。

在上述Ⅰ剖面第 11 层和 12 层还采集到一些小型单体珊瑚，经吉林地调院郑春子（教授级高工）鉴定为 *Lophophyllidium* sp.，*Cumminsia* sp.，*Empodesma* sp.，*Cyathaxonia* sp.（图版 III，9，12），*Bradyphyllum* sp. 等，并认为上述珊瑚的时代应为晚石炭世早期（表 2－5），其中，*Cyathaxonia*（表 2－5）

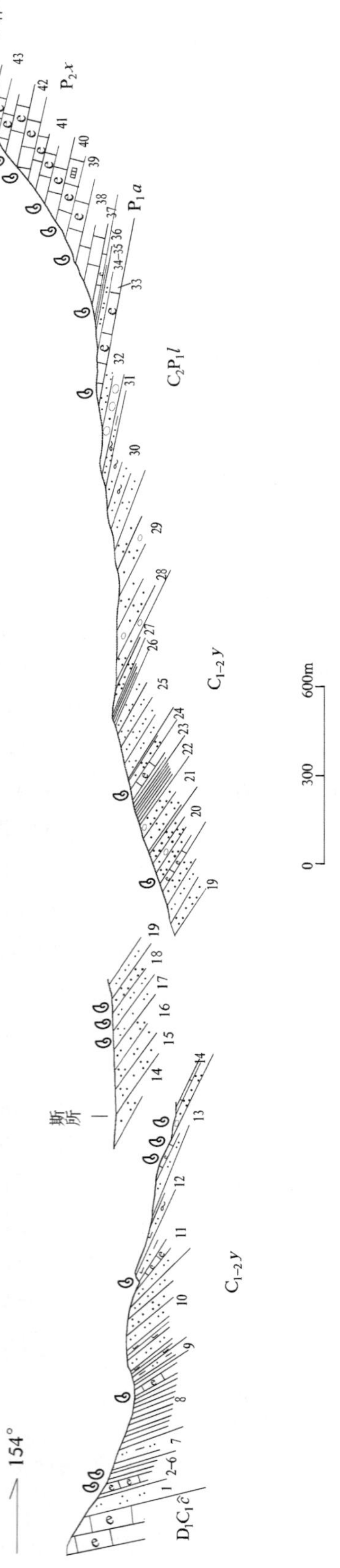

图2-18 申扎县德日昂玛—下拉山下—上石炭统永珠组—中二叠统下拉组实测剖面图

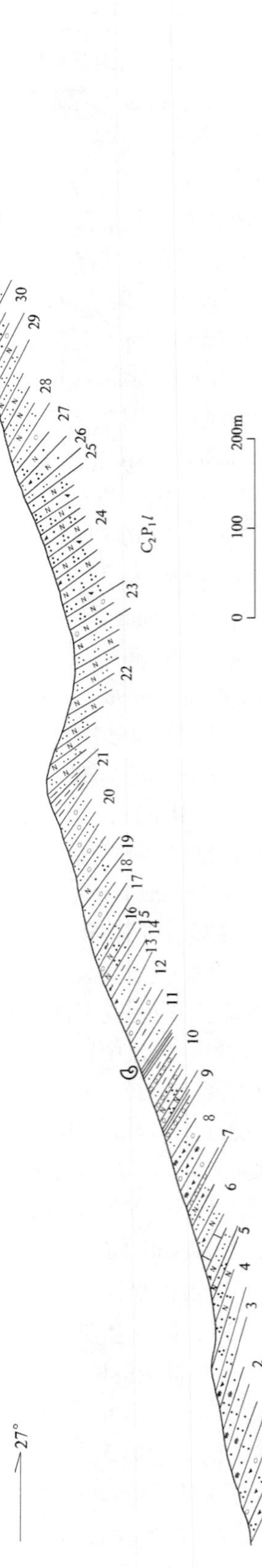

图2-19 申扎县昂杰下—上石炭统永珠组—下二叠统昂杰组实测剖面图

是典型的冷水习性珊瑚代表，且珊瑚群面貌具冷水珊瑚群特征。在上述Ⅰ剖面第11层还采集到双壳类，经中国科学院南京地质古生物研究所陈楚震研究员鉴定，其属种有 *Wilkingia* cf. *costata*（Meek et Worthen），*Wilkingia* sp.，*Posidoniella* cf. *sulcata* Hind，*Chaenomya*? cf. *qabdoensis* Liu et Zhang，*Sanguinolites*? sp.，*Cardiomorpha*? sp.，Pectinacea，*Pernopecten* sp.。其地质时代确定为晚石炭世早期，并认为可比较的种发现于我国华北和昌都地区壶天统下部。

此外，苔藓虫：*Leioclema* sp.（图版 XI，12，13），*Meekopora yini* Yang（图版 XI，14）（图版 XII，10），*Meekopora regularis* Trizna（图版 XII，1，2）（图版 XIII，11），*Fenestella tenax* Ulrich，由中国科学院南京地质古生物研究所夏凤生研究员鉴定。遗迹化石：*Taenidium* sp. 由中国科学院南京地质古生物研究所周志澄研究员鉴定。三叶虫：Phillipsiidae 由郑春子（教授级高工）鉴定。

因此，综合上述各门类化石的鉴定成果，永珠组应为早石炭世晚期—晚石炭世沉积产物。

除本图幅采集的上述各门类化石外，前人在该组的下部还采集了牙形刺：*Gnathodus girtyi collinsoni*；珊瑚：*Bradyphyllum bamyschnense*，*B. shenzhanense*，*Stereolasma rariseptatum*，*S. shenzhanense*，*S. minor*，*Rhopalolasma sisuonense*，*R. ryistonense*，*R. bradbournense*，*Zaphrentites* cf. *shunnerensis*，*Z.* sp.，*Amplexus xizangensis*，*A.* sp.，*Mirusophyllum paohyseptatum*，*M. breviseptatum*，*Meniscophyllum stereoseptatum*，*Pleramplexus* sp.，*Pseudocrytophyllum* sp.，*Cyathaxonia lomonosov*；腕足：*[illegible]ugnax tibetensis*，*Krotovia pustulata*，*K. spinulosa*，*Rhypidomella altica*，*Schizophoria resupinata*，*Choristitella* cf. *paichingiensis*，*Plicatifera* sp.，*Phricodothyis asiatica*，*Eomarginifera* cf. *viseniana*，*Buxtonia* sp.，*Productus productus*，*Fluctuaria undata*，*Crthotetes hindi*，*Overtonia concrescens*，*O.* cf. *elengans*，*Rhipidomella michelini*，*Chonetipustula ferganensis*，*Syringothyris lydekkeri*，*Rotaia* sp.，*Spirifer* cf. *acceptus*，*S.* cf. *pseudotrigonalis*，*Marginatia* cf. *vanghani*，*Chonetes transvarsa*，*Fusella* cf. *yaliensis*；菊石：*Goniatites* cf. *striatus kentuckiensis*，*G.* aff. *granosus*，*G. platyformis*，*G. masculas*，*Xainzalites xainzaensis*，*X. yongzhuensis*，*Nuculoceras delicatum*，*N. primitivum*，*Nuculoceras* sp.，*Epicanites magmus*，*Praedaraelites ovalis*，*Cravenoceras nobile*，*Eoasianites suboylindricus*，*Dombarites liratostriatus*，*D. mapesi*，*Verancoceras sp.*，*Neogoniatites xainzaensis*；苔藓虫：*Meekopora serpalis*，*Fistulipora* sp.，*Fenestella* cf. *beschevensisformis*，*F.* cf. *funicula*，*F. donaica media*，*Lissochonetes* sp.，*Rhombopora communis*。其中，*Rhipidomella michelini*，*Crthotetes* sp.，*Overtonia concrescens*，*Eomarginifera* sp.，*Productus productus*，*Fluctuaria undata*，*Fusella* sp. 等腕足是大塘阶常见分子。牙形刺 *Gnathodus* 和菊石：*Goniatites* 的地质时代为早石炭世。因此，前人的研究也肯定了该组下部早石炭世地层的存在。

2. 上石炭—下二叠统拉嘎组（C_2P_1l）

（1）岩石地层特征

拉嘎组一名由林宝玉于1983年在申扎县永珠乡创名，用以代表他本人1981年命名的永珠群上组。原指“永珠群上组”岩性为灰白—灰黄色含砾砂岩、石英砂岩。现定义为：以一套含砾砂岩为特征的粗碎屑岩，主要岩性为灰白、灰黄、灰绿色石英砂岩、含砾砂岩、含砾板岩、粉砂岩、页岩、夹薄层砾岩，含冷水相珊瑚及腕足类。底部与下伏地层永珠组钙质页岩、长石石英粉砂岩为整合接触，顶部与上覆地层昂杰组灰岩或页岩也为整合接触。

区内的拉嘎组分布在申扎县拉嘎—洛岗，构成下拉向斜的两翼。分布面积约48.6km²。

Ⅰ. 据申扎县德日昂玛—下拉山上石炭—下二叠统拉嘎组实测剖面（图2－18），其层序如下：

上覆地层：昂杰组灰白色中层生物碎屑灰岩

——————— 整　合 ———————

拉嘎组（C_2P_1l）：　　**391.20m**

32. 厚层砂质砾岩与中层状粗粒石英砂岩、中细粒石英砂岩韵律　　104.6m

31. 深灰色条带状泥质粉砂岩、灰白色中层细粒石英砂岩，底部为1.5m厚的灰色厚层状砂质砾岩　　18.31m

30. 灰白色中薄层石英粗粉砂岩与灰绿色条带状细粉砂岩韵律　69.40m
29. 灰绿色中层状含砾中粒石英砂岩与灰色中层状细粒石英砂岩韵律　166.79m
28. 灰色中层状细粒石英砂岩与灰白色中层状砂质砾岩韵律　32.09m

——————— 整　合 ———————

下伏地层：永珠组灰色钙质页岩

Ⅱ．据申扎县昂杰上石炭—下二叠统拉嘎组实测剖面（图2－19），其层序如下：

上覆地层：昂杰组灰色厚层状生物碎屑灰岩

——————— 整　合 ———————

拉嘎组（C_2P_1l）：　939.70m

33. 灰绿色条带状含砾粉砂岩，夹灰色砂质砾岩、中粗粒砂岩透镜体　60.29m
32. 黄灰色中层状细粒长石石英砂岩与灰色中层砂质砾岩韵律层　14.02m
31. 灰白色厚层状中细粒凝灰质岩屑石英砂岩，夹黄绿色铁质长石石英粗粉砂岩薄层及灰色砾岩透镜体。顶部为深灰色中层含粉砂凝灰质杂砂岩　100.08m
30. 灰色巨厚层砂质砾岩、粗粒石英砂岩、细粒石英砂岩韵律层　27.59m
29. 深灰色中层细粒石英砂岩、灰白色中层长石石英粗粉砂岩　20.07m
28. 深灰色中薄层状凝灰质长石石英粗粉砂岩　46.83m
27. 灰色薄层细粒长石石英砂岩，底部为灰色砂砾岩透镜体，上部为深灰色薄层状含砾粉砂岩　18.38m
26. 紫色中层细粒含凝灰质岩屑长石石英细砂岩，上部颜色变为灰褐色　9.71m
25. 灰绿色薄层粉砂岩　7.47m
24. 灰色深灰色灰褐色厚层中细粒凝灰质岩屑长石石英砂岩　98.15m
23. 深灰色中层含砾细粒长石石英砂岩，夹0.5m厚的泥质粉砂岩　29.99m
22. 灰黄色中层长石石英粗粉砂岩　127.90m
21. 灰黑色条纹状粉砂质泥岩，极易风化呈碎块　37.36m
20. 灰绿色微层含砾凝灰质粉砂岩　54.05m
19. 灰色中层中粗粒长石石英砂岩、厚层细粒长石石英砂岩，含砂屑长石粗粉砂岩韵律　14.90m
18. 灰绿色微层含砾砂屑凝灰质粗粉砂岩，底部为0.2m厚的灰色砂砾岩　27.80m
17. 浅灰色厚层状凝灰质钙质石英粗粉砂岩，夹3.5m厚灰白色砾岩、灰色中细粒长石凝灰质岩屑砂岩　13.56m
16. 灰绿色微层含细砾中细粒长石石英砂岩与灰绿色条带状砂屑凝灰质细粉砂岩韵律层　17.94m
15. 灰色中层中细粒长石石英砂岩，具斜层理，上部为灰色砾岩与褐色中粗粒长石石英砂岩韵律层　8.64m
14. 灰绿色条带状泥质粉砂岩　10.60m
13. 灰色中层凝灰质岩屑石英粗粉砂岩　19.62m
12. 深灰色厚层凝灰质钙质砂屑粉砂岩与灰色砂质砾岩韵律层，粉砂岩中具交错层理　26.18m
11. 灰绿色微层状泥质粉砂岩　26.67m
10. 灰白色灰色中砾岩、含粗砂中砾岩、粗砂质中砾岩、灰白色中粗粒、中粒、细粒凝灰质岩屑钙质杂砂岩、灰绿色页岩泥质粉砂岩韵律层。局部含少量腕足类　54.56m
9. 灰绿色中层状含砾中细粒长石石英砂岩、深灰色页岩，灰色厚层含粗砂中细砾岩　11.88m
8. 灰绿色中厚层含砾中细粒凝灰质岩屑杂砂岩，上部变为含砂屑凝灰质粉砂岩　53.12m
7. 灰色厚层状中砾岩夹中粒长石石英砂岩透镜体　2.34m

——————— 整　合 ———————

下伏地层：永珠组灰绿色薄层凝砂质粉砂岩

拉嘎组在区域上有一定变化，在斯所南山厚391.19m，在昂杰厚度为936.09m。岩石组合特征基本一致，主要为灰色、灰白色、深灰色细—粗粒长石石英砂岩、石英砂岩、灰绿色泥质粉砂岩及冰水杂砾岩。具水平层理、斜层理、交错层理。生物化石与永珠组相比，在种属及数量方面急剧减少。部分地方出现了大量火山物质，说明此时火山活动比较频繁。砾石中可见压坑等典型的冰川沉积特征，说明拉嘎组是一套典型的与冈瓦纳冰川有关的浅海相粗碎屑岩沉积。

拉嘎组与下伏地层永珠组灰色钙质页岩、灰绿色凝灰质粉砂岩为连续过渡沉积，二者为整合接触，与上覆地层昂杰组灰色灰白色厚层状生物碎屑灰岩呈整合接触。

（2）时代讨论

拉嘎组中含少量厚壳的、破碎的腕足类及少量的小型单体珊瑚，其时限较宽，多为石炭—二叠纪过渡的化石。因此，该组的沉积时代主要根据其位于含早二叠世空谷期（Kungurian）*Neostreptognathodus* sp. 化石层之下、含晚石炭世化石层之上，暂定其时代为晚石炭—早二叠世。

三、二叠系

1. 下二叠统昂杰组（P_1a）

（1）岩石地层特征

昂杰组一名由夏代祥1979年在申扎县永珠昂杰创名，用以代表分布在永珠一带，岩性以灰黑色粉砂岩为主，下部夹砂岩、页岩，中上部夹棕褐色生物碎屑灰岩及钙质页岩，顶部为灰黑色页岩，该组底部以厚约10m的灰白色含砾生物碎屑灰岩为标志。现在定义为：整合于拉嘎组含砾砂岩与下拉组灰岩之间的一套以细碎屑岩、灰岩为特征的地质体，局部含火山物质，产双壳类和腕足类。区内昂杰组主要分布于卓布—昂杰—下拉一带，构成下拉向斜的两翼。在布日阿一带也有分布，总面积约为31.2km^2。

Ⅰ. 据申扎县德日昂玛—下拉山下二叠统昂杰组实测剖面（图2－18），其层序如下：

上覆地层：下拉组紫红色中层状生物碎屑灰岩

——————— 整 合 ———————

昂杰组（P_1a）： **76.50m**

36. 灰黑色钙质页岩 12.82m
35. 灰绿色薄—中层石英粉砂岩 19.23m
34. 灰黑色钙质页岩 1.64m
33. 灰白色中层生物碎屑灰岩，产牙形刺、珊瑚、腕足、苔藓虫、双壳 42.81m

牙形刺化石：*Neostreptognathodus* sp. （图版X，1）
Neostreptognathodus sp. （图版X，2）

珊瑚化石：*Lophophyllidium parawichmanni* Wang et liu
Lophophyllidium sp. （图版III，15）

腕足化石：*Punctospirifer* sp.
Pustula sp.
Spiriferella simplex Grabau
Neospirifer kubeiensis Ting emend. Chang
Neospirifer sp.
Paeckelmannella sp.
Orthotetes sp.
Pseudosyringothyris sp.
Martinia sp.
Costiferinaindica（Waagen）
Stenoscisma purdoni（Davidson）（图版XIV，4，10，15）
Spiriferella qubuensis Chang（图版XV，1）
Athyris sp.

苔藓虫化石：*Polypora longifenestrula* Sakagami（图版XI，1，2，3）
Rhabdomeson nakazawae Sakagami（图版XI，4）（图版XII，8，9）
Fenestella tribifurcata Yang et Lu
Fenestella cf. *nodosaeseptata* Sch. -Nest

Fenestella sichuanensis Yane et Xia（图版 XI，5，6，7）
Fenestella sp.
Fenestella pulcherrima Sch. -Nest.
Fenestella basleoensis Bassler（图版 XI，8，9）（图版 XIII，1，2，3）
Fenestella pamirensis Goryunova（图版 XI，10，11）
Polypora longa Sch. -Nest.
Polypora pseudomacrops Morozova
Sulcoretepora sp.

———————— 整　合 ————————

下伏地层：拉嘎组灰白色厚层砂质砾岩

Ⅱ. 据申扎县昂杰下二叠统昂杰组实测剖面（图 2－19），其层序如下：

上覆地层：下拉组紫色中薄层生物碎屑灰岩

———————— 整　合 ————————

昂杰组（P_1a）：	**25.98m**
36. 灰黑色钙质页岩	16.78m
35. 灰黑色中层砂屑生物碎屑灰岩，产苔藓虫、海百合茎	1.08m
34. 灰色厚层含生物碎屑灰岩，产珊瑚、双壳、海百合茎	8.12m

———————— 整　合 ————————

下伏地层：拉嘎组灰绿色条带状含砾粉砂岩

昂杰组与下伏拉嘎组和上覆下拉组均为整合接触。其厚度在下拉一带为 76.87m，在昂杰一带厚为 25.98m，且各地岩性组合变化不大，均为黑色钙质页岩、灰绿色微—中层石英细粉砂岩，灰色、灰白色中厚层生物碎屑灰岩。从岩石组合特征看，昂杰组以浅海碳酸岩和细碎屑岩相沉积为主，当时可能处于较深、宁静和温暖的适合于生物生存的浅海。

（2）时代讨论

本图幅在该组主要采集和分析了牙形、珊瑚、腕足、苔藓虫等化石。其中，牙形刺：*Neostreptognathodus* sp.（图版 X，1），*Neostreptognathodus* sp.（图版 X，2）由中国科学院南京地质古生物研究所王成源研究员鉴定，并确认 *Neostreptognathodus* 为早二叠世空谷期（Kungurian）标准化石（表 2－5）。珊瑚由吉林地调院郑春子（教授级高工）鉴定，其属种有珊瑚：*Lophophyllidium parawichmanni* Wang et liu，*Lophophyllidium* sp.（图版 III，15），其地质时代确定为石炭—二叠纪（表 2－5）。苔藓虫由中国科学院南京地质古生物研究所夏凤生研究员鉴定：*Polypora longifenestrula* Sakagami（图版 XI，1，2，3），*Polypora longa* Sch. -Nest.，*Polypora pseudomacrops* Morozova，*Rhabdomeson nakazawae* Sakagami（图版 XI，4）（图版 XII，8，9），*Fenestella tribifurcata* Yang et Lu，*Fenestella* cf. *nodosaeseptata* Sch. -Nest，*Fenestella sichuanensis* Yane et Xia（图版 XI，5，6，7），*Fenestella* sp.，*Fenestella pulcherrima* Sch. -Nest.，*Fenestella basleoensis* Bassler（图版 XI，8，9）（图版 XIII，1，2，3），*Fenestella pamirensis* Goryunova（图版 XI，10，11），*Sulcoretepora* sp.。其中，*Polypora*，*Fenestella* 最为繁盛（表 2－5），其地质时代确定为早二叠世。

腕足由中国地质科学院沈阳地质矿产研究所苏养正研究员和吉林地调院郑春子（教授级高工）鉴定，其属种有 *Martinia* sp.，*Costiferina indica*（Waagen），*Stenoscisma purdoni*（Davidson），*Spiriferella salteri* Tschernyschew，*Spiriferella qubuensis* Chang（图版 XV，1），*Spiriferella simplex* Grabau，*Athyris* sp.，*Punctospirifer* sp.，*Pustula* sp.，*Neospirifer kubeiensis* Ting emend. Chang，*Neospirifer* sp.，*Paeckelmannella* sp.，*Orthotetes* sp.，*Pseudosyringothyris* sp.。其中，*Spiriferella-Costiferina* 可作为该期组合（表 2－5），其地质时代为早二叠世。

除本图幅采集的上述各门类化石外，前人采集到腕足：*C ncrinella* cf. *konickian*，*Spiriferina* cf. *biletensis*，*Spirifer tastubensis*，*Spiriferella cristata*，*Syringothyris*? *Nagmargensis*；苔藓虫：*Fenestella biar-*

mica, *Stenopora sp.*, *Streblascopora tenuis*, *Pamirella nitida*, *P. irregularis*, *P.* sp., *Dyscritella vulgata*, *Ramiporidra asiatica*。其上述属种均为石炭—二叠纪常见属种。

因此，综合上述各门类化石鉴定结果，我们认为昂杰组是早二叠世沉积产物。

2. 中二叠统下拉组（P_2x）

（1）岩石地层特征

下拉组一名为夏代祥、徐仲勋1979年创名，创名剖面位于申扎县下拉山。原指岩性为灰色、灰白色结晶灰岩、生物碎屑灰岩、条带状灰岩。含䗴类、珊瑚、腕足类和双壳类。现定义为一套碳酸盐岩，局部夹少量碎屑岩的地质体。

区内的下拉组主要分布在岗米亚杰、布补扎那、永珠桥、下拉、木纠错北等地，分布面积约为275km²。

据申扎县德日昂玛—下拉山中二叠统下拉组实测剖面（图2-18），其层序如下：

下拉组（P_2x）： （未见顶） **643.81m**

45. 灰白色—浅灰色中厚层细晶生物碎屑灰岩，产珊瑚、腕足、海百合茎 70.88m

珊瑚化石：*Wentzelella regularis* Fontaine emend Minato to et Kato
Lonsdaleiastraea vinassai Gerth（图版II，3，4，7）
Axopinnophyllum xizangense Zhao et Wu
Axopinnophyllum sp.（图版III，11）
Ipciphyllum rudis Zhao et Wu（图版III，3，4）
Axopinnophyllum xizangense Zhaoet Wu
Axopinnophyllum sp.

44. 灰色—紫灰色中层状含生物碎屑灰岩，产珊瑚、腕足、腹足、海百合茎 45.17m

珊瑚化石：*Axopinnophyllum? curvum* Zhao et Wu
Axopinnophyllum xizangense Zhao et Wu（图版II，1，2）

腕足化石：*Uncinunellina* sp.
Marginifera zhongbaensis（Jin et Sun）

43. 灰白色中薄层含生物碎屑砂屑灰岩，富产珊瑚、腕足、双壳、苔藓虫、海百合茎 185.04 m

珊瑚化石：*Sarcinophyllum* sp.（图版III，13，14）
Multithecopora nephitheca Zhao et Wu（图版IV，8，9）
Paraipciphyllum subcystosum Zhao et Wu（图版III，7，8）
Polythecalis sp.
Waagenophyllum sp.
Ipciphyllum persicum（Douglas）（图版III，1，2，5，6）
Paraipciphyllum subcystosum Zhao et Wu
Wentzelella sp.（图版II，13）
Thomasiphyllum carinatiseptatum Zhao et Wu（图版III，10）
Szechuanophyllum sp.（图版II，6，9，11，14）
Ipciphyllum persicum（Douglas）
Ipciphyllum sp.
Pseudohuangia cincta（Douglas）（图版II，10，12）
Wentzelellites sp.
Axopinnophyllum? curvum Zhao et Wu

腕足化石：*Pseudoantiquatonia mutabilis* Zhan et Wu（图版XV，2，3，4，5）
Neospirifer（*Quedrospira*）*tibetensis* Ting（图版XIV，21，22，23，24）
Phricodothyris asiaticus（Chao）
Athyris sp.

Pustula sp.
Uncinunellina sp.
Waagenoconcha sp.
Hustedia sp.

苔藓虫化石：*Polypora brevicella* Baranova（图版 XII，6，7，11）
Fisulipora megastoma Sakagami
Fistulipora obiensis Goryunova（图版 XII，12，14）（图版 XIII，7）
Fistuliramus bifidus Yang et Xia（图版 XII，13，15）
Septopora exornata Goryunova（图版 XIII，4，8，10）
Meekopra sp. （图版 XIII，5，9）
Nodosuria nechajewi ronda Lipina；

有孔虫化石：*Nodosaria nechajewi ronda* Lipina

腹足化石：*Euomphalus* sp.

42. 灰色薄层生物碎屑灰岩，产珊瑚、腕足、苔藓虫、海百合茎 48.01m

珊瑚化石：*Sarcinophyllum xizangensis* Zhao et Wu（图版 III，17，18）；

腕足化石：*Uncinunellina* sp.
Echinauris sp.
Dielasma millepunctatum mongolicum Grabau（图版 XV，10，11，14，15）

41. 灰黑色中层含生物碎屑灰岩，产珊瑚、腕足、海百合茎 128.46m

珊瑚化石：*Lonsdaleiastraea* sp. （图版 III，16，19，20）
Lophophyllidium sp. （图版 II，5）
Sarcinophyllum xizangense ZhaoetWu

腕足化石：*Puctospirifer* sp.
Athyris sp.
Marginifera sp.
Marginifere cf. *yanhuensis* Gun（图版 XV，12，16，19）
Paramarginifera sp.
Schuchertella sp.

40. 灰色中薄层含黄铁矿生物碎屑灰岩，产珊瑚、腕足、海百合茎 50.21m

39. 紫红色薄层状含生物碎屑砂屑灰岩 39.09m

腕足化石：*Costiferina indica*（Waagen）（图版 XIV，1）

38. 灰色中厚层状灰岩 58.48m

37. 紫红色薄层含生物碎屑砂屑灰岩，产珊瑚、腕足、苔藓虫、海百合茎 18.47m

腕足化石：*Cosiferina indica*（Waagen）

——————— 整　合 ———————

下伏地层：昂杰组黑色钙质页岩

下拉组厚度为643.81m。岩性以灰白色、浅灰色、灰色、灰黑色中厚层生物碎屑灰岩、含生物碎屑灰岩为主，底部为紫红色薄层含生物碎屑灰岩，含丰富的珊瑚、腕足、䗴类、苔藓虫等化石，为典型的海侵体系域浅海碳酸盐台地相沉积，与下伏地层昂杰组呈整合接触，上未见顶，但根据申扎幅晚古生代实测剖面资料（吉林大学西藏队），下拉组与上覆地层木纠错组为整合接触。

（2）时代讨论

近年来我国的二叠纪研究为便于国际间的对比，将原晚石炭世顶部的菊石 *Properrinites plummeri-Eoasianites subhanieli* 带及与之相当的䗴 *Robustoschwagerina schellwieni- R.. ziyunensis* 带、*Sphaeroschwagerina moelleri* 带、*Sphaeroschwagerina- Pseudoschwagerina fusiformis* 带划分为早二叠世最底部，原早二叠世的栖霞、茅口两阶升为中二叠世。与此划分相适应，本图幅把区内原栖霞、茅口期的早二叠世下拉组改为中二叠世。

本图幅内的下拉组化石大部分是采自下拉山的南、北坡，亦即下拉向斜的两翼。其主要门类有珊瑚、腕足、苔藓虫、䗴、非䗴有孔虫等。其中珊瑚最为繁盛，并以丛状和块状为主，反映了当时的海水为清洁、盐度适中的海水，且温度可能在20℃～25℃，深度可能在20～40m。珊瑚经吉林地调院郑春子（教授级高工）鉴定其属种：*Ipciphyllum rudis* Zhao et Wu（图版Ⅲ，3，4），*Ipciphyllum persicum*（Douglas）（图版Ⅲ，1，2，5，6），*Ipciphyllum* sp.，*Waagenophyllum* sp.，*Wentzelella regularis* Fontaine emend Minato to et Kato，*Wentzelella* sp.（图版Ⅱ，13），*Wentzelellites* sp.，*Paraipciphyllum subcystosum* Zhao et Wu（图版Ⅲ，7，8），*Axopinnophyllum xizangense* Zhao et Wu（图版Ⅱ，1，2），*Axopinnophyllum? curvum* Zhao et Wu，*Axopinnophyllum* sp.（图版Ⅲ，11），*Lonsdaleiastraea vinassai* Gerth（图版Ⅱ，3，4，7），*Lonsdaleiastraea* sp.（图版Ⅲ，16，19，20），*Polythecalis* sp.，*Sarcinophyllum xizangensis* Zhao et Wu（图版Ⅲ，17，18），*Sarcinophyllum* sp.（图版Ⅲ，13，14），*Szechuanophyllum* sp.（图版Ⅱ，6，9，11，14），*Pseudohuangia cincta*（Douglas）（图版Ⅱ，10，12），*Lophophyllidium* sp.（图版Ⅱ，5），*Multithecopora nephitheca* Zhao et Wu（图版Ⅳ，8，9），*Thomasiphyllum carinatiseptatum* Zhao et Wu（图版Ⅲ，10）。其中，*Polythecalis* 是栖霞期珊瑚带的带化石，*Ipciphyllum*，*Wentzelellites* 是茅口期珊瑚带的带化石，但遗憾的是它们同出现在上述剖面的第56层，即第56层具有栖霞—茅口期特征，然而非常明确的是第56层以下已见不到 *Ipciphyllum*，其珊瑚群面貌具栖霞期特征，而第56层以上其生物群面貌具典型的 *Ipciphyllum* 动物群特征。因此，笔者认为栖霞期与茅口期的界线可能在第56层之中，即下拉组的沉积时代应为中二叠世栖霞—茅口期，并确定 *Ipciphyllum-Waagenophyllum-Wentzelellites* 为本区珊瑚组合（表2－5）。

腕足经中国地质科学院沈阳地质矿产研究所苏养正研究员和吉林地调院郑春子（教授级高工）鉴定属种有 *Uncinunellina* sp.，*Marginifera zhongbaensis*（Jin et Sun），*Marginifera* sp.，*Psudoantiquatonia mutabilis* Zhan et Wu（图版ⅩⅤ，2，3，4，5），*Neospirifer*（*Quedrospira*）*tibetensis* Ting（图版ⅩⅣ，21，22，23，24），*Phricodothyris* sp.，*Athyris* sp.，*Pustula* sp.，*Costiferina indica*（Waagen）（图版ⅩⅣ，1），*Hustedia* sp.，*Echinauris* sp.，*Dielasma millepunctatum mongolicum* Grabau（图版ⅩⅤ，10，11，14，15），*Puctospirifer* sp.，*Schuchertella* sp.，*Marginifera* cf. *yanhuensis* Gun（图版ⅩⅤ，12，16，19），*Paramarginifera* sp.。其中，*Dielasmamillepunctatum mongolicum—Psudoantiquatonia mutabilis* 可作为该期的腕足组合（表2－5）。此外，*Costiferina indica* 是西藏自治区南部定日曲布的色龙群中的常见化石。苔藓虫经中国科学院南京地质古生物研究所夏凤生研究员鉴定有以下属种：*Polypora brevicella* Baranova（图版Ⅻ，6，7，11），*Fistulipora megastoma* Sakagami，*Fistulipora obiensis* Goryunova（图版Ⅻ，12，14）（图版ⅩⅢ，7），*Fistuliramus bifidus* Yang et Xia（图版Ⅻ，13，15），*Septopora exornata* Goryunova（图版ⅩⅢ，4，8，10），*Meekopra* sp.（图版ⅩⅢ，5，9），*Nodosuria nechajewi ronda* Lipina，其地质时代为中二叠世。因此，上述化石也进一步确定了下拉组沉积时代为中二叠世。除上述化石外，在岗韦亚杰一带的5012地质点有苔藓虫：*Wjatkella quadricella*（Sakagami）（图版Ⅻ，3，4，5），*Wjatkella tersa* Goryunova，*Fenestella nodosaeseptata* Sch-Nest，其层位与下拉组相当。

对于下拉组的生物地层研究前人曾做了大量的工作。其中珊瑚有：*Iranophyllum endetoichum*，*I. retiforme*，*I. reticulatum*，*Wentzelellites magnivesicus*，*W. cavitabulatus*，*W. xainzaensis*，*Parawentzelella sterοseptata*，*Lonsdaleiastraea xainzaensis*，*Pavastephyllum carinophylloides*，*Asserculinia transcarinata*，*Cyathocarinia magniaris*，*Multithecopora irregularis*，*M. densa*；腕足有 *Uncinunellina* cf. *theobaldi*，*Meekella addicta*，*Neospirifer marcoui varundata*，*Avonia* cf. *cylindrica*，*Dictyoclostus genuinus*，*Leptodus nobilis*，*Rugnax naliensis*，*Costiferina alata*，*C. indica C. spiralis*，*Spiriferella qubuensis*，*S. sisca*，*Chonetinella* cf. *umisulcata*，*Stenoscisma* cf. *thevenini*，*Purdonella conformis*；苔藓虫有 *Polypora* sp.，*Fenestella brachiopora*，*F. biarmica*，*F.* sp.，*Goniocladia* cf. *tenuis*，*G.* cf. crassa，*G.* sp.，*Streblascopora tenuis*，*S. multicella*，*S.* sp.，，*Meekopora delicata*，*Cyclotrypa multiformis*，*Stenopora* sp.，*Tabulipora* sp.，*Eridopora parasitica*，*Ogbinopora rathuriensis*，*Reteporidra grandis*，*Ramiporidra asiatica*，*Strebotrypa* sp.，*Rhabdomeson mammilatum*，*Fistulipora ogbinesnsis*；䗴有 *Neoschwagerina*，*Verbeekina verbeeki*，*Staffella xainzensis*，*S. paraumbilicaris*，*S. valida*，*Nankinella rarivoluta*，*N. quasihunanen*，*N. multivoluta*，*N. laguansis*，*N. complanata*，*N. nanjiangensis*，*N. hunanensis*，

Chusenella schwagerinaeforis, *C. tieni*, *C. quasidouvillei*, *C. xarlensis*, *C. dorashamensis*, *C. wuhsiiehensis*, *C. prompta*, *C. sinensis*, *C. douvillei*, *C. referta*, *Schwagerina lengitermina*, *Ozawainella* sp. 。在上述的前人研究中䗴和珊瑚的研究最为出色。其中䗴科 *Neoschwagerina* 是茅口期的带化石（表 2－5），*Verbeekina*，*Chusenella* 主要分布于栖霞晚期—茅口期，*Nankinella* 分布于二叠纪。关于珊瑚的研究，最重要的是 *Iranophyllum* 动物群的归属问题。吴望始研究员（1982）在西藏古生物一书中明确指出在西藏北部的申扎、林周及八宿一带 *Iranophyllum* 动物群与 *Neoschwagerina*，*Verbeekina* 共生。在我国西南和华南的茅口期内，这两个䗴属十分常见。与它们共生的珊瑚是 *Ipciphyllum* 动物群。因此，从 *Iranophyllum* 动物群和 *Ipciphyllum* 动物群都与 *Neoschwagerina*，*Verbeekina* 共生的事实，认为 *Iranophyllum* 动物群和 *Ipciphyllum* 动物群在层位上是相当的。

3. 上二叠统木纠错组（P_3m）

（1）岩石地层特征

木纠错组一名是吉林大学西藏队在进行申扎幅 1∶25 万区域地质调查时所建，建组地点在申扎县木纠错南。岩性为白云岩、砂质白云岩、角砾状白云岩、灰质白云岩、白云质灰岩。含珊瑚、海百合茎等化石，与下伏地层下拉组黑灰色厚层状灰岩整合接触，与上覆地层晚三叠世多布日组角度不整合接触。

测区内的木纠错组分布在扎桑洛玛、昂扎俄玛、果刚，分布面积为 6km^2。

据吉林大学西藏队申扎县木纠错南上二叠统木纠错组实测剖面资料整理，其层序如下：

木纠错组（P_3m）：	（未见顶）	**2 454. 85m**
203. 灰色、浅灰色厚层状白云质灰岩		29. 01m
202. 浅灰色中层状白云质灰岩夹灰分薄层状白云质灰岩，局部夹角砾状白云质灰岩		20. 20m
201. 浅灰色中厚层状白云质灰岩夹黄灰色角砾状白云质灰岩		28. 01m
200. 浅灰色中厚层状白云质灰岩夹粉灰色中层状含角砾白云质灰岩		21. 57m
199. 浅灰色中薄层状具细层理砂质白云质灰岩夹中层状含角砾状砂质白云质灰岩		19. 04m
198. 浅灰色、灰白色中厚层状角砾状白云质灰岩，上部夹含砂屑（细角砾）白云质灰岩		66. 65m
197. 灰色中厚层状含白云质灰岩		11. 28m
196. 浅灰白色中层状白云岩、局部夹浅灰色厚层白云质灰岩、灰质白云岩		107. 03m
195. 浅黄灰色厚层状灰质白云岩夹中薄层状白云岩		75. 48m
194. 浅灰色中厚层白云质灰岩与灰色具微细层理中薄层状白云质灰岩不等厚互层		109. 72m
193. 深灰色中薄层状含沥青质燧石结核灰岩夹粉灰色中薄层具微层理灰岩		10. 90m
192. 浅灰色中厚层含白云质灰岩夹具微层理含砂屑灰岩		99. 33m
191. 浅灰色中厚层白云质灰岩夹薄层白云岩		171. 25m
190. 浅灰色碎裂白云岩		21. 49m
189. 浅灰色中厚层白云质灰岩夹薄层白云岩		94. 00m
188. 浅灰黄色厚层角砾状白云岩与浅灰色中厚层状白云质灰岩不等厚互层		69. 77m
187. 浅灰色薄层状白云质灰岩		56. 04m
186. 浅灰色中厚层状含白云质灰岩、局部夹含生物碎屑白云质灰岩和角砾状白云质灰岩		41. 17m
185. 浅灰色中厚层状白云质灰岩		75. 87m
184. 浅灰色中厚层状白云岩夹中薄层状白云质灰岩 、角砾状白云质灰岩		185. 37m
183. 浅灰色厚层白云质灰岩		162. 27m
182. 浅灰色中厚层状白云质灰岩夹角砾状白云质灰岩薄层		50. 91m
181. 浅灰色厚层状白云质灰岩		45. 17m
180. 浅灰色、灰白色中层状灰质白云岩，风化面呈中细角砾状		27. 95m
179. 灰色、浅灰色中厚层状白云质灰岩		100. 47m
178. 灰白色厚层状灰质白云岩夹角砾状白云质灰岩		112. 52m
177. 灰色中厚层状白云质灰岩		72. 27m

176. 黄灰色厚层状白云岩，风化面褐灰色局部夹透镜状角砾状白云质灰岩 146.69m
175. 灰白色、浅灰色厚层状灰质白云岩 62.25m
174. 灰色中厚层状白云质灰岩 9.82m
173. 浅灰色中厚层状含白云质砂屑灰岩，自下而上砂屑递减 39.23m
172. 浅灰色中厚层状灰质白云岩 48.15m
171. 浅灰色中厚层状白云质灰岩夹生物碎屑白云质灰岩，含珊瑚及海百合茎类化石 105.61m

珊瑚化石：*Waagenophyllum indicum* var. *crassiseptatum* Wu
Waagenophyllum indicum megacolumetum Wu
Liangshanophyllum streptoseptatum Wangh
Lobatophyllum zhakangense Wu

170. 黄灰色厚层状白云岩夹薄层灰质白云岩，含细燧石条带 45.96m
169. 浅灰色中厚层状灰质白云岩夹角砾状中层白云岩和具微层理白云岩 33.37m
168. 浅灰色中厚层状含白云质砂屑灰岩 79.03m

——————— 整 合 ———————

下伏地层：下拉组黑灰色厚层状灰岩

厚度为2 454.85m，岩石组合为白云岩、灰质白云岩、白云质灰岩，局部夹灰岩薄层，具微层理，含少量生物化石。大量白云岩和白云质灰岩的出现，反映了当时的水体比较浅，属于海湾或者泻湖沉积环境，属于高水位体系域。

木纠错组与下伏地层下拉组黑灰色厚层状灰岩之间为整合接触，与上覆地层之间的关系在本图幅的木纠错西岸的多布日可见，据实测剖面（XXIII），其上被晚三叠世多布日组（新建）角度不整合覆盖，二者之间有古风化壳存在，存在着一定时间的沉积间断。

（2）时代讨论

本区出露的木纠错组未见化石，其地质时代主要依据吉林大学西藏队在木纠错南对本组的研究置于晚二叠世早期。

吉林大学西藏队认为该组构成了木纠错向斜构造的主体，其向斜南翼该套岩系底部所夹的中薄层状生物碎屑灰岩中的珊瑚：*Waagenophyllum indicum* var. *crassiseptatum* Wu，*Waagenophyllum indicum megacolumetum* Wu，*Liangshanophyllum streptoseptatum* Wangh，*Lobatophyllum zhakangense* Wu可能属晚二叠世早期。

综上所述，区内早泥盆世早期本区发生了规模较大的海侵，形成了以碳酸盐岩为主夹碎屑岩的达尔东组。其生物以浮游为生的头足类和竹节石为主体，局部产底栖的腕足、珊瑚、海百合茎等化石。早泥盆世末期—早石炭世早期随着地壳沉降速率和沉积速度的加快形成了一套以厚层—块状碳酸盐岩为主的查果罗玛组。早石炭世—晚石炭世早期开始缓慢进入海进时期，形成了一套以碎屑岩和多层碳酸盐岩为主的永珠组，并在晚石炭世早期出现了与石炭纪冰期有关的具冷水特征的珊瑚、腕足，海底水道相沉积特征的砾岩、砂砾岩，及与张裂活动有关的中—基性火山碎屑岩。晚石炭世—早二叠世早期拉嘎组是一套碎屑岩和与冈瓦纳冰川有关的冰水杂砾岩，及与火山活动有关的少量火山物质。早二叠世早期海进依然缓慢进行，并形成了昂杰组碳酸盐岩和细碎屑岩沉积，及局部的火山物质。中二叠世下拉组含丰富的珊瑚、腕足、䗴类、苔藓虫等化石，是一套典型的浅海碳酸盐台地相沉积。晚二叠世开始已进入大规模的海退期，仅在局部地区形成海湾或泻湖相沉积的木纠错组。晚二叠世末期地壳开始抬升遭受剥蚀，并结束稳定陆台沉积。地壳开始进入相对活动时期。

第四节 中生界

区内上中生界分布于冈底斯-腾冲地层区和班公错-怒江地层区。其岩石地层有上三叠统多布日组、中—上侏罗统接奴群、上侏罗统—下白垩统日拉组、日拉组索尔碎屑岩、下白垩统则弄群、捷嘎组、多尼组、郎山组、康曲组、余穷组、去申拉组、上白垩统竟柱山组（表2-6）。其中，上三叠统多布日

表2-6 多巴区幅中生界划分沿革表

系	统	李璞 1955	王文彬等 1957	西藏第四地质队 1968	西藏第四地质队 1973	西藏第四地质队 1974	西藏第四地质队 1978	西藏区调队 1983	林宝玉等 1989	西藏地质志 1993	西藏岩石地层 1997	本报告 冈底斯-腾冲地层区	本报告 班公错-怒江地层区
白垩系	上统						门德洛子岩系 竟柱山组	竟柱山组		竟柱山组	竟柱山组	竟柱山组K_2j	竟柱山组K_2j
白垩系	下统						门德洛子岩系 郎山组 多巴组	郎山组 不尔嘎组、多巴组 则弄群、川巴组		郎山组 多巴组	郎山组 多尼组	捷嘎组K_1jg：余穷组K_1y、康曲组K_1k、郎山组K_1l 则弄群K_1Z 多尼组K_1d：达过火山岩、弄巴砾岩、中段、下段	去申拉组K_1q
侏罗系	上统	班戈错层	砂页岩系	唐古拉群 冰雹山组	蛤蟆山组	龟山组		接奴群（南带） 接奴群（北带）	接奴组	拉贡塘组	接奴群	日拉组J_3K_1r 索尔碎屑岩 sss	接奴群$J_{2-3}J$
侏罗系	中统	班戈错层	砂页岩系	唐古拉群 黑山组	蛤蟆山组 龟山组		龟山组	接奴群（南带） 接奴群（北带）	卧荣沟组 大黄山组	拉贡塘组	接奴群		接奴群$J_{2-3}J$
侏罗系	下统	班戈错层	砂页岩系	唐古拉群 生马杂则组	龟山组								
三叠系	上统											多布日组T_3d	
三叠系	中统												
三叠系	下统												

组、下白垩统则弄群、捷嘎组主要分布于申扎小区。下白垩统多尼组、郎山组、康曲组、余穷组主要分布于多巴-雄梅小区。中—上侏罗统接奴群和下白垩统去申拉组仅见于班公错-怒江地层区。上侏罗统—下白垩统日拉组、日拉组索尔碎屑岩分布于永珠蛇绿岩带两侧的申扎小区和多巴-雄梅小区。上白垩统竞柱山组分布于多巴-雄梅小区和班公错-怒江地层区。

一、三叠系

上三叠统多布日组（T_3d）

（1）岩石地层特征

多布日组是本图幅在开展多巴区幅1:25万区域地质调查时所建立的岩石地层单位，建组剖面位于木纠错西的多布日。根据岩石组合可分上下二段：下段以碎屑岩为主夹灰岩；上段以灰岩、生物碎屑灰岩为主，底部夹少量细碎屑岩，含六射珊瑚、海参、腹足类、藻类、介形虫、植物及植物孢粉。与下伏地层木纠错组为角度不整合，未见顶。时代为晚三叠世。

多布日组主要分布于木纠错以西，出露面积约6.5km²，其组合特征和生物群面貌与区内的其他岩石地层单元存在明显差异，出露连续，层位清楚，故建立新的岩石地层填图单元。

据申扎县木纠错上三叠统多布日组层型剖面（图2-20），层序如下：

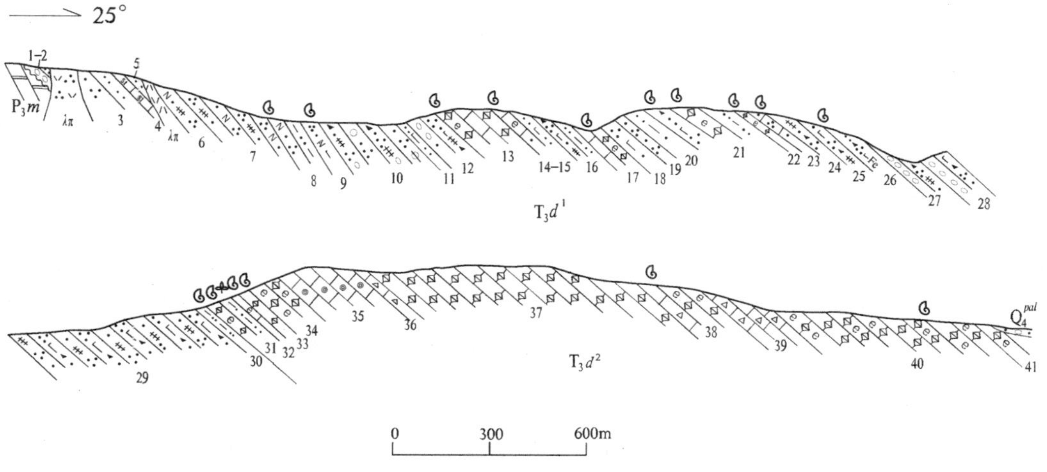

图2-20　申扎县木纠错上三叠统多布日组实测剖面图

多布日组（T_3d）：	（未见顶）	**1 425.28m**
上段：		540.21m
41. 深灰色中层状含生物碎屑泥晶灰岩		10.46m
40. 深灰色厚层状含生物碎屑泥晶灰岩，产腹足、海参、鱼骨刺		134.46m
海参化石：*Theelia rosetta* Kristan-Tollmann		
Theelia variabilis slovakensis Kozur et Mock		
腹足化石：*Neritaria*? sp.		
39. 深灰色厚层状角砾灰岩		38.42m
38. 深灰色中厚层状含生物碎屑泥晶灰岩，产腹足、海参骨片。底部为深灰色厚层状角砾灰岩		32.25m
37. 灰色中厚层状泥晶灰岩，局部夹内碎屑灰岩		170.66m
36. 灰色厚层状角砾灰岩		9.23m
35. 灰色厚层状鲕状灰岩，局部夹砾屑灰岩		67.16m
34. 深灰色中薄层状含生物碎屑泥晶灰岩		32.97m
33. 灰色中薄层状生物碎屑泥晶灰岩与紫色薄层状含泥质粉砂岩韵律层，灰岩的顶部含大量的硅质结核		10.99m

灰岩中产腹足化石：*Amauropsis* sp.

六射珊瑚化石：*Axosmilia* sp.（图版Ⅳ，1，2，3）

32. 灰色薄层状生物碎屑灰岩与灰色薄层状泥岩韵律，灰岩中产腹足和鱼牙　8.07m

腹足化石：*Amauropsis* sp.

Omphaloptycha sp.

31. 灰色中薄层状含生物碎屑泥晶灰岩与紫色薄层状泥质粉砂岩韵律层　25.54m

灰岩中产六射珊瑚化石：*Oppelismilia* sp.（图版Ⅳ，10）

藻类化石：*Parachaetetes* sp. 以及腹足和海绵

泥质粉砂岩中产植物：*Otozamites*? sp.（图版Ⅳ，11）

孢粉化石：*Cyclogranioploites* sp.

Verrucosisoites sp.

Converrucosispoites sp.

Raistickia sp.

Lophoiletes sp.

下段：　884.84m

30. 灰紫色薄层状泥质粉砂岩、灰黄色薄层状钙质粉砂岩，钙质粉砂岩中产腹足、介形虫　11.97m

介形类化石：*Darwinula praecipua* Zheng

29. 灰色中厚层中细粒钙质岩屑石英杂砂岩，局部粒度变细　178.74m

28. 灰白色薄层状中细砾岩与灰色薄层状中细粒钙质岩屑石英杂砂岩韵律　28.05m

27. 紫色薄层状中细砾岩、细粒钙质岩屑石英杂砂岩韵律层　22.88m

26. 紫色薄层状粗粒铁质钙质岩屑石英粉砂岩与灰绿色薄层状含泥质粉砂岩韵律层，中部夹0.52m厚的薄层状生物碎屑泥晶灰岩，灰岩中产腹足化石　21.67m

25. 紫色薄层状含粉砂质泥岩、灰色中薄层中细粒钙质岩屑石英杂砂岩，底部为灰绿色薄层状石英砂屑灰岩　17.53m

24. 紫色薄层状中细粒钙质岩屑石英杂砂岩与泥质粉砂岩韵律层，夹灰色薄层状中细粒钙质岩屑石英砂岩　18.56m

23. 灰绿色、紫色薄层状石英粉屑灰岩、深灰色中厚层状生物碎屑泥晶灰岩夹黄绿色薄层状泥质粉砂岩，泥晶灰岩中含少量腹足　12.90m

22. 灰色、浅灰色、灰绿色中薄层生物碎屑泥晶灰岩，含少量腹足　8.62m

21. 灰色中薄层状粗粒钙质含岩屑石英粉砂岩、细粒钙质岩屑石英砂岩、中细粒钙质岩屑石英杂砂岩与深灰色薄层状泥晶灰岩、生物碎屑泥晶灰岩韵律层，顶部为紫色薄层状泥质粉砂岩。灰岩中产少量腹足　56.11m

20. 下部为灰黑色薄层状生物碎屑泥晶灰岩与灰绿色条纹状泥岩韵律层，夹灰绿色薄层状中细粒钙质岩屑石英砂岩，上部为灰绿色微层状含粉砂质泥岩与紫色微层状泥岩韵律层　17.28m

19. 灰色中薄层状中细粒石英砂岩与紫色薄层状粗粒钙质岩屑石英粉砂岩韵律层　10.85m

18. 灰绿色中薄层粗粒钙质石英粉砂岩与薄层状泥质粉砂岩韵律层，具斜层理，顶部为灰色微层—中层状生物碎屑泥晶灰岩夹灰色薄层状中细粒钙质岩屑石英杂砂岩　17.19m

17. 上部为灰黑色条带状生物碎屑泥晶灰岩；中部为灰色中薄层含砾中细粒钙质岩屑石英杂砂岩与灰黑色薄层状生物碎屑泥晶灰岩韵律层，灰岩中含腹足类化石，下部为灰色中层状含砾屑砂屑灰岩　25.09m

16. 灰色薄层状中细粒钙质岩屑石英杂砂岩（局部含砾石）与紫色灰绿色薄层状泥质粉砂岩韵律，夹灰黑色条纹状含生物碎屑泥晶灰岩；下部为灰色中厚层状含砾砂屑灰岩　26.49m

15. 灰绿色中薄层状钙质粗粉砂岩　8.47m

14. 灰黑色中厚层状生物碎屑砂屑灰岩与灰色纹层状中粗粒长石石英砂岩韵律层，灰岩中含腹足类化石；顶部为0.53m厚的灰色薄层状含硅质泥晶灰岩　19.59m

13. 灰色中层状生物碎屑泥晶灰岩、灰黑色纹层状灰岩、灰绿色纹层状泥晶灰岩韵律层，含腹足类化石　50.11m

12. 灰色厚层状中粗砂质细砾岩与含砾粗粒岩屑石英砂岩、中细粒钙质岩屑石英杂砂岩韵律层，夹40cm厚的灰色中层状泥晶灰岩，底部具侵蚀特征　32.67m

11. 上部为灰绿色薄层状钙质粉砂岩与灰岩中层状细粒长石石英砂岩韵律层；中部为灰黑色条带状含生物碎屑灰岩与灰色条纹状钙质泥岩韵律层，具包卷层理；下部为灰色薄层状泥质粉砂岩与中薄层状粗粒钙质粉砂岩韵律层　8.17m

10. 灰色薄层状中细粒含砾岩屑石英杂砂岩与细粒绿帘石英砂岩韵律层。具水平层理及斜层理　77.20m

9. 上部灰—灰绿色条带状细粒钙质长石石英粉砂岩与灰白色条纹层泥岩韵律；中部黑灰色中薄层状含生物碎屑泥晶灰岩，含少量腹足类化石；下部为灰绿色薄层状中细粒钙质长石石英砂岩，局部粒度变细，具正粒序 19.00m
8. 灰色薄层状细粒长石石英砂岩与灰绿色紫色粉砂岩泥岩韵律；上部和下部为灰色薄层状硅质条带泥晶灰岩，产丰富的腹足类化石 24.72m
7. 灰色薄层状中细粒长石石英杂砂岩 67.83m
6. 灰色薄层状细粒长石石英杂砂岩、含细砾中粗粒长石石英砂岩、灰绿色薄层状粉砂质泥岩韵律层，具水平纹层和反粒序 20.74m
5. 灰色薄层状细粒杂砂岩与深灰色薄层状粉砂岩韵律 13.04m
4. 灰黑色薄层状硅钙质粉屑灰岩 10.07m
3. 深灰色薄层状粉砂岩与灰色薄层状中细粒石英砂岩韵律。部分地方角岩化 29.03m
2. 灰白色薄层状细粒杂砂岩，普遍发生角岩化 9.93m
1. 灰白色薄层状砾岩 13.51m

~~~~~~~~ 角度不整合 ~~~~~~~~

下伏地层：木纠错组灰白色薄层细晶白云岩

多布日组与下伏地层木纠错组灰白色薄层角砾状灰质白云岩为角度不整合接触。接触部位为具有喀斯特特征的角砾岩。多布日组的厚度为1425.28m。根据岩石组合特征可分为上下两段，下段岩性为粗—细粒钙质岩屑石英杂砂岩、石英砂岩、泥质粉砂岩，夹砾岩和灰岩，多处具侵蚀面特征。砂岩中斜层理、水平层理较发育，并含个体较小的腹足类以及介形虫，其沉积环境属陆相—海陆交互相。上段岩性以灰岩为主，底部为灰岩夹细碎屑岩，在底部的灰岩中可见个体较大的腹足类和珊瑚、藻类，在细碎屑岩中产植物和植物孢粉；中部以鲕状灰岩为主；上部以泥晶灰岩为主，产大量的海参。其上段属典型的滨浅海沉积特征。多布日组的沉积环境从早期的陆相—海陆交互相逐渐过渡到晚期的滨浅海环境，反映了本区在晚三叠世时又一次海侵的开始。

多布日组的基本层序特征如图2－21所示，是由多个韵律组成，每个韵律皆由下粗上细的层序组成，而总的基本层序也是由下粗上细的层序叠置而组成，属于退积型层序，说明海水向上加深，为海侵体系域的产物。

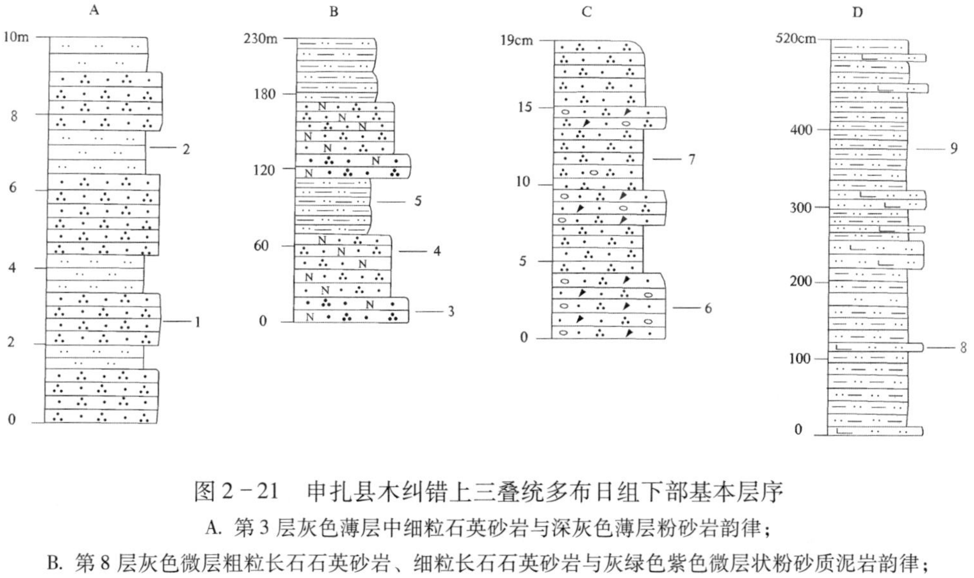

图2－21 申扎县木纠错上三叠统多布日组下部基本层序

A. 第3层灰色薄层中细粒石英砂岩与深灰色薄层粉砂岩韵律；

B. 第8层灰色微层粗粒长石石英砂岩、细粒长石石英砂岩与灰绿色紫色微层状粉砂质泥岩韵律；

C. 第10层灰色薄层含砾中细粒岩屑石英杂砂岩与细粒石英砂岩韵律；

D. 第11层灰色中薄层状粗粒钙质粉砂岩与微层状泥质粉砂岩韵律；

1. 灰色薄层中细粒石英砂岩；2. 深灰色薄层状粉砂岩；3. 灰色粗粒长石石英砂岩；

4. 灰色细粒长石石英砂岩；5. 灰绿色紫色粉砂质泥岩；6. 灰色含砾中细粒岩屑石英杂砂岩；

7. 灰色薄层细粒石英砂岩；8. 灰色钙质粉砂岩；9. 灰色泥质粉砂岩
~~~~~~~~

（2）时代讨论

多布日组产珊瑚、海参、腹足、藻类、海绵、介形虫、植物和植物孢粉。其中，中国科学院南京地质古生物研究所赵嘉明研究员鉴定的六射珊瑚：*Oppelismilia* sp.（图版Ⅳ，10），其地质时代为三叠纪。2002 年 2 月北京大学齐文同教授进一步确认 *Oppelismilia* 六射珊瑚。中国科学院南京地质古生物研究所王成源研究员鉴定海参：*Theelia planorbicula* Mostler（图版Ⅳ，14，15，16，17），*Theelia rosetta* Kristan-Tollmann，*Theelia variabilis slovakensis* Kozur et Mock。其中，*Theelia planorbicula* 主要见于晚三叠世诺利阶（Norian）早期，其他两种也仅分布于晚三叠世诺利阶（Norian）。中国科学院南京地质古生物研究所邓占球研究员鉴定藻类：*Parachaetetes* sp.，其地质时代为晚二叠世—晚三叠世。中国科学院南京地质古生物研究所潘华璋研究员鉴定腹足：*Neritaria*? sp.，*Amauropsis* sp.，*Omphaloptycha* sp.，其地质时代为三叠纪—侏罗纪。中国科学院南京地质古生物研究所黄文宝高工分析，卢礼昌、朱怀诚研究员鉴定植物孢粉：*Cyclogranioploites* sp.，*Verrucosisoites* sp.，*Converrucosispoites* sp.，*Raistickia* sp.，*Lophoiletes* sp.，其地质时代为古生代—中生代。根据上述化石，我们认为其中的珊瑚和海参最具代表性，可与欧洲、美洲三叠纪生物地层进行对比，故建立晚三叠世诺利阶 *Oppelismilia* 珊瑚组合（表 2－7）和 *Theelia planorbicula*—*Theelia rosetta*—*Theelia variabilis slovakensis* 海参组合（表 2－7），并确认多布日组是晚三叠世沉积产物。

2002 年 7～8 月野外补课期间又采集了大量的化石。其中，植物化石 *Otozamites*? sp.（图版Ⅳ，11）由吉林大学地层古生物研究中心孙革教授鉴定；六射珊瑚化石 *Axosmilia*？sp.（图版Ⅳ，1，2，3）由中国科学院南京地质古生物研究所廖卫华研究员鉴定；介形类化石 *Darwinula praecipua* Zheng 由中国科学院南京地质古生物研究所曹美珍研究员鉴定（表 2－7）。从而又进一步证实了三叠纪地层的存在。

表 2－7　多巴区幅三叠纪生物地层划分表

年代地层			岩石地层	主要化石类群组合序列			
系	统	阶		珊瑚	海参	腹足	植物
三叠系	上	瑞替阶	多布日组 T_3d	*Axosmilia*？ *Oppelismilia* 组合	*Theelia planorbicula-Theelia Rosetta-Theelia variabikis slovakensis* 组合	*Neritaria*? *sp.* *Amauropsis sp.* *Omphaloptycha sp.*	*Otozamites*? *sp.*
		诺利阶					
		卡尼阶					
	中	拉丁阶					
		安尼阶					
	下	奥伦尼克阶					
		印度阶					

本图幅通过对晚三叠世多布日组层型剖面的详细研究，确定了本区二叠系之上、侏罗系和白垩系之下有一套厚 1 425.28m 的晚三叠世地层。该地层下部为陆相—海陆交互相碎屑岩夹碳酸盐岩地层，上部为滨浅海相碳酸盐岩为主、底部有少量陆源细碎屑岩的地层。该地层具有陆相—海陆交互相渐变为滨浅海相的特征。根据该岩石组合特征和生物群特征建立的晚三叠世多布日组沉积时期形成的陆相—海陆交互相碎屑岩夹碳酸盐岩地层和滨浅海相碳酸盐岩、少量陆源细碎屑岩的岩石组合，代表了该区中生代海侵的开始。显示了该区晚三叠世海侵发生、发展的全过程，并证明了该区地壳运动从晚三叠世已逐步进入活跃期。因此，西藏北部冈底斯-腾冲地层区晚三叠世多布日组的发现对冈底斯北缘上三叠统层序的建立和古特提斯海东缘海侵时间和方向的研究提供了重要的信息，并对冈瓦纳古陆的演化历史及区域构造格架的建立均提供了重要的依据。同时，该组的建立首次证明了西藏自治区冈底斯-腾冲地层区永珠蛇绿岩带以南晚三叠世地层的存在。这一发现为我国三叠系的划分对比提供了重要的新资料，并为古特

提斯海的演化历史、古地理轮廓的确定，以及青藏高原的形成演变历史提供了可靠的阶段性地层依据。

二、侏罗系

区内的侏罗系在冈底斯-腾冲地层区称上侏罗统下白垩统日拉组和上侏罗统索尔碎屑岩；在班公湖-怒江地层区称中—上侏罗统接奴群。该系出露面积约400km^2。

1955年李璞在本区建立班戈错层，并确定其为侏罗纪地层。而后青海石油普查大队（1957）、西藏自治区第四地质大队（1968，1973，1974，1976，1978）、西藏自治区区调队（1983）、林宝玉等（1989）、《西藏自治区地质志》（1993）、《西藏自治区岩石地层》（1997）先后对该套地层进行了研究和划分，详见表2-6。

（一）冈底斯—腾冲地层区

上侏罗—下白垩统日拉组（J_3K_1r）

（1）岩石地层特征

日拉组是本图幅新建立的岩石地层单位。该套地层1983年西藏自治区区调队①曾划归中—晚侏罗世接奴群（接奴群南带），并介绍了果芒错西岸的路线剖面。1993年《西藏自治区地质志》将该段地层划入拉贡塘组。本图幅通过研究确定该套地层主要沿永珠蛇绿岩带分布，面积可达260km^2。无论纵向还是横向上岩性变化十分明显，是与盆地伸展初期的盆岭构造环境相对应的一套沉积岩石组合。下部岩性以钙质砾岩、橄榄质碎屑岩、灰岩、大理岩及放射虫硅质岩、硅质粉砂岩、硅质、泥质板岩组合为特征。上部以条带状大理岩、块状大理岩、泥晶灰岩、生物碎屑灰岩为特征。上与早白垩世多尼组呈整合接触，下与球状橄榄岩呈不整合接触。其岩石组合明显不同于区内已知岩石地层单元，故新建一岩石地层单元。

Ⅰ. 据申扎县尼弄—日阿德上侏罗—下白垩统日拉组拟选层型剖面（图2-22），其层序如下：

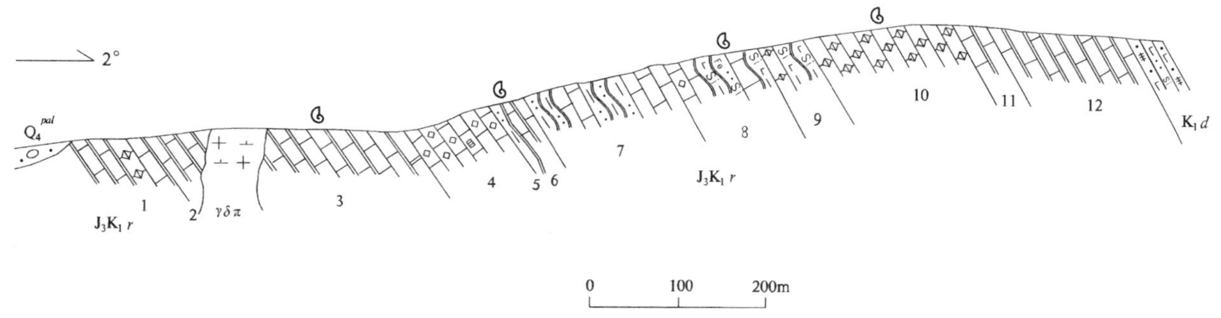

图2-22　申扎县尼弄—日阿德上侏罗—下白垩统日拉组实测剖面图

上覆地层：多尼组灰色粗粒钙质杂砂岩

———————— 整　合 ————————

日拉组（J_3K_1r）：	**940.35m**
12. 深灰色条带状细粒大理岩	100.93m
11. 紫灰色块状细粒大理岩	27.51m
10. 深灰色泥晶灰岩，产海绵骨针	132.93m

① 西藏自治区地质矿产局区域地质调查大队.1983，日喀则幅、亚东幅区域地质调查报告（1:100万）

9.	灰色钙质硅质泥质板岩与灰黑色砂屑泥晶灰岩韵律层	42.73m
8.	浅灰色钙质、硅质泥质板岩、紫色块状粉晶灰岩与灰紫色变质铁质硅质细粉砂岩韵律层	94.21m
7.	浅灰色粉砂质、泥质板岩、深灰色粉屑灰岩与灰色变质泥质粗粉砂岩韵律层	145.73m
6.	深灰色块状细粒大理岩，产腹足、海百合茎化石碎片	34.01m
5.	灰绿色条纹状粉砂质泥质板岩	2.56m
4.	深灰色块状粉晶灰岩，含黄铁矿晶体	91.32m
3.	灰白色片理化细粒大理岩夹灰色块状细晶灰岩。产腹足、海百合茎化石碎片。底部为花岗闪长岩侵入	113.94m
2.	灰—深灰色片理化细粒大理岩	65.96m
1.	灰色条带状中粒大理岩夹深灰色泥质泥晶灰岩	85.03m

（未见底）

Ⅱ. 据申扎县岁俄牛弄巴上侏罗—下白垩统日拉组实测剖面（图2-23），其层序如下：

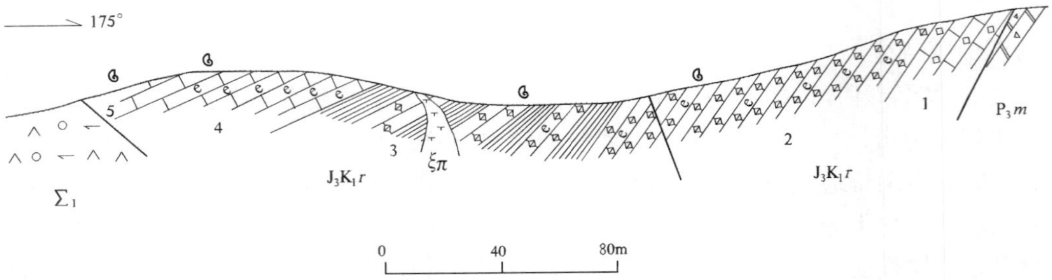

图2-23　申扎县岁俄牛弄巴上侏罗—下白垩统日拉组实测剖面图

日拉组（J_3K_1r）：	（未见顶）	**185.18m**
5.	灰黑色微屑灰岩，产双壳类、腹足等化石	16.67m
	双壳类化石：*Rudist* ? sp.	
4.	黑色生物碎屑砂屑砾屑灰岩，产六射珊瑚、双壳、菊石等化石	29.54m
	六射珊瑚化石：*Microsmilia oppeli* (Remes)（图版Ⅳ，6）	
3.	灰—深灰色中薄层状泥晶灰岩与黑色页岩韵律层，局部可见正长斑岩侵入	48.07m
	珊瑚化石：*Montlivaltia mayaoensis* Liao（图版Ⅳ，5）	
2.	黑色薄层状生物碎屑泥晶灰岩	71.46m
	六射珊瑚化石：*Epistreptophyllum cylindratum* Milaschevitsch（图版Ⅳ，4）	
	Preverastraea iseli (Prever)	
1.	灰黑色块状粉晶灰岩	19.44m

══════ 断　层 ══════

下伏地层：木纠错组灰色角砾状白云岩

日拉组索尔碎屑岩（*sss*）

索尔碎屑岩是本图幅新建立的日拉组底部的非正式岩石地层单位。该套地层角度不整合于辉石橄榄岩（Σ_1）之上，岩性以橄榄质砂岩、砾岩为主，产珊瑚、双壳、海胆刺等化石。区内索尔碎屑岩伴随着申扎小区的晚三叠世—早侏罗世球状橄榄岩分布，是一套橄榄质岩屑砂岩、砾岩、硅质粉砂岩夹放射虫硅质岩、砂屑灰岩组合，向上逐渐过渡为日拉组灰岩。出露面积约10km^2。

Ⅲ. 据申扎县索尔—戈昂错上侏罗—下白垩统日拉组索尔碎屑岩实测剖面（图2-24），其层序如下：

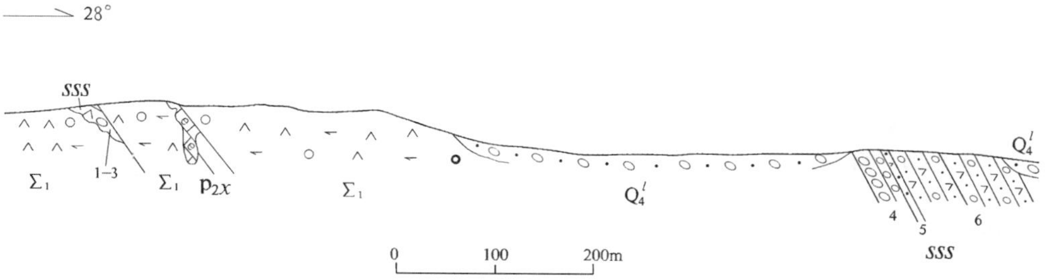

图 2-24 申扎县索尔—戈昂错上侏罗—下白垩统日拉组索尔碎屑岩实测剖面图

索尔碎屑岩（*sss*）： （未见顶） **147.11m**

6. 灰色厚层状含砾细粒橄榄质砂岩 99.24m
5. 灰色中层状辉石橄榄质细砾岩与灰色中层状中粒橄榄质砂岩韵律层，见交错层理 1.27m
4. 灰—灰绿色中—厚层状粗—细橄榄质砾岩 26.02m
3. 灰色中层状中—薄层状中粒钙质橄榄质砂岩 16.27m
2. 灰绿色巨厚层状粗—细橄榄质砾岩 2.36m
1. 灰黑色中—厚层状粗粒辉石橄榄质砂岩，其下见粘土 1.77m

～～～～～～ 角度不整合 ～～～～～～

Σ_1黑绿色球状细粒辉石橄榄岩

Ⅳ. 据申扎县索尔拉上侏罗—下白垩统日拉组索尔碎屑岩路线剖面（图 2-25），层序如下：

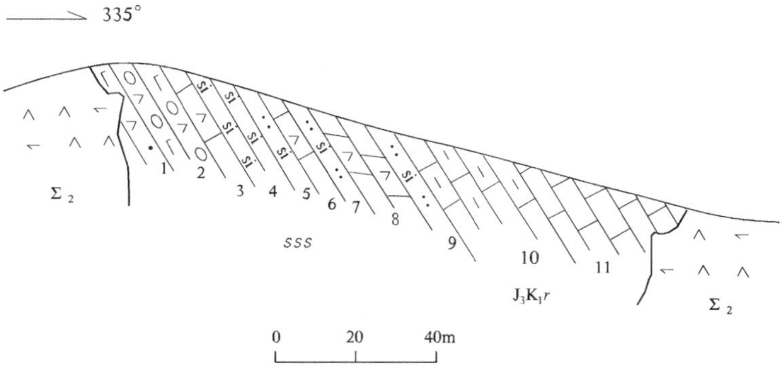

图 2-25 申扎县索尔拉上侏罗—下白垩统日拉组索尔碎屑岩路线剖面图

Σ_2辉石橄榄岩

═══════ 断 层 ═══════

日拉组（J_3K_1r）： **53.00m**

11. 灰色灰岩 >32.00m
10. 灰色泥质灰岩 21.00m

索尔碎屑岩（*sss*）： **57.70m**

9. 浅灰白色硅质粉砂岩 5.20m
8. 灰色含橄榄质砂屑泥灰岩 10.00m
7. 浅灰白色硅质粉砂岩 4.00m
6. 灰色含橄榄质砂屑灰岩 4.00m
5. 浅灰红色硅质粉砂岩 4.50m
4. 浅灰白色放射虫硅质岩 8.40m

放射虫化石：*Crucella* sp.

Paronaella sp.

Archaeospongoprunum sp.

Orbiculiforma sp.

3. 灰色含橄榄质砂屑灰岩 4.00m
2. 黑绿色钙质橄榄质砾岩 11.60m
1. 黑绿色钙质橄榄质岩屑砂岩 6.00m

——————— 侵入接触 ———————

Σ_2辉石橄榄岩

上述Ⅰ、Ⅱ剖面是日拉组剖面。其中Ⅰ剖面以泥晶、粉晶、砾屑灰岩为主，夹少量页岩；Ⅱ剖面以中粒、细粒大理岩、泥晶、粉晶、细晶灰岩为主，夹钙质、硅质、泥质板岩、粉砂岩。其岩性组合为泥晶、粉晶、细晶、砾屑灰岩、中粒、细粒大理岩为主，夹钙质、硅质、泥质板岩、粉砂岩及少量页岩。Ⅲ、Ⅳ剖面是索尔碎屑岩剖面。其中Ⅲ剖面以橄榄质砂岩、砾岩为主，角度不整合于辉石橄榄岩（Σ_1）之上，其胶结物为钙质；Ⅳ剖面以橄榄质砂岩、砾岩、砂屑灰岩、泥灰岩为主，夹放射虫硅质岩、硅质粉砂岩。其岩石组合为一套橄榄质岩屑砂岩、砾岩、硅质粉砂岩夹放射虫硅质岩、砂屑灰岩组合。另外，在青卡尔一带本组岩性为灰色—灰白色厚层状灰岩和钙质砾岩等。接奴群岩性为灰色、灰绿色、褐灰色、黄绿色、紫色粗—细碎屑岩夹火山岩组合。据《西藏自治区岩石地层》，拉贡塘组岩性为灰、深灰色页岩、粉砂质页岩为主，夹长石石英砂岩、石英砂岩、粉砂岩、透镜状灰岩组合。由此可以看出，日拉组岩性与接奴群及拉贡塘组有较大区别。

日拉组的基本层序特征如图2-26所示，是由浅灰色中粗粒石英砂岩、细粒石英砂岩、粉砂岩韵律组成，具有向上粒度变细的特征，属于退积型层序，属海侵体系域的产物。

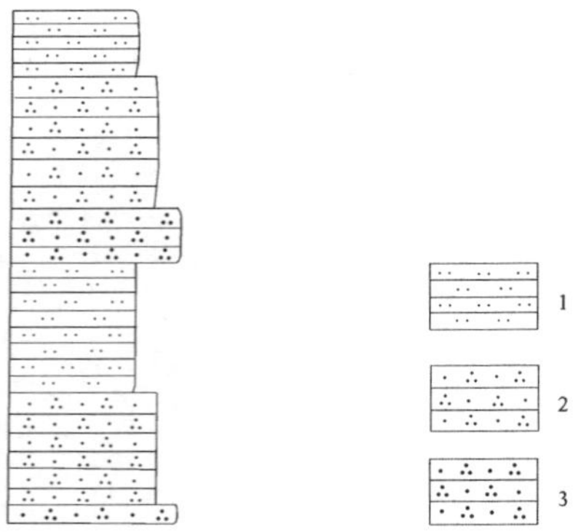

图2-26 申扎县日阿德上侏罗—下白垩统日拉组基本层序
1. 浅灰色粉砂岩；
2. 浅灰色细粒石英砂岩；
3. 浅灰色中粗粒石英砂岩

综上所述，通过对区内上侏罗—下白垩统日拉组和上侏罗统索尔碎屑岩的研究发现，它们的岩石组合特征因其分布的地理位置不同而不同。在岁俄牛弄巴一带以灰—深灰色—灰黑色粉晶灰岩、微屑灰岩、泥晶灰岩、砂屑、砾屑灰岩为主，夹黑色页岩。在尼弄—日阿德一带以灰白色—灰色—深灰色片埋化大理岩、结晶灰岩及灰绿色、浅灰色粉砂质泥质板岩为主。在青卡尔一带为灰色—灰白色厚层状灰岩和胶结物成分均为灰岩的钙质砾岩。在俄日热一带为灰色—灰白色结晶灰岩、白云质灰岩、泥晶灰岩。在索尔一带出露的索尔碎屑岩则为灰色—灰绿色—灰黑色橄榄质、辉石橄榄质砂岩、砾岩，中部夹放射虫硅质岩，向上岩层中钙质成分增多，最后过渡到正常灰岩沉积为主。

从以上叙述中可以看出，本区内的上侏罗—下白垩统在不同的位置形成了不同的沉积产物，在较小的范围内其对比性较差。因此，对其形成的环境的研究，具有十分重要的意义。

早—中侏罗世时期，全区处于暴露剥蚀环境。在晚侏罗世，羌塘板块沿班公错—怒江结合带向南俯冲，以永珠带为中心的弧间裂谷盆地处于强烈伸展环境中。在伸展裂陷活动中形成了多个盆和多个海岭，即多盆岭环境。海盆接受了邻近海岭的物源沉积，因各个海岭的组成成分不同，在各个海盆内沉积产物也就不同，形成了晚侏罗—早白垩世时期区内特殊的沉积岩石组合特征的格局。

多盆岭成因说，对区内日拉组、索尔碎屑岩的成因解释是十分合理的，同时对藏北及整个青藏高原的隆升演化历史的研究具有十分重要的意义。

（2）时代讨论

本图幅在该组中采集到六射珊瑚、双壳、腹足等化石。其中，珊瑚：*Microsmilia oppeli*（Remes）（图版Ⅳ，6），*Montlivaltia mayaoensis* Liao（图版Ⅳ，5），*Epistreptophyllum cylindratum* Milaschevitsch（图版

Ⅳ，4）由吉林地调院郑春子（教授级高工）鉴定。其中，*Epistreptophyllum cylindratum* Milaschevitsch（图版Ⅳ，4）的地质时代为晚侏罗世。珊瑚：*Preverastraea iseli*（Prever）由中国科学院南京地质古生物研究所廖卫华研究员鉴定，其地质时代为早白垩世；双壳类：*Rudist*？sp.，由中国科学院南京地质古生物研究所文世宣研究员鉴定，其地质时代为早白垩世。除上述剖面化石外，日阿德（PIIHs 6－1）一带的珊瑚 *Thecosmilia*？sp.（图版Ⅳ，7）由吉林地调院郑春子（教授级高工）鉴定，其地质时代为中三叠世—白垩纪；6207 地质点的硅质岩放射虫：*Acaoniotyle* sp.，*Crucella* sp.，? *Parvicingula* sp.，由中国科学院南京地质古生物研究所王玉净研究员鉴定，其地质时代为中侏罗世—早白垩世。因此，综合上述剖面的岩石地层和生物地层资料，确定日拉组为晚侏罗世—早白垩世沉积产物。

在上述索尔碎屑岩剖面中生物化石较少，但在该剖面近处钙质橄榄质砂岩中采得化石，数量相对较多，有珊瑚、双壳及海胆刺。其中，珊瑚：*Epistreptophyllum cylindratum* Milaschevitsch 经中国科学院南京地质古生物研究所廖卫华研究员鉴定，其地质时代为晚侏罗世。此外，在上述Ⅳ剖面索尔碎屑岩夹放射虫硅质岩，并向上过渡为正常的日拉组，其放射虫：*Crucella* sp.，*Paronaella* sp.，*Archaeospongoprunum* sp.，*Orbiculiforma* sp.，由中国科学院南京地质古生物研究所王玉净研究员鉴定，其地质时代为中侏罗世—早白垩世。因此，根据岩石组合和生物组合特征，确定索尔碎屑岩的地质时代为晚侏罗世。

（二）班公错—怒江地层区

中—上侏罗统接奴群（$J_{2-3}J$）

（1）岩石地层特征

接奴群是西藏自治区区调队于 1983 年①创名，创名地点位于班戈县接奴山。该群现定义为一套由灰色、灰绿色、褐色、褐灰色、黄绿色、紫色粗—细碎屑岩夹火山岩组成的岩石地层。产菊石、珊瑚、双壳、腹足等化石。未见顶底。

区内接奴群主要分布在伦坡拉盆地南缘接奴、窝如日居、贾哥来和孔区道班一带。出露面积约 140km^2。

Ⅰ. 据班戈县接奴山中—上侏罗统接奴群实测剖面（图 2－27），其层序如下：

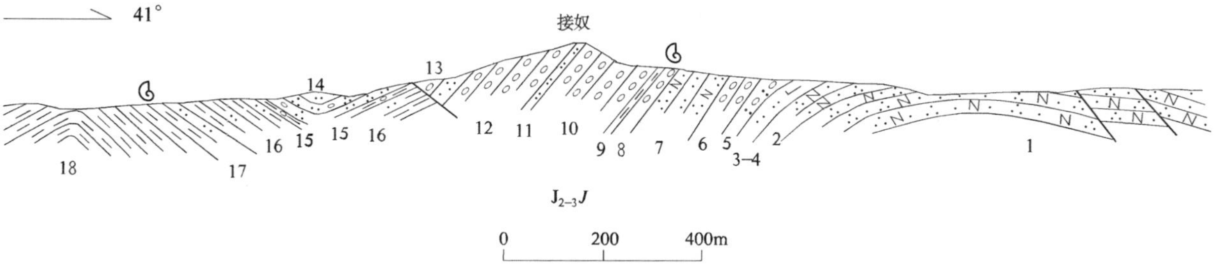

图 2－27　班戈县接奴山中—上侏罗统接奴群实测剖面图

接奴群（$J_{2-3}J$）：	（未见顶）	**1 153.07m**
18. 灰绿色泥岩		122.49m
17. 灰绿色中薄层状泥岩、灰—灰绿色微层状石英细粉砂岩韵律层，夹一层生物碎屑灰岩条带		32.88m
灰岩中产六射珊瑚化石：*Stylina*? sp.		
菊石化石：? *Pseudargentiniceras* sp.		
16. 灰绿色中薄层状泥岩、灰绿色薄层状泥质细粉砂岩韵律层，含钙质砂砾岩条带或透镜体		96.75m

① 西藏自治区地质矿产局区域地质调查大队. 1983，日喀则幅、亚东幅区域地质调查报告（1∶100 万）

15. 灰绿色含砾泥岩 8.17m
14. 灰绿色含砾石英细粉砂岩，在砾石底部有不明显的压痕 72.11m
13. 褐灰色厚层状砂砾岩、灰绿色薄层状长石石英细砂岩韵律层 73.91m
12. 褐灰色厚层状砾岩 87.29m
11. 黄绿色中层状粉砂岩 11.84m
10. 褐灰色厚层状砾岩，偶见含砾粗砂岩、深灰色泥岩夹层 169.02m
9. 灰绿色泥岩 14.74m
8. 褐灰色厚层状砾岩，夹含生物碎屑砂屑灰岩透镜体。产六射珊瑚、层孔虫、海绵等化石 31.84m

六射珊瑚化石：*Montlivaltia* ? sp.
Thamnasteria cotteaui Fromentel
Thamnasteria? sp.
Epistreptophyllum cylindratum Milaschevitsch
Stylina sp.
Axosmilia? sp.

层孔虫化石：*Parastromatopora* sp.

海绵化石：? *Spongiomorpha* sp.
Chaetetopsis sp.

7. 黄绿色石英长石细砂岩、粉砂岩韵律层 105.31m
6. 褐灰色厚层状砾岩 58.96m
5. 紫色厚层状凝灰质砾岩 69.17m
4. 紫色中厚层状中砂岩、灰—灰绿色中厚层状中砂岩韵律层 4.00m
3. 灰—灰绿色中厚层状钙质粗粉砂岩 34.13m
2. 灰—灰绿色中厚层状长石石英细砂岩、中细砂岩韵律层 80.68m
1. 黄绿色中厚层状长石石英中砂岩、细砂岩韵律层 79.78m

（未见底）

Ⅱ. 据西藏自治区区调队（1983）① 班戈县接奴—窝如日居中—上侏罗统接奴群实测剖面资料整理，其层序如下：

接奴群（$J_{2-3}J$）: （未见顶） **1 187.00m**

5. 灰色粉砂质页岩夹少量薄层砂岩及钙质粉砂岩。页岩中含钙质结核或灰岩小透镜体 100.00m
4. 灰色巨厚层状砾岩夹含砾粗砂岩 467.00m
3. 灰色中粗粒砂岩夹砾砂岩和砾岩。组成下粗上细的韵律，上部夹灰色薄层生物碎屑灰岩（厚1.5m），灰岩普遍含泥灰岩结核； 82.00m

生物碎屑灰岩及泥灰岩结核中产双壳：*Corbula* sp.
Astarte subcardiformis
Goniomya trpezicostata
Grammatodon oirgatus
Pseudolimea sp.

腹足化石：*Nerinella dayi*

六射珊瑚化石：*Montlivatia cupuciformis*

菊石化石：*Protetraganites* sp.

2. 暗紫红色厚—巨厚层状砾岩夹含砾粗砂岩 211.00m
1. 灰色中厚层状杂砂岩、变质细砂岩屑石英砂岩，夹灰绿色安山岩、安山角砾岩、灰岩生物、碎屑灰岩透镜体及页岩，下部见辉绿岩、辉长岩脉侵入 327.00m

（未见底）

---

① 西藏自治区地质矿产局区域地质调查大队. 1983，日喀则幅、亚东幅区域地质调查报告（1∶100 万）

接奴群岩性为灰色、灰绿色、紫红色砾岩、砂岩、粉砂质泥岩、砂质页岩夹火山岩、含砾砂岩及砂质灰岩组合。其中碎屑岩是由结构成熟度和成分成熟度都很低的砾岩、含砾砂岩、杂砂岩、长石砂岩、长石石英砂岩、岩屑石英砂岩组成为特征，并夹火山碎屑岩。化石较少，仅产于灰岩透镜体及泥灰岩结核中。有双壳、腹足、珊瑚、菊石、海百合茎等。为滨海—浅海沉积环境。厚度大于1 187.00m，为快速堆积的产物。

（2）时代讨论

本图幅在接奴群中采集了六射珊瑚、菊石、海绵、层孔虫等化石。珊瑚：*Montlivaltia* ? sp.，*Thamnasteria cotteaui* Fromentel，*Thamnasteria*? sp.，*Epistreptophyllum cylindratum* Milaschevitsch，*Stylina* ? sp.，*Axosmilia*? sp.，由中国科学院南京古生物研究所廖卫华研究员和吉林地调院郑春子（教授级高工）鉴定。其中，*Epistreptophyllum cylindratum* 的地质时代为晚侏罗世，其余为侏罗—白垩纪。中国科学院南京古生物研究所陈挺恩研究员鉴定菊石：? *Pseudargentiniceras* sp.，其地质时代为晚侏罗世提塘阶（Tithonian）—早白垩世贝利阿斯阶（Berriasian）（表2-8）。中国科学院南京古生物研究所董得源研究员鉴定层孔虫：*Parastromatopora* sp.，其地质时代为晚侏罗世。中国科学院南京古生物研究所邓占球研究员鉴定海绵：? *Spongiomorpha* sp.，*Chaetetopsis* sp. 其地质时代为早白垩世。西藏自治区区调队（1983）在该套地层中采集了双壳：*Corbula* sp.，*Astarte subcardiformis*，*Goniomya trpezicostata*，*Grammatodon oirgatus*，*Pseudolimea* sp.，*Lopha gregarea*，? *Gresslya abducta*，*Meleagrinella* cf. *ovalis*，*Lima* sp.；腹足：*Nerinella dayi*；六射珊瑚：*Montlivatia cupuciformis*；菊石：*Protetraganites* sp. 等，其地质时代为中晚侏罗世。根据上述化石以及珊瑚化石的分布，我们认为 *Epistreptophyllum cylindratum* 的层位较为稳定，故建立晚侏罗世 *Epistreptophyllum cylindratum* 珊瑚组合（表2-8），并认为接奴群为中—晚侏罗世沉积产物。

三、白垩系

区内白垩系隶属两个岩石地层区。在冈底斯—腾冲地层区内申扎小区白垩系可划分为下白垩统则弄群和捷嘎组；雄梅—多巴小区白垩系包括多尼组、郎山组、康曲组、余穷组和竟柱山组。两个岩石地层小区的主要差异是前者早白垩世持续火山活动，并以火山碎屑—沉积岩组合为主要特征；而雄梅—多巴小区白垩纪火山活动较微弱，仅在早白垩世多尼组上部形成以安山岩为主的陆相火山岩，并在上部形成大量硅质结核灰岩。班公错—怒江地层区内白垩系称去申拉组，该组主体位于班公错—怒江结合带内的纳木错—东卡错中间地块上，岩性以中性火山岩和火山碎屑岩为主。而位于班公错—怒江结合带南带的桂牙岩组将在构造岩石地层中进行描述。

白垩系是本图幅内的主要地层单元之一，其出露面积占图幅总面积的1/8，约1 900km^2。主要分布于色林错周围。

（一）冈底斯—腾冲地层区

申扎小区下白垩统

1. 下白垩统则弄群（K_1Z）

（1）岩石地层特征

则弄群是由西藏自治区区调队（1983）① 创名，当时系指申扎县东则弄一带的一套杂色复成分砾岩、中酸性凝灰岩及火山角砾岩、砂岩与页岩，夹淡黄色生物碎屑砂岩及灰岩。后经《西藏自治区岩石地层》（1997）定义为杂色砂岩、火山岩、变质砾岩、页岩、泥岩夹硅质岩、生物碎屑灰岩组成的一套地层体，产双壳、腕足、腹足、介形、轮藻等化石。幅内则弄群呈带状分布于永珠蛇绿岩带的西段，分布面积约112km^2，未见底，与上覆地层捷嘎组呈整合接触。

---

① 西藏自治区地质矿产局区域地质调查大队.1983，日喀则幅、亚东幅区域地质调查报告（1:100万）

表2-8 多巴区幅侏罗、白垩纪生物地层划分表

<table>
<tr><th colspan="3">年代地层</th><th colspan="3">岩石地层</th><th colspan="4">主要化石类群组合序列</th></tr>
<tr><th>系</th><th>统</th><th>阶</th><th colspan="2">冈底斯-腾冲地层区</th><th>班公错—怒江地层区</th><th>珊瑚</th><th>有孔虫</th><th>腕足、菊石</th><th>双壳</th></tr>
<tr><td rowspan="12">白垩系</td><td rowspan="6">上</td><td>马斯特里赫特阶</td><td rowspan="6"></td><td rowspan="6">竟柱山组K_2j</td><td rowspan="8"></td><td rowspan="8"></td><td rowspan="6"></td><td rowspan="6"></td><td rowspan="6"></td></tr>
<tr><td>坎潘阶</td></tr>
<tr><td>三冬阶</td></tr>
<tr><td>康尼亚克阶</td></tr>
<tr><td>土仑阶</td></tr>
<tr><td>赛诺曼阶</td></tr>
<tr><td rowspan="6">下</td><td>阿尔布阶</td><td rowspan="2">捷嘎组K_1jg</td><td rowspan="2">余穷组K_1y
康曲组K_1k
郎山组K_1l</td><td rowspan="2">Mesorbitolina gregaria-Mesorbitolina texana组合
Palorbitolina nannembryona
Mesorbitolina birmanica-Palorbitolina lenticularis组合
Mesorbitolina subconcava</td><td rowspan="2">腕足：
Sellithyris pentagonalis- Parakingena组合
Platythyris
Monticlarella</td><td rowspan="2">Neithea-Myopholas组合
Neithea attokensis</td></tr>
<tr><td>阿普特阶</td></tr>
<tr><td>巴雷姆阶</td><td rowspan="4">则弄群K_1Z</td><td rowspan="4">多尼组K_0d</td><td rowspan="3">去申拉组</td><td rowspan="4">Stylophora*
Enallhelia*
Astreopora*
Montlivaltia*</td><td rowspan="4">Mesorbitolina*</td><td rowspan="4">菊石：
Euphylloceras*
Phylloceras*</td><td rowspan="4">Myopholas
Isodomella组合*</td></tr>
<tr><td>欧特里夫阶</td></tr>
<tr><td>凡兰吟阶</td></tr>
<tr><td>贝利阿斯阶</td><td>K_0q</td></tr>
<tr><td rowspan="11">侏罗系</td><td rowspan="3">上</td><td>提塘阶</td><td colspan="2">日拉组J_3K_1r</td><td rowspan="7">接奴群$J_{2\text{-}3}J$</td><td rowspan="7">Epistreptophyllum cylindratum组合
Montlivaltia**</td><td rowspan="7">放射虫：
Acaoniotyle-?Parvicingula*
Crucella-Paronaella*</td><td rowspan="7">菊石：
?Pseudargentiniceras**</td><td rowspan="7">Rudist ?*</td></tr>
<tr><td>基末利阶</td><td colspan="2">索尔砂岩 sss</td></tr>
<tr><td>牛津阶</td><td rowspan="9"></td><td rowspan="9"></td></tr>
<tr><td rowspan="4">中</td><td>卡洛夫阶</td></tr>
<tr><td>巴通阶</td></tr>
<tr><td>巴柔阶</td></tr>
<tr><td>阿林阶</td></tr>
<tr><td rowspan="4">下</td><td>土阿辛阶</td><td rowspan="4"></td><td rowspan="4"></td><td rowspan="4"></td><td rowspan="4"></td><td rowspan="4"></td></tr>
<tr><td>普林斯巴阶</td></tr>
<tr><td>辛涅缪尔阶</td></tr>
<tr><td>赫塘阶</td></tr>
</table>

注：*冈底斯-腾冲地层区 **班公错-怒江地层区

据申扎县洛弄拉—宗穷下白垩统则弄群实测剖面（图2-28），其层序如下：

上覆地层：捷嘎组灰色厚层状生物碎屑灰岩

——————整 合——————

则弄群（K_1Z）： 1 146.89m

13. 灰色中薄层状细粒铁质砂岩，含碳化植物化石碎片 63.79m
12. 灰黑色条带—薄层状钙质粉砂岩 69.30m
11. 灰色薄层状凝灰质细砂岩与深灰色微层状钙质细粉砂岩韵律层 219.94m
10. 灰黄色薄层状中细粒长石石英砂岩与深灰色微—薄层状泥岩韵律层 150.46m

泥岩中产有孔虫化石：*Pseudocyclammina lobata* He（图版Ⅰ，13）
Pseudocyclammina simplex He（图版Ⅰ，9，12）
Mesorbitolina cf. *texana*（Roemer）（图版Ⅰ，3）
Mesorbitolina tibetica Zhang（图版Ⅰ，2，6）
Mesorbitolina cf. *gregaria* Zhang（图版Ⅰ，5）
Mesorbitolina sp.

9. 黄色中层状中细粒长石石英砂岩 255.88m
8. 灰—灰白色微薄层状铁质钙质中粒杂砂岩与灰黄色条带—微层状泥质粉砂岩韵律层 87.66m
7. 灰色薄层状凝灰质钙质细粒杂砂岩与灰绿色粉砂质泥岩韵律层，杂砂岩中产植物化石碎片 61.01m
6. 灰色薄层状钙质凝灰质细粒杂砂岩 79.86m
5. 灰—深灰色中薄层状凝灰质细粒杂砂岩 33.18m
4. 黄褐色中层状中组粒石英砂岩 35.95m
3. 灰色厚层状中砾岩 12.67m
2. 深灰色中层状石英砂岩 57.93m
1. 灰色中薄层状粉砂质泥岩，产植物化石碎片 19.26m

（未见底）

则弄群在本图幅内的厚度为1 146.89m，岩性以海陆交互相的碎屑岩—火山碎屑岩沉积为主。其下部为石英砂岩、粉砂质泥岩、中砾岩组合。中部为凝灰质杂砂岩及泥质粉砂岩。上部为长石石英砂岩、凝灰质细砂岩、钙质粉砂岩及泥岩。上述剖面与层型剖面相比，下部的中酸性火山岩未见出露，但流纹斑岩、安山玢岩等中酸性岩脉较发育。

（2）时代讨论

则弄群中产大量的有孔虫和植物化石碎片。有孔虫经中国科学院南京地质古生物研究所章炳高研究员鉴定，其属种有 *Pseudocyclammina lobata* He（图版Ⅰ，13），*Pseudocyclammina simplex* He（图版Ⅰ，9，12），*Mesorbitolina* cf. *texana*（Roemer）（图版Ⅰ，3），*Mesorbitolina tibetica* Zhang（图版Ⅰ，2，6），*Mesorbitolina* cf. *gregaria* Zhang（图版Ⅰ，5），*Mesorbitolina* sp.，其中，*Mesorbitolina* cf. *texana* 是阿尔布阶（Albian）中部 *Mesorbitolina* cf. *texana-M. birmanica* 有孔虫组合的主要成员；*Mesorbitolina* cf.. *gregaria* Zhang 是阿尔布阶（Albian）晚期 *Orbitolina toibaica-Mesorbitolina gregaria* 组合的主要成员。因此，根据上述化石我们认为则弄群的时代上限可达早白垩世晚期的阿尔布阶（Albian）中、晚期。

2. 下白垩统捷嘎组（K_1jg）

（1）岩石地层特征

捷嘎组系由西藏自治区区调队（1987）[①] 创名，创名地位于革吉县捷嘎一带。原定义为青灰色灰岩、生物碎屑灰岩、圆笠虫灰岩、岩屑砂岩、凝灰岩，中下部夹多层火山碎屑岩、玄武岩、安山岩、流纹岩、熔凝灰岩以及硅质燧石的一套地层。后经《西藏自治区岩石地层》（1997）定义为杂色变质砂

① 西藏自治区地质矿产局区域地质调查大队.1983，日土幅区域地质调查报告（1:100万）

岩、砾岩、灰岩及变质火山岩（玄武岩、安山岩、流纹岩、熔凝灰岩）及火山碎屑岩、灰岩的一套地层体。该套地层产双壳、腹足、有孔虫等化石，与下伏地层则弄群呈整合接触，与上覆地层茶里错群呈不整合接触。

幅内捷嘎组出露面积39km^2，与则弄群共同组成褶皱并以向斜核的形式存在，构成东西走向的灰岩山脊。

据申扎县洛弄拉—宗穷下白垩统捷嘎组实测剖面（图2－28），其层序如下：

捷嘎组（K_1jg）：　（未见顶）　**257.47m**

16. 灰色厚—巨厚层状圆笠虫灰岩　20.76m
15. 灰绿色页岩与紫红色页岩韵律层　16.57m
    有孔虫化石：*Mesorbitolina* sp.
14. 灰色厚—巨厚层状圆笠虫灰岩　220.14m
    有孔虫化石：*Mesorbitolina gregaria* Zhang（图版Ⅰ，8）

——————— 整　合 ———————

下伏地层：则弄群灰色细粒铁质砂岩

幅内捷嘎组以灰色厚—巨厚层状圆笠虫灰岩为主，夹少量灰绿、紫红色页岩。其岩石组合和生物群面貌反映了典型的浅海碳酸盐岩沉积为主的特征。

（2）时代讨论

在该组采集了大量的有孔虫并制作了薄片。经中国科学院南京地质古生物研究所章炳高研究员鉴定，有孔虫有 *Mesorbitolina gregaria* Zhang，*Mesorbitolina* sp.。其中，*Mesorbitolina gregaria* Zhang 为阿尔布阶（Albian）最顶部 *Orbitolina toibaica-Mesorbitolina gregaria* 有孔虫组合成员，其特征反映了阿尔布阶（Albian）晚期特征。此外，需要特别强调的是，在该组内未见阿尔布早中期的有孔虫出现。因此，根据上述化石我们认为捷嘎组的沉积时期晚于则弄群，可确定为早白垩世晚期阿尔布阶（Albian）晚期沉积产物。

雄梅—多巴小区白垩系

1. 下白垩统多尼组（K_1d）

（1）岩石地层特征

1955年李璞将洛隆县附近多尼一带的含煤地层称“多尼煤系”。在西藏自治区北部系指分布于洛隆、八宿地区的一套白垩纪的含煤砂页岩地层。1964年全国地层委员会将其改称为多尼组。尔后曾有许多学者涉足本区，并提出划分意见（表2－6）。1997年《西藏自治区岩石地层》定义该组为一套灰—深灰色含煤碎屑岩地层体。岩性以泥岩、砂岩、板岩、页岩、粉砂岩、石英砂岩、长石石英砂岩为主，局部含火山岩。产植物、菊石、双壳、腹足、珊瑚、层孔虫、海胆、腕足和介形虫等化石。与下伏地层日拉组呈整合接触，与上覆地层郎山组呈平行不整合接触。

幅内多尼组出露面积约1 260km^2，且具有岩性复杂、岩相变化较大的特征。该组经本图幅研究按岩石组合及地理分布，分为西、东两区。

①西区（雄梅地区）下白垩统多尼组

西区多尼组主要分布在雄梅一带，以及错鄂湖周边。按岩石组合该组自下而上划分为三段：下段为灰色石英细砂岩及深色含泥质细碎屑岩；中段为成熟度略高的石英细砂岩；上段是本图幅新建立的非正式地层单位达过火山岩，岩石组合以中性火山岩为主。该组下段与晚侏罗—早白垩世日拉组呈整合接触；上段与早白垩世郎山组呈平行不整合接触。厚度1 917.38m 。

据申扎县日拉山—知那山下白垩统多尼组实测剖面（图2－29），其层序如下：

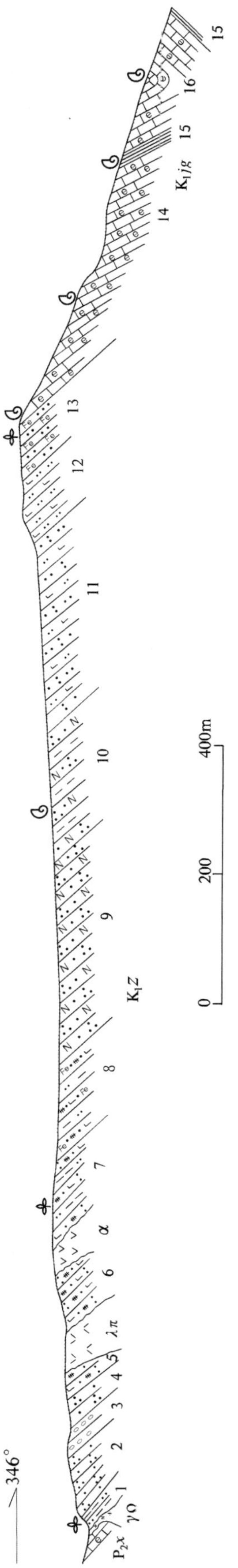

图2-28　申扎县洛弄拉—宗穷下白垩统则弄群、拉嘎组实测剖面图

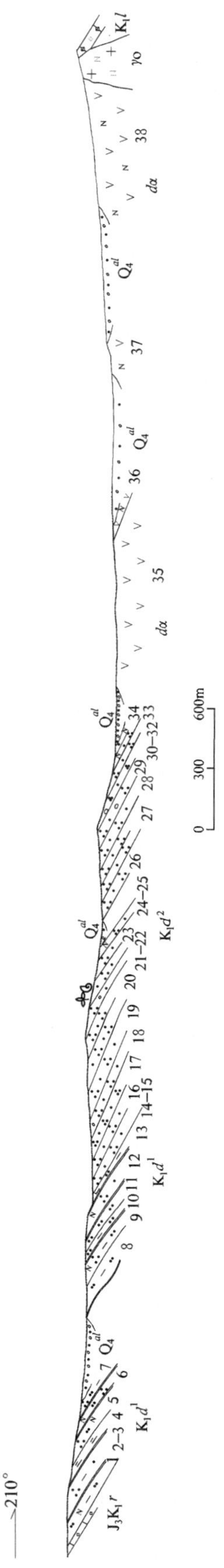

图2-29　申扎县日拉山—知那山下白垩统多尼组实测剖面图

上覆地层：郎山组深灰色中层状圆笠虫泥晶灰岩

－－－－－－－－－平行不整合－－－－－－－－－

多尼组（K_1d）： **1 917.38m**

达过火山岩（$d\alpha$）（多尼组上段）： **449.02m**

38. 灰绿色斜长安山岩 228.57m
37. 绿色斜长安山岩 61.26m
36. 灰绿色斜长安山岩，底部见2.27m厚的紫色安山质火山集块岩 22.71m
35. 灰白色安山岩 136.48m

中段： 778.88m

34. 褐色中层状中粒长石石英砂岩 38.48m
33. 褐灰色中层状中粒石英砂岩、细粒石英砂岩韵律层 28.27m
32. 褐灰色条带状粗粒石英砂岩、中粒石英砂岩、细粒石英砂岩韵律层，发育水平层理、小型交错层理及微不对称波痕 10.01m
31. 褐色中层状细粒石英砂岩，顶部含碳化植物碎屑 1.26m
30. 褐色中薄层状砂砾岩、粗粒石英砂岩、中细粒石英砂岩韵律层 19.80m
29. 灰色—褐灰色薄层状细粒石英砂岩 46.55m
28. 褐灰色中层状中粒石英砂岩、细粒石英砂岩韵律层 54.45m
27. 褐灰色中薄层状中细粒石英砂岩、细粒石英砂岩韵律层，具微不对称波痕 84.79m
26. 灰绿色中层状细粒石英砂岩，具水平状砂纹层理 48.73m
25. 褐色中层状中细粒石英砂岩 15.59m
24. 土黄色薄层状粗粒石英粉砂岩，底部见同生硅质泥粒 3.46m
23. 浅灰—褐色中层状含石英粗砂屑细粒石英砂岩、细粒石英砂岩韵律层，底部有3.7m厚的含生物石英砂砾岩—中细砂岩层 99.10m

    双壳化石：*Isodomella choinbaensis* Wen

    Eriphyla sp.

    Noetia（*Incanopsis*）sp

    Nuculan sp.

    Myopholas sp. 以及少量碳化植物碎片

22. 深灰色中薄层状细粒石英砂岩，水平状砂纹层理发育 12.84m
21. 褐—浅灰色中层状中细粒石英砂岩，下部具溶蚀孔带，底部见20cm厚含植物茎印膜化石层 33.88m
20. 浅灰色中层状中细粒石英砂岩、细粒石英砂岩韵律层 85.48m
19. 褐色中层状粗粒石英砂岩、灰色中层状中细粒石英砂岩韵律层 51.71m
18. 褐色薄层—条带状含砾石英粗砂岩—中粗砂岩、褐—浅灰色中层状中细粒石英砂岩韵律层 37.53m
17. 浅灰色中层状中细粒石英砂岩 39.52m
16. 灰色中层状细粒石英砂岩，含扁圆状溶蚀孔 35.31m
15. 灰—灰绿色中层状粗粒石英粉砂岩、细粒石英砂岩韵律层，见植物化石印膜及碳化植物碎片 10.01m
14. 灰色中层状细粒石英砂岩 22.11m

下段： 689.48m

13. 土黄色钙质粉砂质板岩与深灰—黑色泥质板岩韵律层 13.05m
12. 深灰色微层状变质长石石英细砂岩、变质粉砂岩、变质泥岩韵律层 35.13m
11. 深灰色粉砂质板岩 19.83m
10. 深灰色微层状变质泥质粉砂岩、灰黑色微层状变质含粉砂质泥岩韵律层 58.11m
9. 深灰色微层状变质粉砂质泥岩、灰色薄层状变质长石石英细砂岩韵律层 72.17m
8. 深灰色微层状变质粉砂质泥岩、土黄色微层状变质粉砂岩韵律层 106.76m
7. 灰色微层状变质含泥质粉砂岩、灰色微薄层状变质石英细砂岩韵律层 52.86m
6. 浅灰色微层状变质含泥质长石粉砂岩、灰色薄层状变质长石石英细砂岩韵律层，底部为黄绿色薄层状变质长石石英粉砂岩 54.42m
5. 灰色薄层状变质长石石英粉砂岩、变质长石石英细砂岩韵律层，底部为黄绿色薄层状变质长石石英粉砂岩 66.25m
4. 深灰色绢云千枚岩 51.26m

3.	灰色中薄层状变质石英细砂岩、浅灰色变质含泥质粉砂岩韵律层	69.68m
2.	深灰色薄层状变质岩屑长石细砂岩	26.83m
1.	浅灰色千枚状板岩	63.13m

——————整　合——————

下伏地层：日拉组灰色薄层状结晶灰岩

上述剖面下段的深色泥质粉砂岩、灰色石英细砂岩向东延伸时颜色变深、粒度变细，可能属浅海—半深海沉积。中段的灰白色石英细砂岩、中细砂岩，局部有石英质砂砾岩薄层或条带，多处见植物化石印膜及碳化植物碎屑，并产菊石、腹足、双壳等化石，可能属海陆交互相沉积环境的产物。

多尼组上段达过火山岩（$K_1d\alpha$）

达过火山岩（多尼组上段）以档垌山为中心，分布面积约 180km²，在时补错—果芒错一线出露最佳，北部湖区只在错鄂湖东侧有小面积出露。岩性以中性火山岩为主，有少量流纹岩，其厚度较大，层位稳定。本幅尚对达过火山岩测制了另外两条剖面。

Ⅰ. 据申扎县档垌山东侧下白垩统多尼组上段达过火山岩实测剖面（图 2－30），其层序如下：

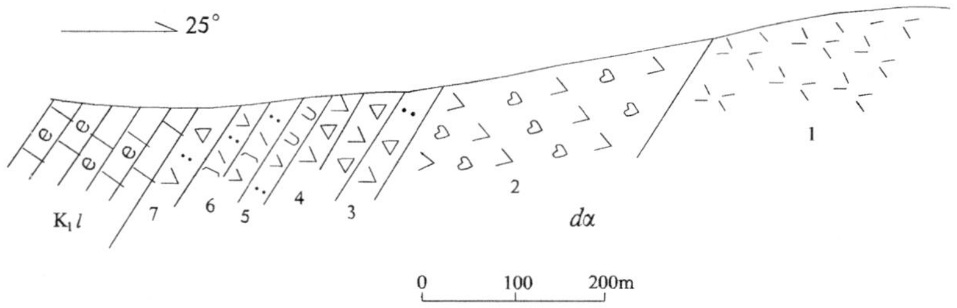

图 2－30　申扎县档垌山东侧下白垩统多尼组上段达过火山岩实测剖面图

上覆地层：郎山组生物碎屑灰岩

－－－－－－－－－平行不整合－－－－－－－－－

达过火山岩（$d\alpha$）（多尼组上段）：		**>566.82m**
7.	紫色安山质含火山角砾粗凝灰岩	39.25m
6.	紫—紫红色安山质岩屑浆屑细凝灰岩	50.41m
5.	紫—紫红色安山质凝灰熔岩	22.22m
4.	灰色安山质火山角砾岩	64.44m
3.	紫色安山质含火山角砾凝灰岩	35.83m
2.	紫灰色气孔—杏仁状安山岩	210.68m
1.	灰白色流纹岩	143.99m

（未见底）

Ⅱ. 据申扎县达过下白垩统多尼组上段达过火山岩实测剖面（图 2－31），其层序如下：

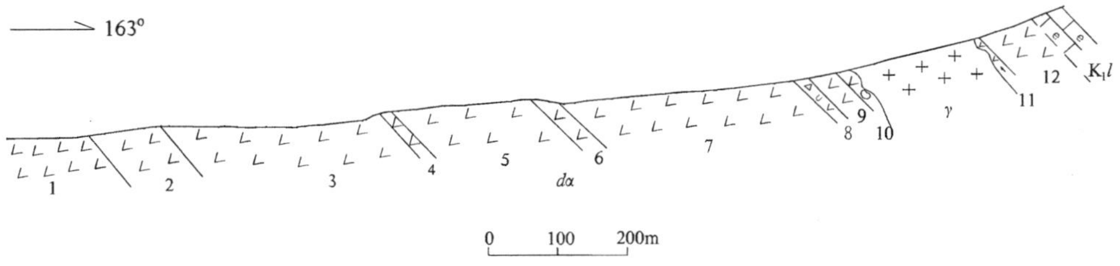

图 2－31　申扎县达过下白垩统多尼组上段达过火山岩实测剖面图

上覆地层：郎山组生物碎屑灰岩

---------平行不整合---------

达过火山岩（$d\alpha$）（多尼组上段）：	**>1 041.59m**
12. 灰紫色蚀变安山岩	68.55m
11. 灰黑色辉石安山岩	6.59m
10. 灰绿色杏仁状安山岩	17.44m
9. 灰绿色安山岩	34.85m
8. 灰黑色安山质角砾熔岩	18.78m
7. 灰绿色安山岩	261.58m
6. 灰绿色片理化安山岩	24.62m
5. 灰绿色安山岩	158.80m
4. 土黄色糜棱岩化安山岩	12.55m
3. 灰绿色安山岩	254.47m
2. 灰绿—灰紫色安山岩	88.85m
1. 灰白色安山岩	94.51m

（未见底）

上述剖面岩性以灰绿色、紫灰色安山岩、安山质角砾熔岩、安山质凝灰熔岩、安山质凝灰岩为主体，底部有少量流纹岩，顶部层面普遍含浅豆绿色石泡构造。流纹岩主要出露在档垌山周边，向东西两侧延伸不大。安山岩上部有爆发相火山碎屑岩堆积。火山碎屑主要集中堆积在档垌山四周形成古火山碎屑锥，向周围迅速减少。安山岩中多见有柱状节理，显陆相火山喷发特征。

②东区（曲松波地区）下白垩统多尼组（K_1d）

东区多尼组主要分布在曲松波一带，且以南北朗庆日山为核心呈北西—南东向带状分布。该组自下而上划分为三段：下段为深色含泥质细碎屑岩；中段为紫色含粗碎屑及少量泥质的石英质碎屑岩；上段是本图幅新建立的非正式地层单位弄巴砾岩，岩石以紫色粗砂岩、砂砾岩、砾岩为主。上与早白垩世郎山组平行不整合接触，下未见底。

据班戈县郎倍约—朗庆日下白垩统多尼组实测剖面（图2-32），其层序如下：

上覆地层：郎山组深灰色中薄层状圆笠虫泥晶灰岩

---------平行不整合---------

多尼组（K_1d）：	**2 807.77m**
弄巴砾岩（ncg）（多尼组上段）：	**590.47m**
66. 灰绿色厚层状中粗砂岩	42.57m
65. 灰绿色厚层状含砾中粗砂岩，紫色厚层状含砾中粗砂岩韵律层	58.81m
64. 紫色中厚层状含砾粗砂岩，中细砂岩，灰绿色中层状中细砂岩韵律层	83.45m
63. 紫色厚层状中粗砂岩，灰绿色厚层状中粗砂岩韵律层	55.87m
62. 紫色细粒杂砂岩	37.47m
61. 灰绿色细粒流纹质晶屑凝灰岩	4.76m
60. 紫色厚层状中细砂岩	31.48m
59. 灰绿色细粒流纹质晶屑凝灰岩	9.38m
58. 紫色厚层状含砾粗砂岩	48.21m
57. 紫色厚层状砂砾岩，薄层状中细砂岩韵律层	90.95m
56. 紫色厚层状砾岩	24.44m
55. 紫色厚层状粗砂岩	10.37m
54. 灰绿色中层状含砾粗砂岩，中细砂岩韵律层	92.71m
中段：	475.59m
53. 灰绿色中厚层状粉砂岩、紫色中厚层状细粒杂砂岩韵律层	78.64m

52. 灰绿色厚层状含泥质团块粗砂岩	28. 72m
51. 黄绿色厚层状细砂岩、紫色厚层状细砂岩韵律层	40. 49m
50. 黄绿色厚层状粗粉砂岩、紫色厚层状粗粉砂岩韵律层	47. 43m
49. 灰绿色中层状细砂岩、粉砂岩、灰紫色中薄层状铁质细粉砂岩韵律层	176. 42m
48. 灰绿色中层状粉砂岩、泥质粉砂岩、灰紫色中层状粉砂岩、泥质粉砂岩韵律层	42. 38m
47. 灰绿色厚层状钙质细砂岩	14. 68m
46. 灰绿色中厚层状泥质硅质细粉砂岩、灰紫色厚层状细砂岩韵律层	46. 83m
下段：	1 741. 71m
45. 黄绿色厚层状细粒硅质杂砂岩	37. 13m
44. 黄绿色中厚层状含泥质团块中粗砂岩	11. 33m
43. 灰绿色厚层状泥质粗粉砂岩	22. 93m
42. 灰绿色中层状砂砾岩、粗砂岩、中细砂岩韵律层	23. 56m
41. 灰绿色厚层状细砂岩	37. 35m
40. 黄绿色—灰绿色中厚层状泥质粉砂岩	10. 08m
39. 土黄色厚层状中细砂岩	10. 03m
38. 青灰色中层状石英细砂岩、薄层状泥质粉砂岩韵律层	76. 23m
37. 土黄色厚层状中细砂岩	10. 82m
36. 黄绿色中薄层状泥质粉砂岩、灰绿色薄层状粉砂岩韵律层	55. 93m
35. 土黄色厚层状细砂岩	15. 25m
34. 灰绿色中层状泥质粉砂岩	17. 00m
33. 黄绿色中层状泥质粉砂岩、灰绿色中厚层状粉砂岩韵律层	88. 11m
32. 灰色厚层状含砾粗砂岩	10. 77m
31. 灰—灰褐色厚层状含砾粗砂岩、砂砾岩、砾岩粒序层	42. 78m
30. 灰绿色中薄层状泥质粉砂岩	20. 13m
29. 土黄色厚层状细砂岩	28. 71m
28. 土黄色含泥质团块粉—细砂岩	66. 08m
27. 灰绿色中层状细粉砂岩	14. 39m
26. 下部紫色条纹状泥质粉砂岩，上部灰绿色薄层状泥质粉砂岩	43. 16m
25. 灰绿色纹层状泥质铁质细粉砂岩	28. 77m
24. 土黄色中层状细砂岩	29. 49m
23. 紫色中厚层状中细砂岩、黄褐色含砾中粗砂岩韵律层	19. 04m
22. 青灰色薄层状泥质粉砂岩	24. 35m
21. 灰绿色微层状泥质粉砂岩	26. 33m
20. 紫色薄层状细砂岩	32. 83m
19. 黄褐色薄层状粉砂岩、中层状细砂岩韵律层	44. 02m
18. 黄褐色厚层状铁质粗粉砂岩	27. 45m
17. 黄绿色中层状粉砂岩	9. 80m
16. 灰紫色中厚层状细砂岩	81. 69m
15. 紫色中薄层状细砂岩	28. 18m
14. 土黄色厚层状含砾中粗砂岩、中细砂岩韵律层	57. 61m
13. 紫色中层状细砂岩	94. 79m
12. 下部黄绿色中薄层状细砂岩，上部厚层状中细砂岩	69. 09m
11. 土黄色中厚层状铁质细砂岩	86. 97m
10. 灰色细砂岩及压碎岩	11. 65m
9. 土黄色中厚层状中细砂岩	42. 11m
8. 黄绿色厚层状细砂岩	56. 87m
7. 灰绿色薄层状粉砂岩、黄绿色厚层状细砂岩韵律层	21. 78m
6. 下部灰绿色厚层状中细砂岩，上部灰绿色中薄层状细砂岩	100. 94m
5. 黄绿色厚层状细砂岩	32. 65m
4. 灰绿色中层状细砂岩	99. 3m

3. 钙质粗粉砂岩　　42. 50m

2. 黄绿色中层状粉砂岩　　19. 36m

1. 灰色中薄层状凝灰质中细砂岩　　15. 36m

（未见底）

上述多尼组剖面下段岩性为灰黑色泥岩、粉砂质泥岩、灰—灰绿色粉砂岩、钙质砂泥岩、石英细砂岩、杂砂岩等深色细碎屑岩组合。中段为灰绿、土黄、紫色的粉砂岩、细砂岩、中粗砂岩组合。上段弄巴砾岩由下部的灰绿色含砾粗砂岩渐过渡为中部的紫色砾岩、砂砾岩、含砾粗砂岩、细砂岩、杂砂岩夹少量凝灰岩，上部由紫色中粗砂岩、含砾中粗砂岩渐过渡为灰绿色含砾粗砂岩、中粗砂岩。其岩性特征反映了一种高能渐进型砾质滨海沉积环境特征。

多尼组上段弄巴砾岩（*ncg*）

弄巴砾岩（多尼组上段）在朗庆日山东翼最为发育。出露面积约105km^2。岩性以紫色厚层状含砾粗砂岩、砂砾岩、中砾岩、灰绿色含砾粗砂岩为主。其厚度较大，层位稳定。本次工作对朗庆日山东翼的弄巴砾岩测制了剖面。

据班戈县朗庆日山下白垩统多尼组上段弄巴砾岩实测剖面（图2-33），其层序如下：

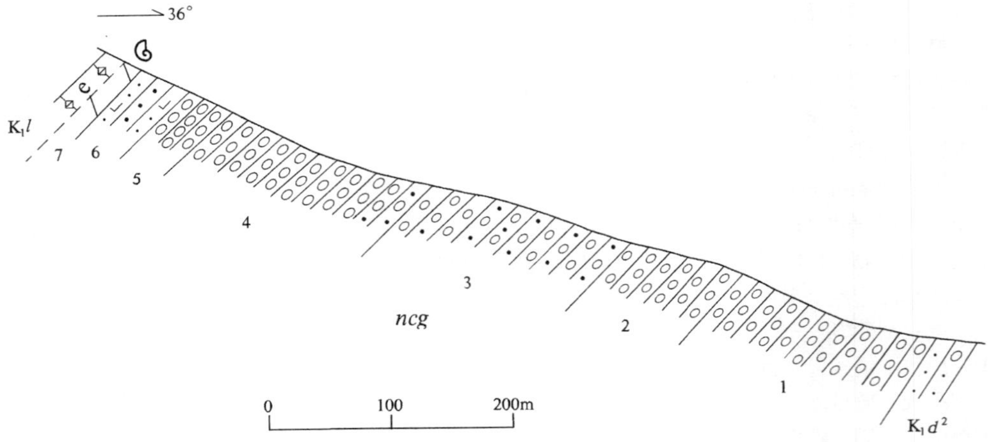

图2-33　班戈县朗庆日山下白垩统多尼组上段弄巴砾岩实测剖面图

上覆地层：郎山组深灰色中薄层状圆笠虫泥晶灰岩

----------平行不整合----------

弄巴砾岩（*ncg*）（多尼组上段）：　　665. 03m

7. 灰色薄层状泥灰岩、砂质泥灰岩、黄绿色中层状钙质细砂岩粒序层　　9. 97m

有孔虫化石：*Mesorbitolina* sp.

Daxia sp.

Quingueloculina sp.

6. 黄绿色中层状钙质中细砂岩、灰绿色粗砂岩韵律层　　35. 35m

5. 灰绿色含砾粗砂岩、紫色含砾粗砂岩韵律层　　30. 83m

4. 紫色中薄层状粗砂岩、中厚层状含砾粗砂岩、厚层状砂砾岩韵律层　　164. 44m

3. 紫色厚层状中砾岩、砂砾韵律层　　156. 56m

2. 紫色厚层状中砾岩　　95. 18m

1. 紫色厚层状中—粗砾岩　　172. 7m

———————— 整　合 ————————

下伏地层：多尼组中段粉砂岩、细粒杂砂岩韵律层弄巴砾岩自下而上由紫色中—粗砾岩、含砾粗砂岩、粗砂岩过渡为灰绿色含砾粗砂岩、中细砂岩、钙质砂岩、薄层状泥灰岩。砾石以卵石为主，显示滨岸冲积扇的特点。其顶部的含圆笠虫泥灰岩，则说明上部岩层已明显的向滨浅海相过渡。其岩性特征反映了渐进型砾质滨海沉积特征。

综上所述，多尼组岩性和岩相变化较大，下段在西区厚度为689.48m，东区厚度为1741.71m，其厚度有自西向东变厚的变化趋势。其岩性以灰黑色粉砂岩为主，自西向东渐夹玄武岩、玄武质火山碎屑岩，局部夹硅质岩。其沉积环境具浅海—半深海类复理石沉积特征。中段在西区厚度为778.88m，东区厚度为475.59m，其厚度有自西向东北变薄的变化趋势。其岩性以石英砂岩、长石砂岩、岩屑砂岩为主，上部可见植物化石碎片，其沉积环境具有自下而上、自西向东渐具海陆交互相沉积的特征。上段为两个非正式单位，达过火山岩和弄巴砾岩，它们分别产于本区的西区和东区，达过火山岩以中性火山岩为主，具陆相火山喷发特征；弄巴砾岩以陆源粗碎屑岩为主，夹少量火山凝灰岩，并在上部出现薄层状泥灰岩。其特征反映了渐进型砾质滨海沉积特征。

（2）时代讨论

本图幅在多尼组中采到双壳、有孔虫等化石。这些化石均由中国科学院南京古生物研究所鉴定。文世宣研究员鉴定双壳 *Isodomella choinbaensis* Wen，*Eriphyla* sp.，*Noetia*（*Incanopsis*）sp，*Nuculan* sp.，*Myopholas* sp.。其中，*Isodomella choinbaensis* 是早白垩世巴雷姆阶（Barremian）*Isodomella-Caestocorbuda* 组合的主要成员之一，故我们仍将 *Isodomella* 作为该期双壳组合代表分子（表2-8）。此外，*Myopholas* 的地质时代为晚侏罗世—早白垩世。章炳高研究员鉴定该组顶部的有孔虫：*Mesorbitolina* sp.，*Daxia* sp.，*Quingueloculina* sp.，并提出其地质时代为早白垩世晚期的阿普特阶（Aptian）—阿尔布阶（Albian）。

此外，前人在多尼组中曾采到珊瑚：*Stylophora* sp.，*Enallhelia* sp.，*Astreopora* sp.，*Montlivaltia* sp.（表2-8）；双壳类：*Lithophaga* sp.，*Exogyra* sp.，*Amplhidonte ostracina*（Lamarck），*Neithea*（*Neithea*）*aequicostata*（Lamarck），*Isognomon* sp.，*Freiastarte* sp.，*Lopha* sp.，*Nuculana* sp.；植物：? *Podozamites* sp.；菊石：*Euphylloceras* sp.，*Phylloceras* sp.；腹足类：*Ampullina* sp.，*Nerinea* sp.。其中，双壳类 *Isognomon* 是早白垩世巴雷姆阶（Barremian）*Isodomella-Caestocorbuda* 双壳组合成员；双壳 *Neithea*、腹足类 *Nerinea* 主要分布于早白垩世晚期的阿普特阶（Aptian）—阿尔布阶（Albian）；菊石 *Euphylloceras*，*Phylloceras* 常出现于早白垩世早期的贝利阿斯阶（Berriasian）—凡兰吟阶（Valanginian）（表2-8）。

因此，根据上述生物群特征以及岩石组合我们认为多尼组可能以早白垩世贝利阿斯阶（Berriasian）—巴雷姆阶（Barremian）沉积为主，并在顶部出现少量阿普特期（Aptian）沉积。

2. 下白垩统郎山组（K_1l）

（1）岩石地层特征

郎山组的研究始于1955年，李璞将分布于班戈一带的白垩纪地层划分为“门德洛子群”。门德洛子群的中上部的圆笠虫灰岩组合经西藏自治区第四地质大队（1973）和《西藏自治区岩石地层》（1997）研究，正式建立郎山组。其定义为灰、深灰、灰黑色灰岩、生物灰岩和泥质灰岩为主，偶夹粉砂岩、粉砂质泥岩和细砂岩，局部夹火山岩。产圆笠虫、固着蛤、海娥螺等化石。与下伏地层多尼组整合接触，上未见顶。

2000—2001年我队在进行野外地质调查时发现在原郎山组之上还有一套巨厚的岩石组合，我们将整合于郎山组之上的岩性以杂色微—薄层状钙质泥岩、钙质（粉）砂岩与泥质生物灰岩的韵律产出为特征，产圆笠虫、腹足、双壳等化石的地层定名为康曲组。将整合于康曲组之上的下部岩性以灰—深灰色中薄层状泥质生物灰岩、圆笠虫泥晶灰岩、钙质泥岩等韵律出现为特征；上部岩性以灰色中—厚层状含硅质结核圆笠虫泥晶灰岩、圆笠虫泥晶灰岩夹灰绿色薄层状钙质砂岩为特征，富含圆笠虫、腕足、腹足、双壳及海胆等化石的地层定名为余穷组。

幅内郎山组出露面积约800km^2，主要分布于色林错南部及西部，以及东部朗庆山一带。岩性以碳酸盐岩为主，夹少量碎屑岩，并产圆笠虫、双壳、腹足等化石。下与多尼组呈平行不整合接触，上与康

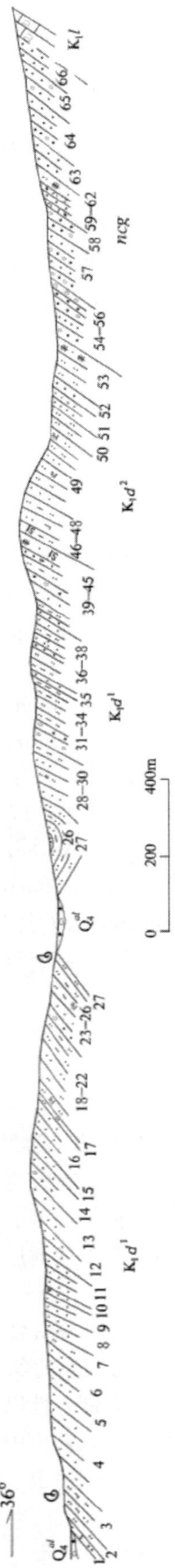

图2-32 班戈县郎倍约—朗庆日下白垩统多尼组实测剖面图

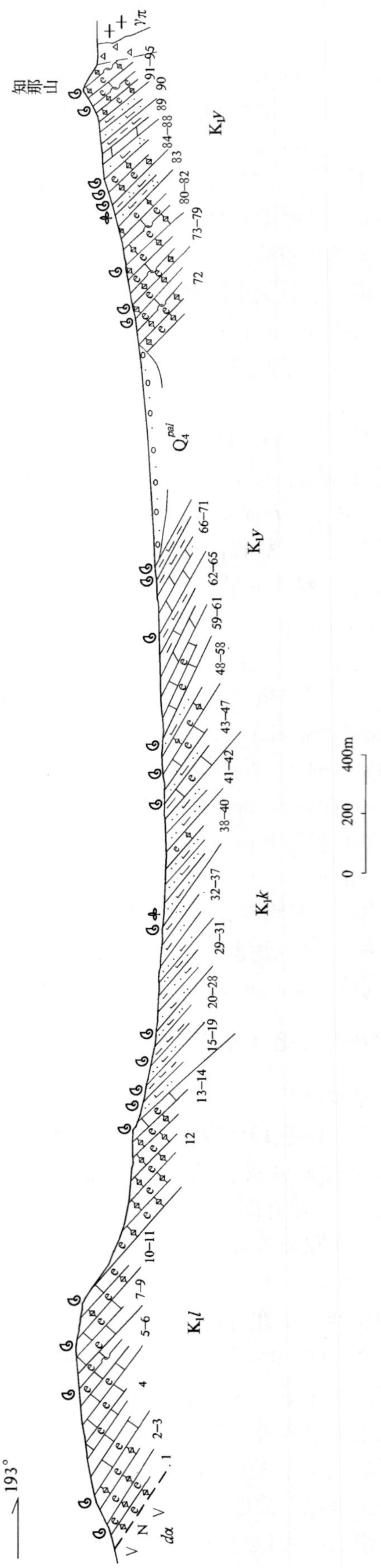

图2-35 申扎县康曲—余穷下白垩统郎山组—余穷组实测剖面图

曲组呈整合接触。

Ⅰ. 据班戈县朗庆日山（郎钦山）下白垩统郎山组实测剖面（图2－34），其层序如下：

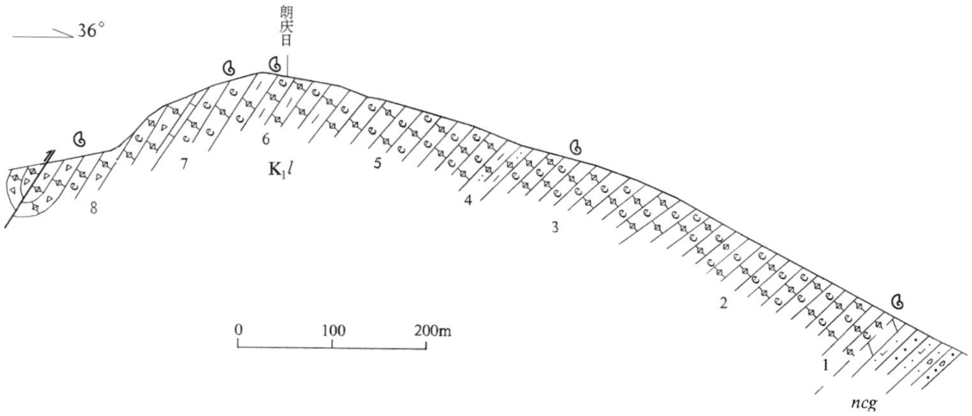

图2－34 班戈县朗庆日山（郎钦山）下白垩统郎山组实测剖面图

郎山组（K_1l）： （未见顶） **817.65m**

8. 深灰色厚层状碎裂圆笠虫泥晶灰岩 89.98m

有孔虫化石：*Mesorbitolina tibetica* Zhang

Daxia sp.（图版Ⅰ，11）

Praerbitolina cormyi Schroeder（图版Ⅰ，4）

7. 深灰色厚层状圆笠虫泥晶灰岩 35.54m

双壳类化石：*Radiolites* sp.

Bournonia sp.

6. 深灰色厚层状含泥质圆笠虫泥晶灰岩，含较大的腹足及双壳类 87.04m

双壳化石：*Radiolites* sp.

5. 灰色厚层状圆笠虫泥晶灰岩，圆笠虫含量明显增多，局部含硅质结核 170.17m

4. 灰色薄层状泥质粉砂质泥晶灰岩 27.70m

3. 灰色厚层状角砾圆笠虫泥晶灰岩 168.80m

双壳化石：*Neithea attokensis* Cox

有孔虫化石：*Orbitolina* cf. *aperta*（Erman）

Orbitolina sp.

Stomatoecha plammerae Applin

2. 深灰色中层状圆笠虫泥晶灰岩 206.49m

1. 深灰色中薄层状圆笠虫泥晶灰岩 31.93m

双壳化石：*Lopha* sp.

有孔虫化石：*Orbitolina* sp.

－－－－－－－－－平行不整合－－－－－－－－－

下伏地层：多尼组上段弄巴砾岩

Ⅱ. 据申扎县康曲—余穷下白垩统郎山组实测剖面（图2－35），其层序如下：

上覆地层：康曲组钙质细砂岩、钙质粉砂岩韵律层

———————— 整 合 ————————

郎山组（K_1l）： **795.29m**

14. 深灰色中层状砾屑生物碎屑灰岩 15.50m

有孔虫化石：*Mesorbitolina* sp.

双壳化石：*Rudist* sp.

13. 灰绿色薄层状钙质细砂岩　16.50m
12. 浅灰色厚层状圆笠虫泥晶灰岩　201.34m

双壳化石：*Rudist* sp.

11. 灰色中厚层状生物碎屑灰岩。产圆笠虫及双壳　13.00m
10. 灰色中厚层状生物碎屑泥晶灰岩。产圆笠虫及少量双壳碎片　59.56m
9. 深灰色中薄层状生物碎屑泥晶灰岩、浅褐灰色薄层状生物碎屑砂屑灰岩韵律层。砂屑灰岩中产圆笠虫　13.70m
8. 浅褐灰色薄层状生物碎屑砂屑灰岩。产圆笠虫　6.77m
7. 灰色中层状生物碎屑灰岩　59.87m

腕足化石：*Monticlarella* sp.

Platythyris sp.

双壳化石：Radiolitidae，*Rudist* sp.

6. 褐灰色中层状生物碎屑灰岩　43.03m

腕足化石：*Platythyris* sp.

5. 灰色中层状含硅质结核生物碎屑泥晶灰岩。产少量双壳碎片　74.14m
4. 深灰色中厚层状生物碎屑灰岩　150.61m
3. 深灰色中层状生物碎屑灰岩。产双壳　13.32m
2. 深灰色厚层状圆笠虫泥晶灰岩。产少量双壳碎片　63.45m
1. 深灰色中层状圆笠虫泥晶灰岩　64.50m

有孔虫化石：*Mesorbitolina* sp.

（局部斜长花岗斑岩侵入）

－－－－－－－－－平行不整合－－－－－－－－－

下伏地层：多尼组达过火山岩段

由上述剖面及下白垩统郎山组地层对比图（图2－36）可以看出，郎山组在区域上分布较稳定，在朗庆日山一带厚817.65m，在康曲—余穷一带厚795.29m，平行不整合于多尼组之上，岩性以灰—深灰色中厚层状圆笠虫泥晶灰岩、生物碎屑泥晶灰岩、砂屑灰岩为主，局部夹钙质细、粉砂岩，并含丰富的圆笠虫、双壳、腕足等化石，是一套以浅海碳酸盐岩为主的地层，其岩性和厚度在区域上具很强的可对比性。因此，从岩性特征和生物群面貌上看郎山组应属于较大规模海侵阶段形成的产物。

（2）时代讨论

在郎山组中采到有孔虫、双壳类、腕足等化石。其中，中国科学院南京古生物研究所章炳高研究员鉴定有孔虫：*Mesorbitolina tibetica* Zhang，*Daxia* sp.（图版Ⅰ，11），*Praerbitolina cormyi* Schroeder（图版Ⅰ，4），*Orbitolina* cf. *aperta*（Erman），*Orbitolina* sp.，*Stomatoecha plammerae* Applin，*Mesorbitolina* sp.，其地质时代为早白垩世晚期的阿普特阶（Aptian）—阿尔布阶（Albian）。但需补充说明的是上述有孔虫中尚未见阿普特阶（Aptian）—阿尔布阶（Albi-

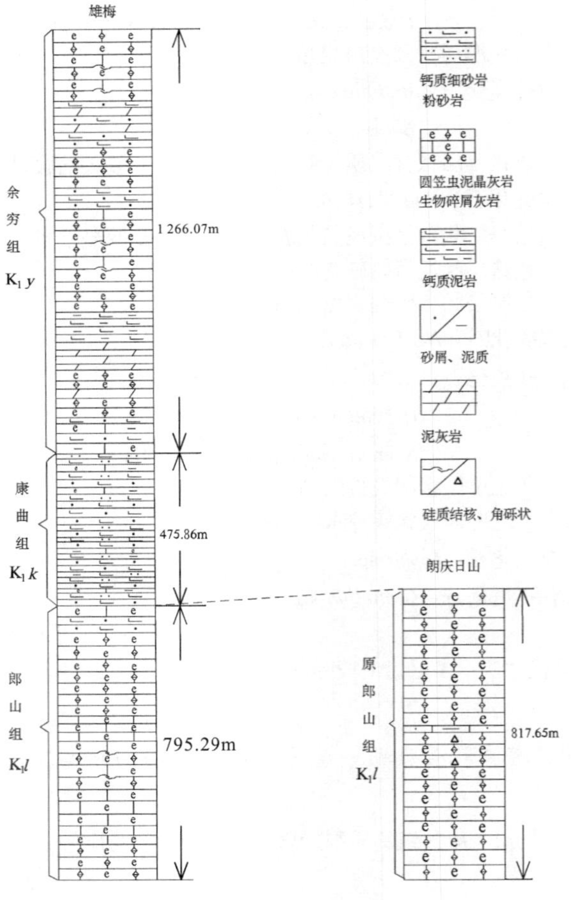

图2－36　早白垩世郎山组与原郎山组柱状对比图

an）的有孔虫组合分子存在。中国科学院南京古生物研究所文世宣研究员、中国地质科学院北京地质矿产研究所姚培毅研究员、吉林地调院郑春子（教授级高工）鉴定双壳类：*Neithea attokensis* Cox，*Bournonia* sp.，*Radiolites* sp.，*Rudist* sp.，Radiolitidae，其中，*Neithea attokensis*，是早白垩世晚期的阿普特阶（Aptian）—阿尔布阶（Albian）的重要化石（表2－8）。中国科学院南京古生物研究所孙东立研究员鉴定腕足：*Monticlarella* sp.，*Platythyris* sp.，其中，*Monticlarella* sp. 的地质时代定为晚侏罗世—早白垩世（表2－8），*Platythyris* sp. 的地质时代为早白垩世（表2－8）。除上述剖面中化石外，班戈县朗庆日山龙玛拉一带1134地质点产腹足：*Adiozoptyxis* aff. *coquandiana*（d'Orbigny）（图版XVIII，3，10），*Pseudamaura* sp.（图版XVIII，5a，5b），*Pseudomesalia* sp.（图版XVIII，6），其地质时代为早白垩世。

因此，综合上述各门类化石的鉴定成果，以及结合岩石组合特征及接触关系，可以确定郎山组的形成时代为早白垩世晚期的阿普特阶（Aptian）—阿尔布阶（Albian）。

3. 下白垩统康曲组（K_1k）

（1）岩石地层特征

康曲组是2000—2001年本图幅在进行野外地质调查时在原郎山组之上新发现的一套岩石地层。康曲组层型剖面位于申扎县康曲—余穷。该组岩石以杂色细碎屑岩为主，夹碳酸盐岩，产圆笠虫、双壳、腹足等化石。下与郎山组呈整合接触，上与余穷组呈整合接触。

康曲组在幅内出露面积约7km²，主要分布于康曲—余穷一带。

据申扎县康曲—余穷下白垩统康曲组实测剖面（图2－35），其层序如下：

上覆地层：余穷组泥质生物碎屑灰岩

——————整　合——————

康曲组（K_1k）： **475.85m**

42. 杂色薄层状钙质细砂岩、钙质粉砂岩、钙质泥岩韵律层。其中钙质细砂岩具小型交错层理　52.76m
41. 杂色薄层状钙质粉砂岩、钙质泥岩韵律层　13.89m
40. 灰绿色中层状含砂屑泥晶灰岩。产圆笠虫、双壳、腹足。其中腹足个体最大，可达10～15cm　8.84m
39. 灰绿色薄层状钙质粉砂岩、钙质泥岩、泥质砂屑泥晶灰岩韵律层。其中钙质泥岩中见槽状交错层理和形态完整的对称波痕；泥晶灰岩中产少量圆笠虫、腹足　9.02m
38. 杂色薄层状钙质细砂岩、钙质粉砂岩、钙质泥岩韵律层。其中钙质粉砂岩具小型槽状交错层理　26.88m
37. 灰—灰绿色中层状砂泥质生物碎屑灰岩。产圆笠虫、双壳、腹足。其中腹足个体最大可达10～15cm；双壳碎片常富集成贝壳岩　4.70m

    双壳化石：*Myopholas* sp.

    Ostreacea

    Pectinacea

    腹足化石：*Ampullina xainzaensis* Yu（图版XVIII，1a，1b）
36. 杂色薄层状钙质细砂岩、钙质粉砂岩、钙质泥岩韵律层。钙质泥岩含植物碎片　33.86m
35. 灰色薄层状细粉砂质泥灰岩。产圆笠虫、双壳碎片　1.88m
34. 杂色薄层状钙质细砂岩、钙质粉砂岩、钙质泥岩韵律层　20.18m
33. 灰绿色中薄层状细粉砂质生物碎屑泥灰岩。产圆笠虫、双壳碎片　0.92m
32. 杂色薄层状钙质细砂岩、钙质粉砂岩、钙质泥岩韵律层。顶部钙质泥岩具对称波痕　25.77m
31. 灰绿色薄层状钙质细砂岩、钙质粉砂岩、钙质泥岩韵律层　6.98m
30. 杂色薄层状钙质细砂岩、钙质粉砂岩韵律层　18.45m
29. 杂色薄层状钙质细砂岩、钙质粉砂岩、钙质泥岩韵律层　68.73m
28. 灰—灰绿色薄层状泥质生物碎屑灰岩　1.45m

    有孔虫化石：*Mesorbitolina* sp.
27. 杂色薄层钙质细砂岩、钙质粉砂岩、钙质泥岩韵律层　15.88m
26. 灰—灰绿色中薄层状泥质生物碎屑灰岩　0.68m

有孔虫化石：*Mesorbitolina* sp.
Cuneolina sp.

25. 杂色薄层状钙质细砂岩、钙质粉砂岩韵律层。其中钙质细砂岩中发育小型槽状交错层 35.87m

24. 灰—灰绿色中层状泥质生物碎屑灰岩 1.56m

有孔虫化石：*Mesorbitolina* cf. *birmanica* Sahni
Mesorbitolina sp.
Daxia sp.
Cuneolina sp.

23. 杂色中薄层状钙质粉砂岩、钙质泥岩韵律层 11.44m

有孔虫化石：*Mesorbitolina subconcava*（Leymerie）（图Ⅰ，10）

22. 灰—灰绿色中薄层状生物碎屑泥质灰岩。产圆笠虫及双壳碎片 1.04m

21. 灰绿色薄层状钙质细砂岩 5.77m

20. 灰绿色薄层状钙质细砂岩 、钙质粉砂岩韵律层 30.12m

19. 灰—灰绿色中层状泥质生物灰岩 10.00m

有孔虫化石：*Palorbitolina lenticularis* Blumenbach
Mesorbitolina sp.

双壳化石：*Neithea* sp.
Trigonia ? sp.

18. 灰绿色—灰黑色微层状钙质粉砂岩、钙质泥岩韵律层 4.10m

17. 灰绿色微层状钙质泥岩、薄层状钙质粉砂岩韵律层。产双壳碎片 18.20m

16. 灰—灰绿色中层状泥质生物灰岩 10.55m

有孔虫化石：*Mesorbitolina* sp.

双壳化石：*Neithea* sp.
Pseudolimea ? sp.
Lucina sp.
Ostreacea
Pectinacea

15. 灰绿色薄层状钙质细砂岩、钙质粉砂岩韵律层，底部有2.93m厚的灰绿色薄层泥灰岩。产圆笠虫及双壳碎片 36.33m

——————整　合——————

下伏地层：郎山组砾屑生物碎屑灰岩

康曲组在区域上分布较稳定，其厚度为475.85m。岩性以杂色微—薄层状钙质泥岩、钙质粉砂岩、钙质细砂岩为主，夹少量泥质生物碎屑灰岩、细粉砂质泥灰岩为特征，在宏观上形成紫色层与灰绿色层相间的一系列颜色韵律，并具对称波痕及小型槽状交错层理等层面及层理构造，是一套典型的滨浅海陆源细碎屑岩为主，夹浅海碳酸盐岩的一套地层。其中碳酸盐岩夹层的厚度自下而上的变化为10.55m、10.00m、1.04m 、1.56m、0.68m 、1.45m、0.92m、1.88m、4.7m、8.84m，即碳酸盐岩夹层的厚度自下而上的变化是厚—薄—厚。康曲组的生物化石以圆笠虫、腹足、双壳为主，有少量的植物碎片，其中腹足个体最大可达10～15cm，说明当时可能是典型的饵料丰富的潮间带生态沉积环境。

康曲组与郎山组相比当时的海平面明显下降，形成了滨浅海潮间带杂色细碎屑岩为主的岩石组合，且多处见有富含介壳碎屑的泥灰岩透镜体以及紫色层与灰绿色层相间的一系列杂色韵律。

（2）时代讨论

本幅在康曲组中采到有孔虫、双壳类、腹足等化石。有孔虫：*Palorbitolina lenticularis* Blumenbach, *Mesorbitolina* sp.，*Mesorbitolina subconcava*（Leymerie） （图Ⅰ，10），*Mesorbitolina* cf. *birmanica* Sahni, *Daxia* sp.，*Cuneolina* sp.，由中国科学院南京古生物研究所章炳高研究员鉴定。其中，*Palorbitolina lenticularis* 是阿普特阶（Aptian）*Palorbitolina lenticularis-Eopalorbitolina charollaisi* 有孔虫组合的主要成员；*Mesorbitolina* cf. *birmanica* 是阿尔布阶（Albian）*Mesorbitolina texana-Mesorbitolina birmanica* 有孔虫组合的主要成员。在该区 *Palorbitolina lenticularis*，*Mesorbitolina* cf. *birmanica* 可作为早白垩世晚期的阿普特阶

（Aptian）—阿尔布阶（Albian）中期的 *Mesorbitolina birmanica* — *Palorbitolina lenticularis* 有孔虫组合（表2－8）。中国科学院南京古生物研究所文世宣研究员、中国地质科学院北京地质矿产研究所姚培毅研究员、吉林地调院郑春子（教授级高工）鉴定双壳类：*Neithea* sp.，*Pseudolimea* ? sp.，*Lucina* sp.，*Trigonia* ? sp.，*Myopholas* sp.，Ostreacea，Pectinacea。其中，*Neithea*，*Myopholas* 是早白垩世晚期的阿普特阶（Aptian）—阿尔布阶（Albian）的重要化石，并作为早白垩世晚期 *Neithea-Myopholas* 双壳组合（表2－8）。中国科学院研究生院潘云唐教授鉴定腹足：*Ampullina xainzaensis* Yu（图版XVIII，1a，1b），其地质时代为早白垩世。因此，根据上述各门类化石的鉴定成果，结合野外岩石组合特征及接触关系，确定康曲组的形成时代为早白垩世晚期的阿普特阶（Aptian）—阿尔布阶（Albian）中期。

4. 下白垩统余穷组（K_1y）

（1）岩石地层特征

余穷组是我队在2000—2001年进行野外地质调查时发现的岩石地层单元之一，并确定申扎县康曲—余穷剖面为层型剖面。该组岩石以碳酸盐岩为主，夹少量细碎屑岩，产圆笠虫、腕足、双壳、腹足、钙藻类等化石。下与康曲组呈整合接触，上未见顶。

余穷组在幅内出露面积约16km²，主要分布于康曲—余穷一带。

据申扎县康曲—余穷下白垩统余穷组实测剖面（图2－35），其层序如下：

余穷组（K_1y）： （未见顶） **1266.02m**

95. 灰色厚层状圆笠虫泥晶灰岩 36.37m
94. 灰色厚层状含硅质结核（5%）圆笠虫泥晶灰岩 46.05m
    有孔虫化石：*Mesorbitolina* sp.
    Cuneolina sp.
    双壳化石：Radiolitidae
    Rudist sp.
93. 褐色微层状砂质砂屑灰岩 6.72m
92. 浅灰色厚层状生物碎屑泥晶灰岩。 21.84m
    腕足化石：*Platythyris* cf. *extenucata*（Jin et Ye）
    Sellithyris pentagonalis Sun
    Parakingena sp.
    Maryaothyris typical Sun
91. 灰色中厚层状含硅质结核圆笠虫泥晶灰岩 30.24m
90. 灰绿色薄层状钙质粉砂岩 58.96m
89. 灰色薄层状泥灰岩、钙质泥岩韵律层 60.03m
88. 灰绿色薄层状钙质粗粒石英粉砂岩 41.88m
87. 灰色薄层状圆笠虫泥晶灰岩 17.53m
    双壳类化石：*Grammatodon* ? sp.
    Myopholas sp.
86. 灰色中层状圆笠虫泥晶灰岩。产有孔虫、双壳、及海胆 14.15m
85. 灰色中薄层状泥晶灰岩 18.31m
    双壳化石：*Rudist* sp.
84. 灰色中薄层状圆笠虫泥晶灰岩 36.31m
    有孔虫化石：*Mesorbitolina* cf. *tibetica* Zhang
    Cuneolina cf. *camposaurii* Sartoni et Crescenti
    Palorbitolina lenticularis（Blumenbach）（图版Ⅰ，1）
    Quingueloculina sp.

腹足化石：*Glauconia trotteri*（Feistmantel）（图版 XVIII，2，7）
Pseudomesalia cf. *angustata* Pcelincev（图版 XVIII，8a，8b）
Pseudomesalia sp.（图版 XVIII，6，9a，9b）
Ampullospira sp.（图版 XVIII，4）

83. 黄绿色薄层状含钙质粉砂质泥岩。产碳化植物碎片　50.71m
82. 灰色中薄层状圆笠虫泥晶灰岩　18.37m
81. 灰—灰紫色中层状圆笠虫泥晶灰岩　7.77m

有孔虫化石：*Mesorbitolina* sp.
Cuneolina sp.
Palorbitolina lenticularis Blumenbach
Pseudocyclammina sp.

80. 灰色厚层状含硅质结核圆笠虫泥晶灰岩　84.05m
79. 灰色厚层状圆笠虫泥晶灰岩　19.50m

有孔虫化石：*Mesorbitolina* sp.
Cuneolina sp.
Daxia sp.

双壳化石：*Rudist* sp.

78. 灰色厚层状含硅质结核圆笠虫泥晶灰岩　30.52m
77. 灰色厚层状圆笠虫泥晶灰岩。产少量的双壳碎片　32.97m
76. 灰色厚层状含硅质结核圆笠虫泥晶灰岩　40.92m
75. 灰色厚层状圆笠虫泥晶灰岩。产个体较大的双壳，其中最大可达 15 ~ 28cm　12.72m
74. 灰色厚层状（角砾状）圆笠虫泥晶灰岩　23.74m

有孔虫化石：*Mesorbitolina* cf. *tibetica* Zhang
Mesorbitolina sp.
Cuneolina cf. *camposaurii* Sartoni et Crescenti
Cuneolina sp.
Palorbitolina lenticularis（Blumenbach）
Quinqueloculina sp.

73. 深灰色中层状含硅质结核圆笠虫泥晶灰岩。产双壳　48.32m
72. 深灰色中层状圆笠虫泥晶灰岩　38.60m

有孔虫化石：*Mesorbitolina* sp.
Cuneolina sp.
Praerbitolina cormyi Schroeder

71. 浅灰色中薄层状含圆笠虫泥晶灰岩结核钙质泥岩　4.43m

有孔虫化石：*Mesorbitolina* sp.

70. 浅灰色中层状钙质泥岩产圆笠虫　12.79m
69. 浅灰色中薄层状含泥晶灰岩结核钙质泥岩　4.92m

有孔虫化石：*Mesorbitolina* sp.
Cuneolina sp.
Palorbitolina nannembryona Zhang

68. 深灰色薄层状钙质泥岩。产少量有孔虫　27.05m
67. 灰色薄层状泥灰岩、钙质泥岩韵律层　40.38m

其中泥灰岩中产有孔虫化石：*Palorbitolina lenticularis*（Blumenbach）
Mesorbitolina sp.

双壳化石：*Rudist* sp.

66. 灰色薄层状泥灰岩。产圆笠虫及双壳　8.84m
65. 浅灰色薄层状钙质泥岩。岩层中具小透镜状泥灰岩。产有孔虫　12.40m
64. 灰色中薄层状含生物碎屑泥晶灰岩。产有孔虫　10.05m
63. 灰色微层状泥质灰岩、泥灰岩、钙质泥岩韵律层。产圆笠虫及双壳碎片　30.20m

62. 灰色薄层状泥灰岩、钙质泥岩韵律层。产少量有孔虫　14.70m
61. 深灰色中薄层状圆笠虫泥晶灰岩。局部见条带状硅质泥岩透镜体　41.77m
60. 灰色薄层状泥灰岩　6.96m
59. 深灰色中层状圆笠虫泥晶灰岩　30.97m
58. 灰色薄层状泥灰岩、中层状泥质灰岩韵律层　17.45m
57. 深灰色中层状圆笠虫泥晶灰岩　19.32m
56. 深灰色中层状含泥质生物碎屑灰岩。产有孔虫及双壳　7.86m
55. 深灰色中层状圆笠虫泥晶灰岩　7.66m

有孔虫化石：*Mesorbitolina* cf. *birmanica* Sahni

*Mesorbitolina*sp.

Cuneolina sp.

54. 灰色中薄层状含泥质圆笠虫泥晶灰岩　4.71m
53. 灰色薄层状含砂质泥灰岩、钙质泥岩韵律层。产有孔虫　16.50m
52. 深灰色中薄层状圆笠虫泥晶灰岩。局部见钙质砂岩透镜体　23.30m

有孔虫化石：*Mesorbitolina* sp.

51. 灰绿色微层状钙质细砂岩　22.33m
50. 灰色中薄层状圆笠虫泥晶灰岩　15.85m
49. 灰绿色薄层状钙质细粒石英粉砂岩　13.68m
48. 深灰色中层状圆笠虫泥晶灰岩　16.41m

有孔虫化石：*Mesorbitolina* sp.

双壳化石：*Praeradiolites* sp.

钙藻化石：*Permocalculus* sp.

Cylindroporella ? sp.

47. 深灰色中层状圆笠虫泥晶灰岩　22.58m
46. 灰绿色薄层状钙质粉砂岩　11.32m
45. 灰绿色薄层状泥质灰岩。产有孔虫、双壳　4.60m
44. 灰绿色薄层状钙质粉砂岩、钙质泥岩韵律层　5.31m
43. 灰—灰绿色薄层状泥质生物碎屑灰岩。岩石具对称波痕　9.55m

有孔虫化石：*Mesorbitolina* sp.

? *Palorbitolinoidis* sp.

双壳化石：*Pseudolimea* sp.

Plagiostoma ? sp.

Myopholas sp.

Ostreacea

——————— 整　合 ———————

下伏地层：康曲组钙质细砂岩、钙质粉砂岩、钙质泥岩韵律层

余穷组分布稳定，其厚度为1 266.02m。下部岩性以灰—深灰色中薄层状泥质生物灰岩、圆笠虫泥晶灰岩、钙质泥岩等韵律为特征，具反映浅水带沉积环境的对称波痕等层面构造；上部以灰色中—厚层状含硅质结核圆笠虫泥晶灰岩、圆笠虫泥晶灰岩夹灰绿色薄层状钙质砂岩为特征，富含圆笠虫、腕足、腹足、双壳及海胆等化石。因此，我们认为余穷组是以浅海碳酸盐岩为主，夹陆源细碎屑岩的一套地层。

余穷组富含圆笠虫、腕足、腹足、双壳及少量的海胆和碳化植物碎片，其中双壳个体最大可达15~28cm，其沉积特征和生物群面貌反映了以碳酸盐岩沉积为主夹碎屑岩的滨浅海潮间带沉积环境特征。说明余穷组沉积时期再次发生海侵，但海平面上升幅度依然没有超出潮间带沉积环境，且海平面由于频繁震荡上升幅度有限，形成了浅海碳酸盐岩与陆源泥砂质岩石频繁的韵律变化，由于周边有火山活动的原因，区内出现了众多的含硅质结核圆笠虫泥晶灰岩。

（2）时代讨论

本图幅在余穷组中采到有孔虫、双壳类、腕足、腹足、钙藻类及海胆等化石。其中，中国科学院南

京地质古生物研究所章炳高研究员鉴定有孔虫：*Mesorbitolina* cf. *tibetica* Zhang，*Mesorbitolina* cf. *birmanica* Sahni，*Mesorbitolina* sp.，*Cuneolina* cf. *camposaurii* Sartoni et Crescenti，*Palorbitolina lenticularis*（Blumenbach）（图版Ⅰ，1），*Palorbitolina nannembryona* Zhang，*Quingueloculina* sp.，? *Praerbitolina cormyi* Schroeder，*Pseudocyclammina* sp.，*Daxia* sp.。其中 *Palorbitolina lenticularis* 是阿普特阶（Aptian）*Palorbitolina lenticularis-Eopalorbitolina charollaisi* 有孔虫组合成员之一；*Mesorbitolina* cf. *birmanica* 是阿尔布阶（Albian）*Mesorbitolina texana-Mesorbitolina birmanica* 有孔虫组合成员之一。但需特别指出的是在该组顶部尚没有发现阿尔布阶（Albian）最顶部的有孔虫组合。而与康曲组同为 *Mesorbitolina birmanica-Palorbitolina lenticularis* 有孔虫组合（表2-8）均属早白垩世晚期的阿普特阶（Aptian）—阿尔布阶（Albian）中期。中国科学院南京地质古生物研究所文世宣研究员、中国地质科学院北京地质矿产研究所姚培毅研究员、吉林地调院郑春子（教授级高工）鉴定双壳类：*Pseudolimea* sp.，*Plagiostoma* ? sp.，*Myopholas* sp.，*Praeradiolites* sp.，*Rudist* sp.，*Grammatodon* ? sp.，Radiolitidae，Ostreacea。其中，*Myopholas* 等属主要见于早白垩世，其余则为中生代常见分子。中国科学院南京地质古生物研究所孙东立研究员鉴定腕足：*Platythyris* cf. *extenucata*（Jin et Ye），*Sellithyris pentagonalis* Sun，*Parakingena* sp.，*Maryaothyris typical* Sun。其中，*Sellithyris pentagonalis* 是阿普特阶（Aptian）*Sellithyris pentagonalis-Praelongithyris rhqmbifornis* 腕足组合成员之一；*Parakingena* 是阿尔布阶（Albian）*Orbirhynchia granula-Parakingena xainzaensis* 腕足组合的主要成员。但在上述剖面中 *Sellithyris pentagonalis* 和 *Parakingena* 出现在同一层位。因此，我们将以上两组合并为 *Sellithyris pentagonalis-Parakingena* sp. 腕足组合（表2-8），用以代表该区早白垩世晚期阿普特阶（Aptian）—阿尔布阶（Albian）。中国科学院研究生院潘云唐教授鉴定腹足：*Glauconia trotteri*（Feistmantel）（图版XVIII，2，7），*Pseudomesalia* cf. *angustata* Pcelincev（图版XVIII，8a，8b），*Pseudomesalia* sp.（图版XVIII，6，9a，9b），*Ampullospira* sp.（图版XVIII，4），其地质时代均属早白垩世。中国科学院南京地质古生物研究所穆西南研究员鉴定钙藻类：*Permocalculus* sp.，*Cylindroporella* ? sp.，其地质时代为二叠纪—白垩纪。因此，根据上述各门类化石的鉴定成果，结合野外岩石组合特征及接触关系，确定余穷组的形成时代为早白垩世晚期的阿普特阶（Aptian）—阿尔布阶（Albian）。

综上所述，区内雄梅—多巴小区郎山组、康曲组、余穷组具有以下特征：郎山组平行不整合于多尼组之上，岩性以灰—深灰色中厚层状有孔虫泥晶灰岩为主，局部夹钙质细、粉砂岩，含圆笠虫、双壳、腕足、腹足等化石。康曲组整合于郎山组之上，岩性以杂色微—薄层状钙质泥岩、钙质（粉）砂岩与泥质生物灰岩的韵律产出为特征，产圆笠虫、腹足、双壳等化石。余穷组整合于康曲段之上，下部岩性以灰—深灰色中薄层状泥质生物灰岩、圆笠虫泥晶灰岩、钙质泥岩等韵律出现为特征；上部以灰色中—厚层状含硅质结核圆笠虫泥晶灰岩、圆笠虫泥晶灰岩夹灰绿色薄层状钙质砂岩为特征，富含圆笠虫、腕足、腹足、双壳及海胆等化石。郎山组为较大规模的区域性海侵阶段，且形成了较为稳定的碳酸盐岩沉积。康曲组沉积时期则海平面明显下降，形成了滨浅海相杂色碎屑岩相组合，并在多处见有富含介壳碎屑的泥灰岩透镜体。余穷组再次发生海侵，但海平面上升幅度不大，且显示了频繁震荡的特征，形成了余穷组碳酸盐岩与陆源泥砂质岩石频繁的韵律变化，而又由于周边有火山活动的原因，余穷组出现了众多的含硅质结核圆笠虫泥晶灰岩，并预示着该区地壳活动进入了活跃期。

5. 上白垩统竟柱山组（K_2j）

（1）岩石地层特征

竟柱山组是西藏自治区第四地质大队（1973）创名，原定义是指竟柱山一带的砾岩、砂岩、粉砂岩、泥岩。1997年《西藏自治区岩石地层》正式定义该组为红、灰紫色砾岩、砂岩、粉砂岩，局部夹泥灰岩，产双壳、圆笠虫等化石。不整合于郎山组之上，并被牛堡组不整合覆盖。

幅内竟柱山组出露面积约168km^2，主要分布在多巴地区以及奇林湖北岸。

据班戈县郎龙巴曲河—郎庆格拉—托尔确上白垩统竟柱山组实测剖面（图2-37），其层序如下：

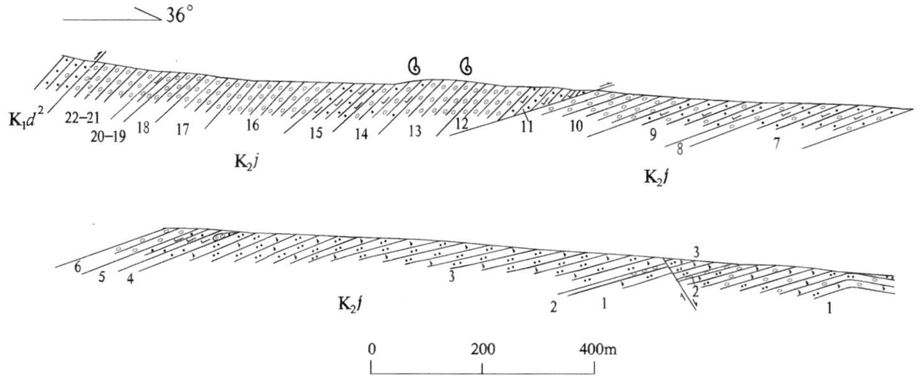

图 2－37 班戈县郎龙巴曲河—郎庆格拉—托尔确上白垩统竞柱山组实测剖面图

竞柱山组（K_2j）：	（未见顶）	**1 290.31m**
上段：		901.00m
22. 灰色厚层状灰岩质砾岩		69.70m
砾石中产有孔虫化石：*Misorbitolina* sp.		
双壳类化石：*Neithea*（*Neithea*）sp.		
21. 灰色厚层状砾岩		44.64m
20. 黄色厚层状含砾钙质细砂岩		7.44m
19. 灰—灰紫色厚层状中砾岩		22.7m
砾石中产双壳类化石：*Neithea*（*Neithea*）sp.		
Radiolitidae		
18. 灰紫色厚层状灰岩质细砾岩		40.23m
17. 杂色厚层状中砾岩		67.30m
16. 灰紫色厚层状砾石		113.23m
15. 紫色中厚层状细粒钙质砂岩		47.59m
14. 灰紫色厚层状细砾岩、紫色中层状钙质细砂岩韵律层		65.50m
砾石中产双壳类化石：*Neithea*（*Neithea*）sp.		
13. 灰紫色厚层状灰岩质砾岩		70.25m
12. 灰紫色中层状砾石		41.00m
11. 紫色中层状钙质细砂岩		69.00m
10. 紫色厚层状中砾岩		63.35m
9. 紫色中层状钙质细砂岩、厚层状砂砾岩韵律层		65.84m
8. 紫色厚层状中粗砾岩		10.12m
7. 紫色中层状钙质细砂岩、厚层状砂砾岩韵律层		80.55m
6. 灰紫色厚层状中砾岩		22.56m
下段：		389.31m
5. 紫色中层状钙质中细砂岩		18.61m
4. 紫色中层状钙质细砂岩，下部见 0.42m 厚的紫色砂砾岩透镜体		16.70m
灰岩砾石中产有孔虫化石：*Misorbitolina* sp.		
Cuneolina sp.		
3. 紫色中层状细粒岩屑粉砂岩		287.08m
2. 黄色厚层状砾岩		3.24m
1. 紫色中厚层状含砾粗粒岩屑粉砂岩		63.58m
	（未见底）	

竞柱山组厚度为 1 290.31m。该组下段以紫色中层状细—粗粒岩屑粉砂岩、钙质中细砂岩为主，底部为砾岩及含砾石条带细砂岩透镜体；上段以紫—灰紫—灰色砾岩为主夹钙质细砂岩，砾石中含大量的

海相化石。从岩石的总体面貌来看以巨厚的紫色砾岩和砂岩为优势，随着碎屑物质的快速堆积，岩石自下而上有细碎屑—粗碎屑的变化，颜色自下而上有紫色—灰紫色—灰色的变化。因此，根据上述特征我们认为该组可能是一套以陆相沉积为主的前陆盆地磨拉石沉积。

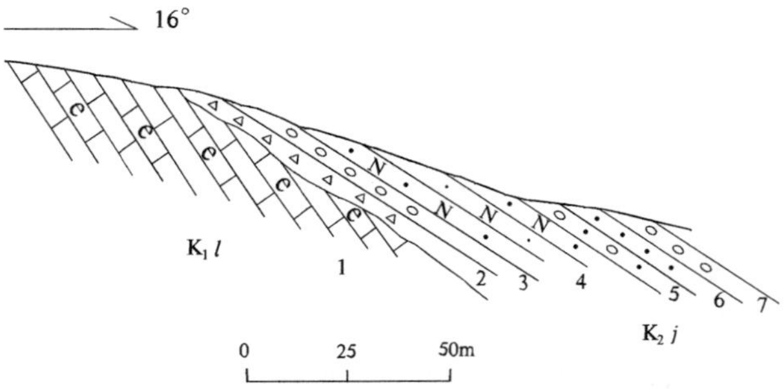

图 2－38　捏莫日山下白垩统郎山组与上白垩统竟柱山组接触关系剖面图

1. 深灰色厚层—块状含圆笠虫灰岩；
2. 紫红色块状具喀斯特特征角砾岩；
3. 灰白色厚层—块状细砾岩；
4. 灰白色厚层粗粒长石砂岩与细粒长石砂岩韵律；
5. 灰白色含砾中粗粒长石砂岩与细砾岩韵律；
6. 紫色灰白色厚层细—粗粒砂岩与灰白色厚层；
7. 灰白色厚层—块状细砾岩

该组与上覆地层古近系古—始新统牛堡组呈角度不整合接触，在班戈县捏莫日山见下白垩统郎山组与上白垩统竟柱山组角度不整合接触（图 2－38），在色林错北西克勒一带见竟柱山组不整合覆于余穷组之上。

（2）时代讨论

竟柱山组的生物化石均产于砾石，砾石中的化石均属郎山组化石。此外，该组与上覆的古近纪牛堡组呈角度不整合接触。因此，我们认为竟柱山组的地质时代晚于早白垩世阿尔布阶（Albian），早于古近纪牛堡组，其沉积时代应为晚白垩世。

（二）班公错-怒江地层区

下白垩统去申拉组（K_1q）

（1）岩石地层特征

去申拉组由西藏自治区区调队（1986）① 创名，《西藏地质志》（1993）、《西藏岩石地层》（1997）均认为该组与则弄群相当。本幅认为在班公错—怒江结合带内下白垩统使用去申拉组一名较为合适。该组岩石以中性火山岩和火山碎屑岩为主，夹少量碎屑岩。

测区内的去申拉组仅分布于图幅东北部的贾哥来，面积约 10km^2。

据西藏自治区地质调查院班戈县马前乡出西弄巴下白垩统去申拉组实测剖面资料整理（图 3－89），其层序如下：

上覆地层：竟柱山组灰—灰褐色块层状火山质砾岩

～～～～～～～～ 角度不整合 ～～～～～～～～

去申拉组（K_1q）：	**842.76m**
14. 灰—深灰色中厚层状安山岩	>15.92m
13. 薄—中层状凝灰质砂岩	19.28m
12. 深灰色块状安山质晶屑岩屑凝灰岩	91.91m
11. 深灰色块状晶屑凝灰岩	62.43m
10. 灰—深灰色块状安山质晶屑岩屑凝灰岩	22.20m
9. 灰紫色中厚层状凝灰质砂岩	6.87m
8. 灰—灰褐色晶屑岩屑凝灰岩	33.57m
7. 灰绿色安山质晶屑岩屑凝灰岩	56.78m
6. 灰、浅灰、深灰色薄—中层状凝灰质砂岩	77.43m
5. 浅灰、灰绿块状晶屑岩屑凝灰岩	85.35m
4. 紫灰色凝灰质砂岩	0.78m
3. 灰—深灰色中厚层状英安质晶屑岩屑凝灰岩夹灰—灰紫色沉积火山角砾岩	74.00m

① 西藏自治区地质矿产局区域地质调查大队. 1986，改则幅区域地质调查报告（1∶100 万）

2. 浅灰、灰褐色块状安山质晶屑岩屑凝灰岩与灰—浅灰绿色块状蚀变安山岩韵律层 273.42m
1. 灰—灰绿色块状安山玄武质晶屑岩屑凝灰岩 22.84m

~~~~~~~~~~~~ 角度不整合 ~~~~~~~~~~~~

下伏地层：中—上侏罗统接奴群中层状长石石英砂岩与中厚层状岩屑砂岩韵律层

去申拉组厚度为842.76m。岩性主要为安山岩、安山质晶屑岩屑凝灰岩等夹凝灰质砂岩，灰褐色安山质晶屑岩屑凝灰岩与灰—浅绿色块状蚀变安山岩呈韵律互层。

去申拉组下与中—上侏罗统接奴群中层状长石石英砂岩与中厚层状岩屑砂岩韵律层呈角度不整合接触，上与上白垩统竟柱山组灰—灰褐色块层状火山质砾岩为角度不整合接触。

（2）时代讨论

去申拉组的地质时代是根据其下与中上侏罗统接奴群角度不整合接触，上被上白垩统竟柱山组不整合覆盖，并结合西藏自治区地质调查院测得Rb-Sr同位素年龄值126±2Ma，相当于凡兰吟阶（Valanginian），确定为早白垩世。

综上所述，中生代地壳已进入相对活动时期。晚三叠世多布日组沉积时期，地壳经历了短暂的下降，沉积了一套具海陆交互相特征的碎屑岩—碳酸盐岩。稍后，地壳再次抬升遭受剥蚀。中晚侏罗世在班公错—怒江地层区沉积了滨海—浅海沉积环境的快速堆积的结构成熟度和成分成熟度都很低的碎屑岩及少量火山岩。晚侏罗—早白垩世在冈底斯—腾冲地层区沿永珠蛇绿岩带发生强烈拉伸裂离，形成了日拉组和日拉组索尔碎屑岩。日拉组无论纵向还是横向上岩性变化十分明显，是与盆地伸展初期的多盆岭构造环境相对应的一套沉积岩石组合。日拉组索尔碎屑岩伴随着申扎小区的晚三叠世—早侏罗世球状橄榄岩分布，是一套橄榄质岩屑砂岩、砾岩、硅质粉砂岩夹放射虫硅质岩、砂屑灰岩组合，向上逐渐过渡为日拉组灰岩。早白垩世早期地壳运动较为频繁，岩性、岩相变化较大。在申扎小区沉积了以海陆交互相的碎屑岩—火山碎屑岩沉积为主的则弄群；在多巴—雄梅小区沉积了多尼组；在班公错—怒江结合带沉积了喷溢相的辉石安山岩和喷发相的火山碎屑岩。其中多尼组岩性和岩相变化特征较为明显，下段沉积环境具浅海—半深海类复理石沉积特征。中段沉积环境具海陆交互相沉积的特征。上段为两个非正式单位，西区达过火山岩以中性火山岩为主，具陆相火山喷发特征；东区弄巴砾岩，以陆相粗碎屑岩为主夹少量火山凝灰岩。早白垩世中晚期地壳相对稳定，海侵范围较大，在申扎小区沉积了以浅海碳酸盐岩沉积为主的捷嘎组。在多巴—雄梅小区自下而上沉积了郎山组、康曲组、余穷组。郎山组为浅海碳酸盐岩沉积。康曲组以滨海相钙质砂岩沉积为主，夹少量碳酸盐岩。余穷组为浅海碳酸盐—钙质砂岩沉积。晚白垩世早期延续了早白垩世晚期的海退，形成了具残留海磨拉石建造特征的竟柱山组。磨拉石沉积的出现标志着中生代盆地演化结束。

第五节 新生界

一、古近系

区内的古近纪地层分布于永珠蛇绿岩带以北的班戈盆地内的色林错和班戈错周边及伦坡拉盆地东部南缘等地，出露面积约730km²。1955年李璞将班戈湖、伦坡拉地区的古近纪地层统称第三纪，尔后曾有许多学者涉足本区并提出划分意见（表2-9）。1997年《西藏自治区岩石地层》将古近纪地层划分为古新世—始新世牛堡组和渐新世丁青湖组。

1. 古—始新统牛堡组（$E_{1-2}n$）

（1）岩石地层特征

牛堡组是由王文彬等（1957）创名，西藏自治区第四地质队（1978）介绍。原指紫红色粉砂岩、
~~~~~~~~~~~~

泥页岩为主夹砂砾岩、凝灰岩的一套地质体。《西藏自治区岩石地层》（1997）定义该组为不整合覆于竟柱山组红色碎屑岩之上，平行不整合于丁青湖组泥岩、砂砾岩及凝灰岩之下的一套深水湖相泥岩、页岩、细—粗碎屑岩、碳酸盐岩含油气的地层体。产介形虫、孢粉等。牛堡组主要分布于色林错和班戈错一带，幅内出露面积约462km^2。

表2-9　多巴区幅古近系划分沿革表

<table>
<tr><th>统</th><th>李璞
1955</th><th>王文彬
等
1957</th><th colspan="2">藏北
地质队
1961</th><th colspan="2">石油
综合队
1966</th><th colspan="3">西藏
第四地质队
1979、1981</th><th>南古所
1979</th><th>西藏
区调队
1983</th><th>西藏
地质志
1993</th><th>西藏
岩石地层
1997</th><th>本文</th></tr>
<tr><td rowspan="4">渐新统</td><td rowspan="7">第三系</td><td rowspan="2">丁青层</td><td rowspan="4">牛堡组</td><td>砂页岩</td><td rowspan="7">伦坡拉群</td><td>论坡拉组</td><td rowspan="3">丁青组</td><td rowspan="7">论坡拉群</td><td rowspan="5">丁青湖组</td><td rowspan="5">论坡拉群</td><td rowspan="4">青石群</td><td rowspan="4">丁青湖组</td><td rowspan="4">丁青湖组</td><td rowspan="4">丁青湖组
E_3d</td></tr>
<tr><td rowspan="2">泥页层</td><td rowspan="2">丁青层</td></tr>
<tr><td rowspan="2">牛堡层</td></tr>
<tr><td>页岩</td><td>牛堡层</td><td>?</td></tr>
<tr><td rowspan="2">始新统</td><td rowspan="2">的欧层</td><td rowspan="3">泉曲口层</td><td rowspan="2">的欧段</td><td rowspan="3">的欧组</td><td rowspan="3">牛堡组</td><td rowspan="3">柒玛弄巴群</td><td rowspan="3">牛堡组</td><td rowspan="3">牛堡组</td><td rowspan="2">牛堡组</td></tr>
<tr><td rowspan="2">牛堡组</td><td rowspan="2">牛堡群</td></tr>
<tr><td>古新统</td><td>泉曲口层</td><td>泉曲口群</td><td>$E_{1-2}n$</td></tr>
</table>

Ⅰ. 据班戈县起它勒—查曲骇古—始新统牛堡组实测剖面（图2-39），其层序如下：

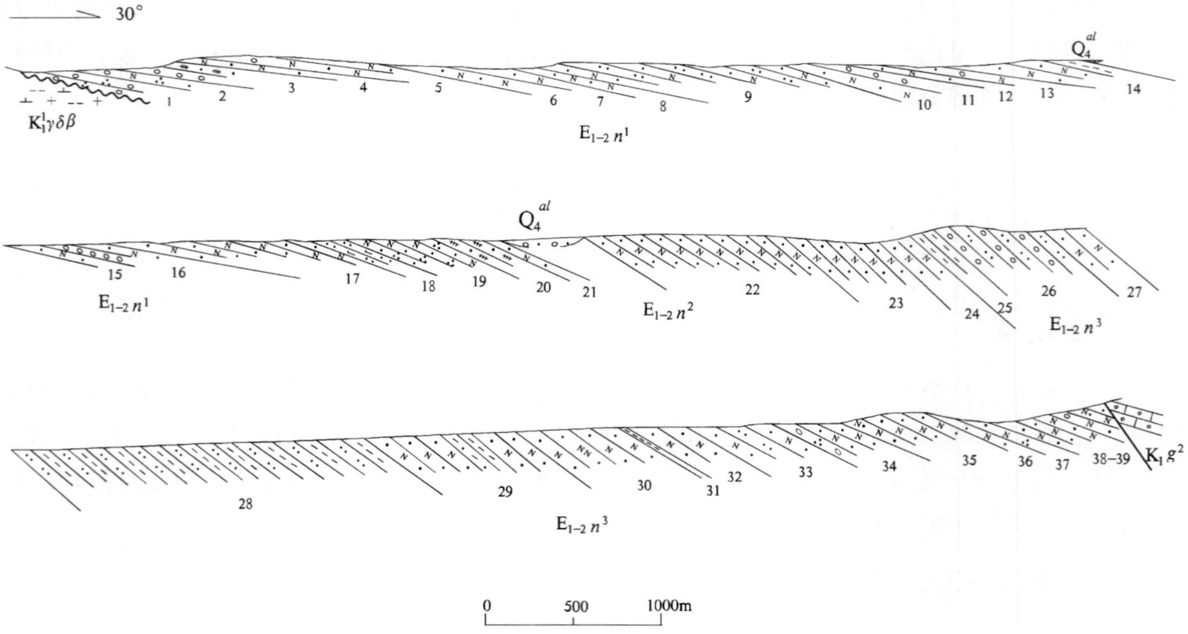

图2-39　班戈县起它勒—查曲骇古—始新统牛堡组实测剖面图

牛堡组（$E_{1-2}n$）：　　（未见顶）　　**6 920.71m**

上段：　3 954.29m

39. 下—中部为紫红色微层状含砾粗粒长石砂岩、薄层状中粒长石砂岩、微层状细粒长石砂岩粒序韵律层，具槽状交错层理和平行层理；上部为紫红色微层状细粒长石砂岩与粉砂岩韵律层，具平行、水平层理　155.42m
38. 紫色微层状中粒长石砂岩与细粒长石砂岩韵律层　160.29m
37. 灰白色微层状中细粒长石石英砂岩，具平行、槽状交错层理　46.24m
36. 褐色微层状细粒长石砂岩与紫红色微层状粉砂岩韵律层，具平行层理　34.08m
35. 灰色薄层状中粗粒长石砂岩　219.62m
34. 紫褐色微层状石英细砾岩—长石细砂岩粒序层理　152.15m
33. 黄褐色微层状细粒长石砂岩与紫红色微层状粉砂岩韵律层　236.00m
32. 黄褐色薄层状中粒长石砂岩　172.26m
31. 紫红色中厚层状泥岩　24.54m
30. 紫褐色微层状中粒长石砂岩与细粒长石砂岩韵律层　313.38m
29. 灰—土黄色中粗粒长石砂岩夹紫红色泥质细砂岩、泥岩　497.69m
28. 紫红色泥岩与紫灰色粉砂岩韵律层　1 325.86m
27. 紫红色、灰白色长石细砂岩，具平行、交错层理　113.79m
26. 紫褐色细砾岩—粉砂岩粒序韵律层　398.70m
25. 紫褐色泥岩　104.28m

中段：　1 684.94m

24. 灰白—灰绿色长石细砂岩　139.05m
23. 土黄色长石中砂岩　255.80m
22. 灰白色长石细砂岩　585.91m
21. 灰绿色中细粒长石砂岩　35.47m
20. 土黄色中细粒杂砂岩　104.37m
19. 紫色中细粒长石石英砂岩　195.98m
18. 灰白色粗粒钙质粉砂岩　84.86m
17. 灰紫色中粒长石砂岩与紫色细粒长石砂岩韵律层　283.50m

下段：　1 281.50m

16. 紫色细砾岩—细粒长石砂岩粒序层与灰黄色粗—细粒长石砂岩粒序韵律层，具交错层理　87.73m
15. 黄褐色细粒长石砂岩　55.95m
14. 紫色中细粒长石砂岩夹黄褐色细粒长石砂岩，上部为紫红色泥岩　191.08m
13. 黄褐色砾质中粒长石砂岩、杂色中细粒长石砂岩粒序层　29.99m
12. 紫色细粒长石砂岩与土黄色、紫褐色细砾岩韵律层　37.91m
11. 下部为土黄色细—中砾岩，上部为紫褐色中粒长石砂岩、灰白色含砾中粒长石砂岩、细砾岩粒序层　28.65m
10. 杂色细粒长石砂岩、黄褐—青白色粉砂岩、紫红色泥岩粒序层　49.12m
9. 黄褐色细粒长石砂岩与紫红色粉砂岩韵律层，该层见树杆化石　210.50m
8. 黄褐色与紫红色细粒长石砂岩韵律层　34.38m
7. 黄褐色含砾粗粒长石砂岩、中细粒长石砂岩、白色钙质粉砂岩、黄褐色紫红色泥岩粒序层　42.80m
6. 紫红色—黄褐色泥岩、杂色中细粒长石砂岩韵律层，具交错层理　68.22m
5. 紫色细粒长石砂岩与紫褐色中粒长石砂岩韵律层，下部为紫红色含砾中粗粒长石砂岩　188.47m
4. 灰紫色中粒长石砂岩，下部为紫红色粉砂质泥岩、砾质中粗长石砂岩粒序层　40.04m
3. 灰白色细砾岩夹杂砂岩　133.39m
2. 杂色砾质中粗粒长石石英砂岩与钙质细粒长石砂岩韵律层，底部为2.61m厚的灰白色微层状泥质粉砂岩，钙质细粒长石石英砂岩产介形虫　45.91m
1. 灰白色巨厚层—块状石英细砾岩　37.33m

～～～～～～ 角度不整合 ～～～～～～

下伏地层：早白垩世黑云母花岗岩闪长岩

Ⅱ. 据班戈县竞柱山古—始新统牛堡组下段实测剖面（图2-40），其层序如下：

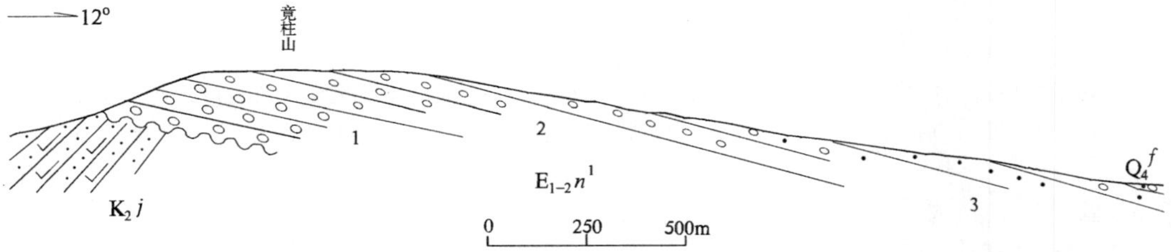

图 2-40　班戈县竟柱山古—始新统牛堡组下段实测剖面图

牛堡组（$E_{1-2}n$）下段：　（未见顶）　**430.26m**

3. 杂色中砾岩、紫色砂砾岩、紫色薄层状砂岩韵律层　173.86m
2. 杂色厚层状中砾岩　133.08m
1. 杂色厚层状粗砾岩　123.32m

～～～～～～～～～～ 角度不整合 ～～～～～～～～～～

下伏地层：竟柱山组浅紫色钙质细砂岩

Ⅲ. 据西藏自治区第四地质队（1978—1979）钻孔资料整理，西藏区调队（1983）① 介绍班戈县伦坡拉古—始新统牛堡组剖面，其层序如下：

上覆地层：丁青湖组

－－－－－－－－－－－ 平行不整合 －－－－－－－－－－－

牛堡组（$E_{1-2}n$）：　**2 823.9m**

4 段：主要为灰色泥岩、页岩及姜黄—灰白色粉细砂岩，或为含螺、介形虫的鲕状砂岩组成之正向韵律层　176.00～356.00m

介形虫化石：*Cypinotus formalis*
Pelocypris dingqinensis
Pseudoeucypris chinensis
Candona magakiani
Hirpetocyprella mongolica
Hirpetocyprella hunschinliangensis

腹足化石：*Planorbis* sp.
Bithynia sp.
Radix sp.
Physa sp.

孢粉：*Piceaepollenites* sp.
Abietineaepollenites sp.
Pinuspollenites sp.
Cedripites sp.
Ephedripites sp.
Ulmipollenites sp.
Quercoidites sp.
Salixpollenites sp.
Rhoipites sp.
Meliacoidites sp.
Chenopodipollis sp.
Polypodiaceae
Gramineae

① 西藏自治区地质矿产局区域地质调查大队 . 1983，日喀则幅、亚东幅区域地质调查报告（1:100 万）

3 段：主要为棕红色泥岩夹绿色泥岩、夹薄层泥灰岩及粉细砂岩，局部地区韵律性明显，砂质岩具斜层理，泥岩中见介形虫、孢粉及轮藻 756.70m

介形虫化石：*Cypris decaryi*
Eucypris hunschinliangensis
Eucypris enodatus
Limnocythere hunschinliangensis
Candona rebasini

孢粉：*Ephedripites* sp.
Quercoidites sp.
Ulmipollenites sp.
Meliacoidites sp.
Rhoipites sp.
Chenopodipollis sp.
Abietineaepollenites sp.
Pinuspollenites sp.
Classopollis sp.
Tectochara sp.
Pinuspollenites sp.
Pterisisporites sp.
Schizaeoisporites sp.
Tectocharameriani
Obtusochara sp.
Sphaerochara grakulifera
Taxodiaceae
Cupressaceae
Polypodiaceae

2 段：主要为灰绿色、灰色泥岩、页岩互层，夹棕红色泥岩、砂岩及砂砾岩层，产介形虫及孢粉 1 011.20m

介形虫化石：*Cyprinotus* aff. *formalis*
Limnocythere sp.
? *Cypris* sp.

孢粉：*Cedripites* sp.
Quercoidites sp.
Ulmipollenites sp.
Salixpollenites sp.
Chenopodipollis sp.
Parvipojectus sp.
Translucentipollis sp. ,
Ephedripites apiculatus
Ephedripites sp.
Abietineaepollenites sp.
Pinuspollenites sp.
Pterisisporites sp.
Osmundacidites sp.
Henrisporites sp.

1 段：为一套紫红色砂岩、砂砾岩、砾岩，局部夹黄绿色、紫红色泥岩在泥岩 >700.00m

夹层中发现少量介形虫：*Limnocythere* sp.
Eucypris sp.

~~~~~~~~~~~~ 角度不整合 ~~~~~~~~~~~~
~~~~~~~~~~~~

下伏地层：竟柱山组红色砂砾岩

综合上述，剖面牛堡组下部为杂色长石砂岩、粉砂岩、杂砂岩、砂砾岩、砾岩，且化石稀少。中部为杂色长石细砂岩、中细砂岩、中砂岩、长石石英砂岩及杂砂岩、钙质粉砂岩。上部紫色泥岩、粉砂岩、长石砂岩、细砂岩及细砾岩，产介形虫、孢粉、轮藻等化石。从横向变化上看，该组以伦坡拉、班戈盆地为中心在中心区沉积了厚达 6 920.71m 的碎屑岩，向四周厚度则变薄。其岩石组合反映了深水湖相沉积特征。

（2）时代讨论

牛堡组产丰富的介形虫、孢粉及轮藻类化石。但在上述Ⅰ剖面化石非常稀少，仅产少量的介形虫，该介形虫送中国科学院南京古生物研究所杨恒仁研究员鉴定，但由于保存欠佳不能详细定名。上述Ⅲ剖面产大量的化石，其中介形虫第 1 段以 *Limnocythere-Eucyprisy* 介形虫组合为特征，第 2 段以 *Limnocythere - Cypris - Cyprinotus* 介形虫组合为特征，第 3 段以 *Limnocythere*，*Cypris-Eucypris - Candona* 介形虫组合为特征，第 4 段以 *Cypinotus - Candona* 介形虫组合为特征（表 2 - 10）。从总体面貌看，第 1、2、3 段大致相当于古近纪始新世伊普里斯阶（Ypresian）—巴尔通阶（Bartonian）；第 4 段大致相当于古近纪始新世普利亚本阶（Priabonian）；第 2 段以 *Quercoidites*（栎粉）—*Ulmipollenites*（榆粉）孢粉组合为特征，形成以被子花粉为主、裸子花粉为次、蕨类孢粉最少的孢粉生物群面貌，其生物群面貌与江西清江盆地早始新世的“清二段”、湖北江汉盆地早始新世新沟咀组二段之孢粉组合相当，第 3 段 *Ephedripites*（麻黄粉）- *Quercoidites*（栎粉）孢粉组合与江西清江盆地中—晚始新世临江组相似，第 4 段为 *Abietineae-pollenites*（单束松粉）- *Pinuspollenites*（双束松粉）- *Piceaepollenites*（云杉粉）- *Cedripites*（雪松粉）孢粉组合（表 2 - 10），该组合的出现说明本区的古气候已开始从炎热-温暖转向温暖-温冷。但该组合中依然有大量的属于炎热-温暖气候条件下生存的植物 *Ulmipollenites*，*Quercoidites*，*Ephedripites* 等，因此，我们认为第 4 段的古气候仍以炎热-温暖气候为主。其地质时代置于始新世晚期较为合适。

表 2 - 10　多巴区幅古近纪生物地层划分表

<table>
<tr><th colspan="3">年代地层</th><th>岩石地层</th><th colspan="2">主要化石类群组合序列</th></tr>
<tr><th colspan="2">统</th><th>阶</th><th>组</th><th>介形虫</th><th>孢粉</th></tr>
<tr><td rowspan="2">渐新统</td><td>上</td><td>夏特阶</td><td rowspan="2">丁青湖组
E_3d</td><td>Ilyocypris-Limnocythere 组合</td><td>Quercoidites-Cedripites 组合
Quercoidites-Micrahenrici-Ephedripites 组合</td></tr>
<tr><td>下</td><td>鲁培尔阶</td><td>Austrocypis-Cyprinotus-Pelocypris 组合</td><td rowspan="2">Abietineaepollenites-Pinuspollenites-Piceapollis -Cedripites 组合</td></tr>
<tr><td rowspan="4">始新统</td><td>上</td><td>普利亚本阶</td><td rowspan="7">牛堡组
$E_{1-2}n$</td><td>Cyprinotus-Candona 组合</td></tr>
<tr><td rowspan="2">中</td><td>巴尔通阶</td><td rowspan="2">Limnocythere-Cypris-Eucypyis-Candona 组合</td><td rowspan="2">Ephedripites-Quercoidites 组合</td></tr>
<tr><td>鲁帝特阶</td></tr>
<tr><td>下</td><td>伊普里斯阶</td><td>Limnocythere-Cypris-Cyprinotus 组合
Limnocythere-Eucypris 组合</td><td rowspan="4">Quercoidites-Ulmipollenites 组合</td></tr>
<tr><td rowspan="3">古新统</td><td>上</td><td>坦尼特阶</td><td rowspan="3"></td></tr>
<tr><td>中</td><td>塞兰特阶</td></tr>
<tr><td>下</td><td>丹尼阶</td></tr>
</table>

综上所述，我们认为牛堡组含生物化石的中上部地层的时代应为古近纪始新世，而下部不含化石的杂色砂岩、砂砾岩、砾岩的沉积时代应早于古近纪始新世，即牛堡组可能是古近纪古新世—始新世沉积产物。

2. 渐新统丁青湖组（E_3d）

（1）岩石地层特征

丁青湖组的早期研究者王文彬（1957）等人称其为“丁青层”。尔后，西藏自治区第四地质队

（1978）改称为丁青湖组。《西藏自治区岩石地层》（1997）定义该组为平行不整合覆于牛堡组杂色泥岩之上的一套深湖相及河流相紫红色、灰绿色碎屑岩类（泥页岩、凝灰岩），局部夹油页岩、泥灰岩的地质体。产介形虫、轮藻等化石。其上未见顶。丁青湖组主要分布于伦坡拉盆地，区内出露面积约 270km^2。

Ⅰ. 据班戈县论波日山渐新统丁青湖组实测剖面（图 2－41），其层序如下：

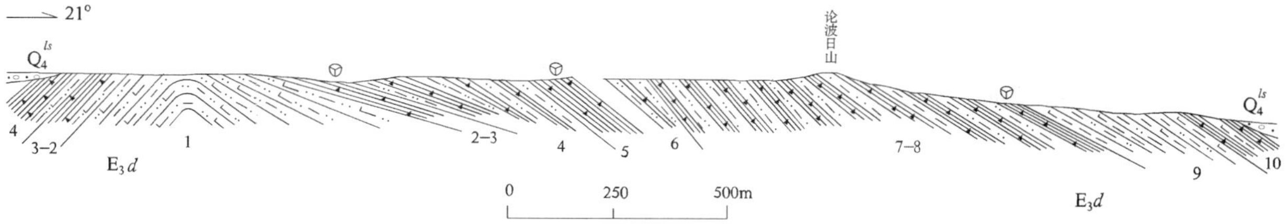

图 2－41　班戈县论波日山渐新统丁青湖组实测剖面图

丁青湖组（E_3d）：　（未见顶）　**962.85m**

10. 灰白色条纹—条带状钙质泥岩与灰色沥青质页岩韵律层　89.44m
9. 灰白色条纹—条带状钙质泥岩与土黄色条纹—条带状粉砂质泥岩韵律层　103.14m
8. 灰色沥青质页岩，产孢粉　13.33m

其中裸子：*Abietineaepollenites cembraeformis*
Abietineaepollenites lenghuensis
Abietineaepollenites microalatus
Abietineaepollenites renisaccus
Pinuspollenites gigantens
Pinuspollenites banksianaeformis
Pinuspollenites pachydermus
Pinuspollenites diplopondroides
Pinuspollenites parvisaccatus
Pinuspollenites microreteculatus
Pinuspollenites labdacus
Piceapollis gigantea
Piceapollis tobolicus
Piceapollis praemarianus
Cedripites sp.
Podocarpidites sp.
Inaperturopollenites parvus

7. 土黄色条纹—条带状粉砂质泥岩与灰色沥青质页岩韵律层，产鱼化石　396.14m
6. 土黄色条纹—条带状粉砂质泥岩夹灰色沥青质页岩　59.8m
5. 灰色沥青质页岩，产孢粉　66.63m

其中，裸子：*Abietineaepollenites auriformis*
Abietineaepollenites microalatus
Pinuspollenites gigantens
Pinuspollenites banksianaeformis
Pinuspollenites parvisaccatus
Keteleeriaepollenites sp.
Piceapollis praemarianus
Piceapollis tobolicus
Piceapollis gigantea
Ephedripites sp.

4. 土黄色条纹—条带状细粉砂质泥岩与灰色沥青质页岩韵律层　　145.86m

3. 灰白色条纹—条带状细粉砂质泥岩夹灰色页岩，产孢粉　　6.84m

其中，裸子：*Abietineaepollenites auriformis*
Abietineaepollenites cembraeformis
Abietineaepollenites lenghuensis
Pinuspollenites pachydermus
Pinuspollenites diplopondroides
Pinuspollenites parvisaccatus
Piceapollis gigantea
Piceapollis tobolicus

2. 灰色沥青质页岩与土黄色条纹—条带状钙泥质细粉砂岩韵律层，产孢粉　　24.12m

其中，蕨类：*Polypodiaceaesporites* sp.
Punctatosporites sp.

裸子：*Abietineaepollenites auriformis*
Abietineaepollenites cembraeformis
Abietineaepollenites lenghuensis
Abietineaepollenites microalatus
Pinuspollenites gigantens
Pinuspollenites banksianaeformis
Pinuspollenites pachydermus
Pinuspollenites labdacus
Pinuspollenites diplopondroides
Pinuspollenites microreteculatus
Pinuspollenites longifoliaformis
Pinuspollenites parvisaccatus
Keteleeriaepollenites sp.
Piceapollis praemarianus
Piceapollis tobolicus
Piceapollis gigantea
Cedripites sp.
Podocarpidites sp.
Parcisporites sp
Inaperturopollenites parvus 等

其中以 *Abietineaepollenites*，*Pinuspollenites*，*Piceapollis* 为主

被子：*Salixpollenites* sp.
Pterocaryapollenites sp.
Juglanspollenites sp.
Quercoidites sp.
Tricolporopollenites longus
Tricolporopollenites micropachydermus
Tricolporopollenites elongatus
Tricolporopollenites rhombiformis
Tricolporopollenites sinuolatus
Tricolporopollenites sp.
Tricolpopollenites sp.
Retitricolpites sp.

1. 褐色条纹—条带状钙泥质细粉砂岩　　57.55m

（未见底）

Ⅱ. 据西藏自治区第四地质队（1978—1979）钻孔资料整理，西藏区调队（1983）[①] 介绍班戈县伦坡拉渐新统丁青湖组剖面，其层序如下：

丁青湖组（E_3d）： （未见顶） **800.00m**

6 段：灰色泥岩夹页岩、泥灰岩、粉砂岩及凝灰岩，下部夹 4～7 层棕色泥岩，产介形虫、孢粉、螺、鱼及昆虫 220.00～520m

介形虫化石：*Eucypyis longa*

Limnocythere argulata

Cypinotus formalis

腹足化石：*Succinea* sp.

孢粉：*Quercoidites* sp.

Salixpollenites sp.

Ulmipollenites sp.

Cedripites sp.

Abietineaepollenites sp.

Piceaepollenites sp.

Pinuspollenites sp.

Polypodiaceaesporites sp.

Plantago sp.

Compositae

Artemisia

Convovulaceae

Umbelliflorae

Thalictrum sp.

Chenopodipollis sp.

Gramineae

Typha sp.

Hydrocharitaceae

Nymphaea sp.

5 段：主要是灰色泥岩、页岩夹油页岩及薄层砂岩，厚层状细砂岩，局部见含鲕状粉砂岩及凝灰岩、泥岩中见次生石膏细晶粒，含介形虫、孢粉及少量螺、鱼骨 120.00～280m

介形虫化石：*Limnocythere argulata*

Hirpetocyprella sp.

Ilyocypris dunschanensis

Cypinotus formalis

腹足化石：*Hippeutis* sp.

Pupilla sp.

孢粉：*Abietineaepollenites* sp.

Pinuspollenites sp.

Piceaepollenites sp.

Cedripites sp.

Ephedripites sp.

Quercoidites sp.

Salixpollenites sp.

Ulmipollenites sp.

---

① 西藏自治区地质矿产局区域地质调查大队. 1983，日喀则幅、亚东幅区域地质调查报告（1:100 万）

Rhoipites sp.

Meliacoidites sp.

Polypodiaceae

Chenopodipollis sp.

Compositae

Cruciferae

－－－－－－－－－平行不整合－－－－－－－－－

下伏地层：牛堡组灰色泥岩、页岩

上述丁青湖组以灰色泥岩、页岩为主夹粗砂岩、细砂岩、油页岩及少量的凝灰岩。产介形虫、孢粉、轮藻等化石。其岩石组合属于深水湖相碎屑岩沉积。此外，该组在横向上的变化是以伦坡拉为中心，最厚可达1 186m，向四周则明显变薄。

（2）时代讨论

丁青湖组产孢粉、介形虫及轮藻类化石。其中，上述Ⅰ剖面的孢粉均由我队采集，并由中国科学院南京古生物研究所曹流研究员鉴定。根据鉴定结果（表2－11），曹流研究员认为丁青湖组孢粉化石有以下特点：

①蕨类植物孢子含量稀少，只偶见有水龙骨科的 *Polypodiaceaesporites* sp.，*Punctatosporites* sp.。

②裸子植物是以带气囊的松科花粉化石为主，其属种有 *Abietineaepollenites auriformis*，*Abietineaepollenites pacltovae*，*Abietineaepollenites renisaccus*，*Abietineaepollenites microalatus*，*Abietineaepollenites cembraeformis*，*Abietineaepollenites lenghuensis*，*Pinuspollenites gigantens*，*Pinuspollenites banksianaeformis*，*Pinuspollenites pachydermus*，*Pinuspollenites diplopondroides*，*Pinuspollenites microreteculatus*，*Pinuspollenites longifoliaformis*，*Pinuspollenites labdacus*，*Pinuspollenites parvisaccatus*，*Keteleeriaepollenites* sp.，*Piceapollis praemarianus*，*Piceapollis tobolicus*，*Piceapollis gigantea*，*Cedripites* sp.，*Podocarpidites* sp.，*Parcisporites* sp.，*Ephedripites* sp. *Inaperturopollenites parvus*，等，其中以 *Abietineaepollenites.*，*Pinuspollenites.*，*Piceapollis* 为主，形成以针叶林森林植被为优势的种群。

③被子植物花粉化石以三孔沟及三沟类型的属种为主，属种有 *Salixpollenites* sp.，*Juglanspollenites* sp.，*Pterocaryapollenites* sp.，*Quercoidites* sp.，*Tricolporopollenites longus*，*Tricolporopollenites micropachydermus*，*Tricolporopollenites rhombiformis*，*Tricolporopollenites sinuolatus*，*Tricolporopollenites elongatus*，*Tricolporopollenites* sp.，*Retitricolpites* sp.，*Tricolpopollenites* sp. 等，其被子孢子花粉也只是个别样品含一定数量，而且草本植物花粉稀少。其森林植被以针叶阔叶混交林为主。

丁青湖组以带气囊的松科花粉为优势种群，针叶林发育完全，表明了其地质时代为渐新世，这一孢粉组合在欧洲、哈萨克斯坦、远东、日本和中国西北、华北的渐新世也有广泛的分布。由于缺少草本植物花粉化石，这一孢粉组合排除了属于渐新世晚期的可能性，因为往往在渐新世晚期会出现一定数量的草本植物花粉。

由于西藏地区古近纪以来植被的分异、演替和当时当地地势的变迁，古地理和古气候也随着变化。根据上述孢粉组合反映的植物群面貌，到早中渐新世所反映的植被为亚高山或高山针叶林的森林植被。由于含有一定数量的被子植物花粉，在亚高山也存在有针叶阔叶混交林。古气候在亚高山温暖湿润，在高山为温凉型。蕨类植物孢子花粉的繁盛，一般反映古气候的炎热，但上述孢粉组合中的蕨类植物孢粉稀少，也反映了高山、亚高山针叶林植被的古气候为温暖—温凉型。

上述Ⅱ剖面孢粉有裸子：*Abietineaepollenites* sp.，*Pinuspollenites* sp.，*Cedripites* sp.，*Ephedripites* sp.，*Piceaepollenites* sp.；被子：*Salixpollenites* sp.，*Quercoidites* sp.，*Ulmipollenites* sp.，*Rhoipites* sp.，*Meliacoidites* sp.；蕨类 *Polypodiaceaesporites* sp.，Polypodiaceae；草本 *Plantago* sp.，Compositae，Artemisia，Convovulaceae，Umbelliflorae，*Thalictrum* sp.，*Chenopodipollis* sp.，Gramineae，*Typha* sp.，Hydrocharitaceae，*Nymphaea* sp.，Compositae，Cruciferae，其孢粉植物群面貌与上述Ⅰ剖面基本相同，但草本孢粉的数量和种类有一定数量，说明在伦坡拉一带这一孢粉组合尚不能排除有属于渐新世晚期的可能性。

表 2－11　多巴区幅古近纪渐新世丁青湖组孢粉统计表

属、种名称 ＼ 数量及百分含量 ＼ 样品号	PXVIII bf. 1	PXVII bf. 2	PXVII bf. 3	PXVII bf. 4	PXVII bf. 5	PXVII bf. 6-1	PXVII bf. 6-2
水龙骨单缝孢 Polypodiaceaesporites sp.			3				
粒面单缝孢 Punctatosporites sp.			2				
蕨类植物孢子总数			5				
蕨类植物孢子百分含量（%）			2				
耳状单束松粉 *Abietineaepollenites auriformis*	17	3	10	2	2		
五针松单束松粉 *Abietineaepollenites cembraeformis*	13		6	1		1	
冷湖单束松粉 *Abietineaepollenites lenghuensis*	8	1	7	5		1	2
小囊单束松粉 *Abietineaepollenites microalatus*	12		9		4		1
帕氏单束松粉 *Abietineaepollenites pacltovae*	7	4	8				
肾囊单束松粉 *Abietineaepollenites renisaccus*	23		5			2	
巨大双束松粉 *Pinuspollenites gigantens*	25	2	10		1		2
弓背双束松粉 *Pinuspollenites banksianaeformis*	15	6	15		2		1
厚壁双束松粉 *Pinuspollenites pachydermus*	16		4	3		2	
双重双束松粉 *Pinuspollenites diplopondroides*	14	3	9	1		1	2
小囊双束松粉 *Pinuspollenites parvisaccatus*	21	2	6	2	5		3
细网双束松粉 *Pinuspollenites microreteculatus*	9	5	8			1	2
大囊型双束松粉 *Pinuspollenites longifoliaformis*	21		6				
双束松粉 *Pinuspollenites labdacus*	19	2	7				4
油杉粉 *Keteleeriaepollenites* sp.	8		6		1		
大型云杉粉 *Piceapollis gigantea*	17	1	17	4	3	5	3
宽圆云杉粉 *Piceapollis tobolicus*	19	1	9	2	4	2	2
标准云杉粉 *Piceapollis praemarianus*	21		14		2	3	5
雪松粉 *Cedripites* sp.	11		6				1
罗汉松粉 *Podocarpidites* sp.	7		4			1	2
雏囊粉 *Parcisporites* sp.			2				
小无口器粉 *Inaperturopollenites parvus*			1			1	
麻黄粉 *Ephedripites* sp.					1		
裸子植物孢子总数	294	30	175	20	25	20	30
裸子植物孢子百分含量（%）	98		70				
柳粉 *Salixpollenites sp.*	1		5				
枫杨粉 *Pterocaryapollenites* sp.			2				
胡桃粉 *Juglanspollenites* sp.			2				
栎粉 *Quercoidites* sp.	1		8				
三沟粉 *Tricolpopollenites* sp.			3				
网面三沟粉 *Retitricolpites* sp.			4				
长形三孔沟粉 *Tricolporopollenites longus*			8				
小壁三孔沟粉 *Tricolporopollenites* sp.	1		4				
菱形三孔沟粉 *Tricolporopollenites rhombiformis*			5				
波边三孔沟粉 *Tricolporopollenites sinuolatus*	2		8				
拉长三孔沟粉 *Tricolporopollenites elongatus*			8				
三孔沟粉 *Tricolporopollenites* sp.	1		13				
被子植物孢子总数	6		70				
被子植物孢子百分含量（%）	2		28				
孢子花粉总数	300	30	250	20	25	20	30

上述Ⅱ剖面除孢粉化石外还有腹足：*Succinea* sp.；*Hippeutis* sp.，*Pupilla* sp.；介形虫：*Eucypyis longa*，*Limnocythere argulata*，*Cypinotus formalis*，*Hirpetocyprella* sp.，*Ilyocypris dunschanensis*，其生物群面貌具古近纪生物群特征。因此，综合上述两条剖面我队认为丁青湖组可能是古近纪渐新世沉积产物。此外，前人在该组中也采集了大量的孢粉和介形虫，并自下而上建立了 *Quercoidites-Micrahenrici-Ephedripites* 孢粉组合和 *Quercoidites-Cedripites* 孢粉组合，以及 *Austrocypis-Cyprinotus-Prlocypris* 介形虫组合和 *Ilyocypris-Limnocythere* 介形虫组合（表2-10）。

二、新近系

上新统乌郁群（N_2W）

（1）岩石地层特征

乌郁群是由宁英毅（1975）创名和定义。据《西藏自治区岩石地层》（1997）定义，该组是一套山间盆地沉积的含煤线及油页岩的杂色碎屑岩（页岩、砂砾岩、砾岩）和中酸性火山岩（安山岩、流纹岩、火山角砾岩、凝灰岩）夹砾岩的地层体。产植物、孢粉等化石。底部不整合于老地层之上，未见顶。幅内乌郁群零星分布于那俄木、多样普、郎木定、穷定、秧弄、夺弄、那东、查枪等地，分布面积约66km²。

Ⅰ. 据申扎县雄梅乡那俄木上新统乌郁群实测剖面（图2-42），其层序如下：

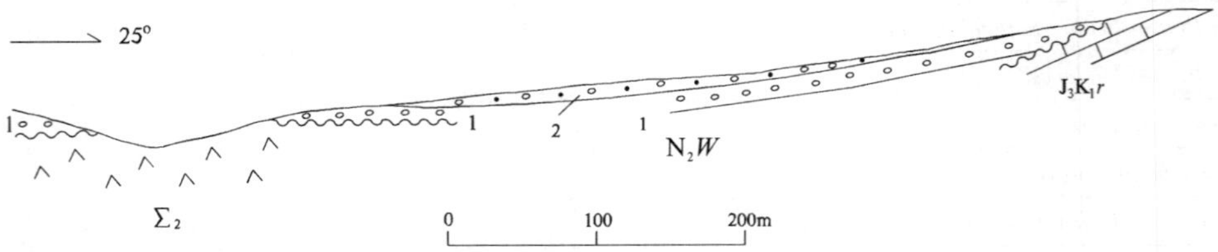

图2-42　申扎县雄梅乡那俄木上新统乌郁群实测剖面图

乌郁群（N_2W）：	（未见顶）	**17.63m**
2. 灰色砂砾岩		0.32m
1. 灰色厚层状砾岩		17.31m

～～～～～～～～～～ 角度不整合 ～～～～～～～～～～

下伏地层：日拉组浅灰色灰岩

Ⅱ. 据班戈县多样普—屋古拉上新统乌郁群路线剖面（图2-43），其层序如下：

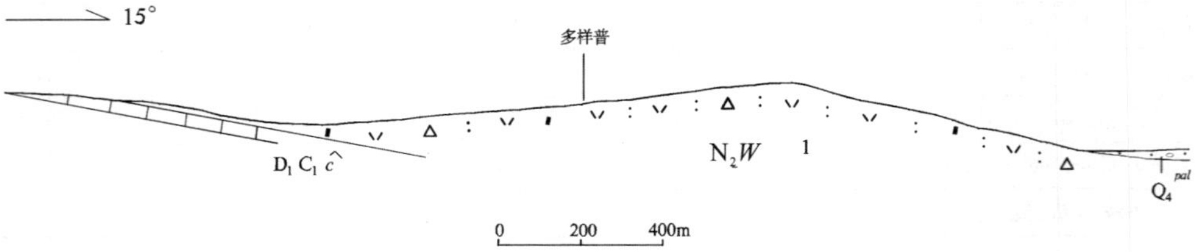

图2-43　班戈县多样普—屋古拉上新统乌郁群路线剖面图

乌郁群（N_2W）：	（未见顶）	**>100m**
1. 灰色流纹质含角砾晶屑凝灰岩		>100m

～～～～～～～～～～ 角度不整合 ～～～～～～～～～～

下伏地层：查果罗玛组灰色灰岩

幅内乌郁群零星分布于小规模的火山断陷盆地内，且岩性除上述剖面的灰色砂砾岩、流纹质含角砾晶屑凝灰岩外，还有紫色砂岩、砾岩（含凝灰质）、安山岩等。在永珠蛇绿岩带两侧岩性以杂色砾岩为主，角度不整合覆盖于古生界之上，且与断裂带关系密切；在北部的多样普一带以流纹质含角砾晶屑凝灰岩为主，底部为杂砂砾岩，并角度不整合覆盖于中生代地层之上。

（2）时代讨论

区内乌郁群尚无可靠的生物依据，目前仅根据岩性特征以及区域对比暂置于上新统，其详细的工作还有待进一步开展。

三、第四系

本幅第四系研究起始于 1976 年，但当时的中国科学院青藏高原综合科学考察队仅到过本区，而没留下有关的文字资料。1977—1980 年西藏自治区区调队在开展 1∶100 万日喀则幅区域地质调查时仅在班戈错北岸测一路线剖面。1980 年庞其清在色林错-班戈错一带对晚新生代介形虫化石及地层进行调查，并进行划分命名（表 2－12）。

表 2－12　多巴区幅第四系划分沿革表

西藏区调 1983	庞其清等 1985			中科院青藏科考队 1983		本报告	
全新统 Q_4	全新统		盐湖组	全新统		全新统 Q_4	
上更新统 Q_3	更新统	上统	同旧藏布组	更新统	上更新统	更新统	上更新统 Q_3
中更新统 Q_2		中统—下统上段	夏穷错组		中更新统		中更新统 Q_2
下更新统 Q_1		下统下段	猪头山组		下更新统		下更新统 Q_1

区内第四系分布较广，全区均有所见，出露面积 3 680km^2，占图幅面积的 23%。本区第四系成因类型较多，图幅南半部高原山区呈零星分布，成因类型以洪积、冲积及洪冲积为主；北半部的高原湖泊及丘陵区为主要分布区，以湖相沉积为主，形成带状展布的连续湖积阶地，分布广，面积大。

（一）下更新统（Q_1）

区内下更新统出露面积较大，主要集中于色林错、班戈错的沿岸，以湖相沉积物为主，构成 VII 级湖积阶地。所赋存的高度为 4 600～4 700m±。

1. 盐水湖相沉积物（Q_1^{ls}）

据色林错东岸（D9221）VII 级阶地下更新统盐水湖相沉积实测剖面（图 2－44）：

下更新统盐水湖相沉积物（Q_1^{ls}）：　1. 20～1. 50m

灰—浅紫灰色砂砾岩，砾石成分以生物碎屑灰岩、微晶灰岩为主，次为砂岩等，砾径以 1. 5～3. 0cm 为主，分选中等，磨圆以次圆状为主，球度以扁圆体为主，组面结构较紧密，胶结物以钙质为主，不同阶地砾石含量略不同　1. 20～1. 50m

（未见底）

该剖面沉积物以砂砾石为主。

2. 河流相沉积物（Q_1^{al}）

该相沉积物仅见于班戈错北岸 VII 级湖积阶地冲沟中。

据西藏自治区区调队1985年班戈错北岸VII级阶地下更新统河流相沉积剖面资料整理（图2-45），其层序自上而下为：

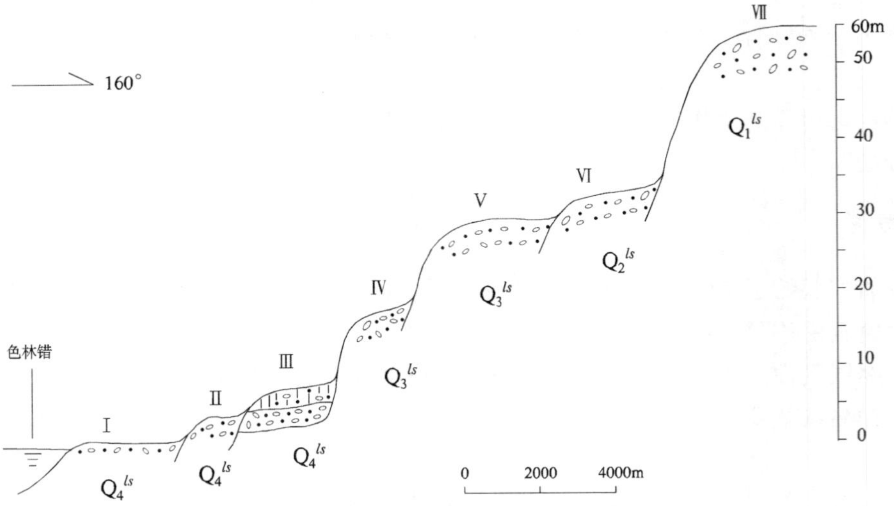

图2-44 色林错东岸湖积阶地下更新统—全新统盐水湖相沉积实测剖面图

下更新统河流相沉积物（Q_1^{al}）： **14.00～16.00m**

3. 细砾石层：砾石成分为灰岩、砂岩等，砾径1.5～2.0cm，分选较好，磨圆中等，结构较紧密，自下而上由细变粗，具明显的粒序层理。该层中夹有中粗砂透镜体 6.00m

2. 棕黄色粉砂与亚粘土韵律层，单层厚0.3～0.4m，结构疏松，含植物根系 3.00～5.00m

1. 青灰色中粗砂层：分选中—差，磨圆以次棱角状为主，结构较疏松，顶部具钙质胶结，含砂岩、灰岩角砾，砾径0.2～1.5cm，以0.2～1.0cm为主 5.00m

该剖面沉积物由中粗砂、细砾石及粉砂、亚粘土组成。

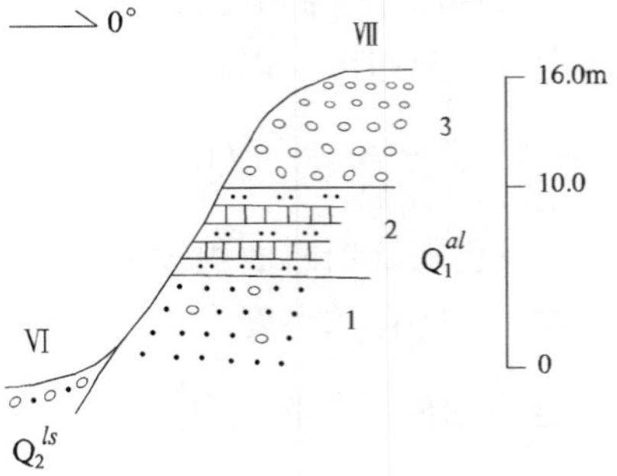

图2-45 班戈错北岸VII级阶地下更新统河流相沉积剖面图

（二）中更新统

中更新统的分布与下更新统相同，出露于色林错、班戈错湖泊的沿岸，形成带状展布的VI级湖积阶地，局部地区发育山前洪积扇。

1. 盐水湖相沉积物（Q_2^{ls}）

Ⅰ. 据色林错东岸（D9220）VI级阶地中更新统盐水湖相沉积实测剖面（图2-44）。

中更新统盐水湖相沉积物（Q_2^{ls}）： **2.00～3.00m**

黄灰色砂砾石层：砾石成分较杂，以灰岩、砂岩为主，少量硅质岩、泥岩、火山岩等，砾径0.2～6.0cm，以1～6cm为主，分选差，磨圆以次圆状为主，球度以扁圆体为主，钙质胶结，胶结较紧密 2.00～3.00m

Ⅱ. 据河北地质学院庞其清1985年夏穷错东岸VI级阶地中更新统盐水湖相沉积剖面资料整理（图2-46），其层序自上而下为：

中更新统盐水湖相沉积物（Q_2^{ls}）： **> 4.86m**

3. 浅灰、黄灰色砂砾石　1.01m

2. 土红色砂砾石　2.80m

1. 灰黄色细粉砂　>1.05m

介形虫化石：*Ilyocypris manasensis* Mandelstan
I. dunschanensis Mandelstan
Leucocythere dilatata Pang
L. postistumifera Pang
L. postilirata Pang
Limnocytherellina kunlunensis Pang
L. trispinosa Pang
Limnocythere dubiosa Daday
L. binoda Huang

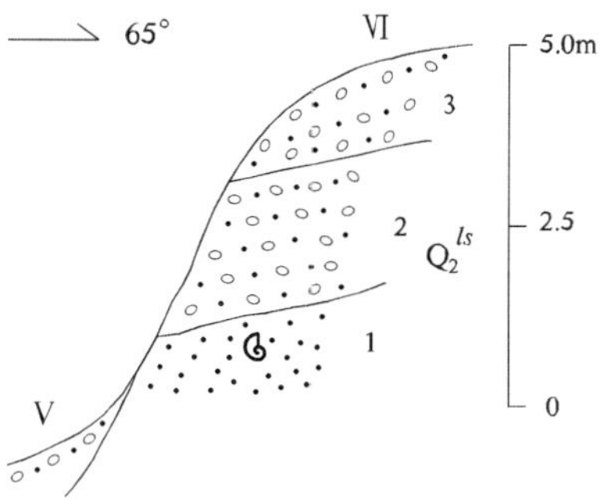

图2-46　夏穷错东岸VI级阶地中更新统盐水湖相沉积剖面图

该剖面沉积物主要由砂砾石组成。其中所含介形虫较丰富，其属种：*Ilyocypris manasensis* Mandelstan，*I. dunschanensis* Mandelstan，*Leucocythere dilatata* Pang，*L. postistumifera* Pang，*L. postilirata* Pang，*Limnocytherellina kunlunensis* Pang，*L. trispinosa* Pang *Limnocythere dubiosa* Daday，*L. binoda* Huang等，均为第四纪更新世常出现的种类，故该盐水湖相沉积物无疑应为更新世。

2. 洪积相沉积物（Q_2^{pl}）

中更新统洪积相沉积物仅在岗龙哈木那山一带出露，所处高度较高，为山前洪积扇。

据岗龙哈木那中更新统洪积相沉积实测剖面（图2-47），层序自上而下为：

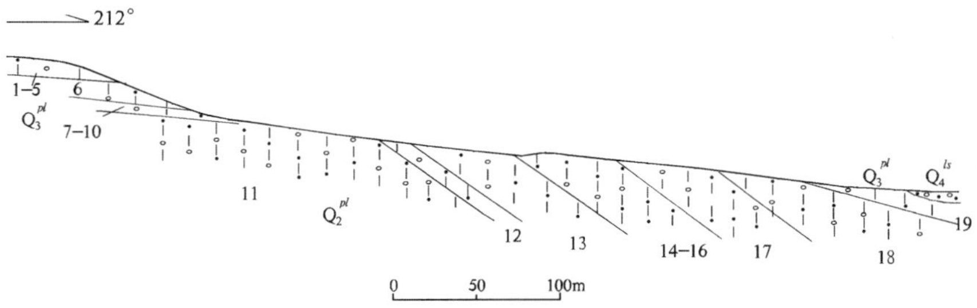

图2-47　岗龙哈木那中—上更新统洪积相沉积实测剖面图

~~~~~~ 不整合 ~~~~~~

中更新统洪积相沉积物（Q_2^{pl}）：　183.58m

18. 土黄色砾质砂土夹细砂透镜体　37.19m
17. 土黄色砾质砂土韵律层夹细砂透镜体　41.40m
16. 土黄色含砾砂土　1.92m
15. 土黄色砾质砂土与砂土韵律层　1.28m
14. 土红色亚粘土与土黄色砾质砂土韵律层　40.64m
13. 土黄色砾质砂土与红色含砾砂土韵律层　30.89m
12. 土红色含砂土与土黄色砾质砂土韵律层，夹亚粘土透镜体　9.65m
11. 土黄色砾质砂土夹细砾石、细砾、亚砂土透镜体　>20.61m
~~~~~~

上述剖面以土黄色砾质砂土、含砾砂土、亚粘土、含砾砂土为主要沉积物。总体特征为砾石含量较多，砾石、砂屑、泥质混杂堆积，无成层性或成层性差，砾石无分选或分选差，磨圆度低，以次棱角状为主。其次为泥质含量较高，砂屑相对较少。上述表明其沉积环境为近源快速堆积的洪积相。

该剖面第 18 层中热释光年龄样的测试结果为 26.97 ±2.16 万年，属中更新世。

（三）上更新统

上更新统除在色林错、班戈错沿岸的 IV、V 级湖积阶地为主要分布区外，在区内的中、南部零星分布钙华、硅华沉积物。

1. 盐水湖相沉积物（Q_3^{ls}）

Ⅰ. 据同旧藏布南端（1 号剖面）上更新统盐水湖相沉积实测剖面（图 2－48），其层序自上而下为：

上更新统盐水湖相沉积物（Q_3^{ls}）：	**9.65m**
18. 土黄色钙质粘土	0.15m
17. 棕黄色中粗砂	0.10m
16. 灰色钙质粘土	0.10m
15. 土黄色砾质砂土	0.20m
14. 黄色中粗—中细砂韵律层，含少量水蜗牛遗体	2.40m
13. 灰色细砂夹薄层钙质粘土，含较多水蜗牛遗体	1.60m
12. 灰色细砂与黄色中粗砂韵律层	0.25m
11. 黄褐色含砾中粗砂，含少量水蜗牛遗体	0.45m
10. 黄褐色中细砂	2.00m
9. 灰白色钙质粘土，含较多植物叶片，部分炭化	0.90m
8. 黄褐色含砾中砂	0.45m
7. 灰色钙质粘土，含较多植物叶片，部分炭化	0.05m
6. 灰色亚砂土与黄色褐色中细砂韵律层	0.15m
5. 黑色钙质炭质粘土，含较多植物叶片	0.07m
4. 灰白色中细砂	0.08m
3. 黄褐色含砾粗砂，含较多水蜗牛遗体	0.10m
2. 灰白色中细砂	0.10m
1. 青灰色钙质粘土，含较多水蜗牛遗体及植物叶片	0.50m

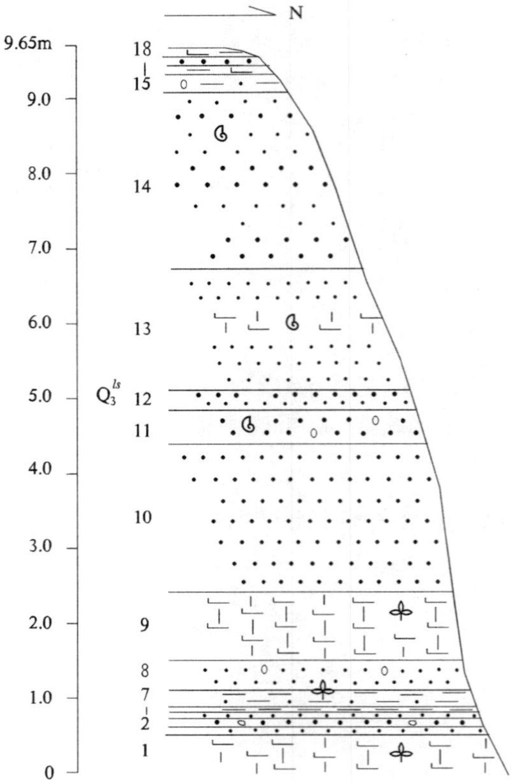

图 2－48　同旧藏布南端（1 号剖面）上更新统盐水湖相沉积实测剖面图

该剖面沉积物主要为中细砂、中粗砂、含砾中粗砂及钙质粘土。其中，第 2 层热释光年龄样的测试结果为 1.64 ±0.13 万年，其地质时代可能为晚更新世。

Ⅱ. 据同旧藏布南部（2 号剖面）上更新统盐水湖相沉积实测剖面（图 2－49），其层序自上而下为：

上更新统盐水湖相沉积物（Q_3^{ls}）：	**6.40m**
7. 深灰色与土黄色粘土韵律层	1.00m
6. 灰色微层状细粒长石砂岩，发育小型交错层理、斜层理	0.60m
5. 灰色钙质粘土与土黄色粘土韵律层	0.50m

4. 深灰色钙质粘土 0.70m
3. 灰色、土黄色薄层状细粒长石砂岩，发育水平层理 0.60m
2. 深灰褐色钙质粘土，发育水平层理 2.00m
1. 深灰色钙质粘土 1.00m

该剖面沉积物以钙质粘土为主，为浅—深湖相沉积。第6层为水下水道相，该层热释光年龄样的测试结果为7.49±0.62万年，属晚更新世。

Ⅲ. 据同旧藏布南端（3号剖面）上更新统盐水湖相沉积实测剖面（图2-50），其层序自上而下为：

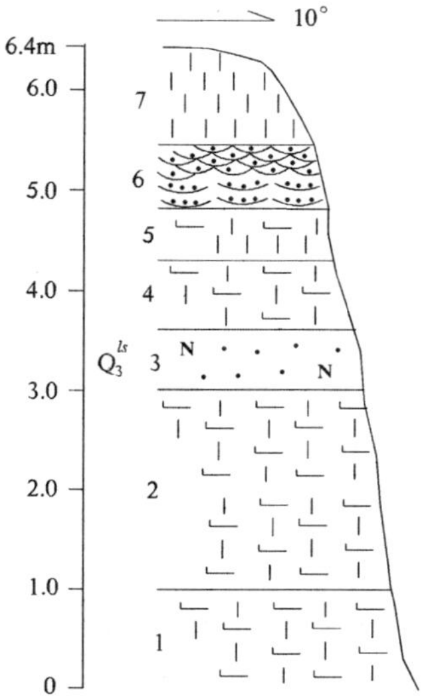

图2-49 同旧藏布南部（2号剖面）上更新统盐水湖相沉积实测剖面图

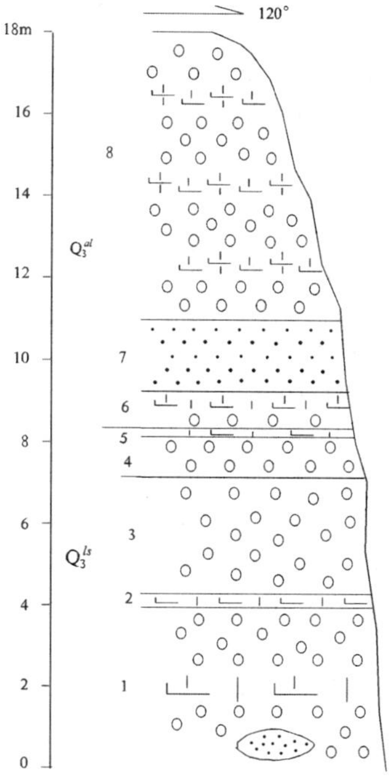

图2-50 同旧藏布南端（3号剖面）上更新统盐水湖相沉积实测剖面图

上更新统盐水湖相沉积物（Q_3^{ls}）： 8.35m

5. 青灰色钙质粘土 0.05m
4. 土黄色微层状中细砾复成分砾石，砾石顺层分布，分选差，磨圆以次圆—圆状为主，胶结较疏松，半成岩 1.20m
3. 土黄色薄层状中细砾复成分砾石，砾石分选差，磨圆次棱角—次圆状，部分具粒序层理 3.00m
2. 灰白色钙质粘土 0.10m
1. 土黄色薄层状细砾复成分砾石，具反粒序层理，砾石分选差，磨圆以次圆状为主，胶结较松散，半固结—固结。顶部砾石呈迭瓦状排列，中部夹多层薄层状钙质粘土，下部夹石英砂透镜体 4.00m

该剖面沉积物以中细砾复成分砾石为主，砾石分选差，磨圆好，在上部顺层分布，在下部具迭瓦状排列，为滨湖相沉积。

Ⅳ. 据河北地质学院庞其清1985年同旧藏布北端上更新统盐水湖相沉积剖面资料整理（图2-51），其层序自上而下为：

上更新统盐水湖相沉积物（Q_3^{ls}）：　　>1.40m

2. 灰色钙质粉砂质粘土　　0.40m

介形虫化石：*Limnocythere dubiosa* Daday

Limnocythere binoda Huang

Limnocytherellina bispinosa Pang

Limnocytherellina runlunensis Pang

1. 青灰色钙质粘土　　>1.00m

介形虫化石：*Limnocythere dubiosa* Daday

Limnocythere binoda Huang

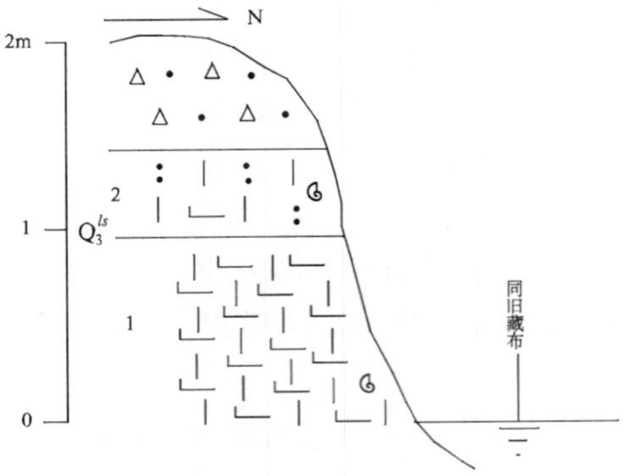

图 2-51　同旧藏布北端上更新统盐水湖相沉积剖面图

该剖面沉积物以钙质粘土、钙质粉砂质粘土为主。

V. 据河北地质学院庞其清 1985 年班戈错东岸Ⅱ级阶地上更新统盐水湖相沉积剖面（图 2-52），其层序自上而下为：

上更新统盐水湖相沉积物（Q_3^{ls}）：　　>2.47m

6. 灰白色菱镁矿与青灰色钙质粘土韵律层　　0.21m
5. 青灰色钙质粘土　　0.18m

介形虫化石：*Limnocythere dubiosa* Daday

4. 浅灰色含水菱镁矿砂砾石　　1.34m
3. 灰黄色含粘土细粉砂　　0.13m

介形虫化石：*Limnocytherellina trispinosa* Pang

2. 浅灰黄色细砂　　0.08m
1. 浅灰色含粘土砂砾石　　>0.53m

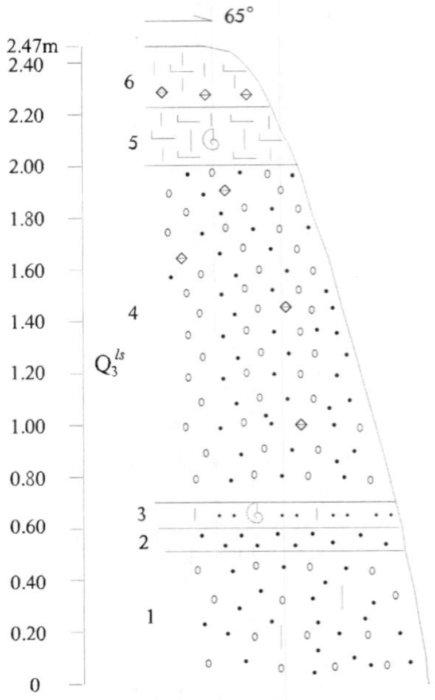

图 2-52　班戈错东岸Ⅱ级阶地上更新统盐水湖相沉积剖面图

该剖面沉积物以砂砾石、钙质粘土为主。

综上，I 剖面主要由中细砂、中粗砂、含砾中粗砂及钙质粘土组成。II 剖面为钙质粘土。III 剖面以中细砾复成分砾石为主。IV 剖面以钙质粘土、钙质粉砂质粘土为主。V 剖面由砂砾石、钙质粘土组成。其成分较为复杂，但其中钙质粘土、复成分砾石、砂砾石为主要沉积物。

此外，在浆东如端错北岸剖面中还见有介形虫：*Limnocythere dubiosa* Daday，*L. binoda* Huang，*L. inopinata*（Baird），*L. sancti-patricii* Brady et Robtson。

上述剖面中所见介形虫属种较为单一，但数量很多，除个别为完全壳体外，多系单瓣保存，石化程度较差，壳较薄。其属种有 *Limnocythere dubiosa* Daday，*L. binoda* Huang，*L. inopinata*（Baird），*L. sancti-patricii* Brady et Robtson，*Limnocytherellina bispinosa* Pang，*L. runlunensis* Pang，*L. trispinosa* Pang。该介形虫组合有从中更新世介形虫组合延续下来的属种如：*Limnocytherellina bispinosa* Pang，*L. runlunensis* Pang，*L. trispinosa* Pang，但数量不多，而出现较多的是 *Limnocythere dubiosa* Daday，*L. sancti-patricii* Brady et Robtson，*L. inopinata*（Baird），*L. binoda* Huang，它们在青海湖区中上更新统二郎尖组、华北地区河北阳泉、蔚县泥河组中上部、北京延庆更新统的中上部有相当广泛的分布，*Limnocythere binoda* 最早见于青海柴达木甘森地区更新统，*Limnocythere sancti-patricii*，*L. inopinata* 在西伯利亚、阿尔泰边缘、前里海低地等地区下更新统、全新统中也广泛分布。从上述生物组合来看，虽然有部分属种是中更新世延续下来的，但数量已相当少，而大量出现的是中更新世及其以后常见属种，与中更新世介形组合有显著的不同，形成时代明显晚于中更新世，故认为该介形虫组合属晚更新世为宜。这与该层热释光年代测定结果 7.49 ±0.62 万年也是相吻合的。

2. 河流相沉积物（Q_3^{al}）

据同旧藏布南端（3号剖面）上更新统河流相沉积实测剖面（图2-50），其层序自上而下为：

上更新统河流相沉积物（Q_3^{al}）：	**9.65m**
8. 灰色薄层—中层状细砾复成分砾石与灰白色薄层—中层状含砾钙质亚粘土韵律层	7.00m
7. 土黄色微—中层状细—粗砂，大型交错层理十分发育，且纹层中具由下至上由粗变粒细的粒序层理，层系间局部夹薄层透镜状砾石	1.70m
6. 灰褐色中层状细砾复成分砾石与灰白色含砾钙质亚粘土韵律层，砾石分选差，磨圆以次棱角—圆状为主，砾径0.2~0.5cm，下部1.0~5.0cm，上部以0.2~1.0cm为主	0.95m

该河流沉积物主要由细砾复成分砾石、含砾钙质亚粘土及细—粗砂组成。

3. 洪积相沉积物（Q_3^{pl}）

区内该相沉积物与中更新统分布区相同，仅在岗龙哈林那山一带出露，覆盖于中更新世洪积沉积物之上，二者同为山前洪积扇沉积。

据岗龙哈木那上更新统洪积相沉积实测剖面（图2-47），其层序自上而下为：

上更新统洪积相沉积物（Q_3^{pl}）：	**28.88m**
1. 土黄色砾质砂土	3.12m
2. 紫红色含砾砂土	0.05m
3. 土黄色砾质砂土	0.35m
4. 红色含砂粘土	0.93m
5. 土黄色含砾砂土	5.60m
6. 土黄色砾质砂土	12.84m
7. 土黄色含砾砂土	2.72m
8. 土黄色含砾质砂土	1.61m
9. 土红色砂土	0.27m
10. 土黄色砾质砂土	1.39m

～～～～～～ 角度不整合 ～～～～～～

下伏地层：中更新统洪积物

该洪积主要由砾质砂土、含砾砂土及含砂粘土组成。从岗龙哈木那中、上更新统接触关系剖面（图2-53）可以看出，中、上更新统间存在角度不整合，据上更新统距现在湖水面的高度，计算全新世以来，该地区相对抬升的最大高度为207m，年平均上升17.25mm，具有十分明显的差异性升降特征。

4. 钙华沉积物（Q_3^{Ca}）

区内上更新世钙华沉积比较发育，达30多处，主要集中分布于雄梅区北部，次为桑莫贡巴西部及捏莫的山北部，以沿近东西向断裂分布略占多数，少数为沿北东、北西、近南北向断裂分布。钙华体的规模不一，从0.05km^{2}至几十平方公里。以钙华锥、钙华冢、钙华平台为主，次为钙华阶地，所有钙华体均已停止发育。钙华体呈层状产出，单层厚10cm±，自古泉口向四周倾斜，越远离泉口，产状越平缓。

5. 硅华沉积物（Q_3^{Si}）

区内上更新世硅华沉积不发育，仅在那哥勒附近发育三处，受断裂控制，沿断裂分布，硅华体规模不大，0.5km^2±，为硅华锥、丘、平台。所有硅华体已停止发育，与钙华体相同，硅华体也呈层状产出，单层厚 10cm ±。向四周倾斜，越远离泉口，产状越缓。

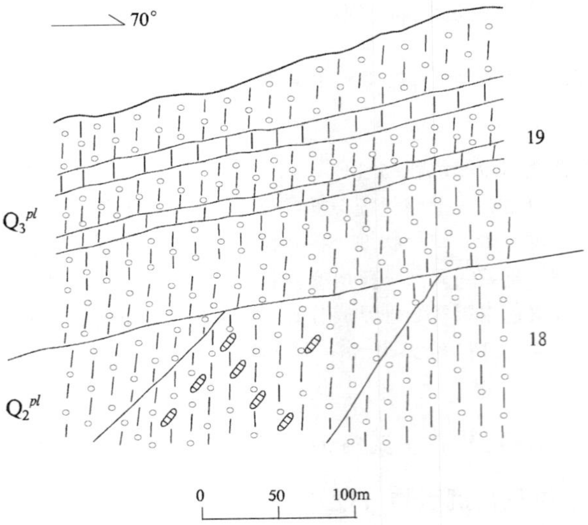

图 2-53　岗龙哈木那中、上更新统接触关系素描图
18. 土黄色砾质砂土；
19. 土黄色砾质砂土与土红色砂土韵律层

（四）全新统

区内全新统在第四系中分布最广，面积最大，成因类型也最丰实。其分布高度从全区最低点湖滨岸至较高的山间沟谷，其沉积物无处不在。

1. 盐水湖相沉积物（Q_4^{ls}）

该相沉积物分布面积较广，构成色林错、班戈错等湖区Ⅰ—Ⅲ级阶地，沉积特征以含砾的细粒沉积物为主。

Ⅰ. 据班戈错北岸（9 号剖面）全新统盐水湖相沉积层序为：

全新统盐水湖相沉积物（Q_4^{ls}）： **>0. 5m**

浅灰—灰白色粉—细砂，分选、磨圆均较好，含较多泥质，其表面有白色盐类堆积　>0. 5m

Ⅱ. 据河北地质学院庞其清 1985 年浆东如错南岸全新统盐水湖相沉积剖面资料整理（图 2-54），其层序自上而下为：

全新统盐水湖相沉积物（Q_4^{ls}）： **0. 90m**

2. 灰黄色含砂粘土角砾层　0. 30m
1. 青灰色钙质砂土夹薄层棕色钙质粘土　0. 60m

   介形虫化石：*Limnocythere dubiosa* Daday

Ⅲ. 据论波日全新统盐水湖相沉积实测剖面（图 2-55），其层序自上而下为：

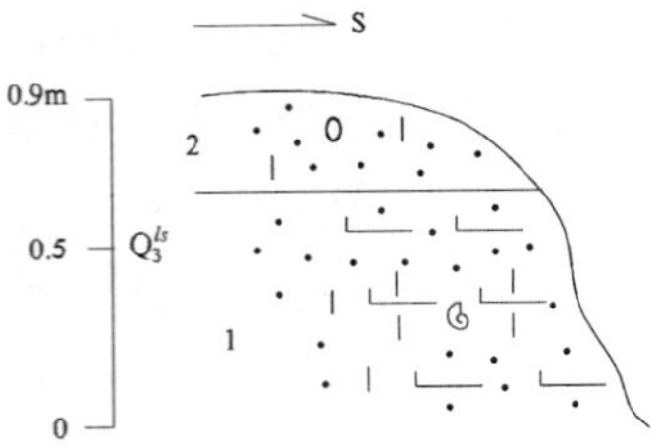

图 2-54　浆东如错南岸全新统盐水湖相沉积剖面图

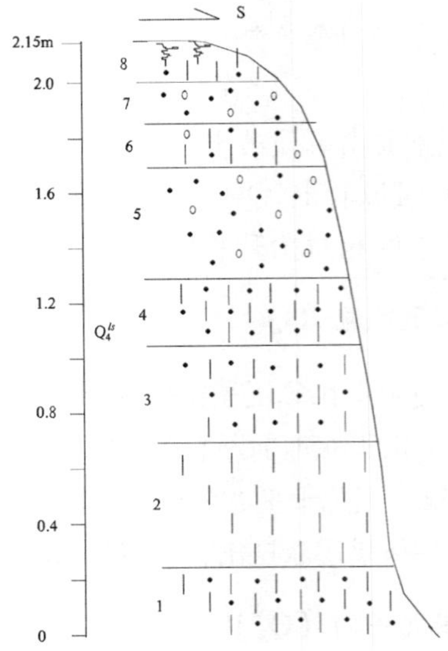

图 2-55　论波日全新统盐水湖相沉积实测剖面图

全新统盐水湖相沉积物（Q_4^{ls}）： **2.15m**

8. 黑灰色亚砂土—砂土 0.15m
7. 黑灰色亚砂砾石 0.15m
6. 黑灰色含砂砾亚粘土 0.15m
5. 黑灰色砂砾石 0.40m
4. 浅灰绿色含砂粘土 0.25m
3. 浅灰紫色含砂亚粘土 0.35m
2. 土黄色粘土 0.45m
1. 灰绿色含砂粘土 0.25m

上述I剖面为粉—细砂沉积物。II剖面为含砂粘土、砂砾石、钙质砂土夹钙质粘土。III剖面为含砂粘土、亚粘土、粘土、亚砂土—砂土、砂砾石、亚砂砾石。该湖积以含砂粘土、钙质砂土、亚粘土、亚砂土及砂砾石为主要沉积物。

2. 河流相沉积物（Q_4^{al}）

该相沉积物主要分布于永珠藏布等河流两侧及入湖口，分布较广。沉积物以砂砾石堆积为主，构成河流阶地及冲积扇。

据永珠勒南永珠藏布河流阶地全新统河流相沉积实测剖面（图2－56），其层序自上而下为：

全新统河流相沉积物（Q_4^{al}）： **>8.55m**

1. 灰黄色砂砾石松散堆积（I级阶地） >0.50m
2. 上部为土黄色含砾砂土，厚0.30m；中部为砾质土，厚1.25m；下部为砂砾石，厚5.50m。砾石由下至上逐渐减少，细砾与中砾各占50%，分选差，磨圆以次棱角—次圆状为主，局部具定向排列，顺层分布（Ⅱ级阶地） 7.05m
3. 土黄色砂砾石，砾石以灰岩、砂岩为主，砾径0.2～10cm，以1～10cm为主，分选差，磨圆次棱角—次圆状（Ⅲ级阶地） 1.00m

该河流沉积主要由砂砾石、含砾砂土组成。

3. 洪冲积相沉积物（Q_4^{pal}）

主要分布于河流、湖泊与山麓之间地形平缓且面积较大的过渡地带，常形成洪冲积扇。沉积物以其粒度粗细相间为特点。

据果芒错南端洪冲积扇全新统洪冲积相沉积实测剖面（图2－57），其层序自上而下为：

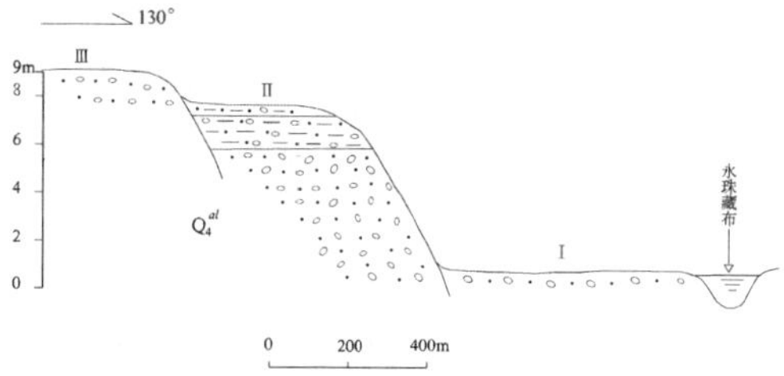

图2－56　永珠勒南永珠藏布河流阶地全新统河流相沉积实测剖面图

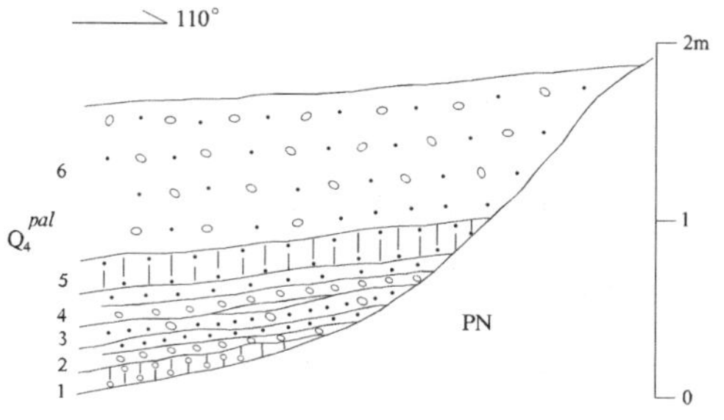

图2－57　果芒错南端洪冲积扇全新统洪冲积相沉积实测剖面图

全新统洪冲积相沉积物（Q_4^{pal}）：　　**1.90m**

6. 灰色砂砾石　　1.20m
5. 灰黄色亚砂土，具平行层理　　0.20m
4. 灰黄色砂与砾石韵律层　　0.20m
3. 土黄色含细砾细砂　　0.10m
2. 灰绿色砂与砾石韵律层　　0.10m
1. 土黄色含砾亚粘土　　0.10m

该洪冲积由砂砾石、亚砂土、含砾亚粘土沉积物组成。其沉积物粒度具有粗细相间的特征。

4. 洪积相沉积物（Q_4^{pl}）

全区均有所见，但主要分布于南半部高原山区，多发育于山麓沟口及河流沿岸，以其洪积扇最为常见。

郎玛俄玛洪积扇，长约2km±，最宽1.5～2km。为土灰色含砂土砾石层，砾石以灰色、紫灰色灰岩碎石为主，少量生物碎屑灰岩，含少量砂土。碎石呈棱角状，砾径以3～5cm为主，大者10cm±，部分被薄层砂土覆盖。厚度约5～10m。

5. 钙华沉积物（Q_4^{Ca}）

全新统钙华沉积物较更新统少了许多，是目前仍在活动着的泉华体，主要分布在俄巴、加垌多等地，发育于断裂交汇处，规模较小，为钙华锥、钙华台地。钙华台地是由热泉自封迁移或钙华锥群所形成。

班戈县雪如乡俄巴全新统钙华台地长约200m，宽约100m，由几十个钙华锥、丘组成，锥体高0.5～1.0m，直径0.5～1.0m，呈层状产出，自泉口向四周倾斜，倾角上陡下缓，远离泉口处近平，单层厚10cm±（图2－58、图2－59）。

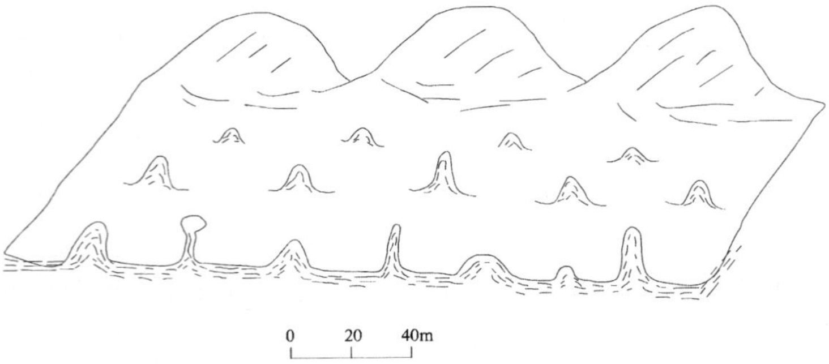

图2－58　班戈县雪如乡俄巴全新统钙华台地地貌示意图

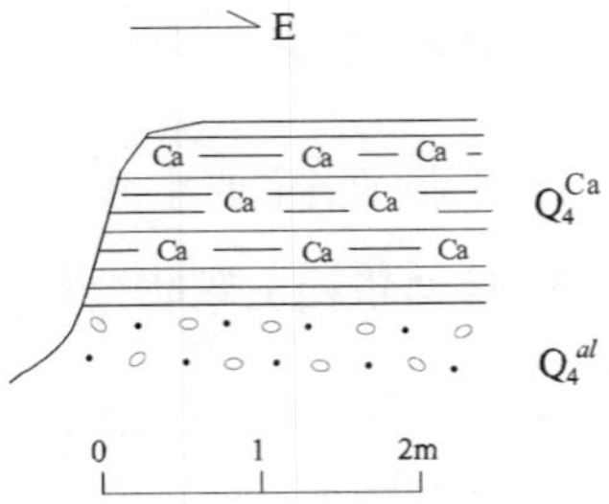

图2－59　班戈县雪如乡俄巴全新统钙华台地剖面素描图

6. 沼泽堆积（Q_4^{f}）

主要分布于湖积平原上的河流两侧的低洼潮湿平缓地带，面积相对较大，沉积物以灰黑色含少量砂砾石的粘土、亚粘土及亚砂土为主，苔草等植被发育，成为湿地，构成藏北的优质牧场。

7. 化学沉积（Q_4^{ch}）

主要分布于班戈错、郭加林、雅个冬错与夏穷错的滨岸及湖心岛上，为白色粒状水菱镁矿、硼砂矿等。

（五）第四系环境讨论

幅内第四系沉积的特点是以湖相沉积为主，从第四纪初期至目前仍在发生着的沉积作用。通过对湖泊演化变迁的解析，也基本上反映了第四纪气候环境的发展变化。

资料表明，幅内最大的湖泊——色林错，属于纵向构造湖，该湖位于班公错—怒江大断裂带所形成槽谷中的一个规模巨大的断焰盆地之中。据区域资料，上新世中期以来，本区平均海拔约 1 000m ±，山势低缓，气候温暖湿润，湖泊星罗棋布，河流发育，雨量充沛，森林密布，属热带亚热带森林气候。这时色林错、班戈错是连成一体的大型湖盆，即班戈盆地。盆地沉积了一套杂色泥岩和灰黄色页岩等，含有 *Cyprinotus-Cypria-Encypris* 介形虫组合，表明其气候仍较温暖湿润。上新世晚期至早更新世初期，新构造运动剧烈，西藏高原整体强烈抬升，藏北高原冰川河流发育，出现了冰期、间冰期，高原隆升引起湖区自然环境的很大变化，特别是气候条件的变化，从孢粉组合中可以发现，草本和灌木花粉占优势，未发现介形虫，说明当时气候已经变得较为干凉。上述气候变化趋势对第四纪气候有很大影响，亦影响了湖泊的发育。早更新世后期，气候逐渐趋暖，冰川消融退缩，水源开始增加，湖泊面积较早更新早期有所扩大，这种现象一直延续到中更新世早期。在班戈错东岸、羊炸河曲等地沉积物中含有较丰富的介形虫 *Ilyocypris-Leucocythere-Limnocytherellina* 组合，显示了河湖相沉积特点，表明这时气候仍较温湿。至中更新世晚期，高原曾发生两次强烈隆升作用，但隆升的高度还不足以阻挡西南季风，高原内部仍有较丰实的降水，而中更新世晚期的间冰期是中更新世期间历时最长和最温暖的间冰期，也是高原湖泊的扩展期，当时的湖水位较高，湖面较大，这一时期可能延续到晚更新世早期，称之为西藏的“大湖水期”。这一时期班戈错、色林错仍为统一的水体湖泊，面积比现在大。进入晚更新世，随着高原和喜玛拉雅山的强烈抬升，后者已变成阻挡潮湿气团进入高原的障碍，藏北广大地区日趋干旱，加上巨大的海拔高度，晚更新世气候以比较干冷为特点，气候的变干变冷直接影响到湖泊的发育，湖水因强烈蒸发而大幅下降，使湖水大大浓缩，湖泊进入微咸水阶段。同时，加之本区 NNW 向断裂发育，造成地壳上升运动的东西差异，使色林错与戈错之间形成 NNE 向湖间沙坝，即 VI、V 级地，沉积了含丰富的介形虫 *Leucocythere-Limnocytherellina* 组合。化石属种较为单一，但数量较多，是典型的湖相组合。湖间沙坝的形成，使色林错与班戈错逐渐分离，湖泊开始解体，进入了衰退阶段，班戈错首先向盐湖发展。至全新世，由于整个高原不断继续抬升，气候变得更为干冷，水补给量更少，湖泊快速退缩，水面不断下降，湖滨阶地进一步抬起，形成多级阶地。此时沉积了含有 *Limnocythere dubiosa* 介形虫组合的沉积物。该组合更为单一，仅一属一种，为典型的湖泊种类。随着地壳的继续抬升和上升过程中的差异，使得原来的班戈错逐渐分离成了几个小湖，又由于干旱造成蒸发量大于补给量，使湖水的含盐度不断浓缩，因此结晶出一些盐类矿产。总之，本区第四纪气候环境演化的总趋势是地势不断升高，气候日益干冷，湖泊不断退缩，至更新世进入盐湖阶段。

目前，班戈错湖面又有扩大的现象，湖水面积比 1969 年增加了 20%，其原因可能是近年来厄尔尼诺现象的发生，全球变暖，导致补给量增大，另一方面也与新构造活动的局部沉降有关。

第六节　构造岩石地层

测区内共有两条构造样式和物质成分存在明显差异的构造混杂岩带。其中，永珠构造拼贴带位于图幅西南部；班公错—怒江构造混杂岩带南带位于图幅的北部。

一、永珠构造拼贴带内构造岩石地层

永珠构造拼贴带位于图幅西南部，呈 SEE—NWW 向展布。在图幅内由 19 个构造岩片组成。岩片内部构造简单、有序，岩片周边受构造围限。组成岩片地质体的时代最老的为前震旦纪，最新的为早白垩世。根据各岩片的空间分布特征，永珠蛇绿岩带可分为三个亚带，即永珠蛇绿岩带南带、永珠蛇绿岩带中带、永珠蛇绿岩带北带。现按组成岩片地质体的时代分五部分叙述如下（表 2 - 13）。

1. 前震旦纪地层岩片

组成永珠构造拼贴带构造岩片的前震旦纪地层为念青唐古拉岩群，根据变质程度深浅不同可分为

表2-13 多巴区幅构造岩石地层单元划分表

划分＼分布		永珠构造拼贴带：永珠蛇绿岩带南带		永珠构造拼贴带：永珠蛇绿岩带中带						永珠构造拼贴带：永珠蛇绿岩带北带	班公错-怒江结合带南带		
时代		单元	组成及主要岩性	单元	组成	主要岩性	单元	组成	主要岩性	单元、组成及主要岩性	单元	组成	主要岩性
白垩纪	晚			永珠蛇绿岩岩片	超镁铁质岩 Σ_2	蛇纹石化斜辉橄榄岩 蛇纹石化纯橄榄岩							
白垩纪	早			永珠蛇绿岩岩片			早白垩世地层岩片	捷嘎组 K_1jg	厚层状圆笠虫灰岩夹少量页岩		桂牙岩组	上岩组 K_1g^3	灰岩、圆笠虫灰岩、含生物碎屑灰岩
白垩纪	早			永珠蛇绿岩岩片			早白垩世地层岩片	则弄群 K_1Z	砂岩、粉砂岩、凝灰质杂砂岩、泥岩、中砾岩		桂牙岩组	中岩组 K_1g^2	中上：砂岩、页岩、粉砂岩夹灰岩 下部：中—厚层灰岩为主，次为砂岩
白垩纪	早			永珠蛇绿岩岩片			早白垩世地层岩片	则弄群 K_1Z	砂岩、粉砂岩、凝灰质杂砂岩、泥岩、中砾岩		桂牙岩组	下岩组 K_1g^1	杂色泥岩、粉砂岩、砂岩夹生物碎屑灰岩、硅质岩及少量火山岩
侏罗纪	晚			永珠蛇绿岩岩片	放射虫硅质岩 γs	放射虫硅质岩	晚侏罗—早白垩世地层岩片	日拉组 J_3K_1r	日拉组（J_3K_1r）： 泥晶、粉晶、细晶、砾屑灰岩、中粒、细粒大理岩夹钙质、硅质、泥质板岩、粉砂岩及少量页岩 日拉组索尔碎屑岩（*sss*）： 橄榄质砂岩、橄榄质砾岩、硅质粉砂岩夹放射虫硅质岩、砂屑灰岩				
侏罗纪	晚			永珠蛇绿岩岩片	枕状玄武岩 βb	枕状玄武岩 角砾状玄武岩	晚侏罗—早白垩世地层岩片	日拉组 J_3K_1r					
侏罗纪	晚			永珠蛇绿岩岩片	席状岩墙群 *sd*	辉绿岩、辉长岩 辉长辉绿岩、闪长岩	晚侏罗—早白垩世地层岩片	日拉组 J_3K_1r					
侏罗纪	晚			永珠蛇绿岩岩片	堆晶杂岩 *cc*	堆晶二辉橄榄岩 堆晶辉石岩 堆晶暗色、浅色辉长岩	晚侏罗—早白垩世地层岩片	日拉组 J_3K_1r					
侏罗纪	中—早			永珠蛇绿岩岩片	超镁铁质岩 Σ_1	蛇纹石化斜辉橄榄岩 蛇纹石化二辉橄榄岩 蛇纹岩							
晚古生代		晚古生代地层岩片	下拉组(P_2l)：中—厚层生物碎屑灰岩										
晚古生代		晚古生代地层岩片	昂杰组(P_1a)：页岩、粉砂岩、生物碎屑灰岩										
晚古生代		晚古生代地层岩片	永珠组($C_{1-2}y$)：灰白色、灰绿色细粒石英砂岩、粉砂岩、页岩夹薄层生物碎屑岩										
晚古生代		晚古生代地层岩片	查果罗玛组(D_1C_1c)：灰色厚层—块状灰岩、鲕粒灰岩、白云质灰岩										
晚古生代		晚古生代地层岩片	达尔东组(D_1d)：中薄层状生物碎屑灰岩、泥晶灰岩、角砾状灰岩、砂屑灰岩、生物碎屑灰岩、夹少量的石英砂岩										
前震旦纪地层岩片			念青唐古拉岩群(AnZ*Nq*)：上岩组为变质钙质粉砂岩，含石英大理岩、千枚状角闪石英片岩、绢云千枚岩 下岩组为斜长角闪岩、黑云斜长片麻岩、角闪变粒岩、石榴石白云母片岩、大理岩、石英岩，含石英磁铁矿层										

上、下岩组。下岩组主要岩性为斜长角闪岩、黑云斜长片麻岩、角闪变粒岩、石榴石白云母片岩、大理岩、石英岩、含石英磁铁矿层等；上岩组主要岩性为灰绿色变质钙质粉砂岩、含石英大理岩、千枚状角闪石英片岩、绢云千枚岩等。该岩片主要构成了永珠蛇绿岩带南带和中带的东段部分岩片。

2. 晚古生代地层岩片

组成永珠构造拼贴带构造岩片的晚古生代地层单元有达尔东组、查果罗玛组、永珠组、昂杰组、下拉组。其中，达尔东组的主要岩性为灰色—深灰色中薄层状生物碎屑灰岩、泥晶灰岩、浅灰—灰色中层状角砾状灰岩和土黄色紫红色中薄层状砂屑灰岩、生物碎屑灰岩，夹少量的石英砂岩；查果罗玛组的主要岩性为灰色厚层—块状灰岩、鲕粒灰岩、白云质灰岩；永珠组的主要岩性为灰白色、灰绿色细粒石英砂岩、粉砂岩、页岩夹薄层生物碎屑灰岩；昂杰组的主要岩性为黑色钙质页岩、灰绿色微—中层石英细粉砂岩和灰色、灰白色中厚层生物碎屑灰岩；下拉组的岩性为紫红色含生物碎屑灰岩、灰色灰岩、含生物碎屑灰岩。它们主要构成了永珠蛇绿岩带的南带和中带岩片。其中，达尔东组、查果罗玛组、永珠组的岩石在永珠蛇绿岩带的北带岩片中也出现。本类岩片多由几个单元的岩石共同组成，受构造围限。在果芒错南、东侧的同类型岩片中，多处见有侏罗纪橄榄岩和晚白垩世橄榄岩呈热侵入接触关系，说明在构造拼贴之前曾有较强的超基性岩浆侵入事件发生。

3. 晚侏罗—早白垩世地层岩片

组成永珠蛇绿岩带构造岩片的晚侏罗—早白垩世地层单元日拉组和日拉组索尔碎屑岩是一套与盆地伸展初期的盆岭构造环境相对应的沉积岩石组合，故岩性变化较大。日拉组主要岩性有灰色深灰色泥晶、粉晶、细晶、砾屑灰岩，中粒、细粒大理岩夹钙质、硅质、泥质板岩粉砂岩及少量页岩。其下部岩性以钙质砾岩、橄榄质碎屑岩、灰岩、大理岩及放射虫硅质岩、硅质粉砂岩、硅质、泥质板岩为主。上部以条带状大理岩、块状大理岩、泥晶灰岩、生物碎屑灰岩为主。日拉组索尔碎屑岩的岩性是一套橄榄质岩屑砂岩、砾岩、硅质粉砂岩夹放射虫硅质岩、砂屑灰岩组合，向上逐渐过渡为日拉组灰岩。该类岩片主要分布于永珠蛇绿岩带的北带和中带。

4. 白垩纪地层岩片

组成永珠蛇绿岩带构造岩片的白垩纪地层单元为则弄群、捷嘎组。其中，则弄群的主要岩性为灰色深灰色砂岩、粉砂岩、凝灰质杂砂岩、泥岩、中砾岩。其下部为石英砂岩、粉砂质泥岩、中砾岩组合，中部为凝砂质杂砂岩及泥质粉砂岩，上部为长石石英砂岩、凝砂质细砂岩、钙质粉砂岩及泥岩。捷嘎组的岩性为灰色厚—巨厚层状圆笠虫灰岩夹灰绿色页岩、紫红色灰岩。该岩片构成了永珠蛇绿岩带的中带的西段岩片。需要指出的是，在该岩片中多处见有晚白垩世橄榄岩侵入到则弄群中的现象，形成大量的角岩及少量的磁铁矿、矽卡岩等，而这些侵位过程均发生于构造拼贴之前。

5. 永珠蛇绿岩岩片

该岩石单元构成了永珠蛇绿岩带的主体。岩性为超镁铁质岩、堆晶杂岩、席状岩墙群、枕状玄武岩和放射虫硅质岩。岩片中可见晚白垩世橄榄岩与堆晶杂岩之间为侵入接触关系。侏罗纪橄榄岩被基性岩墙群侵入，亦见有基性岩墙群侵入枕状玄武岩，侏罗纪橄榄岩之上见有不整合覆盖的晚侏罗世索尔碎屑岩等。它们主要分布于永珠蛇绿岩带的中带。

二、班公错-怒江结合带南带内构造岩石地层

班公错—怒江结合带南带位于图幅的北部，呈 SEE—NWW 向展布，组成该带的地层受构造影响，褶皱及断裂发育，并有多条脉岩侵入，呈总体有序而局部无序状态，统称为桂牙岩组，可划分为下、中、上三个岩段。现将三个岩段的岩性特征分述如下。

1. 下岩段

该岩段主要分布于班公错—怒江结合带南带的中部，在班戈错—色林错的北岸，岩性为灰—灰绿、灰黑等深色富泥质细碎屑岩组合，夹灰岩薄层或透镜体，在麻库曲一带夹有火山岩。下岩段分布面积约 280km^2 ± 。岩性由灰—灰绿、灰黑色等深色富泥质细碎屑岩组成。

Ⅰ. 据班戈县查曲来—麻库曲桂牙岩组下岩段实测剖面（图 2－60），其层序如下：

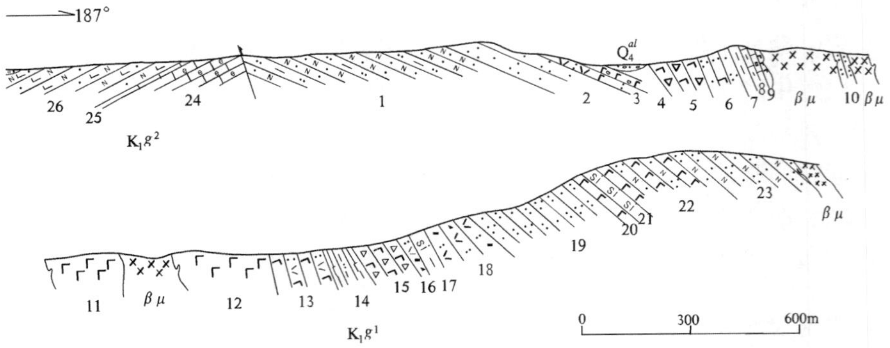

图 2－60　班戈县查曲来—麻库曲桂牙岩组下—中岩段实测剖面图

上覆地层：桂牙岩组中岩段灰黑色薄—中层状生物碎屑灰岩

══════════ 断　层 ══════════

桂牙岩组下岩段：	**>2 600.09m**
23. 灰色中薄层状细粒长石石英砂岩	145.87m
22. 灰色中薄层状细粒长石石英砂岩与灰色玄武岩韵律层	192.16m
21. 灰—深灰色微—薄层状硅质岩	23.52m
20. 灰色致密块状玄武岩	17.64m
19. 灰色微层状粉砂岩与深灰色薄层状中粒石英砂岩韵律层	186.76m
18. 灰绿色含晶屑岩屑凝灰岩	79.55m
17. 灰绿色薄层状硅质泥岩、紫色薄层状硅质泥岩与灰色中薄层状含砾细粒岩屑长石砂岩韵律层	31.55m
16. 灰绿色含晶屑岩屑凝灰岩	31.10m
15. 灰色—灰绿色玄武质火山角砾岩	102.49m
14. 灰色钙质页岩与深灰色薄层状含粉砂质泥岩韵律层	60.67m
13. 灰绿色玄武质火山岩与灰色玄武质凝灰岩互层	141.11m
12. 深灰色致密块状玄武岩（辉长辉绿岩侵入）	256.76m
11. 深灰色致密块状玄武岩（辉绿岩侵入）	199.62m
10. 灰绿色中薄层状粉砂岩（辉绿岩侵入）	33.99m
9. 深灰色玄武岩	7.34m
8. 灰绿色中层状含黄铁矿泥质灰岩	36.34m
7. 蛋青色薄层状泥岩	26.24m
6. 紫灰色中薄层状玄武质凝灰岩与灰色中薄层状细粒石英砂岩韵律层	78.41m
5. 灰绿色细砾玄武质火山角砾岩	123.47m
4. 灰色杏仁状玄武岩，底部为 1.8m 厚的灰绿色玄武质凝灰质熔岩	89.95m
3. 灰绿色玄武质岩屑凝灰岩	60.39m
2. 黄灰色薄层状粗粒钙质粉砂岩	170.60m
1. 灰色泥质粉砂岩、灰褐色中细粒长石砂岩、灰色细粒长石砂岩韵律层	504.56m

（未见底）

Ⅱ. 据西藏自治区区调队在班戈县桂牙岩组下岩段剖面资料整理如下：

上覆地层：桂牙岩组中岩段灰色中厚层状灰岩

═══════ 断 层 ═══════

桂牙岩组下岩段： **279. 00m**

7. 浅灰色粉砂质泥岩、粉砂岩夹薄层含粉砂质生物灰岩，含珊瑚 20. 00m
6. 灰色石英砂岩夹泥岩、泥质砂岩 41. 00m
5. 褐黄色含铁质泥灰岩夹浅灰色泥岩 33. 00m
4. 灰绿色紫红色杂色粉砂质泥岩，夹石英砂岩，上下均为暗色杏仁状玄武岩杏仁体为方解石 89. 00m
3. 灰色中细粒含钙砂岩夹灰色褐红色铁质砂岩 51. 00m
2. 下部为灰色砂质泥岩夹紫红色灰绿色含铁碧玉岩；上部为灰色变质细粒长石石英砂岩，内见辉绿岩脉侵入 25. 00m
1. 灰色薄层变质白云质细粒石英砂岩，夹少量暗紫色含铁碧玉岩，其中有辉绿岩脉的侵入 20. 00m

（未见底）

Ⅲ. 据西藏自治区区调队在班戈县波波雅拉测得桂牙岩组下岩段层序如下：

上覆地层：桂牙岩组中岩段灰色灰岩与生物碎屑灰岩韵律

═══════ 断 层 ═══════

桂牙岩组下岩段： **>716. 00m**

10. 灰色钙质泥岩夹中细粒砂岩、含砾砂岩、土黄色钙质砂岩及泥岩，含双壳及植物化石。在背斜北翼为灰色薄层钙质砂岩夹钙质泥岩，含生物碎屑。顶部为中酸性熔结角砾凝灰岩 43～70m

 在南翼产双壳：*Neithea*（*Neithea*）*aequicostata*（Lamarck）

 在北翼产双壳：*Isognomon* sp.

 Freiastarte sp.

 植物化石：? *Podozamites* sp.

9. 灰色厚层钙质石英砂岩夹薄层砂质泥岩 53. 00m
8. 灰色薄层状砂岩、泥岩夹钙质石英砂岩薄层，向上砂岩夹层变厚 15. 00m
7. 灰色薄层状钙质粉砂岩、泥岩夹砂岩层，中见方解石化绢云母化斜长花岗斑岩岩脉侵入 87. 00m
6. 下部为石英砂岩及灰色含钙质结核泥岩，含海胆及双壳；上部灰色薄层钙质泥岩，含少量的粉砂质 22. 00m

 双壳化石：*Lopha* sp.

5. 灰色薄层状钙质泥岩、粉砂质泥岩，底部含丰富的菊石、腹足、珊瑚、双壳及海胆 20. 00m

 菊石化石：*Euphylloceras* sp.

 Phylloceras sp.

 珊瑚化石：*Enallhelia* sp.

 双壳化石：*Nuculana* sp.

 Lopha sp.

 腹足化石：*Ampullina* sp.

 Nerinea sp.

═══════ 断 层 ═══════

4. 灰色薄层钙质石英砂岩夹生物碎屑灰岩，下部夹兰绿色碧玉岩。产珊瑚 150. 00m
3. 浅灰色中厚层砂岩夹土黄色泥、页岩与绿—暗绿色碧玉岩 116. 00m
2. 暗紫色绿色浅兰色碧玉岩、泥岩及粉砂质泥岩 160. 00m
1. 下部为灰色薄层变质钙质细粒石英砂岩夹含铁粉砂质绢云母板岩；上部夹砾状白云岩、泥质粉砂岩及暗紫色碧玉岩 50. 00m

（未见底）

桂牙岩组下岩段岩性为杂色泥岩、粉砂岩、砂岩夹生物碎屑灰岩、硅质岩及玄武岩、凝灰岩、火山角砾岩、碧玉岩。上与桂牙岩组中岩段呈整合接触，下未见底。由于构造缺失，在结合带的不同部位厚度有一定的变化。在东部褶厚为 2 600. 09m，中部褶厚大于 279. 00m ，在西部褶厚大于 843m。所含化石有菊石、珊瑚、双壳、腹足、海胆、植物等。其菊石类有 *Euphylloceras* sp. , *Phylloceras* sp. ；珊瑚有 *Enallhelia* sp. ；双壳类有 *Neithea*（*Neithea*）*aequicostata*（Lamarck），*Nuculana* sp. , *Lopha* sp. , *Isognomon* sp. , *Freiastarte* sp. ；腹足有 *Ampullina* sp. , *Nerinea* sp. ；植物有 ? *Podozamites* sp. 。其中，*Neithea*, *Nerinea* 是早白垩世晚期的阿普特阶（Aptian）—阿尔布阶（Albian）的主要成员；而菊石 *Euphylloceras*, *Phylloceras* 常出现于早白垩世早期的贝利阿斯阶（Berriasian）—凡兰吟阶（Valanginian）。因此，根据上述化石以及岩性组合、接触关系等确定桂牙岩组下岩段形成时代相当于早白垩世贝利阿斯阶（Berriasian）—凡兰吟阶（Valanginian）。

2. 中岩段

该岩段分布于班公错—怒江结合带南带的南部和北部，出露面积约为 175km²，岩性主要以碎屑岩为主，夹灰岩或生物碎屑灰岩。

Ⅰ. 据班戈县查曲来—麻库曲桂牙岩组中岩段实测剖面（图 2-60），其层序如下：

桂牙岩组中岩段： （未见顶） **164. 71m**

26. 土黄色微层状细粒钙质长石砂岩 122. 74m
25. 灰—灰黑色中层状粉屑灰岩 7. 32m
24. 灰黑色薄—中层含生物碎屑泥晶灰岩 34. 65m
  珊瑚化石：*Axosmilia* sp.

════════ 断　层 ════════

下伏地层：桂牙岩组下岩段灰色中薄层细粒长石石英砂岩

Ⅱ. 据西藏自治区区调队在班戈县桂牙岩组中岩段剖面资料整理如下：

桂牙岩组中岩段： （未见顶） **>719. 50m**

16. 灰绿色变质钙质粗砂岩夹砂质灰岩、泥灰岩，顶部为绿色页岩夹薄层泥质粉砂岩。本层构成桂牙倒转向斜的核部 57. 00m
15. 灰—暗灰色含砂、泥质生物碎屑灰岩，具溶洞。产腕足、珊瑚、海胆等化石 89. 00m
  珊瑚化石：*Astreopora* sp.
  Montlivaltia sp.
14. 灰色薄层砂岩、粉砂岩夹四层生物碎屑灰岩，上部夹少量炭质页岩，产六射珊瑚 148. 00m
13. 灰色中厚状灰岩 8. 50m

════════ 断　层 ════════

12. 浅灰色粉砂质页岩，夹数层含粉砂质生物碎屑灰岩及砂岩。产海胆、珊瑚等化石 95. 00m
11. 上部为褐灰色厚层状钙质砂岩，下部为褐灰色薄层中粒砂岩夹少量粉砂岩，水平层理发育 92. 00m
10. 上部为生物碎屑灰岩，产双壳、珊瑚；中下部为灰色薄—中层灰岩夹生物碎屑灰岩及砂质灰岩 93. 00m
  双壳化石：*Lithophaga* sp.
  珊瑚化石：*Stylophora* sp.
  Enallhelia sp.
9. 浅灰色厚层状含双壳灰岩 37. 00m
  双壳化石：*Exogyra* sp.
  Amplhidonte ostracina（Lamarck）
8. 灰色中厚层状灰岩与生物碎屑灰岩不等厚互层 100. 00m

════════ 断　层 ════════

下伏地层：桂牙岩组下岩段浅灰色粉砂质泥岩

由于受构造影响，桂牙岩组中岩段的褶厚为164～1 700m，变化较大。该岩段下部以中—厚层灰岩为主，次为砂岩；中上部为砂岩、页岩、粉砂岩夹灰岩，常组成韵律层，与桂牙岩组下岩段之间为整合接触，与上覆地层桂牙岩组上岩段之间呈断层接触。本岩段产双壳：*Lithophaga* sp.，*Exogyra* sp.，*Amplhidonte ostracina*（Lamarck）；产珊瑚：*Axosmilia* sp. *Astreopora* sp.，*Montlivaltia* sp.，*Stylophora* sp.，*Enallhelia* sp.。其中，双壳类除*Amplhidonte ostracina*层位较高外，其余均为早白垩世常见分子；珊瑚化石*Enallhelia*的地质时代为中侏罗世—早白垩世，其余化石地质时限较长。但根据上述化石以及该岩组位于含早白垩世早期的贝利阿斯阶（Berriasian）-凡兰吟阶（Valanginian）菊石层位之上，含早白垩世晚期的阿普特阶（Aptian）-阿尔布阶（Albian）圆笠虫之上，推断该岩组的地质时代为欧特里夫阶（Hauterivian）-巴雷姆阶（Barremian）。

3. 上岩段

主要分布于班公错—怒江结合带南带的北部我采山—红崖山一带，出露面积约为70km^2，岩性为灰色灰紫色厚层灰岩、圆笠虫灰岩。

据西藏自治区区调队在班戈县我采路线剖面，其层序如下：

桂牙岩组上段： （未见顶） **>400m**

1. 灰紫色厚层状灰岩与圆笠虫灰岩，产有孔虫、腹足类 >400m

 有孔虫化石：*Orbitolina* sp.

 腹足类化石：*Nayica* sp.

 在红崖山相同层位中还有腹足类：*Plesioptygmatis* sp.

 双壳化石：*Plicatula* cf. *hirsuta*

 Praeradiolites sp.

 Radiolites sp.

══════ 断 层 ══════

下伏地层：桂牙岩组中岩段薄层状砂岩

桂牙岩组上岩段的褶厚大于400m，岩性为灰岩、圆笠虫灰岩，含生物碎屑灰岩，可与区域上的早白垩世晚期的朗山组进行对比，但前者在圆笠虫数量和分布上均少于后者。所含化石有双壳：*Plicatula* cf. *hirsuta*，*Praeradiolites* sp.，*Radiolites* sp.；腹足：*Nayica* sp.，*Plesioptygmatis* sp.；有孔虫：*Orbitolina* sp.。其地质分布均为早白垩世晚期的阿普特阶（Aptian）-阿尔布阶常见分子。因此，桂牙岩组上岩段的时代应为早白垩世晚期的阿普特阶（Aptian）-阿尔布阶（Albian）。

第三章　岩浆岩

测区出露的岩浆岩主要包括基性—超基性岩、酸性侵入岩、基性—酸性火山岩。岩浆岩出露面积为1 245. 25km^2，占图幅面积的7. 84%。基性—超基性岩，这里特指永珠蛇绿岩，出露面积223. 95km^2，包括超镁铁质岩，分早、晚两期，时代分别为晚三叠世—中侏罗世和晚白垩世，堆晶杂岩、席状岩墙群、枕状玄武岩、放射虫硅质岩，时代为晚侏罗—早白垩世。酸性侵入岩出露面积为730. 3km^2，占图幅面积的4. 6%。主要岩石类型为花岗闪长岩—二长花岗岩，为燕山晚期—喜山期酸性侵入岩，由老到新分为早白垩世、晚白垩世和古近纪古新世三期，花岗岩的构造属性从碰撞前的消碱带或火山弧型花岗岩逐渐演化至同碰撞和后碰撞型花岗岩。基性—酸性火山岩出露面积291km^2，占图幅总面积的1. 83%，主要包括玄武质熔岩和火山碎屑岩。安山质—流纹质火山熔岩和火山碎屑岩主要包括三期，即晚侏罗—早白垩世早期：以偏碱性的基性火山岩为主，代表盆地拉开初期的火山活动；早白垩世晚期：以安山质—流纹质的钙碱性火山岩为主，代表了盆地收缩闭合阶段的构造岩浆事件；新近纪上新世：主要由酸性火山岩，即英安岩—流纹岩组成，属板内（或造山期后）山间断陷盆地火山活动的产物。

第一节　蛇绿岩

永珠蛇绿岩带位于班怒内，出露长73km，宽0. 2 ~ 9. 1km，向南东方向延伸出图幅，向西在幅内尖灭。与古生代地层、中生代地层多为断层接触关系，但亦见几处侵入接触关系，被新近纪地层所覆盖（图3 - 1）。

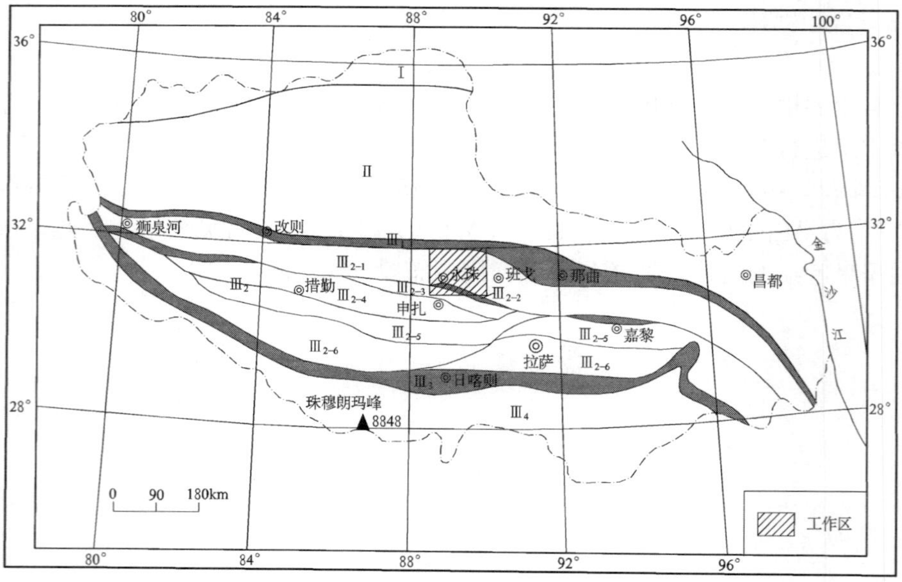

图3 - 1　永珠蛇绿岩带大地构造位置

（据潘桂棠，2002）

Ⅰ. 泛华夏大陆早古生代秦祁昆构造区；Ⅱ. 泛华夏大陆晚古生代羌塘-三江构造区；Ⅲ. 冈瓦纳北缘晚古生代-中生代冈底斯喜马拉雅构造区；Ⅲ$_{1}$. 班公湖-怒江结合带；Ⅲ$_{2}$. 拉达克-冈底斯-拉萨-腾冲陆块；Ⅲ$_{3}$. 印度-雅鲁藏布江缝合带；Ⅲ$_{4}$. 印度板块；Ⅲ$_{2-1}$. 昂龙冈日-班戈-腾冲燕山期岩浆弧带；Ⅲ$_{2-2}$. 狮泉河-永珠-嘉黎结合带；Ⅲ$_{2-3}$. 申扎古生代断隆；Ⅲ$_{2-4}$. 革吉-措勤晚古生代复合弧后盆地带；Ⅲ$_{2-5}$. 隆格尔-工布江达断隆；Ⅲ$_{2-6}$. 冈底斯下察隅晚燕山-喜马拉雅期岩浆弧带

永珠蛇绿岩带岩石组合齐全，包括超镁铁质岩、堆晶杂岩、席状岩墙群、枕状玄武岩、放射虫硅质岩5个岩石单元，其中超镁铁质岩分为两期，即球状超镁铁质岩和不具球状构造的超镁铁质岩。根据岩石组合、空间展布和野外接触关系，将永珠蛇绿岩划分为6个填图单元（表3－1）。

表3－1　永珠蛇绿岩带岩石单元划分一览表

单元名称	代号	时代	岩石组合	接触关系	同位素年龄
超镁铁质岩	Σ_2	K_2	斜辉橄榄岩，纯橄榄岩	侵入了堆晶杂岩、索尔碎屑岩和日拉组、则弄群、下拉组	
放射虫硅质岩	γs	J_3-K_1	放射虫硅质岩、硅质岩	夹于枕状玄武岩之中，与古生代地层为断层接触	
枕状玄武岩	βb		枕状玄武岩、角砾状玄武岩	与放射硅质岩为整合接触，被席状岩墙群侵入，与古生代地层为断层接触	139
席状岩墙群	sd		辉长辉绿岩、辉长岩、辉绿岩	侵入球状超镁铁质岩和枕状玄武岩，与古生代地层为断层接触	114～133
堆晶杂岩	cc		堆晶橄榄岩、堆晶橄榄斜辉辉石岩、堆晶橄榄二辉辉石岩、堆晶斜方辉石岩、堆晶辉长岩	被晚期超镁铁质岩侵入，呈捕掳体状产出	
球状超镁铁质岩	Σ_1	T_3-J_2	球状斜辉橄榄岩、球状纯橄岩	被索尔碎屑岩不整合覆盖，其中见下拉组生物碎屑灰岩捕虏体	

注：同位素年龄单位为Ma

一、球状超镁铁质岩

1. 地质特征

分布在永珠蛇绿岩的南侧边部，呈带状、串珠状、断续出露，出露面积为15.25km^2，占蛇绿岩面积的6.81%。与围岩多为断层接触，其四周边界多为断层所围限，自西向东分为4个岩块（图3－1）。其特征如下：

（1）俄木勒岩块

俄木勒岩块长4 200m、宽100～200m，西段走向近东西，东段走向近北西，向东西方向自然尖灭。该岩体在东端被第二期超镁铁质岩（Σ_2）所侵入，南侧与早白垩世则弄群（K_1Z）为断层接触关系，北部被新近纪地层所覆盖（图3－2）。岩石组合为球状蛇纹石化斜辉橄榄岩、球状蛇纹石化纯橄榄岩。

（2）戈昂勒岩块

戈昂勒岩块长3 000m、宽200～600m，走向为北西向。主体岩性为球状蛇纹石化斜辉橄榄岩。岩块两侧与围岩为断层接触，其上被索尔橄榄质碎屑岩以沉积不整合覆盖（图3－3），并在其中见中二叠世下拉组（P_2x）生物碎屑灰岩捕掳体。接触带上球状橄榄岩一侧，矿物粒度变细，蛇纹石化、碳酸岩化增强，并有细脉侵入到捕掳体中，灰岩捕掳体边部呈港湾状，并发生重结晶（图3－4、图3－5）。岩体东侧与早白垩世晚期中粗粒黑云母花岗闪长岩（$K_1^2\gamma\delta\beta$）岩体为断层接触。

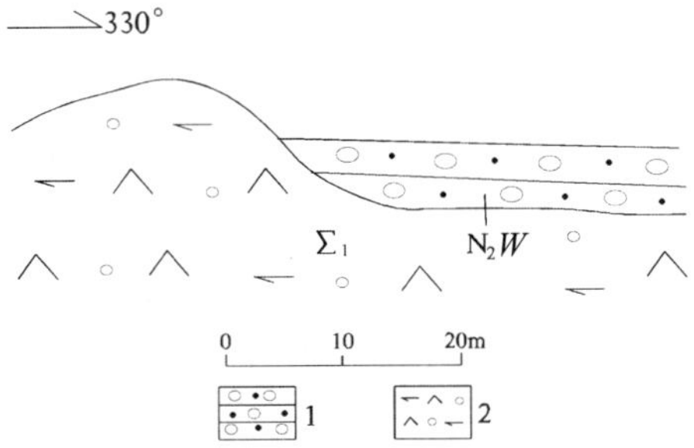

图3－2　俄木勒球状超镁铁质岩与乌郁群不整合关系素描图

1. 含沙砾岩；2. 球状辉石橄榄岩；Σ_1. 球状超铁镁质岩；N_2W. 乌郁群

（3）查布岩块

查布岩块长2 600m、宽150～400m，走向近东

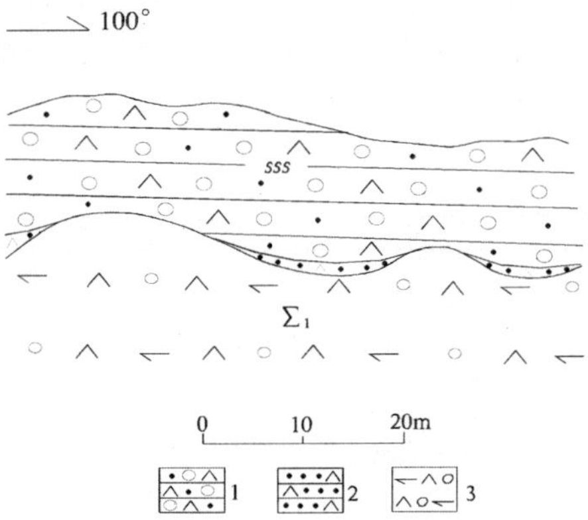

图 3-3　戈昂勒球状超镁铁质岩与索尔碎屑岩不整合素描图

1. 橄榄质砂砾岩；2. 橄榄质砂岩；3. 球状辉石橄榄岩；Σ_1. 球状超镁铁质岩；*sss*. 索尔碎屑岩

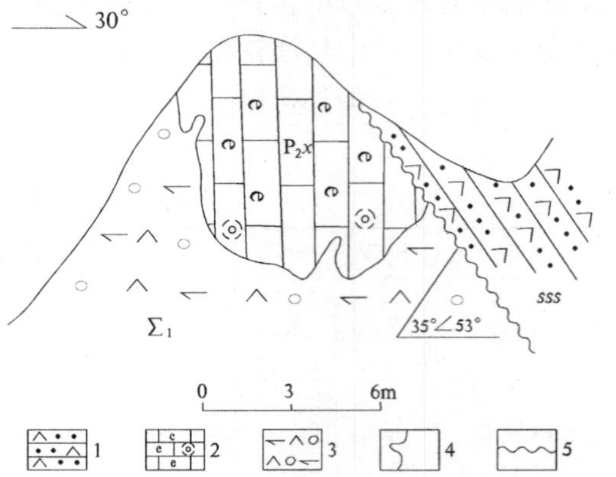

图 3-4　戈昂勒球状超镁铁质岩侵入下拉组生物碎屑灰岩素描图

1. 橄榄质砂岩；2. 生物碎屑灰岩（硅化、重结晶）；3. 球状灰石橄榄岩；4. 侵入接触界线；5. 不整合界线；Σ_1. 球状超镁铁质岩；P_2x. 下拉组；*sss*. 索尔碎屑岩

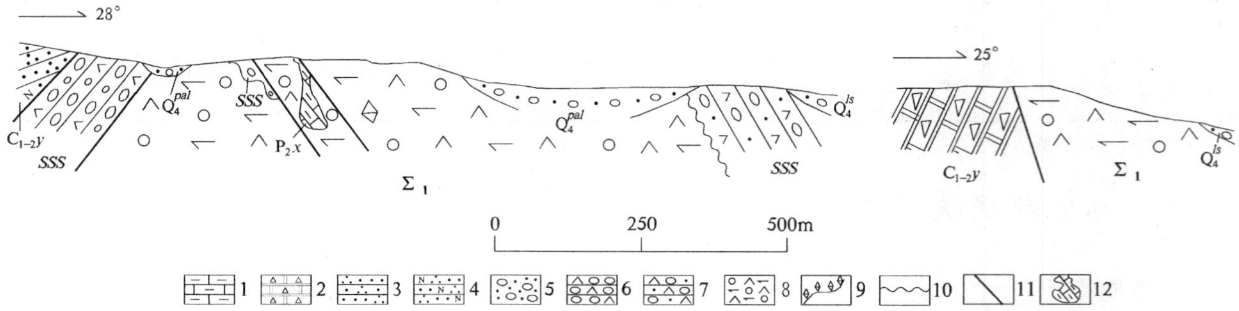

图 3-5　申扎县戈昂勒—戈昂错中侏罗世球状超镁铁质岩（Σ_1）、晚侏罗世索尔碎屑岩（*sss*）实测剖面图

1. 泥质灰岩；2. 角砾状白云岩；3. 石英砂岩；4. 长石石英砂岩；5. 砂砾岩；6. 橄榄质砾岩；7. 橄榄质含砂砾岩；8. 球状辉石橄榄岩；9. 菱镁矿化；10. 角度不整合界线；11. 断层；12. 捕掳体；Q_4^{pal} 第四系洪冲积砂砾石；Q_4^{ls}. 第四系湖积砂砾石；Σ_1. 球状超镁铁质岩；*sss*. 索尔碎屑岩；P_2x. 下拉组；$C_{1-2}y$. 永珠组

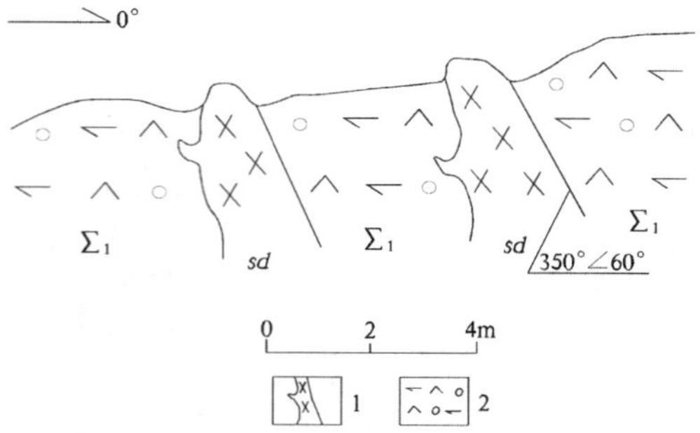

图 3-6　查布球状超镁铁质岩被席状岩墙群侵入关系素描图

1. 辉长辉绿岩；2. 球状辉石橄榄岩；Σ_1. 球状超镁铁质岩；*sd*. 席状岩墙群

西，岩块西侧与第二期超镁铁质岩（Σ_2）为断层接触。北侧和南侧与早石炭世永珠组（$C_{1-2}y$）和早泥盆世—早石炭世查果罗玛组（$D_1C_1\hat{c}$）为断层接触。岩体东侧席状岩墙群侵入（图 3-6），主体岩性为球状蛇纹石化斜辉橄榄岩。

（4）舍所岩块

舍所岩块长 2 150m、宽 200～240m，走向北西，与围岩为断层接触，主体岩性为球状蛇纹石化斜辉橄榄岩。

该套球状超镁铁质岩被索尔橄榄质碎屑岩以沉积不整合覆盖。接触面呈凹凸不平状。

索尔橄榄质碎屑岩为一套特殊的沉积岩石组合，包括橄榄质砂岩、砾岩，该套岩石最大的特

表 3-2　永珠蛇绿岩岩石化学分析数据表

顺序号	样品号	单元代号	单元名称	氧化物(Wt)%												
				SiO_2	TiO_2	Al_2O_3	Fe_2O_3	FeO	MnO	MgO	CaO	Na_2O	K_2O	P_2O_5	Los	总量
1	SⅠ-2	Σ_2	斜辉橄榄岩	38.22	0.07	0.63	7.00	0.48	0.10	38.44	0.44	0.14	0.02	0.02	14.90	100.5
2	SⅣ-6		斜辉橄榄岩	39.35	0.18	0.47	7.55	0.24	0.07	38.39	0.49	0.06	0.00	0.04	13.85	100.7
3	SⅣ-7		斜辉橄榄岩	39.54	0.21	0.62	7.46	0.23	0.10	36.63	1.95	0.14	0.04	0.04	12.88	99.80
4	SⅦ-5		斜辉橄榄岩	36.94	0.08	1.03	7.09	0.44	0.09	38.70	0.45	0.04	0.08	0.02	15.41	100.40
5	6206-1	γs	放射虫硅质岩	83.40	0.15	4.94	0.94	2.98	0.12	1.69	1.40	0.25	1.10	0.40	2.06	99.40
6	6206-2		放射虫硅质岩	88.40	0.14	3.41	0.43	2.84	0.09	1.06	0.96	0.4	0.40	0.12	1.23	99.50
7	6206-3		放射虫硅质岩	81.46	0.19	4.98	0.75	2.86	0.18	1.29	3.04	0.48	0.65	0.09	3.43	99.40
8	6185-1	βb	枕状玄武岩	48.24	1.40	16.32	4.12	2.42	0.10	2.92	12.01	4.02	1.55	0.46	5.72	99.30
9	6190		枕状玄武岩	47.25	0.97	17.25	4.28	3.38	0.11	4.84	12.09	3.55	0.80	0.18	5.00	99.70
10	SⅩ-1	sd	蚀变辉绿岩	49.04	0.48	21.28	1.89	3.38	0.09	5.37	9.09	3.82	1.00	0.04	4.53	100.00
11	SⅩ-2		蚀变辉绿岩	49.89	0.68	15.54	4.30	4.50	0.18	8.34	9.82	3.48	0.52	0.06	2.96	100.30
12	SⅩ-3		辉长岩	49.23	0.40	16.95	3.33	2.18	0.08	7.93	13.15	2.50	0.80	0.04	2.79	99.40
13	SⅩ-4		辉长岩	49.89	1.2	14.52	3.24	6.24	0.14	8.26	8.81	3.02	0.56	0.16	2.63	98.70
14	SⅣ-10	cc	堆晶辉长岩	48.97	0.12	17.42	1.02	2.34	0.08	8.82	14.64	1.88	1.00	0.04	3.22	99.60
15	SⅣ-9		堆晶斜方辉石岩	51.37	0.09	3.31	3.18	2.33	0.13	22.35	14.74	0.18	0.06	0.02	2.29	100.10
16	SⅣ-15		堆晶橄榄辉石岩	38.38	0.11	1.31	9.00	3.22	0.14	35.16	0.45	0.16	0.06	0.04	11.59	100.00
17	5160		堆晶橄榄二辉岩	47.28	0.11	2.38	3.60	2.38	0.12	25.5	12.66	0.09	0.04	0.01	5.56	99.70
18	SIV-16		堆晶橄榄岩	40.52	0.16	3.59	4.79	4.35	0.14	32.67	3.98	0.05	0.06	0.03	10.10	100.40
19	SⅦ′-9	Σ_1	球状斜辉橄榄岩	40.33	0.06	0.45	6.82	1.19	0.10	37.09	0.26	0.06	0.02	0.02	13.02	99.40
20	SⅦ′-10		球状斜辉橄榄岩	39.92	0.09	0.50	7.82	0.68	0.09	37.54	0.17	0.06	0.04	0.03	13.40	100.30
21	SⅦ′-11		球状斜辉橄榄岩	39.67	0.08	0.45	7.19	1.47	0.10	37.37	0.19	0.04	0.03	0.03	13.06	99.70

表 3-3 永珠蛇绿岩 CIPW 值、特征参数表

顺序号	样品号	单元代号	单元名称	CIPW 标准矿物							特征参数		
				Di			Hy		Ol		DI	SI	M/F
				Wo	En	Fs	En	Fs	Fo	Fa			
1	SⅠ-2	Σ_2	斜辉橄榄岩	0.51	0.00	0.04	20.12	2.03	64.79	7.20	1.35	83.42	9.96
2	SⅣ-6		斜辉橄榄岩	0.57	0.46	0.05	25.74	2.62	59.59	6.69	1.17	83.02	9.63
3	SⅣ-7		斜辉橄榄岩	4.11	3.28	0.34	20.58	2.16	57.55	6.68	1.36	82.32	9.27
4	SⅦ-5		斜辉橄榄岩	0.00	0.00	0.00	15.64	1.57	69.33	7.67	0.96	83.50	9.98
5	6206-1	*γs*	放射虫硅质岩	0.00	0.00	0.00	4.34	4.79	0.00	0.00	81.87	24.28	0.76
6	6206-2		放射虫硅质岩	0.00	0.00	0.00	2.70	4.87	0.00	0.00	86.28	20.66	0.57
7	6206-3		放射虫硅质岩	2.20	0.91	1.31	2.45	3.53	0.00	0.00	77.99	21.39	0.62
8	6185-1	*βb*	枕状玄武岩	14.80	7.83	6.49	0.00	0.00	0.00	0.00	35.15	19.43	0.84
9	6190		枕状玄武岩	13.40	7.51	5.29	0.00	0.00	3.71	2.88	27.13	28.72	1.18
10	SⅩ-1	*sd*	蚀变辉绿岩	3.05	1.93	0.92	0.00	0.00	8.50	4.48	37.58	34.74	1.85
11	SⅩ-2		蚀变辉绿岩	9.97	6.17	3.21	1.44	0.75	9.72	5.58	33.48	39.45	1.74
12	SⅩ-3		辉长岩	14.00	9.64	3.25	0.00	0.00	7.66	2.85	25.94	47.37	2.69
13	SⅩ-4		辉长岩	8.02	4.95	2.59	1 2.61	6.61	2.79	1.61	30.07	38.74	1.58
14	SⅣ-10	*cc*	堆晶辉长岩	15.80	11.80	2.41	0.00	0.00	7.80	1.77	20.90	58.57	4.71
15	SⅣ-9		堆晶斜方辉石岩	27.80	21.79	2.90	22.12	2.94	9.37	1.38	1.92	79.54	7.48
16	SⅣ-15		堆晶橄榄辉石岩	0.00	0.00	0.00	21.21	3.89	55.62	11.26	1.96	73.87	5.47
17	5160		堆晶橄榄二辉岩	25.30	19.88	2.49	15.22	1.91	22.95	3.17	1.06	80.67	7.92
18	SIV-16		堆晶橄榄岩	4.73	3.66	0.55	17.85	2.67	48.47	8.01	0.86	77.93	6.62
19	SⅦ′-9	Σ_1	球状斜辉橄榄岩	0.13	0.11	0.01	33.02	3.73	52.43	6.54	0.73	82.09	8.90
20	SⅦ′-10		球状斜辉橄榄岩	0.00	0.00	0.00	30.12	3.51	55.05	7.09	0.86	81.36	8.57
21	SⅦ′-11		球状斜辉橄榄岩	0.00	0.00	0.00	29.80	3.60	55.16	7.37	0.60	81.06	8.28

点是碎屑物呈现单一成分的特点，主要由橄榄岩的岩屑和砾石组成，仅在砾岩中见少量的灰岩砾石，砂岩中几乎没有其他成分的碎屑，钙质胶结。这种特殊的岩石与球状超镁铁质岩密切伴生，反映其成因具有近源的、远岸的、快速沉积的特点，可能为球状超镁铁质岩在伸展构造作用机制下形成远岸的橄榄质海山，在水动力作用下，球状超镁铁质岩经过剥蚀搬运，在橄榄质海山周围裙裾堆积而成。在该套岩石中采到筒状外弯珊瑚，时代为晚侏罗世—早白垩世，因此球状超镁铁质岩的形成时代应早于晚侏罗世。再结合区域地质背景，晚三叠世本区存在一次拉张事件，沉积了海陆交互相的晚三叠世多布日组，之后盆地闭合，地壳抬升遭受剥蚀，致使本区在班怒带以南缺失下中侏罗统。因此，我们推测球状超镁铁质岩可能与晚三叠-中侏罗世盆地开合事件有关，因此确定球状超镁铁质岩的侵入时代为晚三叠世—中侏罗世。

2. 岩石学特征

（1）球状细粒蛇纹石化斜辉橄榄岩

黑绿色，细粒结构，球状构造。球状体呈圆形、椭圆形，在底部球状体大，最大直径可达2m，在岩体中上部，球状体直径2～150mm，球体含量占全岩的80%～90%。球状体表面有裂纹，且蛇纹石化强烈。基质与球状体矿物成分相同，主要由橄榄石、斜方辉石组成，橄榄石：含量75%，以镁橄榄石为主，Fo介于84～89之间，以89的占60%以上，蛇纹石化较强，具网格状结构；斜方辉石：已绢石化，但仍保留斜方辉石假象，粒度0.2～2mm，含量20%。不透明矿物，粒状，粒度0.02～0.05mm，含量5%。

（2）蛇纹石化球状纯橄岩

黄绿色，细粒结构，球状构造。球体呈圆球状、椭球状，球体大小2～2000mm，含量在80%～90%。球状体矿物成分：蛇纹石，片状，交代橄榄石呈网状结构，网状中心又见有滑石化（图版XX-1），含量在95%±。绢石化辉石：粒状，粒度0.5～1mm，含量5%±。基质与球体同成分，含量在10%±。

岩石呈透镜状、扁豆状，与球状细粒斜辉橄榄岩为渐变过渡关系。蚀变较强，有蛇纹石化、绢石化、滑石化、碳酸盐化和菱镁矿化。

3. 球状超镁铁质岩岩石化学特征

岩石化学分析数据、CIPW值、特征参数如表3－2、表3－3所示。

与纯地幔岩对比，FeO高于地幔岩，SiO_2、Al_2O_3、MnO、CaO低于地幔岩（表3－4）。

表3－4 球状超镁铁质岩与雅江带地幔岩、纯地幔岩氧化物对比表

样号 \ 氧化物(W_t)%	SiO_2	TiO_2	Al_2O_3	Fe_2O_3	FeO	MnO	MgO	CaO	Na_2O	K_2O	P_2O_5
1	42.54	0.02	0.89	1.44	7.47	0.10	46.62	0.20	0.04	0.00	0.10
2	45.00		4.40	(8.00)			38.80	3.40			
3	40.14	0.08	0.47	7.95	1.11	0.10	37.33	0.21	0.50	0.03	0.03

注：1. 雅江带大竹区4个样品平均值；2. 纯地幔岩（据Green，1979）；3. 测区球状超镁铁质岩3个样品平均值

采用国际地科联推鉴的基性—超基性岩分类命名图解，均投到斜辉橄榄岩（Ⅱ）区（图3－7），与薄片鉴定结果一致。

MgO－CaO－Al_2O_3图上投到变质橄榄岩区，未进入堆晶岩区（图3－8）。说明地幔部分熔融后的岩浆直接上侵，未经岩浆房的分异作用。

镁铁比值（m/f），在6.098～9.12之间变化，平均为8.19，属铁质—镁质超基性岩范围。

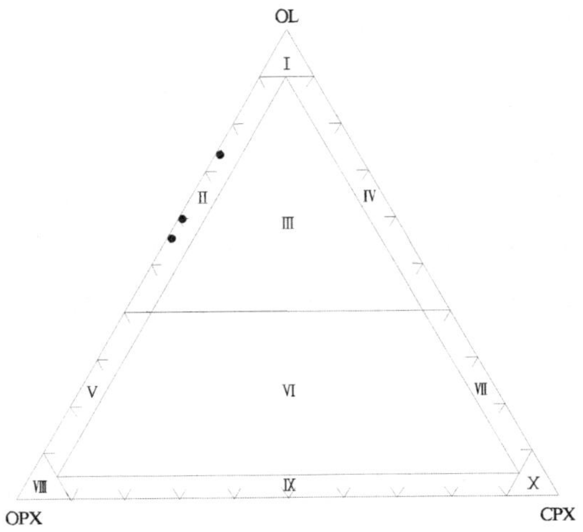

图 3－7　球状超镁铁质岩分类命名

（据 Streckeisen，1973）

Ⅰ. 纯橄岩；Ⅱ. 斜辉橄榄岩；

Ⅲ. 二辉橄榄岩；Ⅳ. 异剥橄榄岩；

Ⅴ. 橄榄斜辉岩；Ⅵ. 橄榄二辉岩；

Ⅶ. 橄榄异剥岩；Ⅷ. 斜辉岩；

Ⅸ. 二辉岩；Ⅹ. 异剥岩；●球状超镁铁质岩

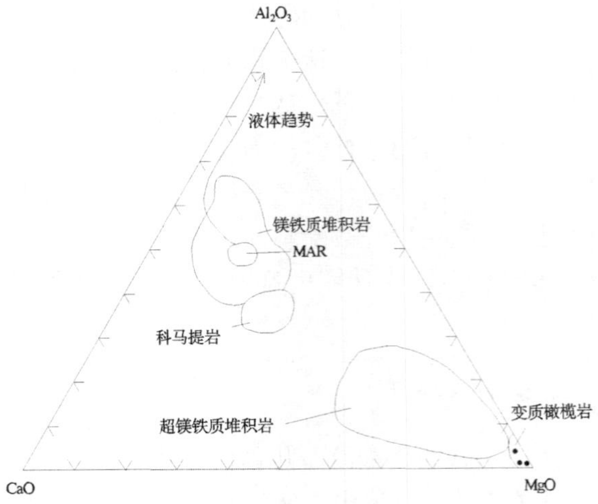

图 3－8　球状超镁铁质岩 $MgO-CaO-Al_2O_3$ 图

（据 Coleman，R. G.，1977）

●球状超镁铁质岩

4. 球状超镁铁质岩稀土元素特征

稀土元素丰度及特征参数见表 3－5、表 3－6。

该岩石稀土总量 ΣREE 介于 3.64×10^{-6} ～ 29.97×10^{-6} 之间变化，为稀土总量偏低型，δEu 在 0.65～2.42 之间变化，以 Eu 正异常为主，δCe 介于 0.69～6.41 之间，以 Ce 正异常为主。$(La/Yb)_N$ 值介于 5.97～15.25 之间，大于 1，为轻稀土富集型，反映在稀土配分曲线上为向右倾斜（图 3－9）。这一点与国际国内大多数经典蛇绿岩和地幔岩不一致，经典蛇绿岩和地幔岩一般为轻稀土弱亏损和平坦型。$(La/Yb)_N$ 介于 4.72～11.48 之间，平均为 7.55，而 $(Gd/Yb)_N$ 值介于 1.04～1.18 之间，平均为 1.11，前者大于后者，说明轻稀土分馏比重稀土分馏程度好。

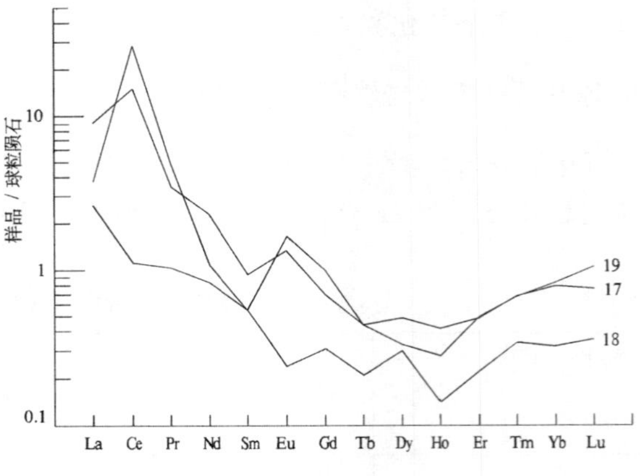

图 3－9　球状超镁铁质岩稀土配分曲线图

（据 after Coryell，1963）

5. 球状超镁铁质岩微量元素特征

微量元素丰度如表 3－7 所示。

从过渡族元素球粒陨石标准化曲线（图 3－10）可以看出，除 Ti 与球粒陨石值接近外，其余均亏损于球粒陨石，而且从 Sc 到 Ni 亏损程度有逐渐增加的趋势。曲线呈右倾，在 Ti、Cr 处表现为两个波峰状，到 Mn－Ni 区段内平滑下降。

大离子亲石元素 Rb、Sr、Ba、Zr 均较贫化（表 3－7）。

Zr/Y 比值均小于 18（原始地幔），反映该岩石来源于富集型地幔源区。

表 3-5　永珠蛇绿岩稀土元素数据表

顺序号	样品号	单元符号	岩石名称	稀土丰度（$\times 10^{-6}$）														
				La	Ce	Pr	Nd	Sm	Eu	Gd	Tb	Dy	Ho	Er	Tm	Yb	Lu	Y
1	SⅠ-2	Σ_2	斜辉橄榄岩	4.35	4.64	0.15	1.14	0.16	0.02	0.18	0.03	0.16	0.03	0.06	0.01	0.06	0.01	1.08
2	SⅣ-6		斜辉橄榄岩	2.87	15.49	0.36	1.01	0.11	0.10	0.18	0.01	0.08	0.02	0.06	0.01	0.10	0.02	0.63
3	SⅣ-7		斜辉橄榄岩	2.18	6.91	0.40	1.39	0.23	0.07	0.24	0.03	0.19	0.04	0.10	0.02	0.12	0.02	0.97
4	SⅦ-5		斜辉橄榄岩	2.08	10.03	0.30	0.97	0.13	0.08	0.17	0.12	0.10	0.02	0.06	0.01	0.08	0.22	0.59
5	6206-1	γs	放射虫硅质岩	14.42	33.48	3.72	13.82	2.92	0.48	2.26	0.41	1.98	0.45	1.26	0.22	1.22	0.20	11.96
6	6206-2		放射虫硅质岩	10.12	24.52	2.81	10.58	2.32	0.52	2.20	0.38	1.88	0.44	1.20	0.20	1.12	0.19	11.17
7	6206-3		放射虫硅质岩	13.43	31.47	3.52	11.72	2.81	0.58	2.62	0.44	2.32	0.47	1.44	0.28	1.48	0.22	14.11
8	6185-1	βb	枕状玄武岩	28.44	56.17	5.44	20.49	3.73	1.36	3.77	0.53	3.44	0.60	1.84	0.25	1.61	0.23	17.50
9	6189		枕状玄武岩	11.68	18.77	2.61	16.69	2.37	0.86	2.52	0.44	2.71	0.55	1.52	0.21	1.35	0.21	12.86
10	SX-2	sd	辉绿玢岩	3.41	7.20	1.51	6.73	2.54	0.99	3.18	0.65	4.28	0.91	2.59	0.38	2.40	0.37	22.19
11	SX-4		辉绿岩	9.05	16.35	2.75	10.08	3.23	1.11	3.65	0.69	4.35	0.92	2.55	0.37	2.32	0.36	21.48
12	SⅣ-10	cc	堆晶细粒辉长岩	2.48	5.72	0.58	1.79	0.45	0.28	0.44	0.07	0.44	0.09	0.27	0.04	0.23	0.04	2.33
13	SⅣ-9		堆晶斜方辉石岩	1.60	8.54	0.35	1.40	0.34	0.09	0.45	0.07	0.51	0.10	0.32	0.05	0.31	0.05	2.86
14	SⅣ-15		堆晶橄榄辉石岩	0.89	1.36	0.16	0.60	0.18	0.12	0.13	0.02	0.13	0.03	0.09	0.01	0.08	0.01	0.83
15	5160		堆晶橄榄二辉岩	0.35	0.80	0.09	0.34	0.12	0.09	0.15	0.03	0.21	0.07	0.14	0.02	0.14	0.02	1.23
16	SⅣ-16		堆晶橄榄岩	2.19	45.01	1.05	1.44	0.30	0.27	0.62	0.06	0.42	0.09	0.30	0.05	0.38	0.06	2.57
17	SⅦ′-9	Σ_1	球状斜辉橄榄岩	2.94	14.35	0.41	1.28	0.16	0.10	0.22	0.02	0.14	0.03	0.09	0.02	0.13	0.02	0.89
18	SⅦ′-10		球状斜辉橄榄岩	0.83	1.25	0.15	0.49	0.11	0.02	0.09	0.01	0.08	0.01	0.04	0.01	0.05	0.01	0.49
19	SⅦ′-11		球状斜辉橄榄岩	1.24	25.74	0.56	0.70	0.12	0.13	0.27	0.02	0.10	0.02	0.09	0.02	0.14	0.03	0.79

表 3－6　永珠蛇绿岩稀土元素特征参数表

顺序号	样品号	单元符号	岩石名称	特征参数					
				ΣREE	δEu	δCe	La/Yb	La/Sm	Gd/Yb
1	SⅠ－2	Σ_2	斜辉橄榄岩	12.08	0.40	0.67	48.88	16.99	1.84
2	SⅣ－6		斜辉橄榄岩	21.05	2.42	2.75	19.35	16.31	1.10
3	SⅣ－7		斜辉橄榄岩	12.91	1.00	1.45	12.25	5.92	1.23
4	SⅦ－5		斜辉橄榄岩	14.96	1.83	2.37	17.53	10.00	1.30
5	6206－1	*γs*	放射虫硅质岩	88.80	0.60	0.94	7.97	3.09	1.14
6	6206－2		放射虫硅质岩	69.65	0.76	0.95	6.09	2.73	1.20
7	6206－3		放射虫硅质岩	86.91	0.71	0.94	6.12	2.99	1.09
8	6185－1	*βb*	枕状玄武岩	145.4	1.21	0.89	11.91	4.77	1.44
9	6189		枕状玄武岩	75.35	1.18	0.69	5.83	3.08	1.14
10	SX－2	*sd*	辉绿玢岩	59.33	1.18	0.66	0.96	0.84	0.81
11	SX－4		辉绿岩	79.26	1.09	0.68	2.63	1.75	0.96
12	SⅣ－10	*cc*	堆晶细粒辉长岩	15.25	2.09	0.97	7.27	3.44	1.17
13	SⅣ－9		堆晶斜方辉石岩	17.04	0.78	2.30	3.48	2.94	0.89
14	SⅣ－15		堆晶橄榄辉石岩	4.64	2.49	0.70	7.50	3.09	1.00
15	5160		堆晶橄榄二辉岩	3.80	2.27	0.92	1.69	1.82	0.66
16	SⅣ－16		堆晶橄榄岩	54.81	2.11	6.14	3.89	4.56	1.00
17	SⅦ′－9	Σ_1	球状斜辉橄榄岩	20.80	1.81	2.42	15.25	11.48	1.04
18	SⅦ′－10		球状斜辉橄榄岩	3.64	0.65	0.69	11.19	4.72	1.10
19	SⅦ′－11		球状斜辉橄榄岩	29.97	2.42	6.41	5.97	6.46	1.18

注:表中 La/Yb 、La/Sm、Gd/Yb 三个比值分别代表元素标准化后的比值

表 3-7　永珠蛇绿岩微量元素丰度及数理统计表

顺序号	样品号	时代符号	单元名称	微量元素丰度(×10⁻⁶)													
				Sc	V	Cr	Co	Ni	Cu	Rb	Sr	Zr	Nb	Ba	Hf	Ta	Th
1	SⅦ-8	K_2	超镁铁质岩 (Σ_2)	6.50	33.70	2 660.00		1 895.00		4.10	11.00	10.00		16.00	0.19		0.55
2	SⅦ-5			7.30	27.00	2 514		1 769.00		2.10	11.00	10.00		24.00	0.24		0.99
	平均值			6.90	30.40	2 587		1 832.00		3.10	11.00	10.00		20.00	0.37		0.77
3	6206-1	J_3 | K_1	放射虫硅质岩 (γs)		28.00	290	20.00	32.00			37.80			275.00			
4	6206-2				24.00	270	18.00	30.00			43.50			182.00			
5	6206-3				29.00	115	12.00	22.00			34.60			170.00			
	平均值				27.00	225	16.70	28.00			38.60			209.00			
6	6185-1		枕状玄武岩 (βb)	20.10	151.00	123		47.90			308.00	162.00	66.20		3.40	3.80	5.50
7	6189			24.30	195.00	237		83.50			302.00	76.00	21.80		1.80	1.30	2.30
	平均值			22.20	173.00	180		65.70			305.00	119.00	44.00		26.00	2.55	3.90
8	SⅩ-2		席状岩墙群 (sd)		195.00	161	39.50	80.20	229.00	9.70	63.00	37.30	14.80	88.20			
9	SⅩ-4			27.60	222.00	415		99.00		5.70	328.00	62.00		93.50	2.00		0.50
	平均值			27.60	208.00	288	39.50	89.60	229.00	7.70	[illegible]	49.50	14.80	91.00	2.00		0.50
10	SⅣ-10		堆晶杂岩 (cc)		80.00	200	[illegible]	168.00	2.60	41.50	164.00	10.00	5.70	75.10			
11	SⅣ-9				131.00	200	50.00	200.00	6.40	8.20	10.30	10.00	8.20	96.80			
12	SⅣ-15			7.00	30.70	2 277		1 160.00		2.10	10.00	10.00		7.90	0.25		0.51
13	5160			35.80	114.00	4 023		527.00		2.10	14.00	10.00		33.60	0.45		0.55
14	SⅣ-16			15.80	67.60	2 180				2.10	14.00	10.00		22.70	0.39		0.98
	平均值			19.50	84.70	1 776	44.50	514.00	4.50	11.20	42.50	10.00	6.95	47.20	0.63		0.68
15	SⅦ′-9	T_3 | J_2	球状超镁铁质岩 (Σ_1)	7.50	33.10	3 079		1 890.00		2.10	12.00	10.00		24.70	0.31		0.37
16	SⅦ′-10			6.50	36.30	2 849		2 214.00		2.10	9.00	10.00		18.20	0.25		0.47
17	SⅦ′-11			6.90	31.10	3 207		2 104.00		2.10	11.00	10.00		10.00	0.36		0.09
	平均值			6.97	33.50	3 045		2 069.00		2.10	10.70	10.00		17.60	0.31		0.31

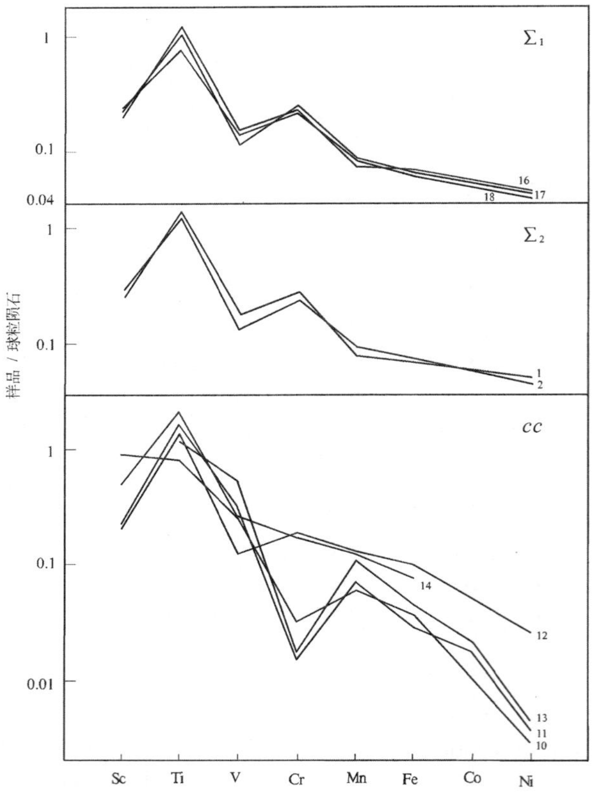

图 3-10 超镁铁质岩（两期）、堆晶杂岩过渡元素标准化曲线图

Σ_1. 球状超镁铁质岩；Σ_2. 超镁铁质岩；*cc*. 堆晶杂岩

二、堆晶杂岩

1. 地质特征

分布在果芒错西南，为近东西向展布的椭圆状。长 800m，宽 600m，出露面积为 1.1km^2，占蛇绿岩面积的 0.39%。呈残留体状产于第二期超镁铁质岩中，二者为侵入接触（图 3-11）或断层接触。本次工作在其中的浅色堆晶辉长岩中获得三个单颗粒锆石 U-Pb 表面年龄为 69.5 ~82.1Ma，其统计权重平均值为 77±16Ma，该年龄值应为后期造山事件的干扰年龄，与造山作用和第二期超镁铁质岩侵入的构造岩浆热事件干扰有关。因此，堆晶杂岩时代应早于晚白垩世。根据板块构造理论（李春昱等，1968），堆晶岩是由能产生超镁铁岩的镁铁质岩浆在接近扩张脊的一个岩浆房中通过分异作用形成的，因此，堆晶杂岩应与形成于扩张中心的席状岩墙群、枕状玄武岩、放射虫硅质岩时代相同。经同位素年龄测定及放射虫化石鉴定确定本区席状岩墙群、枕状玄武岩、放射虫硅质岩的形成时代为晚侏罗世—早白垩世，因此确定堆晶杂岩的形成时代亦为晚侏罗世—早白垩世。

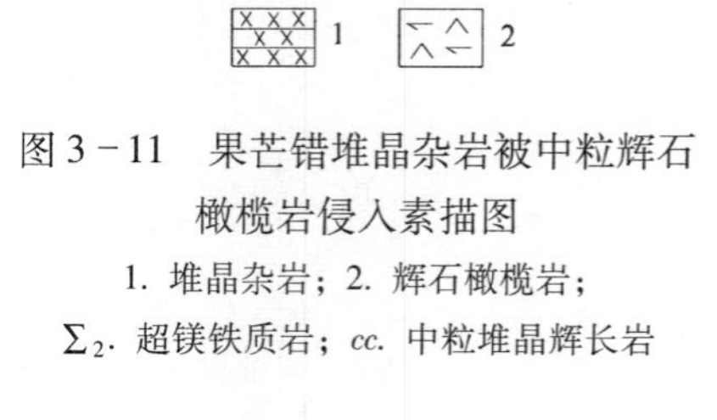

图 3-11 果芒错堆晶杂岩被中粒辉石橄榄岩侵入素描图

1. 堆晶杂岩；2. 辉石橄榄岩；Σ_2. 超镁铁质岩；*cc*. 中粒堆晶辉长岩

2. 岩石学特征

该套岩石具典型的堆晶结构，并且具有明显的暗色和浅色重力堆晶韵律层理，表现为良好的成层性，似沉积岩的层状构造，从剖面上可划分出 4 个完整的分异韵律。每个韵律自下而上由堆晶辉石橄榄岩、堆晶橄榄二辉岩、堆晶橄榄斜辉岩、堆晶斜方辉石岩、堆晶细粒辉长岩组成（图 3-12）。

（1）堆晶辉石橄榄岩

风化面为褐色，新鲜面为黑绿色，中一细粒变余镶嵌结构，似层状构造，具堆晶层理。岩石蛇纹石化但在单偏光下仍可恢复其原岩由橄榄石和辉石组成。由橄榄石转变的蛇纹石，呈网格状-龟纹状结构，原矿物颗粒大小 0.5 ~2.5mm，含量 75%±；由辉石转变的蛇纹石，表面较光滑，粒度 0.75 ~1.5mm，含量 25%±，仍能恢复其原始的镶嵌结构特征（图版XX-5、6）。

（2）堆晶橄榄二辉岩

风化面为古铜色，新鲜面为黑绿色，细粒结构，似层状构造，具堆晶层理。矿物成分由普通辉石、斜方辉石、橄榄石组成。普通辉石：粒状，粒度 0.7 ~2mm，含量 55%±。斜方辉石：粒状，粒度 0.15 ~1.5mm，含量 30%±。橄榄石：粒状，强烈蛇纹石化，粒度 0.5 ~0.75mm，含量 15%±。

（3）堆晶橄榄单斜辉石岩

风化面为黑褐色，新鲜面为黑绿色，中一细粒镶嵌结构，似层状构造，具堆晶层理。矿物成分由橄

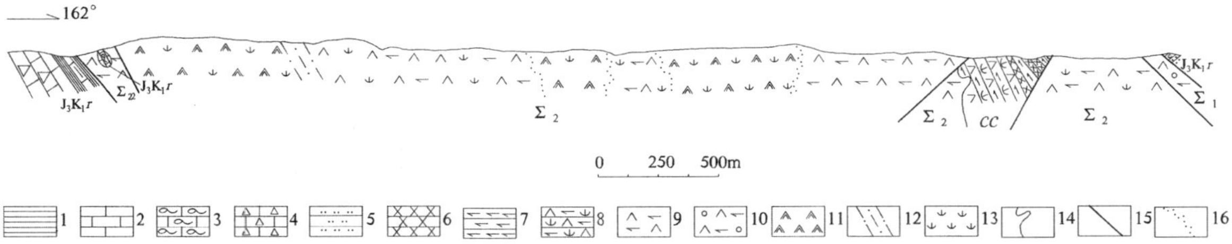

图3-12　申扎县扎勒那宗—戈昂勒晚白垩世超镁铁质岩（Σ_2）早白垩世堆晶杂岩（cc）实测剖面图

1. 页岩；2. 灰岩；3. 条带状灰岩；4. 角砾状灰岩；5. 粉砂岩；6. 堆晶辉长岩；7. 堆晶辉石岩；8. 堆晶辉石橄榄岩；9. 辉石橄榄岩；10. 球状辉石橄榄岩；11. 纯橄岩；12. 糜棱岩；13. 蛇纹石化；14. 侵入接触关系；15. 断层；16. 渐变界线；J_3K_1r. 日拉组；Σ_2. 超镁铁质岩；Σ_1. 球状超镁铁质岩；cc. 堆晶杂岩

榄石、单斜辉石组成。橄榄石：呈他形粒状，粒度1～2.7mm，含量40%±，大部分被网格状蛇纹石取代，形态上保持橄榄石的外形。单斜辉石：呈他形粒状，粒度0.75～1.25mm，含量60%±（图版XX-7、图版XXI-2）。

（4）堆晶斜方辉石岩

风化面为古铜色，新鲜面为黑绿色。中粒结构，似层状构造，具堆晶层理。矿物成分由斜方辉石、单斜辉石组成。斜方辉石：板状，具一组完全解理，粒度1～2.8×5mm，紧密堆积，含量85%±，被后期单斜辉石交代，多发生在斜方辉石边部、解理缝等部位。单斜辉石：不规则粒状，分布在斜方辉石边部、粒间、解理缝等处，单斜辉石晶里见有包裹斜方辉石晶体，粒度0.2～1mm，含量5%±（图版XX-3、4）。

（5）堆晶细粒辉长岩（浅色辉长岩）

风化面为灰褐色，新鲜面为灰-深灰色。细粒辉长结构，似层状构造，具堆晶层理。矿物成分由单斜辉石、斜长石、绿泥石组成。单斜辉石：板状，一组完全解理，解理密集，粒度0.2～0.5mm，含量15%±。斜长石：板状、粒状，部分表面泥化、铁染，可见卡-钠复合双晶，聚片双晶，主要为拉长石，粒度0.2×0.6～0.5×1.5mm，沿长轴具定向性，粒状，粒度为0.2～0.7mm，含量83%±。绿泥石：鳞片状，为蚀变产物，多分布在粒间，含量3%±（图版XXI-5）。

在单一堆晶韵律层内，自下而上，标准矿物Or、Ab、An逐渐增加，而Hy、Ol逐渐降低。反映基性程度在逐渐降低。

3. 堆晶杂岩岩石化学特征

岩石化学分析数据、CIPW值、特征参数如表3-2、表3-3所示。

（1）堆晶杂岩岩石化学特征

该套岩石在单一韵律内，从底到顶岩石演化序列：堆晶辉石橄榄岩→堆晶橄榄二辉岩→堆晶橄榄单斜辉石岩→堆晶斜方辉石岩→堆晶细粒辉长岩。在这一演化序列中，岩石化学特征反映了从超镁铁质岩至镁铁质岩的连续分离结晶过程。在韵律层的底部层位橄榄岩、橄榄辉石岩等的岩石化学特征与非堆晶岩的同类岩石相似，具有高MgO、FeO*，贫SiO_2、CaO、Al_2O_3、Na_2O、K_2O的特点，而其顶部层位的浅色辉长岩则与前者完全相反，自下而上具有MgO、FeO*逐渐减少，而CaO、K_2O、Na_2O、SiO_2、Al_2O_3逐渐增加的特点，这与单一韵律层从底到顶斜长石增加、橄榄石减少是吻合的。

堆晶杂岩的SiO_2、Los均高于球状超镁铁质岩，说明岩石基性度降低，岩浆有明显分异。从DI指数升高、SI指数降低，也反映岩浆有明显分异作用。与堆晶岩中呈现出的规律的成分分异韵律变化特征相一致。

（2）堆晶岩的演化

在Pl-PX-OL图上，14、15号样投到辉长岩区，16号样投到暗色辉长岩区，17、18号样投到超镁铁质岩类区（图3-13）。岩系演化有从超镁铁质岩类→暗色辉长岩类→辉长岩类演化趋势。

在MgO-CaO-Al_2O_3图上，有3个样投到超镁铁质堆晶岩区及其附近，有2个样投到镁铁质堆积岩

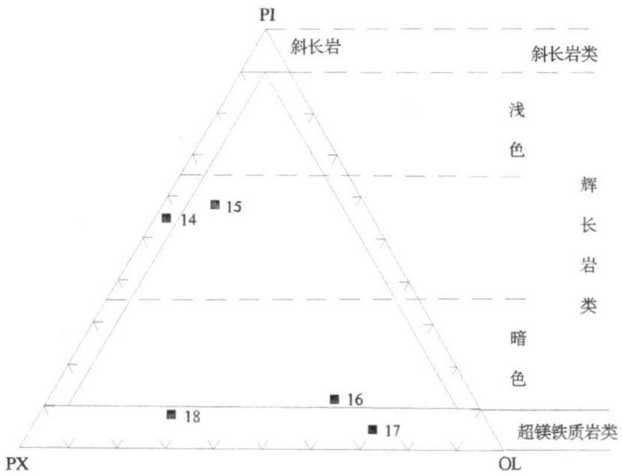

图3－13　堆晶杂岩标准矿物 PL－PX－OL 图
（据 After streckeisen，1976）
■. 堆晶杂岩

类区（图3－14），反映该套岩石有从变质橄榄岩→超镁铁堆积岩→镁铁质堆积岩的演化趋势。

4. 堆晶杂岩稀土元素特征

稀土丰度及特征参数如表3－5、表3－6所示。

该套岩石稀土总量∑REE 介于 3.8×10^{-6} ～ 54.81×10^{-6}之间，属稀土总量偏低型。δEu 介于0.78～2.49之间，以 Eu 正异常为主。δCe 介于0.7～6.14之间，以 Ce 正异常为主。$(La/Yb)_N$介于1.69～7.5之间，比超镁铁质岩低，反映轻稀土富集程度有所降低，稀土配分曲线斜率变小（图3－15）。∑Ce/∑Y 也反映为轻稀土相对富集的特征。　$(La/Sm)_N$比值介于1.82～4.56之间，而$(Gd/Yb)_N$值介于0.66～1.17之间，前者比值比后者更大一些，说明轻稀土比重稀土分馏程度高。

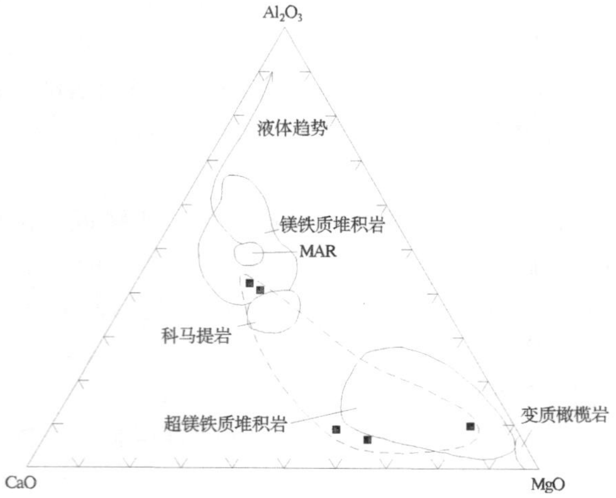

图3－14　堆晶杂岩 $MgO-CaO-Al_2O_3$图
（据 Coleman，R. G.，1977）
■. 堆晶杂岩

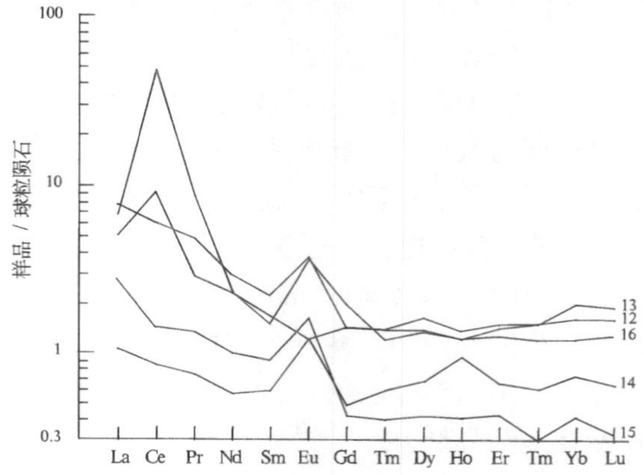

图3－15　堆晶杂岩稀土配分曲线
（据 after Coryell，1963）

5. 堆晶杂岩微量元素特征

微量元素丰度如表3－7所示。

与超镁铁质岩具有相似的过渡族元素特征，球粒陨石标准化曲线（图3－10）右倾，倾斜角度大于球状超镁铁质岩，并且 Cr、Ni 的亏损更为明显。堆晶杂岩中一个完整的重力结晶分异韵律中自下而上其微量元素呈现有规律的变化特征。Cr、Ni 表现为逐渐亏损，Ti 的富集程度逐渐降低，由强烈的正异常变为微弱的正异常，Rb、Sr、Ba 逐渐增加，尤其到浅色辉长岩中，其丰度值急骤增加。

三、席状岩墙群岩块

1. 地质特征

测区岩墙群规模较大，出露长8.25km，宽2.25km，出露面积为18'.m^2，占蛇绿岩面积的8.04%，呈北西西向展布，走向105°～130°，倾向北东或南西，倾角50°～80°，在东南侧靠近枕状玄武岩附近，因后期构造改造而发生褶皱，总体转为北东走向，倾向南东，与枕状玄武岩产状相协调，只是倾角较陡。岩墙群由100%岩墙构成，单脉最窄几厘米，最宽大于20m，发育有单侧或双侧冷凝边，以双侧冷凝边为主，次为单侧冷凝边（图3-16），岩墙群与周围古生代地层之间多为断层接触，其边部常见第一期球状超镁铁质岩的构造残块，被辉绿岩墙侵入。岩墙群与枕状玄武岩总体呈渐变过渡关系，但在枕状玄武岩边部见辉绿岩，岩墙呈脉状侵入到枕状玄武岩单元的角砾状玄武岩之中，在岩墙边部见有角砾状玄武岩之捕掳体（图3-17、图3-18）。岩墙群与枕状玄武岩及其上部的放射虫硅质岩构成完整的上部洋壳。

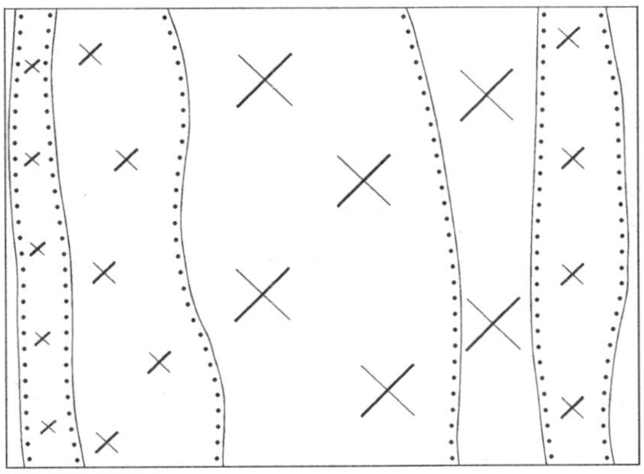

图3-16　岩墙群单侧冷凝边素描图

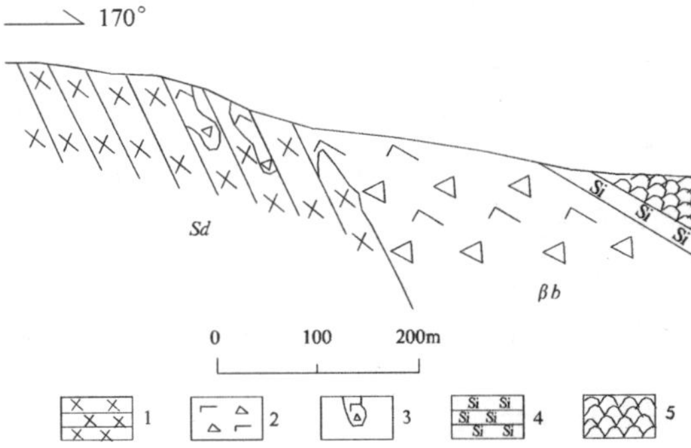

图3-17　昌拉席状岩墙侵入枕状玄武岩接触关系素描图

1. 席状岩墙；2. 角砾状玄武岩；
3. 角砾状玄武岩捕掳体；4. 硅质岩；
5. 枕状玄武岩；*sd*. 席状岩墙群；
βb. 枕状玄武岩；*γs*. 放射虫硅质岩

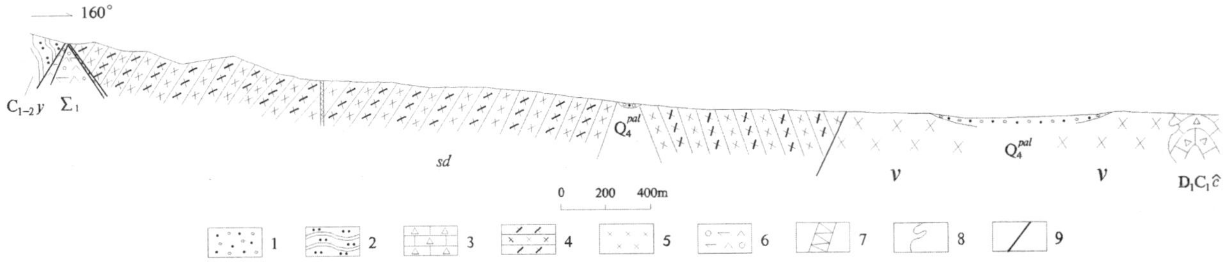

图3-18　班戈县加瑞拉-昌拉晚侏罗—早白垩世席状岩墙群（*sd*）实测剖面图

1. 砂砾石；2. 变质粉砂岩；3. 角砾状灰岩；4. 辉绿辉长岩岩墙；5. 辉长岩；
6. 球状辉石橄榄岩；7. 石英脉；8. 侵入接触关系；9. 断层；Q_4^{pal}. 第四系洪冲积物；
$C_{1-2}y$. 永珠组；D_1C_1c. 查果罗玛组；*sd*. 席状岩墙群；*ν*. 辉长岩；Σ_1. 球状超镁铁质岩

本次工作在岩墙群中分别选取相对较新的辉绿岩岩墙和相对较老的辉长岩岩墙，作了两个锆石U-Pb年龄测定，结果在辉绿岩中获得了三个单颗粒锆石的表面年龄，在114～133Ma之间，时代为早白垩世，基本反映席状岩墙群的成岩年龄，略偏新。下交点年龄为74±22Ma，为造山事件的干扰年龄，上交点年龄为2 048±2 422Ma，可能为捕虏地幔岩锆石年龄。另外在辉长岩岩墙中获得一个表面年龄为178±10Ma，时代为中侏罗世晚期，说明永珠蛇绿岩带可能发生过多次扩张。结合区域上侏罗纪第一沉积盖层日拉组（J_3K_1r）时代为晚侏罗世—早白垩世，为盆地主拉张期同构造沉积的地层单元，席状岩墙群是盆地拉张的直接证据，因此确定席状岩墙群时代为晚侏罗—早白垩世。

2. 岩石学特征

席状岩墙群岩石组合为蚀变辉绿玢岩、蚀变辉长岩、蚀变辉绿岩。

（1）蚀变辉绿玢岩

灰绿色，斑状结构，块状构造。斑晶由普通辉石、斜长石组成。普通辉石，板柱状，粒度1～

3mm，含量10%。斜长石：板状，可见卡钠联合双晶，有时见波状消光，粒度1～3mm，含量为10%～30%。基质由普通辉石、斜长石组成，粒度0.1～0.3mm，斜长石含量为30%～50%，普通辉石含量为10%～20%，斜长石表面具粘土化、葡萄石化（图版XXⅢ-2）。

（2）蚀变辉长岩

具明显的辉长结构，矿物粒度均匀，粒径1～2mm，辉石与斜长石紧密镶嵌，斜长石含量50%～65%，辉石为普通辉石，含量在35%～50%（图版XXⅢ-6）。岩石具次闪石化、黝帘石化。

（3）蚀变辉绿岩

辉绿结构，块状构造。长板状斜长石搭成格架，普通辉石充填其间。普通辉石：他形粒状，粒度0.5～1.5mm，含量35%±。斜长石：长板状，粒度1.5mm±，含量65%±（图版XXⅢ-2、3、5、6、7），斜长石中见有中空骸晶结构（图版XXⅢ-8），斜长石边部常呈锯齿状，这种与枕状玄武岩相似的快速冷凝结构反映了其就位较浅，并与枕状玄武岩呈过渡关系的特征。岩石具阳起石化、黝帘石化、次闪石化等。

上述岩石粒度粗细变化与岩墙宽度呈正相关关系，宽度大的岩墙结晶粒度相对较粗，宽度窄的岩墙结晶粒度相对较细，并且有从岩墙单脉中心向边部逐渐变细，最后形成冷凝边的特征。

3. 岩石化学特征

岩石化学分析数据、CIPW值、特征参数如表3-2、表3-3所示。

具低TiO_2、P_2O_5、高Al_2O_3、K_2O特征，TiO_2变化在0.48%～1.21%之间，P_2O_5变化在0.04%～0.16%之间，Al_2O_3变化在14.52%～21.28%之间，K_2O变化在0.52%～1%之间。组合指数（σ）为1.86%～3.85%，平均2.64，属钙碱性系列。在硅-碱图上，投到S区，有一个样投到A区（图3-19）。在FeOt-（Na_2O+K_2O）-MgO图解中，投到钙碱性系列（图3-20）。

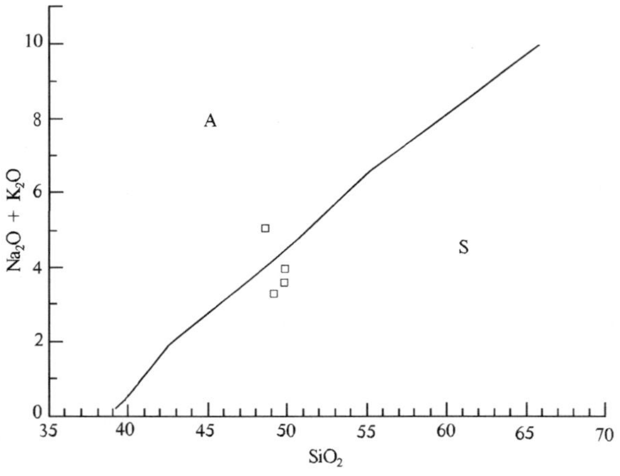

图3-19　席状岩墙群硅-碱图

（据Irvine，1971）

A. 碱性系列；S. 亚碱性系列；□. 席状岩墙群

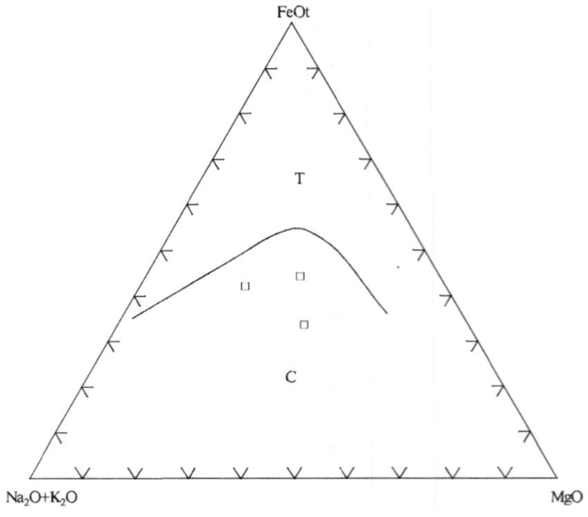

图3-20　席状岩墙群FeOt-（Na_2O+K_2O）-MgO图

（据Irvine，1971）

T. 拉斑玄武岩系列；C. 钙碱性系列；□. 席状岩墙群

4. 稀土元素特征

稀土元素丰度及特征参数如表3-5、表3-6所示。

该套岩石稀土总量∑REE介于59.33×10^{-6}～79.26×10^{-6}之间，明显高于超镁铁质岩和球状超镁铁质岩。δEu介于1.09～1.18之间，显弱Eu的正异常特征。δCe介于0.66～0.68之间，显Ce负异常特征。$(La/Yb)_N$介于0.96～2.63之间，∑Ce/∑Y的比值介于0.61～1.16之间，稀土配分曲线为平坦型（图3-21）。说明轻重稀土分馏不明显。$(La/Sm)_N$介于0.84～1.75之间与$(Gd/Yb)_N$介于0.81～0.96之间，分别反映轻稀土和重稀土分馏均不明显。说明岩浆分异程度较低，与国内外众多席状岩墙

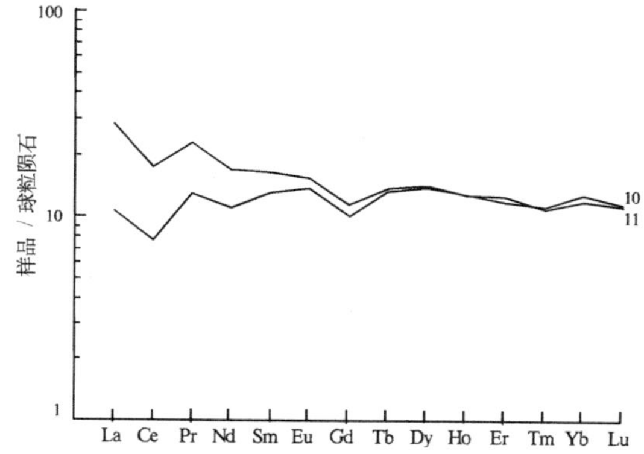

图 3-21　席状岩墙群稀土配分曲线
(after Coryell, 1963)

群稀土特征基本一致。

5. 微量元素特征

微量元素丰度见表 3-7。

从表 3-5 和图 3-22 可以看出，本区岩墙群与标准洋中脊玄武岩相比较，K、Rb、Ba、Th 明显富集，Sr、Ce、Cr 相对富集，P、Zr、Hf 相近。Sm、Ti、Y、Yb、Sc 趋于分散。配分曲线形态介于富集型和过渡型洋中脊玄武岩之间。

四、枕状玄武岩

1. 地质特征

该套岩石分布在昌拉一带，出露面积 $7km^2$，占蛇绿岩面积的 3.13%。总体呈近南北向展布，由于后期构造的改造，使其产状发生褶曲，由北端的 NW 走向转为 NNE 走向，倾向北东—南东，倾角 20°~25°。与席状岩墙群产状协调，呈渐变过渡关系，但在其边部见晚期岩墙呈脉状侵入（图 3-17）。具典型的海底火山岩特有的枕状构造（图 3-23），岩枕多呈椭圆形，直径一般为 0.5~1.5m。其中夹角砾状玄武岩，该角砾状玄武岩为岩浆在流动过程中冷凝收缩而成。在枕状玄武岩中夹三层放射虫硅质岩。根据喷溢—间歇规律可划分 5 个喷发韵律，每个韵律都有从溢流相-沉积相的变化规律。岩性特征上，每个韵律都有从斑状玄武岩-球颗状玄武岩-放射虫硅质岩的变化规律。这 5 个喷发韵律构成一个连续亚旋迴，反映当时有节律的拉张运动特征（表 3-8、图 3-24）。

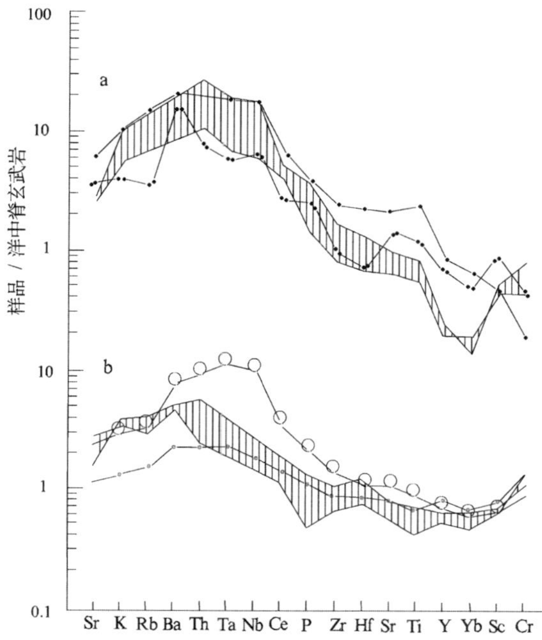

图 3-22　岩墙群、枕状玄武岩 MORB 标准化曲线图

1. 板内碱性玄武岩；2. 富集型洋脊玄武岩；
3. 板内过渡型玄武岩；4. 过渡型洋脊玄武岩；
5. 本区样品；a. 枕状玄武岩；b. 辉绿岩岩墙群

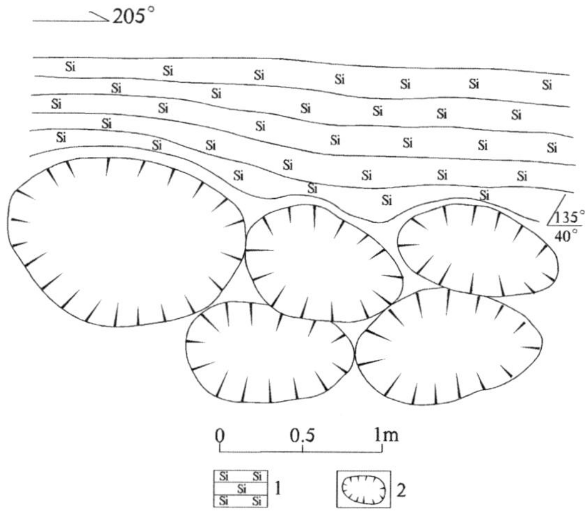

图 3-23　昌拉放射虫硅质岩与枕状玄武岩整合接触关系及枕状构造素描图

1. 放射虫硅质岩；2. 枕状构造

表 3-8　永珠蛇绿岩中枕状玄武岩喷发韵律表

韵律	厚度	岩性	岩相	自然层号
4	305.88	灰绿色角砾状粗玄岩	喷溢相	2
		灰紫色枕状球颗粗玄岩		3
		灰紫色枕状球颗玄武岩		4
		灰紫色枕状杏仁状球颗玄武岩		5
		紫灰色角砾状球颗玄武岩		6
3	118.20	紫色纹层状放射虫硅质岩	沉积相	7
		灰绿色枕状球颗玄武岩	喷溢相	8
		灰绿色枕状斑状玄武岩		9
2	119.16	灰紫色纹层状放射虫硅质岩	沉积相	10
		灰绿色纹层状放射虫硅质岩		11
		灰绿色杏仁状枕状玄武岩	喷溢相	12
		灰绿色枕状杏仁状斑状玄武岩		13
1	37.85	紫红色纹层状放射虫硅质岩	沉积相	14
		灰紫色角砾状玄武岩	喷溢相	15

注：厚度单位为 m

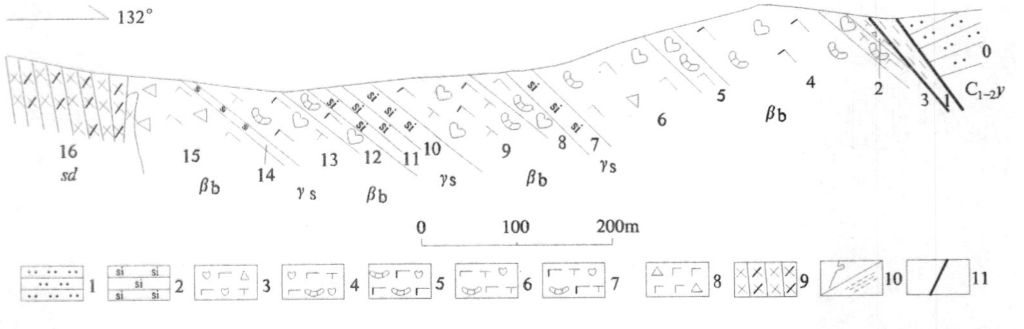

图 3-24　申扎县昌拉晚侏罗世永珠蛇绿岩之枕状玄武岩（*βb*）放射虫硅质岩（*γs*）实测剖面图

1. 粉砂岩；2. 硅质岩；3. 杏仁状、角砾状粗玄岩；4. 杏仁状；枕状粗玄岩；
5. 杏仁状、斑状、枕状玄武岩；6. 角砾状、杏仁状、枕状玄武岩；
7. 枕状、杏仁状、多斑玄武岩；8. 角砾状玄武岩；9. 辉长、辉绿岩墙；
10. 侵入接触界线 / 片理化带；11. 断层界线；$C_{1-2}y$. 永珠组；
γs. 放射虫硅质岩；β_b. 枕状熔岩；*sd*. 席状岩墙群

本次工作在枕状玄武岩中获得 K-Ar（全岩）同位素年龄为 139Ma（测试单位：宜昌地质矿产研究所同位素室），因此确定其时代为晚侏罗世晚期。

2. 岩石学特征

（1）枕状玄武岩

灰黑—灰紫色，斑状结构，枕状构造。岩枕大小一般在 0.2×0.5m～2×5m 之间，枕状体内核为粗玄岩，外壳为橄榄球颗玄武岩。发育有球颗结构和杏仁状构造，斑晶为斜长石，半自形板状，粒度 1～2.5mm，含量在 5%～15%，基质为交织结构，斜长石呈针状或长板状，长短轴比为 10:1，晶体多具中空骸晶结构，边界呈锯齿状，具绿泥石化、葡萄石化、黝帘石化等蚀变。

（2）角砾状玄武岩

灰紫色、斑状结构，角砾状构造。角砾多呈多面体状，断面多为五边形或六边形，角砾之间可拼贴性好，具暗色晕圈，角砾直径在0.5~7cm，角砾成分为球颗玄武岩，由中空的长板状斜长石骸晶和玻璃质组成，角砾之间为玉髓及不透明物质（图版XXI-6）。

3. 岩石化学特征

岩石化学分析数据、CIPW值、特征参数如表3-2、表3-3所示。

SiO_2变化在47.25%~48.24%之间，CaO含量变化在12.01%~12.09%之间，具拉斑玄武岩的特征，但Na_2O、K_2O含量偏高，分别介于3.55%~4.02%和0.8%~1.55%之间，在硅-碱图（图3-25）上投在碱性岩系列，说明本区枕状玄武岩具有拉斑玄武岩和碱性玄武岩过渡类型的特点，从Al_2O_3含量介于16.32%~17.25%之间看，又具有高铝玄武岩的特征，而高铝玄武岩恰好为拉斑玄武岩和碱性玄武岩的过渡类型，因此本区玄武岩应属偏碱性的高铝玄武岩。

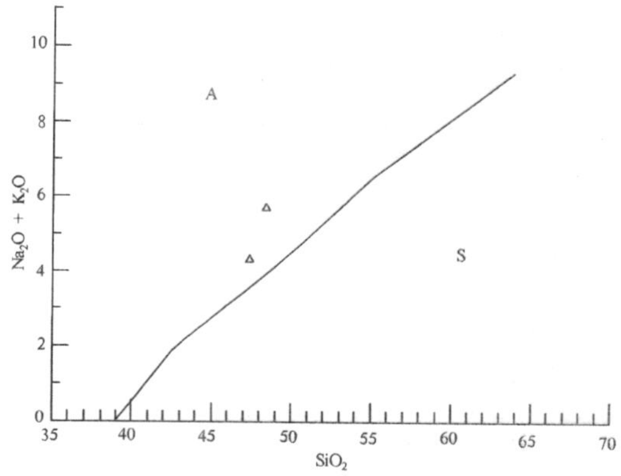

图3-25　枕状玄武岩硅-碱图
（据I. N. Irvine，1971）
A. 碱性系列；S. 亚碱性系列；△枕状熔岩

4. 稀土元素特征

稀土元素丰度及特征参数如表3-5、表3-6所示。

该套岩石稀土总量∑REE介于75.35×10^{-6}~145.4×10^{-6}之间，为该套蛇绿岩中稀土总量最高的，与碱性玄武岩稀土特征基本一致。显示形成于拉张阶段的火山岩特征。δEu介于1.18~1.21之间，显Eu的正异常特征，比超镁铁质岩和堆晶杂岩正异常弱一些，与席状岩墙群的特征较为相似。δCe值介于0.69~0.89之间，显负异常，与席状岩墙群基本一致。$(La/Yb)_N$值介于6.09~7.97之间，∑Ce/∑Y值介于2.37~3.45之间，属轻稀土相对富集型（图3-26）。从$(La/Sm)_N$值介于3.08~4.77之间与$(Gd/Yb)_N$值介于1.14~1.44之间看，轻稀土比重稀土分馏明显。可以看出，从橄榄岩→堆晶杂岩→岩墙群及枕状玄武岩，稀土总量∑REE和固结指数（SI），随着SI的降低，岩浆分异程度逐渐增加，稀土总量逐渐增高，显示它们为同源演化的特点。

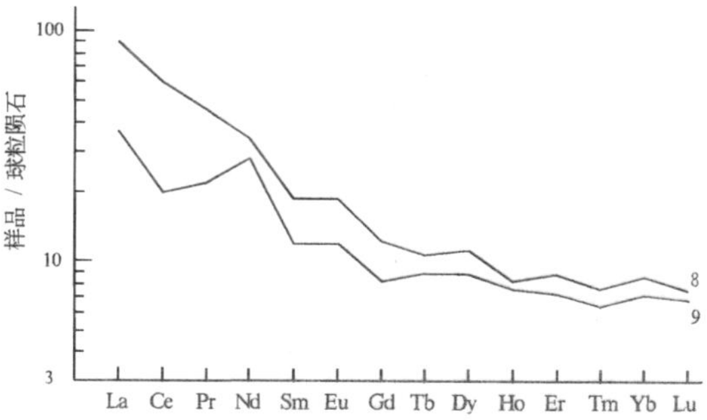

图3-26　枕状玄武岩稀土配分
（据after Coryell，1963）

5. 微量元素特征

微量元素丰度如表3-7所示。

从MORB标准化曲线图（图3-22）可以看出，枕状玄武岩与标准洋中脊玄武岩相比，Sr、K_2O、Rb、Ba、Tb、Ta、Nb、Ce明显富集，而Y、Yb趋于分散。Zr、Hf、Sr、TiO_2、Sc、Cr基本与标准洋中脊玄武岩一致。枕状玄武岩与本区的岩墙群相比，K、Th、Ta、Nb明显富集，Y、Yb趋于分散，分异程度高于玄武岩，与板内碱性玄武岩特征相似。岩墙群和枕状玄武岩的标准化曲线形态具有相似性，有从岩墙群向枕状玄武岩演化的趋势。

五、放射虫硅质岩

1. 地质特征

放射虫硅质岩分布于昌拉一带，呈夹层状产于枕状玄武岩的中上部，出露面积0.6km^2，占蛇绿岩面积的0.27%，共有三层，层厚0.27~49.23m，产状走向北东，倾向南东，倾角30°~50°，与枕状玄武岩接触界线清楚，界线形态与枕状熔岩表面形状一致（图3-23）。放射虫硅质岩中产丰富的放射虫化石（图版XXIV-1、2、3、4），经南京地质古生物研究所王玉净研究员鉴定为*Acaeniotyle* sp，时代为中侏罗世-晚白垩世；*Crucella* sp.，时代为晚三叠世-晚白垩世；*Parvicingula* sp，时代为中侏罗世-晚白垩世，结合席状岩墙群、枕状玄武岩的年龄资料，确定其时代为晚侏罗世-早白垩世。

2. 岩石学特征

放射虫硅质岩呈紫红—灰绿色，细纹层状构造，主要由玉髓表状硅质成分组成，含少量陆源碎屑，含丰富的放射虫化石，直径0.5mm±，呈椭圆形。

3. 岩石化学特征

放射虫硅质岩SiO_2变化在81.46%~88.40%之间，相对偏低，Al_2O_3介于3.41%~4.98%之间，略偏高，Fe_2O_3/FeO比值在0.15%~0.32%，SiO_2/Al_2O_3比值介于16.35~25.9之间，SiO_2/MgO比值介于49.25~83.4之间，$SiO_2/(Na_2O+K_2O)$介于61.28~110.5之间，近于火山沉积硅质岩的比值特征，并有向生物沉积硅质岩过渡的特点（表3-9）。

表3-9　放射虫硅质岩成因类型

成因类型	Fe_2O_3/FeO	SiO_2/Al_2O_3	SiO_2/MgO	$SiO_2/(Na_2O+K_2O)$
本区	0.15~0.32（0.24）	16.35~25.90（19.71）	49.35~83.40（65.30）	61.28~110.50（72.09）
生物化学沉积	4.40	107.00	346	235.00
火山沉积	0.46	13.70	69.50	36.00
热水沉积	0.51	7.79	52.20	17.40

在Al-Fe-Mn（W_t%）比率三角图（图3-27）上，投到非热水区，在Fe/Mn-100＊Al/Al+Fe+Mn变异图（图3-28）上投在陆源物质区，并靠近生物物质和玄武岩岩石区，这与本区硅质岩中含丰富放射虫和产于枕状玄武岩中的特征相附合。说明本区硅质岩代表的沉积环境为相对海水较深但规模较小的洋盆。

4. 稀土元素特征

稀土元素丰度及特征参数如表3-7所示。

该套岩石∑REE介于69.65×10^{-6}~88.81×10^{-6}之间，为稀土总量偏高型。δEu介于0.71~0.76之间，为铕负异常。δCe介于0.94~0.95之间，δCe显负异常特征。$(La/Yb)_N$比值介于6.09~7.97之间，反映轻稀土相对富集，反映在稀土配分曲线上为右倾斜型（图3-29）。∑Ce/∑Y比值介于2.71~3.45之间，大于1，也反映为轻稀土富集的特征。$(Ce/Yb)_N$比值介于4.3~5.55之间，反映轻重稀土分馏较好。从$(La/Sm)_N$值介于2.73~3.09之间，$(Gd/Yb)_N$值介于1.09~1.2之间，反映轻稀土的分馏比重稀土分馏程度高。在ΣCe/ΣY-Eu/ΣREE图解上投到大陆型沉积壳层、非大洋壳沉积壳层。δCe平均值为0.94。Murray（1990）对美国西海岸加利福尼亚侏罗-白垩纪燧石进行REE系统研究后，得出大洋环境的燧石岩：δCe 平均值（9 个样）为 0.30，而大陆边缘环境的 15 个燧石岩 δCe 为 0.79 ~ 1.54 之间，因此本区硅质岩具大陆边缘环境特征。

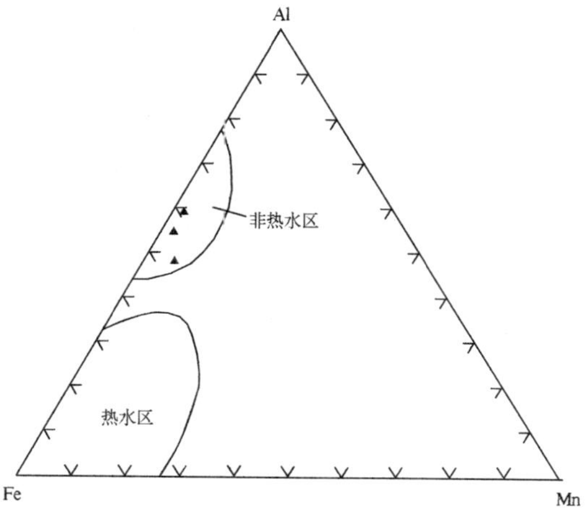

图 3 - 27　放射虫硅质岩 Al - Fe - Mn 三角比率图
（据 Adachi 修改，1980）
▲. 本区硅质岩

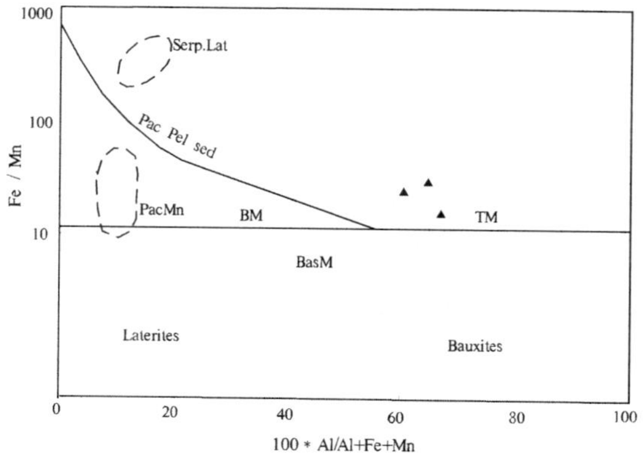

图 3 - 28　放射虫硅质岩 Fe/Mn - 100 * Al / Al + Fe + Mn 变异图
（据 Bosrtom，1983）
BasM. 玄武质；TM. 陆源物质；BM. 生物物质；
Serp. Lat.. 蛇纹岩上的红土；
PacMn. 太平洋锰结核；
▲. 本区硅质岩

5. 微量元素特征

微量元素丰度如表 3 - 7 所示。

本区放射虫硅质岩与沉积岩（粘土岩、页岩）的克拉克值相比较，Cu、Pb、Zn、Co 较为接近，Cr 偏高，Ni、V、Ba、B、Sr 偏低，仅为克拉克值的 1/3 ~ 1/10，多数元素远低于沉积岩克拉克值，说明本区硅质岩距陆较远或物源补给溃乏，海水相对较深。

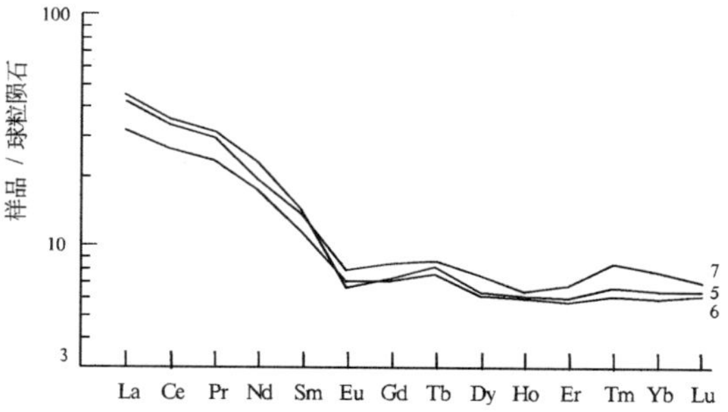

图 3 - 29　放射虫硅质岩稀土配分曲线
（据 after Coryell，1963）

六、超镁铁质岩

1. 地质特征

超镁铁质岩为测区内出露面积最大的蛇绿岩单元，为 182km^2，占蛇绿岩面积的 81.27%。

该岩体西到永珠桥，东到果芒错南岸一带，NW 向带状展布。长 65km，最宽 9km，最窄 200m，宽一般为 5 ~ 6km。

该岩体与围岩多为断层接触，次为侵入接触。该岩体侵入了早泥盆世—早石炭世查果罗玛组（$D_1C_1\hat{c}$）、中二叠世下拉组（P_2x）、晚侏罗世—早白垩世日拉组（J_3K_1r）、早白垩世则弄群（K_1Z）中。接触带包括内接触带和外接触带。内接触带特征为见有沉积岩捕掳体，其长轴平行接触带，并有矿物粒度变细的特征。外接触带特征为在靠近接触带处，围岩发生重结晶、角岩化等热接触变质现象。镜下观察有热接触变质矿物堇青石、石榴石、磁铁矿、阳起石生成。磁铁矿经电子探针测试 V、Ti 含量较低，为非岩浆分离结晶成因的钒钛磁铁矿。矿物生成顺序为磁铁矿→石榴石→阳起石，如图 3 - 30，图 3 - 31，图 3 - 32，图版 XXIV - 8，XXVIII1、2、5、6、7 所示，这些热接触变质特征的接触关系特征充分说明该套超镁铁质岩是岩浆成因，而非地幔岩石直接构造就位的产物。

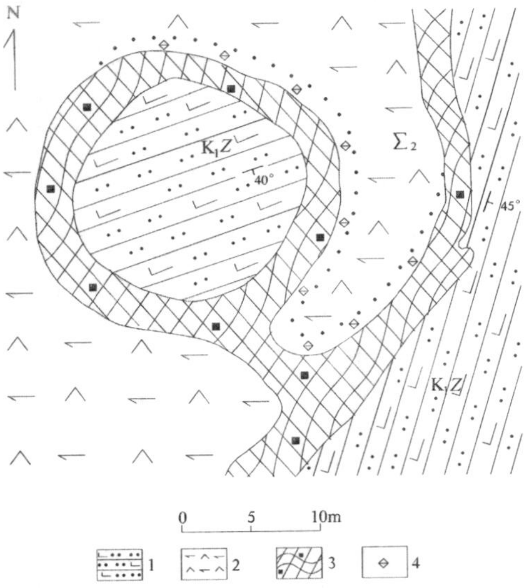

图3-30 木节辉石橄榄岩侵入则弄群接触关系素描图

1. 钙质粉砂岩；2. 辉石橄榄岩；3. 磁铁矿化角岩；4. 菱镁矿化；K_1Z. 则弄群；Σ_2. 超镁铁质岩

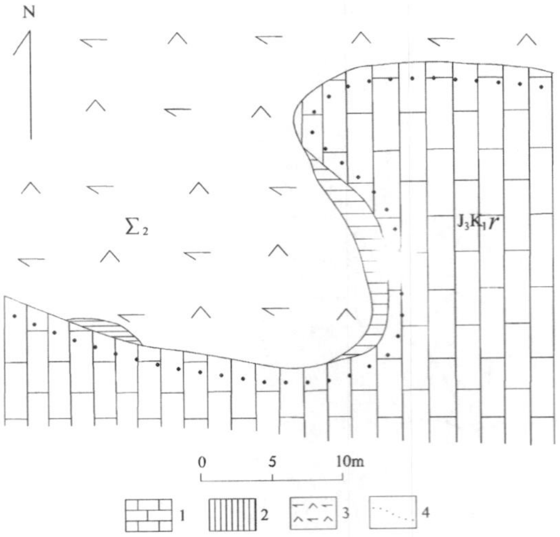

图3-31 侧波辉石橄榄岩与灰岩热接触关系素描图

1. 灰岩；2. 铁矿层；3. 辉石橄榄岩；4. 接触变质晕；J_3K_1r. 日拉组；Σ_2. 超镁铁质岩

该岩体侵入的最新地层单元为早白垩世则弄群（K_1Z），说明该岩石就位时代应晚于早白垩世，或更晚一些。岩体主要岩性为斜辉橄榄岩，其次为纯橄岩，纯橄岩多呈透镜状、条带状，产于主体岩性斜辉橄榄岩中，与斜辉橄榄岩多为渐变过渡关系（图3-12）。

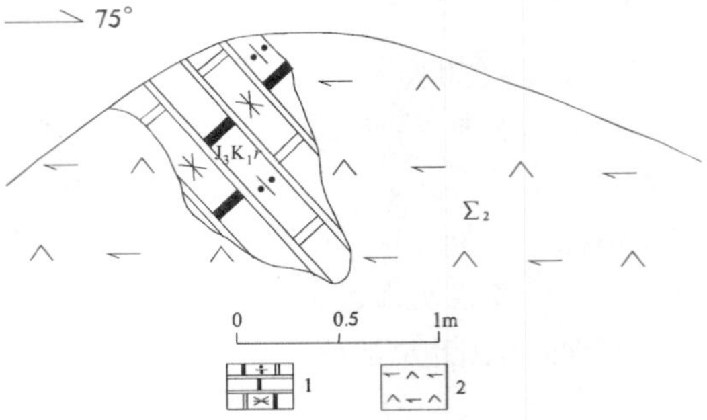

图3-32 俄木日超镁铁质岩与日拉组灰岩热接触关系素描图

1. 透闪石、阳起石矽卡岩；2. 辉石橄榄岩；J_3K_1r. 日拉组；Σ_2. 超镁铁质岩

2. 岩石学特征

测区内的超镁铁质岩中主要岩石类型为纯橄岩、斜辉橄榄岩，其次为脉状产出的斜方辉石岩。

（1）纯橄岩

新鲜面浅黄绿色，细粒结构，块状构造，局部具片理构造。矿物成分：橄榄石，他形粒状，几乎已全部蛇纹石化，但仍保留橄榄石粒状晶形假象，粒度0.05～0.2mm，含量在85%左右，以镁橄榄石为主，Fo介于88～91之间，其中大于等于90的占99%以上；斜方辉石，半自形-他形粒状，粒度0.2～0.5mm，绢石化强烈，含量在5%以下。

该岩石在蛇纹石化、绢石化后期又见鳞片状滑石化，滑石化呈集合体状，粒度0.005～0.01mm，占8%±。不透明矿物由磁铁矿、铬铁矿、钛铁矿等组成，含量2%±。

（2）斜辉橄榄岩

新鲜面为黑绿色，中—细粒结构，块状构造。局部见片理构造、似片麻状构造（多分布在岩体边部），由斜方辉石沿一定方向排列构成。矿物成分：橄榄石，淡黄绿色，粒状，多被叶片状蛇纹石交代，呈网状结构，粒度1～3mm，含量在70%～75%。Fo介于88～91之间，其中大于等于90的占99%以上；斜方辉石，呈他形粒状，粒径1～5mm，含量20%±，多已绢石化，绢石呈片状，粒度0.1

~0.2mm，不透明或半透明矿物有磁铁矿、铬尖晶石，粒状，粒度0.1~1mm，含量5%±。

(3) 斜方辉石岩

黄绿—灰绿色，半自形不等粒结构，块状构造。斜方辉石，粒度2~4mm，个别达8~10mm，含量95%~99%。见少量蛇纹石、绿泥石化、碳酸盐化。

3. 岩石化学特征

岩石化学分析数据、CIPW值、特征参数如表3-2、表3-3所示。

采用国际地科联推荐的OL-OPX-CPS超镁铁质岩类化学分类命名图，对超镁铁质岩岩石化学成分进行投图，除2号样投到二辉橄榄岩区、1号样投到纯橄岩区外，其他样品均投到斜辉橄榄岩区（图3-33），大致与薄片鉴定一致。

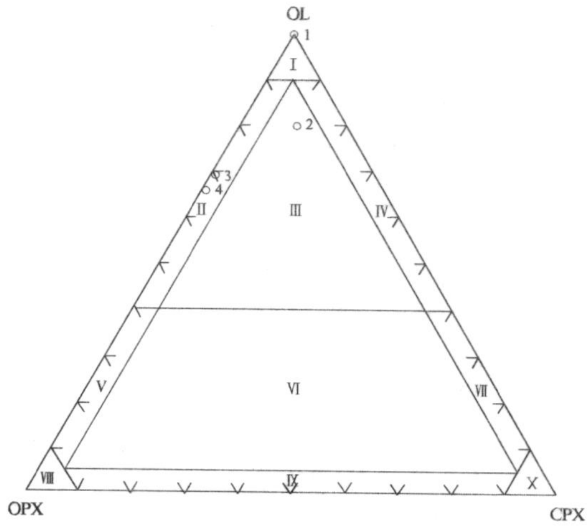

图3-33　超镁铁质岩OL-OPX-CPX图
(Streckeisen, 1973)
Ⅰ. 纯橄岩；Ⅱ. 斜辉橄榄岩；
Ⅲ. 二辉橄榄岩；Ⅳ. 异剥橄榄岩；
Ⅴ. 橄榄斜辉岩；Ⅵ. 橄榄二辉岩；
Ⅶ. 橄榄异剥岩；Ⅷ. 斜辉岩；
Ⅸ. 二辉岩；Ⅹ. 异剥岩；○. 超镁铁质岩

该套岩石M/F在9.04~10.66之间变化，平均9.98>6~7，为原始超镁铁质岩浆直接侵入所形成的岩石，MgO含量大于30%也证明了这一点。

两期超镁铁质岩比较，岩石化学特征基本一致，但也存在一定的差异（表3-10），第二期超镁铁质岩（Σ_2）FeO*、SiO_2、Na_2O含量偏低，而MgO、CaO、Al_2O_3、TiO_2含量偏高。第一期球状超镁铁质岩的MgO、CaO、Al_2O_3、TiO_2含量比第二期超镁铁质岩偏低，MgO低的原因是第一期球状超镁铁质岩普遍发育蛇纹石化、菱镁矿化，在这个蚀变过程中Mg易形成菱镁矿被带走，所以第一期超镁铁质岩MgO偏低，第二期超镁铁质岩菱镁矿化微弱，所以Mg偏高。而Fe、Si是残留相，所以在第一期超镁铁质岩中就比较富集。第二期球状超镁铁质岩的CaO、Al_2O_3、TiO_2高于第一期球状超镁铁质岩，说明第二期超镁铁质岩分异程度高于第一期球状超镁铁质岩。

表3-10　两期超镁铁质岩岩石化学特征对比表

氧化物名称	球状超镁铁质岩（Σ_1）		超镁铁质岩（Σ_2）	
	变化范围（%）	平均值（%）	变化范围（%）	平均值（%）
SiO_2	39.67~40.53	39.97	36.94~39.54	38.51
Al_2O_3	0.45~2.50	0.47	0.47~1.03	0.69
FeO*	8.01~8.66	8.39	7.48~7.79	7.62
MgO	37.09~37.54	37.33	36.63~38.70	38.04
CaO	0.17~0.26	0.21	0.44~1.95	0.83
Na_2O	0.04~0.26	0.50	0.04~0.14	0.10
TiO_2	0.06~0.09	0.08	0.07~0.21	0.14

4. 稀土元素特征

稀土元素丰度及特征参数如表3-5、表3-6所示。该套岩石稀土总量ΣREE介于12.08×10^{-6}~21.05×10^{-6}之间，为稀土总量偏低型。δEu介于0.4~2.24之间，以Eu正异常为主，反映岩浆岩分异不佳，但比球状超镁铁质岩要好一些。δCe在0.67~2.71之间，以Ce正异常为主。$(La/Yb)_N$比值介于12.25~48.88之间，远大于1，属轻稀土富集型，反映在稀土配分曲线上为右倾的特征（图3-34）。

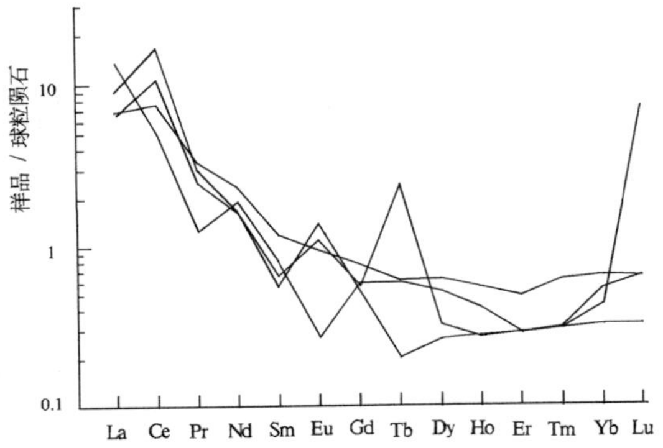

图 3-34　超镁铁质岩稀土配分曲线
（据 after Coryell，1963）

比球状超镁铁质岩更富集轻稀土（表3-11）。说明到这时地幔部分熔融程度提高，异常地幔的富集程度更加明显。$(La/Sm)_N$ 比值介于5.29～16.99之间，平均12.31，而 $(Gd/Yb)_N$ 比值介于1.1～1.84之间，平均1.37。从比值上看，前者大于后者，说明轻稀土比重稀土分馏程度好，反映地幔部分熔融程度仍偏低。本区超镁铁质岩的轻稀土富集特征与国际国内经典蛇绿岩中的变质橄榄岩差异较大，多数变质橄榄岩表现为轻稀土亏损的特征，其成因为部分熔融后的地幔岩残余体构造侵位而成。本区超镁铁质岩轻稀土富集的特征，反映本区超镁铁质岩为地幔岩部分熔融的熔体部分，即超镁铁质岩浆直接侵位而成，由于轻稀土容易进入熔体相，重稀土不易进入熔体相，而使超镁铁质岩表现出轻稀土富集的特征。轻稀土富集的特征也可能反映本区超镁铁质岩来源于富集型的地幔源区。

表3-11　两期超镁铁质岩稀土特征对比表

参数	球状超镁铁质岩（Σ_1）		超镁铁质岩（Σ_2）	
	变化范围	平均值	变化范围	平均值
ΣREE	3.64～29.97	18.14	12.98～21.05	15.25
δEu	0.65～2.42	1.63	0.40～2.42	1.41
δCe	0.69～6.41	3.17	0.67～0.75	1.80
$(La/Yb)_N$	5.97～15.25	10.80	12.25～48.88	24.50
ΣCe/Y	3.61～19.25	11.73	6.46～17.96	10.20
$(La/Sm)_N$	4.72～11.48	7.55	5.92～16.99	12.31
$(Gd/Yb)_N$	1.04～1.18	1.11	1.10～1.84	1.37

5. 微量元素特征

微量元素丰度如表3-7所示。

两期超镁铁质岩的微量元素特征非常相似，从图3-22可以看出，两者的过渡族元素球粒陨石标准化曲线几乎完全一致。除Ti与球粒陨石值接近外，其余皆亏损于球粒陨石，而且从Sc到Ni亏损程度有逐渐增加的趋势。曲线微微右倾，Ti、Cr表现为两个波峰。

大离子亲石元素Rb、Sr、Ba、Zr均较贫化。

该套岩石与原始地幔对比，亲石微量元素中Rb、Nb、Ba、Th趋于集中，Sr、Zr、Hf趋于分散。

七、永珠蛇绿岩的演化特征及构造环境判别

1. 演化特征

（1）岩石化学演化特征

该套蛇绿岩从超镁铁质岩→堆晶杂岩→席状岩墙群→枕状玄武岩，SiO_2、Al_2O_3、Na_2O、CaO、TiO_2

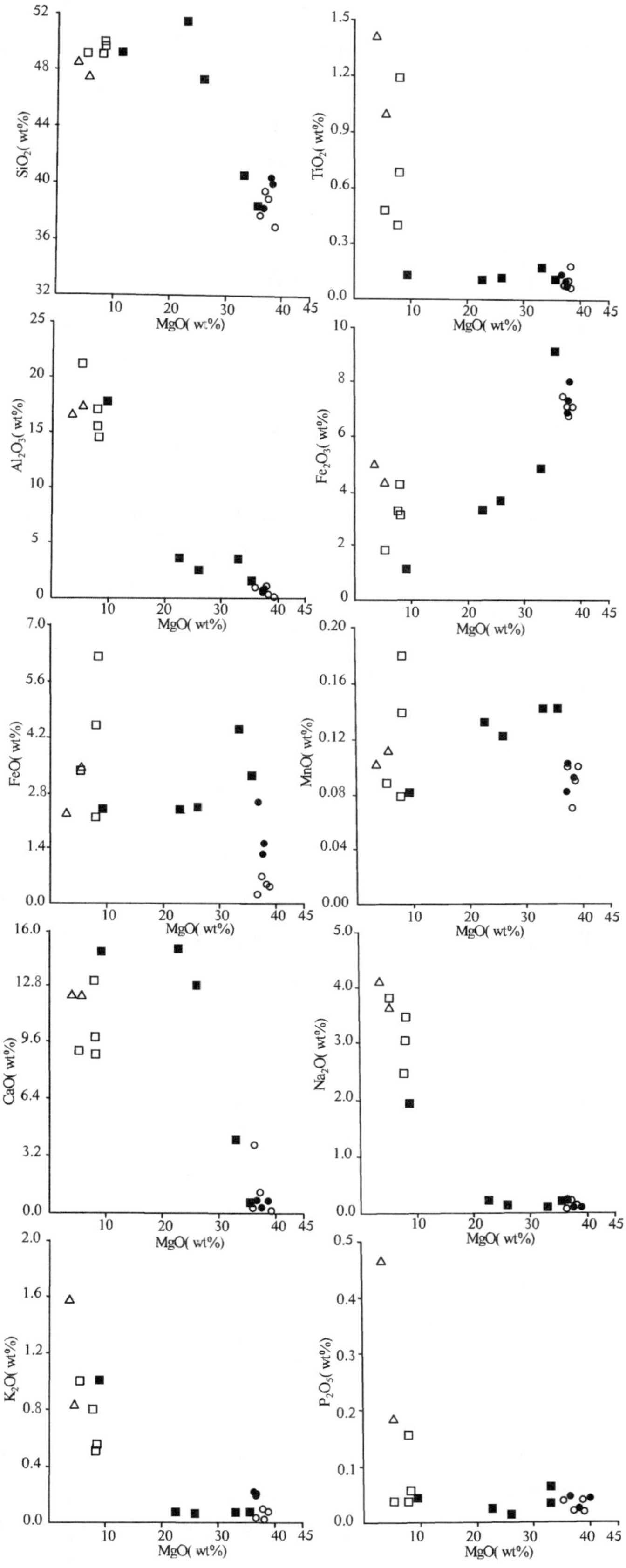

图 3 - 35　永珠蛇绿岩 Harker 图

○. 超镁铁质岩；●. 球状超镁铁质岩；

■. 堆晶杂岩；□. 席状岩墙群；△. 枕状玄武岩

逐渐升高，FeO＊、MgO 逐渐降低（图 3 - 35、表 3 - 2）。分异指数 DI 逐渐升高，固结指数 SI 逐渐降低，显示岩浆的分异趋势向富硅碱和贫镁铁方向演化。

从 Harker 图中看永珠蛇绿岩各岩石单元 MgO 含量变化在 2.5% ~42% 之间，随着 MgO 含量的减少，从趋镁铁质岩→堆晶杂岩→席状岩墙群→枕状玄武岩，各氧化物呈现出不同的变化趋势。SiO_2总体为逐渐增加的趋势，并且在超镁铁质岩→堆晶杂岩区间增加趋势明显，在堆晶杂岩→席状岩墙群→枕状熔岩区间增加趋势不明显；TiO_2在超镁铁质岩→堆晶杂岩区间含量变化较小，均在 0.06% ~ 0.21% 之间，在堆晶杂岩→席状岩墙→枕状玄武岩之间急剧增加，但堆晶杂岩与席状岩墙群之间存在演化间断；Al_2O_3 在超镁铁质岩→堆晶杂岩→席状岩墙群→枕状玄武岩为逐渐增加的趋势，Fe_2O_3 在超镁铁质岩→堆晶杂岩区间逐渐降低，而堆晶杂岩→席状岩墙群枕状玄武岩区间变化趋势不明显，总体在 1% ~5% 之间波动，只是堆晶杂岩变化范围较大，而从底部堆晶韵律→顶部韵律呈现出逐渐降低的趋势，FeO 从超镁铁质岩→堆晶杂岩呈现出增加的趋势，从堆晶杂岩→席状岩墙→枕状玄武岩基本在 2.3% ~ 4.5 % 之间波动，变化趋势不明显；MnO 变化趋势不明显，基本变化在 0.07% ~ 0.18% 之间，不是堆晶杂岩，从底部超镁铁质堆晶岩→顶部的浅色镁铁质堆晶岩呈现出明显的下降趋势。P_2O_5 在超镁铁质岩→堆晶杂岩之间，基本恒定在 0.01% ~0.04% 之间，无明显的变化趋势。从堆晶杂岩→席状岩墙群→枕状玄武岩，呈现出明显的逐渐增加的趋势。

Na_2O、K_2O 呈现出明显的逐渐增加的趋势，而且以堆晶杂岩→岩墙群→枕状玄武岩增加趋势最为明显。

CaO 从超基性岩→堆晶杂岩区间呈现出明显的增加趋势，这与其中辉石、斜长石的大量增加关系较为密切，从堆晶杂岩→席状岩墙群、枕状玄武岩，表现为略有降低的趋势。

综上所述，从超镁铁质岩→堆晶杂岩→席状岩墙群→枕状玄武岩，氧化物含量呈现出明显的变化规律，即：MgO 呈现出明显的下降趋势，FeO、Fe_2O_3、MnO 变化不大，FeO 在超镁铁质岩→堆晶杂岩之间略表现为增加趋势，Al_2O_3、SiO_2、CaO、K_2O、Na_2O、TiO_2、P_2O_5呈现出明显的递增趋势，（K_2O、TiO_2、P_2O_5在超镁铁质岩→堆晶杂岩之间含量变化不大，无明显变化规律）。上述演化特征反映永珠蛇绿岩各岩石单元之间是有一定的同源演化特征的。

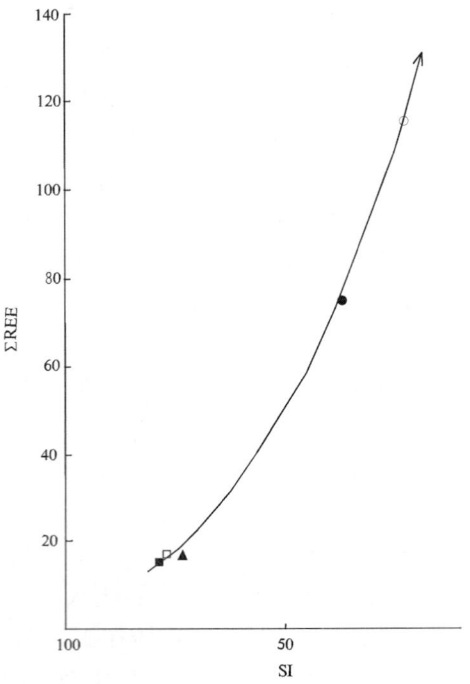

图 3-36　永珠蛇绿岩∑REE-SI 图

□. Σ_1；■. Σ_2；▲. cc；●. sd；○. βb

（2）稀土元素演化特征

从 ΣREE-SI 图解（图 3-36）上蛇绿岩各岩石单元稀土总量平均值的投点情况看，从超镁铁质岩→堆晶杂岩→席状岩墙群→枕状玄武岩，随着固结指数 SI 逐渐降低，分异程度逐渐增加，稀土总量 ΣREE 也逐渐增高，反映出同源演化的特征。

综上所述，蛇绿岩岩石单元具有同源演化的趋势，即均来自相同的地幔源区。上述岩石单元在不同的构造环境下，经不同程度的地幔熔融、岩浆分异，分别在不同的构造部位就位。从蛇绿岩各岩石单元稀土和微量元素均较富集的岩石地球化学特征看，它们应来自富集型的地幔源区，反映当时的地壳厚度还相对较厚。

（3）微量元素演化特征

从超镁铁质岩→堆晶杂岩→席状岩墙群→枕状玄武岩，微量元素呈现出大离子亲石元素 Rb、Sr、Ba、Zr，高场强元素 Th、Hf 逐渐富集，过渡族元素逐渐降低的演化趋势。

橄榄岩、堆晶杂岩、席状岩墙群、枕状玄武岩与经典蛇绿岩相比具有富集大离子亲石元素 K、Rb、Sr、Ba，高场强元素 Th、Hf 及轻稀土元素，反映上述岩石来自富集型的地幔源区特征。

2. 构造环境判别

①超镁铁质岩、堆晶杂岩的稀土元素具轻稀土富集，Eu 正异常等特征，区别于大洋型超镁铁质岩，说明岩浆来源于富集型地幔，形成于厚度相对较大的岩石圈之下，显示靠近陆壳的特征。

②岩墙群、枕状玄武岩、放射虫硅质岩三者构成结构完整的上部洋壳，岩墙群规模较大，说明曾发生过海底扩张作用，有深度相对较大的洋盆形成。

③放射虫硅质岩的稀土元素特征显示 δCe 平均值为 1.08，属大陆边缘环境，从硅质岩中有陆源物质参与和 Al_2O_3、CaO 含量偏高来看，本区当时的洋盆规模不大。

④席状岩墙群、枕状玄武岩在 TiO_2-Zr 图（图 3-37）、TiO_2-<Fe>/Mg 图（图 3-38）、Ti/Cr-Ni 图（图 3-39）上主要落入洋脊玄武岩区，其次落在洋脊玄武岩和火山弧玄武岩的分界线附近，具火山弧和洋中脊过渡类型的特点。

⑤本区蛇绿岩中超镁铁质岩、堆晶杂岩、席状岩墙群、枕状玄武岩均具轻稀土富集的特征，区别于标准的大洋蛇绿岩。岩墙群为钙碱性系列岩石，为岛弧区或消减带典型的岩石化学特征。稀土元素和微量元素均表现出富集的特征，与富集型洋脊玄武岩一致。说明当时的地壳厚度还相对较厚，属陆壳和洋壳之间的过渡类型，显消减带或大陆边缘型地壳的特征。枕状玄武岩属碱性系列岩石，具高 K_2O、P_2O_5，中 TiO_2的特点。LREE 及大离子亲石元素相对富集与板内碱性玄武岩特征相似，说明其形成于伸展区，盆地的拉张阶段。

综上所述，我们认为永珠蛇绿岩所代表的构造环境为消减带上的伸展区，结合区域构造环境，本区

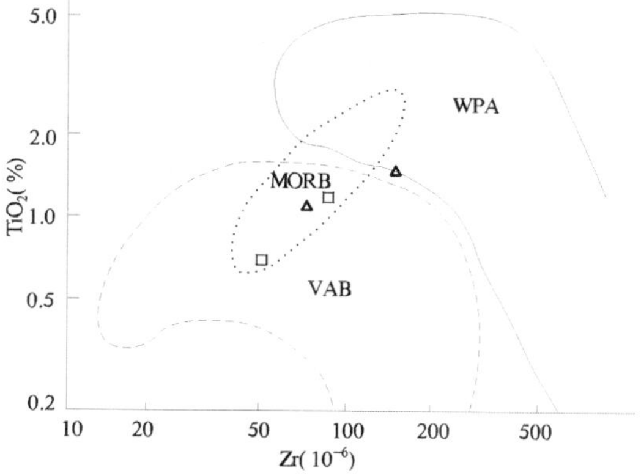

图 3-37 永珠蛇绿岩 TiO_2-Zr 图

（据 ofter pearce，1980）

MORB. 标准洋中脊玄武岩；VAB. 火山弧玄武岩；WPA. 板内玄武岩；□. 席状岩墙群；▲. 枕状玄武岩

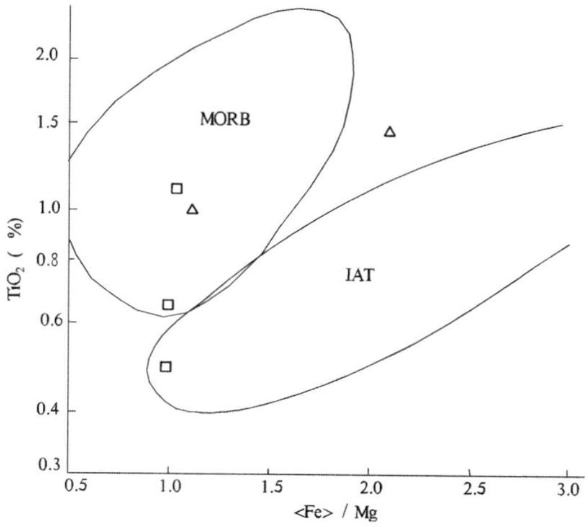

图 3-38 永珠蛇绿岩 TiO_2-<Fe>/Mg 图

（据 Deng Wanming，1981）

MORB. 洋中脊玄武岩；IAT. 岛弧拉斑玄武岩；□. 席状岩墙群；▲. 枕状玄武岩

处于两个岩浆弧之间，因此构造环境应更准确地确定为弧间裂谷盆地。

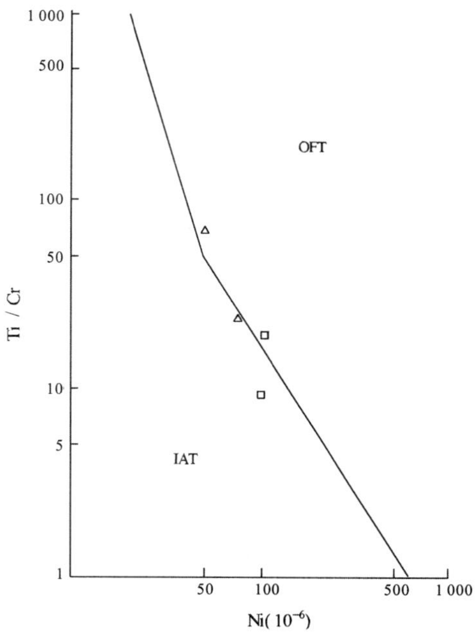

图 3-39 永珠蛇绿岩 Ti/Cr-Ni 图

（据 Beccaluva，*et al.*，1979）

OFT. 大洋玄武岩；IAT. 岛弧玄武岩；□. 席状岩墙群；▲. 枕状玄武岩

第二节 酸性侵入岩

图幅内酸性侵入岩分布不甚广泛，均产于班公湖—怒江结合带与狮泉河—永珠—嘉黎结合带之间的昂龙岗日—班戈—腾冲燕山期岩浆弧带上，属冈底斯—念青唐古拉构造岩浆带北带。出露面积约 730 km^2，占全区总面积的 4.6%，分布测区的中、南部，主要为燕山晚期—喜山早期的酸性侵入岩，呈近东西向—北西向带状分布，与区内主要构造线基本一致，多呈岩株或岩基状产出。从岩石类型上看，区内出露的侵入岩岩性较简单，仅见花岗闪长岩及二长花岗岩两种基本岩石类型。根据侵入岩填图单元划分原则，将区内侵入岩划分为六个单元，详见花岗岩类单元划分一览表（表 3-12）。

一、早白垩世酸性侵入岩

早白垩世酸性侵入岩在测区内出露面积较大，约 304km^2，占侵入岩的 41.9%。分布于测区中、东部的果芒错北东及朗庆日附近，向东延伸出图。在本区见两个填图单元，即早白垩世早期中粒黑云母花岗闪长岩（$K_1^1\gamma\delta\beta$）及早白垩世晚期中粗粒黑云母花岗闪长岩（$K_1^2\gamma\delta\beta$）。

（一）早白垩世早期中粒黑云母花岗岩闪长岩（$K_1^1\gamma\delta\beta$）

1. 地质特征

分布于测区中东部，在区内仅出露 1 个侵入体，出露面积 194km^2，占侵入岩的 26.7%，呈岩基产

表 3－12　多巴区幅花岗岩类单元划分一览表

单元名称	代号	主要特征	成因类型	代表性岩体	同位素年龄
古近纪古新世中粗粒似斑状二长花岗岩	$E_1\eta\gamma$	呈岩基状产出，含少量闪长质包体，侵入早白垩世多尼组、郎山组及早白垩世早期中粒黑云母花岗闪长岩及晚白垩世早期中粗粒似斑状黑云母二长花岗岩中	(S) 型	雪如岩体	59.4 (K－Ar)
晚白垩世晚期中细粒似斑状二长花岗岩	$K_2^2\eta\gamma_2$	呈岩株或岩枝产出，含闪长质包体，侵入于早泥盆世达尔东组、晚侏罗世—早白垩世日拉组、早白垩世多尼组及早白垩世晚期黑云母花岗闪长岩及中粗粒二长花岗岩中	I 型	可嘎岩体 雄梅岩体	69.0 (K－Ar)
晚白垩世晚期中粗粒二长花岗岩	$K_2^2\eta\gamma_1$	呈岩株状产出，含闪长质包体，侵入于早中石炭世永珠组、早白垩世多尼组、郎山组及早白垩世晚期中粗粒黑云母花岗闪长岩中	I 型	雄巴岩体 桑心日岩体	70.6、80.5 (K－Ar)
晚白垩世早期中粗粒似斑状黑云母二长花岗岩	$K_2^1\eta\gamma\beta$	呈岩株状产出，侵入早白垩世早期中粒黑云母花岗闪长岩及晚白垩世竟柱山组中，被古—始新世牛堡组不整合覆盖	(S) 型	多巴岩体	94.4 (K－Ar)
早白垩世晚期中粗粒黑云母花岗闪长岩	$K_1^2\gamma\delta\beta$	呈岩株状产出，含闪长质包体，侵入于晚侏罗世日拉组、早泥盆世—早石炭世查果罗玛组中，被晚白垩世晚期中粗粒二长花岗岩和晚白垩世晚期中细粒似斑状二长花岗岩侵入	I 型	功穷岩体	105.0 (K－Ar)
早白垩世早期中粒黑云母花岗闪长岩	$K_1^1\gamma\delta\beta$	呈岩基状产出，含闪长质包体，区域上侵入于中晚侏罗世接奴群中，被古近纪古新世中粗粒似斑状二长花岗岩及晚白垩世早期粗粒似斑状黑云母二长花岗岩侵入	(I) 型	班戈岩体	120 (U－Pb) 130.0 (K－Ar)

注：同位素年龄单位为 Ma

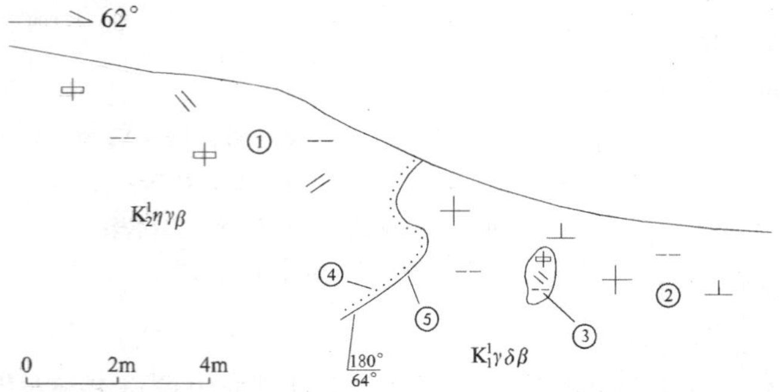

图 3－40　日阿 $K_2^1\eta\gamma\beta$ 与 $K_1^1\gamma\delta\beta$ 侵入接触关系素描图

①. $K_2^1\eta\gamma\beta$ 单元中粗粒似斑状黑云母二长花岗岩；
②. $K_1^1\gamma\delta\beta$ 单元中粒黑云母花岗闪长岩；
③. $K_2^1\eta\gamma\beta$ 的岩枝；④. 细粒边；⑤. 侵入界线

出。区域上受北西向构造控制，呈近北西向展布。岩体内节理、脉岩均不十分发育。其中见较多的闪长质包体，含量小于 1%，多呈次圆状或椭圆状，大小一般 2～5cm，个别可达 10cm 以上，排列无规律。岩体内普遍见有褐铁矿化蚀变。该单元区域上侵入于中晚侏罗世接奴群（$J_{2-3}J$）中，被晚白垩世早期中粗粒似斑状二长花岗岩（$K_2^1\eta\gamma\beta$）侵入（图 3－40）。另外，1983 年西藏区调队1:100万日喀则幅、亚东幅区调中获 U－pb 法同位素年龄为 120Ma，本次工作测得 K－Ar（全岩）同位素年岭为 130Ma。

因此，将该单元侵位时代确定为早白垩世。

2. 岩石学特征

该单元主体岩性为中粒黑云母花岗闪长岩（图3-41、图3-42）。

岩石呈半自形粒状结构，块状构造。主要造岩矿物为斜长石、钾长石、石英及少量黑云母。其中，斜长石：板状，板柱状，发育聚片双晶，见有卡钠联合双晶，有的见环带状构造，表面绢云母化，粒度2~3.5mm，含量50%~55%；钾长石：板状、粒状，见有条纹状构造，粒度2~3mm，含量15%；石英：粒状波状消光，见碎裂现象，正低突起，干涉色一级，粒度1.5~3.5mm，含量25%。黑云母：棕色—黄色多色性，片状，具吸收性，平行消光，见绿泥石化现象，粒度1.5~2.5mm，含量8%~10%。

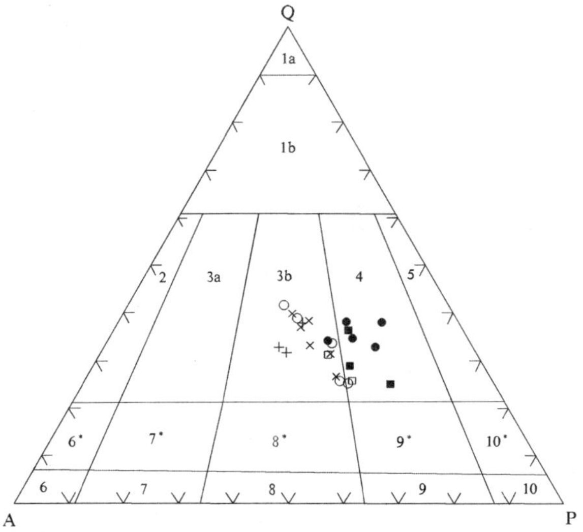

图3-41　多巴区幅花岗岩类Q-A-P三角图

（据 ofter streckeigen，1978）

1a. 硅英岩；1b. 富石英花岗岩；2. 碱长花岗岩；3a. 正长花岗岩；3b. 二长花岗岩；4. 花岗闪长岩；5. 英云闪长岩；6＊. 石英碱长正长岩；7＊. 石英正长岩；8＊. 石英二长岩；9＊. 石英二长闪长岩；10＊. 石英闪长岩；6. 碱长正长岩；7. 正长岩；8. 二长岩；9. 二长闪长岩；10. 闪长岩；×. $E_1\eta\gamma$；+. $K_2^2\eta\gamma_2$；□. $K_2^2\eta\gamma_1$；○. $K_2^1\eta\gamma\beta$；■. $K_1^2\gamma\delta\beta$；●. $K_1^1\gamma\delta\beta$

3. 岩石化学特征

该单元花岗闪长岩硅酸盐分析结果，CIPW值及主要成因指数如表3-13所示，从表中看出该单元具有以下特征。

（1）平均化学成分

与中国主要岩浆岩类的平均化学成分表中花岗闪长岩相比较，贫Al_2O_3、Fe_2O_3、MnO、MgO、CaO、Na_2O及P_2O_5，富SiO_2、FeO、K_2O。

（2）SiO_2

SiO_2含量为68.23%~70.42%，属酸性岩类。

（3）al > alk + c

al > alk + c为铝过饱和类型。

（4）特征指数

分异指数（DI）为73.52~78.31，固结指数（SI）为6.6~15.3，说明岩石分异程度较高，属花岗闪长岩类（桑汤和塔塔尔）。

4. 稀土元素特征

该单元稀土元素分析结果及特征参数如表3-14所示，该单元稀土总量ΣREE为$66.26\times10^{-6}\sim173.10\times10^{-6}$，δEu为0.64~0.94，为Eu负异常，轻重稀土比ΣCe/ΣY为3.00~6.42，属轻稀土富集型（图3-43）。

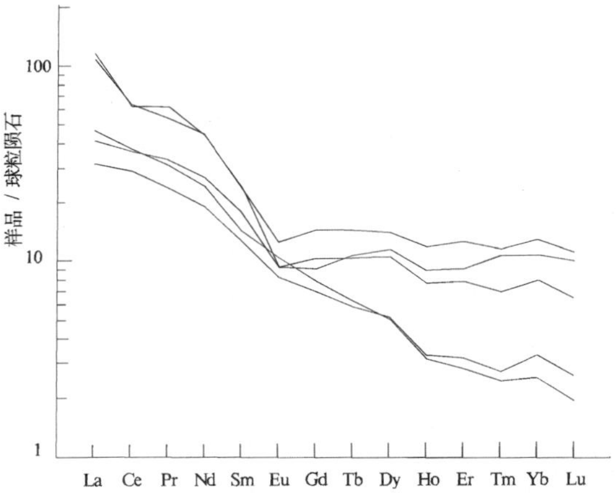

图3-43　$K_1^1\gamma\delta\beta$单元稀土配分模式

（据 after Coryell，1963）

5. 微量元素特征

该单元微量元素分析结果如表3-15所示，其平均含量与维氏值中酸性岩相比，Li（锂）高1倍，V（钒）高2倍，Cr（铬）高6倍，Co（钴）高1倍，Ni（镍）高1倍，Cs（铯）高2倍，Hf（铪）

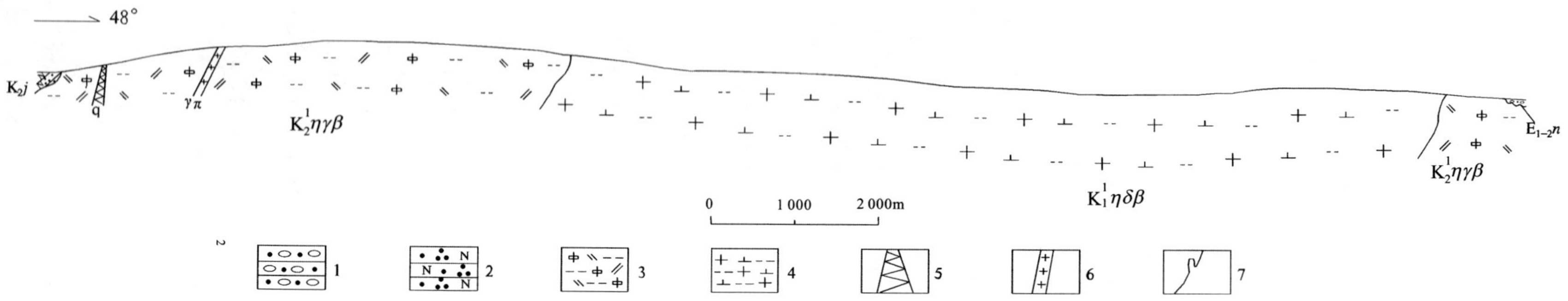

图3-42 班戈县格弄—曲梅勒早白垩世早期中粒黑云母花岗闪长岩（$K_1^1\gamma\delta\beta$）、
晚白恶世早期中粗粒似斑状黑云母二长花岗岩（$K_2^1\eta\delta\beta$）实测剖面图

1. 细砾岩；2. 长石石英砂岩；3. 似斑状黑云母二长花岗岩；4. 黑云母花岗闪长岩；5. 电气石石英脉；6. 细晶花岗岩脉；7. 侵入接触界线

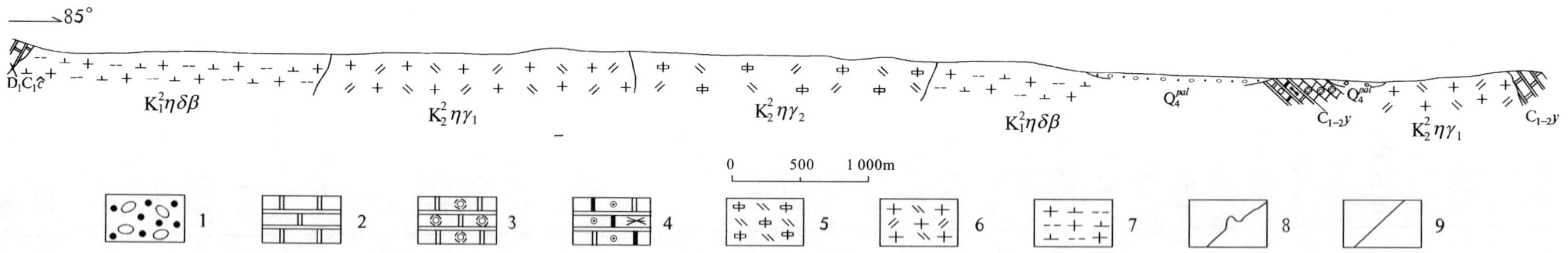

图3-47 申扎县白尔舍—绒舍弄巴晚白垩世中粗粒黑云母花岗闪长岩（$K_1^2\gamma\delta\beta$）、
中粗粒二长花岗岩（$K_2^2\eta\gamma_1$）、中细粒二长花岗岩（$K_2^2\eta\gamma_2$）实测剖面图

1. 砾砂石；2. 大理岩；3. 硅化大理岩；4. 阳起石石榴石矽卡岩；5. 似斑状二长花岗岩；6. 二长花岗岩；7. 黑云母花岗闪长岩；8. 侵入接触界线；9. 整合地质界线

表 3－13　花岗岩类岩石化学及其特征指数表

顺序号	样品号	单元名称	氧化物(W_t)%													CIPW 值					主要成因指数								
			SiO_2	TiO_2	Al_2O_3	Fe_2O_3	FeO	MnO	MgO	CaO	Na_2O	K_2O	P_2O_5	Los	总量	Q	Or	Ab	An	C	σ	DI	SI	τ	OX	ANKC	al	c	alk
1	SIX－Gs2	古近纪古新世中粗粒似斑状二长花岗岩 $E_1\eta\gamma$	74.40	0.26	12.84	0.75	1.51	0.02	0.47	1.14	3.22	4.30	0.10	0.50	99.51	35.90	25.70	27.49	5.12	1.03	1.80	89.10	4.59	37.00	0.40	1.07	44.00	7.10	34.10
2	SIX－Gs3		73.77	0.22	12.79	0.99	1.49	0.04	0.41	1.22	3.12	4.60	0.12	0.49	99.26	34.80	27.60	26.70	5.42	0.71	1.94	89.10	3.86	43.95	0.40	1.04	43.22	7.50	34.17
3	SIX－Gs4		71.64	0.34	13.46	1.27	2.11	0.04	0.88	1.70	3.16	4.55	0.16	0.53	99.84	30.46	27.10	26.89	7.55	0.58	2.08	84.50	7.35	30.29	0.41	1.02	40.09	9.21	30.15
4	Gs－6086		71.22	0.35	13.68	2.04	1.00	0.05	0.91	2.29	3.38	4.12	0.24	0.47	99.75	28.76	24.60	28.82	10.03	0.00	1.99	82.20	7.95	29.43	0.42	0.96	39.93	12.15	29.25
5	SIX－Gs1		74.19	0.28	12.28	1.17	1.48	0.06	0.64	1.06	2.85	4.50	0.14	0.75	99.40	36.54	27.00	24.44	4.50	1.10	1.73	88.00	6.02	33.68	0.41	1.07	42.25	6.63	32.89
6	SVIII－Gs5	晚白垩世晚期中细粒似斑状二长花岗岩 $K_2^2\eta\gamma_2$	73.50	0.14	13.56	0.64	1.02	0.02	0.70	1.18	2.95	5.60	0.10	0.60	100.01	31.26	33.30	25.08	5.30	0.70	2.40	89.70	6.42	75.79	0.38	1.04	44.19	6.99	35.57
7	SVIII－Gs6		76.89	0.04	12.53	0.94	0.34	0.01	0.88	1.38	3.05	4.60	0.03	0.32	101.01	36.38	27.10	25.62	6.63	0.07	1.73	89.10	8.97	237.00	0.39	1.00	43.27	8.66	34.52
8	SVIII－Gs7		73.04	0.14	13.72	0.72	1.03	0.03	0.41	1.22	3.16	5.50	0.09	0.60	99.66	30.40	32.80	26.96	5.58	0.53	2.50	90.20	3.79	75.43	0.38	1.03	44.91	7.26	36.50
9	SXI－Gs5		68.88	0.38	14.94	0.61	2.66	0.03	1.05	2.76	3.38	4.30	0.10	0.94	100.03	24.10	25.70	28.83	12.96	0.00	2.28	78.60	8.75	30.42	0.42	0.98	39.92	13.41	27.29
10	SXI－Gs6		67.21	0.52	15.32	0.89	2.79	0.05	1.40	2.92	3.34	4.00	0.12	0.80	99.36	23.13	24.00	28.64	13.99	0.43	2.23	75.80	11.30	23.04	0.44	1.01	39.12	13.56	25.09
11	Gs－6078		68.34	0.34	13.92	1.69	1.54	0.06	1.28	3.70	3.38	4.08	0.18	1.36	99.87	23.69	24.50	29.04	10.89	0.00	2.20	77.30	10.70	31.00	0.43	0.83	36.35	17.57	26.05
12	SVIII－Gs2	晚白垩世晚期中粗粒二长花岗岩 $K_2^2\eta\gamma_1$	67.66	0.53	14.45	1.79	1.94	0.06	1.58	3.17	3.55	3.92	0.19	0.67	99.51	22.23	23.50	30.40	12.03	0.00	2.26	76.10	12.40	20.57	0.43	0.91	36.66	14.62	25.58
13	SVIII－Gs3		71.37	0.38	13.62	0.71	2.36	0.05	0.88	2.27	3.40	4.25	0.17	0.44	99.90	28.50	25.30	28.89	9.36	0.00	2.06	82.70	7.59	26.89	0.41	0.95	39.48	11.97	29.55
14	Gs－3169		68.23	0.65	14.27	1.26	2.69	0.06	1.92	2.84	3.52	4.08	0.16	0.39	100.00	22.80	24.20	29.85	11.08	0.00	2.29	76.90	14.30	16.54	0.43	0.93	35.67	12.91	25.51
15	Gs－6079－1		67.65	0.50	14.30	2.03	2.23	0.06	1.90	3.12	3.50	3.75	0.17	0.33	99.54	22.21	22.40	29.86	12.31	0.00	2.13	74.50	14.20	21.60	0.44	0.92	35.36	14.03	24.28
16	SXII－Gs1	晚白垩世早期中粗粒似斑黑云母二长花岗岩 $K_2^1\eta\gamma\beta$	72.07	0.38	13.66	0.58	2.72	0.04	0.70	1.46	2.62	4.35	0.12	0.16	98.86	34.98	26.10	22.43	6.63	2.26	1.67	83.50	6.38	29.05	0.42	1.17	43.01	8.36	28.39
17	SXII－Gs5		74.74	0.10	13.76	0.58	1.21	0.02	0.06	0.73	2.82	4.65	0.17	0.77	99.61	39.05	27.80	24.11	2.66	3.15	1.76	91.00	0.64	109.40	0.40	1.25	50.22	4.84	35.30
18	Gs－6083		71.12	0.32	13.87	1.17	2.57	0.06	0.86	2.00	3.30	3.85	0.11	0.27	99.50	30.64	23.00	28.11	9.35	0.86	1.82	81.70	7.32	33.03	0.42	1.05	40.20	10.54	27.81
19	SVIII－Gs1	早白垩世晚期中粗粒黑云母花岗闪长岩 $K_1^2\gamma\delta\beta$	68.76	0.38	14.40	1.29	2.43	0.05	1.28	3.25	3.37	3.70	0.14	0.42	99.47	25.90	22.10	28.76	13.32	0.00	1.94	76.80	10.6	29.03	0.44	0.93	37.63	15.44	24.96
20	SXI－Gs1		66.42	0.49	15.78	0.79	2.79	0.05	1.60	4.18	3.68	2.84	0.12	0.73	99.47	22.12	17.00	31.5	18.34	0.00	1.82	70.60	13.07	24.69	0.46	0.94	37.94	18.27	21.94
21	Gs－6216		71.00	0.28	14.34	1.31	2.18	0.05	0.93	1.62	3.60	3.18	0.08	1.15	99.72	32.56	19.10	30.87	7.68	2.22	1.64	82.50	8.30	38.36	0.43	1.16	42.38	8.70	27.67
22	SXII－Gs2	早白垩世早期中粒黑云母花岗闪长岩 $K_1^1\gamma\delta\beta$	70.06	0.30	15.74	0.51	2.57	0.05	0.99	3.17	3.25	2.08	0.13	0.97	99.82	33.9	12.50	27.79	15.15	2.67	1.05	74.10	10.50	41.63	0.47	1.18	43.75	16.02	21.12
23	SXII－Gs3		70.42	0.28	15.32	0.60	2.40	0.06	0.64	2.52	2.98	3.08	0.13	1.07	99.5	34.21	18.50	25.59	11.93	2.81	1.34	78.30	6.60	44.07	0.45	1.20	45.04	13.47	24.21
24	SXII－Gs4		69.42	0.25	15.59	0.89	2.38	0.06	0.93	3.73	3.20	2.75	0.12	0.92	100.24	29.91	16.40	27.23	17.93	0.81	1.34	73.50	9.16	49.56	0.46	1.04	41.50	18.05	21.94
25	Gs－6084		68.23	0.47	14.42	1.04	3.66	0.06	1.93	3.16	2.28	3.73	0.14	0.75	99.87	29.29	22.30	19.44	15.0	1.18	1.43	71.00	15.3	25.83	0.46	1.07	36.56	14.57	19.75
26	Gs－6085		69.50	0.24	15.77	1.29	1.87	0.05	0.89	3.01	3.00	3.15	0.16	1.02	99.95	31.13	18.90	25.65	14.17	2.31	1.43	75.60	8.73	53.21	0.45	1.14	43.55	15.11	23.04

表 3-14 花岗岩类稀土元素及特征参数表

顺序号	样品号	单元名称	稀土丰度($\times10^{-6}$)															特征参数		
			La	Ce	Pr	Nd	Sm	Eu	Gd	Tb	Dy	Ho	Er	Tm	Yb	Lu	Y	ΣREE	ΣCe/ΣY	δEu
1	SIX-XT3	古近纪古新世中粗粒似斑状二长花岗岩	24.79	45.67	4.27	13.79	2.01	0.39	1.75	0.22	1.28	0.24	0.79	0.13	1.03	0.17	6.76	103.29	7.35	0.68
2	SIX-XT4		15.63	51.09	3.89	13.85	2.31	0.52	2.10	0.27	1.61	0.29	0.95	0.15	1.13	0.17	7.49	101.45	6.16	0.78
3	SIX-XT1		28.79	61.27	5.91	20.03	3.07	0.47	2.60	0.33	1.85	0.32	1.06	0.16	1.20	0.19	9.07	136.32	7.12	0.54
4	XT-6086		72.24	90.05	10.76	30.99	5.73	0.77	4.21	0.64	2.91	0.65	1.37	0.26	1.31	0.22	14.72	236.83	8.01	0.50
5	SVIII-XT6	晚白垩世晚期中细粒似斑状二长花岗岩	8.13	19.40	1.50	4.65	0.74	0.08	0.66	0.08	0.44	0.08	0.29	0.05	0.49	0.09	2.13	38.81	8.00	0.38
6	SXT-XT5		12.16	31.40	3.34	12.88	2.95	0.61	2.79	0.43	2.82	0.51	1.57	0.23	1.49	0.20	13.16	86.54	2.73	0.70
7	SXT-XT6		16.04	39.69	4.29	16.77	3.71	0.73	3.58	0.55	3.65	0.67	2.02	0.30	1.94	0.26	15.93	110.13	2.81	0.66
8	SVIII-XT2	白垩世晚期中粗粒二长花岗岩	23.61	64.49	6.69	25.72	5.18	0.90	4.63	0.68	4.39	0.80	2.46	0.36	2.44	0.35	20.17	162.87	3.49	0.60
9	XT-3169		27.03	63.31	6.67	25.25	4.81	0.99	4.40	0.65	4.11	0.74	2.23	0.33	2.14	0.29	19.51	162.46	3.72	0.71
10	XT-6079-1		45.74	66.54	8.65	32.78	5.22	0.91	4.06	0.62	3.38	0.67	1.71	0.32	1.68	0.24	18.11	190.63	5.19	0.64
11	SXII-XT5	晚白垩世早期中粗粒似斑状黑云母二长花岗岩	4.09	11.76	1.18	4.57	1.23	0.16	1.19	0.22	1.41	0.23	0.65	0.11	0.79	0.11	6.21	33.91	2.11	0.44
12	XT-6083		50.39	84.32	8.52	32.25	5.45	0.59	4.36	0.89	5.18	0.97	2.83	0.37	2.08	0.27	26.21	224.68	4.21	0.39
13	SVIII-XT1	早白垩世晚期中粗粒黑云母花岗闪长岩	15.14	41.57	4.08	15.54	2.93	0.67	2.70	0.40	2.53	0.48	1.49	0.23	1.54	0.21	12.19	101.70	3.67	0.79
14	SXI-XT1		9.16	23.61	2.53	10.10	2.31	0.59	2.20	0.34	2.19	0.39	1.17	0.16	1.07	0.15	8.88	64.85	2.92	0.87
15	XT-6216		6.50	16.78	1.32	4.54	0.78	0.19	0.73	0.10	0.60	0.11	0.35	0.05	0.41	0.06	2.94	35.46	5.63	0.83
16	SXII-XT2	早白垩世早期中粒黑云母花岗闪长岩	34.69	59.49	6.42	27.11	4.78	0.89	4.41	0.71	4.31	0.85	2.62	0.38	2.44	0.34	23.66	173.10	3.36	0.64
17	SXII-XT3		10.09	27.27	2.82	11.21	2.51	0.60	2.16	0.29	1.58	0.24	0.67	0.09	0.63	0.08	6.02	66.26	4.63	0.84
18	SXII-XT4		13.19	34.25	3.97	15.92	3.51	0.66	3.2	0.51	3.22	0.56	1.64	0.23	1.52	0.20	12.79	95.37	3.00	0.65
19	XT-6084		37.85	57.01	7.34	26.13	4.71	0.68	2.82	0.53	3.53	0.65	1.92	0.35	2.03	0.31	19.51	165.37	4.22	0.57
20	XT-6085		14.95	35.36	3.69	14.24	2.80	0.75	2.43	0.31	1.55	0.23	0.59	0.08	0.48	0.06	5.77	83.29	6.24	0.94

表 3-15 花岗岩类微量元素表

顺序号	样品号	单元名称	Li	V	Cr	Co	Ni	Cu	Rb	Sr	Zr	Nb	Cs	Ba	Hf	Ta
1	SIX-WL3	古近纪古新世中粗粒似斑状二长花岗岩	47.30						344.00	127.00	124.00	16.50	15.40	158.00	5.20	1.63
2	SIX-WL4		51.20						348.00	202.00	203.00	18.40	14.9.00	355.00	7.40	1.68
3	WL-6086			58.30	194.20	8.20	10.70	3.70	285.30	245.00	189.20	20.20		343.70		
4	SVIII-WL6	晚白垩世晚期中细粒似斑状二长花岗岩	33.70						335.00	34.00	83.00	14.40	24.00	75.00	3.9.00	2.04
5	SXI-WL5		28.10						279.00	133.00	170.00	11.90	22.50	328.00	5.70	1.52
6	SXI-WL6		43.10						255.00	148.00	199.00	11.80	11.20	301.00	8.80	1.57
7	WL-6078			46.80	119.30	7.70	23.30	10.10	239.60	208.50	169.00	16.80		297.70		
8	SVIII-WL2	晚白垩世晚期中粗粒二长花岗岩	62.10						224.00	221.00	241.00	20.40	14.3.00	383.00	12.00	2.56
9	WL-3169		34.00						206.00	223.00	204.00	16.50	14.1.00	447.00	8.20	1.69
10	WL-6079-1			116.70	200.00	26.10	63.80	15.70	196.80	271.80	160.50	19.40		438.70		
11	SXII-WL1	晚白垩世早期中粗粒似斑状黑云母二长花岗岩	43.50						289.00	72.00	192.00	12.50	27.20	193.00	6.70	1.39
12	SXII-WL5		115.30						537.00	42.00	53.00	17.40	31.10	93.00	1.90	2.91
13	WL-6083			72.50	186.30	7.60	8.50	3.80	185.30	129.10	160.10	23.10		375.40		
14	SXI-WL1	早白垩世晚期中粗粒黑云母花岗闪长岩	19.90						157.00	199.00	142.00	9.50	8.70	301.00	5.80	1.15
15	WL-6216		20.80						122.00	265.00	127.00	10.60	2.80	457.00	3.70	1.26
16	SXII-WL2	早白垩世早期中粒黑云母花岗闪长岩	67.80						153.00	235.00	121.00	11.70	14.5.00	218.00	4.30	1.87
17	SXII-WL3		75.80						156.00	202.00	98.00	12.00	11.00	306.00	3.70	1.76
18	SXII-WL4		96.40						185.00	188.00	118.00	11.80	25.00	245.00	4.20	1.79
19	WL-6084			185.10	200.00	13.20	22.20	20.80	226.60	161.60	171.60	21.60		319.00		
20	WL-6085			34.10	130.60	5.50	5.70	2.50	164.20	237.10	111.70	15.80		361.80		

高 3 倍，其他各元素均低于或接近于维氏值。

6. 副矿物特征

该单元副矿物种类及含量、锆石特征如表 3－16 所示，为磁铁矿-磷灰石-锆石-石榴石型。副矿物种类主要有锆石、榍石、磷灰石、角闪石、石榴石、金红石、磁铁矿、钛铁矿、褐铁矿、黄铁矿、电气石等，另见少量方铅矿、白钛矿及刚玉。锆石特征：无色或淡黄色、透明、油指光泽或金刚光泽。晶体内含有气泡，包体及裂纹较发育。长宽比以 2∶1 为主，其次为 1∶1 或大于 2∶1。粒径：0.1～0.15mm。锆石晶形以柱面｛110｝、｛100｝，锥面｛111｝、｛311｝、｛131｝组成的聚形。

（二）早白垩世晚期中粗粒黑云母花岗闪长岩（$K_1^2\gamma\delta\beta$）

1. 地质特征

该单元分布于测区中南部。区内出露两个侵入体，均呈岩株状产出，出露面积约 110km^2，占全区酸性侵入岩出露面积的 15.2％。区域上受北西或北东向构造控制，呈近北西或北东向带状分布。岩体内节理、脉岩较发育。脉岩以酸性岩脉为主，宽度从几厘米至几十厘米不等，分布无规律。岩体内普遍含暗色闪长质包体，形状多为椭圆状或次圆状，大小一般在 5～10 cm，含量约占 1％，排列无规律。岩石普遍具有高岭土化，褐铁矿化蚀变，并在岩体边部形成金铜矿体。该单元岩体侵入于晚侏罗世—早白垩世日拉组（J_3K_1r）、早泥盆世—早石炭世查果罗玛组（$D_1C_1\hat{c}$）中，被晚白垩世晚期中粗粒二长花岗岩（$K_2^2\eta\gamma_1$）和晚白垩世晚期中细粒似斑状二长花岗岩（$K_2^2\eta\gamma_2$）侵入（图 3－44、图 3－45、图 3－46）。另外用 K－Ar（全岩）法测得该单元同位素年龄值为 105Ma，因此将该单元侵入时代确定为早白垩世晚期。

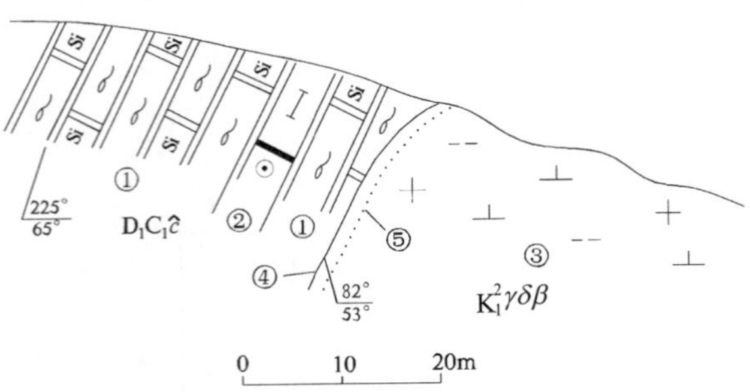

图 3－44　功穷 $K_1^2\gamma\delta\beta$ 与 $D_1C_1\hat{c}$ 侵入接触关系素描图

①. 硅质条带大理岩；②. 透辉石石榴石矽卡岩；③. 黑云母花岗闪长岩；④. 侵入接触界线；⑤. 细粒边

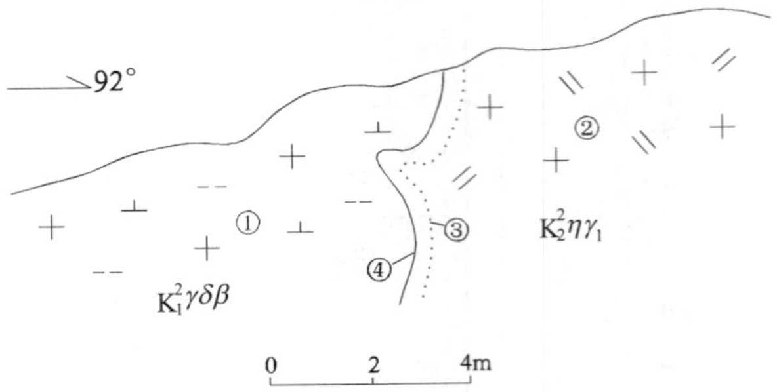

图 3－45　汤地淌 $K_1^2\gamma\delta\beta$ 与 $K_2^2\eta\gamma_1$ 接触关系素描图

①. $K_1^2\gamma\delta\beta$ 单元中粗粒花岗闪长岩；

②. $K_2^2\eta\gamma_1$ 单元中粗粒二长花岗岩；

③. $K_2^2\eta\gamma_1$ 的细粒边；④. 侵入界线

2. 岩石学特征

该单元主体岩性为中粗粒黑云母花岗闪长岩（图 3－41，图 3－47）。

岩石呈半自形中粗粒花岗结构，块状构造。矿物成分由斜长石、钾长石、石英、黑云母及

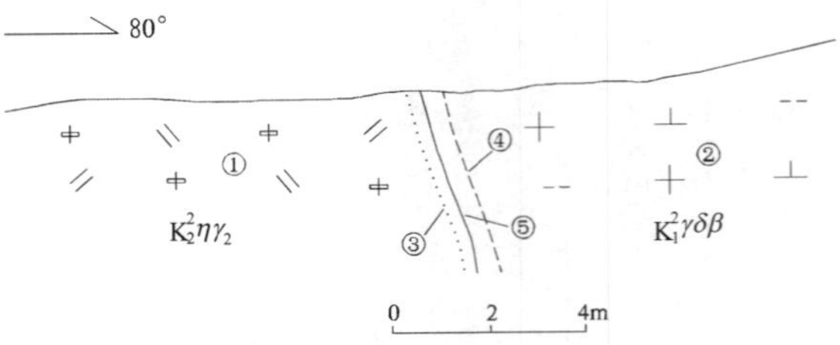

图 3－46　车灯日啊锁 $K_2^2\eta\gamma_2$ 单元与 $K_1^2\gamma\delta\beta$ 单元侵入接触关系素描图

①. $K_2^2\eta\gamma_2$ 单元中细粒似斑状二长花岗岩；

②. $K_1^2\gamma\delta\beta$ 单元中粗粒黑云母花岗闪长岩；

③. $K_2^2\eta\gamma_2$ 的细粒边；

④. 强蚀变带（绢云母化、褐铁矿化、高岭土化蚀变；

⑤. 侵入接触界线

表3-16 花岗岩类各单元特征、副矿物组合及其含量一览表

单元名称		早白垩世早期中粒黑云母花岗闪长岩（$K_1^1\gamma\delta\beta$）			早白垩世晚期中粗粒黑云花岗闪长岩（$K_1^2\gamma\delta\beta$）	晚白垩世早期中粗粒似斑状黑云母二长花岗岩（$K_2^1\eta\gamma\beta$）				晚白垩世晚期中粗粒二长花岗岩（$K_2^2\eta\gamma_1$）		晚白垩世晚期中细粒似斑状二长花岗岩（$K_2^2\eta\gamma_2$）		古近纪古新世中粗粒似斑状二长花岗岩（$E_1\eta\gamma$）	
样号		SⅫ－Rz_2	Rz－6084	Rz－6085	SⅪ－Rz_1	SⅫ－Rz_1	SⅫ－Rz_3	Rz－6082	Rz－6083	Rz－6079-1	Rz－3169	SⅧ－Rz_1	Rz－6078	SⅨ－Rz_1	Rz－6086
锆石形态	主要晶形	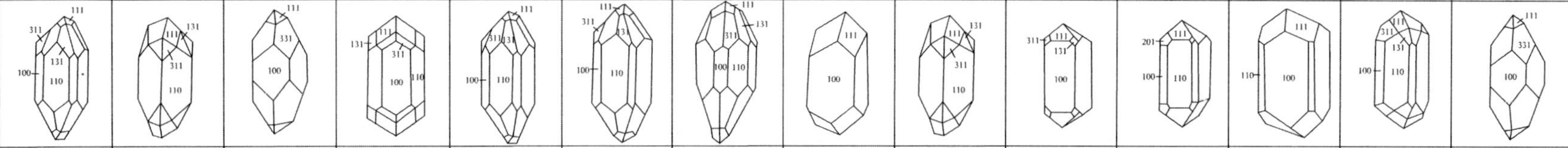													
	次要晶形	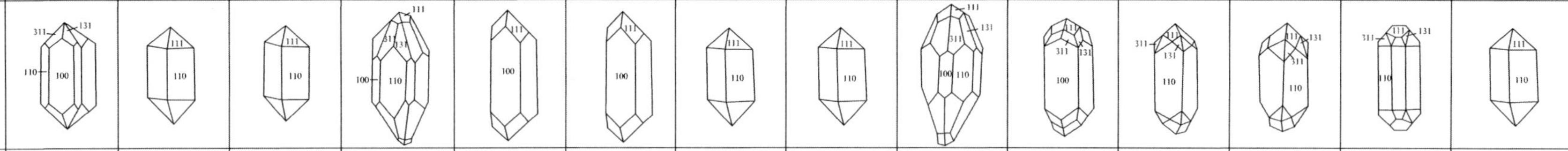													
物理性质	颜色	淡黄色、无色	淡黄色、无色	多为无色、少量淡黄色	淡黄色、无色	无色、淡黄色	无色、棕红色	淡黄色、无色	淡黄色、无色	淡黄色为主	无色、淡黄色	淡黄色、无色	淡黄色、无色	无色、淡黄色	淡黄色为主
	光泽	玻璃光泽、油脂光泽	金刚光泽	金刚光泽	玻璃光泽、油脂光泽	玻璃光泽、油脂光泽	玻璃光泽、油脂光泽	金刚光泽	金刚光泽	金刚光泽	油脂光泽、金刚光泽	玻璃光泽	金刚光泽或玻璃光泽	油脂光泽	金刚光泽
	透明度	透明	透明	透明	透明	透明	透明	透明	透明	透明	透明	透明	透明	透明	透明
	粒径			0.1~0.15mm											
	长／宽	1:1~4:1, 以2:1为主	2:1~1.5:1为主	1.5:1~1:1为主	1:1为主	1:1~5:1	2:1为主, 个别4:1	2.5:1为主	3:1~2.5:1为主	2.5:1~2:1为主	2:1~4:1	2:1为主, 少数1:1	2:1为主	1:1~2:1	3:1为主
	其他	晶体内有气泡	裂纹、包体极发育	包体、裂纹均极发育		个别晶体内有气泡	棕红色锆石有一定磨圆度，见有暗色包体	裂隙发育，有气液包体可见黑色固体包体	裂纹发育，可见包体偶见曲膝双晶	裂隙较发育，存有大量气液包体	有的晶体内有黑色包体多数含有气泡状包体	有气泡状包体和黑色包体	包体、裂纹较发育	有黑色及气液包体	裂隙发育，见有气液包体
副矿物组合及含量	锆石	0.27	28.19	7.45	0.09	0.36	0.72	1.97	38.92	316.55	0.72	0.07	172.13	0.91	152.84
	石榴石		4.16	11.29		十几粒									2.48
	榍石	十几粒	17.43	58.98	十几粒			14.22	7.18	1 256.02			425.37	十几粒	153.57
	磷灰石	1.575	171.80	169.94	0.527	1.734	5.706	2.95	177.96	13.90	9.245	2.981	90.13	1.91	242.04
	绿帘石				十几粒	十几粒				55.62	几粒				
	绿泥石		2.91		十几粒				2.39			0.72			13.13
	角闪石		16.66	0.11	11.162	0.354		6.71	2.51	5 891.78	18.22		1 738.48		13.13
	刚玉			6.79											
	金红石		1.52	0.11				0.34	1.19						6.42
	锐钛矿														几粒
	磁铁矿	0.006	26.38	10.39		0.006	0.004	203.48	46.46	5 796.82	24.92	5.795	4 541.79	41.76	6 009.63
	钛铁矿	十几粒	4.16	13.55	0.248	0.059	几十粒				0.822	几十粒		3.24	600.87
	褐铁矿		4.16	1.12				71.54		2.64	0.411			0.36	7.29
	黄铁矿	0.003	1.38		十几粒	0.004	几十粒	0.80	1.31	2.64	0.008	十几粒	2.20	0.13	1.45
	方铅矿			1.12	几粒		几粒	0.4			十几粒	几粒			
	自然金											30余粒			
	自然银											30余粒			
	白太矿			1.24		0.059			1.19						1.45
	电气石		6.11	56.49					5.02						16.05
	铬尖晶石										0.822			几十粒	
	辉石					0.177	26.22					0.012			

少量的普通角闪石组成。斜长石：呈板状、板柱状，发育聚片双晶，有的具环带状构造，属中、更长石。粒度4~6mm，含量60%~65%；钾长石：表面粘土化，具条纹状构造，不规则，他形粒状，粒度3~5mm，含量5%~10%；石英：粒状，干涉色一级灰至黄，粒度1~5mm，含量25%；黑云母：棕褐色—黄褐色多色性，见一组解理，平行消光，粒度1~2mm，含量约占5%±，个别见绿泥石化；普通角闪石：绿色—黄绿色多色性，具吸收性，柱状，平行消光，正中突起，消光角15°，粒度0.5~2mm，含量1%±。

3. 岩石化学特征

该单元花岗闪长岩硅酸盐分析结果，CIPW 值及主要成因指数如表3-13所示，从表中看出该单元具以下特征。

（1）平均化学成分

与中国主要岩浆岩类的平均化学成分表中花岗闪长岩相比较，贫 TiO_2、$Al_2O_3Fe_2O_3$、FeO、MnO、MgO、CaO、Na_2O 及 P_2O_5，富 SiO_2、K_2O。

（2）SiO_2

SiO_2含量为66.42%~71.00%，属酸性岩类。

（3）al > alk + c

al > alk + c，为铝过饱和类型。

（4）特征指数

分异指数（DI）为70.63~82.51，固结指数（SI）为8.30~13.68，说明岩石分异程度较高，属花岗闪长岩类。

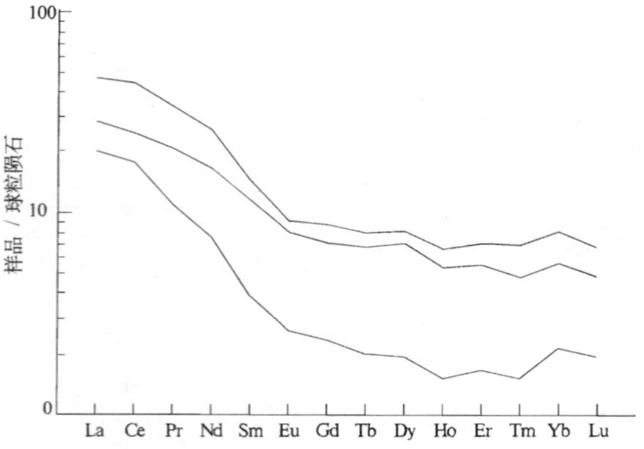

图3-48　$K_1^2\gamma\delta\beta$ 单元稀土配分模式图

（据 after Coryell，1963）

4. 稀土元素特征

该单元稀土元素分析结果及特征参数如表3-14所示，该单元稀土总量 ΣREE 为 35.46×10^{-6} ~ 101.70×10^{-6}，δEu 为0.79~0.87，为 Eu 负异常型，轻重稀土比（ΣCe/ΣY）为2.92~5.63，属轻稀土富集型，轻稀土曲线较陡，而重稀土曲线相对较平缓，为中等 Eu 异常（图3-48）。

5. 微量元素特征

该单元微量元素分析结果如表3-15所示，其平均含量与维氏值中酸性岩相比只有 Hf（铪）高3.7倍，其余各元素均低于维氏值。

6. 副矿物特征

该单元副矿物种类及含量、锆石特征如表3-16所示，为钛铁矿—磷灰石—锆石型。副矿物种类主要有锆石、磷灰石、钛铁矿、角闪石，另含少量榍石、绿帘石、黄铁矿、方铅矿。

锆石特征：无色或淡黄色，透明，玻璃光泽—油脂光泽，断口不平坦。分两种粒级，粒度小的有一定磨圆度，颜色稍深，长宽比多为1∶1；粒度大的长宽比从1∶1~5∶1都有，个别可达6∶1，锆石晶形以柱面｛100｝、｛110｝、锥面｛111｝、｛311｝及｛131｝组成的聚形为主。

（三）早白垩世酸性侵入岩成因

1. 岩石系列

早白垩世黑云母花岗闪长岩岩石系列如表3-13所示，其里特曼指数（δ）为1.05~1.94，属钙碱性岩系。另外，从硅-碱图（图3－49）可知，早白垩世黑云母花岗闪长岩投点均落在S区，即亚碱性区。所以，我们将早白垩世黑云母花岗闪长岩划分为钙碱性岩石系列。

2. 物质来源

为了利用REE稳定性及追踪性探索其所处截体的物质来源，我们用各单元花岗岩的La/Yb与ΣREE绘制了La/Yb－ΣREE图（图3－50），对各时代花岗岩的物质来源进行了研究。从图3－50可知，早白垩世花岗岩投点主要落在沉积岩区及沉积岩与玄武岩和花岗岩的重合部位，说明早白垩世花岗岩的物质来源既有幔源物质又有壳源物质的多源性特点。

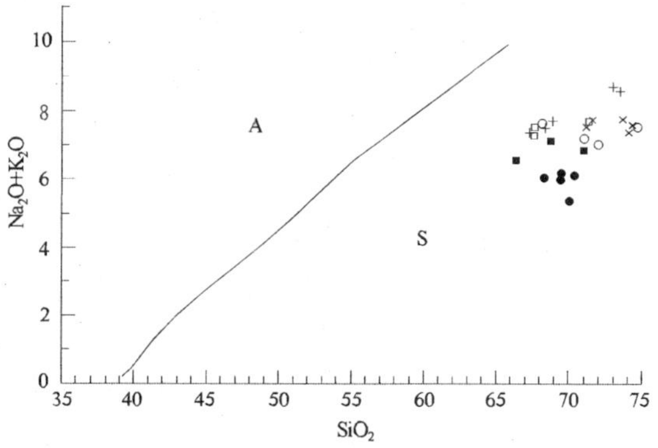

图3－49　多巴区幅花岗岩类硅-碱图

（据Irvine，1971）

A．碱性系列；S．亚碱性系列；

×．$E_1\eta\gamma$；+．$K_2^2\eta\gamma_2$；□．$K_2^2\eta\gamma_1$；

○．$K_2^1\eta\gamma\beta$；■．$K_1^2\gamma\delta\beta$；●．$K_1^1\gamma\delta\beta$

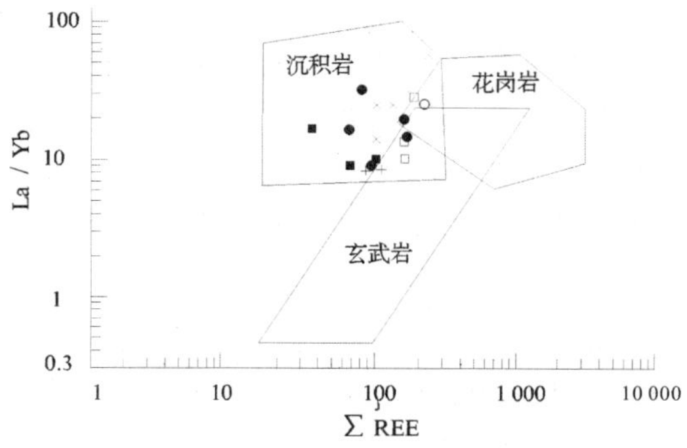

图3－50　多巴区幅花岗岩类La/Yb－ΣREE含量图

（据Alleyre，1973）

×．$E_1\eta\gamma$；+．$K_2^2\eta\gamma_2$；□．$K_2^2\eta\gamma_1$；

○．$K_2^1\eta\gamma\beta$；■．$K_1^2\gamma\delta\beta$；●．$K_1^1\gamma\delta\beta$

3. 成岩作用

早白垩世花岗岩形成的构造环境如图3－51所示，该时代花岗闪长岩投点无一例外，均落在火山弧区。另外，从R_1-R_2图（图3－52）上看，$K_1^1\gamma\delta\beta$单元投点主要落在1区，为地幔花岗岩。而$K_1^2\gamma\delta\beta$单

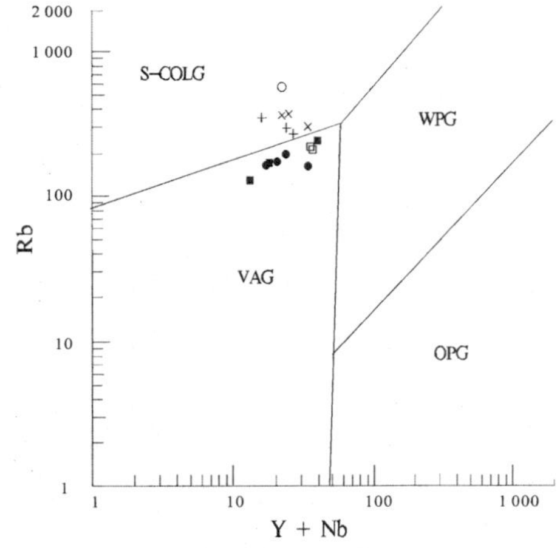

图3－51　多巴区幅花岗岩类Rb－（Y＋Nb）图

（据Pearce，1984）

VAG．火山弧花岗岩；WPG．板内花岗岩；

S－COLG．．同碰撞花岗岩；ORG．洋中脊花岗岩；

×．$E_1\eta\gamma$；+．$K_2^2\eta\gamma_2$；□．$K_2^2\eta\gamma_1$；

○．$K_2^1\eta\gamma\beta$；■．$K_1^2\gamma\delta\beta$；●．$K_1^1\gamma\delta\beta$

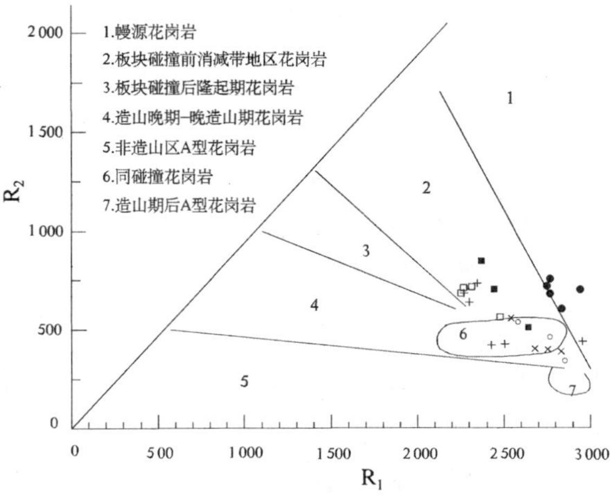

图3－52　多巴区幅花岗岩类R_1-R_2图

（据Batchelor & Bowdden，1985）

×．$E_1\eta\gamma$；+．$K_2^2\eta\gamma_2$；□．$K_2^2\eta\gamma_1$；

○．$K_2^1\eta\gamma\beta$；■．$K_1^2\gamma\delta\beta$；●．$K_1^1\gamma\delta\beta$

元投点主要落在 2 区，即板块碰撞前消减地区花岗岩，因此，早白垩世花岗岩形成的构造环境应为火山弧或消减带。

从现有的资料看，区域上早白垩世花岗闪长岩在平面上岩体的形状不规则，具锯齿状接触界线。岩体内部未见定向组构，围岩未因岩浆侵入而发生变形，围岩原有的构造即便靠近接触带也未受干扰。以上这些特征都说明该时代花岗闪长岩被动就位的特点。

4. 花岗岩的成因

花岗岩的成因分类，是花岗岩研究工作中的主要内容之一。长期以来，花岗岩的成因一直是中外学者所关注和争论的问题。20 世纪 70 年代以来，查佩尔（Cheppee）和怀特（White）等人提出了 I 型和 S 型花岗岩的新概念，80 年代后，又完善地补充了 A 型和 M 型花岗岩。从此，使花岗岩的成因研究由成岩作用进入到以物质起源为主导的新阶段。国内学者徐克勤、杨超群等人，根据我国实际情况也提出了以物质起源为依据的近似查佩尔等人的分类。查佩尔与怀特的花岗岩成因分类与徐克勤的成因分类在很大程度上是相似的，可以对比的。因此，本测区在此分类方案基础上，基于区内 I 型 S 型花岗岩类中有许多具有两者过渡特征的，不典型的岩石类型的广泛出现，在 I 型与 S 型之间划分出（I）型及（S）型两种中间过渡类型，这样的划分能比较客观地反映区内花岗岩类的成因类型。

从图 3 - 53, 和图 3 - 54 看早白垩世花岗闪长岩既有 I 型特征，又有 S 型特征，应属于过渡类型，另外，该时代各单元花岗闪长岩尚具以下成因类型判别标志（表 3 - 17）：①地质学标志；②岩石矿物学标志；③岩石化学标志；④稀土地球化学标志。

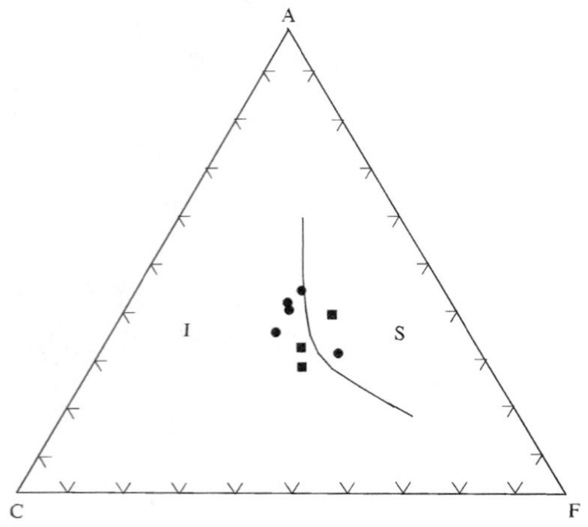

图 3 - 53　早白垩世 A - C - F 图
（据江西区域地质大队，1991）
■. $K_1^2\gamma\delta\beta$；●. $K_1^1\gamma\delta\beta$

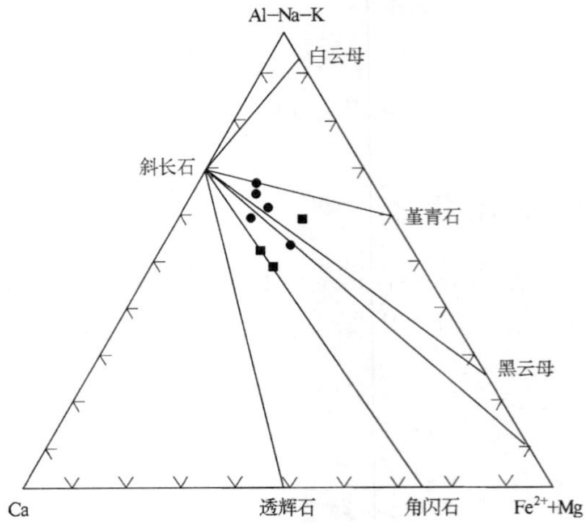

图 3 - 54　早白垩世（Al - Na - K）- Ca -（Fe^{2+} + Mg）图
（据吉林区域地质大队方文昌，1992）
■. $K_1^2\gamma\delta\beta$；●. $K_1^1\gamma\delta\beta$

从地质学、岩石矿物学、岩石化学、稀土地球化学等判别标志看，该时代 $K_1^1\gamma\delta\beta$ 单元花岗闪长岩既有 I 型特征又有 S 型特征，但多数为 I 型特征。因此，将 $K_1^1\gamma\delta\beta$ 单元定为（I）型。其中过渡类型的投点与成因三角图投点情况基本一致。造成过渡类型存在的原因可能是由于岩浆侵入过程中，有部分壳源物质混入的结果，这与该单元花岗闪长岩的物质来源的多源性相吻合。而 $K_1^2\gamma\delta\beta$ 单元的成因特征基本上反映了 I 型特点，因此，将 $K_1^2\gamma\delta\beta$ 单元花岗闪长岩的成因类型定为 I 型成因。

二、晚白垩世酸性侵入岩

晚白垩世酸性侵入岩在本区内出露面积较小，约为 199.5km²，占区内侵入岩的 27.5%，分布于测区中南部，主要以岩株产出，共包括三个填图单元，即晚白垩世早期粗粒似斑状黑云母二长花岗岩（$K_2^1\eta\gamma\beta$）、晚白垩世晚期中粗粒二长花岗岩（$K_2^2\eta\gamma_1$）和晚白垩世晚期中细粒似斑状二长花岗岩（$K_2^2\eta\gamma_2$）。

表3-17　早白垩世消减期花岗岩成因主要判别标志一览表

标志分类	判别内容	$K_1^1\gamma\delta\beta$	$K_1^2\gamma\delta\beta$
地质学标志	岩体规模	较大	较小
	冷凝边		有，明显
	接触带	明显	明显
	地层残影体	无	无
	捕虏体	无	无
岩石矿物学标志	造岩矿物，副矿物	普遍出现角闪石、黑云母	普遍出现角闪石、黑云母
岩石化学标志	过铝指数 *ANKC*	均>1.1	均<1.1
	CIPW 标准分子 C	均>1.0	均<1.0
	$Fe^{3+}/(Fe^{3+}+Fe^{2+})$	两个样>0.3	多数>0.3
	SiO_2 含量	多出现在较低范围	多出现在较低范围
稀土地球化学标志	δEu	均>0.5	多数>0.5
	ΣREE 变化范围	较窄	较宽

（一）晚白垩世早期中粗粒似斑状黑云母二长花岗岩（$K_2^1\eta\gamma\beta$）

1. 地质特征

该单元侵入体分布于测区中东部，区内出露两个侵入体，呈岩株状产出，出露面积较小，约为85.5km²，占全区侵入岩出露面积的11.8%。岩体呈北东向展布，岩体内节理、脉岩均较发育，脉岩以花岗细晶岩脉为主，宽度从几厘米到十几米不等，变化较大。另外，岩体中发育较多的钾长石脉及含黑色电气石石英脉。岩体内普遍含有灰黑色闪长质包体，呈椭圆状、次圆状，大小以3~8cm为主，含量可达1%±。岩石普遍具有高岭土化、褐铁矿化蚀变。该单元侵入于晚白垩世竟柱山组（K_2j）及早白垩世中粒黑云母花岗闪长岩（$K_1^1\gamma\delta\beta$）中，古—始新世牛堡组（$E_{1-2}n$）不整合于其上（图3-55、图3-56）。另外，用K-Ar（全岩）法测得该单元同位素年龄为94.4Ma。因此，将该单元侵位时代确定为晚白垩世早期。

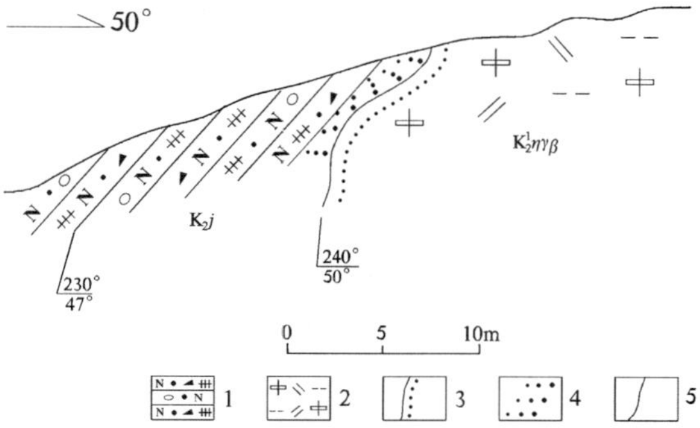

图3-55　格弄 $K_2^1\eta\gamma\beta$ 与 K_2j 侵入接触关系素描图

1. 含砾岩屑长石杂砂岩；2. $K_2^1\eta\gamma\beta$ 单元似斑状黑云母二长花岗岩；3. 细粒边；4. 烘烤边及角岩化带；5. 侵入接触界线

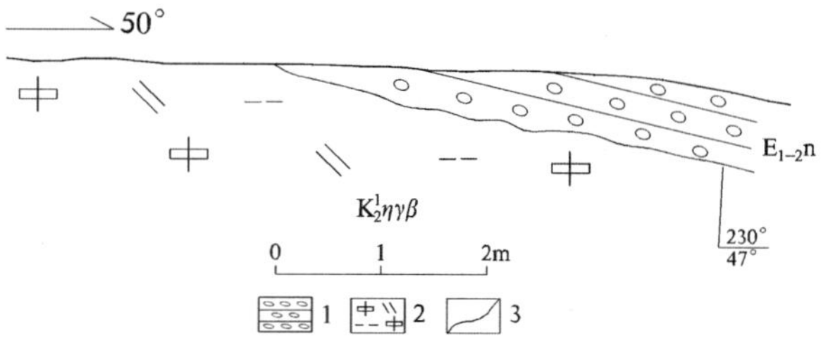

图3-56　曲梅勒 $K_2^1\eta\gamma\beta$ 与 $E_{1-2}n$ 沉积接触关系素描图

1. 砾岩；2. 似斑状黑云母二长花岗岩；3. 沉积接触界线

2. 岩石学特征

该单元主体岩性为中粗粒似斑状黑云母二长花岗岩（图3－41、图3－42）。岩石呈粗粒似斑状结构、块状构造。似斑晶为钾长石和斜长石。钾长石：呈板状、粒状，见条纹状构造，表面轻微粘土化。粒度为2～4cm，含量约占15%；斜长石：呈板状，见聚片双晶，表面具绢云母化现象，粒度为2～3cm，含量约占5%。基质为粗粒结构，成分由钾长石、斜长石、石英、黑云母及少量白云母组成。钾长石：呈板状、粒状，粒度为6～8mm，含量约占17%±；斜长石：呈板状，粒度为4～6mm，含量25%±；石英：粒状，波状消光，粒度为3～5mm，含量30%±；黑云母：棕色—黄色，粒度为0.5～2.5mm，含量6%±；白云母：呈片状，粒度为0.5～1.0mm，含量2%±。

3. 岩石化学特征

该单元硅酸盐分析结果、CIPW值及主要成因指数如表3－13所示，从表中看出该单元具有以下特征。

（1）平均化学成分

与中国主要岩浆岩类的平均化学成分表中花岗岩相比较，贫Al_2O_3、Fe_2O_3、MnO、MgO、Na_2O，富SiO_2、FeO、K_2O，TiO_2、CaO、P_2O_5相当。

（2）SiO_2

SiO_2含量为71.12%～74.74%，属酸性岩类。

（3）al＞alk＋c

al＞alk＋c属铝过饱和类型。

（4）特征指数

分异指数（DI）为81.70～90.99，固结指数（SI）为0.64～7.32，说明该单元岩石分异程度较高，属花岗岩类。

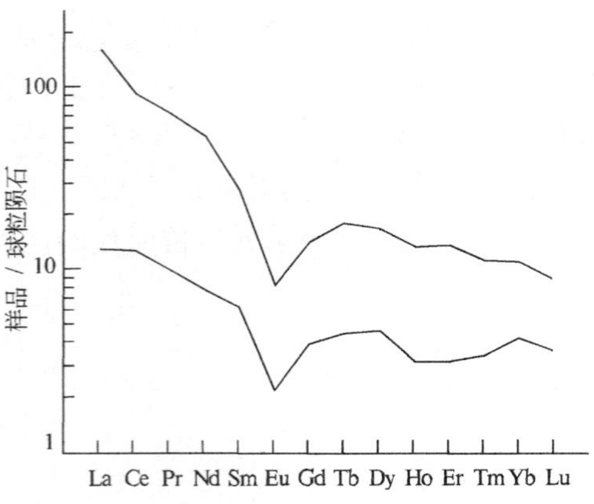

图3－57　$K_2^1\eta\gamma\beta$单元稀土配分模式图

（据 after Coryell，1963）

4. 稀土元素特征

该单元稀土元素分析结果及特征参数如表3－14所示。从表中可以看出，稀土总量（$\sum$REE）为33.91×10^{-6}～224.68×10^{-6}；δEu为0.39～0.44，为Eu负异常；轻重稀土比（$\sum Ce/\sum Y$）为2.11～4.21，属轻稀土富集型。从图3－57可知，负Eu异常特征非常明显，轻稀土曲线略陡，而重稀土曲线则较平缓，形成近似“海鸥式”图形。

5. 微量元素特征

该单元微量元素分析结果如表3－15所示，其平均含量与维氏值中酸性岩相比，Li（锂）高1倍，Cr（铬）高3倍，V（钒）高1倍，Ni（镍）高3倍，Cs（铯）高5倍，Hf（铪）高3倍，其他各元素均低于维氏值。

6. 副矿物特征

该单元副矿物特征如表3－16所示，为磁铁矿—磷灰石—锆石—榍石型。副矿物种类主要有锆石、榍石、磷灰石、绿泥石、角闪石、金红石、磁铁矿、钛铁矿、褐铁矿、黄铁矿、方铅矿、白钛矿、电气石、辉石及少量石榴石（十几粒）。

锆石特征：无色、淡黄色，油脂光泽、金刚光泽，裂隙发育。有气液包体，可见黑色固体包体。锆石长宽比为1∶1～5∶1，以2.5∶1为主。锆石晶形以柱面｛110｝、｛100｝，锥面｛111｝、｛131｝、｛311｝

组成的聚形为主。

（二）晚白垩世晚期中粗粒二长花岗岩（$K_2^2\eta\gamma_1$）

1. 地质特征

该单元分布于测区中南部，区内出露3个侵入体，均呈岩株状产出，出露面积约为85km^2，占全区酸性侵入岩的11.7%。岩体呈北东向展布，内部节理及脉岩均较发育。脉岩以花岗细晶岩脉为主，宽5～25cm不等。岩体内含较多的暗色闪长质包体，呈棱角状、次圆状，大小为5～20cm，个别可达30cm，含量>1%，排列规律不明显。岩石具高岭土化及褐铁矿化蚀变。该单元侵入于石炭纪永珠组（$C_{1-2}y$）、早白垩世多尼组（K_1d）、郎山组（K_1l）及早白垩世晚期中粗粒黑云母花岗闪长岩（$K_1^2\gamma\delta\beta$）中（图3－45、图3－47、图3－58）。据1∶100万日喀则幅区调资料，在雄巴岩体中获得K－Ar同位素年龄为80.5Ma。另外，本次工作获K－Ar（全岩）法同位素年龄为70.6Ma。因此，将该单元侵位时代确定为晚白垩世晚期。

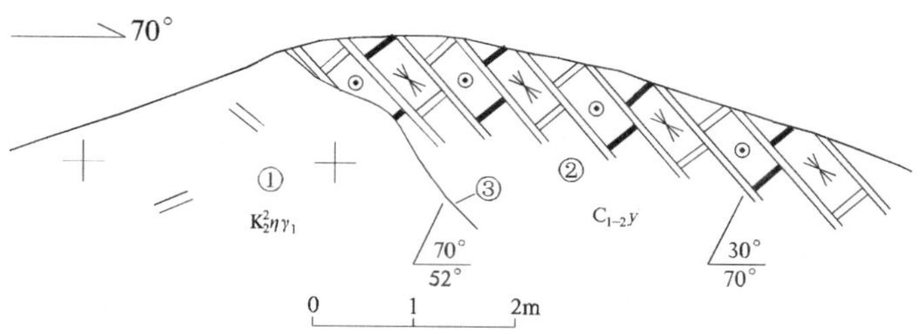

图3－58　机种$K_2^2\eta\gamma_1$与$C_{1-2}y$侵入接触关系素描图

①. $K_2^2\eta\gamma_1$单元中粗粒二长花岗岩；

②. $C_{1-2}y$阳起石石榴石矽卡岩；③. 侵入接触界线

2. 岩石学特征

该单元主体岩性为中粗粒二长花岗岩（图3－41）。岩石呈半自形粒状结构，块状构造，矿物成分由斜长石、钾长石、石英及黑云母组成。斜长石：以板状为主，少量短柱状及粒状，见聚片双晶和少量环带状构造，粒度2～6mm，含量35%±；钾长石：不规则他形板状，表面泥化，发育条纹状构造，粒度2～7.5mm，含量34%±；石英：呈粒状，波状消光，粒度1～3mm，含量30%±；黑云母：棕褐色—黄色多色性，具吸收性，片状，平行消光，粒度0.5～2.5mm，含量1%±。

3. 岩石化学特征

该单元花岗闪长岩硅酸盐分析结果、CIPW值及主要成因指数如表3－13所示，从表中看出该单元具有以下特征。

（1）平均化学成分

与中国主要岩浆岩类的平均化学成分表中花岗岩相比较，贫SiO_2、MnO、Na_2O，富TiO_2、Fe_2O_3、FeO、MgO、CaO，K_2O、Al_2O_3、P_2O_5相当。

（2）SiO_2

SiO_2含量为67.65%～71.37%，属酸性岩类。

（3）alk < al < alk + c

alk < al < alk + c属正常类型。

（4）特征指数

分异指数（DI）为74.46～82.66，固结指数（SI）为7.59～14.25，说明岩石分异程度较高。

4. 稀土元素特征

从表3－14及图3－59可以看出，该单元稀土总量∑REE为162.46×10^{-6}～190.63×10^{-6}；δEu为0.60～0.71，为Eu负异常；轻重稀土比（∑Ce/∑Y）为3.72～5.19，属轻稀土富集型。

5. 微量元素特征

该单元微量元素分析结果如表 3－15 所示，其平均含量与维氏值中酸性岩相比，V（钒）高 2 倍，Cr（铬）高 7 倍，Co（钴）高 4 倍，Ni（镍）高 7 倍，Cs（铯）高 2 倍，Hf（铪）高 11 倍，其余各元素均低于或接近维氏值。

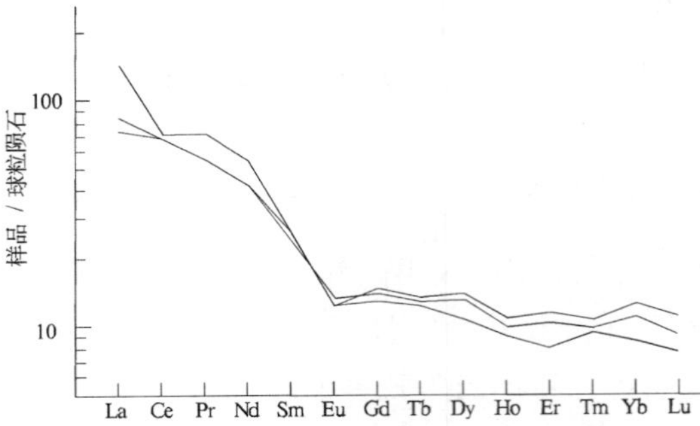

图 3－59　$K_2^2\eta\gamma_1$ 单元稀土配分模式图

（据 after Coryell，1963）

6. 副矿物特征

该单元副矿物特征（表 3－16）为磁铁矿—榍石—锆石—磷灰石型。副矿物种类主要有锆石、榍石、磷灰石、绿帘石、角闪石、钛铁矿、褐铁矿及黄铁矿。

锆石特征：无色或淡黄色，透明，金刚光泽，油脂光泽，裂隙较发育。有的晶体内有黑色包体，多数含有气泡状包体。锆石长宽比为 2∶1～4∶1，以 2∶1 为主。锆石晶形以柱面 {110}、锥面 {111}、{131}、{311} 组成的聚形为主。

（三）晚白垩世晚期中细粒似斑状二长花岗岩（$K_2^2\eta\gamma_2$）

1. 地质特征

该单元侵入体主要分布于测区中南部，区内出露 8 个侵入体，均以小岩株或岩枝状呈近东西向产出。出露面积较小，约 $29km^2$，仅占全区侵入岩出露面积的 4%。岩体内节理较发育，脉岩很少，仅见一条宽约 0.5～0.8m 的石英脉。岩体内未见包体，仅在岩体边部出现少量暗色闪长质包体，呈次圆状，大小 8～10cm。岩体普遍具有褐铁矿化。与地层接触带形成矽卡岩，并形成矽卡岩型金铜矿体。该单元岩体侵入于泥盆纪查果罗玛组（$D_1C_1\hat{c}$）、晚侏罗世—早白垩世日拉组（J_3K_1r）、早白垩世多尼组（K_1d）及早白垩世晚期中粗粒黑云母花岗闪长岩（$K_1^2\gamma\delta\beta$）中（图 3－46）。另外本次工作用 K－Ar 法测得同位素年龄值为 69Ma，因此，将该单元划为晚白垩世晚期。

2. 岩石学特征

该单元主体岩性为中细粒似斑状二长花岗岩（图 3－41，图 3－42）。岩石呈灰白色，中细粒似斑状结构，块状构造。似斑晶为钾长石、斜长石和石英。钾长石呈板状，见格子状双晶，粒度为 4～5mm，个别斑晶可达 1cm±，含量 5%±；斜长石斑晶呈板状、短柱状，粒度为 3～4mm，含量约占 10%；石英呈粒状，波状消光，粒度为 2～3mm，含量约占 5%±。基质为中细粒结构，成分由钾长石、斜长石、石英及黑云母组成。钾长石呈板状，粒度 2～3mm，含量 25%±；斜长石发育聚片双晶，有的见环带状构造，粒度 2mm±，含量 26%±；石英呈粒状，粒径 1～2mm，含量大于 25%；黑云母呈片状，棕褐色—黄色多色性，具吸收性，平行消光，粒度 0.5～1.0mm，含量 4%±。

3. 岩石化学特征

该单元硅酸盐分析结果、CIPW 值及主要成因指数如表 3－13 所示，从表中看出该单元具有以下特征。

（1）平均化学成分

与中国主要岩浆岩类的平均化学成分表中花岗岩相比较，贫 Al_2O_3、Fe_2O_3、Na_2O、MnO，富 MgO、CaO、K_2O、FeO。SiO_2 及 TiO_2 含量变化较大，但平均值与之相近。

（2）SiO_2

SiO_2 含量为 67.21%～76.89%，属酸性岩类。

（3） alk < al < alk + c

alk < al < alk + c 属正常类型。

（4） 特征指数

分异指数（DI）为 75.78 ~ 90.20，固结指数（SI）为 3.79 ~ 11.27，说明该单元岩石分异程度较高，属花岗岩类。

4. 稀土元素特征

该单元稀土元素分析结果及特征参数如表 3 - 14 所示，稀土总量（ΣREE）为 38.81×10^{-6} ~ 110.13×10^{-6}，δEu 为 0.38 ~ 0.70，为 Eu 负异常，轻重稀土比（ΣCe/ΣY）为 2.73 ~ 8.00，属轻稀土富集型（图 3 - 60）。

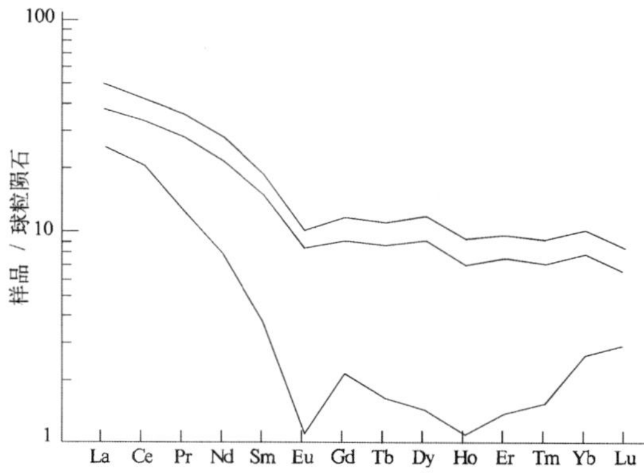

图 3 - 60 $K_2^2\eta\gamma_2$ 单元稀土配分模式图

（据 after Coryell，1963）

5. 微量元素特征

该单元微量元素分析结果如表 3 - 15 所示，其平均含量与维氏值中酸性岩相比，Cr（铬）高 3 倍，Ni（镍）高 2 倍，Cs（铯）高 3 倍，Hf（铪）高 5 倍，其余各元素均低于或接近维氏值。

6. 副矿物特征

副矿物特征（表 3 - 16）为磁铁矿—榍石—锆石—磷灰石型。副矿物种类主要有锆石、榍石、磷灰石、绿泥石、角闪石、磁铁矿、黄铁矿，另含少量钛铁矿、方铅矿、自然金（30 余粒）、自然银（30 余粒）。

锆石特征：无色、淡黄色、透明，金刚光泽或玻璃光泽。晶体内有气泡状包体和黑色包体，裂纹较发育。锆石长宽比以 2∶1 为主，其次为 1∶1。锆石晶形以柱面 {110}、{100}、锥面 {111} 组成的聚形为主。

（四）晚白垩世酸性侵入岩成因

1. 岩石系列

晚白垩世花岗岩岩石系列如表 3 - 11 所示，其里特曼指数（δ）为 1.67 ~ 2.29，除两个样小于 1.8 外，其余均在 1.8 ~ 3.3 之间，属钙碱性系列岩石。从硅-碱图看（图 3 - 49），该时代花岗岩投点均落在亚碱性区（S 区）。硅-碱图上所划分的亚碱性区，相当于里特曼指数所划分的钙性与钙碱性系列。因此，将晚白垩世花岗岩划分为钙碱性系列。

2. 物质来源

从图 3 - 50 上看，该时代花岗岩投点主要落在沉积岩、花岗岩和玄武岩三者的重合部位，说明该时代花岗岩的物质来源既有幔源物质，又有壳源物质的多源性特征。

3. 成岩作用

晚白垩世花岗岩产出的构造环境如 Rb -（Y + Nb）图 3 - 51 所示，该时代各单元投点情况各不相同。$K_2^1\eta\gamma\beta$ 单元两个点一个落入同碰撞区，另一个落入火山弧区。从 $R_1 - R_2$ 多阳离子图 3 - 52 上看，该单元投点主要落入 6 区及其附近，即同碰撞区。因此，$K_2^1\eta\gamma\beta$ 单元花岗岩产出构造环境应为同碰撞的构造环境。$K_2^2\eta\gamma_1$ 单元在 Rb -（Y + Nb）图 3 - 51 和 $R_1 - R_2$ 多阳离子图 3 - 52 上分别落入火山孤和板块碰撞前消减地区。但该单元同位素年龄为宣 70.6Ma，并且具有后碰撞花岗岩的岩石化学特征，即高钾钙-碱性系列花岗岩，中国地质大学莫宣学教授在《关于造山带花岗岩的填图与研究方法》中，将高钾钙-碱性系列花岗岩划为后碰撞花岗岩。因此，该单元应为后碰撞花岗岩。$K_2^2\eta\gamma_2$单元在 Rb -（Y + Nb）图 3 - 51 上投点主要落入同碰撞区。在 R_1 - R_2 多阳离子图 3 - 52 上主要落入板块碰撞前和同碰撞区。综合其同位素年龄 69.0Ma，并且该单元也具有后碰撞花岗岩的岩石化学特征，因此，该单元亦为后碰撞花岗岩。

该时代侵入体在平面上呈不规则状，具锯齿状的接触界线。岩体内部未见定向组构，围岩也未因岩浆侵入而发生变形，围岩原有的构造靠近接触带也未受干扰。以上这些特征都说明晚白垩世花岗岩的就位机制应属被动就位。

4. 花岗岩成因

从图 3 - 61、（Al - Na - K）- Ca -（Fe^{2+} + Mg）图 3 - 62 上看，$K_2^1\eta\gamma\beta$ 单元投点主要落在 S 型花岗岩区，而 $K_2^2\eta\gamma_2$ 和 $K_2^2\eta\gamma_1$ 单元投点主要落在 I 型花岗岩区，另外，各单元花岗岩具有以下成因特征（表 3 - 18）。

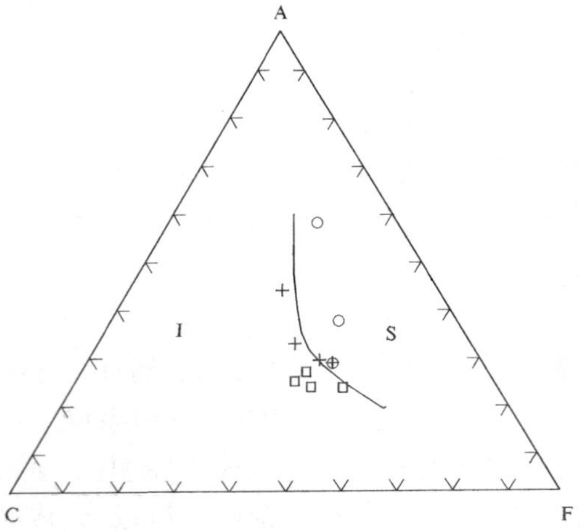

图 3 - 61 晚白垩世 A - C - F 图

（据江西区域地质大队，1991）

+. $K_2^2\eta\gamma_2$；□. $K_2^2\eta\gamma_1$；○. $K_2^1\eta\gamma\beta$

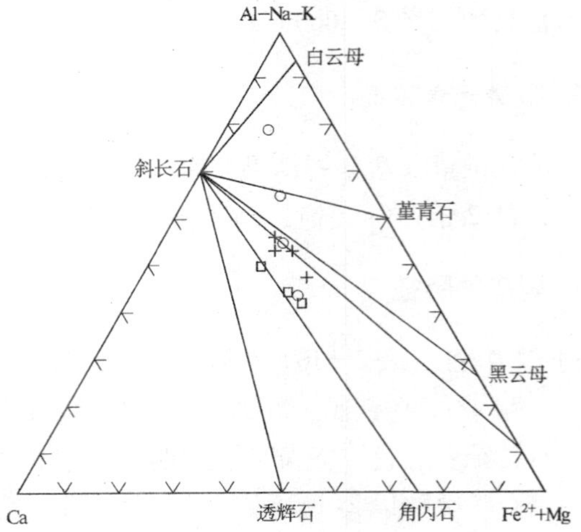

图 3 - 62 晚白垩世（Al - Na - K）- Ca -（Fe^{2+} + Mg）图

（据吉林区域地质大队方文昌，1992）

+. $K_2^2\eta\gamma_2$；□. $K_2^2\eta\gamma_1$；○. $K_2^1\eta\gamma\beta$

表 3 - 18 晚白垩世各单元花岗岩成因主要判别标志一览表

标志分类	判别内容	$K_2^1\eta\gamma\beta$	$K_2^2\eta\gamma_1$	$K_2^2\eta\gamma_2$
地质学标志	岩体规模	较大	较小	较大
	冷凝边	有，明显	有，明显	有，明显
	接触带	较明显	明显	明显
	地层残影体	无	无	无
	捕虏体	无	无	无
岩石矿物学标志	造岩矿物，副矿物	可见石榴石、白云母	普遍出现角闪石、黑云母	普遍出现角闪石、黑云母
岩石化学标志	过铝指数 ANKC	多数 > 1.1	均 < 1.1	均 < 1.1
	CIPW 标准分子 C	多数 > 1.0	均 < 1.0	均 < 1.0
	Fe^{3+}/（Fe^{3+} + Fe^{2+}）	多数 < 0.3	两个样 > 0.3 两个样 < 0.3	多数 > 0.3
	SiO_2 含量	多出现在较高范围	多出现在较低范围	多出现在较低范围
稀土标志	δEu	较小，均 < 0.5	均 > 0.5	多数 > 0.5
	ΣREE 变化范围	较宽	较窄	较宽

根据上述判别标志，结合成因三角图，不难看出 $K_2^1\eta\gamma\beta$ 单元多数为 S 型特征，少数为 I 型特征，因此，将该单元划为（S）型成因花岗岩，而 $K_2^2\eta\gamma_1$ 和 $K_2^2\eta\gamma_2$ 单元则绝大多数为 I 型特征，因此，将 $K_2^2\eta\gamma_1$ 和 $K_2^2\eta\gamma_2$ 单元划分为 I 型成因花岗岩。

三、古近纪古新世酸性侵入岩

古近纪古新世酸性侵入岩分布于测区东南部，出露面积较大，约为 222.5km²，占全区侵入岩出露面积的 30.6%。该期侵入岩在本区仅一个填图单元，即古近纪古新世中粗粒似斑状二长花岗岩（$E_1\eta\gamma$）。

1. 地质特征

该单元区内只出露 1 个侵入体，呈岩基状产出。区域上受东西向构造控制，呈近东西向展布，向东延伸出图。岩体内节理、脉岩较发育，节理多为水平节理，其次为垂直节理。脉岩以花岗细晶岩脉为主，脉宽从几厘米至几米不等。岩体内包体甚微，偶见暗色闪长质包体，呈椭圆状，大小 2～50mm。岩体普遍具有钾长石化、高岭土化及褐铁矿化蚀变。与地层接触带形成矽卡岩型金铜矿体。

该岩体侵入于早白垩世多尼组（K_1d）、郎山组（K_1l）（图 3－63）及早白垩世早期中粒黑云母花岗闪长岩（$K_1^1\gamma\delta\beta$）、晚白垩世早期中粗粒似斑状黑云母二长花岗岩（$K_2^1\eta\gamma\beta$）中。测得 K－Ar 法同位素年龄为 59.4Ma，因此，将该单元的侵位时代定为古近纪古新世（E_1）。

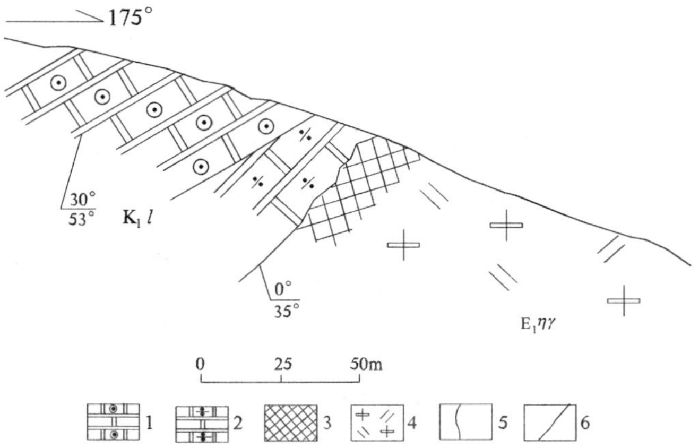

图 3－63　扎弄强玛 $E_1\eta\gamma$ 与 K_1l 侵入接触关系素描图

1. 矽卡岩化大理岩；2. 透闪石大理岩；3. 石榴石、透闪石矽卡岩（内矽卡岩）；4. 似斑状二长花岗岩；5. 侵入接触界线；6. 渐变接触界线

2. 岩石学特征

该单元主体岩性为中粗粒似斑状二长花岗岩（图 3－41、图 3－64）。岩石呈中粗粒似斑状结构，块状构造。似斑晶为钾长石：呈板状、表面粘土化，多见条纹构造，粒度 1.5～3.5cm，含量 10%～15%。基质由钾长石、斜长石、石英及黑云母组成。钾长石：呈粒状或板状，表面粘土化，具条纹构造，粒度 2～5mm，含量约占 25%；斜长石：呈板状、短柱状，发育聚片双晶，粒度 3～4mm，含量约占 30%～25%；石英：呈粒状，波状消光，粒度 1.5～3.5mm，含量约占 25%；黑云母：呈片状，棕褐色—黄色多色性，具吸收性，部分绿泥石化，粒度 1～2mm，含量小于 5%。

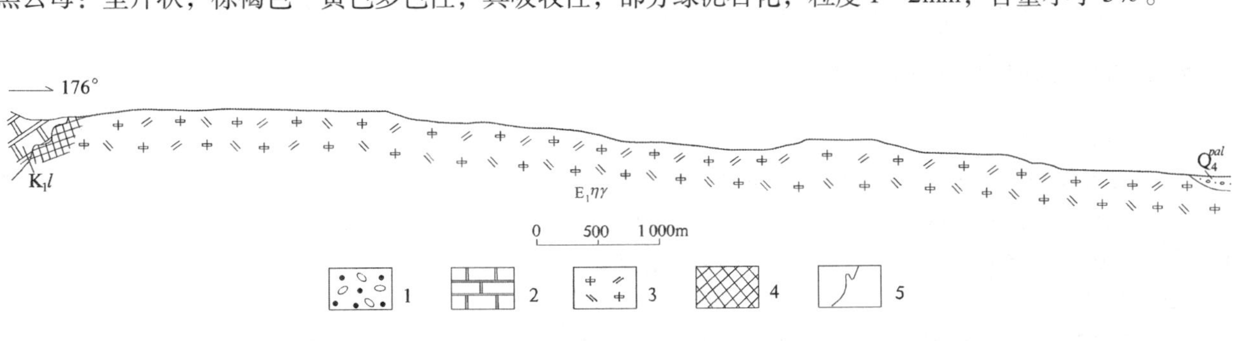

图 3－64　班戈县帮扎拉—各嘎列俄玛古近纪古新世中粗粒似斑状二长花岗岩（$E_1\eta\gamma$）实测剖面图

1. 亚砂土、砂砾岩；2. 大理岩；3. 似斑状二长花岗岩；4. 石榴石、透闪石矽卡岩（内矽卡岩）；5. 侵入接触界线

3. 岩石化学特征

该单元二长花岗岩硅酸盐分析结果、CIPW 值及主要成因指数如表 3－13 所示，从表中可知该单元具有以下特征。

（1）平均化学成分

与中国主要岩浆岩类的平均化学成分表中花岗岩相比较，贫 Al_2O_3、FeO、MnO、MgO、CaO、Na_2O、P_2O_5，富 SiO_2、K_2O、TiO_2。

（2）SiO_2

SiO_2含量为 71.22% ~74.4%，属酸性岩类。

（3）al > alk + c

al > alk + c 为铝过饱和类型。

（4）特征指数

分异指数（DI）为 82.17 ~ 89.08，固结指数（SI）为 3.86 ~7.95，说明该单元岩石分异程度较高，属花岗岩类。

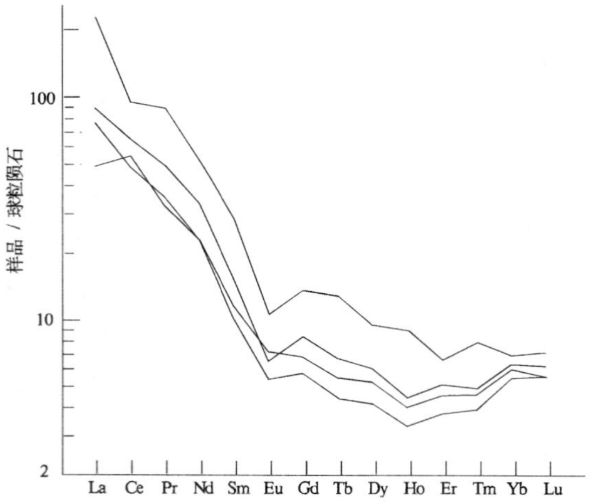

图 3－65　$E_1\eta\gamma$ 单元稀土配分模式图

（据 after Coryell，1963）

4. 稀土元素特征

该单元稀土元素分析结果及特征参数如表 3－14 所示，稀土总量（ΣREE）为 101.45×10^{-6} ~236.83×10^{-6}，δEu 为 0.5 ~ 0.78，为 Eu 负异常，轻重稀土比（ΣCe/ΣY）为 6.16 ~ 8.01，属轻稀土富集型（图 3－65）。

5. 微量元素特征

该单元微量元素分析结果如表 3－15 所示，其平均含量与维氏值中酸性岩相比，铬高 7 倍，钴高 1 倍，铷高 1 倍，铯高 2 倍，铪高 5 倍，其他各元素均低于或接近维氏值。

6. 副矿物特征

该单元副矿物特征如表 3－16 所示，为磁铁矿—钛铁矿—磷灰石—锆石型。副矿物种类主要有锆石、榍石、磷灰石、绿泥石、角闪石、石榴石、金红石、磁铁矿、钛铁矿、褐铁矿、黄铁矿、白钛矿、电气石等，另见少量锐钛矿和铬尖晶石。

锆石特征：无色或淡黄色，透明，油脂光泽、金刚光泽，晶体内有气液包体，裂隙发育。锆石长宽比 1∶1 ~3∶1，锆石晶形以柱面｛110｝、｛100｝，锥面｛111｝、｛331｝、｛131｝组成的聚形为主（表 3－14）。

7. 古近纪古新世酸性侵入岩成因

（1）岩石系列

古近纪古新世酸性侵入岩岩石系列如表 3－13 所示，其里特曼指数（δ）为 1.73 ~2.08，多数在 1.8 ~3.3 之间，属钙碱性区，从硅-碱图（图 3－49）上看，该时代酸性侵入岩投点均落在 S 区，即亚碱性系列。因此，该时代酸性侵入岩应为钙碱性系列。

（2）物质来源

从图 3－50 看出该时代酸性侵入岩投点落在沉积岩区，表示该时代岩石物质来源为壳源花岗岩。

（3）成岩作用

古近纪古新世酸性侵入岩形成的构造环境如图 3－51 所示，投点全部落在同碰撞区。从 R_1-R_2 多阳离子图上看（图3－52），投点主要落在6区及其附近，即同碰撞区。另外，该时代花岗岩同位素年龄为59.4Ma，同样，该花岗岩具有后碰撞花岗岩的岩石化学特征，因此，该时代花岗岩产出的构造环境应为后碰撞花岗岩。

该时代酸性侵入岩平面上呈近东西向展布的不规则状，具锯齿状的接触界线。岩体内部未见定向组构，围岩也未因岩浆侵入而发生变形，围岩原有的构造即使靠近接触带也未受干扰。上述特征均反映了岩体被动就位的特征。

（4）古近纪古新世酸性侵入岩成因

该时代侵入岩成因类型在A－C－F（图3－66）图上，主要落在S型花岗岩区及其附近，而在（Al－Na－K）－Ca－（Fe^{2+}＋Mg）（图3－67）图上，则主要落在斜长石-透辉石-黑云母区及其附近，即I型花岗岩区及其附近，具过渡类型特征。另外，该时代花岗岩尚具以下成因标志：

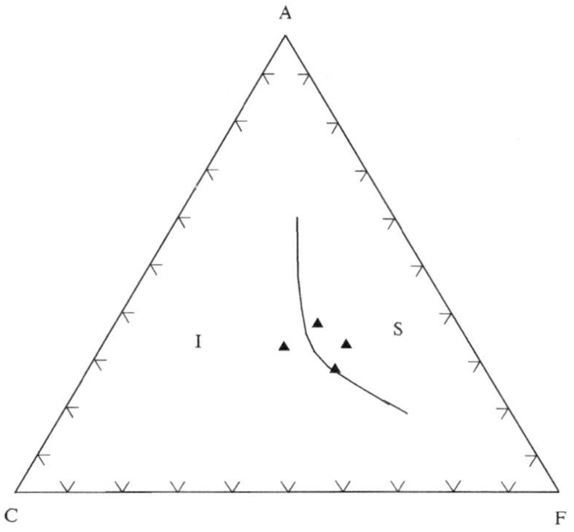

图3－66　古近纪古新世A－C－F图

（据江西区域地质大队，1991）

▲. $E_1\eta\gamma$

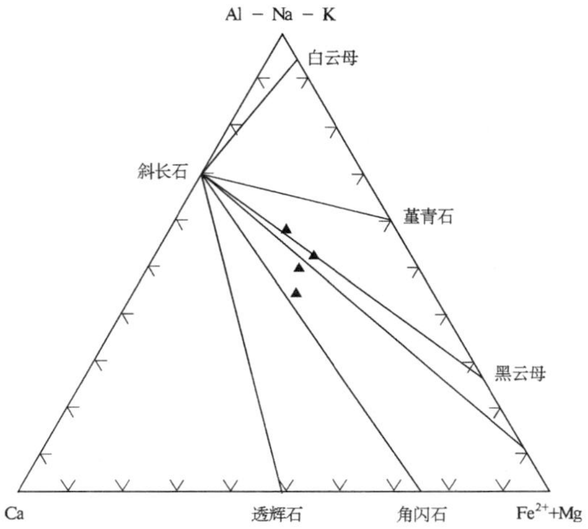

图3－67　古近纪古新世（Al－Na－K）－Ca－（Fe^{2+}＋Mg）图

（据吉林区域地质大队方文昌，1992）

▲. $E_1\eta\gamma$

①岩体规模较小；
②与围岩接触带较明显，具有冷凝边；
③无地层残影体和捕虏体；
④造岩矿物，副矿物普遍出现角闪石、黑云母；
⑤过铝指数（ANKC）均小于1.1；
⑥CIPW标准分子C，多数小于1.0；
⑦Fe^{3+}/（Fe^{3+} ＋ Fe^{2+}）值均大于0.3；
⑧δEu较大，均大于0.5。

根据以上判别标志结合成因三角图，确定古近纪古新世花岗岩划分为（S）型成因。

四、花岗岩类的演化特征

1. 岩石化学演化特征

岩石化学演化特征是反映岩浆成分的主要标志，同源岩浆不同期次的花岗岩都有自身的岩石化学特征。同时，它们之间也有一定的演化规律。各时代花岗岩（非同源岩浆花岗岩）之间，其岩石化学演化特征也有一定的差异。所以，研究和对比各时代花岗岩之岩石化学特征，是探讨岩浆演化的重要手段之一。

（1）酸性程度

区内各时代花岗岩酸度，标准矿物 Or、Ab、An、Q 平均值见表 3－13、图 3－68。从图上看，SiO_2含量从早白垩世至古近纪古新世呈上升趋势，但不明显。标准矿物 Q 从早白垩世至晚白垩世略有下降，至古近纪古新世又有所上升。Or 从早白垩世至晚白垩世呈明显上升趋势，至古近纪古新世略有上升。An 随时代更新呈明显负相关。Ab 从早白垩世至晚白垩世略有升高，至古近纪古新世又略有下降。

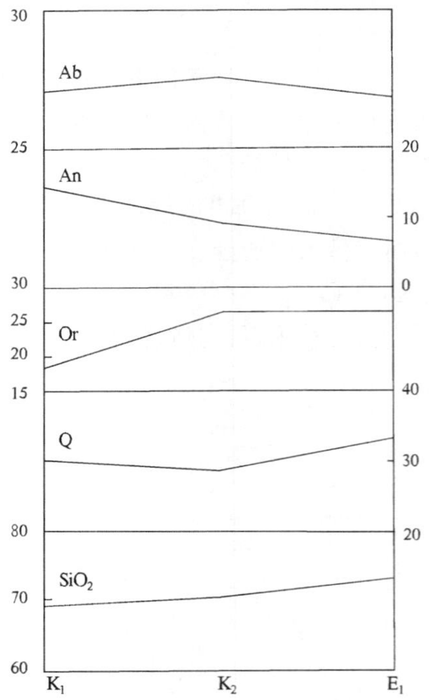

图 3－68　多巴区幅各时代花岗岩类 Ab、An、Or、Q、SiO_2含量变化曲线图

（2）化学成分变异特征

①各时代岩石主要化学成分与 SiO_2变异特征

为了研究岩石化学成分变异特征，我们绘制了各时代主要成分与 SiO_2含量相关图（图 3－69、图 3－70、图 3－71、图 3－72、图 3－73）。其特征如下：

A. Na_2O 与 SiO_2相关性，随着 SiO_2含量的增加，早白垩世 Na_2O 呈明显增高趋势，呈正相关，而晚白垩世和古近纪古新世均呈负相关。

B. K_2O 与 SiO_2相关性，随着 SiO_2含量的增加，早白垩世 K_2O 含量明显下降，呈负相关。而晚白垩世及古近纪古新世 K_2O 含量则呈上升趋势，与 SiO_2呈正相关。

C.（$K_2O + Na_2O$）与 SiO_2相关性，随 SiO_2含量增加，早白垩世及古近纪古新世（$K_2O + Na_2O$）略呈下降趋势，而晚白垩世则呈增高趋势。

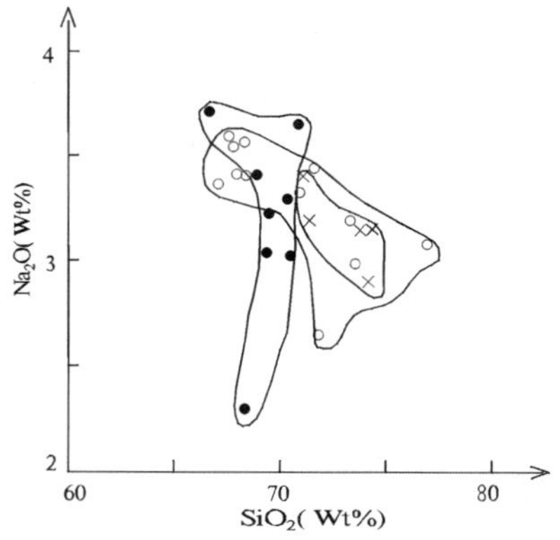

图 3－69　$Na_2O - SiO_2$相关图

×. E_1；○. K_2；●. K_1

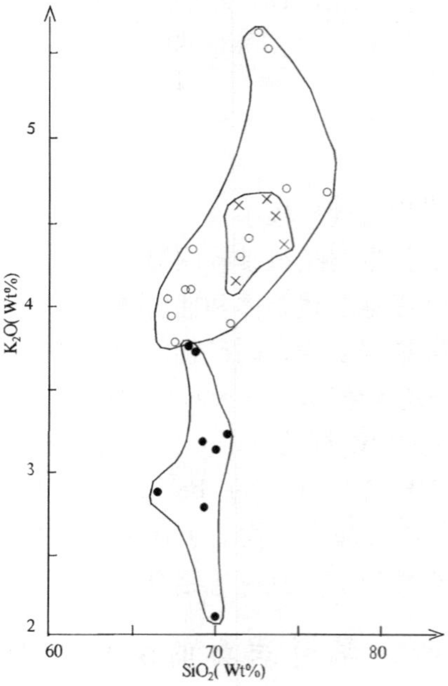

图 3－70　$K_2O - SiO_2$相关图

×. E_1；○. K_2；●. K_1

D.（MgO + FeO）与 SiO_2相关性，随着 SiO_2含量增加，各时代（MgO + FeO）均呈下降趋势。

E. CaO 与 SiO_2相关性，随着 SiO_2含量增加，各时代 CaO 含量明显下降，具明显负相关。

②各时代岩石主要化学成分与 SI 变异特征

除了各时代主要成分与 SiO_2变异特征外，鉴于岩浆分异结晶过程中始终向贫 MgO 方向演化的特点，我们绘制了岩石主要化学成分与 SI 的变异图（图 3－74、图 3－75、图 3－76、图 3－77、图 3－78），各时代相关程度也不尽相同。

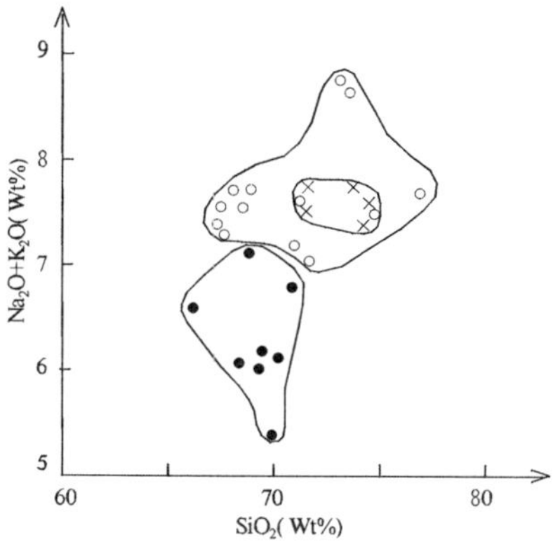

图 3-71　$(Na_2O + K_2O) - SiO_2$ 相关图

×. E_1；○. K_2；●. K_1

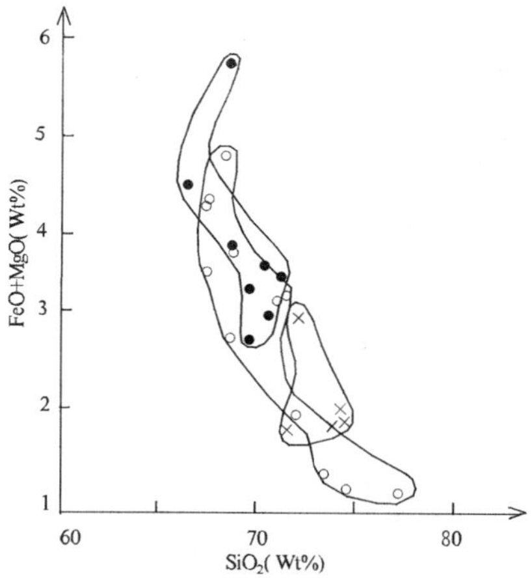

图 3-72　$(FeO + MgO) - SiO_2$ 相关图

×. E_1；○. K_2；●. K_1

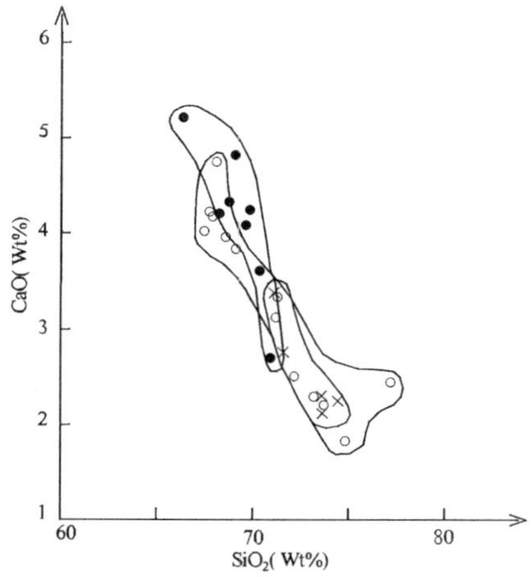

图 3-73　$CaO - SiO_2$ 相关图

×. E_1；○. K_2；●. K_1

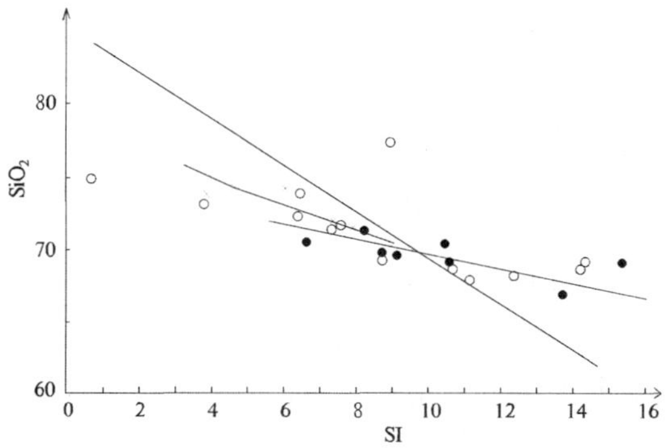

图 3-74　SiO_2- SI 相关图

×. E_1；○. K_2；●. K_1

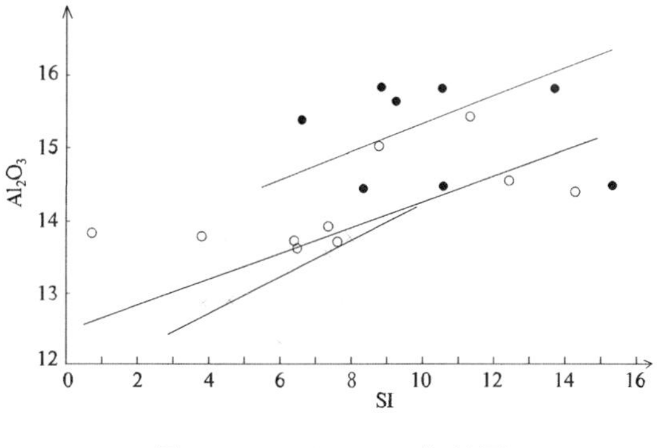

图 3-75　Al_2O_3- SI 相关图

×. E_1；○. K_2；●. K_1

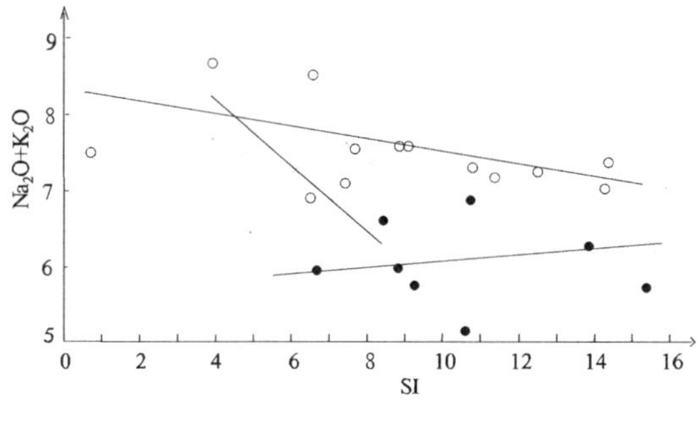

图 3-76　$(Na_2O + K_2O)$ - SI 相关图

×. E_1；○. K_2；●. K_1

A. SiO_2 与 SI 相关性，随 SI 的增大，各时代均呈负相关。

B. Al_2O_3 与 SI 相关性，随 SI 的增大，各时代含量也随之增高，均呈正相关。

C. $(K_2O + Na_2O)$ 与 SI 相关性，随 SI 的增大，早白垩世 $(K_2O + Na_2O)$ 含量呈增高的趋势，而晚白垩世略有下降，古近纪古新世呈明显负相关。

D. CaO 与 SI 相关性，各时代均呈正相关，但相关程度不尽一致。

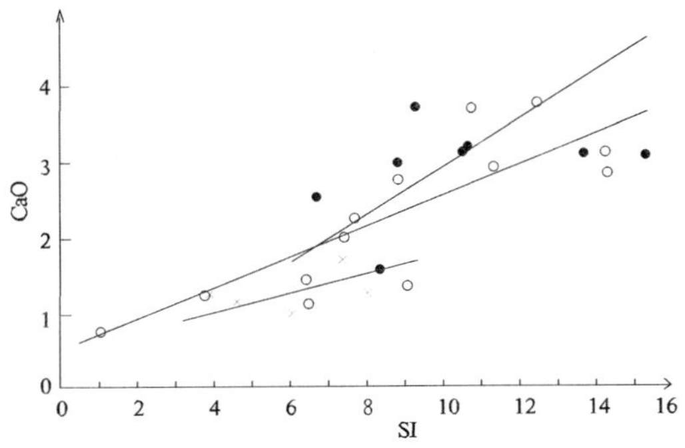

图 3－77　CaO－SI 相关图

×. E_1；○. K_2；●. K_1

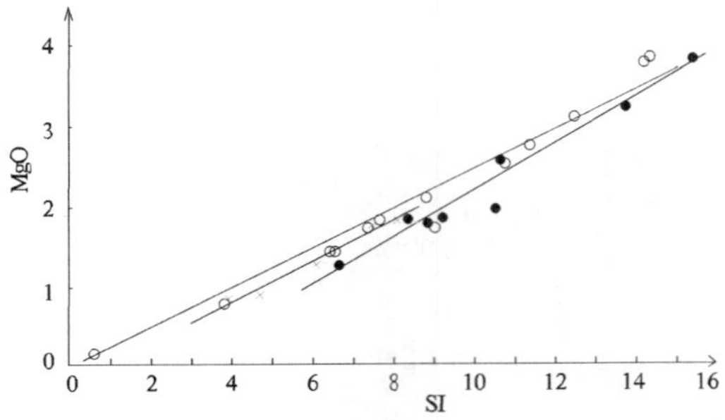

图 3－78　MgO－SI 相关图

×. E_1；○. K_2；●. K_1

E. MgO 与 SI 相关性，各时代均呈正相关，且相关程度基本一致。

（3）特征参数变异特征

区内各时代花岗岩类某些特征参数随时代变化如图 3－79 所示，从图中可看出：

①戈蒂尼指数（τ）随时代更新，呈先增后减的变化趋势。

②氧化系数（Ox）随时代更新，呈递减趋势。

③过铝指数（ANKC）随时代更新，变化不明显，略有降低趋势。

④分异指数（DI）随时代更新，呈正相关。

2. 稀土元素演化特征

稀土元素是一个紧密共生的地球化学组合，但是随着地质演化过程，它们的分布会逐渐变化，形成比较复杂的分布形式。花岗岩类岩石因受不同环境、不同成因类型等影响，往往形成变化范围很大的稀土丰度和复杂的配分形式。区内各时代花岗岩稀土丰度及特征参数演化特征如表 3－14 所示。

（1）岩石稀土总量、轻重稀土比值、Eu 异常（δEu）演化特征

岩石稀土总量、轻重稀土比值、Eu 异常（δEu）演化特征见各时代花岗岩类稀土特征参数变化曲线图（图3-80）。从图3-80可知，随时代更新，稀土总量呈明显正相关。轻重稀土比值从早白垩世

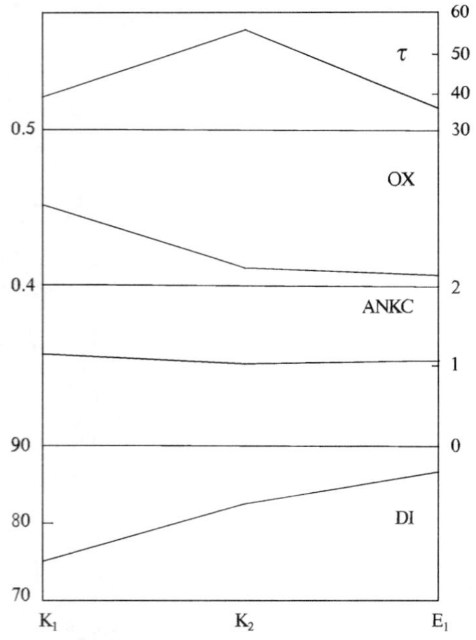

图 3－79　各时代花岗岩类特征参数变化曲线图

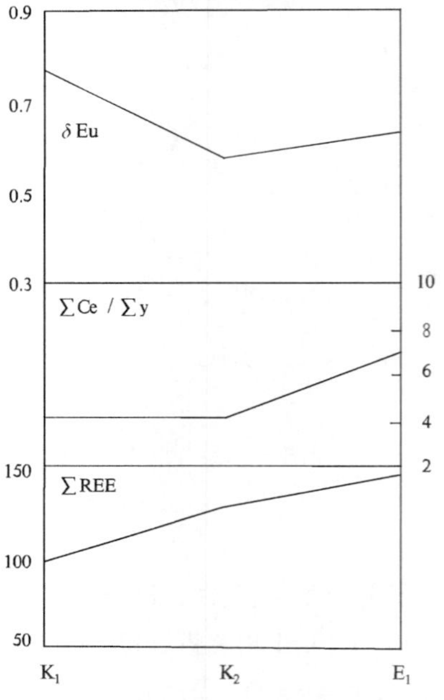

图 3－80　各时代花岗岩类稀土特征参数变化曲线图

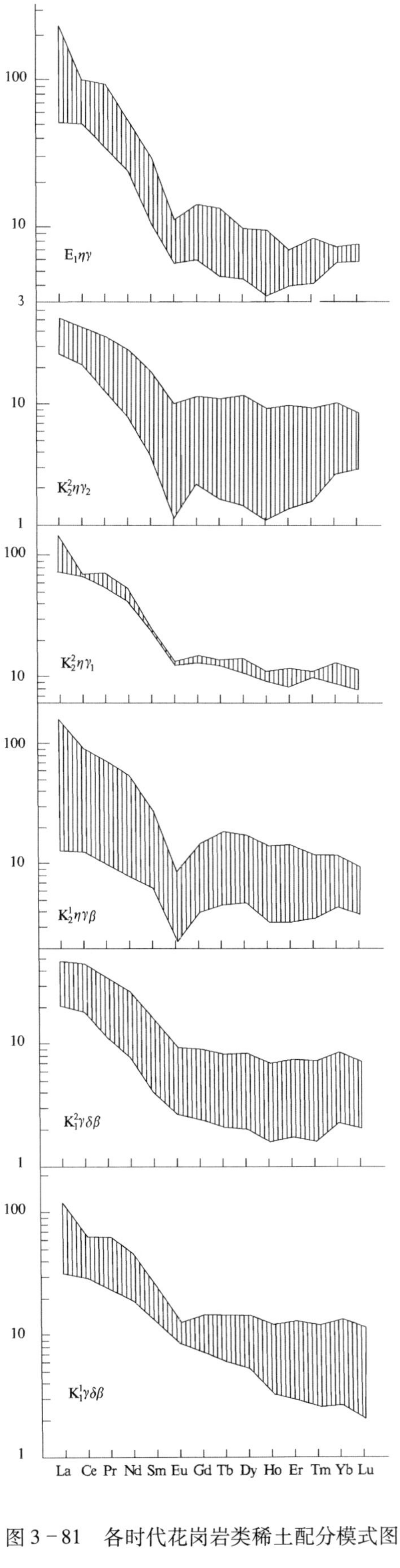

图3－81　各时代花岗岩类稀土配分模式图

至晚白垩世略有下降，至古近纪古新世，呈明显上升趋势。而 δEu 从早白垩世至晚白垩世明显下降，至古近纪古新世又呈上升趋势。

（2）不同时代花岗岩稀土配分演化特征

不同时代花岗岩稀土配分演化特征见各时代花岗岩类稀土配分模式图（图3－81）。从图中不难看出，随时代更新，有以下几个主要演化趋势：

①曲线由相对平直到相对曲折。

②曲线由相对左高右低，逐渐演变为左高右平。

③因 Eu 负异常而出现的“谷”，也由浅到深明显变化。

④曲线分布范围，由左窄右宽，逐渐演化为左宽右窄。

（3）Ce/Yb－Eu /Yb 相关特征

从 Ce/Yb－Eu /Yb 相关特征图（图3－82）中不难看出各时代均呈正相关，但相关程度不同。

（4）ΣREE－SiO_2相关性演化特征

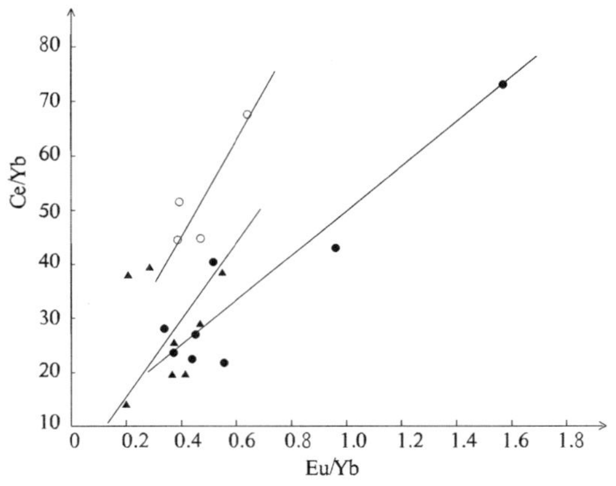

图3－82　Ce / Yb－Eu / Yb 相关图

○. E_1；▲. K_2；●. K_1

从各时代花岗岩 ΣREE－SiO_2相关性演化特征图（图3－83）上看，各时代花岗岩随 SiO_2 含量增加，ΣREE 明显减少，呈显著负相关。

（5）δEu－DI 相关性演化特征

从各时代 δEu 与 DI 相关性演化特征图（图3－84）中可以看出，早白垩世 δEu－DI 呈明显正相关，而晚白垩世及古近纪古新世则呈明显的负相关。

五、花岗岩类温度、压力、深度

1. 温度

温度以温克勒（1979）的 An－Ab－Or 三角图解法（图3－85）得出，所得区内各单元花岗岩平均成岩温度如下：

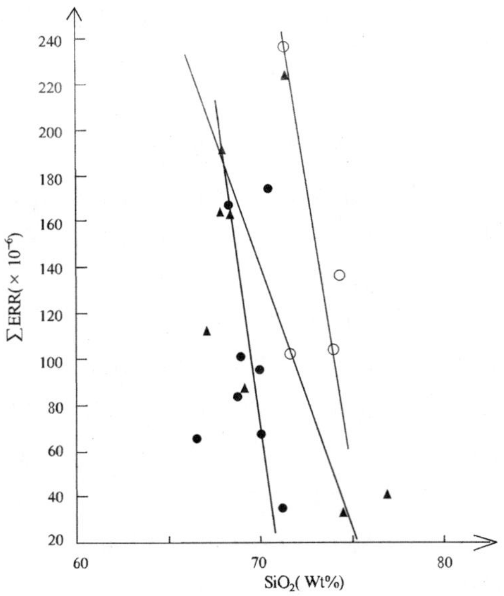

图 3-83　∑REE - SiO_2 相关图

○. E_1；▲. K_2；●. K_1

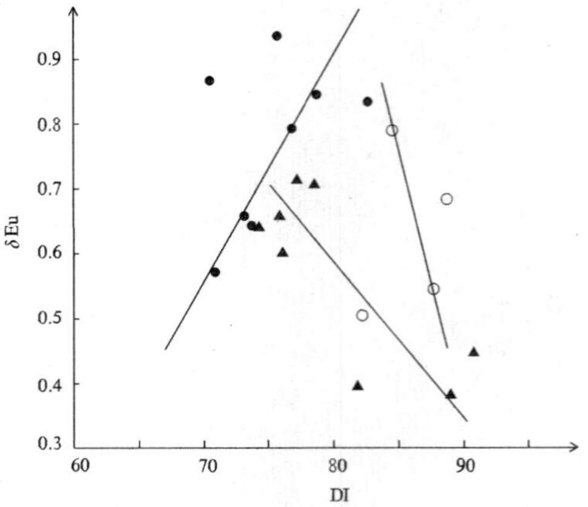

图 3-84　δEu - DI 相关图

○. E_1；▲. K_2；●. K_1

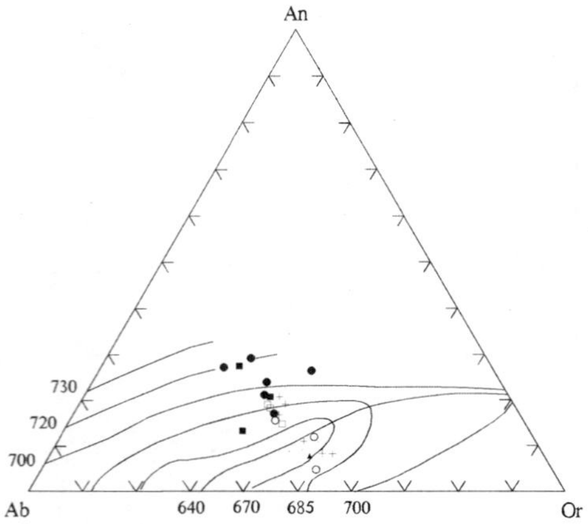

图 3-85　花岗岩类 An - Ab - Or 图

（据温克勒，1949）

×. $E_1\eta\gamma$；+. $K_2^2\eta\gamma_2$；□. $K_2^2\eta\gamma_1$；

○. $K_2^1\eta\gamma\beta$；■. $K_1^2\gamma\delta\beta$；●. $K_1^1\gamma\delta\beta$

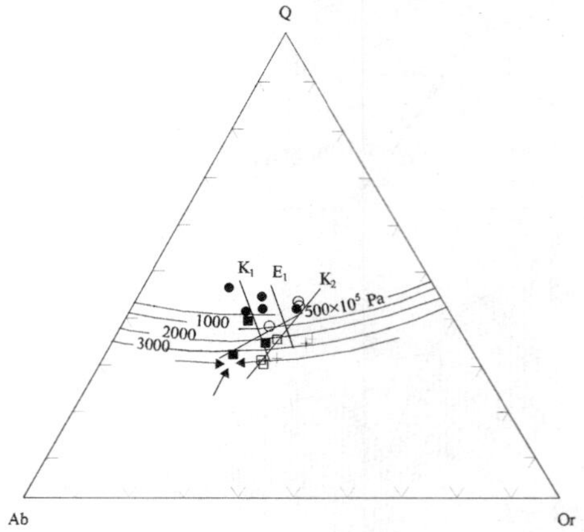

图 3-86　各时代花岗岩类 Q - Ab - Or 图

（据 Lipman，1966）

×. $E_1\eta\gamma$；+. $K_2^2\eta\gamma_2$；□. $K_2^2\eta\gamma_1$；

○. $K_2^1\eta\gamma\beta$；■. $K_1^2\gamma\delta\beta$；●. $K_1^1\gamma\delta\beta$

①早白垩世早期 $K_1^1\gamma\delta\beta$ 单元 $T=710℃$

②早白垩世晚期 $K_1^2\gamma\delta\beta$ 单元 $T=700℃$

③晚白垩世早期 $K_2^1\eta\gamma$ 单元 $T=670℃$

④晚白垩世晚期 $K_2^2\eta\gamma_1$ 单元 $T=680℃$

⑤晚白垩世晚期 $K_2^2\eta\gamma_2$ 单元 $T=680℃$

⑥古近纪古新世 $E_1\eta\gamma$ 单元 $T=660℃$

2. 压力、深度

区内花岗岩的成岩深度见各时代花岗岩类 Q - Ab - Or 图（图 3-86），从 Q - Ab - Or 三解图（图 3-86）上看，区内花岗岩的压力为 0.51×10^8Pa ~ 1.6×10^8Pa。按 1.0×10^8Pa 压力换算为成岩深度等于 3.3km，可估算出区内花岗岩成岩深度为 1.68 ~ 5.28km。

另外，根据各时代 τ 值变化，绘制了 τ 值演化变异图（3－87）。从图上看早白垩世由早—晚，τ 值呈递减趋势，即反映了岩浆是逐渐变深的。晚白垩世，由早—晚，τ 值先变小后增加，反映该时代岩浆来源深度随时间演化，由浅—深—浅。另外，也可看出区内花岗岩多源成因的特点。

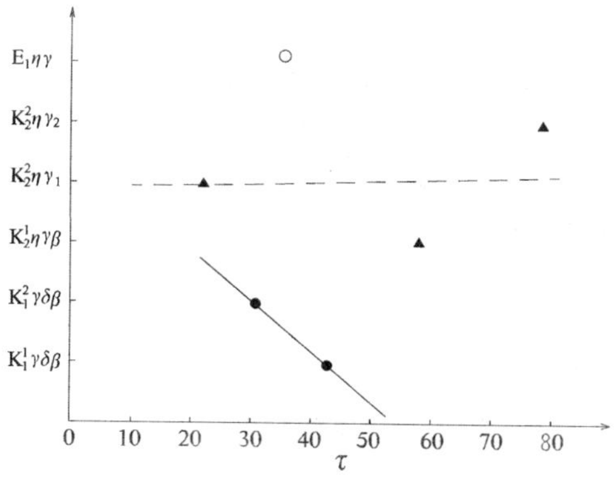

图 3－87　各时代花岗岩类 τ 值变异图

○. E_1；▲. K_2；●. K_1

第三节　脉岩

区内脉岩不发育，仅在中南部地区零星出露，主要为晚白垩世中酸性脉岩。

一、晚白垩世中性脉岩

晚白垩世中性脉岩主要分布于测区中南部，呈大小不等的脉状，产出于早白垩世多尼组（K_1d）、晚侏罗世—早白垩世日拉组（J_3K_1r）、中二叠世下拉组（P_2x）及早石炭世永珠组（$C_{1-2}y$）中，岩石类型主要为安山玢岩和闪长玢岩。

1. 安山玢岩

灰白色，斑状结构，基质微细粒结构，块状构造。斑晶由斜长石和角闪石组成。斜长石：呈板状，表面泥化，粒度为 0.2mm × 0.5mm ~ 0.15mm × 0.3mm，含量 8%。普通角闪石：褐色，柱状，正高突起，近平行消光，粒度 0.2mm × 0.7mm，含量 2%。基质由斜长石和普通角闪石组成。斜长石：无色，板状，表面泥化，粒度为 0.02mm × 0.1mm ~ 0.07mm × 0.3mm，含量 60%。普通角闪石：褐色，柱状，粒度 0.04mm × 0.15mm ~ 0.1mm × 0.3mm，含量 30%。

2. 闪长玢岩

灰白—灰黑色，斑状结构，微晶结构，块状构造。斑晶由斜长石及普通角闪石组成。斜长石：短柱状，表面强烈绢云母化，粘土化，粒度 0.5 ~ 1.0mm，含量 16% ±。绿泥石化普通角闪石假像：粒度 0.5mm，含量 1% ±。基质主要为斜长石：粒度 0.03 ~ 0.10mm，含量 73% ±。绿泥石：淡绿色，呈板条状，可能是普通角闪石蚀变产物，粒度 0.01 ~ 0.03mm，含量 6% ±。绿帘石：淡黄色，粒度 0.02 ~ 0.05mm，个别可达 0.1mm，分布不均一，含量 4% ±。

二、晚白垩世酸性脉岩

晚白垩世酸性脉岩主要分布于测区中南及西南部，呈脉状产出于早白垩世多尼组（K_1d）、早白垩世捷嘎组（K_1jg）、则弄群（K_1Z）及早二叠世昂杰组（P_1a）中。脉岩类型主要为花岗斑岩、石英斑岩、流纹斑岩。

1. 花岗斑岩

浅肉红色，斑状结构，基质为隐晶质结构。斑晶由斜长石、钾长石及石英组成。斜长石：呈板柱状，具聚片双晶，绢云母化，粒度 0.4mm × 0.9mm ~ 0.75mm × 2.0mm，含量 3%；正长石：呈板状或板柱状，见卡氏双晶，粒度 0.25mm × 0.3mm ~ 1.2mm × 2.3mm，含量 5%；石英：呈粒状，粒度 0.10 ~ 2mm，含量 2%。基质为隐晶质结构，由长石、石英组成，含量 87%。不透明暗色矿物，不规则粒状，粒度 0.01 ~ 0.05mm，含量 3%，见有铁染红色。

2. 石英斑岩

灰白色，斑状结构，基质为隐晶质结构，块状构造。斑晶由石英、正长石、斜长石及黑云母组成。石英：呈半自形-自形。可见石英熔蚀现象，粒度0.1～0.7mm，含量15%±；正长石：呈板状，表面有铁染现象，可见卡氏双晶，粒度0.2～0.6mm，含量5%±；黑云母：片状，多已蚀变，析出铁质，可见绿泥石化，粒度0.1～0.2mm，含量3%；绿泥石化作用形成的产物，含量2%。基质主要由隐晶质长英质组成，具球粒结构，含量75%±。

3. 流纹斑岩

灰白-浅肉红色，斑状结构，基质为隐晶质结构，块状构造。斑晶由石英、斜长石、钾长石、黑云母组成。石英：无色，粒状，自形，具熔蚀现象，粒度0.1～1.5mm，含量15%；斜长石：自形-半自形，板状，表面土化，可见卡氏双晶，粒度0.3～0.7mm，含量3%；可见聚片双晶。黑云母：已脱色，片状，半自形，粒度0.2～0.7mm，含量2%。钾长石：半自形-自形，表面土化，粒度0.5～1.0mm，含量5%。基质由隐晶质的长石、石英组成，含量为75%。其中见有轻微绢云母化。

第四节　火山岩

测区内火山岩出露较少，出露面积约为270km^2，占图幅面积的1.7%。主要分布在测区的中部和北部，零星分布。包括前震旦纪火山岩、中—晚侏罗世火山岩、晚侏罗世火山岩、早白垩世火山岩、新近纪上新世火山岩。前震旦纪火山岩产于念青唐古拉岩群（AnZ*Nq*）中，原岩为夹于类复理石碎屑岩中的基性火山岩，本次火山喷发事件可能与冈底斯陆核北缘增生作用有关。在经过了高绿片岩相—低角闪岩相的变质变形作用改造后，原岩面貌已很难恢复，因此，这里不作详细论述。中—晚侏罗世火山岩为产于接奴群（$J_{2-3}J$）中的中酸性火山碎屑岩和火山碎屑沉积岩，分布在测区北部班怒带中的东卡错中间陆块上，分布较少，火山作用较弱，代表了本区侏罗纪盆地拉开初期的构造岩浆活动。晚侏罗世火山岩为永珠蛇绿岩中的枕状玄武岩，分布在永珠蛇绿岩带的东南段。岩石具偏碱性的特征，为永珠弧间裂谷盆地扩张期构造岩浆活动的产物，火山作用较强，以裂隙式喷发为主，与本区巨大的席状岩墙群共同说明这里曾发生过剧烈的盆地扩张作用（在蛇绿岩部分已有详细介绍，本节不再重复）。早白垩世火山作用较强，分布广泛，包括4个火山岩岩石单元：桂牙岩组（K_1g）火山岩、去申拉组（K_1q）火山岩、达过火山岩（$d\alpha$）、则弄群（K_1Z）火山岩。它们分别产于不同的大地构造单元之上，由北向南依次为：去申拉组（K_1q）火山岩，产于班怒带中的东卡错中间陆块上，为一套安山质—流纹质的中酸性火山岩，火山作用较强，以爆发相和喷溢相为主，分布较广、厚度较大。桂牙岩组火山岩，产于班怒带南带中，为一套爆发相—喷溢相的基性火山岩。产于桂牙岩组（K_1g）下岩段，时代为早白世早期。岩石具偏碱性的岩石化学特征，为具拉张特点的弧前盆地火山岩。达过火山岩（$d\alpha$），产于班怒带和永珠蛇绿岩带之间的昂龙冈日—班戈—腾冲燕山期岩浆弧带上，为一套安山质—流纹质的钙碱性火山岩。火山作用较强，为爆发相—喷溢相，属典型的岛弧火山岩。则弄群火山岩，产于永珠蛇绿岩带南侧申扎古生代台地边缘的革吉-措勤晚中生代弧后盆地中，火山作用较弱，以安山质的火山碎屑岩为主，分布较少、厚度较小。早白垩世火山岩均具岛弧火山岩的特征，与永珠蛇绿岩带和班怒带的闭合事件有关。火山岩岩石单元划分如表3-19所示。

一、中—晚侏罗世火山岩

中—晚侏罗世接奴群火山岩

1. 地质特征

接奴群火山岩分布于班戈县接奴山—孔曲道班一带。产于接奴群底部的滨海相砂岩中，火山作用较

表 3-19　火山岩岩石单元划分一览表

单元名称	单元代号	时代代号	岩石组合	接触关系	同位素年龄
乌郁群火山岩	N_2W	N_2	以流纹质火山碎屑岩为主，其间夹少量熔岩	上覆第四系，下伏中生界及以前地层，均为角度不整合接触关系	
去申拉组火山岩	K_1q	K_1	安山岩、安山质晶屑岩屑凝灰岩、凝灰质砂岩英安岩、流纹岩、火山角砾岩	与下伏地层中—晚侏罗世接奴群为角度不整合，与上覆地层晚白垩世竟柱山组为角度不整合	102～95.5Ma（$d\alpha$） 126Ma（K_1q）
桂牙岩组火山岩	K_1g		以玄武岩、玄武质凝灰熔岩为主，其次为火山碎屑岩、粉砂岩、灰岩夹层	夹于桂牙岩组下岩段碎屑岩中，并与其为整合接触关系	
达过火山岩	$d\alpha$		以安山岩、流纹岩为主，夹少量英安岩，并伴随次英安岩、闪长玢岩侵入	与上覆早白垩世晚期郎山组为平行不整合接触关系，与下伏早白垩世多尼组碎屑岩为整合接触关系	
则弄群火山岩	K_1Z		以安山质、流纹质的岩屑晶屑杂砂岩为主，并伴随次安山岩、流纹斑岩侵入	夹于早白垩世则弄群上部的正常碎屑岩中，并与其为整合接触关系	
接奴群火山岩	$J_{2-3}J$	J_{2-3}	以安山质岩屑晶屑凝灰岩为主，其次为凝灰质砂岩、沉凝灰岩	该套火山碎屑岩夹在接奴群底部的正常沉积碎屑岩中，并与其为整合接触关系	
永珠蛇绿岩枕状玄武岩	βb		以角砾状玄武岩、枕状、气孔状、杏仁状、球颗状、斑状玄武岩、粗玄岩、橄榄玄武岩为主，夹放射虫硅质岩	被席状岩墙侵入，与古生代地层为断层接触关系，与放射虫硅质岩为整合接触关系	139Ma（βb）

弱，以爆发式喷发为主，岩石组合为安山质凝灰岩、安山质沉凝灰岩、凝灰质岩屑杂砂岩，厚度在69.17～150m。时代为中—晚侏罗世。

2. 岩石类型

接奴群火山岩岩石类型包括灰色安山质岩屑凝灰岩、灰—灰绿色蚀变安山质晶屑凝灰岩、灰绿色安山质沉凝灰岩、灰—灰绿色凝灰质岩屑杂砂岩。

（1）灰色安山质岩屑凝灰岩

凝灰质结构，块状构造。岩石主要由安山岩屑及晶屑组成。安山岩岩屑：不规则粒状，粒度0.3～2mm，个别达5mm±，主要由针状斜长石基质和斜长石斑晶组成，含量69%±。泥晶灰岩岩屑：不规则粒状，粒度1～2mm，含量1%±。晶屑：主要为斜长石，并见有普通辉石，粒度0.2～1mm，含量10%±。火山灰：含量20%±。

（2）灰—灰绿色蚀变安山质晶屑凝灰岩

凝灰质结构，块状构造。由晶屑、火山灰及少量岩屑组成。晶屑：斜长石，板状，可见聚片双晶和卡钠联合双晶，粒度0.1～2mm，含量80%±；普通辉石：表面绿泥石化，粒状，粒度0.5～2.0mm，含量10%±。细火山灰：含量8%±。另见硅质岩屑、安山岩岩屑：含量2%±。

（3）灰绿色安山质沉凝灰岩

凝灰质结构，微层状构造。碎屑成分主要为晶屑和安山质岩屑。晶屑：斜长石，板柱状，见有聚片双晶，粒度0.05～0.1mm，含量62%±。石英：粒状，粒度0.05～0.1mm，个别达0.3mm，见有熔蚀现象，含量3%±。安山质岩屑：主要由隐晶质基质和斜长石斑晶组成，粒度0.1～0.4mm，含量15%±。胶结物为亮晶方解石，含量20%±。该岩石具绿泥石化。

（4）灰—灰绿色凝灰质岩屑杂砂岩

细砂状结构，块状构造。岩石主要由砂屑、岩屑及胶结物组成。砂屑成分主要为石英、斜长石。石英：粒状，次棱角状—浑圆状，粒度0.1～0.25mm，含量67%±；斜长石：粒状，见聚片双晶，部分强烈绢云母化，粒度0.1mm±，含量5%±。岩屑包括硅质岩和安山岩岩屑，硅质岩岩屑：不规则粒状，主要由玉髓组成，粒度0.1～0.25mm，含量6%±；安山岩岩屑：不规则粒状，粒度0.1～0.25mm，具绿泥石化，含量1%±；胶结物：主要为火山灰，呈孔隙—基底式胶结，含量16%±。

二、早白垩世火山岩

（一）早白垩世去申拉组火山岩

去申拉组火山岩大部分分布在测区东部的班戈幅内，区内出露较少，主要分布在测区东北角的拉木村克巴-出西弄巴一带，出露面积约为10km^2，占火山岩面积的3.68%。据班戈幅资料，去申拉组火山岩特征如下。

1. 地质特征

去申拉组火山岩为一套中性-中酸性火山岩，岩石组合由安山岩、安山质晶屑岩屑凝灰岩等夹凝灰质砂岩、灰褐色安山质晶屑岩屑凝灰岩与灰—浅绿色块状安山岩呈韵律变化。厚度>842.76m。与下伏中晚侏罗世接奴群（$J_{2-3}J$）和上覆早白垩世竟柱山组（K_2j）均呈角度不整合接触（图3-88）。根据岩性岩相分布可划分6个韵律（表3-20），说明去申拉组（K_1q）火山岩具多次韵律性火山喷发的活动特点（图3-89）。

在本次区调工作中西藏自治区地质调查院在安山岩中获得铷-锶等值线年龄为126±2Ma（由宜昌地质矿产研究所朱家平测定）。铷锶同位素测试结果如表3-21、图3-90所示，1～6号样品均采自同一火山岩剖面，其岩石化学特征具有一致性，其中1、2、4、5、6样品拟合成良好的线型相关等时线，能代表岩石成岩年龄。结合去申拉组（K_1q）与下伏中晚侏罗世接奴群（$J_{2-3}J$）及上覆早白垩世竟柱山组（K_2j）的不整合接触关系，可以确定去申拉组（K_1q）火山岩时代为早白垩世。

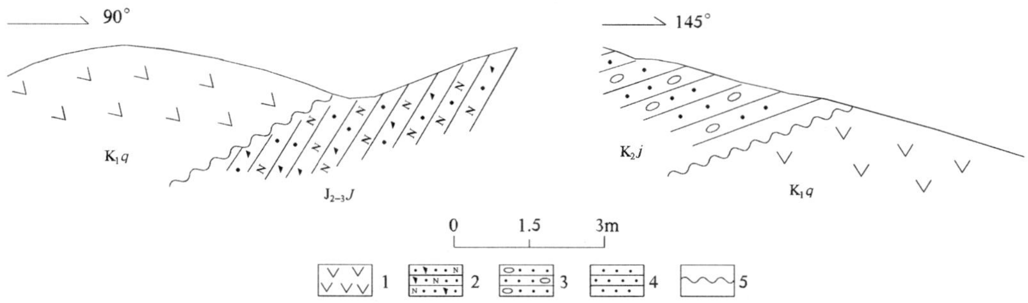

图 3-88 马前乡去申拉组与接奴群、竟柱山组接触关系素描图

1. 安山岩；2. 细粒岩屑长石砂岩；3. 含砂砾岩；4. 砂岩；5. 角度不整合界线；
K_2j. 竟柱山组；K_1q. 去申拉组；$J_{2-3}J$. 接奴群

表 3-20 去申拉组火山岩喷发韵律表

韵律	厚度	岩 性	岩 相	自然层号
6	15.92	灰—深灰色中厚层状安山岩	喷溢相	14
5	195.82	薄—中层状凝灰质砂岩	喷发—沉积相	13
		深灰色块状晶屑岩屑凝灰岩	爆发相	12
		深灰色块状晶屑凝灰岩		11
		灰—深灰色块状安山质晶屑岩屑凝灰岩		10
4	97.22	灰紫色中厚层状凝灰质砂岩	喷发—沉积相	9
		灰—灰褶色晶屑岩屑凝灰岩	爆发相	8
		灰绿色安山质晶屑岩屑凝灰岩		7
3	62.78	浅灰—深灰色薄—中层状凝灰质砂岩	喷发—沉积相	6
		浅灰、灰绿色块状晶屑岩屑凝灰岩	爆发相	5
2	74.78	紫灰色凝灰质砂岩	喷发—沉积相	4
		灰—深灰色中厚层状英安质晶屑岩屑凝灰岩夹灰—紫色沉积火山角砾岩	爆发相	3
1	296.26	浅灰、灰褐色块状安山质晶屑岩屑凝灰岩与灰—灰绿色块状蚀变安山岩韵律层	爆发—喷溢相	2
		灰—灰绿色块状安山玄武质晶屑岩屑凝灰岩	爆发相	1

注：厚度单位为 m

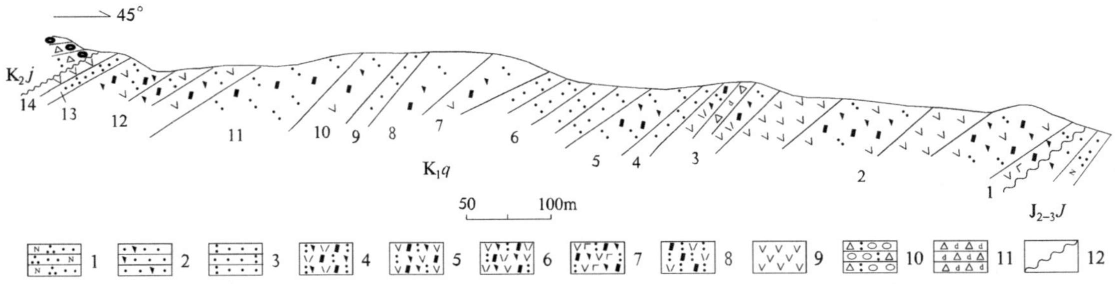

图 3-89 班戈县马前乡早白垩世去申拉组（K_1q）火山岩剖面图

1. 长石石英砂岩；2. 岩屑砂岩；3. 凝灰质砂岩；4. 晶屑岩屑凝灰岩；5. 安山质晶屑岩屑凝灰岩；
6. 英安质晶屑岩屑凝灰岩；7. 安山玄武质晶屑岩屑凝灰岩；8. 晶屑凝灰岩；9. 安山岩；10. 火山质砾岩；
11. 沉火山质砾岩；12. 角度不整合界线；K_2j. 竟柱山组；K_1q. 去申拉组；$J_{2-3}J$. 接奴群

表 3－21　去申拉组火山岩铷锶铯同位素年龄测试数据

序号	样 品 号	样品名称	W（Rb）/10^{-6}	W（Sr）/10^{-6}	$^{87}Rb/^{86}Sr$	$^{87}Sr^{86}Sr$（1σ）
1	TW2009－1	安山岩	180.20	113.10	4.599	0.71716±0.00006
2	TW2009－2	安山岩	153.60	194.50	2.277	0.71303±0.00003
3	TW2009－3	安山岩	87.15	159.90	1.572	0.71170±0.00001
4	TW2009－4	安山岩	152.80	278.70	1.582	0.71179±0.00006
5	TW2009－5	安山岩	188.80	80.64	6.756	0.72105±0.00009
6	TW2009－6	安山岩	137.20	125.50	3.155	0.71485±0.00005
结果处理　$\lambda^{87}Rb=1.42\times10-11a-1$　参加线性处理样品数为：6　T＝126Ma±2Ma（1σ）　±0.00010（1σ）　$^{87}Sr/^{86}Sr=0.70897$						

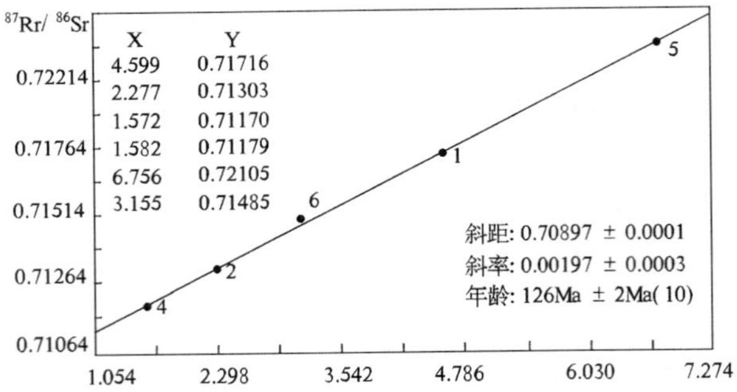

图 3－90　去申拉组安山岩 Rb－Sr 同位素图

2. 岩石学特征

去申拉组火山岩主要岩石类型包括安山岩、英安岩、流纹岩、沉火山角砾岩等，夹凝灰质砂岩。在达如错一带，还见有流纹质晶屑凝灰岩、流纹岩、粗面岩等。

（1）安山岩

具斑状结构，基质玻基交织结构、块状构造。斑晶成分为斜长石，半自形板状。角闪石，半自形短柱状，强蚀变，斑晶粒径 0.6～3mm，个别达 4mm。基质成分为斜长石，呈细板条状和粒状微晶，粒径 0.01～0.05mm，杂乱排列，含量 45%～50%。玻璃质 5%～20%，角闪石 5%～20%，磁铁矿大于 1%，磷灰石小于 0.5%。岩石具轻绢云母化、帘石化。

（2）英安岩

具残斑状结构，基质残余交织结构、块状构造。斑晶成分为斜长石，半自形柱状，粒径 1～1.5mm，含量 5%～8%，基质成分：斜长石 55%～60%，石英 3%～5%，绿泥石小于 15%～20%，绢云母大于 5%～8%，隐晶质成分大于 5%。含微量的磁铁矿。次生矿物有褐铁矿、绿泥石、绢云母、黝帘石、绿帘石。流纹岩：具斑状结构，基质具球粒结构，块状构造，局部具流纹构造。斑晶成分：斜长石 3%～5%，具环带构造 4～6 环不等。个别具卡钠复合双晶，An＝26～28；石英 1%～2%；黑云母 1%±，斑晶大小 1.5～5mm。基质成分：钾长石 50%～55%，石英 20%～25%，斜长石 10%～15%，脱玻化玻屑 3%～5%，基质粒径 0.1～0.15mm。

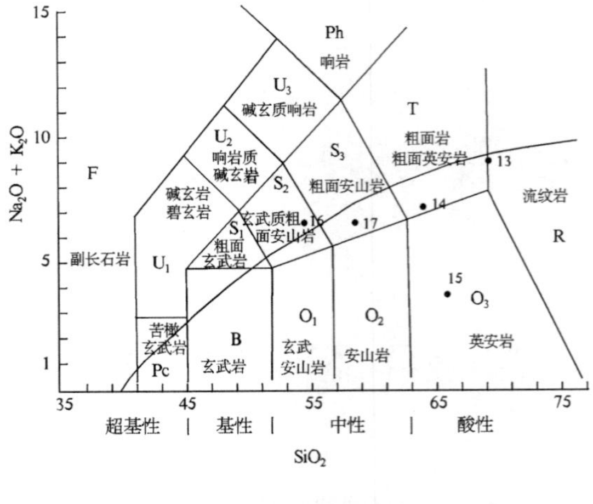

图 3－91　去申拉组火山岩 TAS 图
（据 M. J. Le Bas 等，1986；IUGS，1989）
O. SiO_2 过饱和；S. SiO_2 饱和；
U. SiO_2 不饱和；●. 去申拉组火山岩

3. 岩石化学特征

去申拉组火山岩岩石化学分析结果如表 3－22 所示，特征指数如表 3－23 所示，CIPW 标准矿物如表 3－24 所示。

（1）岩石化学分类命名

利用国际地科联推鉴的 TAS 图解（图 3－91），13 号样投到流纹岩区，14 号样投到粗面岩和粗面英安岩区，15 号样为英安岩，17 号样为

表 3-22　火山岩岩石化学数据表

顺序号	样品号	单元代号	岩石名称	氧化物含量(Wt)%												
				SiO_2	TiO_2	Al_2O_3	Fe_2O_3	FeO	MnO	MgO	CaO	Na_2O	K_2O	P_2O_5	Los	总量
1	SV′-Gs8	$d\alpha$	流纹岩	81.02	0.22	10.90	0.72	0.45	0.01	0.63	0.34	0.12	2.78	0.04	2.44	99.67
2	Gs5090		流纹岩	81.62	0.14	9.53	0.58	0.52	0.02	0.18	1.54	0.12	1.68	0.03	3.84	99.80
3	SV-Gs2		英安质晶屑凝灰熔岩	68.29	0.48	14.08	3.21	2.54	0.05	1.52	1.38	4.00	3.56	0.13	1.69	100.93
4	SV-Gs3		英安质晶屑凝灰熔岩	67.12	0.58	13.98	2.57	3.59	0.04	0.73	1.74	3.15	3.86	0.16	2.19	99.71
5	SV-Gs5		英安玢岩	70.02	0.44	13.19	1.13	3.26	0.05	0.75	1.38	3.80	3.35	0.09	1.70	99.16
6	Gs5005		安山岩	53.73	1.82	14.01	6.08	6.15	0.20	2.09	6.39	3.65	1.85	0.60	2.48	99.05
7	SV-Gs7		闪长玢岩	54.91	0.99	16.57	3.73	4.99	0.12	1.53	5.36	3.70	1.56	0.17	5.93	99.56
8	SV′-Gs1		闪长玢岩	58.10	0.88	14.15	3.73	2.69	0.08	3.38	5.52	4.00	0.72	0.29	6.19	99.78
9	Gs5196		闪长玢岩	61.98	0.61	15.63	2.32	3.59	0.10	2.74	2.35	4.50	2.75	0.17	2.39	99.12
10	PXXI-Gs1	K_1g	杏仁状玄武岩	41.89	3.05	13.95	8.69	3.05	0.13	2.[illegible]1	11.6	4.78	1.15	0.44	8.67	99.96
11	PXXI-Gs2		辉绿岩	46.32	3.40	13.46	5.46	7.28	0.18	4.32	10.3	3.92	0.47	0.45	3.55	99.12
12	PXXI-Gs3		辉长辉绿岩	49.16	2.22	14.50	4.46	7.08	0.18	5.74	6.62	3.92	1.54	0.32	3.11	98.85
13	3035-1	K_1q	流纹岩	70.78	0.19	14.23	0.59	2.45	0.03	0.70	0.20	4.69	4.62	0.04	0.65	99.17
14	3037-1		粗面岩	64.54	0.61	15.18	0.77	4.11	0.07	6.67	1.11	4.63	2.78	0.14	2.05	102.66
15	2009		英安岩	66.50	0.67	14.89	2.86	3.31	0.08	3.14	1.10	2.00	2.20	0.11	3.08	99.94
16	5003-1		玄武质粗面安山岩	54.88	0.69	14.64	0.70	4.25	0.11	4.60	5.58	4.87	1.74	0.07	8.06	100.19
17	3281-1		粗面安山岩	59.62	0.63	16.54	5.22	2.20	0.09	3.54	1.75	4.13	2.84	0.12	3.70	100.38

表 3 - 23　火山岩主要特征指数一览表

顺序号	样品号	单元符号	单元名称	岩石名称	特征指数										
					σ	AR	DI	SI	FL	MF	τ	LI	OX	M/F	CI
1	SV′－Gs8	$d\alpha$	达过火山岩	流纹岩	0.22	1.70	87.48	13.40	89.51	65.00	49.00	27.71	0.53	1.02	2.64
2	Gs5090			流纹岩	0.08	1.39	84.82	5.84	53.89	85.94	67.21	26.11	0.55	0.30	8.12
3	SV－Gs2			英安质晶屑凝灰熔岩	2.26	2.91	78.91	10.25	84.56	79.09	21.00	17.94	0.48	0.50	8.84
4	SV－Gs3			英安质晶屑凝灰熔岩	2.04	2.61	77.65	5.25	80.11	89.41	18.67	17.82	0.49	0.22	9.22
5	SV－Gs5			英安玢岩	1.89	2.93	83.31	6.10	83.82	85.41	21.34	20.23	0.48	0.31	7.84
6	Gs5005			安山岩	2.82	1.74	49.93	10.54	46.26	85.41	5.69	-0.54	0.58	0.32	22.91
7	SV－Gs7			闪长玢岩	2.32	1.63	53.63	9.86	49.53	85.07	13.00	4.51	0.58	0.32	28.82
8	SV′－Gs1			闪长玢岩	1.48	1.63	55.89	23.20	46.09	65.69	11.53	5.01	0.58	0.98	28.58
9	Gs5196			闪长玢岩	2.77	2.35	71.49	17.23	75.52	68.23	18.25	12.54	0.51	0.85	15.99
10	PXXI－Gs1	K_1g	桂牙岩组火山岩	杏仁状玄武岩	2.08	1.60	38.62	12.41	33.81	82.44	3.01	-10.05	0.62	0.41	29.48
11	PXXI－Gs2			辉绿岩	5.80	1.45	36.06	20.14	29.86	74.68	2.81	-11.09	0.64	0.62	36.20
12	PXXI－Gs3			辉长辉绿岩	1.23	1.70	44.23	25.24	45.20	66.78	4.77	-5.71	0.60	0.91	33.37
13	3035－1	K_1q	去拉申组火山岩	流纹岩	3.12	4.64	90.97	5.36	97.90	81.28	50.21	24.32	0.43	0.41	2.02
14	3037－1			粗面岩	2.55	2.67	67.38	35.18	86.97	42.25	17.30	11.64	0.50	2.44	16.28
15	2009			英安岩	0.75	1.71	68.42	23.24	79.25	66.27	19.24	14.16	0.56	0.94	10.67
16	5003－1			玄武质粗面岩	3.68	1.97	57.54	28.47	54.23	51.83	14.16	4.86	0.55	1.64	28.58
17	3281－1			粗面岩	2.92	2.23	66.02	19.74	79.93	67.70	19.70	10.44	0.53	0.90	14.74

表 3-24 火山岩 CIPW 数据表

顺序号	样品号	单元符号	单元名称	岩石名称	CIPW 值															
					Q	Or	Ab	An	Ne	C	Di Wo	Di En	Di Fs	Hy En	Hy Fs	Ol Fo	Ol Fa	Mt	Il	Ap
1	SV′-Gs8	$d\alpha$	达过火山岩	流纹岩	69.52	16.90	1.04	1.50	0.00	7.36	0.00	0.00	0.00	1.62	1.28	0.00	0.00	0.24	0.43	0.09
2	Gs5090			流纹岩	73.40	10.40	1.06	7.79	0.00	4.97	0.00	0.00	0.00	0.47	1.37	0.00	0.00	0.23	0.28	0.07
3	SV-Gs2			英安质晶屑凝灰熔岩	23.49	21.30	34.15	6.15	0.00	1.42	0.00	0.00	0.00	3.84	7.28	0.00	0.00	1.20	0.92	0.29
4	SV-Gs3			英安质晶屑凝灰熔岩	26.84	23.50	27.35	7.91	0.00	1.83	0.00	0.00	0.00	1.87	7.92	0.00	0.00	1.33	1.13	0.36
5	SV-Gs5			英安岩	30.03	20.30	32.95	6.49	0.0	1.01	0.00	0.00	0.00	1.92	4.53	0.00	0.00	1.68	0.86	0.20
6	Gs5005			安山岩	6.46	11.40	32.09	17.01	0.00	0.00	5.14	1.44	3.95	3.99	10.90	0.00	0.00	2.65	3.60	1.36
7	SV-Gs7			闪长玢岩	10.26	9.88	33.49	25.66	0.00	0.00	0.74	0.20	0.57	3.89	10.90	0.00	0.00	1.96	2.01	0.40
8	SV′-Gs1			闪长玢岩	15.08	4.57	36.24	19.83	0.00	0.00	3.22	1.65	1.48	7.40	6.63	0.00	0.00	1.43	1.79	0.68
9	Gs5196			闪长玢岩	15.35	16.80	39.32	11.03	0.00	1.37	0.00	0.00	0.00	7.08	3.98	0.00	0.00	3.48	1.20	0.38
10	PXXI-Gs1	K_1g	桂牙岩组火山岩	杏仁状玄武岩	0.00	7.50	15.20	14.55	15.60	0.00	17.30	6.92	10.60	0.00	0.00	0.00	0.00	3.64	6.39	1.06
11	PXXI-Gs2			辉绿岩	0.00	2.92	31.21	18.60	1.93	0.00	13.50	6.63	6.61	0.00	0.00	3.30	3.63	3.87	6.78	1.03
12	PXXI-Gs3			辉长辉绿岩	0.00	9.54	34.69	18.21	0.00	0.00	5.94	3.18	2.57	3.58	2.89	5.79	5.16	3.31	4.42	0.73
13	3035-1	K_1q	去拉申组火山岩	流纹岩	22.97	27.80	40.25	0.77	0.00	1.24	0.00	0.00	0.00	1.78	4.14	0.00	0.00	0.66	0.37	0.09
14	3037-1			粗面岩	12.13	16.40	38.90	4.66	0.00	2.81	0.00	0.00	0.00	16.6	6.08	0.00	0.00	1.04	1.15	0.30
15	2009			英安岩	37.47	13.50	17.49	4.98	0.00	7.70	0.00	0.00	0.00	8.12	7.87	0.00	0.00	1.33	1.32	0.25
16	5003-1			玄武质粗面安山岩岩	1.69	11.20	44.68	14.02	0.00	0.00	6.51	3.99	2.14	8.49	4.56	0.00	0.00	1.16	1.42	0.17
17	3281-1			粗面安山岩	12.30	17.50	36.27	8.29	0.00	3.88	0.00	0.00	0.00	9.20	9.53	0.00	0.00	1.57	1.24	0.27

粗面安山岩，16 号样为玄武质粗面安山岩（图 3－91）。

从图 3－92 可以看出，除 16 号样外，其他均投到亚碱质区。进一步划分，在 FAM 图上，均投到 C 区，即钙碱性系列（图 3－93）。（Na_2O-2）$>K_2O$ 者，称钠质类型，而（Na_2O-2）$<K_2O$ 者，称钾质类型的标准，除 17 号样属钠质类型外，其他样品均为钾质类型。

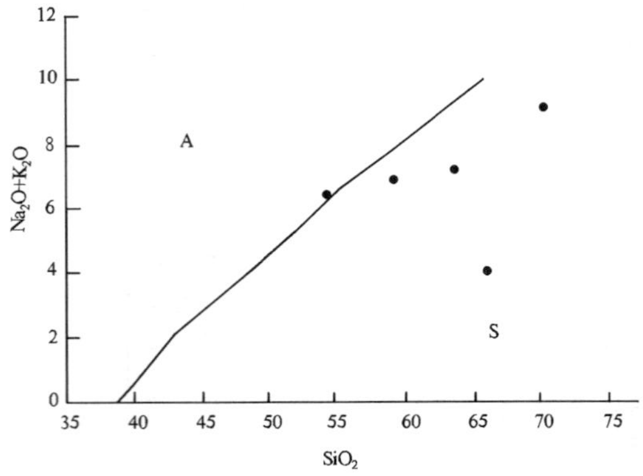

图 3－92　去申组拉火山岩硅-碱图

（据 Irvine，1971）

A. 碱性系列；S. 亚碱性系列；●. 去申拉组火山岩

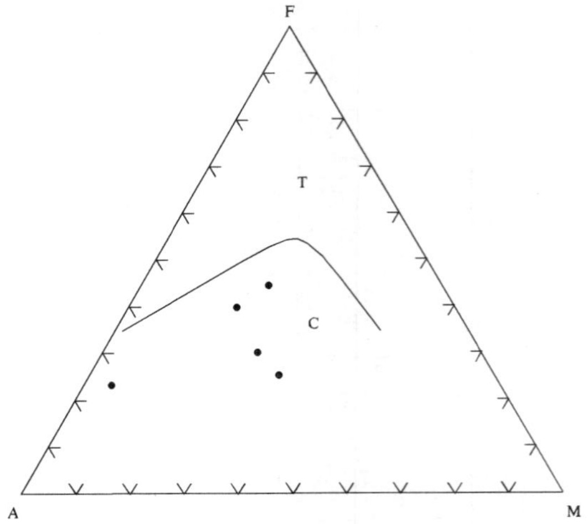

图 3－93　去申拉组火山岩 FAM 图

（据 Irvine，1971）

T. 拉斑系列；C. 钙碱性系列；●. 去申拉组火山岩

（2）岩石化学成分与世界 39 类火成岩的平均化学成分对比

①玄武质粗面安山岩与橄榄粗安岩比较，其中 SiO_2、MgO、Na_2O 偏高，而 TiO_2、Al_2O_3、Fe_2O_3、FeO、MnO、CaO、K_2O、P_2O_5偏低。

②粗面安山岩与粗安岩比较，其中 SiO_2、Fe_2O_3、MgO、Na_2O 偏高，而 TiO_2、Al_2O_3、FeO、MnO、CaO、Na_2O、K_2O、P_2O_5偏低。

③英安岩与同类岩石比较，其中 SiO_2、TiO_2、Fe_2O_3、FeO、MgO、K_2O 偏高，而 Al_2O_3、MnO、CaO、Na_2O、P_2O_5偏低。

④粗面岩（粗面英安岩）与粗面岩比较，其中 SiO_2、MgO 偏高，而 TiO_2、Al_2O_3、Fe_2O_3、FeO、MnO、CaO、Na_2O、K_2O、P_2O_5偏低。

⑤流纹岩与同类岩石比较，其中 Al_2O_3、MgO、Na_2O、K_2O 偏高，而 SiO_2、TiO_2、Fe_2O_3、MnO、CaO、P_2O_5偏低。

通过比较该套岩石 SiO_2、MgO 偏高，TiO_2、Al_2O_3、MnO、CaO、P_2O_5普遍偏低。

4. 岩石地球化学特征

（1）稀土元素特征

从稀土元素丰度、稀土元素特征参数表（表 3－25、表 3－26）可以看出，去申拉组火山岩中，ΣREE 介于 $146.95\times10^{-6}\sim252.08\times10^{-6}$之间，为稀土总量偏高型，ΣCe/ΣY 介于 3.76～8.48 之间，属轻稀土相对富集型，反映在稀土配分曲线上为右倾（图 3－94）。δEu 在 0.30～0.73 之间，为铕强烈—中等亏损型，可能反映斜长石

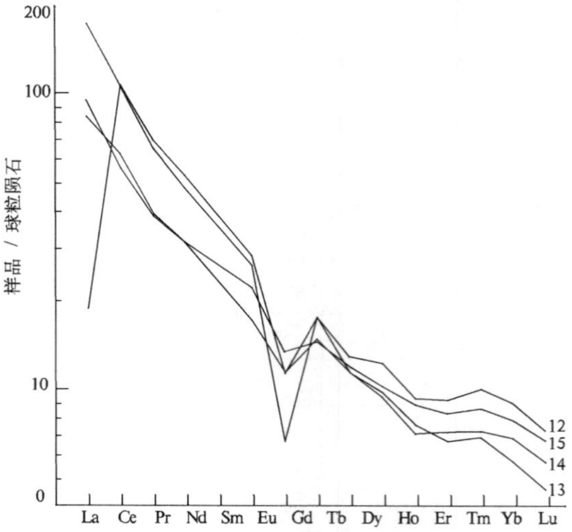

图 3－94　去申拉组火山岩稀土配分模式图

（据 after Coryell，1963）

表 3-25　火山岩稀土元素丰度表

顺序号	样品号	单元符号	单元名称	岩石名称	稀土元素丰度（$\times10^{-6}$）														
					La	Ce	Pr	Nd	Sm	Eu	Gd	Tb	Dy	Ho	Er	Tm	Yb	Lu	Y
1	SⅤ′-XT8	$d\alpha$	达过火山岩	流纹岩	39.93	81.50	8.45	36.37	7.41	0.89	6.54	1.01	7.32	1.58	4.34	0.58	4.29	0.56	43.26
2	XT5090			流纹岩	10.04	34.37	3.16	13.22	3.22	0.40	3.19	0.54	4.01	0.83	2.83	0.45	3.17	0.44	23.85
3	SⅤ-XT3			英安质晶屑凝灰熔岩	50.28	88.48	9.94	50.99	9.74	1.40	8.48	1.30	8.66	1.70	5.03	0.68	5.08	0.60	45.94
4	SⅤ-XT5			英安玢岩	52.16	82.79	11.27	49.85	10.43	1.34	9.04	1.51	10.11	2.05	5.76	0.81	5.72	0.82	59.20
5	XT5005			安山岩	29.56	54.58	7.68	32.59	6.92	1.74	5.62	0.89	6.28	1.26	3.42	0.46	2.87	0.41	31.21
6	SⅤ-XT7			闪长玢岩	22.97	44.33	5.14	23.85	5.02	1.14	4.32	0.77	4.80	0.92	2.71	0.39	2.34	0.31	23.69
7	SⅤ-XT1			闪长玢岩	32.74	74.02	7.06	25.15	3.97	1.13	3.51	0.44	2.61	0.45	1.34	0.18	1.22	0.17	13.22
8	XT5196			闪长玢岩	12.46	35.37	3.36	13.78	3.08	0.81	3.12	0.50	3.47	0.64	2.00	0.30	1.97	0.28	15.65
9	PⅩⅪ-XT1	K_1g	桂牙岩组火山岩	杏仁状玄武岩	34.64	95.67	7.90	31.15	5.89	1.92	5.69	0.74	4.19	0.69	1.90	0.24	1.44	0.19	17.69
10	PⅩⅪ-XT2			辉绿岩	18.12	56.09	4.88	21.30	4.59	1.79	4.65	0.64	3.76	0.64	1.77	0.23	1.41	0.19	16.98
11	PⅩⅪ-XT3			辉长辉绿岩	24.50	65.98	6.45	27.55	5.91	2.05	5.94	0.85	5.14	0.88	2.43	0.32	1.93	0.26	21.85
12	XT3035-1	K_1q	去拉申组火山岩	流纹岩	63.20	100	8.91	33.80	6.00	0.57	5.30	0.73	4.59	0.78	2.24	0.35	2.17	0.27	16.7
13	XT3037-1			粗面岩	6.90	102	9.46	37.6	6.48	0.97	5.32	0.65	3.66	0.63	1.63	0.24	1.37	0.17	13.00
14	XT2009			英安岩	34.60	53.10	5.25	22.2	3.95	0.99	4.45	0.65	3.51	0.59	1.75	0.25	1.65	0.21	13.8
15	XT5003-1			玄武质粗面岩	30.50	59.30	5.41	22.2	5.10	1.15	4.30	0.68	3.85	0.74	2.02	0.30	1.90	0.25	18.8

表 3 - 26　火山岩稀土元素特征参数表

顺序号	样品号	单元符号	单元名称	岩石名称	特征参数						
					ΣREE	δEu	δCe	$(La/Yb)_N$	$(Ce/Yb)_N$	$(La/Sm)_N$	$(Gd/Yb)_N$
1	SⅤ′- XT8	$d\alpha$	达过火山岩	流纹岩	244.03	0.42	0.89	6.28	3.84	3.37	0.93
2	XT5090			流纹岩	103.72	0.42	1.27	2.14	2.19	1.95	0.62
3	SⅤ- XT3			英安质晶屑凝灰熔岩	288.3	0.50	0.79	6.67	3.52	3.23	1.02
4	SⅤ- XT5			英安玢岩	302.86	0.45	0.69	6.15	2.93	3.13	0.97
5	XT5005			安山岩	185.49	0.90	0.74	6.94	3.84	2.67	1.20
6	SⅤ- XT7			闪长玢岩	142.7	0.80	0.83	6.62	3.83	2.86	1.13
7	SⅤ- XT1			闪长玢岩	167.21	0.99	0.98	18.09	12.26	5.15	1.76
8	XT5196			闪长玢岩	96.79	0.87	1.12	4.26	3.63	2.53	0.97
9	PⅩⅪ- XT1	K_1g	桂牙岩组火山岩	杏仁状玄武岩	209.94	1.10	1.17	16.22	13.43	3.68	2.42
10	PⅩⅪ- XT2			辉绿岩	137.04	1.29	1.23	8.66	8.04	2.47	2.02
11	PⅩⅪ- XT3			辉长辉绿岩	172.04	1.15	1.08	8.56	6.91	2.59	1.89
12	XT3035 - 1	K_1q	去拉申组火山岩	流纹岩	245.61	0.30	0.89	19.64	11.92	6.63	1.97
13	XT3037 - 1			粗面岩	190.08	0.49	2.53	3.40	19.26	0.67	3.13
14	XT2009			英安岩	147.0	0.72	0.85	14.14	8.32	5.51	2.18
15	XT5003 - 1			玄武质粗面岩	156.5	0.73	1.03	10.82	8.07	3.76	1.83

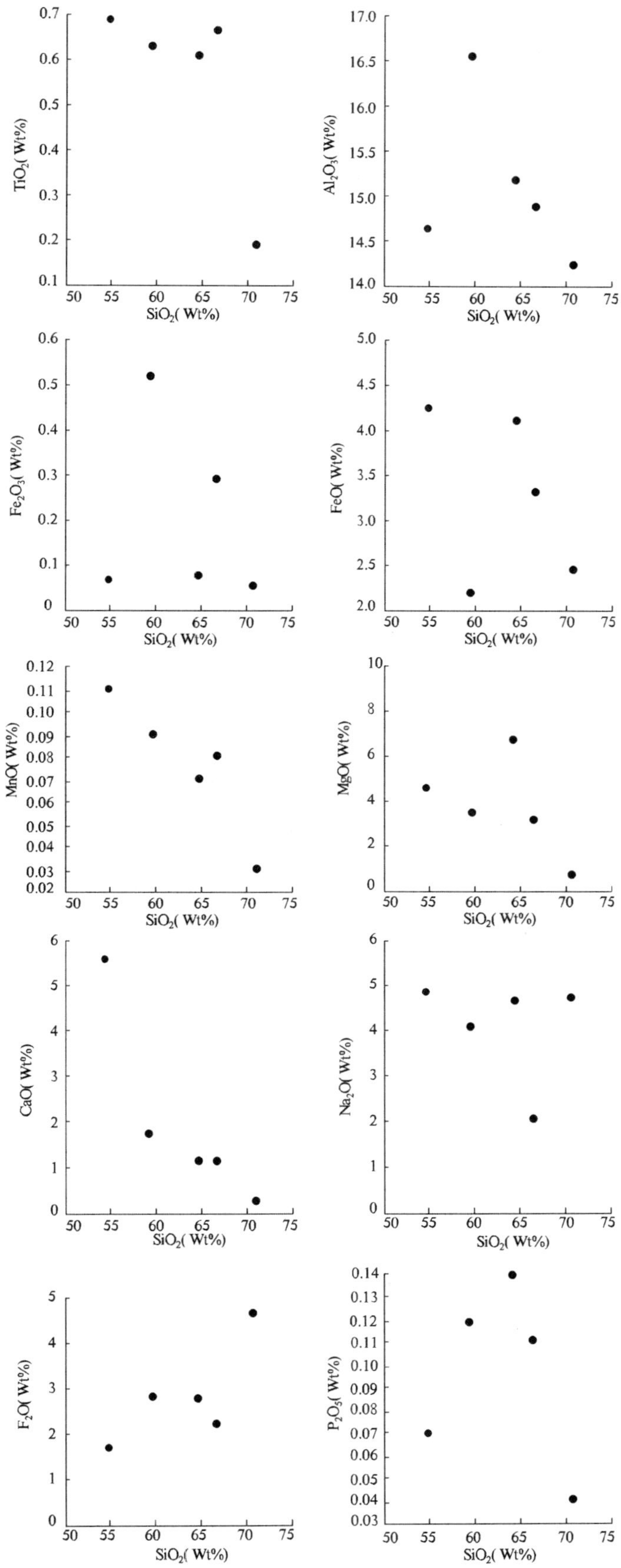

图 3－95　去申拉组火山岩 Harker 图

●. 碱性系列、钙碱性系列

结晶分异比较好的特征。$(La/Yb)_N$ 比值介于 10.6～33.2 之间，$(Ce/Yb)_N$ 比值在 8.073～19.26 之间，说明轻重稀土分馏程度较好。$(La/Sm)_N$ 介于 0.67～6.626 之间，平均 4.14，$(Gd/Yb)_N$ 介于 1.826～3.134 之间，平均为 2.277，反映轻稀土比重稀土分馏程度好一些。

（2）微量元素特征

微量元素分析结果如表 3－27 所示。

①微量元素特征与维诺格拉多夫（1962）同类岩石相比较

A. 中性岩与其比较，其中 Sc、V、Be、Li、Th、Hf、Co 偏高，而 Rb、Sr、Ba、Zr、Nb、Ta、U、Ga 偏低。

B. 酸性岩与其比较，其中 Sc、V、Zr、Nb、Th、Hf、U、Au、Sb、Bi、Sn、Ga、Mo 偏低，而 Be、Li、Rb、Sr、Ba、Ta、Ag、Co 偏低。

该套火山岩与维诺格拉多夫（1962）同类岩石相比较，Sc、V、Th、Hf 偏高，Rb、Sr、Ba、Ta 偏低，反映过渡族元素偏高、亲石元素偏低的特征。

②比值特征

A. K＊（$K* = 2K_N / Ta_N + La_N$）介于 1.79～3.9 之间，比值大于 1，说明为钾富集型，具岛弧性质的火山岩特征与消减作用有关。

B. Rb_N/Yb_N 比值介于 15～81.9 之间，均说明为富集型地幔源，反映熔融程度低，分离结晶程度强的残余熔体特征。

C. Zr /Y 比值介于 6.91～16.92 之间小于 18（标准地幔值）为富集型地幔。

5. 演化规律及岩石成因

（1）岩石系列与岩石组合的演化规律

从图 3－92 可以看出，去申拉组火山岩为钙碱性岩石系列，岩石组合为玄武质粗面安山岩→粗面安山岩→粗面岩→英安岩→流纹岩，反映出造山带岩石演化系列组合特征。

（2）岩石化学成分演化特征

从 Harker 图（图 3－95）上看：

①TiO_2 在 $SiO_2$59%～65%之间为平缓

表 3-27　火山岩微量元素丰度及数理统计表

顺序号	样品号	单元符号	单元名称	岩石名称	微量元素丰度（×10⁻⁶）														
					Li	Sc	V	Cr	Co	Ni	Cu	Rb	Sr	Zr	Nb	Cs	Ba	Hf	Ta
1	SV-WL3	$d\alpha$	达过火山岩	流纹岩	24.50							227.00	77.00	407.00	17.40	10.20	382.00	9.70	1.49
2	SV-WL5			流纹岩	20.10							177.00	86.00	461.00	15.80	1.90	364.00	12.10	1.52
3	SV'WL8			英安质晶屑凝灰熔岩	21.10							143.00	43.00	324.00	15.80	8.40	617.00	9.20	1.40
4	WL 5090			英安玢岩	33.40							78.00	25.00	275.00	11.20	3.80	261.00	8.40	1.14
5	WL 5005			安山岩			94.90	80.20	11.70	12.60	42.10	79.90	250.40	216.40	15.50		240.20		
6	SV-WL7			闪长玢岩	18.20							81.00	195.00	182.00	7.60	12.10	240.00	4.70	0.74
7	SV'WL1			闪长玢岩	39.60							43.00	296.00	125.00	8.80	8.30	246.00	3.40	0.76
8	WL 5196			闪长玢岩	67.70							166.00	276.00	155.00	10.00	7.60	375.00	4.30	1.06
	平均值				32.03		94.90	80.20	11.70	12.60	42.10	124.36	156.05	268.18	12.76	7.47	340.65	7.40	1.16
9	PXXI-WL1	K_1g	桂牙岩组火山岩	杏仁状玄武岩		15.90	311.00	31.00		27.90			398.00	304.00	62.60			7.70	4.20
10	PXXI-WL2			辉绿岩		23.80	340.00	44.00		31.70			160.00	170.00	37.80			4.10	2.60
11	PXXI-WL3			辉长辉绿岩		27.50	244.00	157.00		81.00			303.00	233.00	43.40			5.70	2.80
	平均值					22.40	298.33	77.33		46.87			287.00	235.67	47.93			5.83	3.20
12	3035-1	K_1q	去拉申组火山岩	流纹岩	23.40	4.60	160.00		1.40			160.00	87.00	280.00	27.00			12.00	2.80
13	3037-1			粗面岩	40.40	12.00	4.10		6.90			150.00	360.00	220.00	15.00			5.50	1.60
14	2009			英安岩	32.20	16.00	130.00		10.40			136.00	180.00	180.00	10.00			5.60	1.40
15	5003-1			玄武质粗面岩	26.90	19.00	120.00		24.70			51.90	240.00	130.00	14.00			3.40	0.57
	平均值				30.70	12.90	104.00		10.85			125.00	216.75	203.00	16.50			6.63	1.59

降低，在 $SiO_2$65% ~70%之间为逐渐增加，在 $SiO_2$70%以上为急剧降低。

②Al_2O_3在 $SiO_2$59% ~71%之间，呈急剧降低，二者为正相关关系，线性特征明显。而 Fe_2O_3为不连续的变化。

③FeO 在 $SiO_2$59% ~65%之间为急剧增高，在 $SiO_2$65% ~71%之间为急剧降低。

④MnO 随 SiO_2增加而降低，二者为反消长关系。

⑤MgO 在 $SiO_2$59% ~65%之间为增加，在 $SiO_2$65% ~71%之间为降低。

⑥CaO 随 SiO_2增加而降低，二者为反消长关系。

⑦Na_2O 在 $SiO_2$59% ~71%之间为平稳增加，反映出活动陆缘的特征。

⑧K_2O 在 $SiO_2$59% ~65%之间平稳降低，在 $SiO_2$67% ~71%之间为急剧增加，反映了活动陆缘的特征。

⑨P_2O_5在 $SiO_2$59% ~65%之间增加，在 $SiO_2$65% ~71%之间为急剧降低的特征。

综上所述，去申拉组火山岩随 SiO_2的增加 TiO_2、Al_2O_3、CaO、MgO、MnO、P_2O_5降低，K_2O 略有增加（图 3 - 95）。

根据区域和东部邻幅资料，去申拉组火山岩在区域上呈串珠状分布，角度不整合于不同时代地层之上，并已跨过班公错-怒江结合带南界；与火山岩相伴生的中酸性侵入岩为“Ⅰ”-“S”型花岗岩，属同造山期花岗岩，该套火山岩岩石化学资料特征表明属同造山期钙碱性火山岩系列（图 3 - 96）。

（3）稀土元素演化特征

去申拉组火山岩从岩系底部-顶部，岩性从中性-中酸性-酸性的连续演化系列中，ΣREE 逐渐增加，轻稀土逐渐富集，δEu 负异常逐渐增强，这与该套火山岩的正演化趋势是吻合的。

（4）微量元素演化特征

去申拉组火山岩，过渡族元素 Sc、Co 随 SiO_2 增加而降低，V 随 SiO_2 增加而增加。亲石元素 Rb、Ba、Zr、Nb、Ta、Th、Hf、U、Ga、Sb、Sn 随 SiO_2增加而增加，而 Sr 随 SiO_2增加而降低的特征，反映亲石元素相对富集的特征。

6. 构造环境分析

去申拉组火山岩从岩石化学特征看，SiO_2 在 54.88% ~70.78%之间，只有一个样低于 56%，介于 56% ~75%之间，FeO*/MgO 介于 0.73 ~4.34 之间，平均为 2.11，大于 2，K_2O/Na_2O 介于 0.35 ~1.1 之间，平均 0.75，大于 0.6，属钙碱性岩石系列，为活动陆缘火山岩特征。

从地球化学资料分析，该套火山岩属火山弧产物（图 3 - 97），分布于弧火山岩区内（图 3 - 98）。

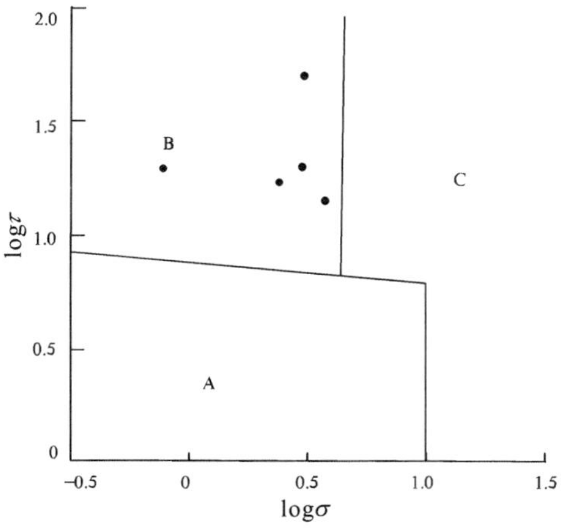

图 3 - 96　去申拉组火山岩 logτ - logσ 图
（据 A. Rittmann，1970）
A. 板内稳定区火山岩；B. 消减带火山岩；
C. 由 A - B 区演化的碱性火山岩，其中钾质者多与消减带有关，钠质者多与板内区有关；
●. 去申拉组火山岩

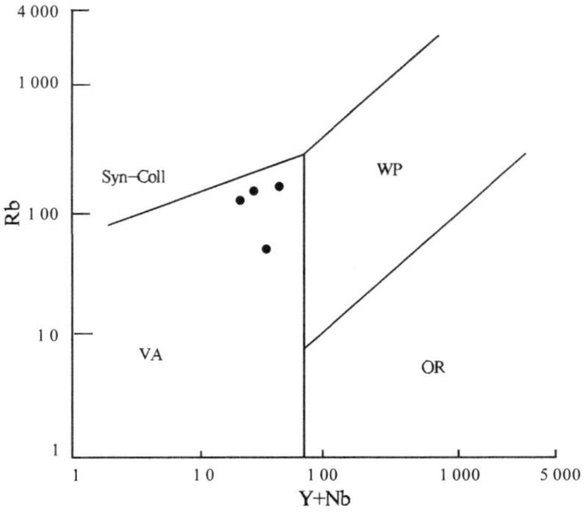

图 3 - 97　去申拉组火山岩 Rb -（Y + Nb）图
（据 Pearce，1984）
Syn - Coll. 同碰撞；WP. 板内；
OR. 洋中脊；VA. 火山弧；
●. 去申拉组火山岩

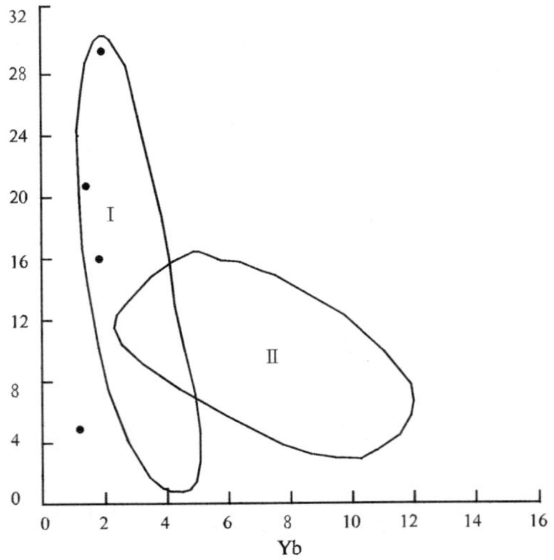

图3-98　去申拉组火山岩 La/Yb-Yb 图
（据 Floyd，1975）
Ⅰ. 弧火山岩；Ⅱ. 伸展盆地（包括大陆壳内或在大陆壳附近的大陆裂谷和弧后盆地）火山岩；
●. 去申拉组火山岩

综上所述，去申拉组火山岩是产于同造山期的活动大陆边缘火山岩浆弧上。

7. 成因

利用 REE 的稳定性和示踪性，探索去申拉组火山岩所处载体的物质来源（图3-99），从该图看，14、16号样投到玄武岩区，13号样投到花岗岩与沉积岩重叠区，15号样投到沉积岩区，但均靠近玄武岩区。说明该套岩石为幔源岩浆演化而来，并且成岩路径较长。这一点从岩浆来源深度和成岩时的地壳厚度可以得到佐证。根据 Dickinson（1970）消减带火山岩的岩浆来源深度（km）$=89.3(K_{60})\sim14.3(K_{60})$：指岩石中 SiO_2 固定为60%时的 K_2O 含量公式，计算去申拉组火山岩的岩浆来源深度为 191 ± 57km，与（图3-100）K_2O-SiO_2 相关图解（据 D. Ninkovich，1972）的投点结果一致。根据 Dickinson（1970）的回归方程：大陆地壳厚度 $C=18.2\ K_{60}+0.45$，计算去申拉组火山岩形成时的陆壳厚度为42.31km，为活动陆缘的范围。从 Sr^{87}/Sr^{86} 比值介于0.711 70～0.721 05之间反映壳源混入物较多，也证明火山岩的成岩路径较长，陆壳较厚的特征，与前述所判断的聚敛型板块边界（火山弧区）的构造环境相一致，为造山期的陆缘弧岩浆活动产物。

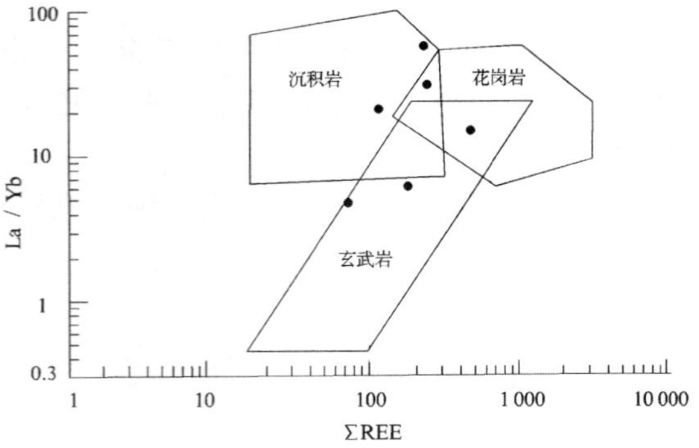

图3-99　去申拉组火山岩 La/Yb-ΣREE 含量图
（据 Alleyre，1973）
●. 去申拉组火山岩

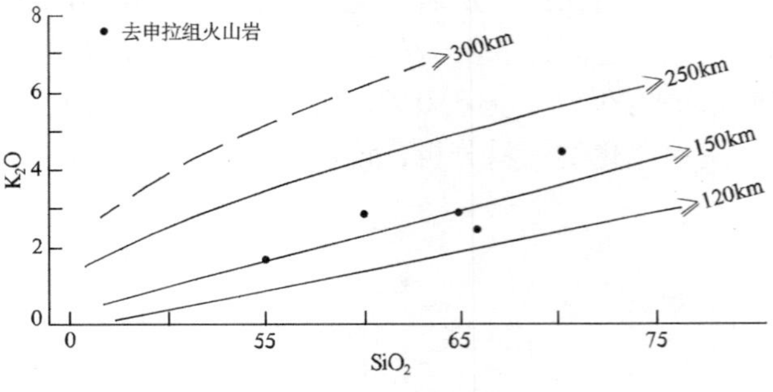

图3-100　去申拉组火山岩中 K_2O、SiO_2 与岩浆来源深度关系
（据 D. Ninkovich，1972）

（二）早白垩世桂牙岩组下段火山岩

1. 地质特征

桂牙岩组下段火山岩呈层状产出，主要由玄武质火山角砾岩、凝灰岩、熔岩、火山沉积岩组成，厚度大于1 309.29m，与桂牙岩组（K_1g）碎屑岩整合接触（图3-101），并有基性次火山岩侵入（图3-102），分布在图幅东北角，出露面积近20km²，占火山岩面积的7.35%。该套火山岩根据岩石组合及火山作用特征，可划分4个相，即火山爆发相、火山溢流相、火山沉积相和次火山岩相。火山爆发相岩石

组合为玄武质火山角砾岩、凝灰岩。火山溢流相岩石组合为气孔状玄武岩、致密块状玄武岩。火山沉积相以凝灰质砂岩为主，具水平层理和小型交错层理。火山岩的出露厚度大于 1 309.29m，正常沉积岩夹层厚度 720.35m，反映出以火山喷发为主（图 2－60）。根据火山活动强弱变化规律，可划分为 8 个喷发韵律（表 3－28）。

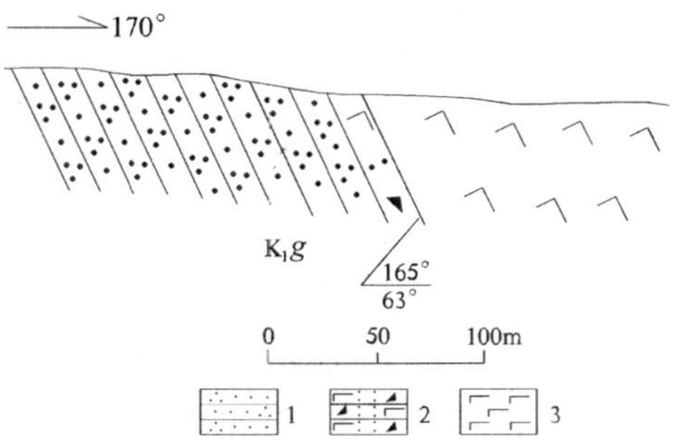

图 3－101　查曲来早白垩世桂牙岩组中石英砂岩与玄武岩整合接触关系素描图

1. 细粒石英砂岩；2. 玄武质岩屑凝灰岩；3. 玄武岩；K_1g. 桂牙岩组

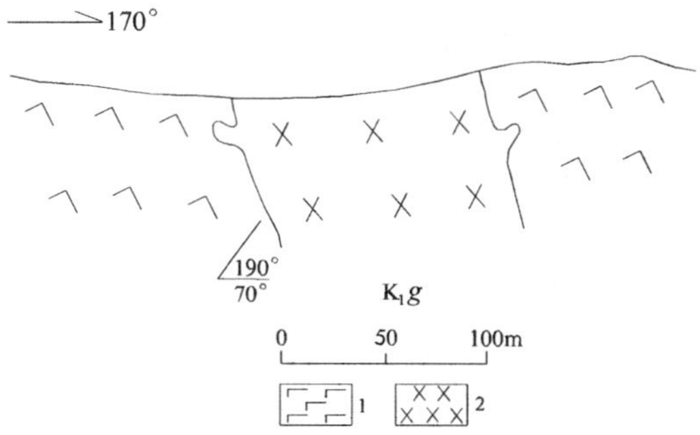

图 3－102　查曲来南 2.5km 处次相辉长辉绿岩侵入玄武岩接触关系素描图

1. 玄武岩；2. 辉长辉绿岩；K_1g. 桂牙岩组

表 3－28　桂牙岩组下岩段火山岩喷发韵律表

韵律	厚度	岩　性	岩　相	自然层号
8	192.16	灰色中薄层状细粒长石石英砂岩	爆发—沉积相	22
7	41.16	灰-深灰色微一薄层状硅质岩	沉积相	21
		灰色致密块状玄武岩	喷溢相	20
6	266.31	灰色微层状粉砂岩与深灰色薄层状中粒石英砂岩韵律层	沉积相	19
		灰绿色含晶屑岩屑凝灰岩	爆发相	18
5	165.14	灰绿色薄层状硅质泥岩、紫色薄层状硅质泥岩与灰色中薄层状含砾细粒岩屑长石砂岩韵律层	沉积相	17
		灰绿色含晶屑岩屑凝灰岩	沉积相	16
		灰色—灰绿色玄武质火山角砾岩		15
4	658.16	灰色钙质页岩与深灰色薄层状含粉砂质泥岩韵律层	沉积相	14
		灰绿色玄武质火山岩与灰色玄武质凝灰岩互层	爆发相	13
		深灰色致密块状玄武岩（辉长辉绿岩侵入）	喷溢相	12
		深灰色致密块状玄武岩（辉绿岩侵入）		11
3	41.33	灰绿色中薄层状粉砂岩（辉绿岩侵入）	沉积相	10
		深灰色玄武岩	喷溢相	9
2	264.46	灰绿色含黄铁矿泥质灰岩	沉积相	8
		蛋青色薄层状泥岩		7
		紫灰色玄武质凝灰岩与灰色细粒石英砂岩韵律层	爆发—沉积相	6
		灰绿色细粒玄武质火山角砾岩	爆发相	5
1	150.34	灰色杏仁状玄武岩，底部为 1.8m 厚的灰绿色玄武质凝灰质熔岩	喷溢相	4
		灰绿色玄武质岩屑凝灰岩	爆发相	3

注：厚度单位为 m

本次工作在该套玄武质火山岩中获得 K - Ar（全岩）同位素年龄为 93.5Ma，该年龄值偏新，应为后期造山作用的构造热事件干扰年龄。根据桂牙岩组（K_1g）与多尼组（K_1d）的化石及岩石组合对比，认为桂牙岩组（K_1g）下岩段应与多尼组（K_1d）下段相当（详见地层部分），均代表水体相对较深的沉积环境，时代为早白垩世早-中期。因此桂牙岩组（K_1d）下岩段基性火山岩时代应为早白垩世早-中期。

该套火山岩分布于班怒带南带中，呈条带状展布，所形成的时代和班怒带南带形成时间大体一致，应属同期构造的伴随产物。

2. 岩石学特征

该套火山岩在测区内出露的主要岩石类型有火山爆发相、火山溢流相、次火山岩相。火山爆发相有灰绿色玄武质火山角砾岩、灰绿色玄武质岩屑晶屑凝灰岩、灰绿色玄武质岩屑玻屑凝灰岩。火山溢流相有灰色杏仁状玄武岩、深灰色密块状玄武岩。次火山岩相有灰绿色细粒辉长辉绿岩、灰绿色细粒辉绿岩。

（1）火山爆发相

①灰绿色玄武质火山角砾岩

灰绿色，角砾状结构，块状构造。单层厚 2.5 ~ 3m，角砾成分为玄武岩，角砾呈次棱角—次圆状，占全岩的 60% ± 。杂基为玄武质火山灰，粒度 0.1 ~ 0.2mm，含量 40% ± 。

②灰绿色玄武质岩屑晶屑凝灰岩

凝灰质结构，块状构造。岩石成分由浆屑、岩屑、晶屑和火山灰组成。浆屑：表面绿泥石化，不规则状，粒度 0.1 ~ 0.2mm，含量 20% ± 。岩屑，多为气孔状玄武岩岩屑，不规则状，粒度 0.4 ~ 1mm，含量 5% ± 。晶屑，普通辉石，短柱状，粒度 0.1 ~ 0.5mm，含量 3% ± ，斜长石含量 1% 以下。细火山灰，表面碳酸盐化及绿泥石化，含量 71% ± 。

③灰绿色玄武质岩屑玻屑凝灰岩

凝灰质结构，块状构造。岩石成分由岩屑、晶屑和玻璃质组成。玄武岩岩屑：不规则状，碳酸盐化，粒度 0.1 ~ 0.4mm，含量 15% ± 。玄武质玻璃：呈不规则状，粒度 0.05 ~ 0.4mm，含量 80% ± 。晶屑：斜长石，板柱状，碳酸盐化，粒度 0.05 ~ 0.1mm，含量 2% ± ；普通辉石，粒状，粒度 0.05 ~ 0.1mm，含量 3% ± 。

（2）火山溢流相

①灰色杏仁状玄武岩

风化面为暗褐色，新鲜面为灰色，间隐结构，杏仁状构造。矿物成分：斜长石，呈条状，表面轻微粘土化，见有卡钠联合双晶，粒度 0.1 ~ 0.5mm，含量 40% ± 。斜长石的格架间充填有隐晶质及少量的不透明矿物，具绿泥石化、碳酸岩化，充填物 20% ± 。杏仁成分由碳酸盐、绿泥石、浊沸石组成，直径 0.3 ~ 3mm，含量 40% 。

②深灰色致密块状玄武岩

风化面为灰褐色，新鲜面为深灰色，斑状结构，基质为微晶结构，致密块状构造。斑晶为斜长石，柱状，表面见绢云母化、绿泥化，见卡钠联合双晶，粒度 0.5 ~ 1.7mm，含量 5% ± 。基质由微晶斜长石、普通辉石及少量不透明矿物组成，粒度 0.03 ~ 0.05mm，含量 95% ± 。

（3）次火山岩相

①灰绿色细粒辉长辉绿岩

辉长辉绿结构，块状构造。矿物成分：斜长石，表面粘土化，见卡钠联合双晶，粒度 0.05 ~ 0.2mm，含量 70% 。普通辉石，粒状，强烈绿泥石化，粒度 0.7 ~ 2mm，含量 30% ± 。在普通辉石中见有嵌晶含长结构，含微量不透明矿物。

②灰绿色细粒辉绿岩

辉绿结构，块状构造。矿物成分：斜长石，呈柱状，表面粘土化，有的见有卡钠联合双晶，粒度 0.5 ~ 0.7mm，含量 75% ± 。普通辉石，粒状，消光角 40° ± ，粒度 0.05 ~ 0.4mm，强绿泥石化，含量 20% ± 。不透明矿物，不规则粒状，粒度 0.03mm ± ，含量 5% ± 。普通辉石充填在斜长石格架之间，岩石见有碳酸盐化。该岩石见有灰绿色中薄层状泥岩及灰色中层状中细粒石英砂岩的捕掳体，捕掳体大小在 30 ~ 50m^2。中层状细粒石英砂岩捕掳体，其大小在 70 ~ 100m^2，边部呈港弯状，并见有辉绿岩岩脉侵入其中。

3. 岩石化学特征

桂牙岩组火山岩分析结果如表 3 - 23、表 3 - 24 所示。

该火山岩具有偏碱性的岩石化学特征。在 TAS 图解（图 3 - 103）上，10 号样品落到碱玄岩（碧玄岩）区。其标准矿物 Ol 为 6.93%，小于 10%，为碱玄岩。11 号样落到玄武岩区，12 号样落到粗面玄武岩区（图 3 - 103）。11、12 号样野外和薄片鉴定结果为辉绿岩和辉长辉绿岩，为次火山岩相。

该套火山岩，利用（Na_2O - 2）> K_2O 者，为钠质类型；而（Na_2O - 2）< K_2O 者，为钾质类型的标准，确定为钠质类型。

桂牙岩组火山岩岩石系列的确定：

该套火山岩在 alk - SiO_2 图解（图 3 - 104）上，均投到 A 区，说明为碱性岩系列。

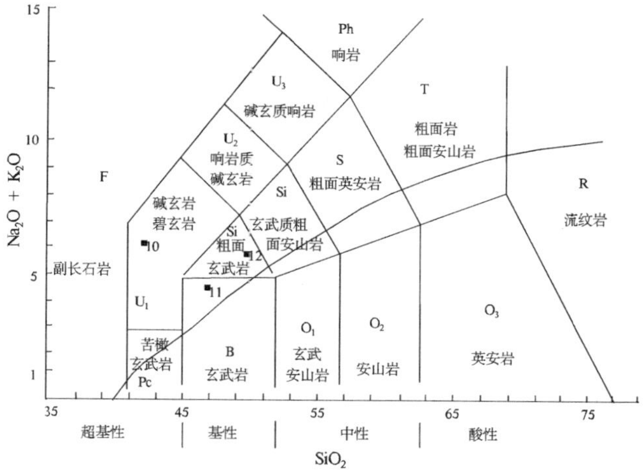

图 3 - 103　早白垩世桂牙岩组火山岩 TAS 图

（据 M. J. Le Bas 等，1986；IUGS，1989）

O. SiO_2 过饱和；S. SiO_2 饱和；U. SiO_2 不饱和；

■. 桂牙岩组火山岩

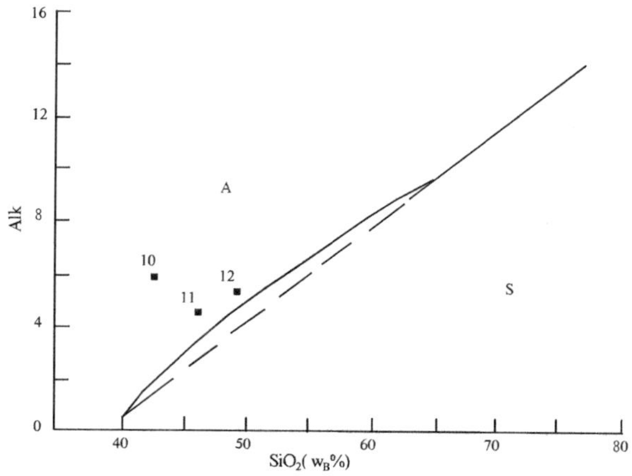

图 3 - 104　桂牙岩组火山岩硅-碱图

（据 T. N. Irvine 等，1971）

A. 碱性系列；S. 亚碱性系列；实线 . Macdonal（1968）；

断线 . Irvine 等（1971）；■. 桂牙岩组火山岩

该套火山岩与测区永珠蛇绿岩的枕状玄武岩对比，其中 SiO_2、MnO、MgO、K_2O、P_2O_5 基本相当，Fe_2O_3、TiO_2、FeO 高于枕状玄武岩，Al_2O_3、CaO、Na_2O 低于枕状玄武岩。

与大洋拉斑玄武岩相比，桂牙岩组火山岩 Na_2O、K_2O、TiO_2 含量明显偏高，Fe_2O_3/ FeO 在 0.41 ~ 0.91 之间大于 0.4，与大洋拉斑玄武岩差别较大，为非大洋玄武岩。

分异指数 DI 介于 36.06 ~ 44.23 之间，属玄武岩范围。

4. 稀土元素特征

桂牙岩组火山岩稀土元素丰度及特征参数如表 3 - 25、表 3 - 26 所示。

（1）杏仁状玄武岩

稀土总量 ΣREE 为 209.94 × 10^{-6}，为稀土总量偏高型。δEu 为 1.1，显弱的正异常。$(La/Yb)_N$ 为 16.22，ΣCe/ΣY 为 5.4，反映该类型岩石为轻稀土富集型。$(Ce/Yb)_N$ 为 13.43，反映轻重稀土分馏好（图 3 - 105）。

（2）辉绿岩类

稀土总量 ΣREE 介于 137.04 ~ 172.04 之间，为稀土总量富集型，但富集程度不如玄武岩。显示弱的 Eu、Ce 正异常。δEu 介于 1.15 ~ 1.29 之间，δCe 介于 1.08 ~ 1.23 之间，与玄武岩稀土元素特征基本一致。$(La/Yb)_N$ 介于 8.56 ~ 8.66 之间，$(Ce/Yb)_N$ 介于 6.91 ~ 8.04 之间，ΣCe/ΣY 介于 3.34 ~ 3.53 之间，反映该次相火山岩的轻重稀土分馏明显，轻稀土相对富集，但不如玄武岩富集程度强。La/Sm 介于 2.47 ~ 2.60 之间与 $(Gd/Yb)_N$ 介于 1.89 ~ 2.02 之间，说明轻稀土分馏程度高于重稀土（图 3 - 105）。

5. 微量元素特征

桂牙岩组火山岩微量元素丰度如表 3 - 27 所示。

该套火山岩与维诺格拉多夫同类岩石相比，过渡族微量元素 V 趋于集中，而 Sc、Cr、Ni 趋于分散。亲石微量元素 Zr、Ta、Hf 相对集中，而 Sr、Nb 相对分散。

该套火山岩与标准洋中脊玄武岩对比（图 3 - 106），Sr、K、Rb、Ba、Th、Ta、Nb、Ce、P、Zr、Hf、Sm、Ti 相对偏高，而 Y、Yb、Sc、Cr 相对偏低，与碱性玄武岩特征相似。

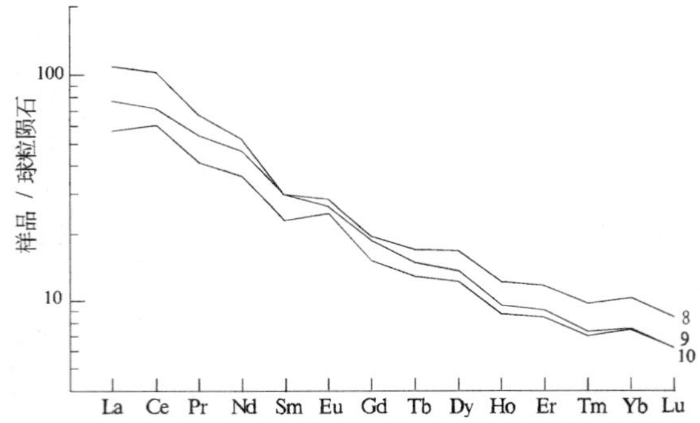

图 3 - 105　桂牙岩组火山岩稀土配分模式图
（据 after Coryell，1963）

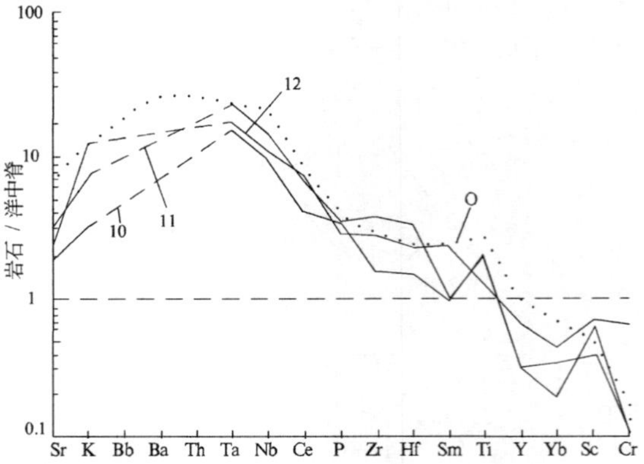

图 3 - 106　早白垩世桂牙岩组构造环境微量元素判别
（据 Pearce，1982）
O. 板内玄武岩；10、11、12. 桂牙岩组火山岩

6. 构造环境分析

桂牙岩组火山岩产于水体较深的复理石建造中，应为弧前盆地的沉积特征。

DI 介于 36.06 ~ 44.23 之间，位于 35 ~ 75 之间，属消减带范围。从 Na_2O 较稳定而 K_2O 增加较快的特征看，应属活动陆缘特征。根据 Dickinson（1970）的陆壳厚度回归方程：大陆地壳厚度 $C = 18.2K_2O + 0.45$ 计算的陆壳厚度平均为 25.56km，属活动大陆边缘的厚度特征，将其确定为活动大陆边缘环境内。

（三）早白垩世达过火山岩

测区内的达过火山岩，根据岩相分布确定火山喷发类型为中心式。火山口位于档炯山。火山特征叙述如下。

1. 地质特征

达过火山岩的出露范围，北部到甲格雄，南部位于玛二麦扎勒以北，西部到扎列加不贾以东，东部至松们果以西，构成一个长 48.25km，宽 31.5km，长宽比为 5∶3，近等轴状，出露面积 $180km^2$，占火山岩面积的 66.18%，其上被早白垩世郎山组（K_1l）覆盖，仅见零星出露。火山口范围为档炯山的次火山相闪长玢岩分布范围，约 $7.8km^2$ ±（图 3 - 107）。

达过火山岩出露在图幅中偏西部，与下伏早白垩世多尼组（K_1d）沉积碎屑岩为整合接触关系（图 3 - 108），其上被早白垩世郎山组覆盖，二者为平行不整合关系（图 3 - 109）。

该套火山岩根据岩石组合，火山作用特点可划分为爆发相、喷溢相、次火山岩相。

爆发相岩性有火山角砾岩。喷溢相岩石组合为凝灰质熔岩、安山岩、英安岩、流纹岩。次火山岩相

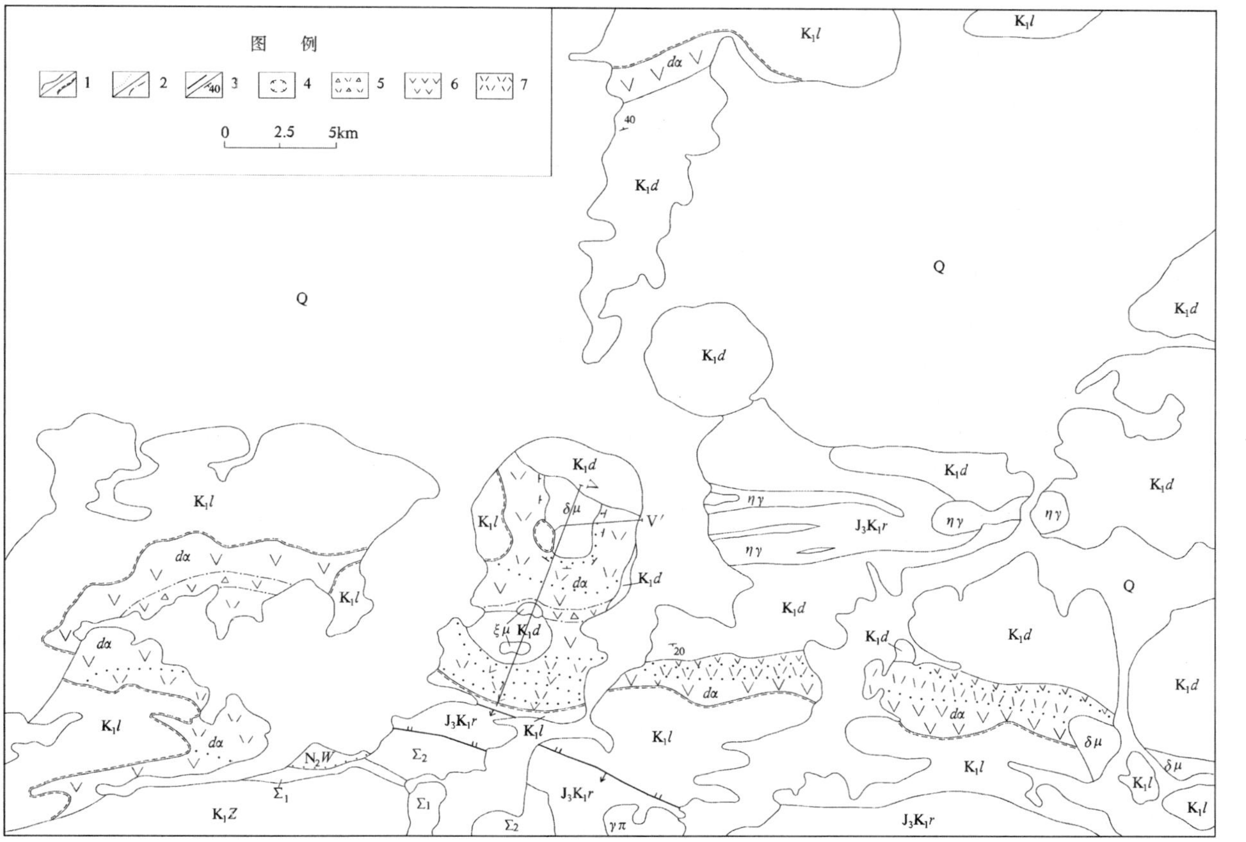

图3－107　多巴区幅达过火山岩岩相构造图

1. 整合、平行不整合界线；2. 岩性、岩相界线；3. 断层线、地层产状；4. 破火山口；5. 火山角砾岩（爆发相）；6. 英安岩（溢流相）；7. 流纹岩（溢流相）；Q. 第四系冲洪积；N_2W. 乌郁群；K_1l. 郎山组；$d\alpha$. 达过火山岩；K_1d. 多尼组；K_1Z. 则弄群；J_3K_1r. 日拉组；Σ. 超镁铁质岩；$\delta\mu$. 闪长玢岩（次相火山岩）；$\xi\mu$. 英安玢岩（次相火山岩）；$\eta\gamma$. 花岗斑岩；$\gamma\pi$. 花岗斑岩

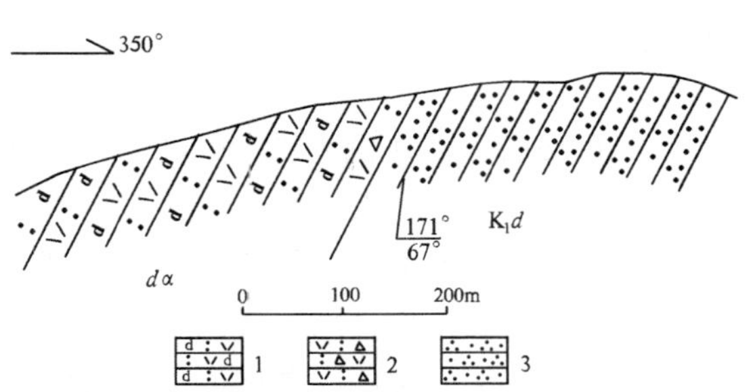

图3－108　拉嘎甲拥达过火山岩与多尼组整合素描图

1. 沉凝灰岩；2. 火山角砾凝灰岩；
3. 细粒石英砂岩；
$d\alpha$. 达过火山岩；K_1d. 多尼组

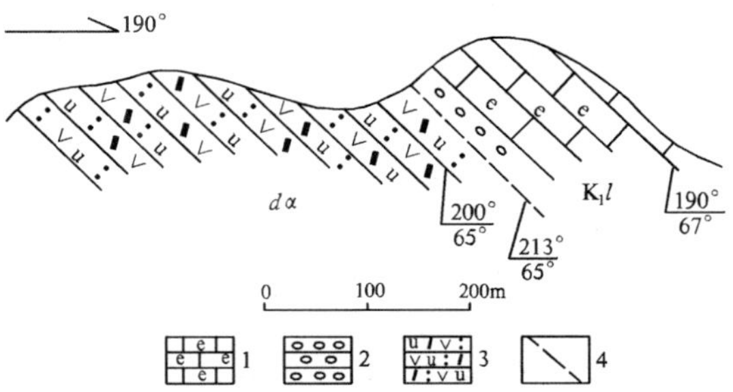

图3－109　尼嘎二波达过火山岩与郎山组平行不整合关系素描图

1. 生物碎屑灰岩；2. 底砾岩；
3. 安山质晶屑凝灰熔岩；
4. 平行不整合界线；
$d\alpha$. 达过火山岩；K_1l. 郎山组

岩石组合为闪长玢岩、英安玢岩（图3－110、图3－111）。

根据火山活动规律，达过火山岩可划分为8个喷发韵律。各韵律特征如表3－29所示。

火山活动末期次火山岩相的闪长玢岩侵入，使安山岩受到机械破碎和热烘烤，并有支脉侵入安山岩中（图3－112）。

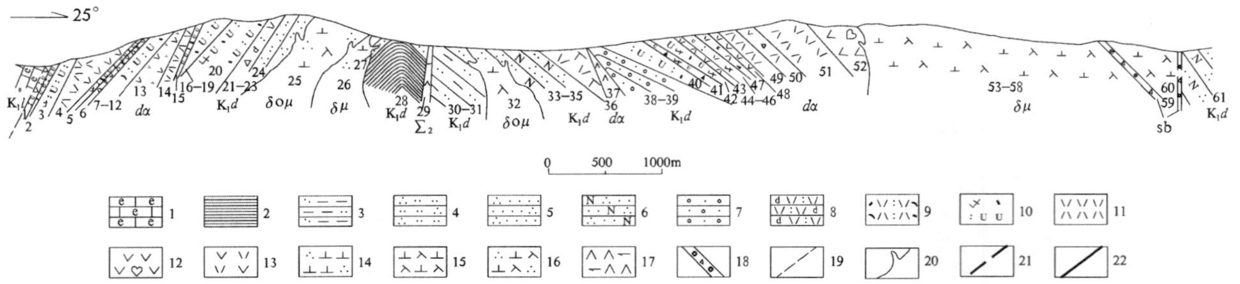

图 3－110　申扎县玛二麦扎勒—纳热俄玛早白垩世达过火山岩（$d\alpha$）实测剖面图

1. 灰岩；2. 页岩；3. 粉砂质泥岩；4. 石英粉砂岩；5. 石英细砂岩；6. 长石石英砂岩；7. 砂砾岩；8. 沉凝灰岩；9. 流纹质晶屑浆屑凝灰岩；10. 英安质晶屑凝灰岩；11. 流纹岩；12. 安山岩；13. 英安岩；14. 石英闪长岩；15. 闪长玢岩；16. 石英闪长玢岩；17. 超基性岩；18. 硅化构造角砾岩；19. 平行不整合界线；20. 侵入接触界线；21. 推测性质不明断层；22. 实测性质不明断层；K_1l. 郎山组；K_1d. 多尼组；$d\alpha$. 达过火山岩；δo. 石英闪长岩；$\delta o\mu$. 石英闪长玢岩；$\delta\mu$. 闪长玢岩；sb. 构造角砾岩；Σ_2. 超基性岩

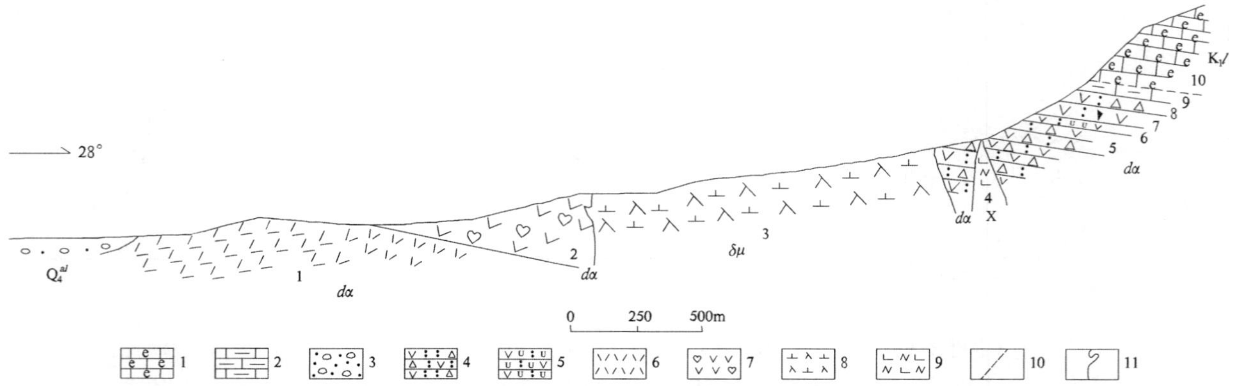

图 3－111　申扎县张金—档垌山早白垩世达过火山岩（$d\alpha$）实测剖面图

1. 生物碎屑灰岩；2. 泥质灰岩；3. 砂砾石；4. 层状安山质含火山角砾凝灰岩；5. 安山质凝灰熔岩；6. 流纹岩；7. 杏仁状安山岩；8. 闪长玢岩；9. 煌斑岩；10. 平行不整合界线；11. 侵入接触界线；Q_4^{al}. 第四系冲积砂砾石；K_1l. 郎山组；$d\alpha$. 达过火山岩；$\delta\mu$. 闪长玢岩；X. 煌斑岩

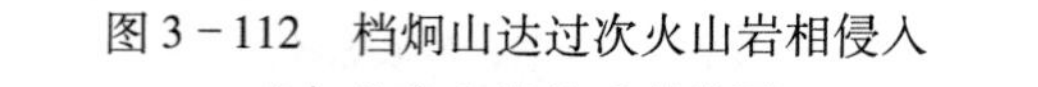

图 3－112　档垌山达过次火山岩相侵入杏仁状安山岩关系素描图

1. 杏仁状安山岩；2. 闪长玢岩

从沉积夹层少，并且主要为砂砾岩，熔岩多具柱状节理，Fe_2O_3/FeO 比值从 0.79～14.44 之间变化，而次相火山岩的 Fe_2O_3/FeO 比值在 0.35～0.75 之间变化不难看出，该套火山岩是形成于氧化环境下，显示陆相火山岩特征。但局部沉积夹层中见有水平层理，部分熔岩中发育有水平收缩节理，说明也有水下喷发特征。因此该套火山岩的形成环境以陆相为主，局部为海陆交互相。

2. 岩石学特征

该套火山岩主要类型有爆发相、喷溢相、溢流相、次火山岩相。爆发相有紫红色—灰紫色火山角砾岩。喷溢相有紫灰色蚀变安山质凝灰熔岩、紫灰色英安质岩屑晶屑凝灰熔岩。溢流相有灰紫色蚀变安山岩、紫灰色气孔—杏仁状安山岩、灰绿色角砾状英安岩。次火山岩相有深灰色闪长玢岩、灰绿色英安玢岩。

（1）爆发相

表3-29　达过火山岩喷发韵律表

韵律	厚度	岩性	岩相	自然层号
8	318.87	紫色气孔-杏仁状安山岩	喷溢相	52
7	369.99	灰白色流纹岩	喷溢相	51
	121.31	灰绿色角砾状英安岩		50
6	121.06	灰白色流纹岩	喷溢相	49
	50.39	灰绿色英安岩		48
5	95.45	灰白色流纹岩	喷溢相	47
	7.32	灰绿色英安质凝灰熔岩		46
4	14.63	灰白色条带状流纹岩	喷溢相	45
	65.84	灰绿色英安质凝灰熔岩		44
3	50.65	灰白色流纹岩	喷溢相	43
	138.44	灰色蚀变安山岩		42
2	46.98	黄绿色英安质角砾熔岩	喷溢相	41
	211.73	英安质晶屑凝灰熔岩		40
1	67.54	灰色沉积砂砾岩	沉积相	39
	13.20	灰绿色火山角砾岩	爆发相	38

注：厚度单位为m

紫红色—灰紫色火山角砾岩

风化面为紫红色，新鲜面为灰紫色，火山角砾状结构，块状构造。角砾成分：以英安质熔岩为主，次为长石石英砂岩、流纹岩、中—酸性脉岩角砾。角砾呈棱角状，大小在0.2～15cm，含量占70%以上。杂基为粗凝灰质，成分为斜长石晶屑，英安质玻屑，粒度0.5～2mm，含量25%～30%。

（2）喷溢相

①紫灰色蚀变安山质凝灰熔岩

风化面为紫色，新鲜面为紫灰色，凝灰质—隐晶质结构，块状构造。晶屑由斜长石、角闪石组成。斜长石：晶形不完整，表面绢云母化，粒度0.1～0.6mm，含量20%±；角闪石：已绿泥石化，柱状，粒度0.1～0.4mm，含量5%±。基质成分为安山质，隐晶质结构，绿泥石化较强，具硅化，含量75%±。

②紫灰色英安质岩屑晶屑凝灰熔岩

风化面为灰褐色，新鲜面为紫灰色，凝灰质—隐晶质结构，流动构造。晶屑：斜长石，板状，粒状，晶形不完整，聚片双晶不发育，粒度0.2～0.4mm，含量15%±。岩屑：不规则粒状，主要为英安质，粒度0.2～1.7mm，具硅化现象，含量10%。基质为隐晶—玻璃质结构，主要为长英质，部分绿泥石化，基质含量75%±。该岩石成层性较好，局部含火山角砾。

（3）溢流相

①灰紫色蚀变安山岩

风化面为褐色，斑状结构，基质为隐晶质结构，块状构造。斑晶由斜长石及普通角闪石组成。斜长石：呈板状、柱状，聚片双晶不明显，粒度0.1～2.5mm，部分呈聚斑状结构，见碳酸盐化，绢云母化现象，含量5%±。普通角闪石：呈柱状，均绿泥石化，粒度0.05～0.2mm，含量5%±。基质为隐晶质结构，主要由长英质组分组成，轻微绿泥石化，含量77%±。不透明暗色矿物，不规则粒状，粒度小于

0.01mm，含量10%±。

②紫灰色气孔—杏仁状安山岩

风化面为灰褐色，无斑—微晶结构，气孔—杏仁状构造。杏仁体呈不规则状、圆状，成分主要为碳酸质和硅质，直径0.4～2.7mm，含量30%。基质为微晶结构，少量玻璃质结构，主要由长板状斜长石和隐晶质或玻璃质组成，绿泥石化、碳酸盐化，含量70%±。

③灰绿色角砾状英安岩

风化面为灰褐色，斑状—隐晶质结构，角砾状构造。角砾为英安岩，呈次棱角状—次圆状，角砾直径5～20mm，含量50%～60%。熔浆胶结，含量占40%±。熔岩部分具斑状结构，斑晶成分为斜长石，呈板状、柱状，表面见绢云母化、绿泥石化，粒度0.1～0.7mm，含量熔浆的3%±。基质以隐晶质结构为主，少量微晶结构，基质占熔浆的97%。

（4）次火山岩相

①深灰色闪长玢岩

风化面为灰褐色，新鲜面为深灰色，斑状结构，块状构造。斑晶成分：斜长石（中长石），粒度0.6～2.5mm，呈半自形板状，含量5%±。基质：由斜长石和隐晶质构成交织结构，斜长石呈板状，粒度0.2～0.25mm，基质含量95%±。该岩石见有较强的碳酸盐化。

②灰绿色英安玢岩

风化面为土黄色，新鲜面为灰绿色，斑状结构，块状构造。斑晶由斜长石和黑云母组成。斜长石：板状，粒度0.5～2.8mm，含量5%±。黑云母：片状，含量1%～2%。基质：由长英质矿物构成的球粒及黑云母微晶，粒度0.05～0.1mm，含量93%±。

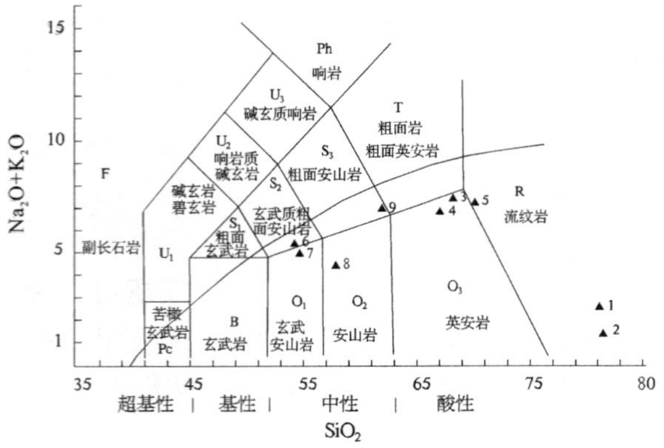

图3-113　达过火山岩TAS图

（据M. J. Le Bas等，1986；IUGS，1989）

O. SiO_2过饱和；S. SiO_2饱和；

U. SiO_2不饱和；▲. 达过火山岩

3. 岩石化学特征

达过火山岩岩石化学分析结果如表3-22所示。

达过火山岩共分析了9个硅酸盐样品，采用国际地科联IUG推鉴的岩石化学分类命名图解TAS（图3-113）。从图上看，9号、6号样分别落入粗面安山岩和玄武质粗面安山岩区，为略偏碱性的安山岩类，与野外和薄片定名基本一致。7号样落入玄武安山岩区，8号样落入安山岩区，与野外和薄片定名（闪长玢岩）的大类一致，均属中性岩类。3、4号样品落入英安岩区，5、2、1号样落入流纹岩区，与野外和薄片鉴定结果吻合较好。

从该图上还可以看出，该套火山岩显SiO_2过饱和特征，并均为亚碱质火山岩系。

达过火山岩岩石系列的确定：

造山带火山岩的钾、钠质类型很重要，采用（Na_2O-2）<K_2O为钾质类型，（Na_2O-2）>K_2O为钠质类型的标准，确定该套岩石以钾质类型为主，仅有两个样品（Na_2O-2）>K_2O，为钠质类型，反映出造山区消减带火山岩特征。

达过火山岩在alk-SiO_2图解上显示亚碱质特征，从标准矿物有Hy而无Ne的特征，也反映出亚碱质特征（图3-114）。为了进一步划分钙碱性与拉斑玄武岩系列，在FAM图解上投点，除4号、6号、7号样落入拉斑玄武岩系列岩区外，其他6个样品均为钙碱性系列岩区（图3-115）。

又根据里特曼指数（σ）介于0.08～2.82之间，均小于4，属钙碱性系列。

综上所述，该套岩石主要表现为钙碱性岩系列的火山岩特征，个别呈现为拉斑玄武岩系列岩石特征，反映出岛弧火山岩岩系组合特征。

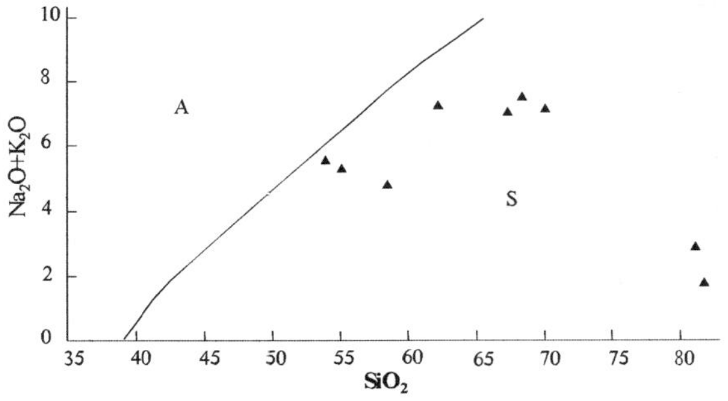

图3－114　达过火山岩（Na_2O+K_2O）－SiO_2图
（据 Irvine，1971）
A．碱性系列；S．亚碱性系列；▲．达过火山岩

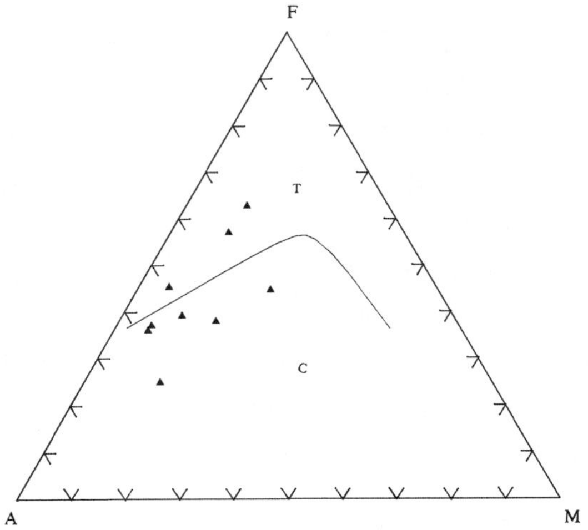

图3－115　达过火山岩 FAM 图
（据 Irvine，1971）
T．拉斑系列；C．钙碱性系列；▲．达过火山岩

碱度率 AR 值介于 1.39～2.93 之间，与 alk－SiO_2图配合看，随着 SiO_2的增加而增加，反映二者为正相关关系。

分异指数 DI 值变化在 49.93～87.48 之间，属安山岩—流纹岩的区间，与野外的安山岩—英安岩—流纹岩的演化序列吻合。

固结指数 SI 值介于 5.25～23.2 之间，属安山岩—流纹岩区间，从中性—酸性岩 SI 值在逐渐降低，反映分异程度在逐渐增加的特征。

结晶指数 CI 变化在 2.64～28.82 之间，反映出随着 SiO_2的增加，DI 指数降低，为正相关关系。

4. 稀土元素特征

达过火山岩稀土元素丰度及特征参数如表 3－25、表 3－26 所示。

（1）安山岩类

ΣREE 为 185.49×10^{-6}，为稀土总量偏高型，δEu 为 0.9 显弱的负异常。δCe 为 0.74，显负异常特征。ΣCe/ΣY 为 2.54，显轻稀土富集型。曲线为右倾特征，$(La/Yb)_N$值为 6.94，$(Ce/Yb)_N$值为 3.84，反映该岩石轻重稀土分馏明显（见图 3－116 的 5 号曲线）。

（2）英安岩类

ΣREE 介于 288.3～302.86 之间，为稀土总量偏高型。δEu 介于 0.45～0.50 之间，属 Eu 负异常。δCe 介于 0.69～0.79 之间，显负异常。ΣCe/ΣY 介于 2.19～2.72 之间，为轻稀土富集型。稀土配分曲线为右倾特征（图 3－116）。$(La/Yb)_N$值介于 6.15～6.67 之间，$(Ce/Y)_N$值介于 2.93～3.52 之间，反映该岩类的轻重稀土分馏程度较好。$(La/Sm)_N$值介于 3.13～3.23 之间，$(Gd/Yb)_N$值介于 0.97～1.02 之间，说明轻稀土比重稀土分馏好。见稀土配分曲线 3.4。

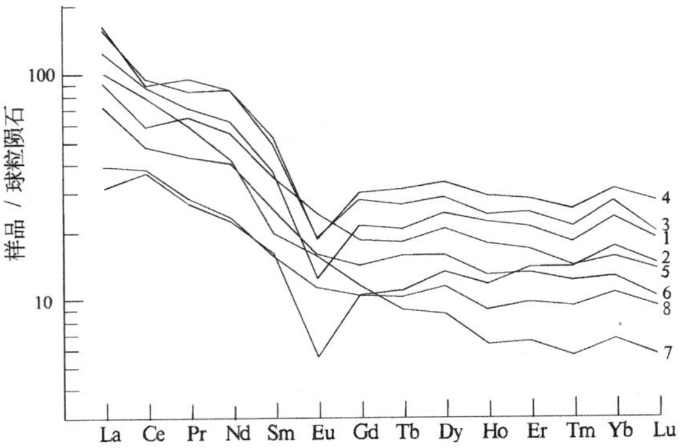

图3－116　达过火山岩稀土配分模式图
（据 after Coryell，1963）

（3）流纹岩类

ΣREE 介于 103.72×10^{-6}～244.03×10^{-6}之

间，反映该类岩石稀土总量偏高。δEu 为 0.42，属铕负异常。δCe 介于 0.89～1.27 之间，为弱的负异常—正异常。ΣCe/ΣY 值介于 2.19～2.72 之间，反映轻稀土相对富集的特征，稀土配分曲线为右倾特征（见图 3－116 的 1、2 号线）。$(La/Yb)_N$值介于 6.15～6.67 之间，$(Ce/Yb)_N$值介于 2.19～3.84 之间，反映该岩类轻重稀土分馏明显。$(La/Sm)_N$值介于 1.95～3.37 之间、$(Gd/Yb)_N$值介于 0.62～0.93 之间，前者比后者大，反映该岩类轻稀土比重稀土分馏程度好的特征。

（4）闪长玢岩

ΣREE 介于 137.04×10^{-6}～209.94×10^{-6}之间，为稀土总量偏高型。δEu 介于 1.1～1.29 之间，为正异常特征。δCe 介于 1.08～1.23 之间，显正异常特征。$(La/Yb)_N$值介于 8.56～16.22 之间，ΣCe/ΣY 值介于 3.34～5.41 之间，均反映轻稀土相对富集的特征（见图 3－116 中的 6、7、8 号线形态）。

综上所述，达过火山岩稀土总量偏高，Eu、Ce 以负异常为主。轻稀土为富集型，轻重稀土分馏明显，轻稀土比重稀土分馏更明显。

5. 微量元素特征

达过火山岩微量元素丰度如表 3－27 所示。达过火山岩微量元素可与维诺格拉罗夫（（1962）同类岩石相比较。

（1）安山岩类

安山岩类与维氏同类岩石 V 是 0.9 倍，Cr 是 1.6 倍，Co 是 1.09 倍，Ni 是 0.2 倍，Cu 是 1.2 倍，Rb 是 8 倍，Sr 是 0.3 倍，Zr 是 0.83 倍，Nb 是 0.78 倍，Ba 是 0.37 倍。在岩浆活动中安山岩类 Cr、Co、Cu 趋于富集；V、Ni、Rb、Sr、Zr、Nb、Ba 趋于贫化。

（2）流纹岩类

流纹岩类与维氏同类岩石比较，Rb 是 0.55 倍、Li 是 0.68 倍，Sr 是 0.19 倍，Zr 是 1.5 倍，Nb 是 0.68 倍，Cs 是 0.57 倍，Ba 是 0.29 倍，Hf 是 8.4 倍，Ta 是 0.22 倍。在岩浆活动中 Rb、Li、Sr、Nb、Cs、Ba 趋于分散，Zr、Hf 趋于富集。

（3）次火山岩

次火山岩的闪长玢岩与维氏值中性岩比较，Li 是 3.93 倍，Rb 是 1.04 倍，Sr 是 0.36 倍，Zr 是 0.5 倍，Nb 是 0.94 倍，Ba 是 0.42 倍。在岩浆活动中，Sr、Zr、Nb、Ba 趋于分散，Li、Rb 趋于集中。

6. 演化特征

达过火山岩的岩石组合特征，从下部的安山岩-中部的英安岩-上部的流纹岩，最后是闪长玢岩的侵入。岩系主要为钙碱性岩系列。

岩石化学演化规律：从下部到上部，随 SiO_2 的增加，TiO_2、Al_2O_3、Fe_2O_3、FeO、MnO、MgO、CaO、P_2O_5降低，反映为负相关关系。K_2O 在中部层位偏高，上、下层位含量基本一致，Na_2O 在上部层位偏低，在中、下部层位基本相同（图 3－117）。

该套岩石从底部的安山岩-顶部的流纹岩-最后的次火山岩，稀土总量有从低到高的特征，但不明显，轻稀土富集程度越往顶部越明显，轻稀土的分馏也越往顶部越明显，反映向碱性演化的特征（图 3－116）。

7. 构造环境分析

达过火山岩产于永珠蛇绿岩带北侧陆缘区内的中生代早白垩世多尼组的上段中，为一套以陆相喷发为主的火山岩，并伴随大量的次火山岩侵入。

（1）岩石化学成分分析

①SiO_2介于 53.73%～81.62% 之间，仅有两个样品低于 56%，但平均为 66.31%。K_2O/Na_2O 介于 0.18～23.17 之间，平均为 2.46%，Na_2O 含量变化较稳定。FeO/MgO 介于 1.86～8.44 之间，平均为 4.62。岩石组合为玄武安山岩-安山岩-英安岩-流纹岩的完整钙碱性岩石组合，为消减带或活动陆缘的岩石化学及岩石组合特征。

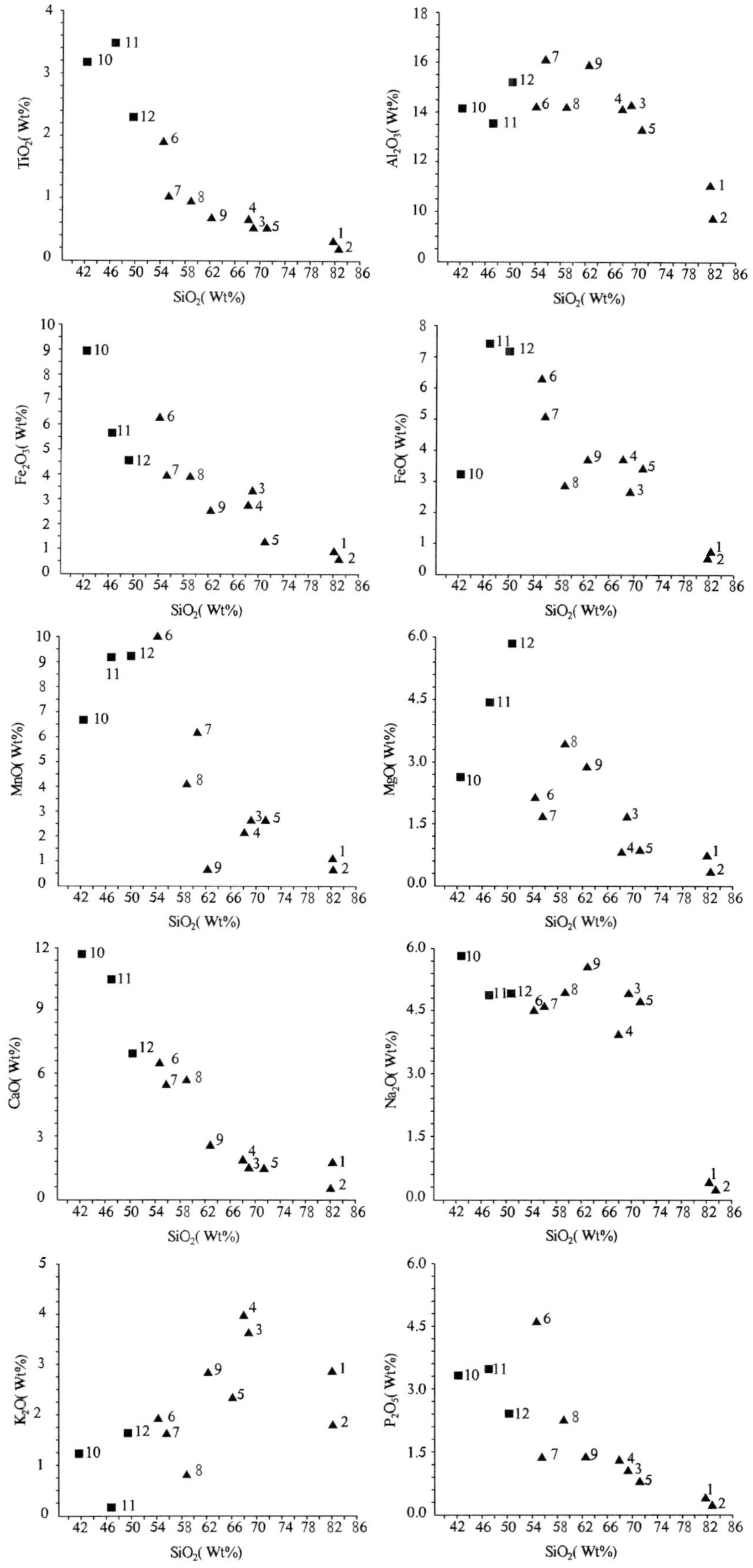

图 3－117 达过火山岩 Harker 图

▲. 达过火山岩的拉斑系列、钙碱性系列；■. 桂牙岩组火山岩的碱性系列

② 在 $\log\tau-\log\sigma$ 图上，均投到消减带（B）区（图 3-118），在 K_2O-SiO_2 图上，投到岛弧钙碱性岩区（图 3-119）。

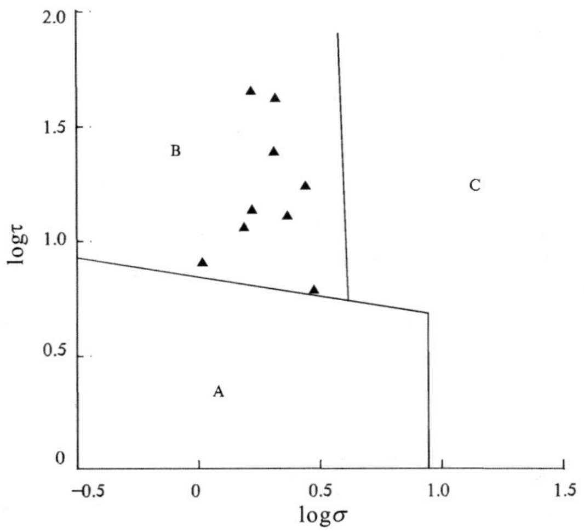

图 3-118　达过火山岩 $\log\tau-\log\sigma$ 图

（据 A. Rittmann，1970）

A. 板内稳定区火山岩；B. 消减带火山岩；C. 由 A-B 区演化的碱性火山岩，其中钾质者多与消减带有关，钠质者多与板内区有关；▲. 达过火山岩

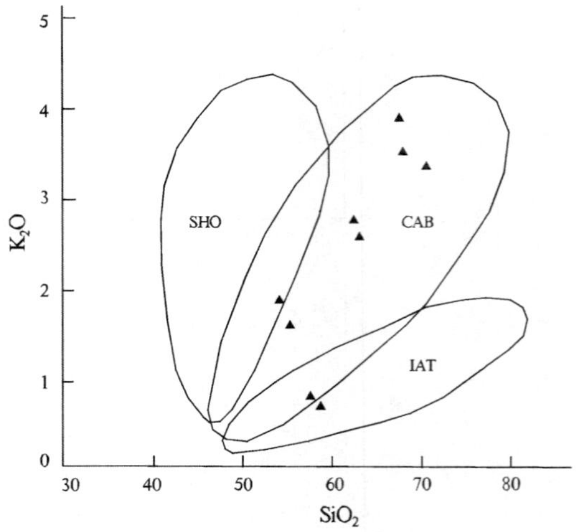

图 3-119　达过火山岩 K_2O-SiO_2 图

（据 Condie，1976）

SHO. 钾长岩系列；CAB. 岛弧钙碱性系列；IAT. 岛弧拉斑系列

（2）地球化学方面判别

①稀土总量偏高，轻稀土相对富集，δEu 为负异常，δCe 以负异常为主，反映了活动陆缘特征。

②从 Rb-（Y+Nb）图上，只有一个样投到板内区，其他均投到火山弧区（图 3-120）。

③在 La/Yb-Yb 图上，主要投到弧火山岩区（图 3-121）。

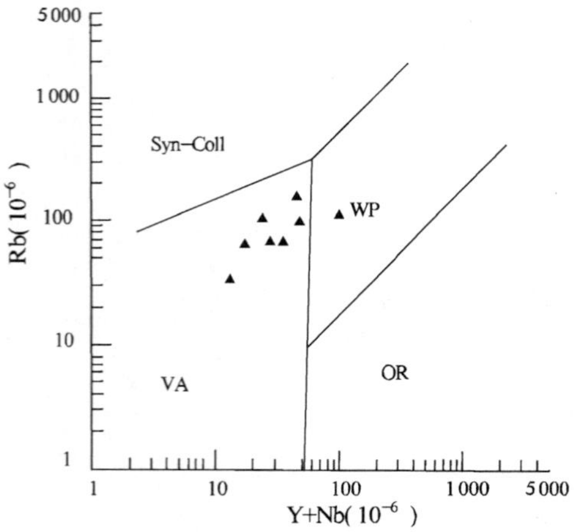

图 3-120　达过火山岩 Rb-（Y+Nb）图

（据 Pearce，1984）

Syn-Coll. 同碰撞；WP. 板内；OR. 洋中脊；VA. 火山弧；▲. 达过火山岩

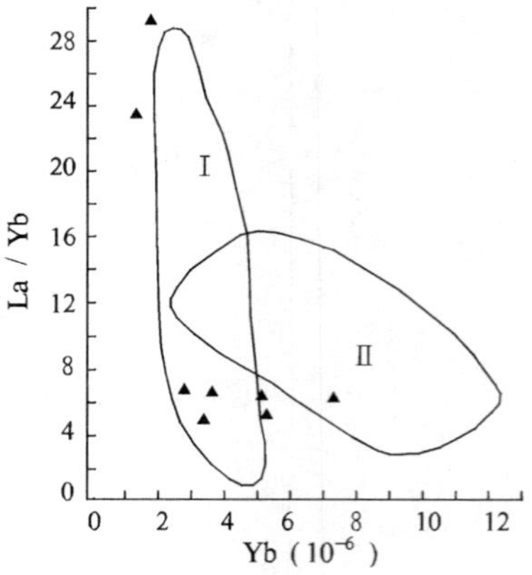

图 3-121　达过火山岩 La / Yb-Yb 图

（据 Floyd，1975）

Ⅰ. 弧火山岩；Ⅱ. 伸展盆地（包括大陆壳内或在大陆壳附近的大陆裂谷和弧后盆地）火山岩；▲. 达过火山岩

综上所述，确定该套火山岩所反映的构造环境为岛弧区，为洋盆聚敛阶段的产物。

（四）早白垩世则弄群火山岩

1. 地质特征

则弄群火山岩分布于图幅西南部的永珠桥—绿刚勒一带，产于则弄群中下部（图2－28）。主要为安山质、流纹质的火山碎屑沉积岩，其次为少量的安山质次相火山岩。火山沉积岩层与正常沉积的碎屑岩层为整合接触关系，地层区划属申扎小区。时代为早白垩世。

2. 岩石学特征

（1）火山碎屑沉积岩

①灰—深灰色细粒钙质安山质凝灰杂砂岩

细粒砂状结构，中薄层状构造。碎屑成分：安山质火山灰，呈不规则粒状，次棱角状，粒度0.1～0.25mm，含量为10%±。砂屑：石英，粒状，次棱角状，粒度0.1～0.25mm，含量40%。斜长石，粒状，次棱角状，含量2%。燧石，不规则粒状，次棱角状，粒度0.1～0.25mm，含量为5%±。胶结物为钙质，已重结晶为方解石，粒度0.05～0.2mm，含量28%，呈基底式胶结。绿泥石，呈片状产于方解石颗粒之间，粒度0.1～0.15mm，含量15%。

②灰色细粒钙质流纹质凝灰杂砂岩

细粒砂状结构，薄层状构造。流纹质火山灰：呈不规则状，粒度0.1～0.3mm，含量54%±。砂屑：石英，粒状，粒度0.1～0.3mm，呈次棱角状，含量20%±。斜长石，粒状，粒度0.1～0.3mm，含量0.5%。钾长石，粒状，粒度0.1～0.3mm，含量0.5%。胶结物为钙质，已重结晶为方解石，粒度0.05～0.2mm，含量25%±，呈基底式胶结。

（2）次火山岩相

①灰色安山玢岩

斑状结构，块状构造。斑晶为斜长石，呈板柱状，发育聚片双晶，见环带构造，主要为中长石，粒度0.3～0.8mm，含量为50%±。基质：石英，粒状，粒度0.1mm±，含量3%±。斜长石，柱状，聚片双晶，粒度0.5～0.1mm，含量20%±。绿泥石具角闪石假象，粒度0.2～0.3mm，含量25%±。不透明矿物，粒状，针柱状，粒度0.05～0.1mm，含量2%±。该岩石见有碳酸盐化，绿泥石化。

②浅灰白色流纹斑岩

风化面为浅黄色，斑状结构，块状构造。斑晶成分：石英，粒状，粒度0.1～0.2mm，含量15%±。正长石，板柱状，具卡式双晶，粒度0.1～0.2mm，含量5%±。斜长石，板柱状，聚片双晶，粒度0.1～0.2mm，含量2%±。基质：隐晶质结构，由长英质组成，见少量绢云母，基质含量78%±。

三、新近纪上新世火山岩

新近纪上新世乌郁群火山岩

1. 地质特征

新近纪火山活动强烈，但规模不大，单个盆地多为几平方公里的山间小型火山盆地，出露总面积为55km^2，占火山岩面积的20%±。主要以爆发相为主，次为次火山岩相，很少为溢流相，以酸性岩为主，极少量为中性岩。地层单位属新近纪中新世乌郁群。分布在测区中偏南部，零星分布在新生代及以前地质体之上。

2. 岩石学特征

主要岩石类型有紫色安山质火山角砾熔岩、安山岩、流纹质晶屑玻屑凝灰岩、英安质含砾岩屑晶屑凝灰岩。

（1）紫色安山质火山角砾熔岩

火山角砾结构，块状—熔渣状构造。火山角砾成分：以安山岩为主，次为结晶灰岩、硅质岩，角砾呈棱角状，次棱角状，砾石直径 2 ~ 20mm，含量 80% ±。安山质熔岩成分占 20% ±。

（2）安山岩

紫色，斑状结构，块状构造。斑晶成分：斜长石，板状，聚片双晶发育，亦见环带构造，粒度 0.05 ~ 0.8mm，个别 1.5mm，含量 10%。基质为斜长石，长板状、针状，粒度 0.01 ~ 0.1mm，呈平行排列，含量 1% 以下。暗色矿物等构成交织结构，含量 62%。不透明矿物，粒状，粒度 0.005 ~ 0.1mm，含量 20%。岩石具碳酸盐化及绿泥石化。

（3）流纹质晶屑玻屑凝灰岩

凝灰质结构，块状构造。晶屑：正长石，粒状，具卡氏双晶，粒度 0.5 ~ 1mm，含量 5%。斜长石，粒状，聚片双晶，泥化，粒度为 0.5mm ±，含量 5% ±。流纹质凝灰岩岩屑，楔形，粒度 4mm ±，含量为 1% ±。玻屑，具脱玻化现象，含量 69%。流纹岩岩屑，不规则粒状，球粒为隐晶质结构，含量 10% ±。

（4）英安质含砾岩屑晶屑凝灰岩

凝灰质结构，块状构造。火山角砾成分由粉砂岩、细砂岩、流纹岩组成，棱角状，杂乱排列，一般直径 2 ~ 8mm，大者可达 3cm，含量为 10% ~ 15%。岩屑为粉晶质灰岩岩屑、硅质岩岩屑，不规则状，粒度为 3 ~ 5mm，含量为 12%。晶屑：石英，粒状，被熔蚀，粒度 0.2 ~ 1.5mm，含量 20%。斜长石晶屑，粒状，见聚片双晶，粒度 0.2 ~ 1.6mm，含量 28% ±。火山灰，含量为 40% ±。

第四章　变质岩

测区内出露的变质岩有区域变质岩、热接触变质岩、热液蚀变岩、动力变质岩。

第一节　区域变质岩及变质作用

一、区域变质岩

测区内区域变质岩较不发育，仅包括一个填图单元，即前震旦纪念青唐古拉岩群（AnZ*Nq*）。

1. 地质特征

念青唐古拉岩群分布在图幅南部，沿永珠蛇绿岩带两侧断续分布，共有8处出露，总面积为53.2km^2，占图幅面积的0.34%。与蛇绿岩及其周围的古生代地层呈断层接触（图4-1），以构造拼贴的形式产出。根据野外产状、岩石组合及变质变形程度，将念青唐古拉岩群分为上、下两个岩组。其中以下岩组为主，主要为一套高绿片岩相-低角闪岩相的中（低）级变质岩石。岩石组合主要为黑云斜长片麻岩、斜长角闪岩、角闪片岩、石榴石白云母片岩，含石榴白云母石英片岩、黑云变粒岩、大理岩、磁铁石英岩等。部分地段由于后期动力变质，作用的改造发生退变质形成低绿片岩相的绢云千枚岩、绢云绿泥石英片岩等，多分布在下岩组的边部。该套岩石变质变形作用相对较强，形成了揉皱、膝折、眼球、石香肠等变形构造（图4-2、图4-3）。原岩结构已面目全非，利用岩石化学手段判别其原岩为一套以泥砂质成分为主的碎屑岩，夹部分碳酸盐岩、基性火山岩和部分硅（铁）质岩石，具陆核形成初期的沉积建造特征。上岩组为一套低绿片岩相的浅变质岩石。岩石组合为变质石英粉砂岩、变质钙质粉砂岩、细晶大理岩、板岩等。变质变形作用较弱，原岩结构仍清晰可辨，以发育劈理、板理及韧性程度不高的揉皱等构造形迹为特征。变质程度为低绿片岩相。

在下岩组变质岩中还有一种呈脉状产出的成分为斜长角闪质的变质基性岩墙。受后期构造变形作用改造，原始的岩墙产状被破坏，呈拉断的石香肠或蛇曲状产出。变质基性岩墙与下岩组呈侵入接触，边界切割片麻理（图4-4）。该岩墙仅在下岩组中出现，在上岩组及后期的盖层中

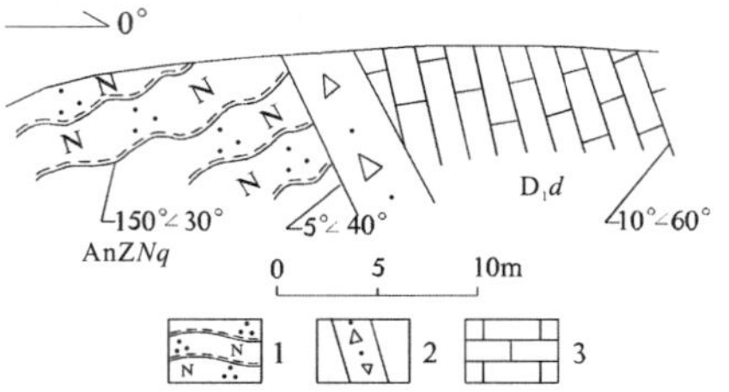

图4-1　洛岗（D6315）念青唐古拉岩群与达尔东组断层接触关系素描图
1. 长英质片麻岩；2. 构造角砾岩；3. 灰岩；D_2d. 达尔东组；AnZ*Nq*. 念青唐古拉岩群

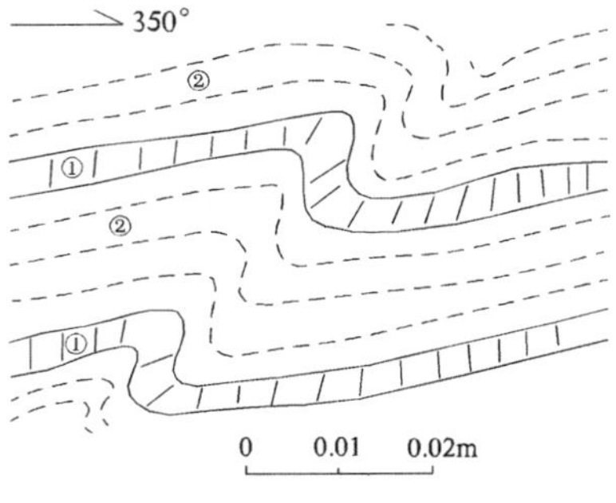

图4-2　甲布弄念青唐古拉岩群变形组构素描
①泥质条带；②大理岩

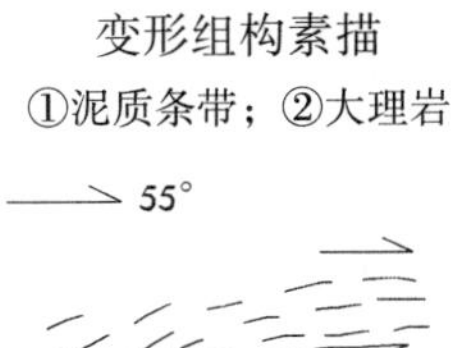

图4-3　甲布弄念青唐古拉群眼球构造素描图

均未出现。它很可能是上岩组地层沉积之前，在伸展机制下盆地扩张作用的基性岩浆活动产物。

2. 岩石学特征

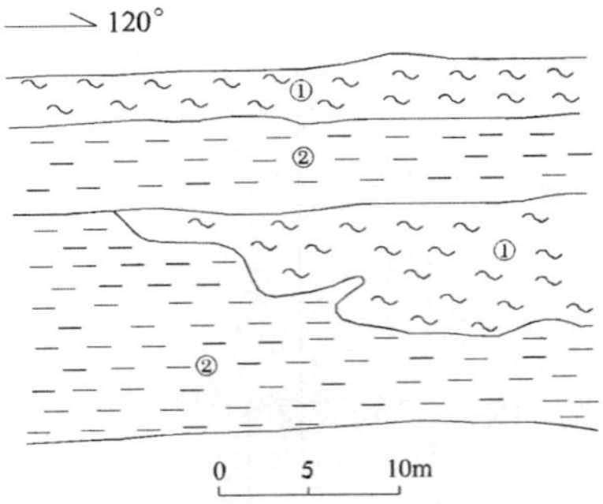

图 4-4　下扎念青唐古拉群侵入接触关系素描图
①灰白色石英岩；②斜长角闪岩

念青唐古拉岩群上、下岩组岩性差别较大。下岩组为中浅变质岩，岩石类型有：灰色黑云母石英片岩、灰—灰白色石榴石白云母片岩、灰白色含二云母石英岩、深灰色角闪变粒岩、灰绿色绿泥绢云石英片岩、绢云母千枚岩、大理岩、磁铁石英岩等。上岩组为低级变质岩，岩石类型有变质石英粉砂岩、变质钙质粉砂岩、细晶大理岩等。下面将各种岩石特征分述如下。

（1）下岩组中浅变质岩

①灰色黑云母石英片岩

细粒片状—粒状变晶结构，片状构造。矿物成分由石英、斜长石、黑云母组成。石英：他形粒状，粒度0.05~0.1mm，含量70%±。斜长石：灰白色，表面泥化、绢云母化，粒状，粒度0.1~0.3mm，少数见聚片双晶，含量20%左右。黑云母：呈片状集合体，粒度在0.01~0.05mm，个别达0.1mm，含量10%±。

②灰白色含二云母石英岩

粒状变晶结构，块状构造。矿物成分由石英、长石、白云母、黑云母组成。石英：他形粒状，波状消光，粒度0.05~0.2mm，含量90%±。黑云母：叶片状，粒度0.01~0.03mm，含量3%±。白云母：叶片状，粒径0.01~0.2mm，含量3%±。长石：粒状，表面泥化铁染，个别见聚片双晶，粒度0.1~0.2mm，含量在7%±。

③灰—灰白色石榴石白云母片岩

片状变晶结构，片理构造。矿物成分由石榴石、石英、白云母组成。石榴石：他形粒状，粒度0.2~2mm，常形成变斑晶眼球（图版XXV-4），含量5%~10%。石英：他形粒状，波状消光，粒度0.05~0.3mm，含量10%±。白云母：叶片状，解理具弯曲现象，粒度0.05~3mm，含量80~85%±。

④灰黑色角闪变粒岩

片状—粒状变晶结构，块状构造。矿物成分由普通角闪石、斜长石、石英组成。普通角闪石：深绿色，长柱状，可见两组斜交解理，粒度0.1~0.3mm，含量35%±。斜长石：表面泥化，部分绢云母化，他形粒状，少数可见聚片双晶，粒度0.1~0.2mm，含量57%±。石英：他形粒状，粒度0.05~0.2mm，波状消光，含量8%±，局部见少量碳酸盐化。

⑤灰黑色细粒斜长角闪岩

粒状变晶结构，块状构造。矿物成分由普通角闪石、斜长石组成。普通角闪石：黑绿色，柱状，两组解理斜交，粒度0.5~1.5mm，含量80%±。斜长石：表面泥化、绢云母化，个别见聚片双晶，他形粒状，粒度0.1~1mm，含量20%±。在下扎一带见有斜长角闪岩与石英岩之间的侵入接触关系（图4-4）。

⑥灰色含石榴黑云斜长片麻岩

粒状变晶结构，片麻状构造。矿物成分由斜长石、石英、黑云母、石榴石组成。斜长石：粒状，少数可见聚片双晶，表面泥化、绢云母化，粒度1~2mm，含量55%±。石英：无色透明，粒状，粒度1~1.5mm，含量40%±。黑云母：片状，粒度0.02~0.05mm，定向排列，见有绿泥石化，含量5%左右。石榴石：他形粒状，粒度1~1.5mm，含量2%±。

⑦灰色绢云母千枚岩

细粒鳞片变晶结构，千枚状构造。矿物成分由绢云母、石英等组成。绢云母：细小鳞片状定向排列，粒度0.05~0.1mm，含量52%±。石英：无色透明，粒状，粒度0.01~0.1mm，含量47%±。铁质：褐色，胶状，定向排列，含量1%±。

⑧灰—灰绿色浅粒岩

粒状变晶结构，层状构造。矿物成分由石英、斜长石、白云母等组成。石英：无色透明，粒状，粒度0.05～0.1mm，具波状消光，含量35%～45%。斜长石：灰白色，粒状，见聚片双晶，粒度0.05～0.1mm，含量55%～60%。白云母和绿泥石，呈细小鳞片状，含量2%±。

⑨褐色磁铁石英岩（磁铁矿）

褐色—暗褐色，粒状变晶结构，致密块状。矿物主要由磁铁矿、石英组成。石英：无色透明，粒状，粒度0.05～0.1mm，分布不均，含量8%～50%。磁铁矿：粒状，呈集合体状分布，具强磁性，粒度0.1mm±，含量50%±，局部集中高达91.5%±。孔雀石：呈放射状集合体，粒度0.1mm±，含量0.5%±。

（2）上岩组浅变质岩

①灰白色变质石英粉砂岩

变余细粉砂状结构，变余薄层状构造。矿物成分由石英、白云母等组成。石英：他形粒状，粒度0.01～0.1mm，含量92%±。白云母：细小鳞片状，粒度<0.01mm，含量3%±。方解石：不规则粒状，粒度0.01～0.1mm，含量5%±，分布不均。

②灰白色变质钙质石英粉砂岩

变余细粉砂状结构，变余中—薄层状构造。矿物成分由石英、斜长石、白云母等组成。石英：他形粒状，粒度0.02～0.05mm，含量81%±。斜长石：他形粒状，可见聚片双晶，粒度0.01～0.05mm，个别达0.1mm，含量3%±。白云母：鳞片状，条状，粒度<0.01mm，含量1%±。方解石：他形粒状，粒度0.01～0.05mm，正高突起，高级白干涉色，含量15%±，该套岩石与大理岩互层。

③灰—深灰色条带状细粒大理岩

细粒变晶结构，条带状构造。矿物成分主要由方解石及少量石英组成。方解石：发育聚片双晶，粒度0.2～0.3mm，含量98%±。石英：他形粒状，粒度0.03mm±，含量2%±。

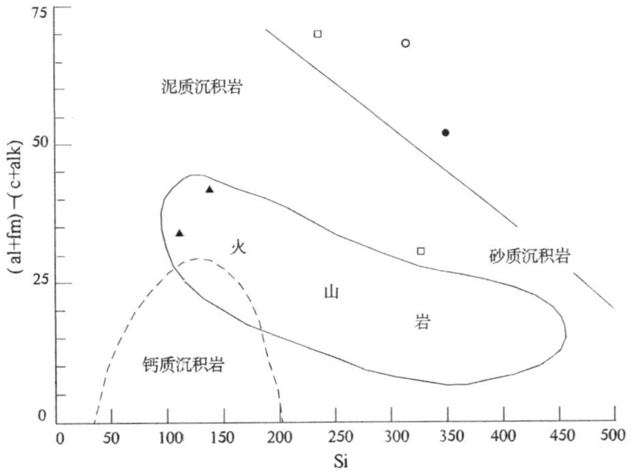

图4－5　念青唐古拉岩群［（al＋fm）－（c＋alk）］－Si图
（据西蒙南，1953简化）
□. 片岩；●. 片麻岩；▲. 斜长角闪岩；○. 千枚岩

3. 原岩恢复

由于上、下岩组变质程度不同，因此其原岩恢复的难易程度及判别方法也不同。上岩组变质程度较低，变余层理及原岩结构清晰可辨，可直接恢复其原岩为石英粉砂岩、钙质粉砂岩、灰岩等，其中变质变形作用较强的绢云千枚岩在西蒙南图解（图4－5）上落在泥质—砂质沉积岩区，原岩应为粉砂岩类。因此，上岩组原岩为一套细碎屑岩夹灰岩的沉积组合。下岩组变质程度较深，原岩结构面目全非，无法直接恢复其原岩。我们利用岩石化学计算，投图并结合野外产状对下岩组岩石进行了原岩恢复。岩石化学分析数据及特征如表4－1、表4－2所示。

从图4－5上的投点情况可以看出，富含云母、石榴石的富Al类片岩、片麻岩均投到副变质岩区，原岩应为砂岩—泥质岩石。富Fe、Mg的斜长角闪岩类则投到火山岩区，而且为基性火山岩的分布位置。在MgO－CaO－FeO图解（图4－6）上，这两个样品在正斜长角闪岩区，也证明它们原岩应为岩浆岩。结合野外产状确定它们的原岩应分别为基性岩墙和基性火山岩，没有投到该图上的三个样品为大理岩和石英岩类，其原岩应为灰岩和硅质岩或石英砂岩。

根据F、A、M、C、FM确定黑云母石英片岩、含石榴白云母片岩、含二云母石英岩、含石榴片麻

表 4-1　变质岩岩石化学数据表

顺序号	样品号	单元代号	时代代号	岩石名称	氧化物(Wt)%												
					SiO_2	TiO_2	Al_2O_3	Fe_2O_3	FeO	MnO	MgO	CaO	Na_2O	K_2O	P_2O_5	Los	总量
1	PXIII - Gs_1	AnZ*Nq*	AnZ	黑云石英片岩	70. 22	0. 63	13. 40	1. 36	2. 54	0. 04	1. 78	2. 15	4. 10	2. 00	0. 15	1. 57	99. 94
2	PXIII - Gs_2			含石榴白云母片岩	59. 97	0. 76	19. 82	1. 13	7. 17	0. 20	2. 18	0. 60	0. 52	4. 35	0. 09	3. 03	99. 82
3	PXIII - Gs_3			含二云母石英岩	87. 00	0. 22	5. 04	1. 04	1. 65	0. 02	0. 70	0. 97	0. 55	0. 88	0. 10	1. 78	99. 95
4	PXIII - Gs_4			细粒大理岩	22. 58	0. 22	5. 71	0. 97	0. 93	0. 04	3. 27	34. 25	0. 55	1. 75	0. 10	30. 31	100. 68
5	PXIII - Gs_5			石英岩	93. 49	0. 06	2. 64	0. 16	1. 06	0. 02	0. 44	0. 48	1. 00	0. 15	0. 01	0. 36	99. 84
6	PXIII - Gs_6			斜长角闪岩	47. 47	1. 52	14. 19	3. 49	9. 21	0. 18	6. 88	9. 90	2. 75	0. 88	0. 14	2. 18	98. 79
7	PXIII - Gs_7			含石榴片麻岩	70. 33	0. 86	10. 60	2. 41	5. 14	0. 12	2. 57	2. 03	1. 30	1. 75	0. 12	2. 32	99. 55
8	PXIII - Gs_8			绢云母千枚岩	64. 13	0. 71	17. 28	1. 70	5. 44	0. 03	1. 84	0. 42	0. 58	3. 65	0. 09	3. 68	99. 55
9	PXIII - Gs_9			角闪片岩	52. 79	0. 63	12. 93	2. 68	8. 23	0. 19	7. 82	7. 87	3. 02	0. 32	0. 06	2. 84	99. 38

表4-2　变质岩CIPW及特征指数一览表

顺序号	样品号	单元代号	时代代号	岩石名称	CIPW值													
					Q	Or	Ab	An	Ic	Ne	C	Di	Hy	Ol	Mt	He	Il	Ap
1	PXIII-Gs_1			黑云石英片岩	32.20	12.00	35.20	9.95	0.00	0.00	0.91	0.00	7.13	0.00	2.00	0.00	1.22	0.33
2	PXIII-Gs_2			含石榴白云母片岩	31.80	26.60	4.54	2.53	0.00	0.00	13.8	0.00	17.33	0.00	1.69	0.00	1.49	0.20
3	PXIII-Gs_3			含二云母石英岩	77.50	5.31	4.74	4.31	0.00	0.00	1.66	0.00	5.28	0.00	0.57	0.00	0.43	0.22
4	PXIII-Gs_4			细粒大理岩	0.00	11.90	0.00	11.30	2.20	3.58	0.00	30.92	0.00	0.00	0.69	0.00	0.59	0.31
5	PXIII-Gs_5	AnZ*Nq*	AnZ	石英岩	85.10	0.89	8.50	2.28	0.00	0.00	0.00	0.04	2.84	0.00	0.23	0.10	0.11	0.02
6	PXIII-Gs_6			斜长角闪岩	0.00	5.40	24.10	24.60	0.00	0.00	0.00	21.12	5.46	12.73	3.43	0.00	2.99	0.32
7	PXIII-Gs_7			含石榴片麻岩	45.20	10.70	11.30	9.65	0.00	0.00	3.22	0.00	16.35	0.00	1.65	0.00	1.68	0.27
8	PXIII-Gs_8			绢云母千枚岩	41.70	22.50	5.11	1.62	0.00	0.00	12.30	0.00	12.58	0.00	2.57	0.00	1.41	0.20
9	PXIII-Gs_9			角闪片岩	4.06	1.96	26.40	21.50	0.00	0.00	0.00	15.13	25.49	0.00	4.03	0.00	1.24	0.14

顺序号	样品号	单元代号	时代代号	岩石名称	特征指数									
					A	F	M	C	al	fm	c	alk	si	mg
1	PXIII-Gs_1			黑云石英片岩	62.100	18.37	8.300	10.13	37.10	27.413	10.822	24.667	329.898	0.455
2	PXIII-Gs_2			含石榴白云母片岩	64.100	26.86	7.060	1.940	45.15	39.687	2.4852	12.676	231.839	0.317
3	PXIII-Gs_3			含二云母石英岩	53.600	28.62	7.450	10.32	35.668	38.706	12.481	13.145	1044.830	0.324
4	PXIII-Gs_4			细粒大理岩	12.700	4.21	7.250	75.89	6.9916	13.332	76.249	3.427	46.918	0.759
5	PXIII-Gs_5	AnZ*Nq*	AnZ	石英岩	55.200	25.52	9.310	10.04	32.311	34.887	10.681	22.121	1941.080	0.391
6	PXIII-Gs_6			斜长角闪岩	32.500	29.08	15.750	22.67	19.477	48.301	24.706	7.5169	110.566	0.495
7	PXIII-Gs_7			含石榴片麻岩	46.600	33.19	11.30	8.92	29.969	48.194	10.435	11.402	337.430	0.381
8	PXIII-Gs_8			绢云母千枚岩	64.800	26.76	6.90	1.57	46.034	38.865	2.0343	13.067	289.913	0.319
9	PXIII-Gs_9			角闪片岩	32.700	27.60	19.78	19.91	19.096	51.923	21.132	7.8489	132.301	0.563

岩、绢云千枚岩，均落在铝硅酸盐岩类岩区，原岩应为砂岩、泥质岩石；大理岩为钙质碳硅酸盐类，原岩应为灰岩；斜长角闪岩、角闪片岩落在铝镁铁硅酸岩类，原岩应为基性岩类。

综上所述，总体看来下岩组原岩为一套以泥质、砂质成分为主的碎屑岩夹部分碳酸盐岩、基性火山岩、硅质岩石的沉积岩石组合。其中呈岩墙状产出的斜长角闪岩，原岩为基性岩墙，代表了发生于下岩组形成之后、上岩组沉积之前的一次伸展构造事件。

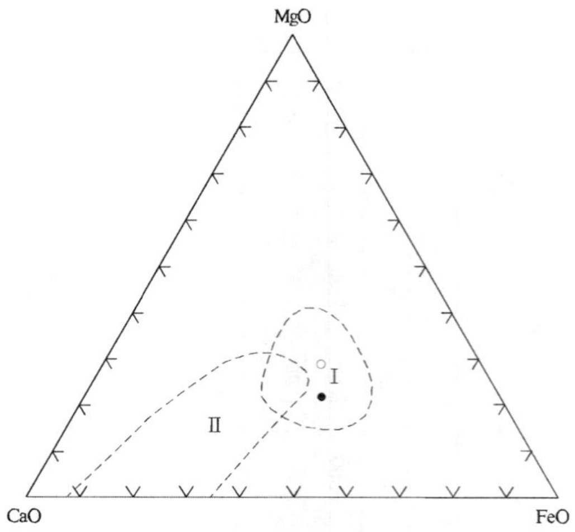

图4-6　念青唐古拉群 MgO-CaO-FeO 图
（据沃克等，1960）
Ⅰ. 正斜长角闪岩；Ⅱ. 副斜长角闪岩；
○. 角闪片岩；●. 斜长角闪岩

二、变质相及变质作用

1. 变质矿物共生组合及变质相

（1）下岩组矿物共生组合及变质相

根据下岩组中的主要变质岩石类型及矿物组成，可以确定其中有如下变质矿物共生组合。

①黑云母+白云母+石英+长石；

②石榴石+白云母+石英；

③普通角闪石+斜长石+石英；

④石榴石+黑云母+斜长石+石英。

从上述矿物共生组合中普遍出现的特征变质矿物（白云母、石榴石、普通角闪石）看，下岩组的变质程度主要应为高绿片岩相-低角闪岩相。变质相系应为低-中压相系。变质温压条件大致为：$T=500℃\sim640℃$；$P=0.2\sim0.6$GPa。

（2）上岩组矿物共生组合及变质相

上岩组中岩石系为变余结构，多数尚未形成稳定平衡的变晶结构，没有明显的变质矿物共生组合。从其中出现的变质矿物（白云母、绢云母、绿泥石、方解石）看，变质程度应为低绿片岩相。变质相系应为低压相系。变质温压条件大致为：$T=350℃\sim500℃$；$P=0.2\sim0.6$GPa。

2. 变质作用及变质作用类型

综上所述，本区念青唐古拉岩群上、下岩组变质岩分别代表早晚两期变质事件。早期变质事件发生在前震旦纪，这期变质事件使一套具有类复理石特征的碎屑岩夹部分基性火山岩、硅（铁）质岩沉积建造发生变质，变质级别为高绿片岩相-低角闪岩相，变质相系为低-中压相系。变质温压条件为：$T=500℃\sim640℃$；$P=0.2\sim0.6$GPa。晚期变质事件发生在前震旦-寒武纪，这次变质事件使一套碎屑岩-碳酸盐沉积组合发生变质，变质程度为低绿片岩相。变质温压条件大致为：$T=350℃\sim500℃$；$P=0.2\sim0.6$GPa。综合念青唐古拉岩群原岩沉积建造，变质程度，变质作用发生的时限，并结合区域大地构造背景，认为上述两期变质事件的变质作用类型应为区域动力热流变质作用，它们与冈瓦纳大陆地缘的边缘增生作用有关。

第二节　与岩浆活动有关的变质岩及变质作用

与岩浆活动有关的变质岩及变质作用主要包括三种成因类型，即与超镁铁质岩岩浆活动有关的气、液变质岩类，与超镁铁质侵入岩有关的接触变质岩类及与中—酸性岩浆侵入有关的接触变质岩类。

一、与超镁铁质岩岩浆活动有关的气、液变质岩类

1. 浅粉红色细粒菱镁岩

粒状变晶结构，块状构造。矿物成分由菱镁矿、石英等组成。菱镁矿：浅粉红色，粒状，半自形晶，见有两组菱形解理，含量95%以上；石英：他形粒状，波状消光，粒度0.05～0.1mm，个别达0.5mm，含量2%～3%；黄铁矿：粒状，粒度0.04～0.15mm，含量2%±。并见有铬尖晶石颗粒，含量1%以下。

该类型岩石分布在超基性岩体的边部，其内见有残留的蚊石化橄榄岩小团块，呈液滴状。

2. 浅粉红色细粒石英菱镁岩

粒状变晶结构，块状构造。矿物成分由石英、菱镁矿等组成。石英：无色，他形粒状，波状消光，粒度0.05～0.1mm，个别达0.5mm，含量25%±；菱镁矿：浅粉红色，半自形粒状，见有两组菱形解理，粒度0.05～0.2mm，含量73%±；黄铁矿：粒状，粒度0.04～0.15mm，含量2%±。并见有极少量的铬尖晶石和后期石英晶簇分布在岩石中。

与超镁铁质岩呈渐变过渡关系，其中见有橄榄石（已蛇纹石化）蚀变残晶，晶体呈液滴状。

该岩石成因探讨，在超基性岩浆侵入过程中的中—晚期残余岩浆和含二氧化碳流体同时对已成岩的超镁铁质岩进行交代蚀变，蚀变越彻底，使岛状、架状、链状的硅酸盐中的硅质游离出越多，就形成了石英，在没形成石英的硅质部分，由于岩浆的残余热，使硅质发生重结晶，就形成了石英晶簇。而镁离子与碳酸反应生成$MgCO_2$即菱镁矿，就构成了石英和菱镁矿共生的现象。

3. 蛇纹岩

叶片状结构，块状构造。矿物组成主要为蛇纹石，呈叶片状、鳞片状，粒度0.01～0.2mm，含量80%～90%。其次为绢石，鳞片状，多保留辉石粒状晶形假象，粒度0.2～2mm，含量10%±。

二、与超镁铁质侵入岩有关的接触变质岩类

在第二期超镁铁质岩的边部零星见有宽度不大的角岩化带，多发育在岩体边界的转弯处。热接触变质岩主要为角岩化钙质粉砂岩、堇青石角岩等，局部还见有规模较小的磁铁矿体。岩石特征如下。

1. 角岩化钙质粉砂岩

变余粉砂状结构，块状构造。砂屑成分主要为石英，粒度0.01mm±。含量70%±。钙质15%±。变晶矿物：见有磁铁矿、石榴石、阳起石，粒度0.75～2.5mm，其中以磁铁矿为主，含量15%±，后二者较为少见。矿物成生顺序为粒状磁铁矿被石榴石交代，石榴石被阳起石交代。磁铁矿经电子探针确定不是岩浆成因的钒钛磁铁矿，应为变质成因的磁铁矿（图版XXⅧ-5）。

2. 堇青石角岩

变斑状结构，变余层理构造。变斑晶：堇青石，粒状，多呈三连晶（图版XXⅦ-8），轻度绢云母化，粒度0.6～1.5mm，含量3%～5%。基质：为泥砂质，现已重结晶，呈微小的堇青石颗粒，沿层理分布的为放射状叶绿泥石，含量95%以上（图版XXⅧ-1）。

三、与中—酸性岩浆侵入有关的接触变质岩类

包括与碳酸盐类围岩接触变质形成的矽卡岩类和与砂岩、泥质岩石接触变质形成的角岩类岩石。

1. 矽卡岩类

（1）透辉石石榴石矽卡岩

细粒变晶结构，块状构造。矿物成分由石榴石、透辉石、石英、黑云母组成。石榴石：褐色，粒

状，晶体具筛状结构，筛孔中为透辉石，粒度10mm ±，含量50% ±。透辉石：粒状，正高突起，粒度0.03mm ±，呈集合体状，含量20% ±。石英：他形粒状，粒度0.03 ~0.05mm，含量20% ±。黑云母：鳞片状，粒度0.01 ~0.02mm，含量10% ±。

（2）透辉石矽卡岩

细粒变晶结构，块状构造。矿物成分由透辉石、石英、斜长石组成。石英：他形粒状，粒度0.1 ~2mm，含量40% ±。斜长石，粒状，板柱状，见聚片双晶，泥化，绢云母化，粒度0.25 ~1.5mm，多为更长石，含量40% ±。透辉石，绿色，粒度0.2 ~0.5mm，含量20% ±。

该岩石局部含石榴石，最高达20% ±，但分布不均，多在近接触带。

（3）阳起石矽卡岩

长柱状变晶结构，块状构造。矿物组成主要为阳起石，纤维状集合体，长柱状单晶，粒度0.1 ~0.3mm，含量90% ±。不透明矿物，粒状，粒度0.01 ~0.02mm，含量10% ±。

2. 角岩类

（1）白云母角岩

鳞片—粒状变晶结构，块状构造。矿物成分由白云母、石英、长石组成。白云母：鳞片状，粒度0.01 ~0.03mm，含量20% ~30%，石英：粒状，粒度0.05 ~0.1mm，含量50%。长石：粒状，粒度0.02 ~0.05mm，含量20% ±。

（2）斑点板岩

变余泥质结构，板状构造。矿物成分主要为粉砂质、泥质。粉砂质为石英，粒度0.01 ~0.05mm，含量40% ±。变余泥质成分：含量45% ±。变质矿物有堇青石，粒度0.01 ~0.05mm，岩石表面呈暗色斑点状，含量15% ±。

3. 变质砂岩类

变质石英细粉砂岩

变余砂状结构，块状构造。砂质成分为石英，他形粒状，粒度0.05 ~0.1mm，边部有次生边结构（图版XXVIII-6），含量90%以上。方解石，粒状，粒度0.02 ~0.05mm，含量10% ±，为钙质胶结物重结晶之产物。

第三节　动力变质岩

该套岩石发育在各个时期的构造带内，可分为脆性断裂构造所形成的构造角砾岩和韧性构造形成的糜棱岩类。糜棱岩在本区发育不完全，仅见初糜棱岩，分布在永珠带和班怒带内及念青唐古拉岩群的变质岩内。

1. 构造角砾岩

多产于南北向、北东东向燕山期张性断裂带内，主要出露在永珠桥、果芒错一带，见于F401、F402、F403、F404、F301断裂带内。角砾岩成分与构造通过的地质体成分一致，主要为砂岩、灰岩等，角砾呈棱角状—次棱角状，含量60% ~90%，由碎粉胶结，碎粉占10%以上。

2. 初糜棱岩

初糜棱结构，条纹—条带状构造。岩石由碎斑和基质组成，碎斑为石英，他形粒状，具压扁、拉长现象，波状消光，沿长轴定向排列，粒度0.05 ~0.25mm，含量15% ±。基质粒度小于0.02mm，由碎粉石英组成，少量基质蚀变为绿泥石，含量85% ±。

第五章　地质构造及构造发展史

第一节　区域地质构造特征

本区位于班公错–怒江结合带中段南部，达拉克–冈底斯–拉萨–腾冲陆块北缘，属冈瓦纳北缘古生代–中生代冈底斯–喜马拉雅构造区（图5–1）。

由大陆岩石圈的拉伸裂离和大洋岩石圈俯冲消减及碰撞闭合产生的以班公错–怒江结合带、狮泉河–永珠–嘉黎结合带及二者所夹昂龙冈日–班戈–腾冲燕山期岩浆弧为主构成"两带夹一弧"基本构造格架。

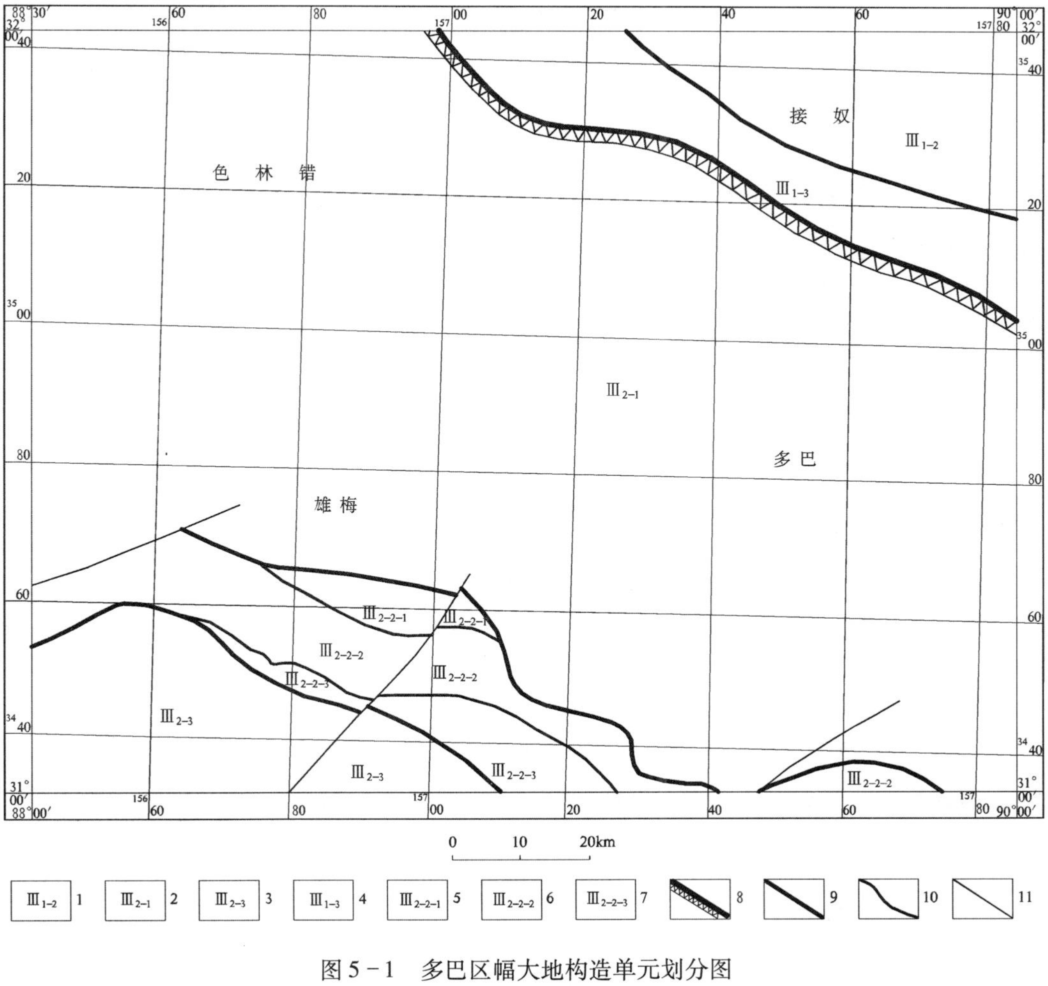

图5–1　多巴区幅大地构造单元划分图

1. 纳卡错–东卡错中间陆块；2. 昂龙冈日–班戈–腾冲燕山期退化岩浆弧带；3. 申扎古生代断隆；4. 班公错–怒江结合带南带；5. 狮泉河–永珠–嘉黎结合带北带；6. 狮泉河–永珠–嘉黎结合带中带；7. 狮泉河–永珠–嘉黎结合带南带；8. 班怒带边缘断裂；9. 三级构造单元边缘断裂；10. 四级构造单元边缘断裂；11. 断裂

一、大地构造单元的划分

（一）大地构造单元的划分

本区根据大地构造格架及构造样式、沉积建造、岩浆作用、变质作用等，划分出 2 个二级构造单元、5 个三级构造单元、3 个四级构造单元（表 5－1、图 5－1）。

表 5－1　多巴区幅大地构造单元划分表

二级单元	三级单元	四级单元
班公错-怒江板块结合带（Ⅲ$_{1}$）	纳卡错-东卡错中间陆块（Ⅲ$_{1-2}$）	
	班公错-怒江结合带南带（Ⅲ$_{1-3}$）	
拉达克-冈底斯-拉萨-腾冲陆块（Ⅲ$_{2}$）	昂龙冈日-班戈-腾冲燕山期岩浆弧带（Ⅲ$_{2-1}$）	
	狮泉河-永珠-嘉黎结合带（Ⅲ$_{2-2}$）	北带 Ⅲ$_{2-2-1}$
		中带 Ⅲ$_{2-2-1}$
		南带 Ⅲ$_{2-2-3}$
	申扎古生代断隆（Ⅲ$_{2-3}$）	

（二）构造单元划分依据

1. 班公错-怒江结合带划分依据

带内桂牙岩组是一套深水复理石建造，总体特征是总体无序、内部有序的一套岩性，区外该带上发育有蛇绿岩，是班公错-怒江结合带彻底闭合前，弧前深水海沟形成的产物。

2. 狮泉河-永珠-嘉黎结合带划分依据

该带中的则弄群、捷嘎组是一套类复理石建造，日拉组是一套由深水—浅水的与海底盆岭构造相配套的沉积产物。永珠蛇绿岩及混杂岩带等与之组合构成该带独特特征，总体无序，局部有序。

3. 昂龙冈日-班戈-腾冲燕山期岩浆弧带划分依据

该带夹在班公错-怒江结合带与狮泉河-永珠-嘉黎结合带之间，是一套浅水相沉积地层，伴随燕山晚期具岛弧特征的花岗岩岩浆活动和中酸性火山活动形成的地层中的碎屑岩，硅质岩碎屑最高达 35% 左右，具有岩浆弧特征。

4. 申扎古生代断隆与纳卡错-东卡错中间陆块划分依据

二者都是相对稳定的陆块，受构造破坏较轻，地层层序清楚，保存完好，是相对稳定环境下沉积的产物。

（三）各级构造单元分界断裂特征

1. 错那炸—贾哥来断裂

幅内西起错那炸，经扎通朗巴至贾哥来东延出幅，全长 60km ±，走向 290° ±。通过与之相伴的次级断裂推断，其产状：断面向 20° ± 方向倾，倾角 15° ~ 30°，由北向南逆冲，同时具有顺时针右旋走滑性质。该断裂为纳卡错-东卡错中间陆块与班公错-怒江结合带南带分界线，为三级单元界线。

2. 伦则汤嘎-查曲骇断裂

幅内西起伦则汤嘎，经昂对至查曲骇东延出幅，产状15°∠45°~60°。具双重性：由NNE向SSE逆冲及顺时针走滑。该断裂为班公错-怒江结合带南侧边缘断裂，为二级构造单元界线。

据遥感解译及地质工作资料，岗龙哈木那中晚更新世地层与班戈错、色林错湖岸更新世地层之间界线为丘陵山区与湖成平原地貌界线，较平直，沿线河口、小湖泊、弧峰、断崖、山鞍等呈线状排列，走向NW，延伸大于50km。岗龙哈木那中晚更新世地层宏观上呈透镜状展布，长轴走向NW。NW尖灭端向北弯，SE尖灭端向南弯，说明二者界线为一近直立、顺时针右旋走滑断裂。

另据航磁资料，该界线为磁场分区界线，据地球化学资料，该带上汞、锶等元素富集。

据中国国家地震局中国地震目录资料，近几十年来，色林错、班戈错湖盆边缘地震活动较频繁，多为4.7~5.9级。色林错及班戈错北缘曾发生7~7.9级地震。

3. 玛二麦扎勒-玖如错断裂

西起时补错南端被F301错断，经玛二麦扎勒、果芒错、查布、结果至玖如错东南延至幅外。幅内长110km，总体走向290°±，倾向SSW，倾角40°±，由SSW向NNE逆冲。为狮泉河-永珠-嘉黎结合带幅内段北缘断裂，是三级构造单元分界线，被后期F401、F308、F402、F315等断裂切割。

4. 卢淌列嘎-扎古那加断裂

西起卢淌列嘎至扎古那加，长30km±。走向NWW，SSW倾，倾角30°~45°，由南向北逆冲，被后期NE、NW向共轭走滑断裂切割，是狮泉河-永珠-嘉黎结合带北带与中带界线，为四级构造单元分界线。

5. 永竹俄玛-舍所断裂

西起永竹俄玛，东至舍所，全长60km±，走向290°±，倾向NE20°±，倾角45°±，局部产状变化较大，近直立。由北向南逆冲，局部发育糜棱岩化作用。反映出其具有顺时针右旋压扭性剪切特征。是狮泉河-永珠-嘉黎结合带中带与南带分界线，是四级构造单元分界线。

6. 桌布列卡-木纠错断裂

西起桌布列卡至木纠错东南延出幅外，幅内长70km±，总体走向290°±。倾角40°~60°，断裂局部产状变化较大，总体由北向南逆冲，为狮泉河-永珠-嘉黎结合带南缘断裂，为三级构造单元界线。

该断裂具有继承活化性，沿断裂后期泉华台地发育，新构造运动时期，木纠错北岸活化性拉张，形成断陷带。

该断裂被后期F401、F308等切割。

二、各构造单元的地质构造特征

（一）班公错-怒江结合带构造特征（$Ⅲ_1$）

区域上，该带主要由规模巨大的蛇绿岩及混杂岩带构成，幅外东西向长达2 000km±，西端自班公错始，经改则、丁青向南沿怒江谷地一直延伸出幅外。

该带的形成据《西藏自治区区域地质志》等资料，扩张活动始于三叠纪晚期—侏罗纪早期，大致在晚侏罗世—早白垩世闭合。北方特提斯洋洋壳向南俯冲，南方冈瓦纳大陆北缘向北仰冲。因后期构造的继承性与包容性改造，地表现存构造形迹以由北向南逆冲断层为主，仅在东巧及丁青等地尚残存零星原始由南向北逆冲的残留露头。区内本次工作未见由南向北逆推构造。区内以一系列由北北东向南南西逆冲断层为主。

本区仅在东北角出露该带的纳卡错-东卡错中间陆块西半部和班公错-怒江结合带南带伦则淌嘎-查

曲骇段。

1. 班公错-怒江结合带南带（$Ⅲ_{1-3}$）伦则淌嘎-查曲骇段构造特征

班公错-怒江结合带南带位于区内色林错-班戈错北侧伦则淌嘎-查曲骇，南以二级构造单元界线伦则淌嘎-查曲骇断裂为界，北以三级构造单元界线错那炸-贾哥来断裂为界，北邻纳卡错-东卡错中间陆块，南邻昂龙冈日-班戈-腾冲燕山期岩浆弧带。走向290°±，延长100km±，两端延致幅外，宽平均10km±，由一系列由N、NNE向S、SSW逆冲断层和查布炯来-卡来韧性剪切带组成。带内主要地层单元为早白垩世桂牙岩组（K_1g）。桂牙岩组为一套深水环境沉积复理石建造，受班怒洋闭合时的强烈挤压，发生了轴向290°±复杂褶皱，产状极不稳定。现出露地层厚度为褶皱厚度，显总体有序，局部无序状态。岩浆活动主要为中基性脉岩沿构造裂隙侵入。变质作用以动力变质作用为主，变质程度达低绿片岩相，变质矿物为绢云母、绿泥石等。

左旋韧性剪切作用产生查布炯来-卡来韧性剪切带，出露长20km±，宽2.4km±，总体走向290°±，根据糜棱岩化作用强弱划分为三带，南北两侧为糜棱岩化带，南带宽400m±，北带宽150m±；中间为糜棱岩带，宽1.85km±。糜棱岩化作用中间强、两侧弱，主要岩性为泥质、钙质粉砂岩质糜棱岩、灰岩质糜棱岩及糜棱岩化灰岩透镜体。糜棱页理产状15°~20°∠45°~70°，拉伸线理产状倾伏向45°±，倾伏角40°±，为逆时针左旋压扭性剪切（图5-2）。

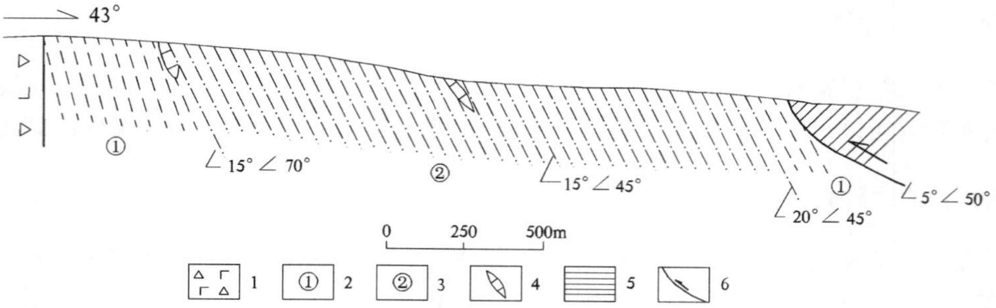

图5-2 查布炯来-卡来韧性剪切带剖面图

1. 火山角砾岩；2. 糜棱岩化带；3. 糜棱岩带；4. 糜棱岩化灰岩透镜体；5. 页岩；6. 逆断层

由于近南北向挤压应力作用，产生一系列由NNE向SSW逆冲断层。老地层逆冲到新地层之上。早白垩世桂牙岩组（K_1g）逆冲到古近纪牛堡组（$E_{1-2}n$）之上，古近纪牛堡组（$E_{1-2}n$）逆冲到第四纪地层之上，断层面产状15°∠（45°~60°）（图5-3）。该系列逆冲断层其中的一条切割了查布炯来-卡来韧性剪切带北缘（图5-4）。

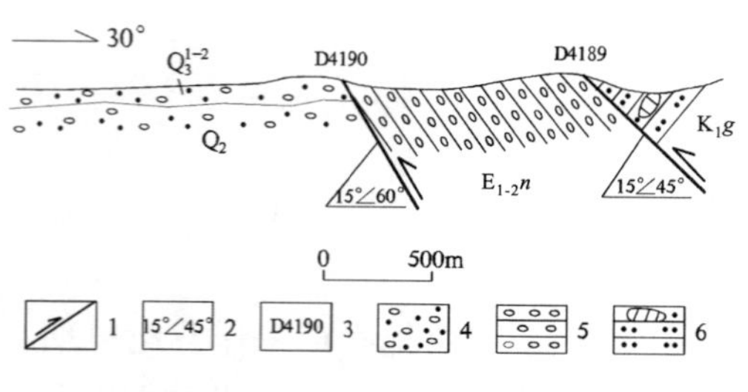

图5-3 班公湖-怒江结合带南逆冲断层剖面图

1. 逆冲断层；2. 产状；3. 地质点；4. 砂砾石；5. 砾岩；6. 粉砂岩夹透镜状灰岩；

Q_3^{1-2}. 晚更新世早中期地层；Q_2. 中更新世地层；

$E_{1-2}n$. 古近纪牛堡组；K_1g. 白垩纪桂牙岩组

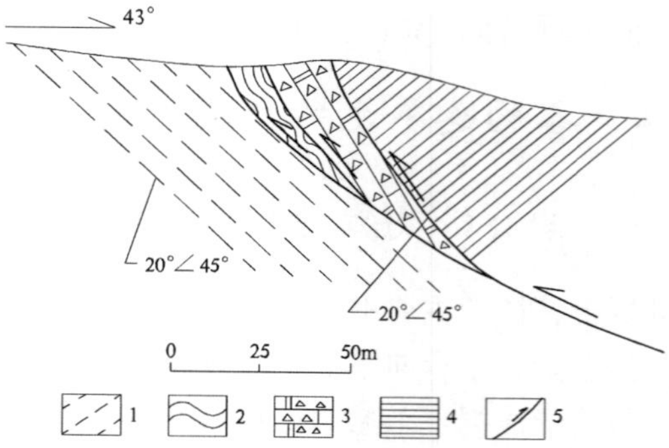

图5-4 由N向S逆冲断层切割查布炯来-卡来韧性剪切带剖面图

1. 查布炯来-卡来韧性剪切带糜棱岩化带；2. 片理化带；3. 灰岩质碎裂岩；4. 页岩；5. 逆冲断层

另外在南北向挤压应力作用下，产生 NE、NW 向共轭走滑断裂，NE 向断裂逆时针左旋走滑，NW 向断裂顺时针右旋走滑。

2. 纳卡错-东卡错中间陆块构造特征（$Ⅲ_{1-2}$）

该构造单元是夹在班公错-怒江结合带南北带之间的一个刚性陆块，区内主要由中生代侏罗纪接奴群（$J_{2-3}J$）及早白垩世去申拉组（K_1g）构成，上覆古近纪丁青湖组（E_3d）。该单元南以错那炸-贾哥来断裂为界，以南为班公错-怒江结合带南带。北延出幅，区内仅出露该单元西半部。

构造以断裂为主，平行班公错-怒江结合带南带发育，走向 290°±，多期叠加，具继承活化性，现主要表现为顺时针右旋剪切（图 5-5）。

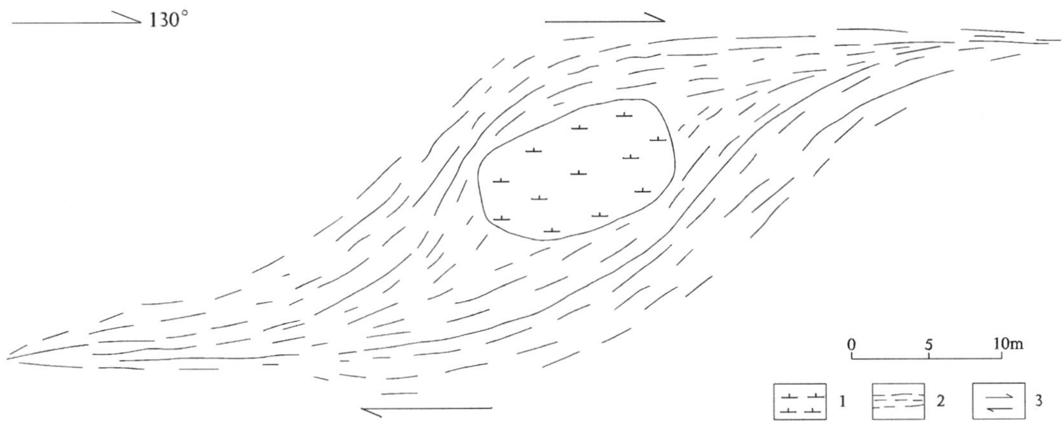

图 5-5　F201 断裂带内 σ 型旋转构造素描图

1. 闪长岩；2. 片理化泥页岩；3. 运动方向

（二）达拉克-冈底斯-拉萨-腾冲陆块构造特征（$Ⅲ_2$）

该陆块为早期冈瓦纳大陆北缘前缘的一部分，位于雅鲁藏布江结合带与班公错-怒江结合带之间。本区仅出露了该陆块北缘局部，由三部分组成：昂龙岗日-班戈-腾冲燕山期退化岩浆弧带（$Ⅲ_{2-1}$），狮泉河-永珠-嘉黎结合带（$Ⅲ_{2-2}$），申扎古生代断隆（$Ⅲ_{2-3}$）。

1. 申扎古生代断隆构造特征（$Ⅲ_{2-3}$）

该断隆以前震旦纪念青唐古拉群（AnZ*Nq*）及其上的古生代奥陶纪—二叠纪地层构成双重基底。上覆第一盖层为晚三叠世多布日组（T_3d），其沉积环境为早期的陆相或海陆交互相到晚期的浅海相环境。北缘上覆早白垩世则弄群（K_1Z）和捷嘎组（K_1jg），则弄群（K_1Z）岩性以海陆交互相的碎屑岩-火山碎屑岩沉积为主，反映了弧间盆地沉积特征，捷嘎组为稍稳定的浅海环境沉积。

本构造区仅出露于图幅南西部。基底构造因后期构造破坏而无法恢复原貌，仅局部见露头尺度的残留。区内构造以燕山期-喜山期构造为主，由南北向挤压汇聚作用产生褶皱，逆推冲断及 NE、NW 向共轭走滑断裂及南北向张断裂。

（1）褶皱构造

褶皱构造以门德俄玛复式倒转背斜构造和永珠向斜构造为代表。

①门德俄玛复式倒转背斜

门德俄玛复式倒转背斜由 B7、X7、B8 组成主背斜轴，出露于柯尔多地区，以中晚奥陶世柯尔多组（$O_{2-3}k$）及刚木桑组（O_3g）为背斜核，以志留纪地层、泥盆纪地层为两翼，轴向近东西，轴面向南倾，北翼倒转南倾，倾角 40°～50°。

②永珠向斜构造

永珠向斜（X8），向斜轴出露于永珠-窝索多地区，以中二叠世下拉组（P_2x）为核，以早二叠世昂杰组（P_1a）、石炭纪、泥盆纪地层为两翼，轴向近东西，轴面近直立，北翼南倾，南翼北倾，倾角15°～30°（图5-6）。

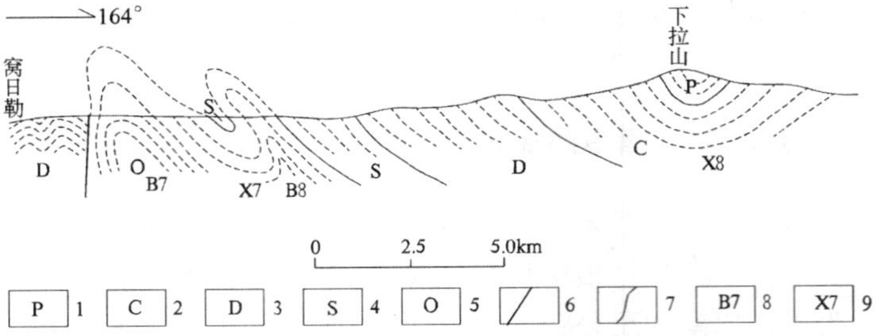

图5-6　申扎古生代断隆褶皱构造

1. 二叠系；2. 石炭系；3. 泥盆系；4. 志留系；5. 奥陶系；6. 断层；7. 地质界线；8. 背斜及编号；9. 向斜及编号

（2）逆推冲断构造

逆推冲断构造以雄俄-朋嘎逆推断裂（F216）为代表，长大于20km，走向300°±，NE倾，向SW逆冲，早泥盆世—早石炭世查果罗玛组（$D_1C_1\hat{c}$），冲覆于永珠组（$C_{1-2}y$）之上，接触产状0°～15°±，断层下盘永珠组（$C_{1-2}y$）近断面产生宽缓波状褶皱，上盘查果罗玛组（$D_1C_1\hat{c}$）近断层面产生轴面北倾褶皱（图5-7）。

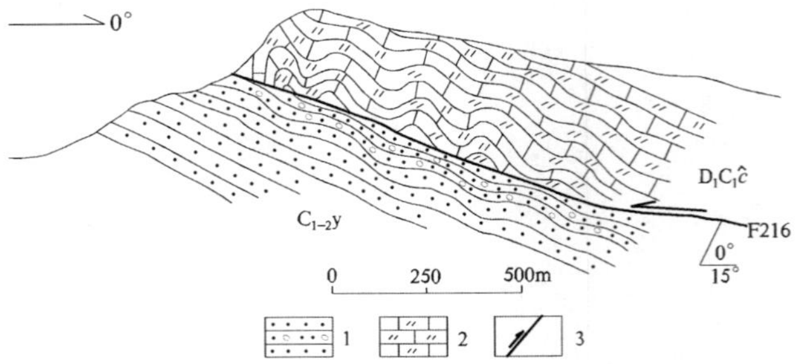

图5-7　永珠西山推覆前锋剖面图

1. 砂岩夹砂砾岩；2. 白云质灰岩；3. 推覆断层；$D_1C_1\hat{c}$. 查果罗马组；$C_{1-2}y$. 永珠组

2. 狮泉河-永珠-嘉黎结合带构造特征（$Ⅲ_{2-2}$）

该带由蛇绿岩及构造混杂岩带构成，规模巨大，东西延长2000 km±，西端自狮泉河始，经永珠、嘉黎至察隅南折入滇西。

该带为拉达克-冈底斯-拉萨-腾冲陆块北缘大陆岩石圈在晚三叠世小规模拉伸裂离，早侏罗世闭合。晚侏罗世再度拉伸裂离，至白垩世晚期闭合。沉积了晚三叠世多布日组（T_3d），晚侏罗世日拉组（J_3K_1r）、索尔碎屑岩（*sss*）、则弄群（K_1Z）、捷嘎组（K_1jg）等。在拉伸裂离及闭合过程中岩浆活动强烈，产生了永珠蛇绿岩和少量酸性岩浆的侵入。变质作用较弱，为动力变质，局部偶见接触变质。

本区仅出露了该结合带中段，即永珠段，桌布列卡经果芒错至玖如错，全长150km±，平均宽10km±，最宽达20 km±，总体走向290°±。

该结合带北由玛二麦扎勒-玖如错断裂为边缘断裂与昂龙冈日-班戈-腾冲燕山期退化岩浆弧带相邻，南由桌布列卡-木纠错断裂为边缘断裂与申扎古生代断隆相邻。带内由卢汤裂嘎-扎古那加断裂及永竹俄玛-舍所断裂将该带分为南、中、北三条构造拼贴带。

南带由3个岩片组成，中带由16个岩片组成，北带由5个岩片组成（表5-2）。该带中的蛇绿岩规模巨大，组合齐全，岩性组合有：球状辉石橄榄岩（Σ_1）、堆晶杂岩（*cc*）、基性岩墙群（*sd*）、枕状玄武岩（βb）、放射虫硅质岩（γs）、辉石橄榄岩（Σ_2）。其中基性岩墙群为目前所掌握资料中最大岩墙群。该蛇绿岩是拉达克-冈底斯-拉萨-腾冲陆块北缘大陆岩石圈拉伸裂离，异常地幔强烈上涌，在减压增温过程中地幔岩高度熔融，高熔岩浆经分异后，侵位或喷溢的产物。呈现不规则串珠状，走向290°±，经强裂构造改造而成不连续、形态各异的岩块拼贴在一起。

该带在晚侏罗世开始拉伸过程中，形成了晚侏罗—早白垩世日拉组（J_3K_1r）及索尔碎屑岩（*sss*）。日拉组（J_3K_1r）为滨海—浅海沉积环境沉积，沉积以灰岩、硅质岩及碎屑岩为主，相对变化频繁。索尔碎屑岩（*sss*）是一套快速堆积形成的特殊岩石组合，是相对广阔海域中的橄榄质海山裙裾堆积产带内，主要构造线方向290°±，以中带蛇绿岩为中心，南北两侧断裂对倾反冲，北侧南倾北冲，南侧北倾南冲（图5-8）。褶皱构造轴向290°±，平行该带发育。该带的构造变形以脆性变形为主，局部偶见糜棱岩化岩石露头。

表 5－2　狮泉河−永珠−嘉黎结合带永珠段构造特征表

分带	岩片	岩片组成	岩片特征				备注
			形态	规模	展布状态	后期构造改造	
北带 Ⅲ$_{2-2-1}$	Ⅲ$_{2-2-1-1}$	J_3K_1r　$\alpha\mu$	长透镜状	长 19km ± 宽 2. 5km ±	长轴走向 近 EW		
	Ⅲ$_{2-2-1-2}$	$C_{1-2}y$　J_3K_1r	不规则长块状	长 25 km ± 宽 1 ~5 km ±	280° ±	被 NE 向断裂 F308 切割成两块	
	Ⅲ$_{2-2-1-3}$	P_2x	不规则条块状	长 2. 0km ± 宽 0. 4 km ±	近 EW	被 NE 向断裂 F308 切割	
	Ⅲ$_{2-2-1-4}$	AnZNq	长条状	长 4. 0 km ± 宽 0. 5 km ±	近 EW	被 NE 向断裂 F308 切割成两段	
	Ⅲ$_{2-2-1-5}$	J_3K_1r	不规则长条状	长 12km ± 宽平均 1. 0 km 东端尖灭	近 EW	被 NE 向断裂 F308 切割成两段	
中带 Ⅲ$_{2-2-2}$	Ⅲ$_{2-2-2-1}$	K_1Z　K_1jg $\Lambda\pi$　Σ_2	不规则条块状	长 20km ± 宽 15km ±	260° ±	K_1Z、K_1jg 发生褶皱，北以 K_1jg 为向斜核，南以 K_1Z 为背斜核，轴向 260° ±	
	Ⅲ$_{2-2-2-2}$	P_2x　J_3K_1r cc	不规则状	长 60km ± 宽几米至 10km	290° ±	被 NE 向 NW 向 SN 向断裂切割成数块	
	Ⅲ$_{2-2-2-3}$	J_3K_1r　Σ_2	不规则条块状	长 30 km ± 宽 8 km ±	290° ±	被 NW 、NE 向断裂控制东西两端界线	
	Ⅲ$_{2-2-2-4}$	K_1jg	长透镜状	长 3. 0km ± 宽 300m ±	近 EW		
	Ⅲ$_{2-2-2-5}$	P_2x	不规则长条状	长 30 km ± 宽 4. 0 km ±	285° ±	被 NE 向断裂切成两段，发生向斜褶皱，轴向 290° ±	
	Ⅲ$_{2-2-2-6}$	Σ_2	长条状	长 15km 宽 300m ±	近 EW	被 NE 向断裂切断成两段	
	Ⅲ$_{2-2-2-7}$	Σ_1　Σ_2　$C_{1-2}y$ sss　$K_2\gamma\delta\beta$ $D_1C_1\hat{c}$　v	长条块状	长 25km ± 宽 2. 5km ±	300° ±		
	Ⅲ$_{2-2-2-8}$	Σ_1　βb sd　γs	不规则长条块状	长 12km 宽 2. 5 km ±	300° ±		
	Ⅲ$_{2-2-2-9}$	AnZNq	不规则透镜状	长 2. 5km ± 宽 75m ±	320° ±		
	Ⅲ$_{2-2-2-10}$	$C_{1-2}y$　Σ_1 $D_1C_1\hat{c}$	不规则状	长 7. 0km ± 宽 3. 5km ±	320° ±		
	Ⅲ$_{2-2-2-11}$	AnZNq　sd	长透镜状	长 10km ± 宽 1. 0km ± （幅内）	280°		

续表 5-2

分带	岩片	岩片组成	岩片特征				备注
			形态	规模	展布状态	后期构造改造	
中带 Ⅲ$_{2-2-2}$	Ⅲ$_{2-2-2-12}$	AnZNq	不规则角状	长 10km ± 单角宽 1.0km ± W 端双角复合 NE 端尖灭	25° ±		
	Ⅲ$_{2-2-2-13}$	D_1d	不规则透镜状	长 5km ± 宽 1.2km ± 南西端尖灭	25° ±		
	Ⅲ$_{2-2-2-14}$	D_1d $D_1C_1\hat{c}$	不规则状	长 15km ± 宽 4.5km ± （幅内）	近 EW	被近南北向断裂切割成两段	
	Ⅲ$_{2-2-2-15}$	sss	不规则三角形	S 边长 2.5km NE 边长 2.3km NW 边长 1.5km ±		NW 边受南北向断裂控制	
	Ⅲ$_{2-2-2-16}$	AnZNq	不规则条块状	长 10km ± 宽 1.0km ±	295° ±	东西两端被南北向断裂控制	
南带 Ⅲ$_{2-2-3}$	Ⅲ$_{2-2-3-1}$	P_1a　$C_{1-2}y$ $D_1C_1\hat{c}$　C_2P_1l	不规则条带状	长 56 km 宽 3～6 km ±	290° ±	被 3 条 NE 向断裂切割成 4 段，发生轴向 290° ± 背斜褶皱	
	Ⅲ$_{2-2-3-2}$	$C_{1-2}y$　$\lambda\pi$ $D_1C_1\hat{c}$	不规则条带状	长 44km 宽 1～6 km ±	290° ±	被 NE 向断裂切割成 3 段，发生褶皱，轴向 290° ±	
	Ⅲ$_{2-2-3-3}$	AnZNq	不规则块状	长 10km ± 宽 3.5km ±	近 EW		

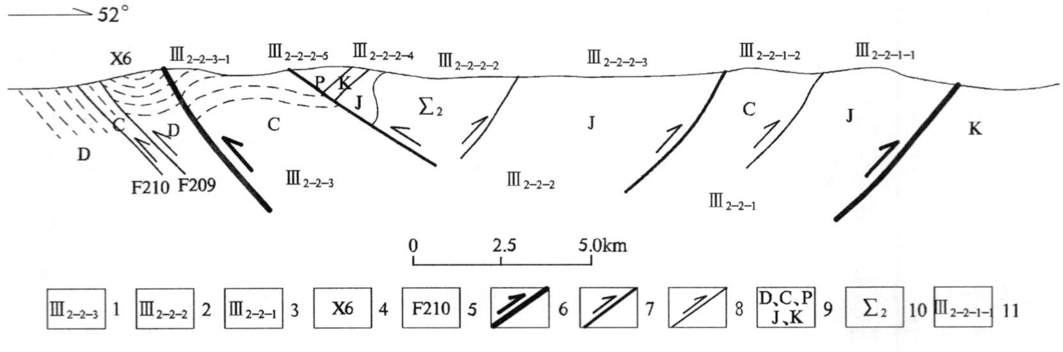

图 5-8　永珠藏布—共丁萨剖面图

1. 狮泉河-永珠-嘉黎结合带南带；2 狮泉河-永珠-黎嘉结合带中带；
3. 狮泉河-永珠-嘉黎结合带北带；4. 向斜编号；5. 断裂编号；
6. 狮泉河-永珠-嘉黎结合带边缘断裂；
7. 狮泉河-永珠-嘉黎结合带南、中、北三带分界断裂；8. 岩片边界断裂；
9. 代表岩片地层归属（D. 泥盆纪；C. 石炭纪；P. 二叠纪；J. 侏罗纪；K. 白垩纪）；
10. 永珠蛇绿岩；11. 岩片代号

该带被后期断裂切割，主要有 NE、NW 向共轭走滑断裂，南北向断裂等。

3. 昂龙冈日-班戈-腾冲燕山期岩浆弧带（$Ⅲ_{2-1}$）构造特征

该区班戈、雄巴、桑心日一带发育一条燕山期花岗岩带，为Ⅰ型、Ⅰ-S 过渡型花岗岩组合。最高层位侵入于早白垩世地层，其同位素年龄 130～59.4Ma。该带与早白垩世钙碱性火山岩一起构成一条岩浆弧带，即昂龙岗日-班戈-腾冲燕山期岩浆弧带。

本区为一陆缘浅海岛链连接带，多数时间处在水面以下，经历了上隆，相对稳定，再动荡上隆直至造山的一个复杂过程。区内的多尼组（K_1d）下段代表了浅海-半深海沉积环境，多尼组（K_1d）上段达过火山岩，弄巴砾岩为一套海陆交互相地层，反映为海盆聚敛初期岛弧雏形阶段的产物。其上覆地层郎山组（K_1l）为相对稳定浅海环境沉积，康曲组（K_1k）、余穷组（K_1y）属海水动荡环境沉积，晚白垩世竟柱山组（K_2j）主要为山前磨拉石沉积建造。上述反映了早白垩世—晚白垩世，区内经历了海退、海进、再动荡的海退过程。

本区的构造主要以燕山晚期-喜山期构造为主。主要构造应力作用为南北向挤压应力作用，使本区汇聚隆升产生褶皱、冲断、剪切走滑等，因隆升差异性导致拉张裂陷。

燕山晚期，SSW—NNE 挤压应力起主导作用，产生 NWW 向的褶皱。随着褶皱变形加剧，褶皱倒转，产生 NWW 向的逆冲断层。喜山期受南北向挤压应力作用产生 EW 走向褶皱冲断，南北向拉张断裂，全区开始汇聚隆升，形成雄梅—朗庆日隆升区。因隆起的差异性，局部断陷形成盆地，如班戈断陷盆地。

（1）燕山晚期的褶皱冲断构造

燕山晚期的褶皱冲断构造以朗多-甲布弄复式倒转背斜及扎个来骇-都如断裂（F203）、多日骇-敌入断裂（F202）为代表。

朗多-甲布弄复式倒转背斜由 B10、B11、B12、B13，X11、X12、X13、X14 组成，参与褶皱的地层为中生代早白垩世多尼组（K_1d）、郎山组（K_1l）。轴 NW300°±，NNE 翼倒转南倾，轴面 SSW 倾，以多尼组（K_1d）为核，郎山组（K_1l）为两翼构成复式倒转背斜（图 5-9）。

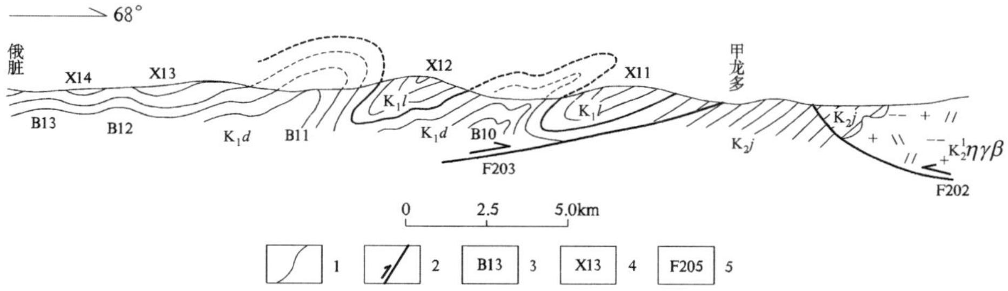

图 5-9　俄脏-甲龙多褶皱、冲断构造剖面图

1. 地质界线；2. 断裂；3. 背斜编号；4. 向斜编号；5. 断裂编号；

K_2j. 竟柱山组；K_1l. 郎山组；K_1d. 多尼组；$K_2^1\eta\gamma\beta$. 黑云母二长花岗岩

褶皱北翼发生冲断产生扎个来骇-都如逆推断裂（F203），多尼组（K_1d）逆推在晚白垩世竟柱山组之上，产状 210°∠10°±。多日骇-敌入断裂（F202）则向北东倾，向南逆冲，倾角 63°±。F203 与 F202 形成反倾对冲形式，所夹地层为晚白垩世竟柱山组（K_2j）（图 5-9）。

（2）喜山期的汇聚隆升

喜山期本区以汇聚隆升为主，褶皱构造以色林错—错鄂席状褶皱为代表，断裂以昂加东-扎布压勒断裂（F301）、结果—更乃断裂（F315）及南北向断裂以 F401、F402、F403、F404 为主（表 5-5）。

①色林错、错鄂席状褶皱

色林错、错鄂席状褶皱由 X1、X2、X3、X4、X5、B3、B4、B5、B6 等背向斜相间组成。参与褶皱的地层为中生代晚侏罗世日拉组（J_3Kr）、白垩纪多尼组（K_1d）、郎山组（K_1l）、竟柱山组（K_2j）等。褶皱轴方向近东西，轴面近直立，两翼倾角在10°～30°，褶皱区面积3 600km² ±，规模巨大，大面积湖水掩盖（图5－10）。

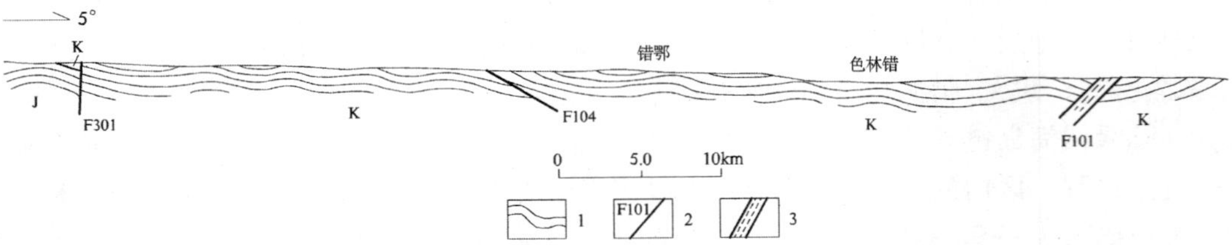

图5－10　色林错错鄂地区席状褶皱剖面图

1. 褶皱形迹；2. 断裂及编号；3. 断裂带；K. 白垩系；J. 侏罗系

②昂加东－扎布压勒断裂

昂加东－扎布压勒断裂（F301）规模较大，从幅西部昂加东至幅东扎布压勒，横跨全区，两端外延至幅外，区内延长150km ±，走向NE75° ±，近直立。切割了区内古生代及中生代地层，错断了NWW狮泉河－永珠－嘉黎结合带。大体沿雄梅背斜（B9）的核部穿过，切割了雄巴花岗岩体，雄梅花岗岩沿断裂带呈脉状侵入，从切割关系可以看出其为逆时针左行走滑。该断裂具后期活化性，沿断裂带地热活动活跃，泉华台地现代热泉发育。

③班戈断陷盆地构造特征

班戈断陷盆地是本区海退以后，随着青藏高原的整体隆升和陆壳均衡调整作用的加剧，沿班怒带的活化断陷活动于古近纪形成的规模巨大的湖盆。班戈盆地沉积了巨厚的古近纪湖相地层。盆地南北边缘受昂加东－扎布压勒断裂及班公错－怒江结合带南部边缘断裂制约。

三、新构造运动特征

青藏高原的新构造运动演化时限是一个未确定的问题，主要有以下几种意见（表5－3）。

表5－3　多巴区幅新构造运动研究一览表

新构造运动时限问题不同意见来源	新构造运动时限
《西藏自治区区域地质志》1993. 07	新近纪中新世晚期以来
〈西藏第四纪地质〉1983. 12	新近纪末期以来
《青藏高原新生代构造演化》1997. 07	第四纪以来
《青藏高原大地构造与形成演化》1990. 12	古近纪渐新世初以来
其　　他	新近纪以来
	新近纪到第四纪
	不定时限

我们认为自新近纪末期以来，是青藏高原大幅度强烈隆起的新时期，是现在青藏高原地质地貌的主要发育阶段，将新构造运动时限定在新近纪末期以来，也同新构造运动的一般概念相一致。

（一）新构造单元划分

根据本区新构造运动的发展历史、表现形式及地震、地热等活动，将本区划分为3个大区，7个小区（表5－4、图5－11）。

表 5-4　多巴区幅新构造单元划分表

大区	小区
纳卡错-桂牙整体隆升区（I_{x}）	纳卡错-伦波日褶皱隆升区（I_{x1}）
	桂牙逆冲隆升区（I_{x2}）
色林错-班戈错断陷湖盆区（II_{x}）	
雄梅-多巴整体隆升区（III_{x}）	永珠断块隆起区（III_{x1}）
	永竹藏布-木纠错断陷带（III_{x2}）
	雄梅断块隆起区（III_{x3}）
	果芒错-玖如错断陷带（III_{x4}）
	多巴断块隆起区（III_{x5}）

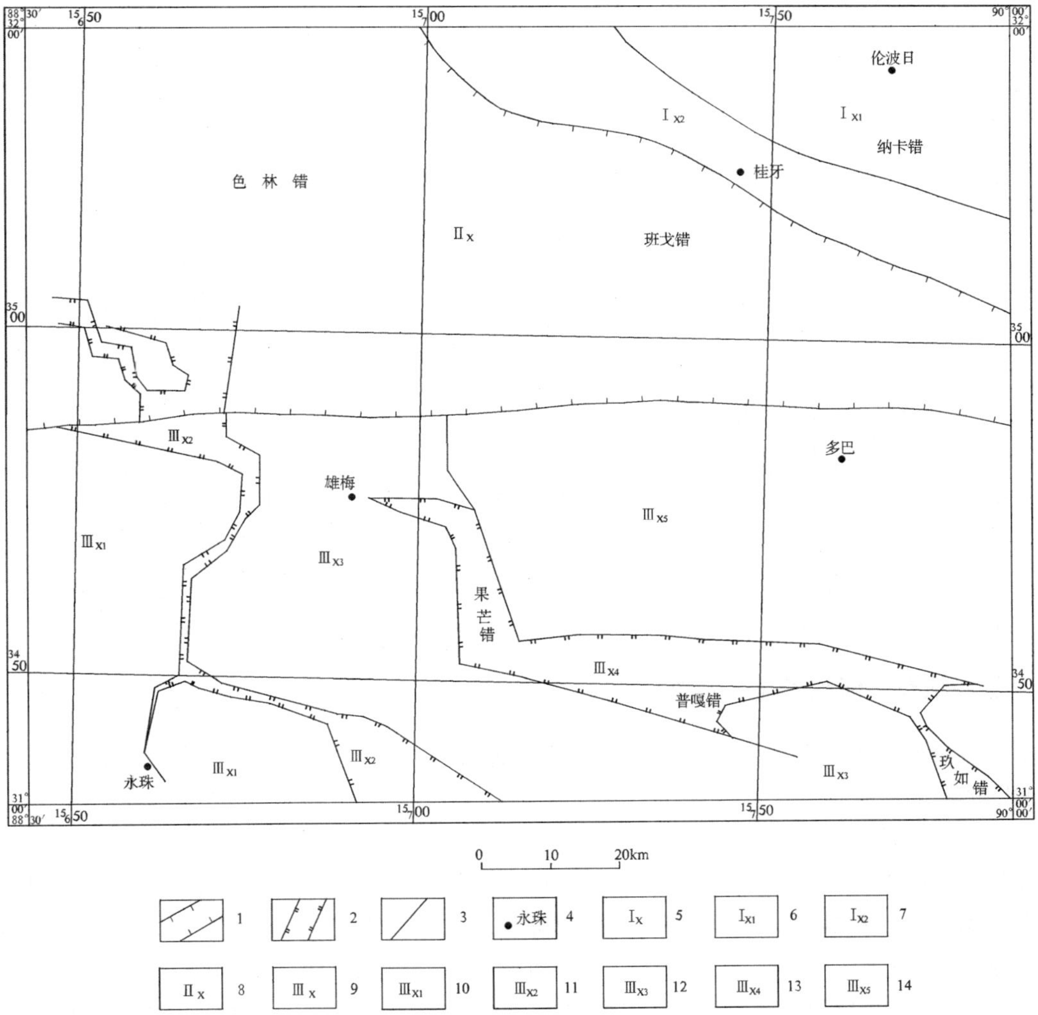

图 5-11　新构造单元划分图

1. 断陷盆地；2. 张性裂谷；3. 断裂；4. 地名及位置；5. 纳卡错—桂牙岩整体隆升区；6. 纳卡错—伦波日褶皱隆升区；7. 桂牙逆冲隆升区；8. 色林错—班戈错断陷盆地；9. 雄梅—多巴整体隆升区；10. 永珠断块隆起区；11. 永珠藏布—木纠错断陷带；12. 雄梅断块隆起区；13. 果芒错—玖如错断陷带；14. 多巴断块隆起区

（二）新构造运动特征

本区新构造运动具有隆起的整体性、差异性和阶段性，同时又具有新生性和继承性。下面分述各区新构造运动特征。

1. 纳卡错—桂牙整体隆升区（I_{x1}）新构造特征

本区新构造运动主要表现为整体隆升运动，但隆升方式有差异，论波日—纳卡错地区表现为新生褶皱隆升，桂牙地区以继承性逆冲隆升为主。

（1）纳卡错—论波日褶皱隆升区新构造特征（I_{x1}）

该区位于图幅东北角，以错那炸-贾哥来断裂为界，南邻桂牙逆冲隆升区。区内新构造特征为新生褶皱隆升运动，主要体现为区内古近纪渐新世丁青湖组（E_3d）发生宽缓褶皱，褶皱轴向 290°±，轴面近直立，NE 翼产状 20°∠20°，10°∠5°，SW 翼 200°∠25°（图 5－12）。

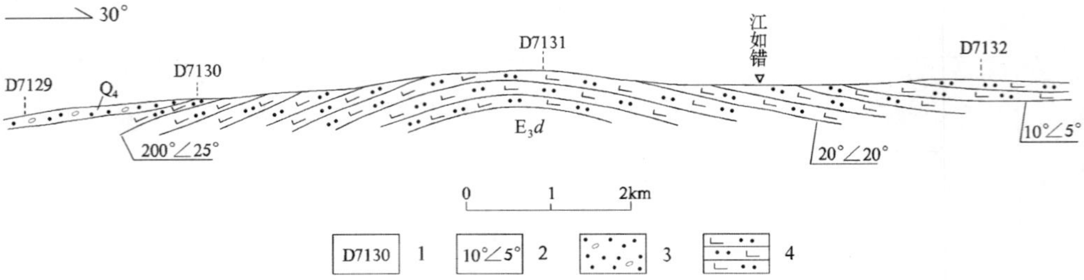

图 5－12　D7129—7132 点丁青湖组（E_3d）路线剖面图

1. 地质点及编号；2. 产状；3. 砂砾石松散堆积物；4. 钙质粉砂岩；
Q_4. 第四纪全新世地层；E_3d. 丁青湖组

（2）桂牙逆冲隆升区新构造特征（I_{x2}）

该区北以错那炸-贾哥来断裂为界，南以伦则淌嘎-查曲骇断裂为界，南邻色林错-班戈错断陷盆地。本区新构造以继承性逆冲隆升为主，为班公错-怒江结合带南带，一系列由 NNE 向 SSW 逆冲的断层在新构造运动过程中继承性活化，在近南北向挤压应力作用下，逆冲隆升（图 5－4）。

北侧早白垩世桂牙岩组（K_1g）逆冲到古近纪古—始新世牛堡组（$E_{1-2}n$）之上，牛堡组逆冲到第四纪中更新世地层之上。逆冲断层产状 15°∠60°、15°∠45°。

2. 色林错—班戈错断陷湖盆区新构造特征（II_x）

该区是在古近纪班戈断陷盆地的基础上继承发展而成，是南北向挤压应力作用，汇聚隆升，因差异性升降而断陷的产物。

（1）色林错—班戈错断陷湖盆区北缘新构造特征

位于桂牙逆冲隆升区（I_{x2}）南缘，差异性升降明显。班戈错北岸岗龙哈木那为一海拔 4 720m±高原低山，山体均由第四纪砂、砂砾石层等构成。据本次工作测年结果为 2.73±0.22～26.97±2.16 万年，为中晚更新世（Q_{2-3}）地层。而位于岗龙哈木那山南侧与之相应的中晚更新世（Q_{2-3}）地层均为班戈错及色林错湖成Ⅱ—Ⅵ级阶地，海拔高度 4 560～4 600m，二者高差为 120～160m。如此悬殊的高差是桂牙逆冲隆升区与色林错-班戈错断陷湖盆区差异升降的结果。

色林错-班戈错断陷湖盆区北缘以 NW 向伦则淌嘎-查曲骇断裂为界，该断裂是在班公错-怒江结合带南侧边缘断裂基础上继承性活化形成的，具有两重性，一是由 NE 向 SW 逆冲，二是具有顺时针右行走滑。南盘向 NW 方向斜下 15°±运动，北盘向 SE 方向斜上 15°±运动，在这个过程中次级平行断裂断下的断块随断裂北盘向 SE 方向斜上 15°方向运动而形成岗龙哈木那山。

（2）色林错-班戈错断陷盆内部构造特征

①沉积构造特征

色林错、班戈错湖盆区东部出露巨厚的古近纪湖相地层，不整合上覆的第四纪地层由东向西依次变新，由下更新世盐水湖沉积（Q_1^{ls}）—全新世盐水湖沉积（Q_4^{ls}），说明沉积中心由 SEE 向 NWW 转移。湖成阶地共分七级，Ⅰ、Ⅱ、Ⅲ、Ⅳ为各湖独自阶地。Ⅴ、Ⅳ、Ⅶ级阶地被Ⅰ、Ⅱ、Ⅲ、Ⅳ级阶地切割，为各湖公共阶地，即泛湖阶地。东南部阶地出露全，东南老，西北新。Ⅰ、Ⅱ、Ⅲ、Ⅳ级阶地间高差 5～10m，Ⅴ、Ⅳ、Ⅶ级阶地间高差 10～20m，Ⅳ与Ⅴ级阶地高差 20～40m。湖南Ⅴ级阶地比湖北Ⅴ级阶地高出 5～10m，班戈错东Ⅴ级阶地比其西部与色林错间Ⅴ级阶地高出 40m±。说明 NWW 侧的相对沉降速率相对比 SEE 侧快，也反映了隆升差异性，东高西低。

②褶皱构造与断裂构造特征

A. 褶皱构造

褶皱分两种，轴向 NE 与 NWW。

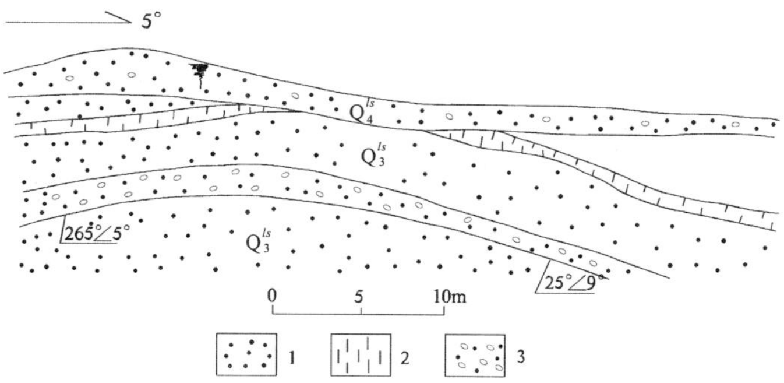

图 5－13 晚更新世晚期地层背斜褶皱构造剖面图

1. 砂层；2. 粘土层；3. 砾石层；Q_4^{ls}. 全新世盐水湖泊相地层；Q_3^{ls}. 晚更新世晚期盐水湖泊相地层

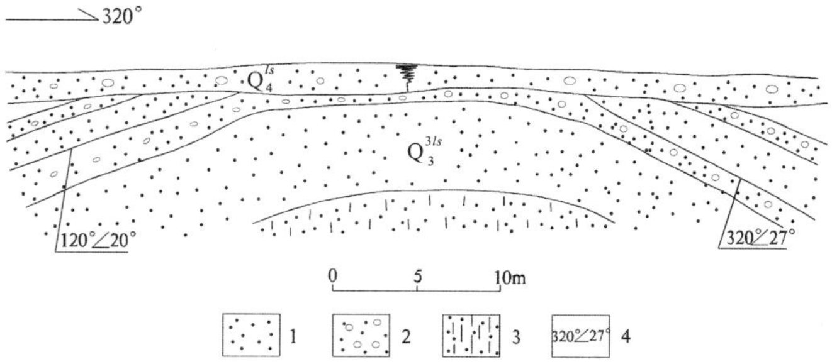

图 5－14 晚更新世晚期地层 NE 向背斜褶皱构造剖面图

1. 砂层；2. 砂砾层；3. 粘土砂层；4. 产状；Q_4^{ls}. 全新世盐水湖泊相地层；Q_3^{ls}. 晚更新世晚期盐水湖泊相地层

NWW 向背斜（B_2），参与褶皱最新地层为上更新世盐水湖沉积（Q_3^{ls}），两翼产状 265°∠5°，25°∠9°（图 5－13）。

NE 向背斜，参与褶皱最新地层为上更新世盐水湖沉积（Q_3^{ls}），两翼产状 120°∠20°、320°∠27°（图 5－14）。

B. 断裂构造

断裂构造以色林错西北岸的扎木岗甲玛-衣桑勒断裂（F101）（表 5－5）为代表。

该断裂长大于 40km，宽 2.0km±，走向 276°，倾向 186°，倾角 71°，切割了古近纪牛堡组（$E_{1-2}n$）。

断裂带宽 2.0km，表现为片理化带，片理产状 186°∠71°。片理化带中发现有顺时针右旋眼球状构造（图 5－15）。片理化带内稍刚性层发生褶曲，褶曲指示该断裂北盘向 E 斜下 15°走滑，南盘向 W 斜上 15°走滑（图 5－16）。该断裂为一压扭性顺时针右行走滑断裂。

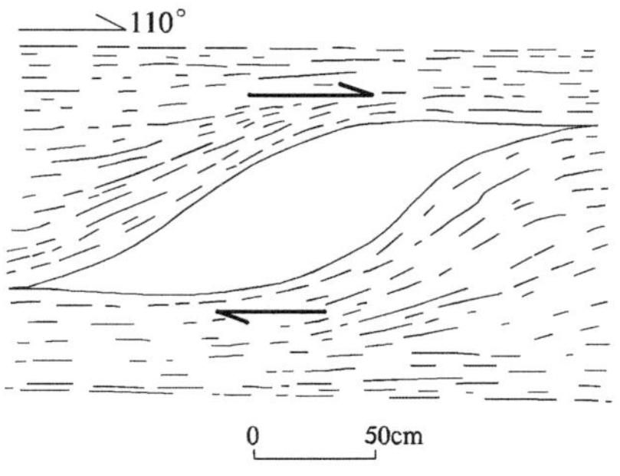

图 5－15 眼球状构造平面素描图
（箭头示运动方向）

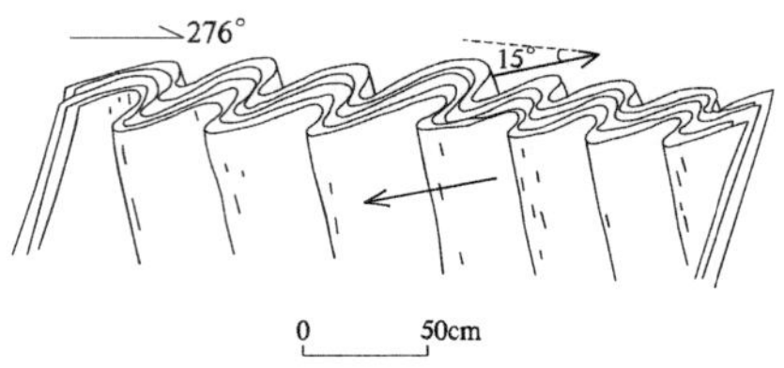

图 5－16 牵引褶皱构造立体素描图
（箭头示运动方向）

表5-5　测区构造一览表

类型	名称	位置	性质	规模、产状	主要特征
东西向壳型断裂	扎木岗甲玛—衣桑勒断裂（F101）	色林错北扎木岗甲玛地区	压性	长40km±，宽2.0km，产状186°∠71°	切割了古近纪地层，断裂特征表现为挤压片理化，产状186°∠71°，局部见牵引褶曲，及表现为顺时针右旋压扭眼球状构造
	曲勒—查嘎如断裂（F102）	色林错东南曲勒地区	张性	长10km±，宽10m±，走向近EW，倾向N，近直立	切割第四纪盐水湖泊相亚砂、砂、砾石松散堆积地层，断裂主要表现为地漏斗，定向排列，排列走向近东西，漏斗直径1～3m，深1.0km±，分倒斗状和锅底状两种，斗底被斗壁崩蹋物覆盖
	布穷—甲布弄断裂（F103）	班戈错南扎莫日山北	张性	长12km，宽>100m，走向90°±，倾向N，近直立	切割第四纪盐水湖泊相地层，主要表现为10多个钙华丘陵EW向展布，单个丘陵一般出露面积40×40m² 至1×0.5km²，大小不等，高几米至50m，长轴为东西向
	错鄂—那色断裂（F104）	错鄂—雅个冬错之间	压性	长20km±，宽0.5km±，走向EW，近直立	切割了白垩纪地层，主要表现为近东西向安山岩脉发育
	则国加勒—洛吉断裂（F105）	则国加勒经错鄂南、曲俄跃至洛吉	张性	长80km±，宽0.5km±，走向EW，产状5°∠60°±	切割了白垩纪地层及第四纪大部分地层，局部被现代洪积扇及湖水覆盖，西部则国加勒处表现为山体滑陷构造，钙华台地发育在断裂带上
	来磨青—拔普骇断裂（F106）	班戈岩体北缘	张性	长20km，宽500m±，走向EW	切割了班戈花岗岩体，主要表现为：沿断裂发育5个小湖泊，定向排列，走向EW
	功穷—俄垌断裂（F107）	功穷、俄垌	压性	长20km，宽500m±，走向EW	切割了花岗岩体及古生代地层，被F308错断，其本身左旋错断了F206
	穷朗么定—达尔卡拉断裂（F108）	穷朗么定—达尔卡拉	压性	长30km，宽>100m，走向EW	切割了花岗岩体，及古生代地层被F310左旋切断，终止于F204
	果芒错—生列俄玛断裂（F109）	果芒错南部经普嘎错到生列俄玛	压性	长65km±，宽0.5km±，走向近EW	切割了古生代地层，被F314、F315左旋错断，具活化性，断裂带上发育有钙华台地
北东向壳型断裂	昂加东—扎布压勒断裂（F301）	时补错西南昂加东至图幅东边中部扎布压勒	压性左旋走滑	长>150km，宽>100m，走向NE倾角75°±，近直立	切割了区内古生代、中生代地层，错断NW向断裂，表现为逆时针左旋走滑特征，沿断裂带发育中性—酸性脉岩，切割了雄巴岩体。具后期活化性，切割了古近纪地层，发育有晚更新世泉华台地，以钙华为主。被后期SN向断裂切割
	卓嘎—永竹俄玛断裂（F304）	卓嘎—永竹俄玛	压性	长30km±，走向NE，倾向SE，倾角30°±	切割了F210、F216等断裂，切割B8、B7、X7等褶皱，切割了古生代地层

续表 5－5

类型	名称	位置	性质	规模、产状	主要特征
北东向壳型断裂	格仁错—曲嘎尔断裂（F306）	格仁错 NE 岸—曲嘎尔	张性	长 10km，走向 EW，倾向 NW	切割了 F216，及古生代地层
	结果—更乃断裂（F315）	结果—生列俄玛—更乃	压性	长 >40km，走向 NE、SE 倾，倾角 54°±	切割古生代，中生代地层，切割了 F109、X9、X10
	却绒握玛—唐云青卡断裂（F308）	木纠错北—果芒错西北岸	压性	长 >30km，走向 NE35°±，倾向 SE125°±，倾角 65°，西南延经窝索多出幅	切割了古生代石炭—二叠纪、中生代侏罗纪—白垩纪地层，切割了狮泉河-永珠-嘉黎结合带及 X7，表现为逆时针左旋
	拖洛—普嘎错断裂（F313）	拖洛—普嘎错西	压性	长 >10km，走向 NE35°±，倾向 SE	切割古生代地层及狮泉河-永珠-嘉黎结合带
	多日骇—敌入断裂（F202）	多日骇—敌入南东延至幅外	压性	长 20km±，走向 NW290°，NE 倾，倾角 60°±	切割了白垩纪竟柱山组地层班戈岩体（$K_2^1\gamma\delta\beta$）、（$E_1\eta\gamma$）由北东向南西逆冲
	扎个来骇—都如断裂（F203）	扎个来骇，甲龙多，都如位于朗庆日山北，多巴以南	压性	长 40km，走向 NW300°，产状 210°∠10°	早白垩世多尼组（K_1d），小角度断层接触压在晚白垩世竟柱山组之上，被 F301 切断
	洛吉—屋札断裂（F204）	色林错南洛吉至普嘎错北屋札	压性	长 40km，走向 NE315°±，倾向 210°～240°，倾角 40°±	切割了古生代、中生代地层，构造带内片理化带发育，透镜状串珠状石英脉，安山岩脉等发育，表现特征为顺时针右旋
	雄俄—明嘎断裂（F216）	雄俄—明嘎	压性	长 20km，走向 NW300°±，倾向 NE	切割了古生代地层，在永珠西山，查果罗玛组（$D_1C_1\hat{c}$）逆推至石炭纪永珠组（$C_{1\text{-}2}y$）之上，产状 0°∠15°，被 NE 向 F305、F306、F304 等切割，其本身切割破坏了 B8、X8、B15 褶皱
南北向壳型断裂	错鄂—永竹藏布断裂（401）	错鄂—永竹藏布	张性	延长 >100km，走向近南北	切割了区内古生代、中生代地层及新生代早期部分地层，构造线锯齿状，两侧具可拼性地貌。形成第四纪湖泊与河谷，局部河谷边基岩断崖可见构造角砾岩，及次一级小断裂等
	舍工—果芒错断裂（F402）	色林错布—果芒错	张性	延长 50km±，走向近南北	切割了古生代、中生代地层，局部构造线折向较大，见有构造角砾岩带，宽 250m±，具有活化特征，沿断裂泉华台地发育，以钙华为主。该断裂拉张形成果芒错南北向湖盆

续表 5－5

类型	名称	位置	性质	规模、产状	主要特征
南北向壳型断裂	准区骇—普嘎错断裂（F403）	准区骇南朗庆日山西—普嘎错北屋札，向南被第四系覆盖	张性	延长 70km，走向南北	主要切割了 B10、B11、B12、B13、X11、X12、X13、X14 组合复背斜褶皱构造，切割 F301、F204、F311 等，该断裂地貌特征明显，断崖断面山等特征明显
	多巴—玖如错断裂（F404）	多巴区—玖如错	张性	延长 >50km，走向近南北	切割了多尼组、郎山组、竟柱山组、雪如花岗岩体，南段被第四系覆盖，切割 X11、B10、X12 褶皱，F202、F203、F315、F109 等断裂，北端与 F301、F106 等交汇，形成多巴区湿地，南端与 F315、F109 交汇形成玖如错小湖盆区
B型褶皱构造	朗多—甲弄复式倒转背斜	朗庆日、巴布日山区	压性	展布面积 $500km^2$ ±，轴向 NW300°，北翼倒转，轴面 SSW 倾	参与褶皱地层多尼组、郎山组，由 B10、B11、B12、B13、X11、X12、X13、X14 组成。褶皱强烈，北翼倒转逆冲，多尼组向 NE 向逆冲至竟柱山组之上
	色林错—班戈错第四纪褶皱（B2）	色林错、班戈错之间		规模小于 $1km^2$，分两种，轴向 NE，两翼产状，南 120°∠20°，北 320°∠27°，轴向 NW，两翼产状，NE 翼 45°∠9°，SW 翼 265°∠5°	参与褶皱地层为第四系上更新统，第四系全新统不整合覆盖其上，未参与褶皱
	色林错—错鄂席状褶皱	色林错错鄂，时补错湖盆区	南北挤压应力作用产物	舒缓波状，规模 3 $600km^2$ ±，轴向 EW	参与褶皱地层日拉组、多尼组、郎山组、竟柱山组，由向斜 X1、X2、X3、X4、X5，背斜 B3、B4、B5、B6、B9 相间构成宽缓席状褶皱
	门德俄玛复式倒转背斜	柯尔多，门德俄玛地区		300 km^2 ±，轴向 NWW，近东西，轴面南倾，北翼倒转，向南倾，轴面产状 170°～190° ∠40°～60°	参与褶皱地层柯尔多组、刚木桑组、德吾卡下组、扎弄俄玛组、达尔东组、查果罗玛组等，由 B8、B7、X7 组成，被后期 NW 向，NE 向断裂切割
	永珠—窝索多向斜（X8）	永珠—窝索多		500 km^2，轴向近东西，轴面近直立，北翼南倾，倾角 20°～30° ±，南翼北倾，倾角 20°～30° ±	参与褶皱地层，泥盆纪达尔东组、查果罗玛组、石炭纪永珠组、二叠纪昂杰组、下拉组，以二叠纪下拉组 P_2x 为核，以石炭纪，泥盆纪地层依次向外为两翼
	索尼拉—比秀长拉向斜	普嘎错南，玖如错西	压性	近东西向展布，轴向 NEE、NWW，长 40km ±，宽 10km ±	参与地层泥盆纪及石炭纪地层，以石炭纪地层为向斜核，泥盆纪地层为两翼，由 X9、X10 组成，被后期断裂切割破坏较重，保留不完整

（3）色林错–班戈错断陷湖盆区南缘新构造特征

进入全新世以来，随着青藏高原的快速隆升运动，产生褶皱及冲断等释放了南北向挤压应力，使局部产生应力“松弛”。本区因应力“松弛”效应产生山体滑陷、地漏斗等断陷构造，同时伴随频繁的地热、地震活动。总体平行色林错–班戈错断陷湖盆南缘近东西向发育，以则国加勒南山北侧山体滑陷构造和曲勒地漏斗等构成的东西向 F105 断裂为色林错–班戈错断陷湖盆区南界，南邻雄梅—多巴整体隆升区（$Ⅲ_x$）。

①则国加勒南山北侧山体滑陷构造

则国加勒南山北侧山体滑陷构造位于色林错 SW 侧则国加勒山体北坡大面积滑陷，延长大于 2.0km，走向 EW，滑陷面产状 5°∠60°，切割了早白垩世郎山组（K_1l）灰岩及第四纪全新世残坡积、坡积沉积，断距约 100m±（图 5－17）。

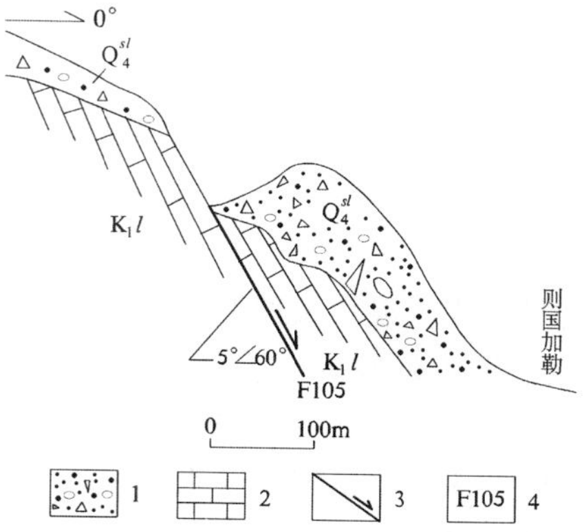

图 5－17 则国加勒滑坡构造剖面图

1. 坡积砂砾岩；2. 灰岩；3. 正断层；4. 断层编号；Q_4^{sl}. 全新世坡积地层；K_1l. 白垩纪早世郎山组

②曲勒新生地漏斗

曲勒新生地漏斗位于色林错 SE 曲勒地区，呈串珠状，网格状排列的地漏斗正以惊人的速度在生成。

2000 年 6 月，仅发现两个地漏斗；2001 年 5 月，地漏斗增至 5 个，呈串珠状，间距 15～30m，总体走向 110°±；2002 年 7 月，地漏斗猛增至 20 个左右，分布呈网状，为走向 0°～10°与 90°～110°两组相交构成。90°～110°走向的地漏斗间距 15～30m，0°～10°走向的地漏斗间距 5～25m（图 5－18）。地漏斗口径 0.5～3m，深 0.2～1.5m。

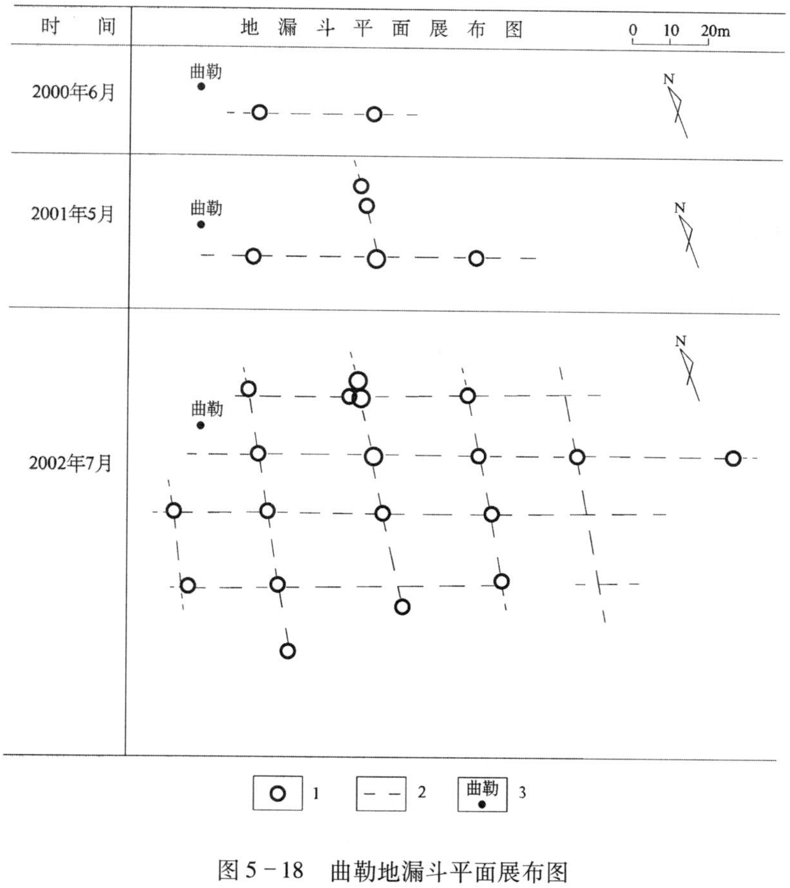

图 5－18 曲勒地漏斗平面展布图

1. 地漏斗；2. 地漏斗展布方向连线；3. 地名及位置

通过3年观察，发现地漏斗生成过程是：早期地表向下凹陷，形成一个圆状凹坑，逐渐口径增大，深度变深，至中期，地漏斗上窄下宽，呈倒斗状，斗壁反倾，斗底较平，被松散崩塌物覆盖；随着中期地漏斗斗壁逐渐崩塌，而呈上宽下窄，较圆、锅状，斗壁、斗底被松散崩塌物覆盖（图5-19）。

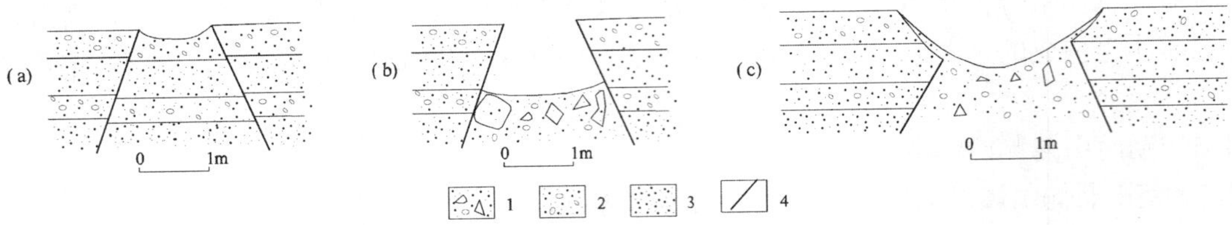

图5-19　(a) 早期地漏斗剖面图；(b) 中期地漏斗剖面图；(c) 晚期地漏斗剖面图
1. 松散崩蹋物；2. 砂砾石层；3. 砂层；4. 断层

地漏斗数量逐年快速增加，从单个地漏斗的发育过程看也在快速变化着，说明色林错、班戈错湖盆南缘的断陷活动正在以惊人的速度发生着。

（4）色林错—班戈错湖盆区水域面积特征

色林错—班戈错湖盆区水域面积快速增加，湿地面积也显著增加。据1969年12月航片和2001年1月美国陆地卫星（Landsat）TM5·4·3三波段假彩色合成卫片图像对比发现，色林错、班戈错为代表的湖盆区水域面积明显大幅度增加。据计算机对北纬31°30′~32°00′，东径88°30′~90°00′范围内水域面积矢量化统计计算，得出1969年12月水域面积为1 895.00km^2。2001年1月水域面积为2 261.187 5 km^2，水位相对增高5.0m，水域面积增加了19.34%，水位平均增高速率16.13cm/年［见多巴区幅北部湖水水域变化图（1969年末—2001年初）］。

同时对多巴区幅全区湿地变化也进行对比矢量化计算，1969年底湿地面积269.95km^2，2001年初湿地面积424.40km^2，增加湿地154.45km^2，其中新增湿地主要集中在色林错—班戈错湖盆区（多巴区幅1969—2002年湿地变化图）。

上述反映了色林错—班戈错断陷湖盆区的断陷活动正在活动着，即在青藏高原总体隆升的背景下，这一地区正处于相对沉降过程中。

3. 雄梅—多巴整体隆升区新构造特征（$Ⅲ_x$）

该区在新构造运动过程中，主要表现为整体隆升，局部沿古断裂活化拉张成断陷带。如沿永竹藏布南北向断裂（F401）和狮泉河-永珠-嘉黎结合带南缘断裂木纠错段，继承活化拉张成永竹藏布-木纠错断陷带（$Ⅲ_{x2}$）；沿果芒错南北向断裂（F402）和果芒错-罗布EW向断裂及多巴-玖如错南北向断裂（F404）南段活化拉张成果芒错-玖如错断陷带（$Ⅲ_{x4}$）。上述两断陷带将本区分割成三块，由西至东依次为永珠断块隆起区（$Ⅲ_{x1}$）、雄梅断块隆起区（$Ⅲ_{x3}$）、多巴断块隆起区（$Ⅲ_{x5}$）。各断块隆起区在新构造运动中相对稳定，主要表现为随青藏高原的整体隆升而隆升。下面分述两断陷带新构造特征。

（1）永竹藏布-木纠错断陷带新构造特征（$Ⅲ_{x2}$）

该带是沿古断裂永竹藏布南北向断裂（F401）及狮泉河-永珠-嘉黎结合带南侧边缘断裂木纠错段继承活化拉张形成的。北端与色林错-班戈错断陷盆地汇合，形成错鄂湖、时补错及二湖区断块山。向南经门德俄玛沟口处产生分支，南延至永珠形成近南北向木纠布曲裂谷，过永竹勒折向南东形成木纠错。幅内长70km±、宽1~10km±，两侧地貌呈锯齿状，具可拼性。永竹桥西侧见有构造角砾岩，走向南北，近直立。木纠错北岸钙华、硅华台地发育，洪积扇平行该带整齐排列。

（2）果芒错-玖如错断陷带（$Ⅲ_{x4}$）新构造特征

该带是沿古构造果芒错南北向断裂（F402）、果芒错-罗布断裂和多巴-玖如错南北向断裂（F404）继承性活化拉张而成的，北端西折至雄梅。果芒错段与狮泉河-永珠-嘉黎结合带北缘断裂汇合形成果芒错，走向南北。果芒错-罗布段走向近EW，与准区骇-普嘎错南北向断裂（F403）交汇形成普嘎错。至生列俄玛南东折与多巴-玖如错南北向断裂汇合形成玖如错，南延出幅。幅内长110km±，平均宽7km±，最宽处13km±。果芒错东西两岸及平切甲香-俄巴等地钙华硅华台地发育。特别是俄巴温泉，水温60℃±，上涌泉，喷泉发育。

上述两断陷带内湖泊及湿地发育。近30年来，通过不同时段遥感图像对比，发现水域面积无明显变化，湿地面积明显增加，反映了它们沉降速度慢于色林错-班戈错断陷盆地区。

4. 地热活动与地震活动

本区在新构造运动过程中，地热活动主要表现为热泉的生成。主要分布在色林错-班戈错断陷盆地南缘及永竹藏布-木纠错断陷带和果芒错-玖如错断陷带。早期热泉多已封闭，形成大小不一的钙华、硅华台地，小则几十平方米，大则几平方公里。如色林错-班戈错断陷湖盆区南缘的工玛、俄玛、汤地、许弄、布穷甲布弄；永竹藏布-木纠错断陷带的木纠错北岸；果芒错-玖如错断陷带的果芒错NE岸等地泉华台地发育，以钙华为主。晚期热泉如炯多及俄巴等地，为现代上涌泉或喷泉，水温30℃~60℃，正在形成钙华台地。

本区沿断裂构造交汇处有新近纪末期小型火山活动，与其后的热泉形成息息相关。

本区地震活动相对中等，发生7~7.9级地震较少，仅在色林错北岸、班戈错东岸发生过，主要沿班公湖-怒江结合带边缘断裂发生，反映了其继承活化性。余下多为4.7~5.9级地震，震中亦多发生在色林错北岸及班戈错附近。

本区的新构造运动是青藏高原新构造运动的局部体现，新构造运动使青藏高原大幅度强烈抬升的同时产生了明显的差异性升降，强化了高原地貌分割，最终形成今天的地貌和地质构造格局。

第二节　地质构造发展史

区域地质构造发展史，主要指区域陆壳的建造和改造以及特提斯的演化和发展的历史。根据不同时期陆壳的形成与演化特点将本区划分为以下几个发展阶段（表5-6）。

一、陆壳基底生成发展阶段

本区位于印度大陆北缘，属冈底斯—念青唐古拉板片北侧中段，其陆壳基底岩石为前震旦纪变质岩系—念青唐古拉岩群。由于区内的基底岩系出露少，分布零星，故其形成与改造的历程很难恢复。据《西藏自治区区域地质志》的研究成果，冈底斯—念青唐古拉板片的基底增生系列由泛非集成事件所造就的岩石组合所构成，为一套高绿片岩相—角闪岩相副变质岩组合。其原岩为类复理石建造及少量基性火山岩，可能代表冈瓦纳大陆北部边缘的陆坡沉积增生带，为早期陆壳生长的一个环节。目前已获得最大同位素年龄值为1 250Ma。基底岩系上最早的盖层为可能不整合其上的绿片岩相变质的震旦—寒武系肉切村群和齐吾贡巴群。而本区念青唐古拉岩群上岩组的绿片岩相变质岩石组合可能与齐吾贡巴群相当。因此，区内早期陆壳形成作用主要发生在前寒武纪末期，可能持续到加里东早期。

二、萌特提斯阶段

早古生代时期，南北大陆的基底已基本形成。随着萌特提斯洋的诞生，区内柯尔多—拉塞一带沉积了奥陶—志留系，即为冈瓦纳大陆北缘的一大套台地碳酸盐岩—碎屑岩组合，为稳定背景下的浅海环境沉积建造。值得指出的是，在永珠蛇绿岩带以北早奥陶世晚期的拉塞组灰岩中，发现了北方大陆生物群典型分子——阿门角石、珠角石、链角石、五顶角石、灰角石等，至少说明这是一个生物混生带，而当时的南北大陆相距并不一定很遥远。

由于“古太平洋”在震旦纪—古生代的持续扩张，驱使扬子—华南陆块相对于冈瓦纳大陆向西漂移，扬子—华南陆块同中朝古陆以及塔里木地块等于早古生代末—晚古生代初组成华夏复合古陆。与此

表5-6 区域地质事件表

地质年代：纪	世	地层单元	岩浆岩单元	变质岩单元	沉积事件	岩浆事件	变质事件	构造环境	构造阶段	备注
新近纪	上新世	乌郁群			山间盆地火山—沉积建造	中—酸性火山岩		山间盆地	整体隆升陆壳阶段；均衡调整期	
	中新世									
古近纪	渐新世；始新世	丁青湖组								
	古新世	牛堡组	中粗粒似斑状二长花岗岩		陆内断陷盆地沉积建造	后碰撞花岗岩侵位		陆内断陷盆地		59.4 Ma (K-Ar)
白垩纪	晚白垩世		中细粒似斑状二长花岗岩						碰撞阶段；造山期	69.1 Ma (K-Ar)
			中粗粒二长花岗岩							70.6 Ma (K-Ar)
			中粗粒似斑状二长花岗岩			同碰撞花岗岩侵位				94.4 Ma (K-Ar)
		竟柱山组			前陆堆积—磨拉石建造					
			超镁铁质岩（Σ_2）			超镁铁质岩				
	早白垩世	捷嘎组：余穷组、康曲组、郎山组			弧间裂谷盆地复理石建造；岛链带火山沉积建造；弧前盆地复理石建造		低级动力变质	弧间裂谷盆地；燕山期岩浆弧；弧前盆地	中特提斯阶段；弧盆演化期	
		则弄群：多尼组；达过火山岩；弄巴砾岩；桂牙岩组		桂牙岩组		中—酸性火山岩；消减带花岗岩侵位				95.5-102 Ma (K-Ar)
		二段	中粗粒黑云母花岗闪长岩							105 Ma (K-Ar)
		一段	中粒黑云母花岗闪长岩			基性火山岩				120-130Ma (K-Ar)
侏罗纪	晚侏罗世	日拉组；索尔碎屑岩；接奴群	放射虫硅质岩枕状玄武岩；基性岩墙群；堆晶杂岩			碱性玄武岩；钙碱性基性岩墙；（超）镁铁质堆晶杂岩				114-133Ma (U-Pb)；139Ma(K-Ar)
	中侏罗世					中—酸性火山岩				
	早侏罗世		球状超镁铁质岩（Σ_1）			超镁铁质岩		陆缘裂陷盆地	陆缘裂陷期	
三叠世	晚三叠世	多布日组								
	中三叠世									
	早三叠世									
二叠世	晚二叠世	木纠错组			陆表海沉积建造			台地	古特提斯阶段；半稳定陆台期	
	中二叠世	下拉组								
	早二叠世	昂杰组								
石炭纪	晚石炭纪	拉嘎组								
	早石炭纪	永珠组								
泥盆纪	晚泥盆世；中泥盆世	查果罗马组								
	早泥盆世	达尔东组								
志留纪	顶志留世；晚志留世	扎弄俄玛组							萌特提斯阶段；稳定陆台期	
	中志留世；早志留世	德悟卡下组								
奥陶纪	晚奥陶世	刚木桑组								
	中奥陶世	柯尔多组								
	早奥陶世	拉赛灰岩								
前震旦纪		念青唐古拉岩群：上岩组		念青唐古拉岩群	类复理石建造		低级区域变质	陆壳增生带	陆壳生成阶段；陆壳增生期	
		念青唐古拉岩群：下岩组					中级区域变质			

同时，印度地块北部也出现局部的张裂活动，形成了达尔东组等一套以细碎屑岩、碳酸盐岩为主的复陆屑岩石组合。顶志留世上部化石带的缺失和下泥盆统底部砾岩的出现，以及早泥盆世岩层中多见有奥陶纪牙形刺的再沉积混入等均说明区内在早晚古生代之间有不整合存在。

三、古特提斯阶段

晚古生代时期，全球的大地构造格局及古地理环境发生了巨大变化。其中重要事件有：石炭—二叠纪大冰期导致一次广泛的大陆冰川活动，印度地块以北的广阔边缘海域成为冈瓦纳大陆北缘最大的冰海沉积区，在区内的表现即为晚石炭世拉嘎组冰积杂砾岩的广泛出露；安加拉古陆、欧美古陆和华夏古陆构成鼎足之势，形成晚古生代三大植物地理区；石炭纪晚期，欧美古陆与冈瓦纳大陆北缘碰接，从而揭开了组建“联合大陆”的序幕。在整个古特提斯阶段，本区均处于冈瓦纳大陆北缘相对稳定的陆表海环境。除晚石炭世冰海沉积外，均为台地碳酸盐岩—浅海（局部为半深海）碎屑岩组合。

四、中特提斯阶段

中特提斯海域萌生于古特提斯阶段的晚期，三叠纪初，冈瓦纳大陆北缘开始出现开合转换。晚三叠纪末期，沿金沙江缝合带发生俯冲和碰撞。使羌塘地块北移的同时，班公错-怒江-带相应地发生伸展和裂陷，形成中特提斯海盆及相应的蛇绿岩组合。这一时期的伸展和裂陷活动对本区产生了巨大影响，与之近同步地产生了狮泉河-永珠-纳木错—嘉黎伸展裂陷盆地。尽管后者的伸展和裂陷活动没有班怒带表现得那样强烈，但在该带上出露的晚三叠世海陆交互相（以海相为主）多布日组能够充分地证明这一构造活动的存在。然而在该带尚未见有早—中侏罗世地层记录，说明这时曾有强度不大的聚敛抬升。与此聚敛抬升阶段相伴随，以辉石橄榄岩为主的超镁铁质岩以高熔状态侵入中二叠世下拉组。该岩石呈球状构造，“球体”和“基质”成分完全相同。此岩石可能为熔浆在特殊的同生构造变动环境下所形成。

在晚侏罗世，受班怒带开始聚敛的影响，狮泉河-永珠-嘉黎一带处于强烈拉伸环境，形成了一系列的盆岭构造。与此构造发展阶段相适应，沿该带沉积了晚侏罗-早白垩世日拉组。而日拉组早期的沉积组合无论在纵向上还是在横向上变化均十分明显。这是由于多盆岭构造环境下物源区不同及就地取材的沉积结果。从某种意义上来说，日拉组早期沉积起到了填平补齐的作用。例如早期被剥蚀暴露于地表的球状超镁铁质岩，在再度伸展裂陷活动中沉入海底，形成了远岸橄榄质海山。由于波浪等侵蚀作用，在海山周围形成了裙裾堆积的以橄榄质碎屑为主、钙质胶结的特殊沉积岩石组合——索尔碎屑岩。与缓慢而持续的伸展作用相伴随，异常地幔强烈上涌，在减压增温过程中，地幔岩高度熔融，并在下地壳形成岩浆房，随着下地壳岩浆分异作用加强，在形成堆晶橄榄岩、堆晶辉长岩等堆晶系列岩石期间，沿断裂不断有基性岩浆上侵，形成规模巨大的基性岩墙群，由于拉张应力强度不大，且岩浆上涌动力不充足，致使岩浆多没有直接喷出地表，而只能不断形成密集而平行的浅成相岩墙群。在岩墙群不断上侵过程中岩浆不断分异，不相容元素不断进入熔体相，致使残余岩浆不断富集并向碱性方面演化，最后随着拉张作用的持续及岩浆动力的集聚，残余的碱性玄武岩浆喷出形成具拉张特征的碱性玄武岩。

晚侏罗-早白垩世，受雅江带强烈伸展作用及班怒带强烈俯冲的影响，本区从多尼组中段开始明显出现聚敛特征。缓慢的隆起使本区逐渐成为昂龙冈日-班戈-腾冲燕山期岩浆弧岛链的连接带。这从多尼组砂岩中含有大量次棱角状硅质岩碎屑（最多可达35%）可得到有力证明，本区在多尼晚期曾一度露出水面而出现了强烈的钙碱性中酸性火山岩浆活动。这些火山岩在 $\mathrm{Log}\tau-\mathrm{Log}\sigma$ 图上投到消减带（B）区，在岩浆岩系列划分上主要为钙碱系列，属岛弧环境。区内分布的班戈岩体等燕山期花岗岩类的各种参数均与岛弧岩浆岩相吻合。

在昂龙冈日-班戈-腾冲燕山期岩浆弧的北侧形成了弧前盆地，发育有深水-半深水相的复理石沉积，在其后的羌塘板块强烈俯冲下，这套复理石沉积物发生了复杂的变质变形，最终形成了大套有序而局部无序的桂牙岩组，构成了班怒结合带南带。

在昂龙冈日-班戈-腾冲燕山期岩浆弧南侧形成了弧间盆地（相对冈底斯岩浆弧而言），沉积了日拉组、则弄群和捷嘎组等。这些地层单元在其后的聚敛-碰撞过程中多被切割成各种形态的岩片，与蛇绿岩等一起构成永珠构造拼贴岩带。

早白垩世末—晚白垩世初，随着盆内聚敛作用的加剧，永珠带内高度熔融的辉石橄榄质岩浆为主的超镁铁质岩浆大规模侵位。所侵入的最高层位为早白垩世则弄组。在接触带内带出现强蛇纹石化，菱镁岩化，有时可见强烈重结晶的围岩捕虏体，外带表现为明显的黑色热蚀变晕，晕宽0.5～2.0m，显微镜下观察多具有角岩特征，而部分薄片见有明显的矽卡岩化特征，其矿物交代顺序为铬尖晶石→磁铁矿→石榴石→阳起石。在与石英砂岩的接触部位，石英砂岩重结晶作用十分明显，已达到次生石英岩。由于后期构造的叠加改造，这些原始的接触关系多被改造成断层接触。但在岩体转弯处等受应力影响弱的部位，则很好地保留了其岩浆侵位特征。

晚白垩早期碰撞作用发生，形成了永珠构造拼贴岩带。拼贴岩带两侧的表层岩石均反向逆冲，产生了一系列相向倾斜、相背逆冲的推覆体。尤其在朗庆山一带，早白垩世地层形成轴面南倾倒转复背斜，在向北逆冲推覆过程中，沿前锋山链形成快速裙弧堆积，沉积了具磨拉石性质的竟柱山组。这种逆冲推覆与快速堆积几乎是同步进行，此时正是海盆闭合与碰撞造山的转折点。与碰撞造山过程相对应，岩浆活动主要表现为晚白垩世中晚期壳幔过渡型花岗岩类侵位（图5－20）。

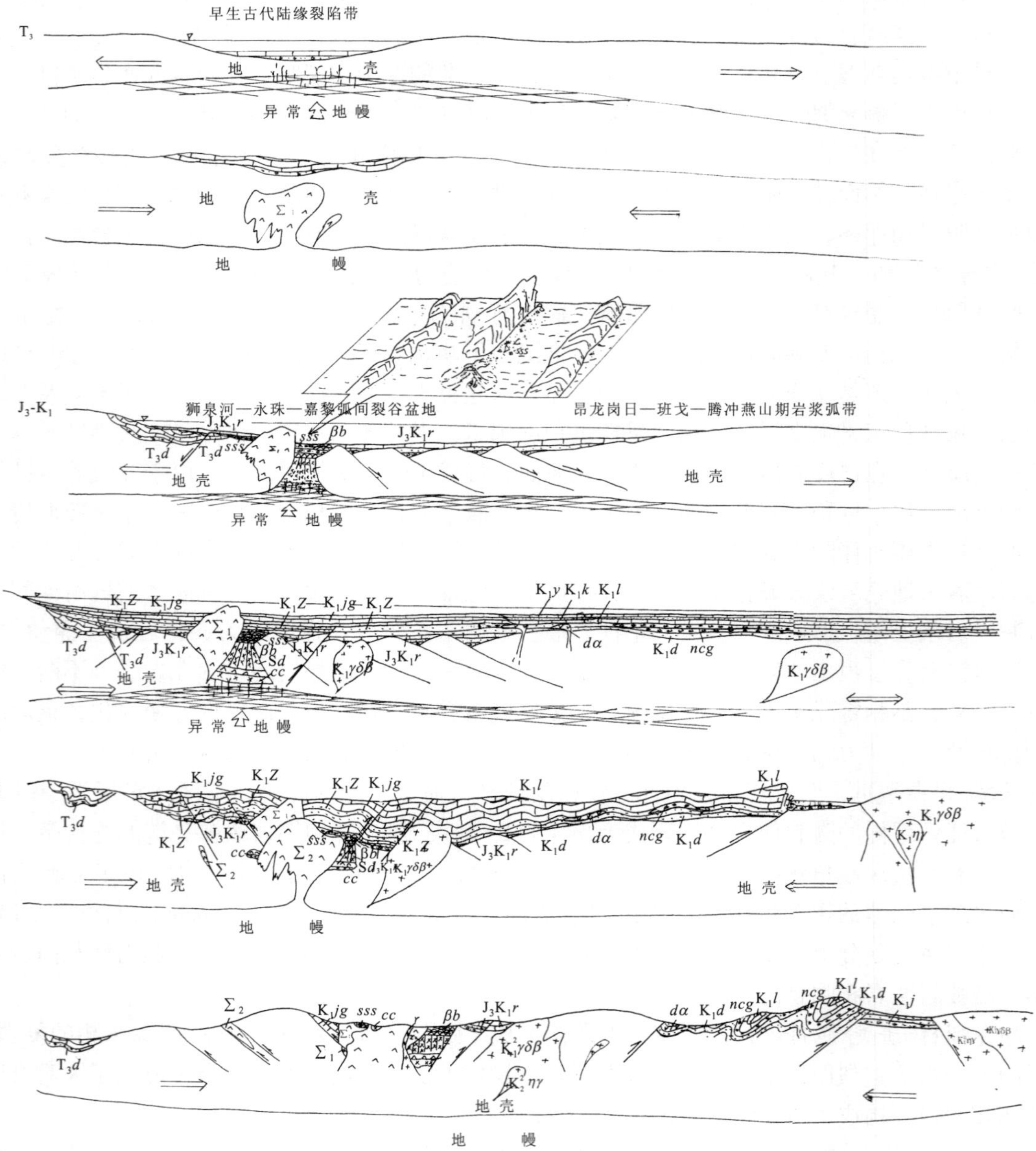

图5－20　永珠蛇绿岩带构造演化模式图

综上所述，永珠—纳木错蛇绿岩带从萌生—发展—消亡，从其时间上要晚于班怒带而早于雅江带。从其形成机制及演化类型上看，亦明显有别于班怒带及雅江带，完整的蛇绿岩岩石单元组合，具典型热侵位特征的超镁铁质岩体，非深海相的放射虫硅质岩，不发育的沟—弧盆体系均说明蛇绿岩的成因机制具有多样性。

五、陆壳改造—高原隆升发展阶段

本区自晚白垩世洋壳闭合，海水退出后，完全结束了海相沉积史。古近纪伊始，随着雅江带的由南向北俯冲，冈底斯岩浆弧主体形成并大幅抬升。受其影响，冈底斯—念青唐古拉板片北缘的班怒结合带活化断陷，形成了包括班戈盆地和伦坡拉盆地在内的一系列近东西向延伸的内陆湖泊盆地，即西藏地质志上称之为“‘班公错-怒江带’的第三系”，主要以深湖-半深湖相粗砂、页岩沉积为主，含油页岩。从湖相沉积厚度大、分布范围广的特征看，显示了这一时期的湖泊已具有相当大的规模，并且湖水温度适宜，生物繁盛。水中生长着真菌、藻类、介形虫、有孔虫、鱼虾等淡水生物，同时在湖岸和山地还生长着森林灌木、杂草等。从丁青湖组孢粉分析亦可看出，古近纪末期已有适应山坡、丘陵生长的松、栎、榆等，亦有平原地带所见的桦、芸菁、木兰及柳等。表明当时的地形起伏已经比较明显，推测当时山地高度已达 1 500m。从植物群的特征看，反映了热带和亚热带的气候环境。由于在古近纪末期地壳的快速抬升，湖水大幅度萎缩以至结束沉积。

新近纪是青藏高原整体隆升速度较快的阶段。区内主要表现为东西向构造的继承活化和北东、北西向剪切走滑，同时南北向张性裂陷大量形成。在上述构造交汇部位常形成小型（点射式）火山口，伴有少量火山—沉积产物—乌郁群。乌郁群的碎屑岩均以紫色为特征，少含生物化石，表明其生成环境为干燥炎热的山间盆地。

进入第四纪，在青藏高原整体大幅度快速隆升的背景下，受新近纪晚期构造格局的影响，本区以差异性升降为基本特征。形成了以色林错、班戈错为代表的一系列受构造控制的湖泊。湖泊的演化明显受高原隆升幅度、差异性升降幅度及气候环境等因素控制。据有关资料，青藏高原在挽近 120 万年以来，每千年以 2. 042m 的速度向上抬升。其中在中更新世每千年抬升 2. 233m，晚更新世则达到每千年抬升 4. 200m 之多，全新世后半期的抬升速度每千年高达 48m。第四纪时期，除前述高原巨幅抬升外，气候波动也相当频繁。在挽近 260 万年以来，曾出现过 6 次冰期和 5 次间冰期。每次冰期和间冰期均对湖水面积产生明显影响。在中更新世大冰期之后，中更新世后期到晚更新世早期的间冰期，气候转暖，植被发育，雨量充沛，冰川溶化，湖水面积激增。许多湖泊在当时都是连在一起的，在西藏的地质历史上称之为“大水湖时期”。但晚更新世中晚期，由于青藏高原和喜马拉雅山的强烈抬升，后者已变成阻挡潮湿气团进入本区的障碍，致使本区日趋干旱，湖面分割萎缩，普遍发育了盐湖。全新世以来地势仍不断升高，气候日益干旱，致使许多湖泊趋于消亡。

与上述特征有所不同的是本区北半部色林错、班戈错一带的湖水面积在 1969 年以来增加了近 20%。究其原因，一是由于新构造活动影响，色林错一带有断陷下降的趋势，二是近年的气候转暖，雨量相对增多，加上源自唐古拉雪山的扎加藏布补给量增大所至。

第六章　经济地质

第一节　矿产

一、区域矿产特征

（一）概述

多巴区幅矿产调查工作是在1∶100万区域地质调查和1∶50万区域化探以及1∶20万航磁工作基础上展开的。本次工作以路线调查，收集各类矿化信息，分析地球物理、地球化学以及遥感信息为主要方法来完成区域地质矿产调查。

具体进行了以下三个方面的工作。第一，伴随路线地质填图，追索各种蚀变矿化特征，断层破碎带、各种蚀变（变质）岩石特征，并采取基本分析样了解岩石的基本矿化特征。第二，在路线调查工作中，针对前人工作的矿点和物化探异常也进行了追索及收集相应的区域矿产资料。第三，对路线调查中矿化显著的矿点重点安排了地表路线调查，如对桑日铜矿点进行岩石光谱剖面测量和1∶1万路线调查与追索。通过上述工作（表6－1），图幅内共见有各种矿（床）点39处，其中新发现矿（化）点18处。

表6－1　主要工作量一览表

工作项目	单位	2000年度	2001年度	2002年度	合计
1∶1万路线调查	km^2		12		12
路线检查异常	个	2	6		8
基本分析	件	28	23	4	55
野外快速分析	件		91		91
岩石光谱剖面测量	m	600			600
岩石光谱样	件	22			22

（二）区域矿产特征

多巴区幅已知矿产分为内生和外生成矿作用矿产（表6－2）。在内生成矿作用矿产中又划分为岩浆成矿作用和热液成矿作用，外生成矿作用可划分为机械和化学沉积成矿作用，对其各类矿产特征简述如下。

1. 沉积作用矿产

区内沉积矿产10处，有以下矿种：

①硼锂镁盐类；

②油页岩；

表 6 - 2　多巴区幅矿产特征表

序号	矿产地名称	座标	矿种	成矿作用	矿产地质（矿体）特征	类型与规模	矿产地综合信息特征	重砂	时代	资料来源与评价	原编号	备注
1	达木硼矿	88°38′37″ 31°58′55″		盐湖蒸发一化学沉积	第四纪干化盐湖	大型	nt 10 ~ 20		Q			收集
2	一大队菱镁矿	88°42′24″ 31°58′52″		盐湖蒸发一化学沉积	第四纪干化盐湖	矿化	nt 10 ~ 15		Q			收集
3	论波日（壮白日）油页岩	89°48′10″ 31°57′00″	油页岩	有机质沉积还原烃化	灰色沥青质页岩褐黄色粉砂岩与灰白色条纹一条带状钙质泥岩、粉砂岩韵律层	矿化	nt 为零值区		E_3	1:25 万区调壮白日丁青湖组剖面		
4	床玛油气矿点	89°54′25″ 31°54′56″		有机质沉积还原烃化	灰色沥青质页岩褐黄色粉砂岩与灰白色条纹一条带状钙质泥岩、粉砂岩韵律层	矿点	nt - 10 ~ 0 区域		E_3			需收集
5	枕枕长巴硼矿点	89°35′04″ 31°47′28″		盐湖蒸发一化学沉积	干化盐湖盆		Hg，Cr 元素异常区内					
6	班戈错菱镁矿	89°30′23″ 31°45′26″	菱镁矿	盐湖蒸发一化学沉积	第四纪（现代）干化盐湖盆	中型	nt -5 ~ -10		Q			部分开采
7	班戈错硼矿	89°27′46″ 31°42′21″		盐湖蒸发一化学沉积	第四纪（现代）干化盐湖盆	大型	nt - 7.5 ~ - 10		Q			部分开采
8	卡来金铜矿点	89°56′30″ 31°42′10″	黄铜矿	接触交代	北西向构造控制花岗闪长岩脉分布，侵入围岩为灰岩、钙质泥岩、粉砂质泥岩，在其破碎蚀变部位发育不规则脉状铜矿化	矿点	nt > 35		K_2	1:25 万路线调查 D7142		
9	那余俄勒沥青矿化点	88°56′42″ 31°41′18″		含有机质碳酸盐沉积，后被还原烃化作用	为 K_1l 郎山组灰岩，沿层理面有沥青质成分浸出	矿化	nt 为零值区		K_1	1:25 万路线调查 D7084		
10	雅个冬错硼矿	89°00′09″ 31°34′47″		盐湖蒸发一化学沉积	雅个冬错盐化湖盆区	矿化	nt 为 - 10		Q			
11	日那铜矿点	89°23′54″ 31°30′59″	黄铜矿	接触交代	雄巴单元粗粒似斑状花岗岩与 K_1d、K_1l 岩性（碎屑岩和灰岩）接触带发育铜矿化	矿化	nt 0 ~ 35 Sb，Pb 元素异常区内	雄巴岩体具方铅矿重砂	K_2			
12	梭沙铜矿点	89°29′51″ 31°30′32″	黄铜矿	接触交代	雄巴单元中粒黑云母斜长花岗岩内接触带含灰岩，碎屑岩捕虏体部位发育铜矿化	矿点	nt0 - 10 区域	雄巴岩体具方铅矿重砂	K_2			

续表 6－2

序号	矿产地名称	座标	矿种	成矿作用	矿产地质（矿体）特征	类型与规模	矿产地综合信息特征	重砂	时代	资料来源与评价	原编号	备注
13	桑日金铜矿点	89°18′57″ 31°26′56″	黄铜矿、自然金	接触交代	中粒黑云母花岗岩与灰白色条带状（豹皮状）灰岩侵入接触，矿化在顶垂体部位分布，岩石发生透辉石、阳起石、绿帘石、矽卡岩，而伟晶绿帘石具宝玉石矿物学特征	矿点			K_2	1:25 万路线调查 D4061 矿点路线调查		
14	档垌南阿哥舍日金矿化点	88°47′33″ 31°23′16″		火山热液	$d\alpha$ 达过火山岩系中安山岩中发育闪长玢岩、分析闪长玢岩具火山通道特征	矿化	nt 为负值区，－60～－70		K_1	1:25 万火山岩剖面 SV 调查		
15	档垌东张金淌嘎金矿点	88°49′42″ 31°23′32″		火山热液	$d\alpha$ 达过火山岩系中流纹岩具硅化，褐铁矿化蚀变，局部金呈矿化特点	矿点	nt －25～－40		K_1	1:25 万路线踏勘		
16	拉嘎甲拥金矿化点	88°46′37″ 31°21′28″		火山热液	$d\alpha$ 达过火山岩系中安山岩发生破碎蚀变具硅化，褐铁矿化，孔雀石化	矿化	nt －40～－50		K_1	1:25 万火山岩剖面 SV 调查		
17	达过铜矿点	88°58′35″ 31°23′15″	黄铜矿、斑铜矿	接触交代	东西向构造控制花岗闪长岩脉分布，接触部位发生矽卡岩化、大理岩化，在大理岩中具脉状分布的铜（金）矿体，已发现数处矿脉	矿点	nt－30		燕山			部分开采
18	俄右铜矿点	89°03′13″ 31°23′47″	黄铜矿、方铅矿	岩浆热液	东西向构造控制花岗闪长岩脉分布，在接触部位 K_1d 碎屑岩中发育不规则脉状、囊状矿化体	矿化	nt －10～－15		燕山	1:25 万路线调查 D7066－7068 矿化点路线调查		
19	松查俄加珍珠岩矿点	88°38′44″ 31°19′11″	珍珠岩		$d\alpha$ 达过火山岩系流纹岩中发育灰黑色珍珠岩，走向近南北；有玛瑙球分布的流纹岩呈粉红色或粉紫色特征	矿点	nt35～75		K_1	1:25 万路线调查 D4108－4109		
20	侧波扎嘎尔磁铁矿	88°43′22″ 31°17′19″	磁铁矿	岩浆分异熔离	辉石橄榄岩与 P_2x 下拉组灰岩接触部位断续分布，透镜状豆夹状磁铁矿体，单个矿体长 10m，宽 1～2m	矿点	nt125～300			1:25 万路线调查		进一步工作
21	侧波积异（昂扎）磁铁矿	88°43′4″ 31°15′28″	磁铁矿	岩浆分异熔离	辉石橄榄岩与 P_2x 下拉组灰岩接触部位断续分布透镜状磁铁矿体，单个矿体长 10m，宽 1～2m	矿点	nt70～160		K_2	1:25 万路线调查 K274，前人 TC 矿体长 10m，宽 7m，产状 200°∠75°		进一步工作
22	节日嘎巴铬铁矿	88°46′48″ 31°16′44″	铬铁矿	岩浆分异熔离		矿点	Ni，Cr 元素北西向带状异常 nt150～260		K_2			

续表 6－2

序号	矿产地名称	座标	矿种	成矿作用	矿产地质（矿体）特征	类型与规模	矿产地综合信息特征	重砂	时代	资料来源与评价	原编号	备注
23	给日阿巴金矿化点	89°35′07″ 31°15′28″		岩浆热液—热液	石英脉沿东西向断层系统贯入到 K_1d，灰黑色粉砂岩，石英砂岩中，单脉宽 20～50cm，不规则状分布	矿化	Ag 元素异常区，nt5～20		喜山期	1:25 万路线调查 D1124		
24	社样金矿点	89°35′18″ 36°16′20″		岩浆热液—热液	闪长玢岩呈南北向脉状侵入到 K_1d 灰黑色泥质粉砂岩中，产状 45°∠30°，不规则网格状褐铁矿化石英脉局部金富集	矿化	Ag 元素异常区，nt0～10		喜山期	1:25 万路线调查 D1123		
25	查朗拉铜矿点	89°49′52″ 31°15′36″	黄铜矿	接触交代	雪如岩体中粗粒似斑状（二长）花岗岩中灰岩 K_1l 捕房体（顶垂体）部位发育矽卡岩化，且有透镜状铜矿体，分布在矽卡岩中，长 10*m*，宽 5*m*	矿点	*nt*0～15		喜山期	1:25 万路线调查 D4140		
26	萨卡西 1 号金矿点	89°00′07″ 31°12′30″		构造变质热液	永珠蛇绿岩带，纯橄岩、辉橄岩、经构造作用蚀变，具碳酸盐化。强硅化、褐铁矿化、蚀变岩呈不规则脉状	矿点	Au 元素异常区，nt20～90		K_2	1:50 万萨卡 Au 异常踏查 K108		
27	萨卡西 2 号金矿化点	89°00′45″ 31°13′00″		构造变质热液	永珠蛇绿岩带，纯橄岩、辉橄岩、经构造作用蚀变，蛇纹石化、碳具酸盐化、形成强硅化、褐铁矿化，蚀变岩呈不规则脉状	矿化	Au 元素异常区，nt110		K_2	1:50 万萨卡 Au 异常路线检查 K10，K109		
28	扎日阿铬铁矿	89°07′58″ 31°10′00″		岩浆分异熔离	变质橄榄岩辉橄岩中发育铬铁矿小透镜体	矿化	Ag，Ni 元素异常区，nt110～150	SIV－Rz－4 方铅矿、闪锌矿、斑铜矿重砂	K_2			
29	果芒错硼矿点	89°12′01″ 31°09′47″		盐湖蒸发—化学沉积	果芒错咸化湖盆区	矿化	nt150～170 反映湖盆岩性为橄榄岩类		Q			
30	可嘎林曲金铜矿点	89°17′53″ 31°13′05″	黄铜矿	接触交代	中粗粒黑云母花岗闪长岩与日拉组灰岩，灰黑色粉砂岩，泥岩接触部位发生矽卡岩型金铜矿化，矿体呈不规则透镜状	矿点	nt－20～－60	SXI－RZ_1 方铅矿重砂	K_1	1:25 万路线调查 D4124，D2130，SXI 岩石剖面调查		
31	雪如多金属矿点	89°51′05″ 31°13′15″		接触交代	粗粒似斑状花岗岩（雪如岩体）侵入 K_1l 郎山组灰岩、K_1d 多尼组碎屑岩中，在地层捕虏体部位（岩体内接触带）发生矽卡岩化，其蚀变岩石中局部富集多金属	矿点	Ag，Pb，Bi 元素异常区 nt50～60		喜山期			

续表 6-2

序号	矿产地名称	座标	矿种	成矿作用	矿产地质（矿体）特征	类型与规模	矿产地综合信息特征	重砂	时代	资料来源与评价	原编号	备注
32	棋玛多金属矿点（锡）	89°53′31″ 31°11′54″		接触交代	粗粒似斑状花岗岩（雪如岩体）侵入 K_1l 郎山组灰岩 K_1d 多尼组碎屑岩中，在地层捕虏体部位（岩体内接触带）发生矽卡岩化，其蚀变岩石中局部富集多金属	矿点	Bi，W 元素异常区，nt 70～110		喜山期			
33	更乃锡、多金属矿点	89°54′04″ 31°12′26″		接触交代	粗粒似斑状花岗岩（雪如岩体）侵入 K_1l 郎山组灰岩、K_1d 多尼组碎屑岩中，在地层捕虏体部位（岩体内接触带）发生矽卡岩化，其蚀变岩石中局部富集多金属	矿点	Bi，W 元素异常区，nt 70～115		喜山期			
34	罗布锡、多金属矿点	89°55′09″ 31°10′40″		接触交代	粗粒似斑状花岗岩（雪如岩体）侵入 K_1l 郎山组灰岩、K_1d 多尼组碎屑岩中，在地层捕虏体部位（岩体内接触带）发生矽卡岩化，其蚀变岩石中局部富集多金属	矿化	Bi，W 元素异常区，nt 60		喜山期			
35	索尔磁铁矿点	89°13′48″ 31°07′36″			粗粒似斑状黑云母花岗岩与 $C_{1-2}y$ 永珠组泥质粉砂岩接触部位发生磁铁矿化	矿化	Cr，Ni 北西向带状异常内 nt 45～60		燕山期	前人工作 TC 工程内未见铁矿化		
36	昌拉铜矿点	89°22′00″ 31°05′13″	黄铜矿	热液—岩浆热液	基性岩墙群，辉绿（玢）岩中有石英脉贯入，石英脉中黄铜矿局部富集，脉宽一般 1～2m，也有近 5m 的膨胀部位，断续延长大于 100m，也有近 500m 长的石英脉	矿点	nt 30～40	$SX-RZ_1$ 金近百粒，银几粒，泡铋矿十几粒，$SX-RZ_2$ 金 +n 粒方铅矿几粒		本次区调 G_3 剖面调查本次区调 SX 剖面调查		
37	普嘎错硼矿点	89°32′30″ 31°06′29″		盐湖蒸发—化学沉积	普嘎错咸化湖盆区	矿化	nt -15～-25		Q			
38	普嘎错磷矿点	88°42′18″ 31°01′13″		沉积	昂杰组灰黑色泥质粉砂岩	矿化	nt -10～0		华力西期			
39	舍所铜矿点	89°22′17″ 31°00′33″	黄铜矿	热液	AnZNq 念青唐古拉群斜长角闪岩中发育不规则石英脉，石英脉中局部富集黄铜矿	矿化	nt -15～-25			本次区调 G_3 剖面调查		

③磷灰石（灰岩—白云岩）。

其中，含磷灰石矿层为石炭系拉嘎组碎屑岩，灰岩—白云岩层位为泥盆系查果罗玛组上部的厚层（质纯）灰岩和白云岩。油页岩赋存层位为古近系丁青湖组泥岩、页岩、凝灰岩、油页岩韵律式沉积。第四系盐湖矿化表现为班戈错等硼镁矿产分布。

区内硼镁与油页岩为可利用资源。

2. 岩浆分异熔离矿产

区内岩浆熔离型矿点 5 处，矿种为铬铁矿及磁铁矿。该类矿产分布在蛇绿岩带内，前人做过较多工作，找到各种规模矿点多处。本次工作旨在收集整理前人资料。

3. 热液型矿产

区内各类热液型矿点 24 处，按其特征可划分如下：

（1）岩浆热液（含接触交代）

该类矿产为区内中酸性岩浆岩带内（空间相伴）的主要矿产，矿化元素以 Au、Cu 为主，局部含 Sn、W、Mo 等矿化，其中金铜矿化较有规模。

（2）火山热液

区内主要火山岩层位（达过火山岩）具 Au、Cu 矿化，多沿构造蚀变带发生硅化、孔雀石化。

（3）构造改造—热液叠加矿产

主要分布在蛇绿岩带构造边界部位，经构造变质、热液叠加形成碳酸盐化、硅化、褐铁矿化蚀变带，其蚀变岩中具金矿化。

二、矿产各论

（一）接触交代作用形成的矽卡岩型（矿产-桑日金铜矿点特征　矿产编号（13））

1. 矿点地质特征

出露地层为奥陶纪拉塞组灰岩 O_1l，灰白色条带状（硅质条带）灰岩、豹皮状灰岩，走向北东至近南北，产状 270° ~340°∠30° ~50°。岩浆岩为浅肉红-灰白色中粒黑云母二长花岗岩以及钠长斑岩脉。北东东向的压性断层控制了黑云母二长花岗岩（岩株）的侵入和分布。矿点地质特征详见桑日金铜矿点地质草图。

2. 矿点物化探特征

（1）航磁特征

金铜矿点位于区域航磁磁场中的相对高值区，nt 值为 -70 ~ -10，低值区为灰岩、石英细（粉）砂岩分布区，低值中的相对高值区为矽卡岩分布区。该特征说明在矿化蚀变中磁性矿物含量具增加的特点。

（2）地球化学特征

矿点地球化学背景区域上为正常场特征，其中 Au：$0.8\times10^{-9}\sim1.0\times10^{-9}$、Ag：$40\times10^{-9}\sim50\times10^{-9}$、Cu：$10\times10^{-6}\sim12\times10^{-6}$、Pb：$12\times10^{-6}\sim15\times10^{-6}$、Sn：$3\times10^{-6}\sim4\times10^{-6}$、Pn：$0.4\times10^{-6}\sim0.5\times10^{-6}$，低背景的元素为 Cr：$40\times10^{-6}\sim50\times10^{-6}$。

（3）矿点岩石光谱

对桑日矿点进行了 1∶2 000 岩石光谱剖面测量，分析了 Au、Ag、Cu、Pb、Zn、Sn、Bi、Mo、As、Sb、Hg 元素，其中 Au、Ag、Cu、Pb、Sn、Bi、Mo 元素组呈正相关，即两条矿（化）体与钠长斑岩均在正异常峰值区吻合，异常特征详见桑日铜矿点岩石光谱测量剖面图，该特征反映矽卡岩中矿化元素为 Au、Ag、Cu、Pb、Sn。

3. 矿（化）体特征

该点已知两条金铜矿化体，呈不规则透镜状分布，其特征如表 6 - 3 所示。

表 6 - 3　矿（化）体特征

矿体号	矿体规模		矿体走向	倾角	品位		矿体形态
	长	宽			Au（10^{-6}）	Cu（10^{-2}）	
Ⅰ	>100	75	北北西	近直立	0.55 ~ 1.4		透镜状-囊状
Ⅱ	>100	80	北北西	近直立	2.30	3.88	透镜状-囊状

注：矿体规模单位为 m

矿化体伴生有稀散元素硒、碲，其含量为 Se：4.38×10^{-6}、Te：1.08×10^{-6}。

4. 蚀变矿化

该点岩石蚀变为透辉石化、阳起石化、绿帘石化、硅化、碳酸盐化；金属矿化为黄铁矿化、黄铜矿化孔雀石化、斑铜矿化。上述蚀变中与矿化密切的蚀变为阳起石化、绿帘石化。

依据矿石结构构造与交生关系，分析其生成顺序为磁黄铁矿、黄铁矿、黄铜矿-白铁矿-碲铋矿-孔雀石、兰铜矿、褐铁矿。

5. 控矿因素讨论

区内黑云母二长花岗岩沿北东东向构造侵位，在其围岩早奥陶世拉塞组硅质条带灰岩中。发生矽卡岩化，其矽卡岩类型有透辉石矽卡岩、阳起石矽卡岩、绿帘石矽卡岩。

其中伟晶状绿帘石具宝玉石矿物学特征，金铜矿化发生在阳起-绿帘石化矽卡带内。而透辉石矽卡岩呈围岩蚀变特征。

该处黑云母二长花岗岩区域上可与雄巴岩体进行岩石学（宏观）对比，因此时代可参考雄巴单元进行分析，即（80.5Ma）晚白垩世晚期花岗岩浆侵位于硅质条带灰岩中，接触交代作用形成矽卡岩型金铜矿化。该岩体出露面积小，剥蚀较浅。矿化发育在岩体矽卡岩带中，因此深入评价该矿点是较有远景的。

（二）基性岩墙群中（贯入式）石英脉型铜矿化-昌拉铜矿点（矿点编号（36））

1. 矿点地质特征

矿点主要分布于永珠蛇绿岩主要组成单元之一的基性岩墙群中，围岩岩性分为深灰绿色辉绿岩、辉绿玢岩、辉长岩等基性岩墙。岩墙产状为走向近东向，倾角近直立，总体北倾，含黄铜矿石英脉呈贯入特征分布于基性岩墙群中。

2. 矿点物化探特征

（1）航磁特征

矿点在区域航磁图上为正磁场区，nt 值为 15 ~ 40。

（2）地球化学特征

地球化学图中呈高背景（集中场）特征的元素为 Au：$>1.4\times10^{-9}$，Hg：$15\times10^{-9}\sim20\times10^{-9}$，Cu：$>20\times10^{-6}$，Cr：$200\times10^{-6}\sim250\times10^{-6}$；呈正常场的元素为 Sn：$2\times10^{-6}\sim3\times10^{-6}$，Ag：$60\times10^{-6}\sim80\times10^{-6}$，Pb：$15\times10^{-6}\sim20\times10^{-6}$，Bi：$0.2\times10^{-6}\sim0.25\times10^{-6}$，Zn：$40\times10^{-6}\sim50\times10^{-6}$，Sb：$0.8\times10^{-6}\sim1.0\times10^{-6}$。

3. 矿点重（砂）矿物特征

在岩墙群中取人工重砂样，其重矿物组合为金、银、铋矿化（表6－4）。

表6－4　昌拉铜矿点重（砂）矿物特征表

岩石名称	重矿物特征			岩石构造环境	岩石矿化特征
	自然金	自然银	泡铋矿		
浅灰绿色中粒辉长岩	近百余粒	几粒	十几粒	基性岩墙群	金银铋矿化

4. 矿化体特征

矿化体为含铜石英脉，其产状与岩墙群产状基本一致，走向近东西，倾角陡，总体北倾，石英脉宽1～2m，也有近5m宽的膨胀部位，断续分布的长度大于100m。

黄铜矿在石英脉中呈斑点状分布，局部呈团块状，也有沿裂隙分布的黄铜矿细脉。铜品位1.5×10^{-2}（富集部位）。

5. 蚀变矿化

在岩墙群与石英脉边部主要见绿帘石化，石英脉中为黄铜矿、斑铜矿以及次生的孔雀石。

6. （控矿因素）成矿方式讨论

分析该矿点Au、Cu、Cr呈区域富集场特征，人工重砂反映了岩石具金银铋矿化，石英脉产状与岩墙群基本一致，显示了伴随基性岩墙群的侵入与就位，时代为J_3～K，U～Pb同位素年龄参考值为133～114Ma，深源形成的硅质含金铜热液贯入到基性岩墙群中。

（三）永珠蛇绿岩带中的金矿化特征-萨卡1号金矿（化）点（矿产编号（26））

1. 矿点岩石特征

位于永珠蛇绿岩带北侧果芒错至萨卡一带，其岩石为橄榄岩、辉橄岩与地层（日拉组灰岩），断层接触部位发育硅化蚀变带，局部采样分析含金达1×10^{-6}。

2. 含金蚀变带

萨卡西1号蚀变带走向南北，宽2～5m，呈断续的条带状分布。具强硅化和浸染状褐铁矿化现象，该蚀变岩石取样Au：0.54×10^{-6}。

3. 蚀变岩区化探特征

呈高背景（富集场）的元素为Au、Cu、Ti、Mn，正常场的元素为Cr、Pb、Zn，低背景（分散）元素为Ag，其异常值如表6－5所示。

表6－5　蚀变岩区化探异常值

富集元素				正常元素			分散元素
Au	Cu	Ti	Mn	Cr	Pb	Zn	Ag
1.0～5.0	12～43.5	2 000～4 395	400～836	60～150	20～21.5	60～76.1	<50

注：表中Au、Ag为10^{-9}，其他元素为10^{-6}

该蚀变岩区具 Au、Cu、Ti、Mn、Cr、Ni、Pb、Zn 综合异常，其中 Au、Cu、Ti、Mn 元素异常中心吻合。

在上述综合异常中，Au 异常呈近南北向椭圆形分布，具浓集中心两处，其北西部异常中心 Au、Max 为 1.5×10^{-9}，已知的萨卡 1 号含金蚀变岩位于该异常中心部位。南东侧异常中心 Au、Max 为 5×10^{-9}。

Cu 异常近方形，浓集中心一处，Cu、Max 为 43.5×10^{-6}。

Au、Cu 异常中心总体呈北西向，与图内地质体分布吻合。

4. 辉石橄榄岩的重砂矿物特征

在永珠蛇绿岩（辉橄岩）中取人工重砂，有自然金、银、黄铜矿、孔雀石、方铅矿、闪锌矿等重矿物组合，特征如表 6－8 中 2、3、4、5 号样品，上述矿物组合反映了永珠蛇绿岩带岩石系列具 Au、Cu 矿化特征。

5. 矿化蚀变

岩石中普遍发育蛇纹石化、碳酸盐化、硅化、褐铁矿化，其中与蚀变带空间关系密切的为硅化、褐铁矿化。

6. 蚀变（岩）带形成方式讨论

永珠蛇绿岩带岩石组合在构造改造（环境）中，有热水溶液的参与，经碳酸盐化作用过程，形成硅化、褐铁矿化蚀变岩石。在基性-超基性岩石蚀变过程中，金（铜）发生了富集作用，呈现矿化特征。

三、区域地球物理场特征

多巴区幅物探工作是 1967—1971 年西藏自治区物探大队进行的藏北地区 1∶50 万、航磁工作中局部进行的 1∶20 万航磁测量（图 6－1）。从航磁成果看，主要地质特征反映清楚。本次工作对其航磁平剖面图进行初步解译，对局部异常区带与地质体进行关联，进行成矿条件分析，合理地利用了区域航磁资料。

（一）区域磁场特征

1. 区域航磁场分割

区域磁场分割以地质为前提条件，物性（磁性、密度）资料为基础；依据航磁图特征及不同磁场的场态、强度等变化规律，（初步）进行地质等综合信息关联，采用类比法进行区域磁场的地质分析解译（图 6－1）。

2. 区域磁场的地质解译

分析区域航磁剖面平面图物理场，以曲壮来—杀磨拉—更乃为界，划分两个Ⅰ级磁场区，及 34 个Ⅱ级磁场区（图 6－1），即多巴区幅航磁△T 剖面平面图（附场块分区）。

3. 磁场分区地质特征

①Ⅰ区分布在曲壮来—更乃界限以北，即郭加林—接奴—色林错—雄梅—多巴区。△T 总体表现为较平缓的宏观区域负磁场，为中生代地层及下伏花岗质岩石的综合地球物理场（表 6－6），进一步划分出 20 个Ⅱ级区。

②Ⅱ区分布在曲状莱—更乃以南，即木纠错—普嘎错南部。△T 总体为正磁场和具一定梯度变化的负磁场，据场形和强度展布进一步划分出 14 个Ⅱ级场区（表 6－6）。

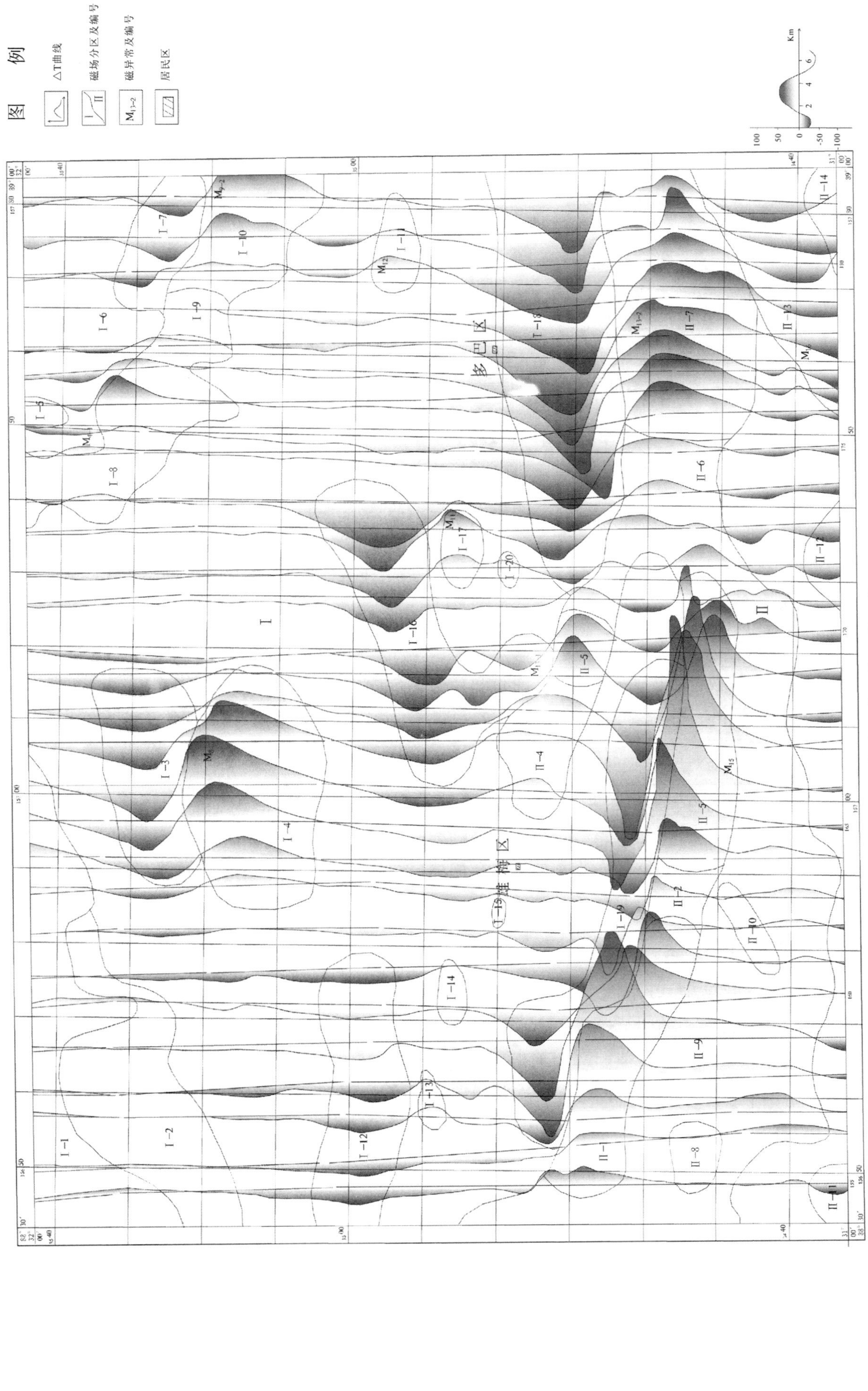

图6-1　多巴区幅航磁剖面平面图（附场块分区）

表 6－6　磁场分区地质特征表

Ⅰ区解译地质特征	Ⅱ区解译地质特征
Ⅰ－1、7 第三纪～白垩纪地层、下伏 $J_{2-3}J$ 火山岩 Ⅰ－2、3、12、16、18、20 为中生代砂砾岩、灰岩地层及下伏花岗质岩石的综合反映 Ⅰ－4、5、8、9、10 为超基性岩和 $J_{2-3}J$ 火山岩的磁场特征 Ⅰ－6 表现出较大厚度 E_3d 丁青湖组地层 Ⅰ－11、13、14、15、17 花岗闪长岩的磁场特征 Ⅰ－19 峰形低负磁场应与钾长花岗岩或与韧性剪切带关系密切	Ⅱ－1、3、5、7 峰形正值异常，梯度变化大，呈近地表或出露地表的超基性岩体的磁场特征，其中Ⅱ－5 为功穷岩体、Ⅱ－7 为雪如岩体 Ⅱ－2、4、6 低缓正值磁场反映出中生代接奴组 $J_{2-3}J$ 砂砾岩，火山岩特定构造环境下的场态 Ⅱ－8、9、10、12、13 客观反映古生代地层和下伏念青唐古拉群变质岩系地层 Ⅱ－11、14 中酸性火山岩和花岗质岩石与石炭二叠纪地层的宏观反映

（二）区域断裂构造磁场特征

1. 区域断裂带的一般磁场特征

①区域磁场线性低值带磁场等值线线性梯度带；
②磁场串珠状异常线性分布；
③磁场等值线同向扭曲带；
④磁场强度、形态、走向变化线性带；
⑤磁场等值线明显膨缩界线。

2. 区域断裂构造

①中浅层次断裂

区域上该构造系统尽管切割深度不同，总体显示近东西向、北西向、北东向、近南北向四组构造线方向，空间上具向南东方向收敛的构造特征。

②中深层次构造

区内解译深断裂一条，分布在曲状莱—雪如线性异常区带内，由 M15、M13（异常）构成，磁异常值 －270～610nt，磁场变化幅度大。断裂东西向贯穿本区展布，宽约 8km，切割深，总体产状南倾，为永珠蛇绿岩和雪如花岗岩就位与空间分布的控制性断裂；该断裂多处被错断，反映了断裂具有继承性发展的特点。因此，以该断裂带进行南北两种不同类型磁场分区，进行地球物理解译较为合理，即北部Ⅰ区、南部Ⅱ区，结合部为深大断裂（板片消减）带。

四、地球化学特征

多巴区幅化探工作范围是在西藏自治区物探大队化探分队进行的 8－45－乙（申扎幅）1∶50 万水系沉积物测量图幅的北东部。该项工作编制了 40 种元素或氧化物的地球化学图及部分元素的综合异常图，反映了工作区的地球化学总体特征。本次工作（在前人基础上）按元素组总结了部分元素的地球化学特征，结合地质体的时间空间分布，进行了成矿区带元素地球化学分布的讨论。

（一）元素分布特征

1. 元素的区域背景值

元素的区域背景含量与特征值如表 6－7 所示。

据元素区域背景值、浓渡克拉克值、单元素地球化学图与地质体特征，取元素异常下限值为 Au：

1.2×10^{-9}，Hg：40×10^{-9}，Ag：80×10^{-9}，Cu：15×10^{-6}，Pb：$20\times10^{-6}\sim25\times10^{-6}$，Zn：$50\times10^{-6}$，Sb：$2\times10^{-6}$，W：$4\times10^{-6}$，Sn：$5\times10^{-6}$，Bi：$0.8\times10^{-6}$，Cr：$150\times10^{-6}$，Ni：$80\times10^{-6}$，进行区域地质异常分析整理。

表6-7　元素背景值特征表

元素	区域背景值	地壳克拉克值	浓度克拉克值	特征值	
As	13.39	1.8	7.44	>1.0	偏高
Sb	0.772	0.2	3.88		
B	33	10.00	3.3		
Bi	0.365	0.17	2.15		
Pb	18.95	12.5	1.52		
W	2.11	1.5	1.41		
Sn	2.757	2	1.38		
Ag	0.065	0.07	0.93	1.0~0.5	正常
Zn	48.69	70	0.7		
Cr	37.00	100	0.37	<0.5	偏低
Mo	0.519	1.5	0.35		
Co	6.143	25	0.25		
Ni	14.95	75	0.2		
Au	0.796	4	0.2		
Cu	10.38	55	0.19		
Hg	0.01	0.08	0.13		

2. 元素的离散特征

用变差系数评价元素的离散特征，变差系数大于1的元素有Hg、Au、Cr、Ni、Sn、B、Bi；1~0.5的元素有Pb、Ag、Mo、As、W、Sb、Zn；小于0.5的元素有Cu、Co。

离散程度大的元素对成矿有利，认为Hg、Au、Cr、Ni、Sn、B、Bi、Pb、Ag、As、W、Sb、Zn等为主要成矿元素或互为伴生及指示元素。

3. 矿化元素与矿化类型

（1）以R型聚类分析在0.5相似水平划分矿化元素组合

①Zn-Ag-Pb-Sn；

②Bi-W；

③Ni-Cr；

④呈单元素分布特征的Mo、Co、Cu、Au、B、Hg等元素。

（2）以R型主因子分析与区域地质条件分析划分矿化类型

①砂金矿化；

②银铅锌中低温热液型矿化；

③硼锂镁盐湖沉积型矿化；

④铋钨钼高温热液型矿化；

⑤钴镍铬局部富集型矿化。

（二）主要地质体的地球化学特征

利用富集系数和变差系数评述主要地质体的地球化学特征。

1. 前震旦念青唐古拉群—泥盆系地层（AnZNq－D）

富集系数大于1的元素有Cr、Ni，变差系数大于0.5的元素有Ni、Cr、Sn、B，其中Ni、Cr、Sn>1，反映碳酸盐岩和基性—超基性岩浆活动特征。

2. 石炭—二叠系地层（C－P）

富集系数大于1的元素有Bi、W、Sn、Pb、Co、Mo、Cu、Au，变差系数大于0.5的元素有Bi、Sn、Hg、Ni、Cr、Au、As、Sb、Mo、W、Ag，其中Bi、Sn、Hg、Ni、Cr、Au、As大于1，反映该时代具中酸性岩浆活动，铋、钨和稀有元素富集矿化。

3. 白垩系地层（K）

富集系数大于1的元素有Hg、Cr、Sb、Ni、B、As、Cu、Co，变差系数大于0.5的元素有Cr、Ni、Sb、Au、Sn、B、As、Bi，上述元素在构造活动（断裂）作用下，发生迁移富集作用，沿断裂形成串珠状异常；另外铬在碳酸盐沉积、蛇绿岩就位的条件下局部富集成铬铁矿。汞元素分布，除与断裂构造相关外，也可局部富集成矿。

4. 古近系地层（E）

富集系数大于1的元素有As、Sn、Mo、W、Zn、Bi、Au，变差系数大于0.5的元素有Au、B、Sn、Hg、Bi、Mo、Pb、Cr、Ag、Zn、As、Sb、Ni、W、Cu，其中变差系数大于1的元素有Au、B、Sn、Hg、Bi、Mo、Pb，说明该组元素分布很不均匀。分析认为，可形成以金为主的砂矿，多金属中低温热液矿化及硼的盐湖沉积矿产。

5. 燕山期花岗岩（γ_5）

富集系数大于1的元素有Mo、W、Bi、Sn、Pb、Zn、Ag，呈高背景和局部异常，变差系数大于0.5的元素Sn、Bi、Mo、Cr、Hg、B、W、Pb、Ag、Ni、Sb等在岩体中分布变化较大，分析有利成矿元素为稀有稀土矿化和锡钨钼矿化。

6. 喜山期花岗岩（γ_6）

富集系数大于1的元素Sn、Bi、W、Ag在喜山期岩体上呈高背景和局部异常，变差系数大于0.5的元素有Ni、W、Bi、Au、Mo、Sn、As，该组元素在喜山期的岩体中含量变化较大，反映锡、铋、钨等元素局部富集的地球化学特征，成矿的可能性大。

7. 蛇绿岩带地球化学特点

富集系数大于1的元素Ni、Cr、Co、Hg、Cu、Ti、Zn、As、B、Sb等在岩石中呈高背景和强异常分布，变差系数大于0.5的元素有Cr、As、Hg、Ni，该组元素在岩石中含量变化大，反映Cr、Ni、Co元素具明显的富集成矿的优势。

（三）元素的分布与时间的关系

1. Au、Cu、Co元素

Au、Cu、Co元素在中生代达最高值。

2. As、Hg、Cr、Ni 元素

As、Hg、Cr、Ni 元素在中生代最高，古近纪降为最低，第四纪又增高，该特点反映了碳酸盐和超基性岩的演变特征。

3. Sb 元素

Sb 元素在白垩纪升至最高，后又降低，反映了中酸性岩浆活动的元素组合特点。

4. W、Sn、Mo、Zn、Pb、Ag 元素

W、Sn、Mo、Zn、Pb、Ag 元素在古近纪升至最高。

五、区域成矿规律简述（讨论）

（一）区域成矿地质背景

1. 沉积作用与成矿

（1）化学沉积作用

以区内盐化湖盆区形成硼锂镁化学沉积为代表，也包括泥盆系查果罗玛组中局部的厚层质纯灰岩—白云岩沉积矿产。

（2）生物有机质沉积作用

区内有机质沉积赋存层位有下白垩统郎山组圆笠虫灰岩（局部具沥青分布）和古近纪丁青湖组粉砂岩—泥（页）岩（韵律层中发育油页岩）。

（3）第四系冲积层中的砂金矿

区内砂金矿主要分布于桂牙一带的第四系冲积层中。

2. 岩浆作用与成矿

（1）岩浆熔离作用

在永珠蛇绿岩带超镁铁质岩组合中，Cr、Ni、Co、Mn 元素呈高背景（异常）分布，具铬（镍）岩浆熔离富集矿化的特征。在辉石橄榄岩中见铬铁矿小扁豆体。

（2）岩浆期后热液作用

该类矿产表现为接触交代，热液贯入和火山热液成矿。其中火山热液成矿为达过火山岩层位，具 Au、Cu、Pb、Zn、Hg、Sb 元素异常，金铜矿化集中分布于档垌山；热液贯入成矿以石英脉为特征，在基性岩墙群中具 Au、Cu、Cr、Zn 异常，在多尼组中的石英脉型矿化具 Au、Ag、Pb、Zn 异常分布；接触交代作用在区内为岩浆期后热液成矿的主要表现形式，雪如岩体分布区具 W、Sn、Mo、Bi、Ag、Pb 高温元素异常组合，其他侵入体分布区具 Au、Ag、Sb、Bi、Pb、Zn 元素异常组合。

3. 岩浆岩重矿物（组合）特征

对工作区内具一定规模的侵入体采取了人工重砂（表 6－8），了解岩体含多金属-贵金属重砂矿物（矿化）组合特征。

（1）永珠蛇绿岩带超镁铁质岩

永珠蛇绿岩带超镁铁质岩中具自然金、自然银、黄铜矿、孔雀石、方铅矿、闪锌矿组合，反映了超镁铁质岩带具 Au、Cu 矿化特点。

（2）可嘎-功穷侵入体（复式岩体）

可嘎-功穷侵入体（复式岩体）具自然金、自然银、方铅矿组合，呈 Au、Pb、（Cu）矿化特点。

表 6－8　多巴区幅重砂矿物含量（矿化）特征表

序号	岩石名称	样号	取样位置	量矿物含量特征					岩浆构造环境	矿化特征
				自然金	银	铜矿物	方铅矿	其他		
1	灰岩质糜棱岩，条带状粉砂质泥质灰岩	ST－RZ$_1$	0－1 导 67m	1 粒					永珠蛇绿岩带南侧边界岩石	具金矿化
2	中粒辉石橄榄岩	SⅣ－RZ$_5$	75－76 导 100m	数千粒 0.1×1.29%	0.1×9%，5.76×1%数千粒	十几粒 0.1×1%n+粒	0.1×2%	闪锌矿几十粒	永珠蛇绿岩带主体岩石组合，纯橄岩，辉橄岩，堆晶杂岩	具自然金、自然银、黄铜矿、孔雀石、方铅矿、闪锌矿矿化特征
3	中粒辉石橄榄岩	SⅣ－RZ$_4$	35－36 导 165m				0.1×6%			
4	碎裂状辉石橄榄岩	SⅣ－RZ$_3$	35－36 导 140m				0.1×1%			
5	细粒辉石橄榄岩	SⅣ－RZ$_1$	9－10 导 60m				0.1×2.3% 几百粒			
6	层状橄榄质粗细砾岩	SⅦ－RZ$_1$	3－4 导 40m	4 粒	5 粒				球状变质橄榄岩（Σ_1）剥蚀搬运-沉积后的层状岩石	具自然金、银矿化
7	浅灰绿色中粒辉长岩	SX－RZ$_2$	18－19 导	十几粒近百粒	几粒		几粒	泡铋矿几粒	永珠蛇绿岩带基性岩墙群，枕状熔岩组合	具自然金、银、方铅矿、泡铋矿矿化
8	浅灰绿色中粒辉长岩样	SX－RZ$_1$	7－8 导							
9	辉长辉绿岩脉	RZ6064	D6064				几十粒		永珠蛇绿岩带北侧基性岩脉	具方铅矿化
10	灰白色中粒花岗闪长岩	SⅪ－RZ$_1$	9－10 导 180m	30 余粒	20 余粒		几粒		可嘎 69.0Ma（K－Ar）	
11	中细粒似斑状花岗闪长岩	SⅧ－RZ$_1$	49－50 导				几粒		功穷 105Ma（K－Ar）	
12	灰白色花岗闪长岩（含电气石）	RZ3169	D3169				十几粒		雄巴 80.5Ma（K－Ar）	
13	中粒奥长花岗岩	RZ6082	D6082				0.2×1%		zz 时代最新	
14	灰白色中粒黑云母斜长花岗岩	SⅫ－RZ$_2$	46－47 导 200m				几粒		班戈 120Ma（U－Pb）	
15	浅肉红色粗粒似斑状黑云母花岗岩	SⅫ－RZ$_3$	95－96 导 100m				几粒		145Ma（K－Ar）	
16	钾长花岗岩	PⅡ－RZ$_1$					几粒			
17	灰色英云变粒岩，黑云石英片岩	PXⅢ－RZ$_1$	0－1 导 36m				几粒		AnZ*Nq*	

(3) 班戈-雄巴侵入体

班戈-雄巴侵入体具方铅矿重矿物特征。

4. 变质作用与成矿

区内变质作用以构造变质改造为特征，矿化发生在永珠蛇绿岩带（超镁铁质岩）的构造变质热液改造部位，伴有Au、Cu、Pb、Zn、Cr、Ni元素异常。

5. 构造与成矿

(1) 构造控制岩石的空间展布

区内分布的北西西向—近东西向构造控制了岩石的展布。班-怒结合带南带控制改造了桂牙岩组的展布并伴有Au、Ag、Cu、Pb、Hg元素异常；永珠结合带控制了超镁铁质岩分布，并表现为Cr、Ni、Co、Mn、Au、Cu组合元素异常；构造也控制了区内大多数中酸性侵入岩的分布，其中雪如岩体具W、Sn、Mo、Bi元素组合异常。

(2) 构造控矿与容矿特征

伴随上述区域性构造边界，平行分布着一系列异常和与之伴生的矿产点，矿产多沿主构造两侧分布，即主构造旁侧的平行断裂带多为容矿构造。

（二）成矿系列特征

根据工作区内矿（化）点的矿化类型、有用元素，产出的地质构造特点、成矿地质条件与时期以及它们的内在联系，划分四个系列（表6-9）。

1. 中酸性岩浆活动有关的金（铜）多金属成矿系列

该系列分布于昂龙冈日—班戈—腾冲燕山期岩浆弧中部，档垌—可嘎—雪如近东西向分布，据岩浆活动方式划分两个亚系列。

(1) 中酸性火山—超浅成岩浆活动亚系列

该亚系列矿产主要分布在档垌山一带，岩性为安山岩、英安岩、流纹岩、闪长玢岩。表现出较完整的中酸性火山喷发—喷溢—侵入的火山活动特点。火山岩分布呈东西向，推断为近东西向（隐伏）断层控制其岩浆喷发活动。

矿化分布于母岩（破碎部位）之中，呈脉状（细脉—网脉）产出，具Au、Cu、Pb、Zn、Hg、Sb分散流异常，蚀变岩石（局部）含金$1\times10^{-6}\sim3\times10^{-6}$，航磁图表现为东西向负异常区。硫化物主要为黄铁矿、黄铜矿、孔雀石。蚀变主要有绢云母化、硅化、黄铁矿化。

(2) 中酸性岩浆侵入活动亚系列

该亚系列矿产分布于可嘎—雪如，岩性为二长花岗岩—花岗闪长岩，具似斑状结构。近东西向深断裂控制岩体就位。

矿化分布于侵入体接触带（矽卡岩化带）部位，呈不规则透镜状—脉状产出，侵入体具W、Sn、Mo、Bi、Sb分散流异常，局部含金5×10^{-6}，铜8×10^{-2}，航磁图表现为近东西向的正异常区带。硫化物主要为磁铁矿、磁黄铁矿、黄铁矿、辉铜矿、黄铜矿、斑铜矿，蚀变有透辉石化、阳起石化、绿泥石化、绿帘石化、硅化。矿石呈他形结构，斑点状—浸染状构造。

2. 与超镁铁质岩有关的铬镍金铜成矿系列

该系列分布于永珠结合带和永珠结合带旁侧断裂带，据岩浆活动方式划分两个亚系列。

(1) 与超镁铁质岩有关的铬镍亚系列

该亚系列矿产分布于永珠结合带，岩性为超镁铁质岩、橄榄岩、辉绿（玢）岩。

矿种为Cr、Ni。侵入体具Cr、Ni、Co、Mn分散流异常，在航磁图上为陡峭的北西西走向正异常

表 6-9　成矿系列表

成矿系列名称	亚系列名称	时代	矿种	矿(化)点特征	成矿母岩	控矿构造	蚀变	综合信息特征	成因类型
中酸性岩浆活动有关的金、多金属	火山-超浅成岩浆活动亚系列	燕山期 95～102Ma	AuCu	安山（玢）岩、流纹岩中发育网脉状破碎蚀变带	安山（玢）岩、流纹岩	近东西向控岩构造傍侧破碎蚀变带	硅化、黄铁矿化、绢云母化	具 Au、Cu、Pb、Zn、Hg、Sb 分散流异常，航磁场呈东西向负异常区	裂隙充填-破碎蚀变岩
	中酸性岩浆侵入活动亚系列	燕山期	Au、Cu 多金属	二长花岗岩、花岗闪长岩接触带	二长花岗岩、花岗闪长岩	侵入体接触带，与之平行分布的破碎带	硅化、矽卡岩化、绿泥（帘）石化	具 W、Sn、Mo、Bi、Sb 分散流异常，航磁场为东西向正异常区	裂隙充填-接触交代
与超镁铁质岩有关的铬镍金铜成矿系列	与超镁铁质岩有关的铬镍亚系列	燕山期	Cr、Ni		超镁铁质岩、橄榄岩、辉绿（玢）岩	永珠结合带		具 Cr、Ni、Co、Mn 分散流异常，航磁图上为陡峭的北西西走向正异常区	岩浆熔离
	构造改造活动有关的金铜亚系列		Au、Cu	超镁铁质岩经构造改造，具碳酸盐化作用，呈硅化特征	超镁铁质岩、橄榄岩、辉绿（玢）岩	永珠结合带，旁侧断裂带	硅化、褐铁矿化、碳酸盐化		构造变质-热液改造
与构造沉积盆地有关的油页岩		喜山期	油页岩	粉砂岩-泥页岩韵律式沉积	粉砂岩-泥页岩	班-怒南带（桂牙带）与北带中间陆块，形成构造（伦坡拉）盆地		较平缓的零值区	生物-有机质沉积-还原烃化
硼锂镁盐湖沉积成矿系列		第四纪	硼锂镁	蒸发-盐化湖盆区	现代盐化湖盆	现代盐化湖盆			蒸发-化学沉积

区，该亚系列成矿成因类型为岩浆熔离型。

（2）构造改造活动有关的金铜亚系列

该亚系列矿产分布于永珠结合带旁侧断裂带，岩性为超镁铁质岩、橄榄岩、辉绿（玢）岩。

矿种为 Au、Cu。矿（化）点特征为超镁铁质岩经构造改造，具碳酸盐化作用，呈硅化特征。蚀变主要为硅化、褐铁矿化、碳酸盐化。该亚系列成矿成因类型为构造变质-热液改造型。

3. 与构造沉积盆地有关的油页岩成矿系列

该系列矿产分布于班-怒南带（桂牙带）与北带中间陆块，形成构造（伦坡拉）盆地，岩性为粉砂岩-泥页岩。

矿种为油页岩。矿（化）点特征主要为粉砂岩-泥页岩韵律式沉积，在航磁图上为较平缓的零值区。该系列成矿成因类型为生物-有机质沉积-还原烃化。

4. 硼锂镁盐湖沉积成矿系列

该系列矿产分布于现代盐化湖盆。

矿种为硼、锂、镁。该系列成矿成因类型为蒸发-化学沉积。

（三）区域矿（点）产时空分布规律

区内矿产古生代及以前，仅零星分布有沉积作用矿产，如石炭纪拉嘎组中磷灰石矿化、泥盆纪查果罗玛组的厚层质纯灰岩及厚层白云岩。进入中生代本区矿产伴随各种地质作用进入活跃时期。

1. J_3—K_1

随着本区蛇绿岩带的发生发展，这一时期的矿产也集中在与基性、超基性岩带有关的 Cr（Ni、Co）等矿化上；在蛇绿岩就位过程中及以后，经构造改造热液叠加的（上盘）部位，发生蚀变矿化作用，表现为 Au 变质改造特征的矿化和沿基性岩墙群的含 Cu 石英脉的贯入式成矿。

2. K_2—E_3

这一时期以燕山晚期和喜山期中酸性岩浆活动为特征，矿化集中在图幅的中、东部中酸性岩浆活动带。伴随热液—接触交代作用形成矽卡岩型—热液型矿化，成矿元素以 Au、Cu 为主，也有 Pb、Zn、W、Sn 元素富集。

3. E

古近纪表现为陆相沉积盆地的发生和发展，继白垩纪末构造运动形成的古地理环境的基础上，沉积牛堡组和丁青湖组地层，其中丁青湖组泥岩、页岩、油页岩韵律式沉积构成本区油页岩矿化的总体特征。

4. 第四纪—现今

为硼（锂、镁）盐化湖区矿化。

六、成矿远景区初步划分

（一）成矿（区）带矿产地质特征

1. 基性、超基性岩石（序列）中 Cr、Ni、Au 成矿带

成矿带分布在图幅南部、永竹桥—果芒错—昌拉北西西向展布，南北宽 8～10km。出露岩石组合为：放射虫硅质岩、枕状熔岩、堆晶杂岩、束状基性岩墙群、超镁铁质岩。上述岩石地球化学场具 Cr、Ni、Co

强异常，其北侧萨卡—昌拉具 Au、Cu、Zn 串珠状异常。地球物理场呈强磁场特征 ntmax 达 610。

异常变化梯度大，航磁场反映成矿带（地质体）产状总体南倾。

矿产分布特征：在永珠桥—果芒错有数处铬铁矿（含磁铁矿）矿点分布；萨卡西有金矿（化）点 2 处；果芒错西岩石 SⅣ-RE_3人工重砂含金数千粒，经计算含金大于 1×10^{-6}；在昌拉基性岩墙群中有石英脉型铜矿化（点）分布。

对上述地质、地球化学、矿产空间分布的分析，该带可划分两个亚带，即永珠桥—果芒错铬铁矿化亚带；萨卡—果芒错—昌拉金（铜）矿化亚带。

2. 中酸性岩浆岩（序列）中有色金属、贵金属成矿带

分布在图幅中部，即档垌—雄梅—功穷—可嘎—雪如近北西西向分布，区域上含雄巴和斑戈岩体，岩石类型有闪长（玢）岩、花岗闪长岩、似斑状花岗岩、二长花岗岩、黑云母二长花岗岩。围岩主要为白垩系，岩性为碳酸盐和碎屑岩类。地球化学反映出沿接触带分布的多金属含金串珠状的异常带，其中雪如岩体为 W、Sn、Bi、Mo、Mn 高温元素组合异常，功穷—可嘎岩体为 Sb、Bi、W 元素异常，档垌—雄梅为 Au、Cu、Pb、Bi、Hg 元素组合异常。地球物理场为区域负场中的隆起区和隆起带，反映岩体侵入到灰岩中的地质特征。

蚀变矿化特征：矽卡岩化，大理岩化为接触带的总体特征。在岩浆期后热液作用参与的条件下，硅化、绿帘石化、绿泥石化在局部接触带发育，在矽卡岩带的有利部位形成矿化，以铜、多金属含金矿化为特点，矿化体呈透镜状、不规则囊状。成矿带含矿（化）点多处，为热液贯入至接触交代型矿产。

分析该带地质、地球化学、矿产特征，进一步划分为三个亚带：档垌—雄梅（含金）铜铅成矿亚带；功穷—可嘎（含桑日）金铜亚带；雪如（含斑戈）钨锡（含金铜）亚带。

3. 沙拖拉桂牙构造蚀变岩金、铜、多金属矿化带

该带分布在图幅北部，即一大队—玛利浪—沙拖拉—那红来—卡来近北西西向展布，宽 5～10km。矿化带地层为侏罗系接奴群（$J_{2-3}J$），下白垩统的桂牙岩组（K_1g）碎屑岩、灰岩组合、以及古近系牛堡组（$E_{1-2}n$）、丁青湖组（E_3d）。岩浆岩以中基性为特征，岩性为闪长（玢）岩，安山（玢）岩。局部具超基性岩石特点。区域地球化学在该带呈串珠状 Au、Cu、Pb、Hg 异常，在沙拖拉向东，区域化探异常呈分枝特征，即沿沙拖拉—那红来—卡来北西西向叠加了 Cr 串珠状异常，而沙拖拉—曲尼下玛—床玛近东西向分布 Au、Pb、Zn、Hg 串珠状异常。地球物理场在沙拖拉—那红来—卡来呈区域正磁场，反映基性超基性岩块的分布特点。即该带构造岩浆控矿作用的总体特征是，该成矿带内岩层产状总体北倾，倾角陡。被后期构造改造作用明显，局部具糜棱岩特征。

矿化带蚀变矿化特征：构造带总体具硅化、褐铁矿化、糜棱岩化，在有脉岩或小岩体侵位的地方具矽卡岩化，如分布在卡来的金铜矿化点具矽卡岩特征，分布在枕枕长巴的铬铁矿点说明了该带具超基性岩浆活动或具富铬的岩浆活动。

4. 壮白日—床玛油页岩矿化区

矿化区分布在图幅北东部，在新生代的断陷盆地沉积了古近系牛堡组（$E_{1-2}n$）和丁青湖组，其丁青湖组（E_3d）泥岩、页岩夹凝灰岩、页岩夹油页岩韵律式沉积构成该油气矿化区的主要矿化层位。该盆地向北东方向延伸至图外，为伦坡拉成油气盆地的组成部分。

该油气盆地边界多数构造沉降边界，下沉速率较快，形成了厚 962m 的丁青湖组（E_3d）含油页岩岩系。为找油气矿产提供了良好的地质条件。

油页岩矿化分布区地球物理场表现为较平缓的区域负磁场，反映了沉积盆地内为碳酸盐岩和泥岩、页岩类沉积，局部产生的高值异常区带为沿构造侵位的中基性—中酸性侵入体，也正是构造作用以及伴随一定程度的岩浆活动，阻碍了油气的进一步富集，在本幅内呈油页岩矿产分布特征。随着该构造的发生和发展（至现今仍有活动），即沙拖拉—那红来带形成了现今的沉积盆地分布特征，即南西部的班戈

盆地主要出露牛堡组（$E_{1-2}n$），而在北东部形成现今的伦坡拉盆地，主要出露丁青湖组（E_3d）油页岩系的空间分布特征。

5. 第四纪湖盆盐类矿化区

分布在现代湖区，其中在色林错北的郭加林、雅个冬错、班戈错-夏穷错湖区矿化明显。矿化区呈白灰白色未固结的泥质特征，区域上具硼、锂、镁分散流异常。

（二）成矿远景区

分析区内岩浆构造控矿的总体特征，矿产的时间与空间分布，结合图幅内成矿区带的矿产地质，初步划分如下成矿远景区（分布范围见地质矿产图）。

（1）永竹桥—果芒错-昌拉 Cr、Ni、Au、Cu 成矿远景区

（2）可嘎—雪如含金多金属成矿远景区

（3）沙拖拉-卡来含金多金属成矿远景区

（4）伦波日-床玛油气成矿远景区

分布在图幅北东部，古近系丁青湖组粉砂岩-泥页岩（油页岩）韵律沉积层，区内具多处油页岩露头，是伦坡拉盆地的组成部分。

5. 硼（锂、镁）盐湖远景区

区内沿蒸发盐湖分布硼、镁矿床点多处，其中色林错北部-郭加林、雅个各错、班戈错-夏穷错为有利找矿区域。

第二节　环境地质及灾害地质

一、环境地质

1. 自然地理环境

本区位于东经 88°30′～0°00′，北纬 31°00′～2°00′。地处青藏高原北区中南部，北邻羌塘盆地，东和南临念青唐古拉山支脉，西为藏北湖盆区中西段。

本区海拔在 4 500m 以上，如色林错、错鄂、时补错、班戈错、夏穷错、纳卡错等，其中色林错为国内第三大碱水湖，面积达 1 500 多平方公里。湖区草原辽阔，为典型的藏北草原。东高西低，湖成阶地呈阶梯状，由东向西阶地有由老渐新趋势。南部为山区，高山连亘数百里，最高山为下拉山，位于区内南西部，海拔 5 658m，中东部朗钦山、巴布日山、中西部查果罗马山、打个扎蛋山等海拔都在 5 500m ±。较大的河流有永竹藏布、波曲藏布等，由南北注入色林错。山间有湖成盆地，如果芒错、木纠错、普嘎错、玖如错等，面积都在 50km^{2}以上。

本区行政区划为西藏自治区那曲地区班戈县与申扎县交界地区，北邻双湖地区。居民以藏族为主，生产方式为草原牧业。拉萨至申扎公路，那曲至尼玛简易公路从区内中部、北部横穿而过，以这两条路为主干，向区内各乡镇有土路通行，交通较为不便。

2. 气候地理环境

本区为典型的高原气候，风大、冬季干燥寒冷，夏季冰雹频繁，年平均气温 -7℃～0℃ ±，降雨量 150mm ±。四季不明显，每年 10 月至第二年 5 月为干燥寒冷季节，6 月至 9 月为雨季。空气稀薄，含氧量仅为内地的 60% ±。紫外线照射强度为内地 7～30 倍，高原上空有臭氧空洞。早晚温差较大，中午温

度 15℃ ~30℃ ±，夜间温度 0℃或零下。

3. 水域、湿地变化情况

近几十年来，由于全球气候转暖，对本区的影响较明显，区内的色林错，班戈错湖盆区水域面积增加了 20%±，水位相对升高了 5.0m ±。湿地面积亦显著增加，新增湿地面积 154.45km^2。

水域面积、湿地面积的增加，对本区的环境影响意义重大，对相关人士研究藏北环境及生态有重要的参考价值。

二、灾害地质

本区的主要地质灾害为滑坡、泥石流、崩塌、地震、草场砂化、河流改道等。

1. 滑坡

区内滑坡以碎石滑坡为主，主要发生在本区南部山区，主要形成于陡坡处，多为带状或面状分布，单体面积 1 ~10km^2 ±，个别大于 20km^2，分布较广。典型的有朗庆日山、巴布日山、他那查定山、日阿觉扎嘎尔山等山高陡坡地区，碎石滑坡发育。

另外由于新断裂构造造成的山体滑坡，如则国加勒南山北坡，面积大于 2km^{2}左右。

滑坡的危害较大，如毁坏草场、公路、牧民房屋、帐篷及堵塞河流等。人、畜等不利于在附近活动。

2. 泥石流

区内泥石流多形成于二级或三级沟口处，多为洪积型泥石流，少数形成于山坡坡脚，其规模一般为 0.5 ~5km^2 ±，典型发育区在永竹藏布永竹勒-木纠错段两岸山区，普嘎错北部山区等地区，多在沟口处形成洪积扇体。

泥石流具有突发性，多发生在雨季，特别是暴雨最易诱发泥石流发生，危害巨大，阻塞河道，压覆草场，水土流失，危害人畜生命安全，破坏牧栏、房屋、帐篷等。

3. 崩塌

多发育在陡崖、河谷冲沟两壁及地漏斗等处。一般规模不大，几百平方米至几平方米不等。在典型发育地区，断崖沿断裂裂隙、节理裂隙在重力作用或地震作用下崩塌，崩塌后多形成碎石坡、碎石堆。另在砂土层较厚地区，在洪水或河流作用下形成陡壁冲沟，沟壁易发生崩塌，阻塞河道，泥土流失，另外在曲勒地区新生地漏斗斗壁发生崩塌，或在灰岩地区发生岩溶崩塌等。

崩塌危害相对较小，但对河道、公路交通的危害不可小视。

4. 地震

本区新构造运动活跃，地震的多发区可能诱发崩塌，滑坡等，本区的地震活动相对中等。7 ~7.9 级地震只在班戈错地区发生过，余下多为 4.9 ~5.9 级地震，震中亦多分布在班戈错东部、色林错北部。对公路、桥梁、矿山、牧民房屋等损害较大。

5. 草场砂化

因过度放牧等诸多因素，造成草场破坏，在风作用下发生砂化，如纳卡错西部，班戈错-色林之间及北部，见有新月型小砂丘，尽管规模小（几十平方米），数量少，但也造成局部草场退化，如任其发展下去则环境恶化，会造成恶性循环，潜在危害巨大。

6. 河流改造

区内的永竹藏布、波曲藏布、卡挖藏布、扎加藏布河口等处，河道不固定，左右摆动，河水宽仅十几米，但河床宽 1～2km±，最宽处达 5km 以上，造成严重的水土流失，淤积河口，充填湖泊。

总之，各种地质灾害是相互联系且互为诱发因素。如不加以控制，易引起恶性循环，对环境、生态、牧业等破坏巨大，应引起人们广泛重视，及早采取有效的防治措施，以预防为主、防治结合、综合治理并施，改恶性循环为良性循环。灾害地质防治工作是一项长期而坚巨的任务，需代代人共同努力而为之。

第三节　旅游地质及生物资源

一、旅游地质

本区位于藏北高原中南部，大自然的鬼斧神功给人们创造了丰富的旅游资源（图 6－2）。但由于本区独特的地理环境、人文环境及历史发展的特殊性等诸多因素影响，本区的旅游资源处于待开发状态。可喜的是随着西部大开发的展开及青藏铁路的建成，将带动藏北的旅游业飞跃性发展，旅游资源的开发将大大促进藏北地区的经济发展，一个美丽而神奇的藏北将展现在世人面前，会吸引更多的有识之士来藏北，为建设更加美好的藏北而共同努力奋斗！

（一）地质景观

本区地质景观资源丰富，堪称天然地质博物馆，科研性、教育性、观赏性价值巨大，具有良好的开发前景。

1. 典型的蛇绿岩剖面（P_1）

扎古那加－戈昂勒蛇绿岩剖面，位于果芒错西岸，从班戈县－申扎县简易公路在雄梅乡下路南行 30km 至剖面北端，沿途可四季通行卡车、吉普车。

该剖面全长 10km±，总体方位近 SN，露头好，接触关系清楚。其特点是内容典型全面，组成蛇绿岩的超镁铁质岩、堆晶杂岩、硅质岩等从一条剖面上全能清晰观测到，是目前掌握资料中少见的，是进行蛇绿岩研究与观赏较理想的剖面。是本区地质旅游开发的重要景观资源。

2. 典型的岩墙群剖面（P_2）

昌拉基性岩墙群剖面，位于果芒错与普嘎错之间，吉普车可通到剖面南端，剖面方位近南北，长 2.5km±，露头好，接触关系清楚。

该剖面所测的岩墙群露头面积 18km^2，长 8.25km，宽 2.25km，走向 105°～130°，倾向 NE 或 SW，倾角 50°～80°，由岩墙组成，单脉宽几厘米至 20 米不等，发育有单侧或双侧冷凝边，是目前所掌握资料中世界最大规模的基性岩墙群之一。是科研、地质旅游开发又一重要景观。

3. 典型的化石产地

本区产化石的地层从古生代早中奥陶世至新生代全新世，化石种类多，数量丰富，分布广泛，易采集。具有良好的科研价值及工艺价值。

（1）头足类化石

拉塞地区早中奥陶世拉塞灰岩中保存较好的头足类化石，典型的有阿门角石、五顶角石、盘珠角石、灰角石等。数量较丰富，吉普车可通到化石点附近。

（2）笔石化石

门德俄玛地区志留纪德悟卡下组泥灰岩中保存有丰富完好的笔石化石，化石点位于班戈－申扎公路西侧 200m±。

（3）竹节石化石

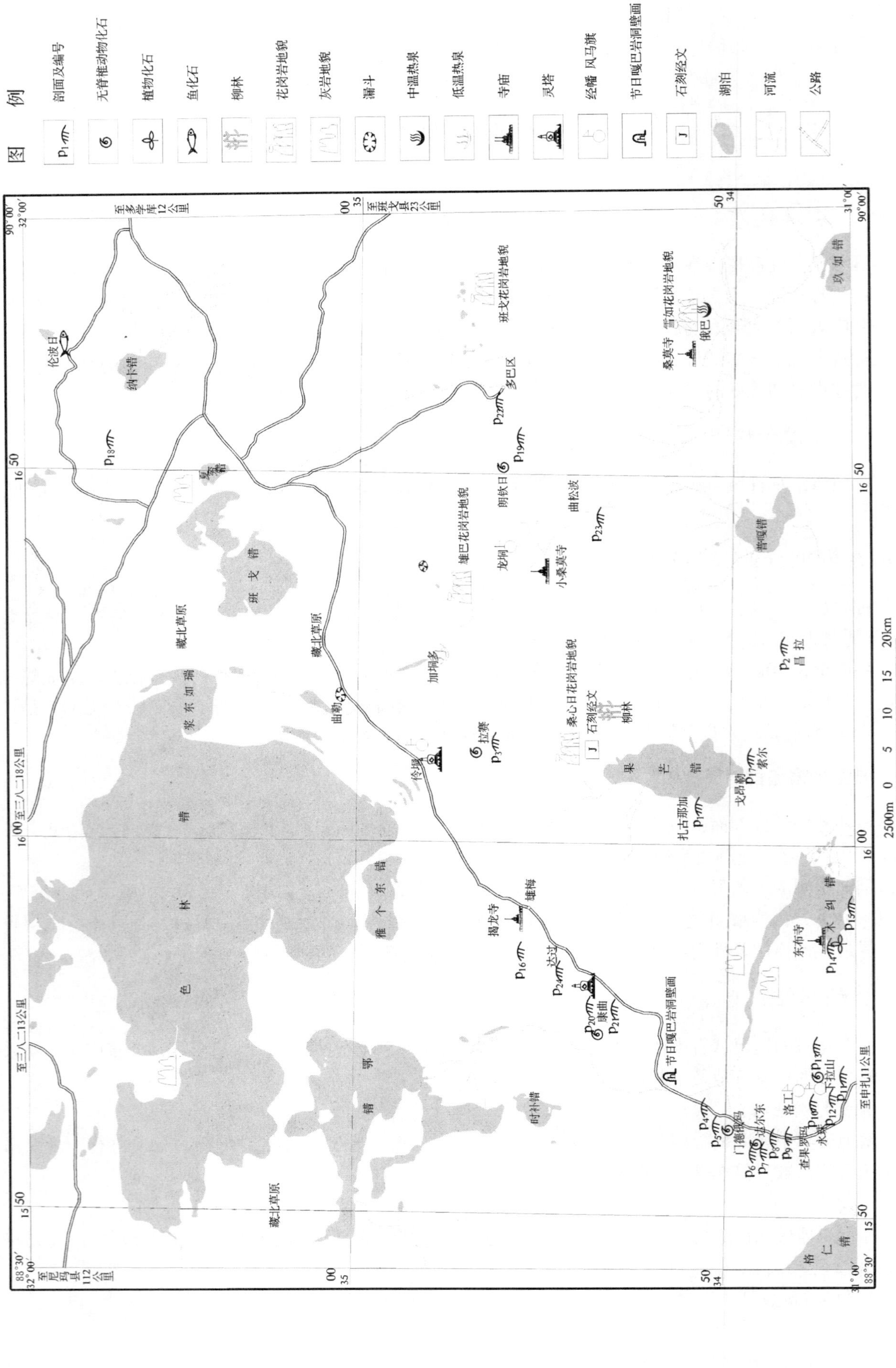

图6-2 多巴区幅旅游资源图

达尔东山地区泥盆纪达尔东组灰岩中产丰富的竹节石化石。化石点离班戈-申扎公路 500m ±。

（4）珊瑚化石

下拉山地区二叠纪下拉组灰岩中保存有完好的礁相珊瑚化石，种类多、数量丰富、易采集，吉普车可通至化石点山下。

（5）圆笠虫、固着蛤化石

朗钦山地区白垩纪郎山组灰岩中保存有丰富的圆笠虫、固着蛤化石。吉普车可通至山下。

（6）螺化石

康曲地区白垩纪康曲组钙质粉砂岩中保存有完好的申扎坛螺化石，数量较多、化石个体保存完整，吉普车四季可通达化石点。

（7）鱼类化石

沦波日地区古近纪丁青湖组油页岩中，保存有丰富的鱼类化石，那曲一尼玛公路从露头区通过。

4. 建组（段）地层剖面

本区内建组（段）地层剖面从古生代至新生代共 22 条（表 6－10）。吉普车四季可至大部分剖面位置附近或乘车观赏。

表 6－10　建组（段）地层剖面一览表

序号	剖面号	代号	建组（段）名称	剖面位置	备注
1	P_3	O_1l	拉塞组	拉塞地区	
2	P_4	$O_{2-3}k$	柯尔多组	柯尔多地区	
3	P_5	O_3g	刚木桑组	刚木桑地区	
4	P_6	O_3S_2d	德悟卡下组	德悟卡下地区	
5	P_7	S_{3-4}褒	扎弄俄玛组	扎弄俄玛地区	
6	P_8	D_1d	达尔东组	达尔东山地区	
7	P_9	$D_1C_1\hat{c}$	查果罗玛组	查果罗玛山	
8	P_{10}	$C_{1-2}y$	永珠组	永珠地区	
9	P_{11}	C_2P_1l	拉嘎组	拉嘎附近	
10	P_{12}	P_1a	昂杰组	昂杰地区	
11	P_{13}	P_2x	下拉组	下拉山	
12	P_{14}	T_3d	多布日组	东布日阿棍巴附近	
13	P_{15}	P_3m	木纠错组	木纠错南	
14	P_{16}	J_3K_1r	日拉组	日拉山	
15	P_{17}	sss	索尔碎屑岩	果芒错南	
16	P_{18}	$J_{2-3}J$	接奴群	接奴山	
17	P_{19}	K_1l	郎山组	朗钦山	
18	P_{20}	K_1k	康曲组	康曲地区	
19	P_{21}	K_1y	余穷组	余穷地区	
20	P_{22}	K_2j	竟柱山组	竟柱山	
21	P_{23}	J_3-K_1qs	曲松波群	曲松波地区	后改为多尼组
22	P_{24}	$d\alpha$	达过火山岩	达过地区	

上述地层单元的标准剖面，是区域地层学研究、地层学教学及地质旅游的重要基地。

（二）自然景观资源

本区北部为藏北湖盆区，湖泊星罗棋布，典型的有中国第三大碱水湖色林错，白色盐滩围绕的班戈错，山水相映的木纠错及果芒错，普嘎错、玖如错、时补错、错鄂、纳卡错、夏穷错等；典型的藏北草原辽阔苍茫，那曲-尼玛、班戈-申扎公路从北部和中部穿过。南部山峦巍峨，陡壁悬崖，奇峰林立，溪水清幽，置身藏北的感觉是古朴苍凉、天人合一、回归原始、回归大自然。

1. 湖泊景观资源

（1）雪域之海-色林错

色林错，中国第三大碱水湖，西藏第二大湖泊，有鬼湖之称，自身水域面积1 500km^{2}左右，与错鄂、班戈错、雅个冬错、时补错等相互之间仅有较狭窄水道相连并被咸沙坝相隔，总水域面积2 000多平方公里。碧波荡漾、茫茫无际、风和日丽之时，水天一色，分不出哪里是湖面，哪里是蓝天。风起之时，排浪滔天，浪涛低吼，风声啸啸。您到过大海吗？色林错-雪域之海会圆您的海之梦。

其周边的错鄂湖，湖中有山，山中有湖；班戈错被盐滩环抱，盐滩白茫茫一片，好似白雪冰封，真是盛夏观“雪景”，周身无寒意。湖区周边的湖岸地貌，怪石奇峰林立，洞穴满目，更有洞洞相连者，风吹穴鸣，浪打沙岸，湖边空旷的草原，哀草凄凄，不怪有鬼湖之称。

更甚者，阴雨季节，乌云压水面，狂风大作，电闪雷鸣，天地相交，仿佛乾坤未定，混沌未开。

（2）山间碧玉-木纠错

申扎县有可通卡车、吉普车的道路通往木纠错，木纠错面积近百平方公里。永竹藏布似授带系于西北端，两岸群山相对出，奇峰绝壁万刃山，神鹰无耐低徘徊。湖水清澈，倒映群山古寺，蓝天白云，佛寺钟鼓，草原牧歌相闻。近处朗月清风，远处烟雨戏群山，似人间仙境，更似瑶台宝玉落山间。

2. 花岗岩地貌景观资源

本区的花岗岩地貌，是燕山期花岗岩沿节理或断裂风化而成的独特地貌，是旅游开发的一重要景观资源。

（1）班戈花岗岩地貌景观资源

班戈花岗岩地貌位于班戈县与多巴之间，山高沟深、怪石磷峋，趟徐错、古赤错等六个小湖泊串珠状东西向镶嵌山间，清澈见底，湖边绿草如茵，湖光山色美不胜收，班戈-申扎公路从湖泊北岸通过。

（2）雄巴花岗岩地貌景观资源

位于班戈-申扎公路南10km ±，有至雪茹乡乡路从西南部通过。

峰林密布，沟壑纵横、曲径幽深、山山环抱，山间小盆地似世外桃源，小湖泊似珍珠散落，波曲藏布从南西部山间潺潺流过，河边卧牛石上坐一坐，闲来垂钓，可比姜太公也。

（3）雪茹花岗岩地貌景观资源

位玖如错以北10 km ±，远观仿佛喀斯特地貌或桂林石林。近观山上奇峰林立，山前绿草地中有石床，石阶、石柱、卧牛石、奔马石、卧虎石、狮吼石、石门、石凳、石椅等等，供玛、扎拉、亿拢等地山间平地绿草牧场，小溪潺潺从巨石间流过。

交通便利，四季可通吉普车。

3. 温泉景观资源

本区新构造运动频繁，地热分布广泛，造就许多温泉景观资源。

（1）俄巴温泉

俄巴温泉发育在雪茹-更日花岗岩岩体南缘，北倚雪茹花岗岩地貌景观，南临亿查曲河谷平原草场。温泉水温60℃ ±，是休闲洗浴及疗养之圣地。

温泉泉眼众多，有近上百口，多为喷泉、上涌泉、泉华锥，泉华台林立，千姿百态。常年热气腾腾，似祥云飘渺，泉华锥、台时隐时现，阳光普照产生七色彩虹，喷泉从泉华锥细孔中喷出发出各种响声，似百鸟齐鸣。此景胜似仙境，如加以开发利用，替在经济效益巨大。

（2）加垌多温泉

加垌多温泉位于波曲藏布下游平原草场之中，离河边几百米，属上涌泉，泉水含硫元素较高，水温在30℃ ~ 45℃，十几处泉眼的泉水汇成大小不等的几个温水池，仿佛绿地毯上嵌着几颗明珠，是洗浴、疗养、旅游之圣地。

（三）人文景观资源

天苍苍，野茫茫，茫茫翠色可餐，茵茵芳菲可掬。群山巍峨，湖泊星罗其布。养育了勤劳古朴的藏民族，纯朴的藏风藏俗，藏传佛教代代相传。

本区位于藏北中南部，在这里可领略到藏胞风彩，品偿到酥油茶、糌粑美味、雪莲、冬虫夏草、人参果等滋补品，聆听古寺钟鼓、草原牧歌。

桑莫棍巴的桑莫寺，雄梅的揭龙寺、龚张骇的小桑莫寺、木纠错的东布寺等或倚山或傍水或隐于山间幽谷，古朴神秘；节日嘎巴岩洞壁画、桑心日石刻经文等流露出藏传佛教的博大精深；伶垌、洛工、下拉、龙垌等地的灵塔石堆、经幡飘飘；牧民居住在黑色、白色的帐篷内，热情好客，手捧滚烫的酥油茶欢迎客人的到来。每逢七八月份的草原赛马大会，各地牧民云集，支起带有传统民族风俗图案的帐篷，身着民族盛装。小伙子们催马扬鞭在草原上驰骋，姑娘们载歌载舞歌颂祖国、歌颂党、歌颂草原、歌颂爱情、歌颂和平幸福生活！

（四）参考建议

通过本次国土资源大调查工作，发现本区旅游地质资源丰富，有待开发利用。

急待解决的问题是：交通与食宿条件差，许多景点无路通行，几乎没有食宿设施，大大阻碍了旅游业的发展。

建议开发景区、景点及旅游路线如下：

1. 旅游景区

①色林错景区；

②木纠错景区；

③雪茹景区。

前文描述的景点为纯天然景观或人文景观，有待增补相配套的旅游设施。

2. 旅游路线

①地质景观路线

班戈-申扎线，班戈-尼玛线，参观各建组剖面及化石点。雄梅-果芒错线，参现典型蛇绿岩及基性岩墙群剖面。

②自然景观路线

班戈-玖如错线，参观班戈雄巴、雪茹花岗岩地貌。加垌多、俄巴温泉、色林错-木纠错线，参观色林错景区，木纠错景区等。

③人文景观路线

班戈-桑莫寺线，参观大小桑莫寺。班戈-东布寺线，参观揭龙寺、东布寺、草原牧民风俗、赛马大会等。

④综合性旅行路线

班戈-尼玛线、班戈-申扎线、班戈-玖茹错线等。

乘着西部大开发的春风，一个新藏北将展开其神秘博大的胸怀，欢迎有识之士来开发建设，欢迎祖国各地及世界各国的朋友来观光旅游，藏北的风、藏北的情将使您留恋忘返，终生难忘。

二、生物资源

区内生物资源分动物资源、植物资源、菌类资源。

（一）动物资源

区内动物资源主要为驯养动物资源和野生动物资源，水生动物资源。

1. 驯养动物资源

区内驯养动物有：牦牛、绵羊、山羊、马等。它们提供的肉、奶、皮毛产品是当地牧民赖以生存的重要衣食来源。而且为食品、轻纺和医药工业提供基本原料。另外它们的角、尾，头骨等可做饰品，粪便是当地牧民的主要燃料，马、牦牛是当地牧民运输和代步的主要工具。

2. 野生动物资源

区内野生动物种类繁多，主要有野驴、藏羚羊、黄羊、狼、狐狸、鹰、黑颈鹤、斑头雁、黄鸭、鱼鸥及其他鸟类、兔鼠、獭鼠等。其中国家一级保护动物有藏羚羊、黑颈鹤等。藏羚羊形体轻捷、四肢细长、蹄小而尖，角可入药，毛有软黄金之称，它们主要栖息于湖区平原之上。黑颈鹤主要栖息于木纠错等湖区。野驴、斑头雁等为国家二级保护动物。

3. 水生动物资源

区内水生动物资源以高原冷水鱼资源为主，本区位于藏北湖盆区，湖泊众多，如色林错、错鄂、班戈错、时补错、果芒错、木纠错、玖茹错等。河流纵横，如永竹藏布、波曲藏布、扎加藏布等。野生高原冷水鱼类资源丰富，但因藏民族习俗不食鱼而迟迟未开发。结合国家西部大开发的有利时机，开发渔业将成本区经济一个新的增长点。

（二）植物资源

植物资源有草场资源、药物资源，退化柳科乔木等。

1. 草场资源

本区草场分为湿地草场、平原草场、山坡丘陵草场、高山草甸。

①湿地草场主要分布于平缓洼地，沼泽、湖边、河谷湿地等。草场质量好，是接羔育幼越冬草场，多被牧民用铁丝围栏围封。

②平原草场主要分布于湖区平原、山间平地、河谷漫滩、阶地等，面积巨大，草场质量较好，是春、秋季草场。

③山坡、丘陵草场，主要分布于山坡、丘陵山区，草场质量一般，是夏季草场。

④高山草甸，多分布于高坡区，高山潜水溢出带，海拔多在5 000m以上，草场质量较差，仅可做夏季临时放牧。

2. 药物资源

本区内药物资源主要有雪莲、人参果等。

雪莲主要生长在5 200m以上高山区。有山上融化雪水或潜水溢出带中易于生长，区内多处产雪莲，以朗钦山雪莲闻名，称朗山雪莲，是西藏三种名雪莲之一。

雪莲药用价值高，根茎叶皆可入药，主治风湿，肾虚等，是医药工业基本原料。

人参果，多生长在湖区平原及山间平地，味美甘甜，是滋补佳品。

3. 退化柳科乔木

在果芒错北东岸山区，海拔4 700m±山沟中发现一片树林，面积为40m×270m，树高1.0～2.5m，树干直径2～3cm，几棵至几十棵为一簇，共有上万簇，经专家组签定为退化柳科乔木，该树林的发现，为研究高原生态演化具有较大价值。

（三）菌类资源

本区主要菌类资源有冬虫夏草，蘑菇等。

冬虫夏草是举世闻名的珍贵药材，是医药工业重要原料，是滋补佳品。

草原上生长各种可食用的蘑菇，清香味美。

总之，本区无污染，各类资源是纯天然绿色资源，具有良好的开发前景，随西部大开发之机，开发利用各类资源将成为本区重要的经济增长点。

第七章 结束语

一、取得的主要成果及主要结论

（一）地层

（1）合理地建立了测区各类岩石填图单元，标志清楚，除念青唐古拉群以外的所有岩石单元的划分均控制到统（世）或阶（期）。

（2）首次在永珠蛇绿岩带北侧发现早奥陶世地层，新建拉塞组，并在该地层中发现了该时期典型的北方大陆生物群分子—阿门角石、链角石、五项角石、灰角石等。

（3）发现了目前国内发育最完整的志留系生物地层剖面之一，据牙形刺、笔石等可将区内的志留系划分为四个统。

（4）据岩石地层特征及生物特征，确认了查果罗玛组的时代下限进入早泥盆世，从而进一步厘定了其时代含义。

（5）首次发现申扎古生代台地上的第一沉积盖层，据其海陆交互相岩石组合特征、生物特征和接触关系特征，新建晚三叠世多布日组。

（6）首次发现钙质橄榄质碎屑岩岩石类型，并确认其不整合覆于永珠蛇绿岩之球状超镁铁质岩之上。新建非正式岩石地层单元——索尔碎屑岩，据其化石等资料，形成时代为晚侏罗世。其成因环境为远岸橄榄质海山裙裾堆积的产物。

（7）在早白垩世多尼组上部发现陆相火山岩，为区域构造演化史的研究提供了重要素材。

（8）发现了发育完好的早白垩世晚期地层剖面，据其标志清楚的岩石组合特征、生物特征及接触关系特征，划分为郎山组（K_1l）、康曲组（K_1k）、余穷组（K_1y）。

（9）发现并建立了晚侏罗—早白垩世日拉组，并查明其为盆地拉伸初期多盆岭构造环境下的沉积产物。

（10）在测区南部发现了上新世火山岩，呈近 EW 向分布。

（二）岩浆岩

（1）在永珠—纳木错蛇绿岩带（区内部分）发现了发育完整的蛇绿岩岩石组合，并获得了比较可靠的接触关系资料，其中的堆晶岩和基性岩墙群结构完整，规模巨大。作为蛇绿岩主体的辉石橄榄岩具有明显的两期侵位特征。早期侵入晚古生代下拉组，并在晚侏罗世抬升遭受剥蚀，形成索尔碎屑岩组合。晚期辉石橄榄岩侵入早白垩世则弄群。从而充分说明蛇绿岩岩石组合在形成机理上具有多样性。

（2）对区内的花岗岩类按时代和岩石类型进行了详细划分，并对其构造环境背景进行了研究。

（三）构造

（1）合理地划分了构造分区，并对各构造单元的主要特征进行了总结。

（2）根据桂牙岩组的岩性、岩相特征、生物特征及变质变形特征，确定班怒南带的最终闭合时间为早白垩世晚期。

（3）以详实的资料重塑了永珠蛇绿岩带萌生发展、演化、消亡的历程。

（4）对新构造特征的综合研究得出结论，湖盆区的裂陷活动正在发生。

（四）地球物理、地球化学、遥感技术应用

本次工作充分运用了已有的地球物理、地球化学资料，尤其是对卫星影像资料的解译运用对区域构造划分、填图单元确定及地质体对比等都起到了十分重要的作用。

（五）矿产

较系统地收集了区域矿产资料，对区域成矿规律做了总结。并在工作中发现金—多金属矿点18个，划分成矿远景区4个。

（六）其他

1. 在果芒错东侧发现高2.5m的柳科退化乔木，对研究高原环境变迁有重要意义。

2. 经综合研究发现测区北部湖水面积从1969年以来的30几年里增加了近20%，与其相应的湿地面积亦有所增加。

二、存在的主要问题

（1）永珠蛇绿岩带中部分同位素测年资料与相应地质体归属偏差较大，有的难以利用。

（2）班怒南带所见构造产状均为北倾，但从航磁图上分析，主构造应为南倾，即羌塘板块向南俯冲，终因无直接资料，有待进一步研究。

（3）《西藏自治区岩石地层》中将查果罗玛组的时限界定为中泥盆—早石炭世。而本次工作在查果罗玛组建组剖面的中下部层位发现大量早泥盆世牙形刺标准分子，其下限已进入早泥盆世，使查查罗玛组所跨时限过长的问题更加明显，这有待以后的工作中加以解决。

参 考 文 献

陈旭，周志毅，戎嘉余，李军等．奥陶系//中国科学院南京地质古生物研究所编著．中国地层研究二十年（1979—1999）．合肥：中国科学技术大学出版社，2000

陈均远，王明倩．新疆公格尔山地区珠角石类的首次发现//青藏高原地质文集：第2集．北京：地质出版社，1983，81~89

陈挺恩．奥陶系//中国科学院南京地质古生物研究所丛刊：第10集．南京：江苏科学技术出版社，1986，3~12

陈挺恩、邹西平．申扎泥盆纪鹦鹉螺//中国科学院南京地质古生物研究所丛刊：第11集．南京：江苏科学技术出版社，1987，193~210

陈楚震，何国雄，陈金华等．海相三叠系//中国科学院南京地质古生物研究所编著．中国地层研究二十年（1979~1999）．合肥：中国科学技术大学出版社，2000

邓占球．申扎中志留世、早泥盆世床板珊瑚//中国科学院南京地质古生物研究所丛刊：第10集．南京：江苏科学技术出版社，1986，157~168

范影年．西藏石炭系．重庆：重庆出版社，1988

胡兆珣．申扎晚奥陶世、早泥盆世苔藓虫//中国科学院南京地质古生物研究所丛刊：第10集．南京：江苏科学技术出版社，1986，195~200.

金玉玕、尚庆华等．二叠系//中国科学院南京地质古生物研究所编著．中国地层研究二十年（1979—1999）．合肥：中国科学技术大学出版社，2000

林宝玉，郭殿珩，汪啸风等．志留系//中国地层．北京：地质出版社，1994

林宝玉，苏养正，朱秀芳，戎嘉余．志留系//中国地层典．北京：地质出版社，1998

林宝玉．西藏申扎地区古生代地层//青藏高原地质文集：第8集．北京：地质出版社，1983，1~14

林宝玉．西藏申扎地区古生代地层的新认识．地质论评，1981，27（4）：353

赖才根．西藏古生代头足类新材料//青藏高原地质文集（7）．北京：地质出版社，1982，1~26.

赖绍聪，钟建华．聚敛型板块边缘岩浆作用及其相关沉积盆地，地学前缘，1998，5（增刊）：86~94

李春昱，郭令智，朱夏等．板块构造基本问题．北京：北京地震出版社，1986

穆元皋，陈玉禄．班公错—怒江结合带中段早白垩世火山岩的时代确定及意义，西藏地质，2001，19（1）：1~7

倪寓南．志留系//中国科学院南京地质古生物研究所丛刊：第10集．南京：江苏科学技术出版社，1986，13~22

潘桂棠，李兴振，王立全等．青藏高原及邻区大地构造单元初步划分，地质通报，2002，21（11）：701~707

曲永贵，张树岐，郑春子，王忠恒．西藏申扎雄梅一带发现早奥陶世阿门角石（*Armenoceras*）．地质通报，2002，21（6）：355~356

戎嘉余，许汉奎．申扎晚奥陶世腕足类//中国科学院南京地质古生物研究所丛刊：第11集．南京：江苏科学技术出版社，1987，1~20

戎嘉余，许汉奎．申扎晚奥陶世腕足类//中国科学院南京地质古生物研究所丛刊：第11集．南京：江苏科学技术出版社，1987. 1~20

戎嘉余，陈旭，王怿等．志留系//中国科学院南京地质古生物研究所编著．中国地层研究二十年（1979~1999）．合肥：中国科学技术大学出版社，2000

戎嘉余，陈旭．志留系年代地层学述评．地层学杂志，2000，24（1）27~35

饶靖国，张正贵，杨曾荣．西藏志留系、泥盆系及二叠系．成都：四川科学技术出版社，1988

盛怀斌．藏北申扎县永珠早石炭世晚期菊石动物群//青藏高原地质文集：第8集．北京：地质出版社，1983，41~68

王成源，戎嘉余等．奥陶系//中国科学院南京地质古生物研究所编著．中国地层研究二十年（1979—1999）．合肥：中国科学技术大学出版社，2000

王成源．泥盆系//中国科学院南京地质古生物研究所编著．中国地层研究二十年（1979—1999）．合肥：中国地层研究二十年（1979—1999）．中国科学技术大学出版社，2000

王希斌，鲍佩声，邓万明等．西藏蛇绿岩．北京：地质出版社，1987

西藏自治区地矿局．西藏自治区区域地质志．北京：地质出版社，1993

西藏自治区地矿局．西藏自治区岩石地层．武汉：中国地质大学出版社，1997
夏凤生，章炳高，孙东立，周建平，孙大德．石炭系、二叠系//中国科学院南京地质古生物研究所丛刊：第 10 集．南京：江苏科学技术出版社，1986，32～45
夏凤生．申扎石炭纪和早二叠世苔藓虫//中国科学院南京地质古生物研究所丛刊：第 10 集．南京：江苏科学技术出版社，1986，201～254
许汉奎．申扎早泥盆世腕足类//中国科学院南京地质古生物研究所丛刊：第 11 集．南京：江苏科学技术出版社，1987，21～62
许汉奎．泥盆系//中国科学院南京地质古生物研究所丛刊：第 10 集．南京：江苏科学技术出版社，1986，23～31
杨式溥，范影年．西藏石炭纪腕足动物及其古动物地理区系特征//青藏高原地质文集：第 11 集．北京：地质出版社，1983，265～285
杨经绥，吴才来，史仁灯．阿尔金山米兰红柳沟的席状岩墙群：海底扩张的重要证据，地质通报，2002，21（2）：69～74
张遴信．石炭系//中国科学院南京地质古生物研究所编著．中国地层研究二十年（1979—1999）．合肥：中国科学技术大学出版社，2000
张旗，周国庆．中国蛇绿岩．北京：科学出版社，2001
张树岐，曲永贵，郑春子，王永胜，冯德臣．西藏申扎县木纠错地区晚三叠世多布日组的发现及地质意义．吉林地质，2002，21（4）．9～14
赵嘉明，吴望始．申扎晚古生代珊瑚//中国科学院南京地质古生物研究所丛刊：第 10 集．南京：江苏科学技术出版社，1986 ，168～194
周志炎，陈金华，张璐瑾．陆相三叠系//中国科学院南京地质古生物研究所编著．中国地层研究二十年（1979—1999）．合肥：中国科学技术大学出版社，2000
中国地质调查局．DD2001－02 1∶250000 区域地质调查技术要求（暂行），2001
中国地质调查局．DD2003－01 青藏高原艰险区（B 类区）1∶250000 区域地质调查技术要求，2003
中国地质调查局．1∶250000 区域地质调查遥感工作细则（征求意见稿），2003
中国地质调查局．DZ/T0001－91 区域地质调查总则（1∶50000）
中华人民共和国国家标准．GB958－89 区域地质图图例（1∶50000）
中华人民共和国国家标准（GB/T 17412. 1—1998） 岩石分类和命名方案 火山岩岩石分类和命名方案
中华人民共和国国家标准（GB/T 17412. 2—1998） 岩石分类和命名方案 沉积岩岩石分类和命名方案
中华人民共和国国家标准（GB/T 17412. 3—1998） 岩石分类和命名方案 变质岩岩石分类和命名方案
Bedard J. H. Ocean crust as reactive filter. Synkine matic intrusion，hydridization ，and assimilation in an ophiolitic magma chamber，western Newfoundland Geology，1993，21：77～80

图版说明及图版

图版Ⅰ

1. *Palorbitolina lenticularis* (Blumenbach)
   ×50。标本号：PII Hs 23。
   产地：申扎县雄梅乡余穷余穷组。

2，6. *Mesorbitolina tibetica* Zhang
   ×50。标本号：PX Hs 14－7。
   产地：申扎县雄梅乡洛弄拉则弄群。

3，7. *Mesorbitolina* cf. *texana* (Roemer)
   3. ×50。标本号：PX Hs 14－2。7. ×50。标本号：PX Hs 14－6。
   产地：申扎县雄梅乡洛弄拉则弄群。

4. *Praerbitolina cormyi* Schroeder
   ×30。标本号：PIV Hs 46。
   产地：班戈县朗庆日山郎山组。

5，8. *Mesorbitolina* cf. *gregaria* Zhang
   5. ×50。标本号：PX Hs 14－4。8. ×20。标本号：PX Hs 18－1。
   产地：申扎县雄梅乡洛弄拉则弄群。

9，12. *Pseudocyclammina simplex* He
   9. ×30。标本号：PX Hs 14－6。12. ×30。标本号：PX Hs 14－3。
   产地：申扎县雄梅乡洛弄拉则弄群。

10. *Mesorbitolina subconcava* (Leymerie)
   ×20。标本号：PII b 41。
   产地：申扎县雄梅乡康曲康曲组。

11. *Daxia* sp.
   ×50。标本号：PIV Hs 46。
   产地：班戈县朗庆日山郎山组。

13. *Pseudocyclammina lobata* He
   ×50。标本号：PX Hs 14－2。
   产地：申扎县雄梅乡洛弄拉则弄群。

图版Ⅱ

1，2. *Axopinnophyllum xizangense* Zhao et Wu
   1. 横切面、2. 纵切面，×2。标本号：PVI Hs 57－17。
   产地：申扎县永珠下拉山下拉组。

3，4，7. *Lonsdaleiastraea vinassai* Gerth
   3. 纵切面、4. 横切面、7. 横切面，×2。标本号：PVI Hs 58－5。
   产地：申扎县永珠下拉山下拉组。

5. *Lophophyllidium* sp.
   横切面×5。标本号：PVI Hs 54－10。
   产地：申扎县永珠下拉山下拉组。

6，9，11，14. *Szechuanophyllum* sp.
   6. 横切面、11. 纵切面，×2。标本号：PVI Hs 56－14。

9. 横切面、14. 纵切面，×2。标本号：PVI Hs 56－22。

产地：申扎县永珠下拉山下拉组。

8. *Tryplasma* sp.

横切面×2。标本号：PIII Hs 8－1。

产地：申扎县永珠查果罗玛山达尔东组。

10，12. *Pseudohuangia cincta* (Douglas)

10. 横切面、12. 纵切面，×2。标本号：PVI Hs 56－17。

产地：申扎县永珠下拉山下拉组。

13. *Wentzelella* sp.

横切面×2。标本号：PVI Hs 56－29。

产地：申扎县永珠下拉山下拉组。

15. *Favosites* sp.

横切面×4。标本号：PIII′ Hs 30－4。

产地：申扎县日阿觉达尔东山达尔东组。

16. *Heliolites* sp.

横切面× 4。标本号：PIII′ Hs 20－4。

产地：申扎县日阿觉达尔东山达尔东组。

图版Ⅲ

1，2，5，6. *Ipciphyllum persicum* (Douglas)

横切面、2. 纵切面，×2。标本号：PVI Hs 56－8。

5. 横切面、6. 纵切面，×2。标本号：PVI Hs 56－15。

产地：申扎县永珠下拉山下拉组。

3，4. *Ipciphyllum rudis* Zhao et Wu

3. 纵切面、4. 横切面，×2。标本号：PVI Hs 58－15。

产地：申扎县永珠下拉山下拉组。

7，8. *Paraipciphyllum subcystosum* Zhao et Wu

7. 横切面、8. 纵切面，×2。标本号：PVI Hs 56－5。

产地：申扎县永珠下拉山下拉组。

9，12. *Cyathaxonia* sp.

9. 横切面×3。标本号：PVI Hs 21－91。12. 横切面×3。标本号：PVI Hs 21－86。

产地：申扎县斯所永珠组。

10. *Thomasiphyllum carinatiseptatum* Zhao et Wu

横切面×2。标本号：PVI Hs 56－1。

产地：申扎县永珠下拉山下拉组。

11. *Axopinnophyllum* sp.

横切面×2。标本号：PVI Hs 58－18。

产地：申扎县永珠下拉山下拉组。

13，14. *Sarcinophyllum* sp.

13. 纵切面、14. 横切面×2。标本号：PVI Hs 56－2。

产地：申扎县永珠下拉山下拉组。

15. *Lophophyllidium* sp.

横切面×2。标本号：PVI Hs 48－8。

产地：申扎县永珠下拉山昂杰组。

16，19，20. *Lonsdaleiastraea* sp.

16. 纵切面、19. 横切面、20. 横切面×2。标本号：PVI Hs 54－7。

产地：申扎县永珠下拉山下拉组。

17，18. *Sarcinophyllum xizangensis* Zhao et Wu

17. 横切面、18. 纵切面，×2。标本号：PVI Hs 55-4。
产地：申扎县永珠下拉山下拉组。

图版Ⅳ

1，2，3. *Axosmilia* sp.
1. 横切面×5。标本号：PXXIII Hs 72-13。2. 横切面× 2。标本号：PXXIII Hs 72-17。
3. 横切面×2。标本号：PXXIII Hs 72-9。
产地：申扎县木纠错多布日组。

4. *Epistreptophyllum cylindratum* Milaschevitsch
横切面×2。标本号：PXI Hs 5-1。
产地：申扎县雄梅乡岁俄牛弄巴日拉组。

5. *Montlivaltia mayaoensis* Liao
横切面×2。标本号：PXI Hs 4-2-2。
产地：申扎县雄梅乡岁俄牛弄巴日拉组。

6. *Microsmilia oppeli* (Remes)
横切面×5。标本号：PXI Hs 3-1。
产地：申扎县雄梅乡岁俄牛弄巴日拉组。

7. *Thecosmilia* sp.
横切面×2。标本号：PII Hs 6-1。产地：申扎县日阿德日拉组。

8，9. *Multithecopora nephitheca* Zhao et Wu
8. 横切面、9. 纵切面，×2。标本号：PVI Hs 56-3。
产地：申扎县永珠乡下拉山下拉组。

10. *Oppelismilia* sp.
横切面×3。标本号：PXXIII Hs 70-1。
产地：申扎县永珠乡木纠错多布日组。

11. *Otozamites* ? sp.
耳羽叶×3。标本号：PXXIII Hs 70-8。
产地：申扎县永珠乡木纠错多布日组。

12，13. *Receptaculites* sp.
12. 纵切面×5、13. 横切面×2。标本号：PXXV Hs 13-8。
产地：申扎县雄梅乡拉塞拉塞组。

14，15，16，17. *Theelia planorbicula* Mostler
平圆轮参×180。14. 标本号：PXXIII Hs 80/3850；15. 标本号：PXXIII Hs 80/3851；
16. 标本号：PXXIII Hs 80/3849；17. 标本号：PXXIII Hs 80/3848。
产地：申扎县木纠错多布日组。

图版Ⅴ

1，2. *Ozarkodina pandora* Morph，Murphy，Matti et Walliser
1. 口视和反口视、2. 侧视，×80。标本号：PIII′ WH 28/583。
产地：申扎县日阿觉达尔东山达尔东组。

3，4. *Icriodus* sp.
3. 口视和反口视、4. 侧视，×120。标本号：PIII′ WH 22/578。
产地：申扎县日阿觉达尔东山达尔东组。

5. *Polygnathus* cf. *kitabicus* Yolkin et al.
口视×100。标本号：PIII′ WH 27/581。
产地：申扎县日阿觉达尔东山达尔东组。

6，7. *Ozarkodina remscheidensis* (Ziegler)
6. 侧视×60。标本号：PIII′ WH 17/571。7. 侧视×120。标本号：PIII′ WH 17/574。

产地：申扎县日阿觉达尔东山达尔东组。

8，9，10. *Ozarkodina excavata excavata*（Branson et Mehl）

8. 侧视 ×100。标本号：PIII′ WH 12/558。9. 侧视 ×100。标本号：PIII′ WH 12/555。

10. 侧视 ×80。标本号：PIII′ WH 12/553。

产地：申扎县日阿觉达尔东山达尔东组。

11. *Ozarkodina*？ *excavata*（Branson et Mehl）

侧视 ×100。标本号：PIII′ WH 12/557。

产地：申扎县日阿觉达尔东山达尔东组。

12. *Pseudooneotodus beckmanni*（Bischoff et Sanneman）

侧视 ×65。标本号：PIII′ WH 15/566。

产地：申扎县日阿觉达尔东山达尔东组。

13. *Belodella resima*（Philip）

侧视 ×80。标本号：PIII′ WH 10/549。

产地：申扎县日阿觉达尔东山达尔东组。

图版Ⅵ

1，2. *Ancyrodelloides* sp.

1. 口视、2. 反口视， ×100。标本号：PIII′ WH 10/547。

产地：申扎县日阿觉达尔东山达尔东组。

3. *Ozarkodina* sp.

侧视 ×60。标本号：PIII′ WH 15/569。

产地：申扎县日阿觉达尔东山达尔东组。

4，5，7. *Ozarkodina remscheidensis remscheidensis*（Ziegler）

4. 侧视 ×100。标本号：PIII′ WH 17/573。5. 侧视 ×100。标本号：PIII′ WH 12/559。

7. 侧视 ×80。标本号：PIII′ WH 17/575。

产地：申扎县日阿觉达尔东山达尔东组。

6. *Pandorinellina optima*（Moskalenko）

6. 侧视 ×100。标本号：PIII′ WH 12/560。

8. *Ozarkodina excavata* ？*excavata*（Branson et Mehl）

侧视 ×100。标本号：PIII′ WH 12/556。

产地：申扎县日阿觉达尔东山达尔东组。

9，10，11，12. *Ozarkodina pandora alpha* Morph，Murphy，Matti et Walliser

9. 侧视、10. 口视， ×80。标本号：PIII′ WH 14/563。

11. 口视 ×130。标本号：PIII′ WH 14/565。12. 反口视 ×100。标本号：PIII′ WH 15/568。

产地：申扎县日阿觉达尔东山达尔东组。

图版Ⅶ

1. *Protopanderodus* sp.

侧视 ×80。标本号：PVIII′ WH 3/583。

产地：申扎县 5118 高地东南坡刚木桑组。

2. gen. et. sp. indet

反口视、侧视 × 100。标本号：PVIII′ WH 19/597。

产地：申扎县 5118 高地东南坡德悟卡下组。

3. *Belodella resima*（Philip）

侧视 ×100。标本号：PVIII′ WH 14/592。

产地：申扎县 5118 高地东南坡德悟卡下组。

4. *Protopanderodus* cf. *rectus*（Lindstrom）

侧视 ×50。标本号：PVIII′ WH 13/591。

产地：申扎县 5118 高地东南坡德悟卡下组。

5，6. *Icriodella inconstans* Aldridge

5. 侧视、6. 口视，×120。标本号：PVIII′ WH 14/593。

产地：申扎县 5118 高地东南坡德悟卡下组。

7，8，11，12. *Ozarkodina media*（Walliser）

7. 侧视×80。标本号：PVIII′ WH 23/607。8. 反口视×80。标本号：PVIII′ WH 23/606。

11. 侧视×80。标本号：PVIII′ WH 23/623。12. 侧视×60。标本号：PVIII′ WH 26/632。

产地：申扎县 5118 高地东南坡扎弄俄玛组。

9，10. *Ozarkodina? crispa*（Walliser）

9. 侧视、10. 口视，×100。标本号：PVIII′ WH 24/625。

产地：申扎县 5118 高地东南坡扎弄俄玛组。

图版Ⅷ

1，2，3，4. *Ozarkodina excavata excavata*（Branson et Mehl）

1. 侧视×60。标本号：PVIII′ WH 23/619。2. 侧视×80。标本号：PVIII′ WH 23/601。

3. 侧视×80。标本号：PVIII′ WH 23/600。4. 侧视×100。标本号：PVIII′ WH 23/614。

产地：申扎县 5118 高地东南坡扎弄俄玛组。

5，6，7，8. *Ozarkodina inclinata inclinata*（Rhodes）

5. 侧视×60。标本号：PVIII′ WH 23/620。6. 侧视×80。标本号：PVIII′ WH 23/618。

7. 侧视×80。标本号：PVIII′ WH 26/634。8. 侧视×80。标本号：PVIII′ WH 26/637。

产地：申扎县 5118 高地东南坡扎弄俄玛组。

9，10，11，12. *Ozarkodina excavata tuma* Murphy et Matti

9. 侧视×80。标本号：PVIII WH 34/639。10. 侧视×100。标本号：PVIII WH 34/640。

11. 口视、12. 侧视，× 80。标本号：PVIII WH 34/641。

产地：申扎县刚木桑沟南山德悟卡下组。

13. *Pseudooneotodus bicornis* Drygant

口视×100。标本号：PVIII′ WH 26/628。

产地：申扎县 5118 高地东南坡扎弄俄玛组。

图版Ⅸ

1，2. *Pandorinellina exigua philipi* Klapper

1. 口视、2. 侧视，×80。标本号：PIX WH 13/541。

产地：申扎县永珠郎玛查果罗玛组。

3，4. *Ozarkodina excavata excavata*（Branson et Mehl）

3. 反口视×60。标本号：PIX WH 9/540。4. 侧视，×80。标本号：PIX WH 8/542。

产地：申扎县永珠郎玛查果罗玛组。

5. *Belodella resima*（Philip）

侧视，×100。标本号：PIX WH 5/538。

产地：申扎县永珠郎玛查果罗玛组。

6，7，8，9. *Caudicriodus angustus cauda* Wang

6. 侧视，×63、7. 口视×60。标本号：PIX WH 5/535。

8. 口视、9. 侧视，× 80。标本号：PIX WH 5/536。

产地：申扎县永珠郎玛查果罗玛组。

10，11，12，13. *Caudicriodus angustus angustus*（Stewart st Sweet）

10. 侧视、11. 口视，×60。标本号：PIX WH 5/534。12. 口视、

13. 侧视，×80。标本号：PIX WH 5/537。

产地：申扎县永珠郎玛查果罗玛组。

14. *Caudicriodus* sp.

口视×60。标本号：PIX WH 5/533。

产地：申扎县永珠郎玛查果罗玛组。

图版X

1. *Neostreptognathodus* sp. A

口视×100。标本号：PVI WH 9－2/532。

产地：申扎县永珠下拉山昂杰组。

2. *Neostreptognathodus* sp. B

口视×100。标本号：PVI WH 9－1/530。

产地：申扎县永珠下拉山昂杰组。

3，4，5. *Gnathodus girtyi girtyi* Hass

3. 口视×80。标本号：PVI WH 1/511。4. 口视×100。标本号：PVI WH 6/527。

5. 口视×100。标本号：PVI WH 2/521。

产地：申扎县永珠斯所永珠组。

6，7. *Declinognathodus* sp.

6. 口视×60。标本号：PVI WH 2/519。7. 口视×100。标本号：PVI WH 6/526。

产地：申扎县斯所永珠组。

8，9，10，11. *Gnathodus girtyi simplex* Dunn

8. 口视×100。标本号：PVI WH 2/522。9. 口视×100。标本号：PVI WH 3/525。

10. 口视×60。标本号：PVI WH 2/519。11. 口视×120。标本号：PVI WH 2/512。

产地：申扎县斯所永珠组。

12，13，14. *Declinognathodus inaequalis*（Higgins）

12. 口视×100。标本号：PVI WH 2/524。13. 口视×80。标本号：PVI WH 1/509。

14. 口视×80。标本号：PVI WH 1/513。

产地：申扎县斯所永珠组。

15，16，17，18. *Gnathodus texanus* Roundy

15. 口视×50。标本号：PVI WH 2/514。16. 口视×60。标本号：PVI WH 2/516。

17. 口视×60。标本号：PVI WH 2/518。18. 口视×60。标本号：PVI WH 2/520。

产地：申扎县斯所永珠组。

19，20. *Declinognathodus* cf. *inaequalis*（Higgins）

19. 口视×50。标本号：PVI WH 1/510。20. 口视×50。标本号：PVI WH 2/523。

产地：申扎县斯所永珠组。

21. *Gnathodus girtyi collinsoni* Rhodes，Austin et Druce

口视×100。标本号：PVI WH 2/515。

产地：申扎县斯所永珠组。

图版XI

1，2，3. *Polypora longifenestrula* Sakagami

1. 正切面×3、2. 纵切面× 10、3. 横切面×10。标本号：PVI Hs 48－1。

产地：申扎县永珠下拉山昂杰组。

4. *Rhabdomeson nakazawae* Sakagami

弦切面×30。标本号：PVI Hs 48－2。

产地：申扎县永珠下拉山昂杰组。

5，6，7. *Fenestella sichuanensis* Yang et Xia

5. 纵切面×15、6. 正切面× 10、7. 横切面×10。标本号：PVI Hs 48－10。

产地：申扎县永珠下拉山昂杰组。

8，9. *Fenestella basleoensis* Bassler

8. 正切面× 10、9. 横切面× 15。标本号：PVI Hs 46－5。

产地：申扎县永珠下拉山昂杰组。

10，11. *Fenestella pamirensis* Goryunova

10. 正切面×10、11. 横切面×15。标本号：PVI Hs 46－16。

产地：申扎县永珠下拉山昂杰组。

12，13. *Leioclema* sp.

12. 纵切面×10、13. 弦切面×30。标本号：PVI Hs 26－11。

产地：申扎县斯所永珠组。

14. *Meekopora yini* Yang

弦切面×30。标本号：PVI Hs 26－12。

产地：申扎县斯所永珠组。

图版Ⅻ

1，2. *Meekopora regularis* Trizna

1. 弦切面×30、2. 纵切面×10。标本号：PVI Hs 26－15。

产地：申扎县斯所永珠组。

3，4，5. *Wjatkella quadricella*（Sakagami）

3. 正切面×10、4. 纵切面×20、5. 横切面×20。标本号：Hs 5012－2。

产地：申扎县岗韦亚杰下拉组。

6，7，11. *Polypora brevicella* Baranova

6. 正切面×5、7. 横切面×10、11. 纵切面×10。标本号：PVI Hs 56。

产地：申扎县永珠下拉山下拉组。

8，9. *Rnabdomeson nakazawae* Sakagami

8. 横切面×10、9. 纵切面×10。标本号：PVI Hs 48－2。

产地：申扎县永珠下拉山昂杰组。

10. *Meekopora yini* Yang

纵切面×10。标本号：PVI Hs 26－12。

产地：申扎县斯所永珠组。

12，14. *Fistulipora obiensis* Goryunova

12. 纵切面×3、14. 弦切面×30。标本号：PVI Hs 56－16。

产地：申扎县永珠下拉山下拉组。

13，15. *Fistuliramus bifidus* Yang et Xia

13. 横切面×2、15. 弦切面×30。标本号：PVI Hs 56－28。

产地：申扎县永珠下拉山下拉组。

图版ⅩⅢ

1，2，3. *Fenestella basleoensis* Bassler

1. 正切面×10、2. 纵切面× 20、3. 横切面×20。标本号：PVI Hs 46－13。

产地：申扎县永珠下拉山昂杰组。

4，8，10. *Septopora exornata* Goryunova

4. 正切面×5、8. 横切面×10、10. 纵切面×10。标本号：PVI Hs 56－23。

产地：申扎县永珠下拉山下拉组。

4，8，10. *Septopora exornata* Goryunova

4. 正切面×5、8. 横切面×10、10. 纵切面×10。标本号：PVI Hs 56－23。

产地：申扎县永珠下拉山下拉组。

5，9. *Meekopa* sp.

5. 纵切面×3、9. 弦切面×30。标本号：PVI Hs 56－26。

产地：申扎县永珠下拉山下拉组。

7. *Fistulipora obiensis* Goryunova

弦切面×30。标本号：PVI Hs 56－16。

产地：申扎县永珠下拉山下拉组。

11. *Meekopora regularis* Trizna

弦切面×30。标本号：PVI Hs 26－15。

产地：申扎县斯所永珠组。

图版XIV

1. *Costiferina indica*（Waagen）

腹视×1。标本号：PVI Hs 52－2。

产地：申扎县永珠下拉山下拉组。

2，3，6. *Uncinunellina wangenheimi*（Pande）

2. 腹视、3. 侧视、6. 背视，×1。标本号：PVI Hs 28－1。

产地：申扎县斯所永珠组。

4，10，15. *Stenoscisma purdoni*（Davidson）

4. 腹视、10. 背视、15. 侧视，×1.5。标本号：PVI Hs 48－14。

产地：申扎县永珠下拉山昂杰组。

5，7，8，9. *Phricodrthyris echinata*（Chao）

5. 侧视、7. 腹视、8. 背视、9. 前视，×1.5。标本号：PVI Hs 21－24。

产地：申扎县斯所永珠组。

11，12，13，16. *Spirigerella* sp.

11. 腹视、12. 背视、13. 侧视、16. 前视，×1。标本号：PVI Hs 21－44。

产地：申扎县永珠乡斯所永珠组。

14，17，19，20. *Psilocamera sella*（Kutorga）

14. 侧视、17. 背视、19. 后视、20. 腹视，×1.5。标本号：PVI Hs 21－39。

产地：申扎县斯所永珠组。

18. *Choristites xainzangensis* Yang

腹视，×1。标本号：PVI Hs 21－17。

产地：申扎县斯所永珠组。

21，22，23，24. *Neospirifer*（*Quedrospira*）*tibetensis* Ting

21. 前视、22. 侧视、23. 腹视、24. 背视，×1。标本号：PVI Hs 56－48。

产地：申扎县永珠下拉山下拉组。

图版XV

1. *Spiriferella qubuensis* Chang

腹视×1.5。标本号：PVI Hs 48－15。

产地：申扎县永珠下拉山昂杰组。

2，3，4，5. *Pseudoantiquatonia mutabilis* Zhan et Wu

2. 侧视、3. 后视、4. 背视、5. 腹视，×1。标本号：PVI Hs 56－47。

产地：申扎县永珠下拉山下拉组。

6，7，8. *Levipustula xizangensis* Yang

6. 腹视、7. 侧视、8. 后视，×1.5。标本号：PVI Hs 28－14。

产地：申扎县斯所永珠组。

9. *Trigonatreta* cf. *paucicostulata*（Reed）

腹视×1。标本号：PVI Hs 33－1。

产地：申扎县斯所永珠组。

10，11，14，15. *Dielasma millepunctatum mongolicum* Grabau

10. 腹视、11. 背视、14. 侧视、15. 前视，×1.5。标本号：PVI Hs 55－10。

产地：申扎县永珠乡下拉山下拉组。

12，16，19. *Marginifere* cf. *yanhuensis* Gun

12. 侧视、16. 后视、19. 前视，×3。标本号：PVI Hs 54－2。

产地：申扎县永珠下拉山下拉组。

13，17，18，22. *Rhipidomella tibetena* Yang

13. 前视、17. 腹视、18. 侧视、22. 背视，×1.5。标本号：PVI Hs 8－30。

产地：申扎县斯所永珠组。

20，21，23. *Paucispinifera* sp.

20. 侧视、21. 腹视、23. 后视，×2。标本号：PVI Hs 21－13。

产地：申扎县斯所永珠组。

图版XVI

1. *Westonoceras* sp.

纵切面×2。标本号：PXXVI Hs 6－2。

产地：申扎县雄梅乡扎地柯尔多组。

2. *Discoactinoceras* sp.

纵切面×1。标本号：6284 1－4。

产地：申扎县雄梅乡拉塞拉塞组。

3. *Discoactinoceras multiplexum* Kobayashi

纵切面×2。标本号：PXXV Hs 16－4。

产地：申扎县雄梅乡拉塞拉塞组。

4. *Michelinoceras* cf. *pararegulare* T. E. Chen

纵切面×1.5。标本号：2244。

产地：申扎县雄梅乡果格龙柯尔多组。

5，10. *Hesperinia* sp.

5. 外膜、10. 外形，×1.5。标本号：PXXV Hs 13－15。

产地：申扎县雄梅乡拉塞拉塞组。

6. ? *Huroniella* sp.

纵切面×2。标本号：5342－2。

产地：申扎县雄梅乡给弄德悟卡下组。

7. *Discoactinoceras* sp.

纵切面×1.5。标本号：6283－9。

产地：申扎县雄梅乡卡不拉塞组。

8. ? *Curtoceras* sp.

纵切面×2。标本号：PXXV Hs 8－2－1。

产地：申扎县雄梅乡拉塞拉塞组。

9. *Discoceras* sp.

外形×1。标本号：PXXVI Hs 1－2。

产地：申扎县雄梅乡扎地柯尔多组。

11，13，14，18. *Cliftonia* cf. *oxoplecioides* Wright

11. 背内模×5，13. 背内模×2，14. 背内模后视×5，18. 腹内模×3，

标本号：PVIII′ Hs 17－21。

产地：申扎县知洼古古南西3.5km，5118高地东南坡德悟卡下组。

12. *Dalmanella testudinaria*（Dalman）

腹外模×3。标本号：PVIII′ Hs 17－17（a）。

产地：申扎县知洼古古南西3.5km，5118高地东南坡德悟卡下组。

15，16. *Plectothyrella crassicosta*（Dalman）

15. 腹内模×3。标本号：PVIII′ Hs 17－17（b）。16. 腹内模×2。标本号：PVIII′ Hs 17－33。

产地：申扎县知洼古古南西3.5km，5118高地东南坡德悟卡下组。

17，19. *Hirnantia sagittifera*（M' Coy）

17. 背内模×1.5。标本号：PVIII′ Hs 17－17（c）。19. 腹内模×1.5。标本号：PVIII′ Hs 17－72。

产地：申扎县知洼古古南西3.5km，5118高地东南坡德悟卡下组。

图版XVII

1，3，5，6，10，11，13，14，23. *Armenoceras* sp.

1. 纵切面×1。标本号：PXXV Hs 10－3。5. 纵切面×1。标本号：PXXV Hs 10－11。

6. 纵切面×1。标本号：PXXV Hs 10－2。10，11. 切面×1。标本号：PXXV Hs 16－10。

13. 切面×1。标本号：PXXV Hs 16－6。

产地：申扎县雄梅乡拉塞拉塞组。

3. 纵切面×1.5。标本号：6283－3。14. 纵切面×1。标本号：6283－10。

产地：申扎县雄梅乡卡不拉塞组。

23. 纵切面×1.5。标本号：5074。

产地：申扎县雄梅乡拉塞拉塞组。

2. *Mesowutinoceras* cf. *giganteum* Chen

纵切面×1.5。标本号：6283－11。

产地：申扎县雄梅乡卡不拉塞组。

4，9. *Wutinoceras* sp.

4. 纵切面×1.5。标本号：PXXV Hs 10－1。9. 纵切面× 1。标本号：PXXV Hs 16－8。

产地：申扎县雄梅乡拉塞拉塞组。

7，8，19. *Sactoceras* sp.

7. 纵切面×1。标本号：PXXV Hs 5－13。8. 纵切面×1.5。标本号：PXXV Hs 13－13（a）。

产地：申扎县雄梅乡拉塞拉塞组。

19. 纵切面×1。标本号：6283－7。

产地：申扎县雄梅乡卡不拉塞组。

12. *Deiroceras* cf. *globsom* Zholt et Shen

纵切面×2。标本号：PXXV Hs 9－1。

产地：申扎县雄梅乡拉塞拉塞组。

15. *Stereoplasmoceras* cf. *pseudoseptatum* Grabau

外形纵面×1。标本号：6275－6－1。

产地：申扎县雄梅乡扎地拉塞组。

16，22. *Liulinoceras* sp.

16. 纵切面×1。标本号：PXXVI Hs 10－4。22. 外形纵面×2。标本号：PXXVI Hs 10－5。

产地：申扎县雄梅乡扎地拉塞组。

17. *Adaomsoceras* sp.

纵切面×1。标本号：PXXV Hs 16－5。

产地：申扎县雄梅乡拉塞拉塞组。

18. *Ormoceras* sp.

纵切面×1.5。标本号：PXXV Hs 8－4。

产地：申扎县雄梅乡拉塞拉塞组。

20. *Ordosoceras* sp.

纵切面×1。标本号：PXXV Hs 13－2。

产地：申扎县雄梅乡拉塞拉塞组。

21. Ormoceratidae

纵切面×2。标本号：PXXV Hs 13－13（b）。

产地：申扎县雄梅乡拉塞拉塞组。

图版XⅧ

1a，1b. *Ampullina xainzaensis* Yu

1a. 口视、1b. 背视，×1。标本号：PII Hs31－1。

产地：申扎县雄梅乡康曲康曲组。

2，7. *Glauconia trotteri* (Feistmantel)

2. 口视×1。标本号：PII Hs26－9。7. 口视× 1。标本号：PII Hs26－10。

产地：申扎县雄梅乡余穷余穷组。

3，10. *Adiozoptyxis* aff. *coquandiana* (d' Orbigny)

3. 口视×1。标本号 ：Hs 1134－1－2。10. 背视×1。标本号 ：Hs 1134－1。

产地：班戈县多巴区朗庆日山郎山组。

4. *Ampullospira* sp.

口视×1.5。标本号：PII Hs26－4。

产地：申扎县雄梅乡余穷余穷组。

5a，5b. *Pseudamaura* sp.

5a. 口视、5b. 背视，×1。标本号 ：Hs 1134－1。

产地：班戈县多巴区朗庆日山郎山组。

6，9a，9b. *Pseudomesalia* sp.

6. 背视×1.5。标本号：Hs 1134－1－3。

产地：班戈县多巴区朗庆日山郎山组。

9a. 口视、9b. 背视，×1。标本号：PII Hs26－7。

产地：申扎县雄梅乡余穷余穷组。

8a，8b. *Pseudomesalia* cf. *angustata* Pcelincev

8a. 口视、8b. 背视，×1.5。标本号：PII Hs26－5。

产地：申扎县雄梅乡余穷余穷组。

图版XIX

1，6. *Climacograptus rectangularis xizangensis* Ni

1. ×6。标本号：PVIII Hs 12－30。6. ×6。标本号：PVIII Hs 12－39。

产地：申扎县刚木桑沟南山德悟卡下组。

2，3，8. *Climacograptus miserabilis* Elles et Wood

2. ×6。标本号：PVIII Hs 12－31。3. ×6。标本号：PVIII Hs 12－23。

8. ×3。标本号：PVIII Hs 12－21。

产地：申扎县刚木桑沟南山德悟卡下组。

4，5. *Normalograptus ojsuensis* (Koren and Mikhailova)

4. ×3。标本号：PVIII'Hs 17－59。5. ×3。标本号：PVIII'Hs 17－60。

产地：申扎县知洼古古南西3.5km，5118高地东南坡德悟卡下组。

7. *Monoclimacis* sp.

×3。标本号：PVIII Hs 12－27。

产地：申扎县刚木桑沟南山德悟卡下组。

9. *Glyptograptus* sp.

×6。标本号：PVIII Hs 12－28。

产地：申扎县刚木桑沟南山德悟卡下组。

10. *Oktavites* sp.

×6。标本号：PVIII Hs 12－32－2。

产地：申扎县刚木桑沟南山德悟卡下组。

图版XX

1. 蛇纹石化纯橄岩

交代网格结构，蛇纹石呈网格状交代橄榄石，网格中心为滑石（Tlc）集合体。

产地：扎日阿西南，薄片编号：SIV－27，10×10（－）。

2. 菱镁矿化蛇纹石化纯橄岩

交代网格结构，蛇纹石交代橄榄石形成网格，进一步菱镁矿化形成交代残留网环，
成分大部分被菱镁矿（Mag）取代。

产地：那窝，薄片编号：b6245－3，10×10（－）。

3. 滑石化堆晶斜辉辉石岩

自形半自形镶嵌结构，斜方辉石（Opx）岩颗粒相互平衡嵌晶，滑石沿着颗粒边缘交代辉石，或条带状切割交代辉石颗粒（增堆晶结构）。

产地：岁俄牛弄巴，薄片偏光SIV－36，10×2（+）。

4. 滑石绢石化堆晶斜辉辉石岩

粒状嵌晶结构，斜方辉石颗粒间紧密镶嵌并遭受绢石（Bat）化、滑石（Tlc）化，可以和增堆晶结构相类比。

产地：岁俄牛弄巴，薄片编号：SIV－29，10×4（+）。

5. 堆晶辉石橄榄岩

包橄结构、自形半自形粒状，橄榄石（Ol），被辉石（Prx）（基底）大晶体包嵌，橄榄石蛇纹石化，辉石绢石化（堆晶结构）。

产地：岁俄牛弄巴，薄片编号：b6288－4，10×2（－）。

6. 堆晶辉石橄榄岩

他形粒状嵌晶结构、交代网格结构，橄榄石他形粒状镶嵌，辉石大部分呈他形填间于橄榄石晶隙中，辉石（Prx）、橄榄石（Ol）分别绢石（Bat）化、蛇纹石（Sep）化。

产地：岁俄牛弄巴，薄片编号：b6218，10×2（+）。

7. 堆晶橄榄单斜辉石岩

他形粒状镶嵌结构，单斜辉石（Mp）彼此镶嵌，橄榄石（Ol）充填于其矿物间隙中，橄榄石蛇纹石（Sep）化，辉石绢石（Bat）化（中堆晶结构）。

产地：岁俄牛弄巴，薄片编号：b6288－2，10×1.25（+）。

8. 堆晶橄榄辉石岩

自形半自形镶嵌结构，辉石（Prx）呈粒状镶嵌，其晶隙间充填橄榄石（Ol）、蛇纹石（Sep）化（增堆晶结构）。

产地：岁俄牛弄巴，薄片编号：b5348－1，10×4（+）。

图版XXI

1. 条带状堆晶辉石橄榄岩

粒状镶嵌结构，主要成分为橄榄石（Ol）多呈半自形他形，斜方辉石（Opx）呈条带状集中分布，构成堆晶层理。

橄榄石蛇纹石（Sep）化。

产地：岁俄牛弄巴，薄片编号：b5348－3，10×2（+）。

2. 堆晶橄榄单斜辉石岩

粒状镶嵌结构，辉石（Prx）间相互嵌晶，橄榄石（Ol）填隙于辉石颗粒之间，橄榄石蛇纹石（Sep）化（增堆晶结构）。

产地：岁俄牛弄巴，薄片编号：SIV－53，10×2（－）。

3. 堆晶橄榄辉石岩

他形粒状镶嵌结构，辉石（Prx）多紧密镶嵌，橄榄石分布于辉石晶体的间隙中，辉石绢石化，橄榄石蛇纹石化（增堆晶结构）。

产地：岁俄牛弄巴，薄片编号：b5349－1，10×2（+）。

4. 堆晶橄榄辉石岩

他形粒状镶嵌结构，主要成分为辉石（Prx），少量橄榄石与辉石彼此镶嵌。橄榄石蛇纹石化，辉石绢石化。

产地：岁俄牛弄巴，薄片编号：b5349，10×1.25（+）。

5. 浅色堆晶辉长岩

粒状镶嵌结构，由斜长石（Pl）、辉石（Prx）组成他形粒状镶嵌。

产地：岁俄牛弄巴，薄片编号：SIV－29，10×4（+）。

6. 角砾状球颗玄武岩

角砾状结构，球颗结构。角砾（A）成分为球颗玄武岩（Pl－斜长石），胶结物为玉髓（Chc）及不透明物质，角砾具有可拼性。

产地：昌拉，薄片编号：b5235，10×2（+）。

7. 杏仁状枕状球颗玄武岩

球颗结构，杏仁状构造，杏仁体为方解石，斑晶由中空骸晶的橄榄石（Ol）、斜长石（Pl）组成，基质为球颗结构的斜长石、辉石和玻璃质组成。

产地：昌拉，薄片编号：SXⅢ－4，10×1.25（－）。

8. 杏仁状枕状球颗玄武岩

球颗结构，杏仁状构造，杏仁体由方解石、绿泥石、玉髓（Chc）组成，基质为束状、放射状斜长石、辉石微晶。

产地：昌拉，薄片编号：SXⅢ－8，10×1.25（+）。

图版XXⅡ

1. 杏仁状枕状玄武岩

粗玄结构，杏仁状构造，方解石（Cal）、绿泥石（Chl）、玉髓（Chc）为杏仁体充填物，基质成分为：长条状斜长石（Pl），格架中充填着束状、粒状辉石晶体。

产地：昌拉，薄片编号：SXⅢ－3，10×4（+）。

2. 杏仁状枕状玄武岩

长条状斜长石边部呈齿状，晶体内见有中空骸晶结构。

产地：昌拉，薄片编号：SXⅢ－3，10×20（+）。

3. 杏仁状枕状球颗玄武岩

球颗结构、杏仁状构造，杏仁体成分为多晶方解石（Chl），基质为隐束状斜长石组成的球颗结构，见有铁镁质矿物雏晶呈针状分布。少量的中空骸晶斜长石（Pl）呈斑晶。

产地：昌拉，薄片编号：SXⅢ－5，10×1.25（－）。

4. 杏仁状枕状玄武岩

斑状结构、粗玄结构，杏仁状构造、斑晶为斜长石和辉石，杏仁体成分为绿泥石（Chl）、方解石（Cal）、玉髓，基质由长条状斜长石（Pl）和颗粒状橄榄石、辉石组成。

产地：昌拉，薄片编号：SXⅢ－13，10×4（+）。

5. 枕状球颗玄武岩

球颗结构、中空骸晶结构，中空髓晶长条状的斜长石（Pl）格架中充填着束状集合体的辉石（Prx）晶体。

产地：昌拉，薄片编号：SXⅢ－13－1，10×4（+）。

6. 枕状球颗玄武岩

鬣刺结构，中空骸晶的斜长石（Pl）及骸晶状辉石（Prx）。

产地：昌拉，薄片编号：SXⅢ－13－1，10×20（+）。

7. 杏仁状枕状球颗玄武岩

球颗状结构、斑状结构，杏仁状构造，斑晶为中空蛇纹石化橄榄石，基质成分为隐束、放射状斜长石（pl）组成的球颗。

产地：昌拉，薄片编号：SXⅢ－13－1，10×4（+）。

8. 枕状角砾状球颗玄武岩

球颗结构、角砾状结构，角砾成分为棱角状球颗玄武岩，胶结物为方解石（Cal），部分角砾具有可拼性。

产地：昌拉，薄片编号：SXⅢ－9，10×4（－）。

图版XXⅢ

1. 角砾状球颗玄武岩

角砾状结构、球颗结构，斜长石呈束状、放射状集合体。

产地：昌拉，薄片编号：SXⅢ－9，10×10（+）。

2. 辉绿岩（岩墙）
辉绿结构、嵌晶含长结构，斜长石（Pl）表面见尘点状黝帘石、辉石（Prx）已转变为次闪石。
产地：昌拉，薄片编号：SⅩ-17，10×4（-）。
3. 辉绿岩（岩墙）
辉绿结构、嵌晶含长结构，斜长石格架中充填辉石（Prx）颗粒，自形板状斜长石嵌晶在大辉石晶体内，辉石次闪石化，斜长石具中空骸晶结构。
产地：昌拉，薄片编号：SⅩⅢ-16，10×4（-）。
4. 辉绿玢岩（岩墙）
辉绿结构、辉长结构、似斑状结构，自形板状斜长石呈斑晶，基质为辉长、辉绿结构，斜长石（pl）黝帘石化，辉石（Prx）次闪石化、绿泥石化。
产地：卡来，薄片编号：PXXI-15，10×10（+）。
5. 辉绿岩（岩墙）
自形板状斜长石格架中充填粒状辉石，粗大的辉石晶体内包嵌着自形板状斜长石晶体，分别构成典型的辉绿结构和嵌晶含长结构，辉石绿泥石化。
产地：卡来，薄片编号：PXXI-16，10×2（+）。
6. 辉长岩
辉长结构，辉石（Prx）、斜长石（pl）呈半自形，粒度相近，斜长石黝帘石化，辉石次闪石化、绿泥石化。
产地：昌拉，薄片编号：SⅩ-20，10×2（+）。
7. 辉绿岩（岩墙）
辉绿结构、嵌晶含长结构，长条状斜长石（Pl）具中空骸晶结构，辉石次闪石化。
产地：昌拉，薄片编号：SⅩ-6，10×1.25（-）。
8. 辉绿岩（岩墙）
粗大的辉石（Prx）具有中空骸晶的斜长石（pl）嵌晶，构成典型的嵌晶含长结构。
产地：昌拉，薄片编号：SⅩ-6，10×10（-）。

图版XXⅣ

1. 放射虫硅质岩
生物结构、隐晶质结构，纹层构造，主要由蛋白质玉髓质的硅质成分组成，含有少量碳酸盐、石英碎屑，放射虫被玉髓、鲕绿泥石充填。
产地：昌拉，薄片编号：b6207，10×1.25（-）。
2. 放射虫硅质岩
隐晶质结构、生物碎屑结构，微纹层构造，主要成分为蛋白质、玉髓质含有碳酸盐团块，放射虫被玉髓成分充填。
产地：昌拉，薄片编号：SⅩⅢ-7，10×20（+）。
3. 放射虫硅质岩
隐晶质结构，主要成分为玉髓质，偶见鲕绿泥石颗粒，放射虫被玉髓（Chc）质充填。
产地：昌拉，薄片编号：SⅩⅢ-9，10×4（+）。
4. 放射虫硅质岩
隐晶质结构，主要成分由玉髓和碳酸盐团粒放射虫组成，放射虫被鲕绿泥石（Shs）碳酸盐充填，碳酸盐团粒放射虫定向集中构成微纹层构造。
产地：昌拉，薄片编号：SⅩⅢ-11，10×4（-）。
5. 中细粒花岗闪长岩
花岗结构，主要成分由石英（Qz）、中、更长石（Og）、黑云母（Bi）、角闪石组成，中长石环带发育。
产地：可嘎，薄片编号：bSⅪ-5，10×2（+）。
6. 中细粒似斑状二长花岗岩
似斑状结构，主要成分为斜长石、微斜长石（Mi），少量黑云母，微斜长石似斑晶具有交代蠕虫结构（My）。
产地：车灯日阿锁，薄片编号：SⅧ-8-1，10×10（+）。
7. 中细粒黑云二长花岗岩

二长结构，矿物成分主要为石英、钾长石、斜长石，次要为黑云母及少量角闪石，自形板状斜长石（Pl）包嵌于他形钾长石（Kp）晶体中。

产地：可嘎，薄片编号：SⅪ-8，10×2（+）。

8. 中粒绢云母化花岗闪长岩

花岗结构，主要矿物成分为他形粒状石英（Qz）、自形板状及他形钾长石，次要矿物为黑云母、斜长石表面见有“补丁”状绢云母化。

产地：扎空拉，薄片编号：SⅫ-4-6，10×2（+）。

图版XXV

1. 菱镁岩

不等粒变晶结构，菱镁矿分两个粒级，较粗粒级的菱镁矿（Mag）颗粒间隙中分布较细颗粒的菱镁矿集合体（似胶结基底）。

产地：那窝，薄片编号：b6245-4，10×2（+）。

2. 滑石菱镁岩

粒状、鳞片变晶结构，变余网环结构（构造），网环多为菱镁矿（Mag），网眼成分以鳞片集合体状滑石（Tlc）为主。

产地：戈昂勒，薄片编号：SⅦ-38，10×10（+）。

3. 黑云母变粒岩

片状粒状变晶结构，微片麻状构造，变晶矿物为石英（Qz）、黑云母（Bi），粒度较细。变余矿物粒度较粗，由石英、斜长石（Pl）组成。

产地：甲布弄，薄片编号：PXⅢ-1，10×2（+）。

4. 石榴白云母石英片岩

粒状、片状变晶结构，片状构造，白云母（Mu）片理与条带状石英（Qz）集合体相间分布，石榴石（Gr）变斑晶颗粒在垂直片理方向的两侧发育有压力影构造。

产地：甲布弄，薄片编号，PXⅢ-2，10×4（-）。

5. 中细粒大理岩

花岗变晶结构，主要成分为粒状镶嵌的方解石（Cal），含有少量的石英颗粒。

产地：果芒错南，薄片编号，SⅦ-32，10×2（+）。

6. 橄榄质岩屑细砂岩

砂状结构，基底式胶结，砂屑由蛇纹石化橄榄岩屑组成。岩屑中蛇纹石化（Sep）网格状结构清晰可见，胶结物为碳酸盐（Cal）。

产地：果芒错南，薄片编号，SⅦ-32，10×4（+）。

7. 滑石菱镁质岩屑细砂岩

砂状结构，基底式胶结，砂屑成分为滑石菱镁质（Tc+Mag）岩屑，胶结物为碳酸盐，沿着砂屑呈栉壳状。

产地：果芒错南，薄片编号，SⅦ-13，10×10（+）。

8. 橄榄质岩屑砂岩

砂状结构，基底式胶结，砂屑由长条状、棱角—次棱角状的蛇纹石（Sep）化橄榄岩屑组成，胶结物为栉壳状方解石（Cal）。

产地：果芒错南，薄片编号，SⅦ-3，10×10（+）。

图版XXVI

1. 变质橄榄质岩屑砂岩

变余砂状结构，砂屑成分为蛇纹石（Sep）化橄榄岩屑和少量尖晶石，胶结物已重结晶为石榴石（Gr）和束状透辉石（Di）集合体（砂屑边部被石榴石吞食）。

产地：果芒错南，薄片编号，SⅦ-8，10×20（-）。

2. 变质滑石菱镁质岩屑中粗粒砂岩

变余砂状结构，基底式胶结，砂屑呈棱角—次棱角状，主要成分为滑石菱镁岩（Tc+Mag）屑，少量蛇纹石化橄榄岩屑，胶结物为菱镁矿（Mag），其沿着砂屑边缘交代砂屑。

产地：果芒错南，薄片编号，SⅦ-5，10×1.25（-）。

3. 滑石菱镁质岩屑杂砂岩

砂状结构，砂屑由滑石菱镁岩（Tc + Mag）屑组成（粒度1~2mm，杂基由碳酸盐、少量滑石菱镁岩碎屑（粒度0.15mm）组成，基底胶结。

产地：果芒错南，薄片编号，SⅦ-19-1，10×1.25（-）。

4. 橄榄质岩屑细砂岩

砂状结构，基底式胶结、砂屑为蛇纹石（Sep）化橄榄岩岩屑，胶结物为碳酸盐，其内含有海胆骨刺化石（H）。

产地：索尔拉，薄片编号：b6217，单偏光（10×2）。

5. 滑石菱镁质岩屑细砂岩

砂状结构，基底式胶结，砂屑为滑石菱镁岩（Tc + Mag）岩屑，胶结物为碳酸盐。

产地：索尔拉，薄片编号：b6217-2，10×2（-）。

6. 砂屑亮晶灰岩

砂屑结构，砂屑由泥晶灰岩组成，胶结物为亮晶方解石（Cal）。砂屑中见有单晶鲕粒。

产地：查果罗玛，薄片编号：PⅨ-6，10×2（-）。

7. 砾屑亮晶灰岩

砾屑结构，砾屑为泥晶灰岩，胶结物为亮晶方解石（Cal），具栉壳结构。

产地：查果罗玛，薄片编号：PⅨ-8，10×10（-）。

8. 鲕粒砂屑亮晶灰岩

鲕粒砂屑结构，鲕粒为多晶鲕，砂屑为泥晶灰岩，胶结物为亮晶方解石（Cal）。

产地：拉塞，薄片编号，PXXV-1，10×2（-）。

图版XXⅦ

1. 钙质石英细砂岩

砂状结构，砂屑由石英（Qz）、方解石（Cal）组成，呈棱角状条状，胶结物为微晶方解石，颗粒支撑。

产地：郎玛，薄片编号：PⅢ-15，10×10（+）。

2. 不等粒二长花岗岩

二长结构，矿物成分石英、斜长石、钾长石（Kp）、黑云母（Bi），在粗大他形粒状的钾长石晶体中包嵌着自形板状斜长石。

产地：扎空拉，薄片编号，SⅫ-4-7，10×2（+）。

3. 安山质熔接凝灰岩

熔接凝灰结构，假流动构造，主要成分为安山质熔岩塑性玻屑、角闪石（Hb）、斜长石（Pl）晶屑组成。

产地：拉嘎甲拥，薄片编号：SⅤ-7，10×1.25（-）。

4. 玄武质岩屑晶屑凝灰岩

凝灰质构造，主要成分为气孔状玄武岩岩屑、辉石、斜长石晶屑、玻屑，呈棱角状，弧面棱角状、鸡骨状。

产地：卡来，薄片编号：PXⅪ-4，10×1.25（+）。

5. 玄武质火山角砾岩

火山角砾结构，角砾成分为杏仁状玄武岩，胶结物为细小的玄武岩岩屑、橄榄石晶屑、玻屑组成。

产地：卡来，薄片编号：PXⅪ-7，10×1.25（-）。

6. 玄武质火山角砾岩

火山角砾结构，角砾呈棱角—次棱角状，成分为橄榄玄武岩，被细小的同成分岩屑、晶屑、玻屑胶结。

产地：卡来，薄片编号：PXⅪ-17，10×1.25（-）。

7. 透辉石角岩

花岗变晶结构，变余层状构造、条带构造，主要成分由透辉岩（Di）、石英（Qz）组成，条带状构造为沿袭原岩成分层性质，表现为石英（Qz）和透辉石（Di）含量的变化上。

产地：扎地，薄片编号：SⅧ-7，10×10（+）。

8. 堇青石角岩

角岩结构、变斑状结构，变斑晶为堇青石（Cor），见聚片双晶或三连晶，基质为堇青石雏晶和叶绿泥石微晶，叶绿泥石沿袭原岩层理定向分布。

产地：那俄木，薄片编号，b5287，10×4（+）。

图版XXⅧ

1. 堇青石角岩

   基质中沿层理分布的变晶放射状叶绿泥石（Pen）。

   产地：那俄木，薄片编号：b5287，10×40（-）。

2. 堇青石角岩

   变斑状结构，变斑晶为堇青石（Cor）轮生晶体。

   产地：那俄木，薄片编号：b5287，10×20（+）。

3. 角岩化石英细砂岩

   变余砂状结构，砂屑主要为石英（Qz），含少量碳酸盐岩屑，胶结物重结晶后为细小绿泥石（Chl）集合体，石英颗粒之间部分呈镶嵌结构。

   产地：那窝，薄片编号：b6245-1，10×20（-）。

4. 透闪石岩

   束状变晶结构，由束状纤状透闪石（Tl）组成，内发育显微剪切带，S-C组构清晰可见。

   产地：俄木勒，薄片编号：b6242-1，10×4（-）。

5. 角岩化钙质粉砂岩

   交代结构，岩石由石榴石（Gr）、阳起石、透闪石组成。绿泥石化后铁质析出。

   产地：木节，薄片编号：b1217-5，10×10（-）。

6. 角岩化石英细砂岩

   花岗变晶结构、变余砂状结构，主要成分石英（Qz）多呈镶嵌结构，次生长大边清楚可见，变晶矿物见有石榴石、堇青石。

   产地：木节，薄片编号：b1218，10×10（-）。

7. 角岩化石英细砂岩

   为IX-6同一薄片，堇青石呈连生晶（Cor）形式，石英（Qz）颗粒呈粒状镶嵌。

   产地：木节，薄片编号：b1218，10×4（+）。

8. 中粗粒钾长石化花岗闪长岩

   他形粒状镶嵌结构，矿物成分由粒度相近石英（Qz）、斜长石、微斜长石（Mi）和少量黑云母组成，见有交代蠕虫结构。

   产地：功穷，薄片编号，SⅧ-1-1，10×1.25（+）。

图版 I

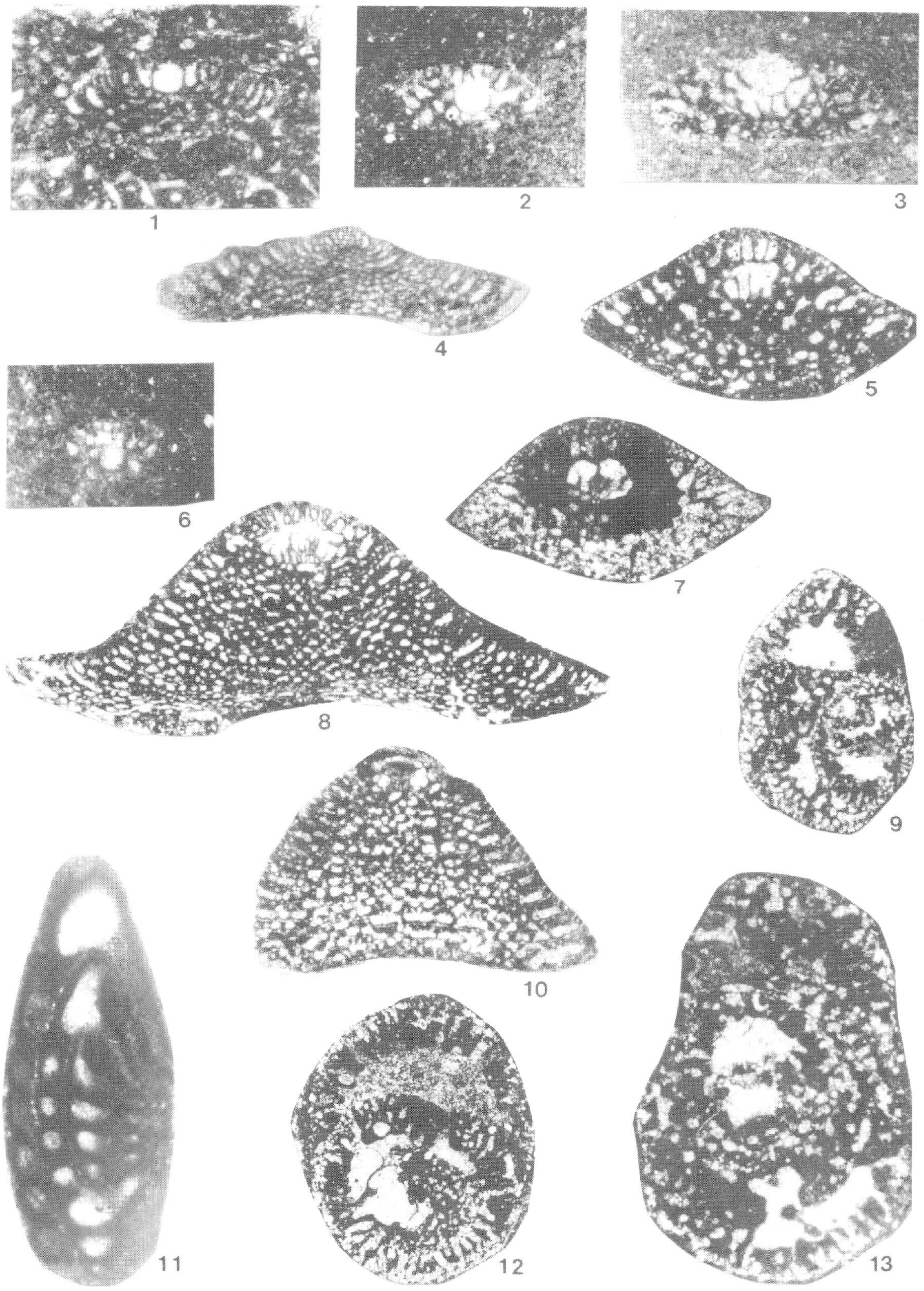

图版 II

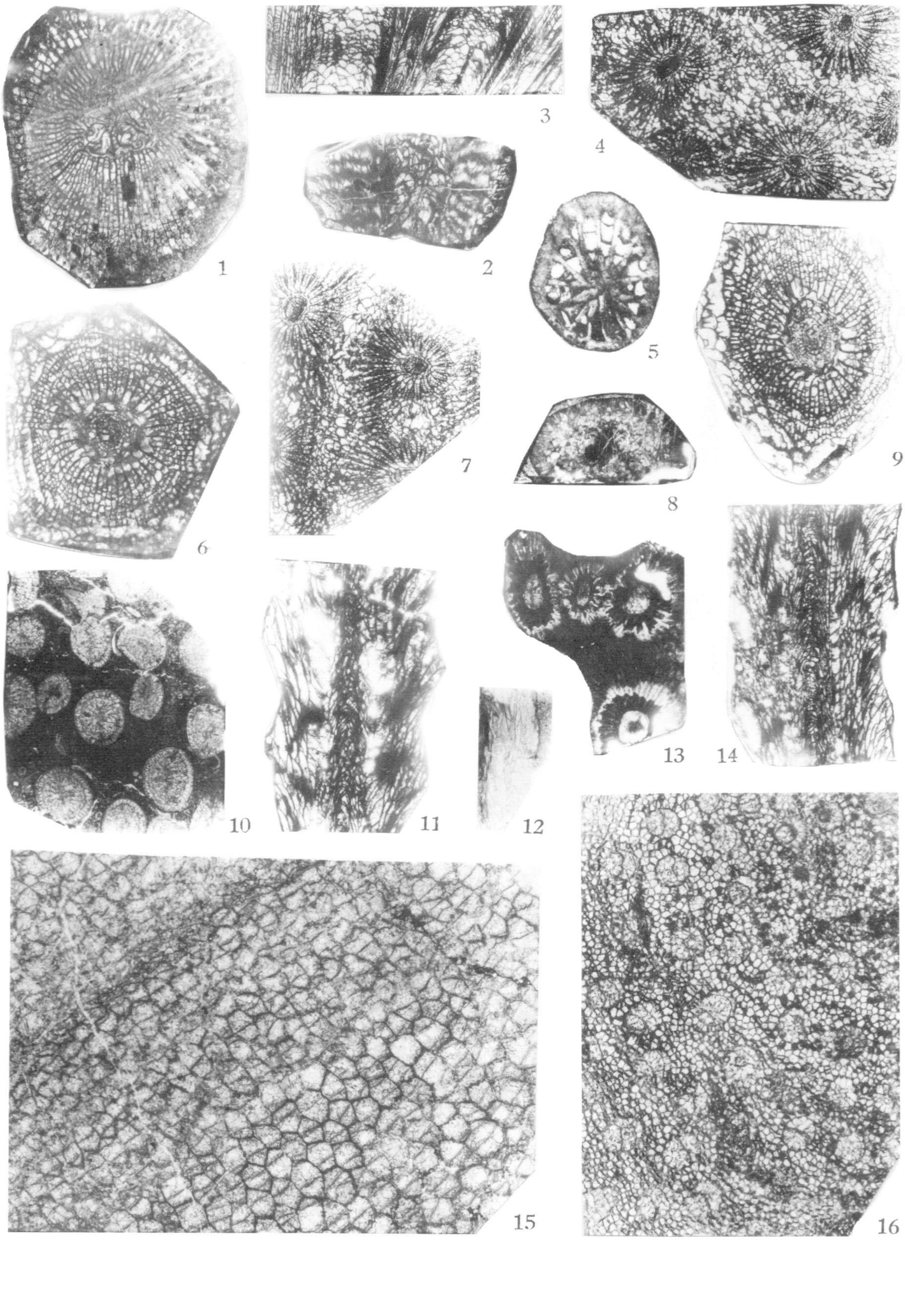

图版 III

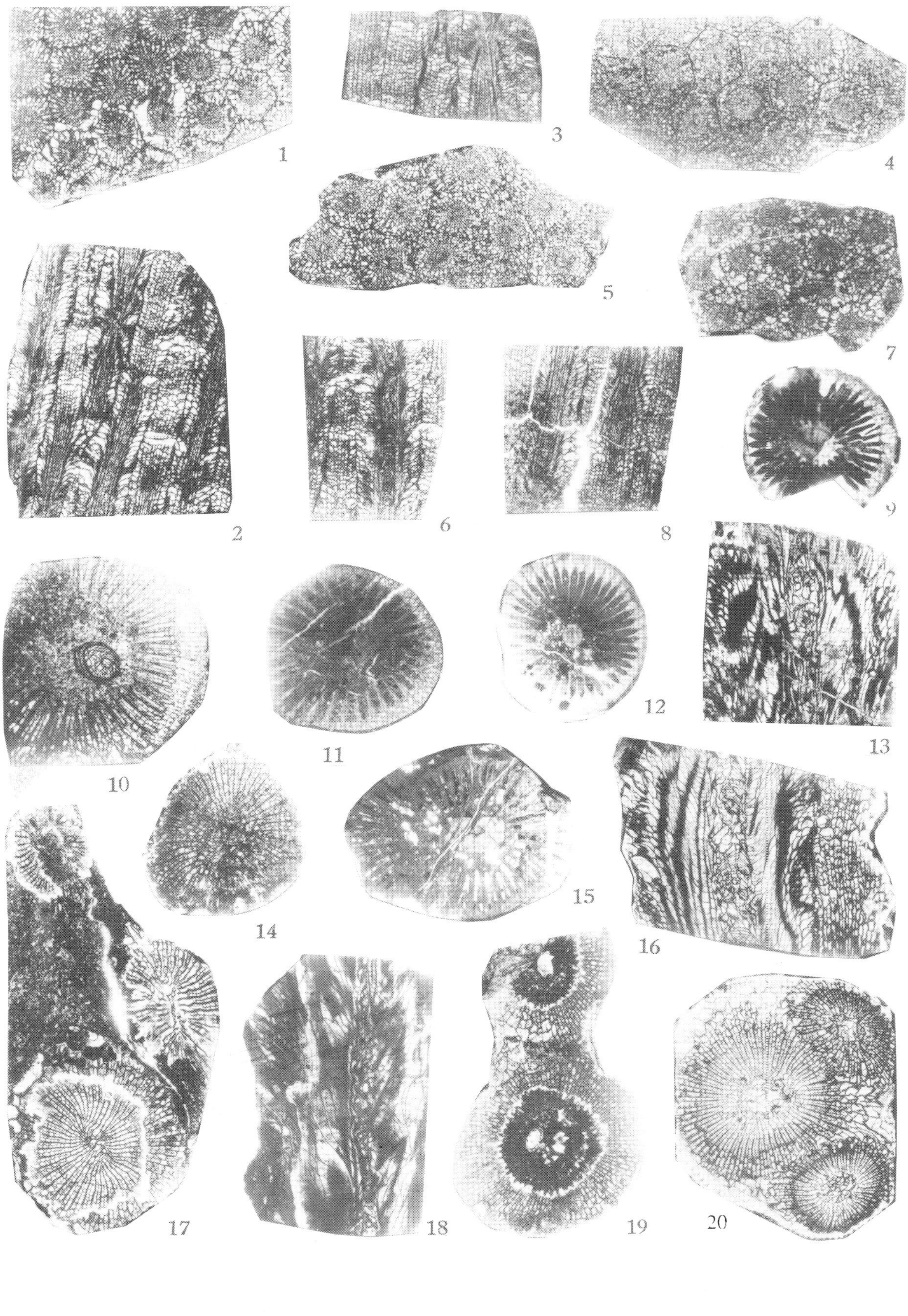

图版 IV

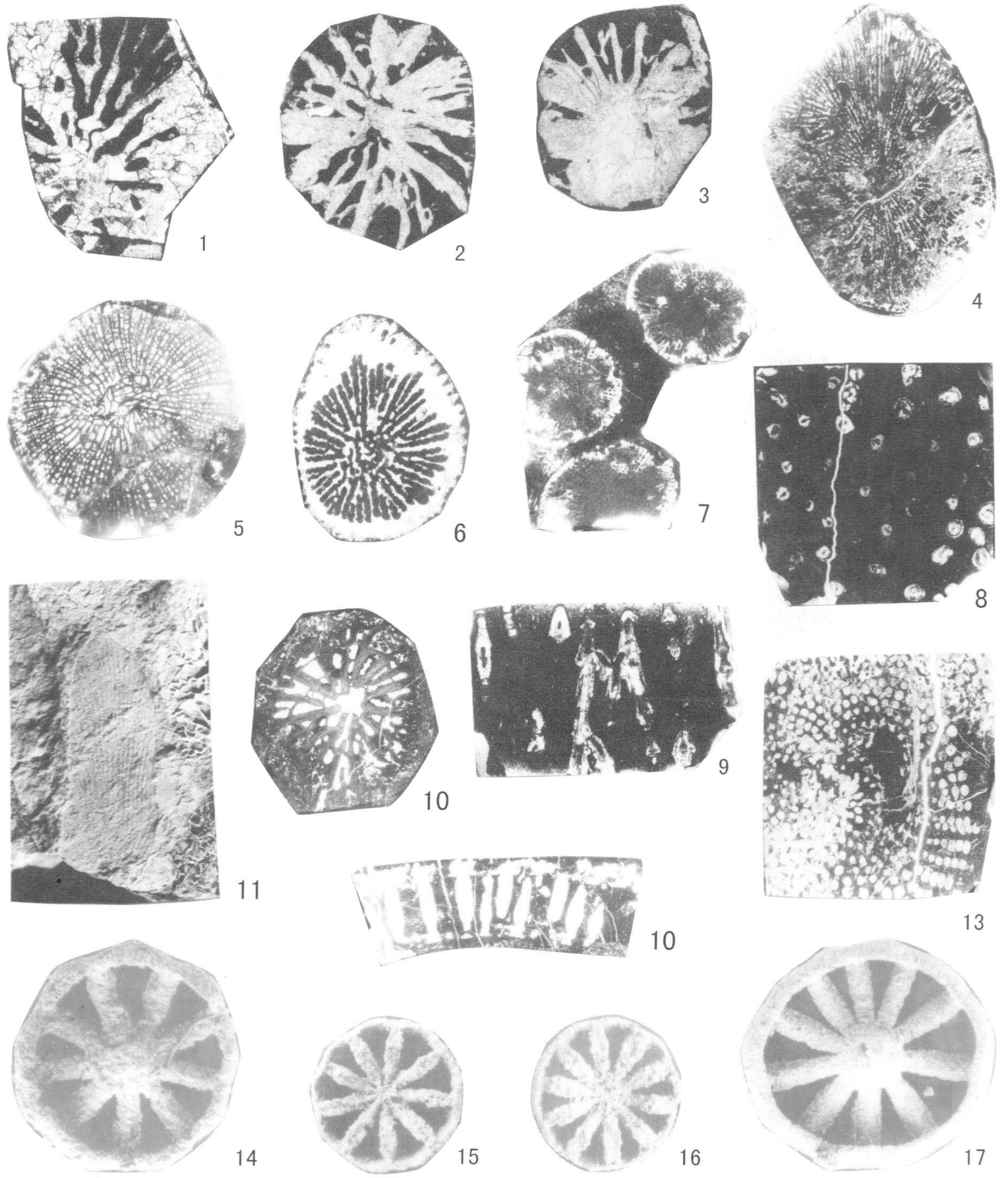

图版 V

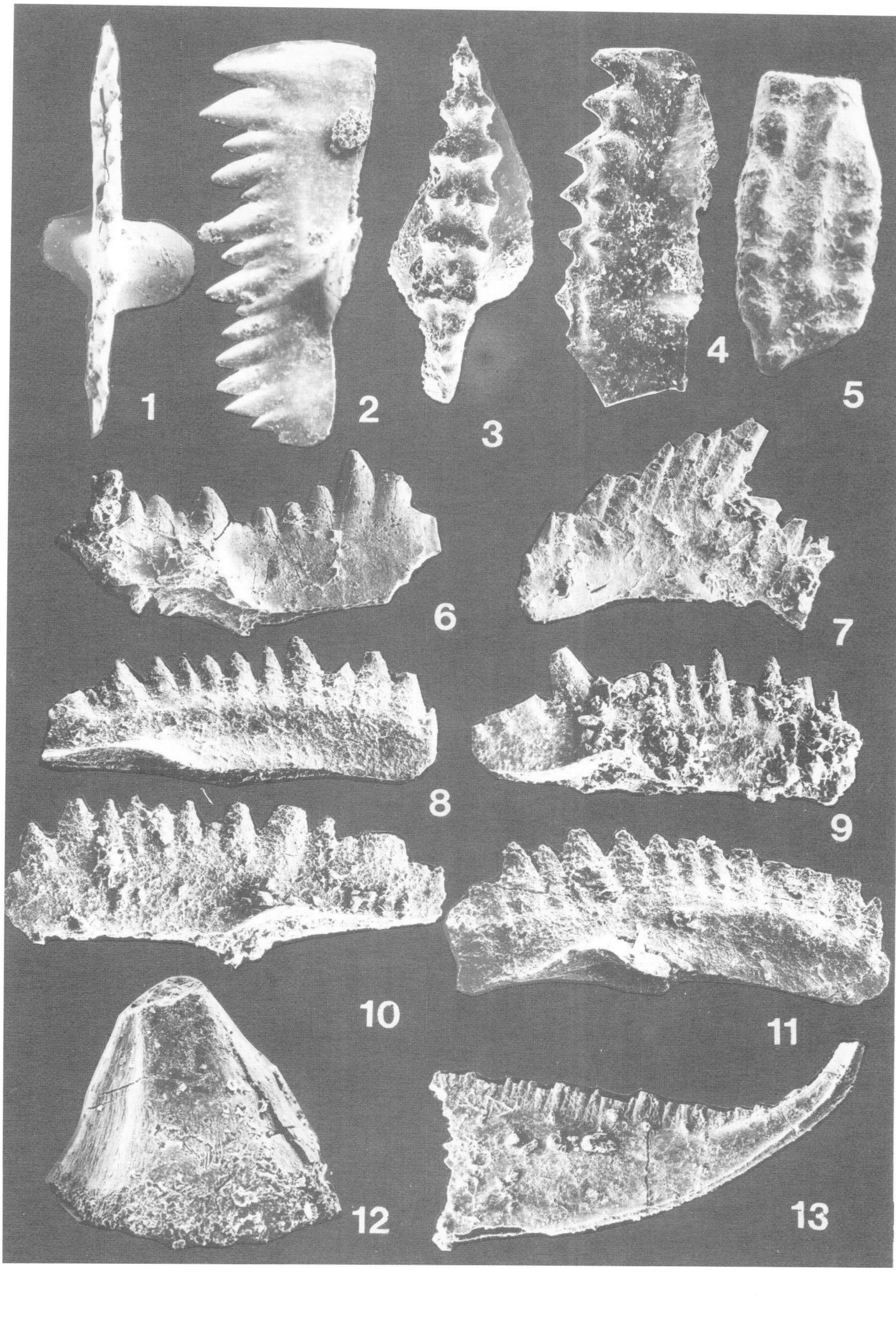

图版 VI

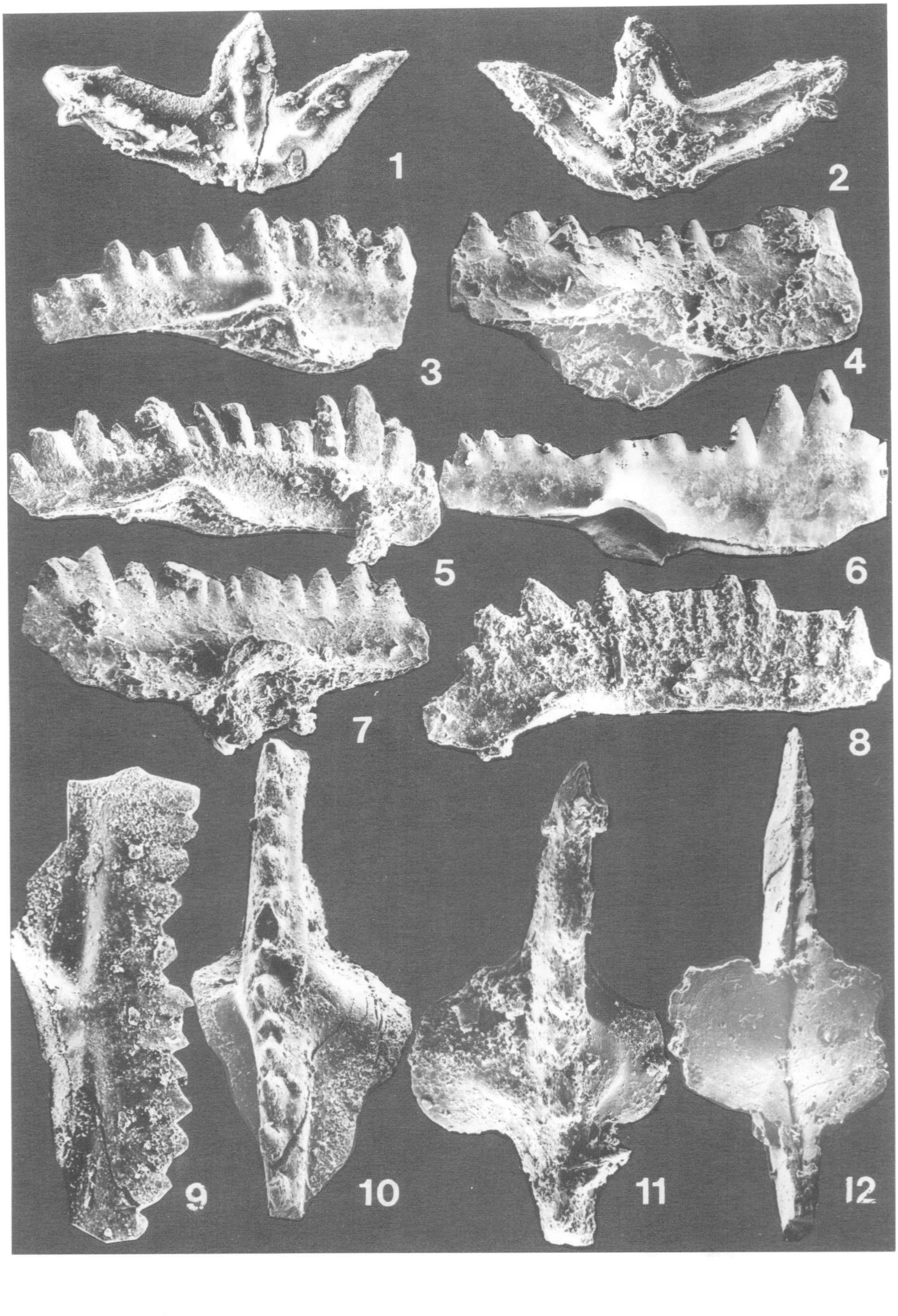

图版 VII

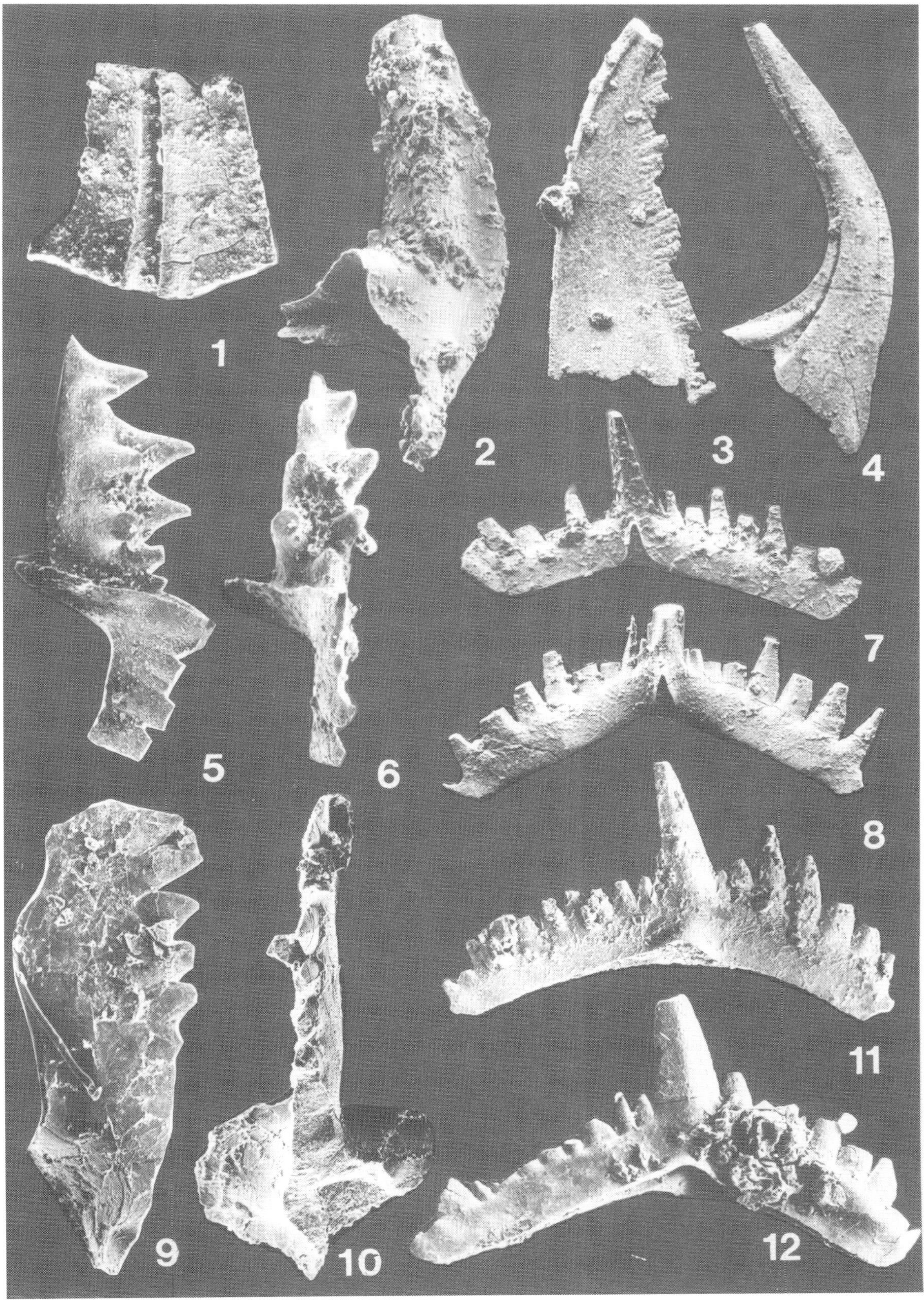

图版 VIII

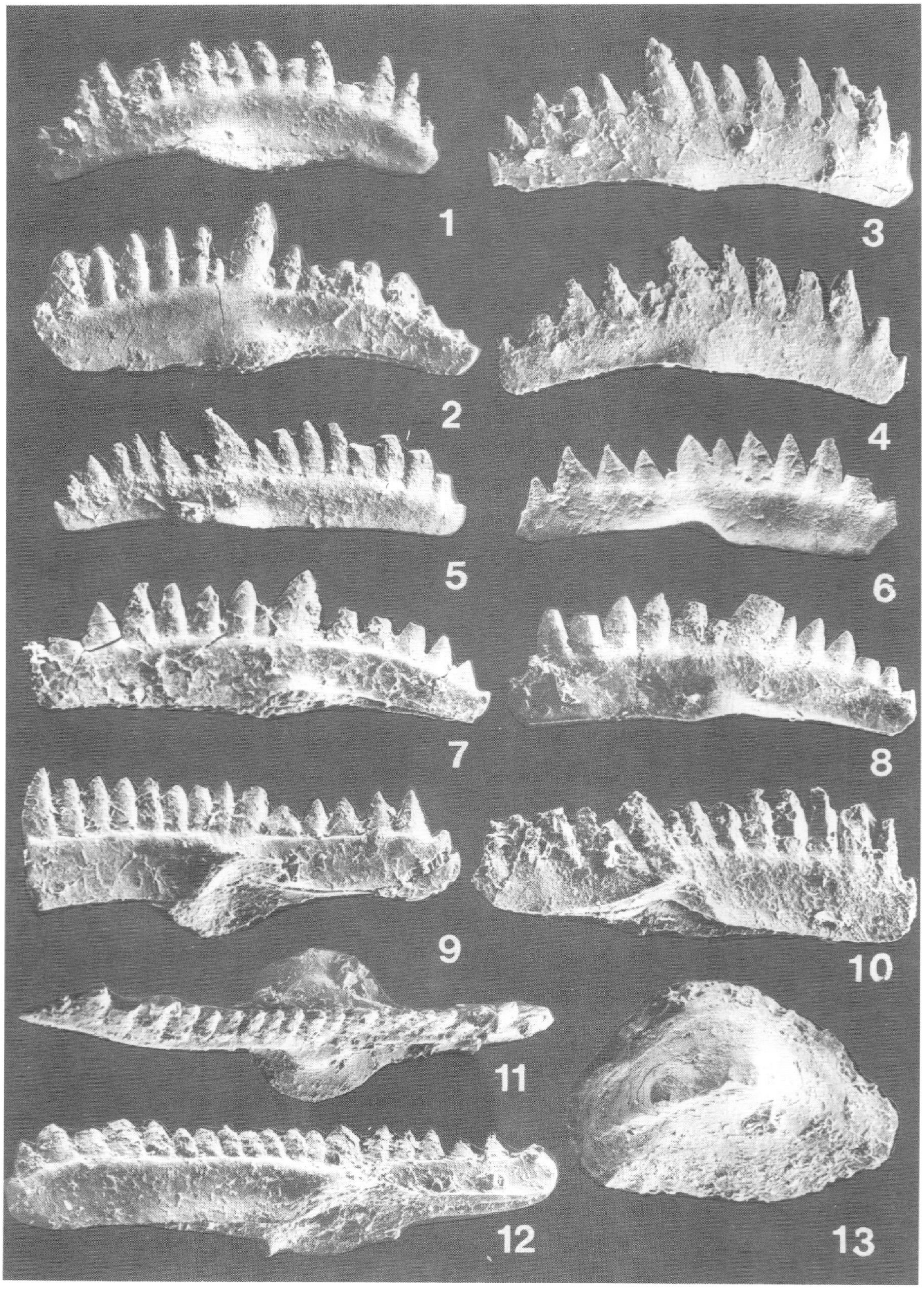

图版 IX

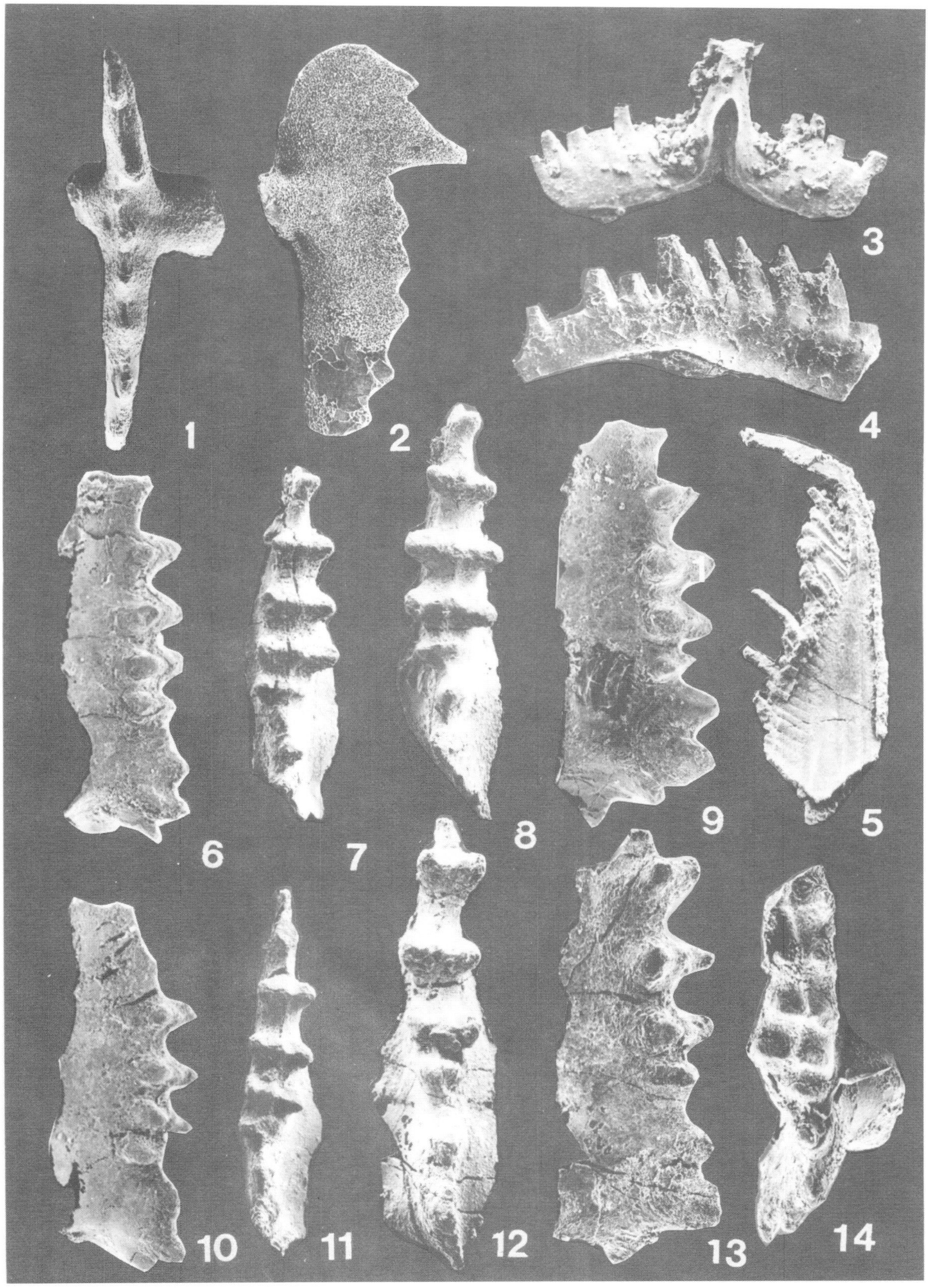

图版 XII

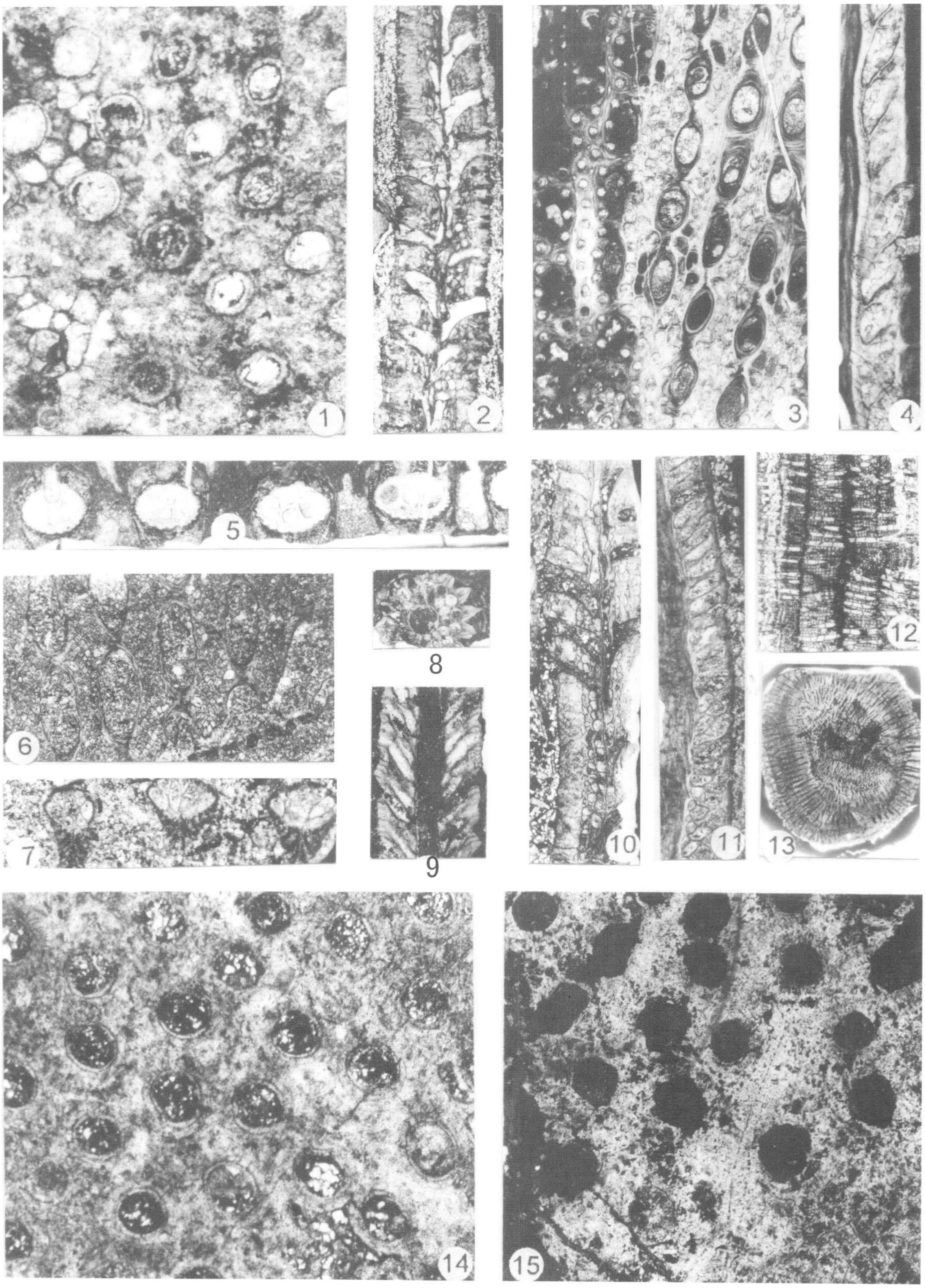

图版 IX

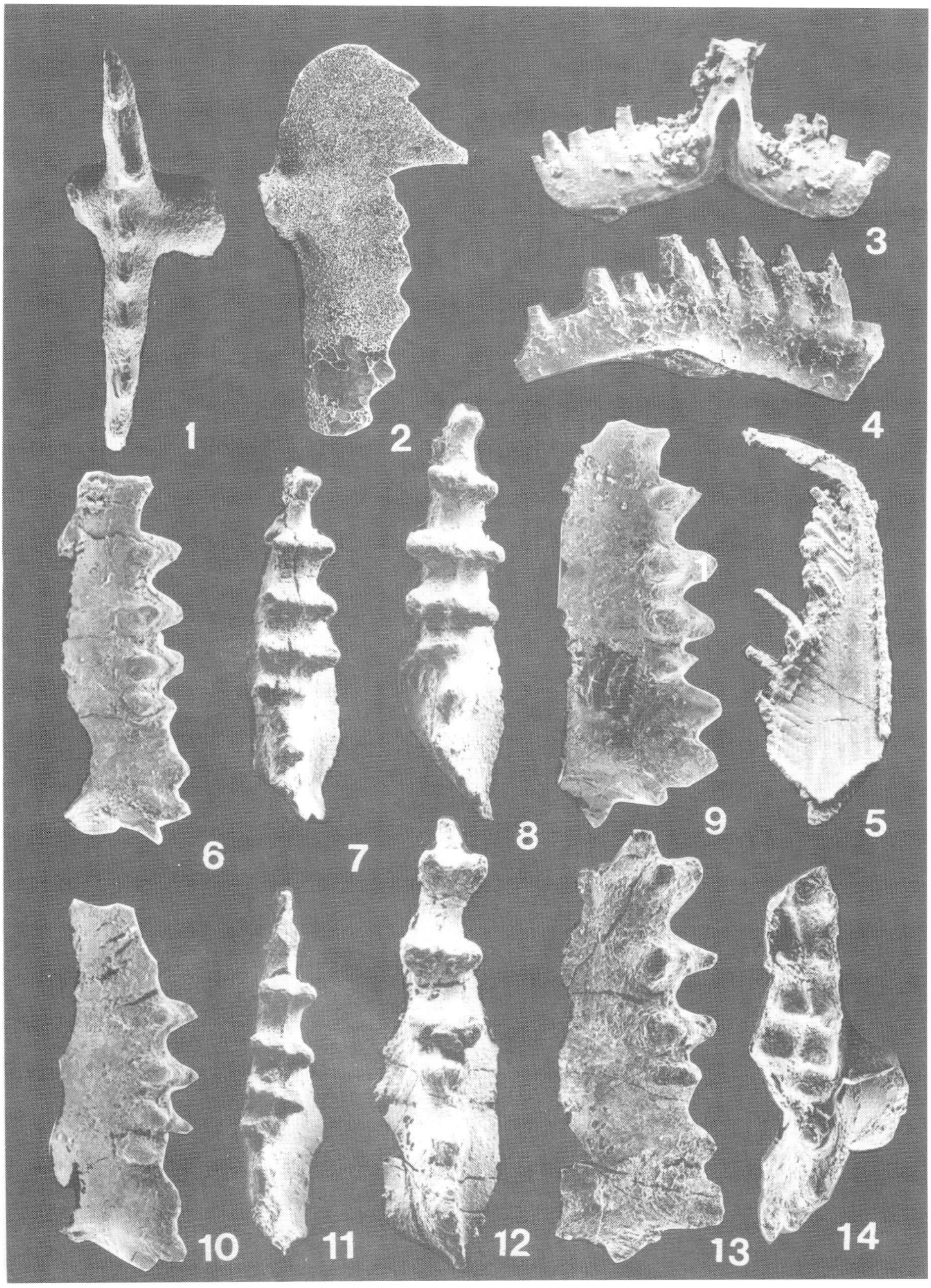

图版 X

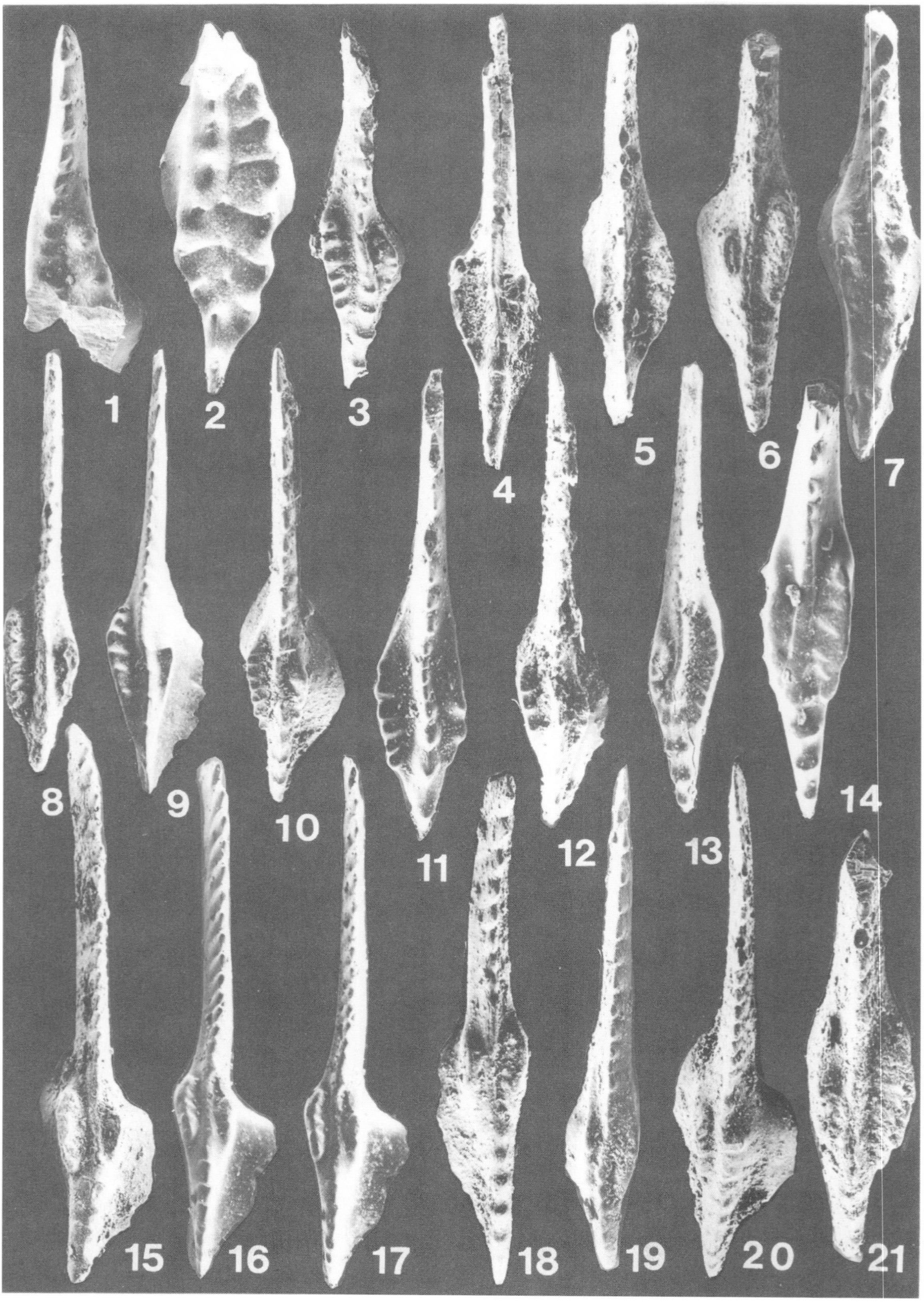

图版 XI

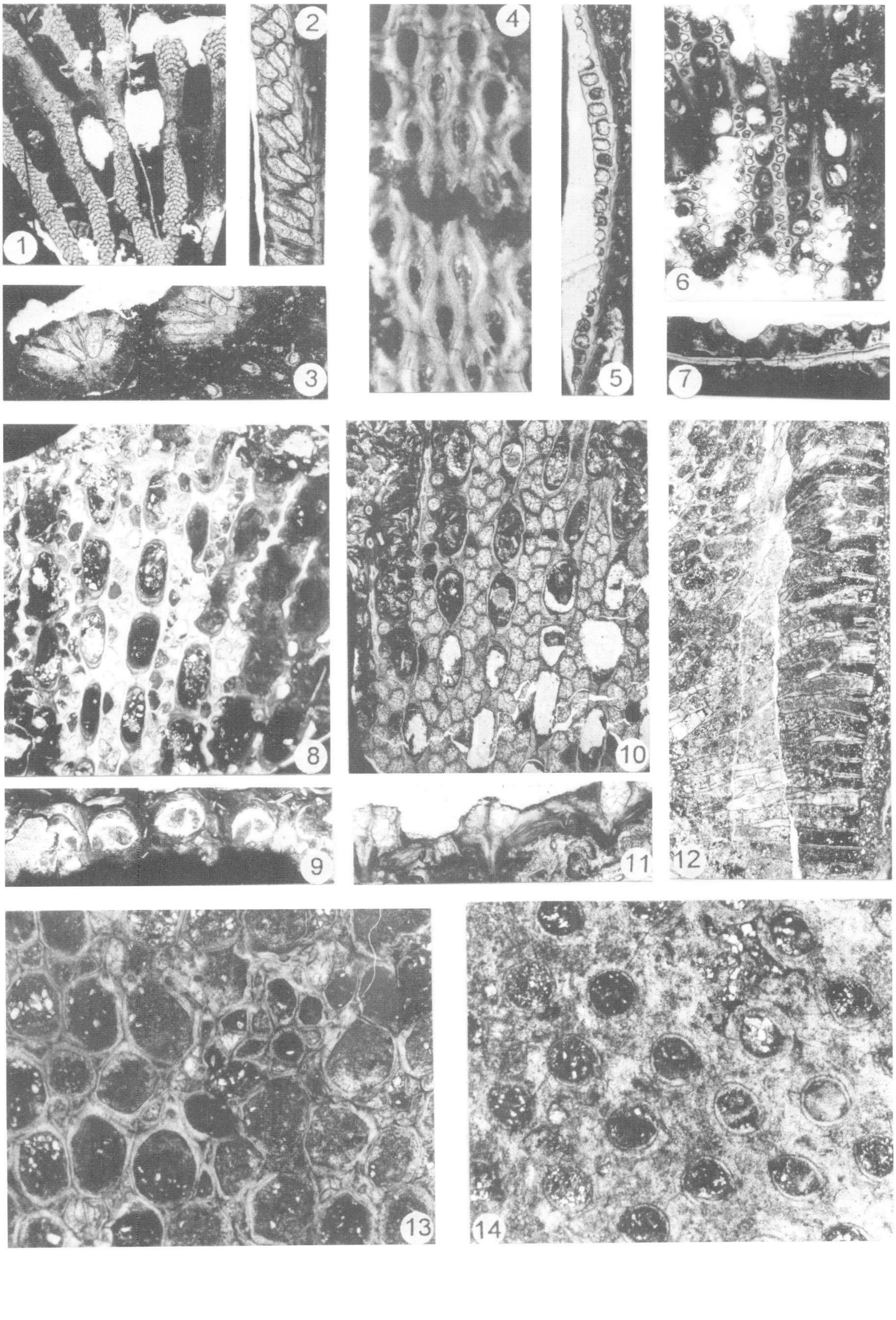

图版 XII

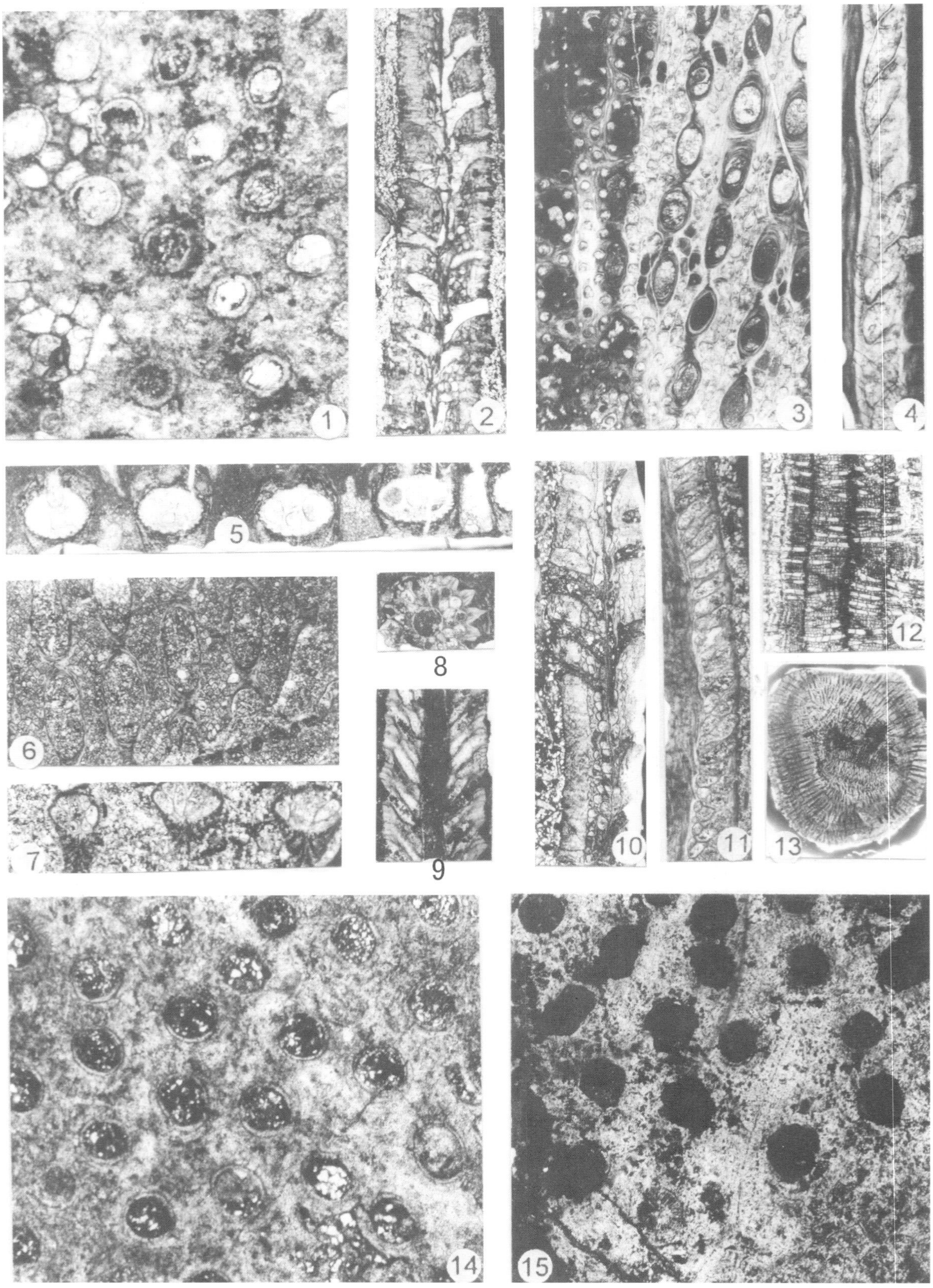

图版 XIII

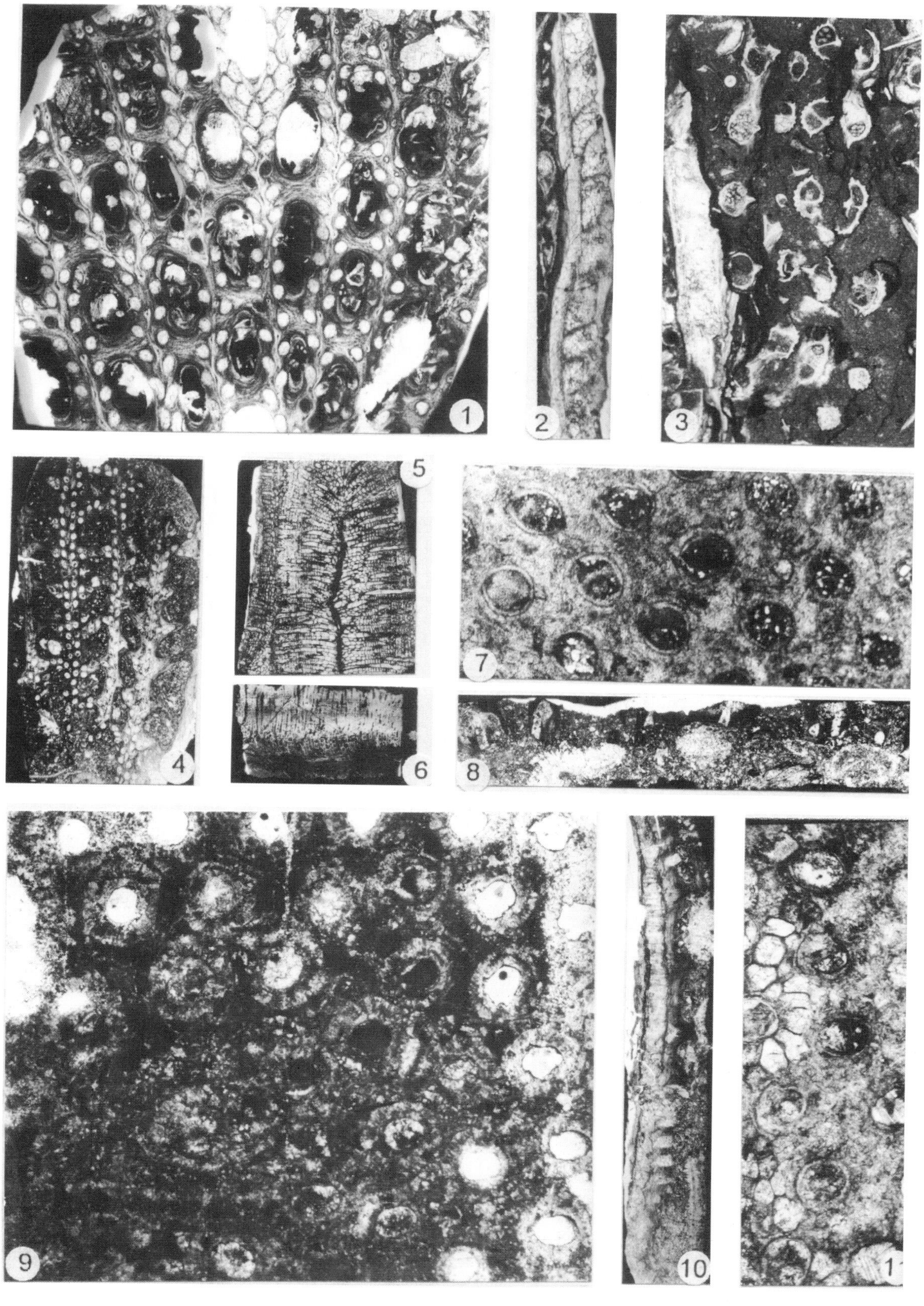

图版 XIV

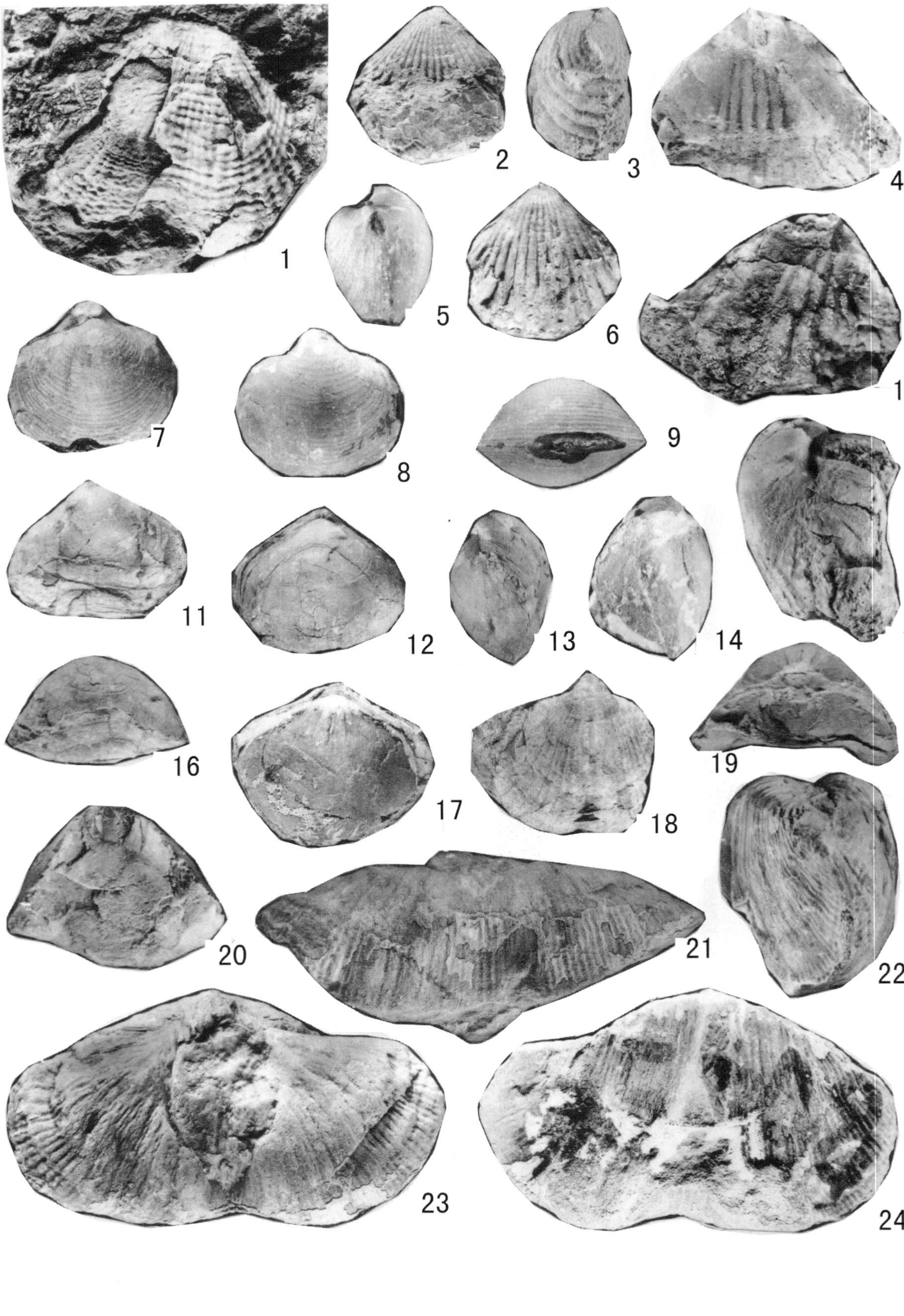

图版 XV

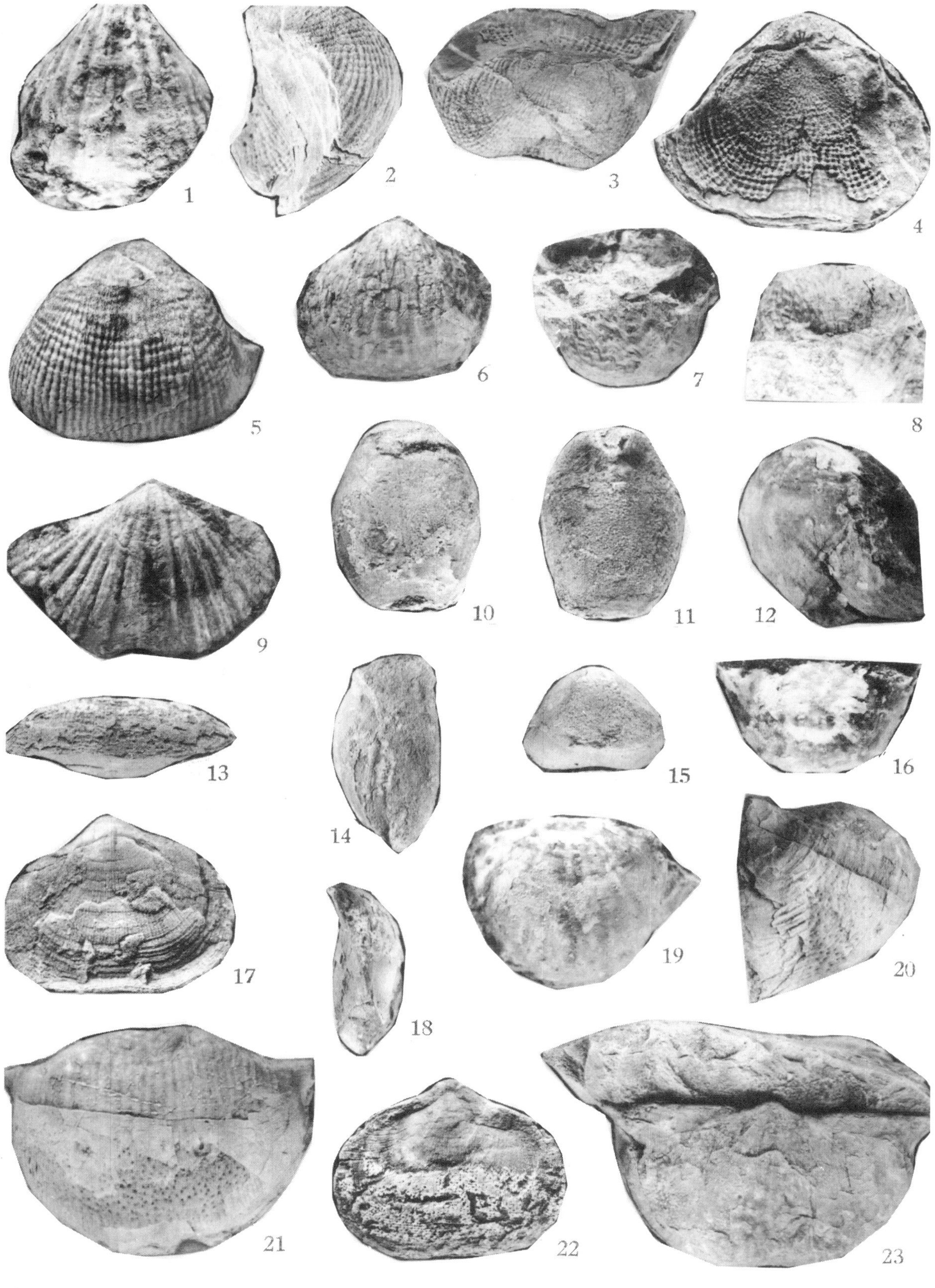

图版 XVI

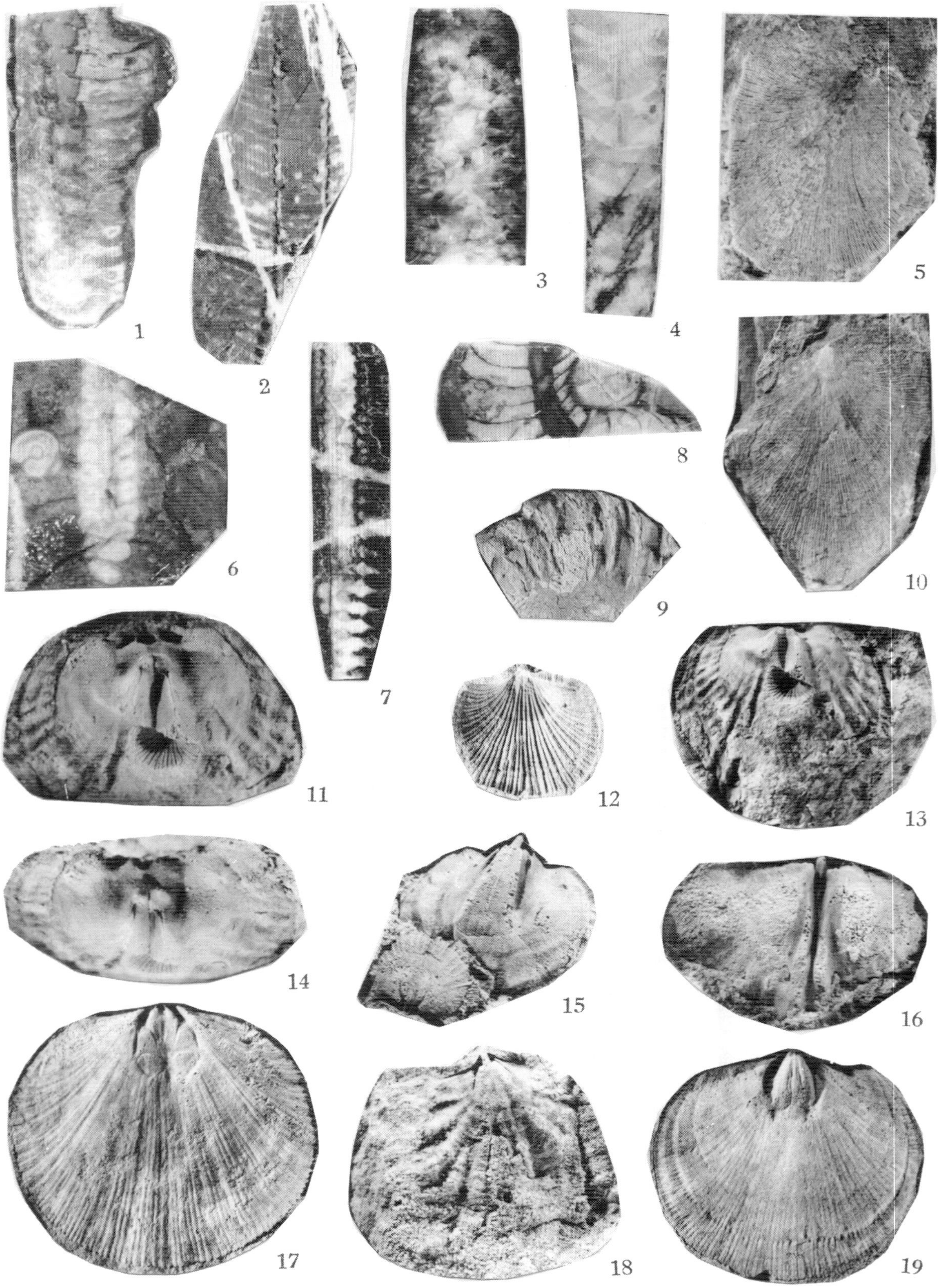

图版 XVII

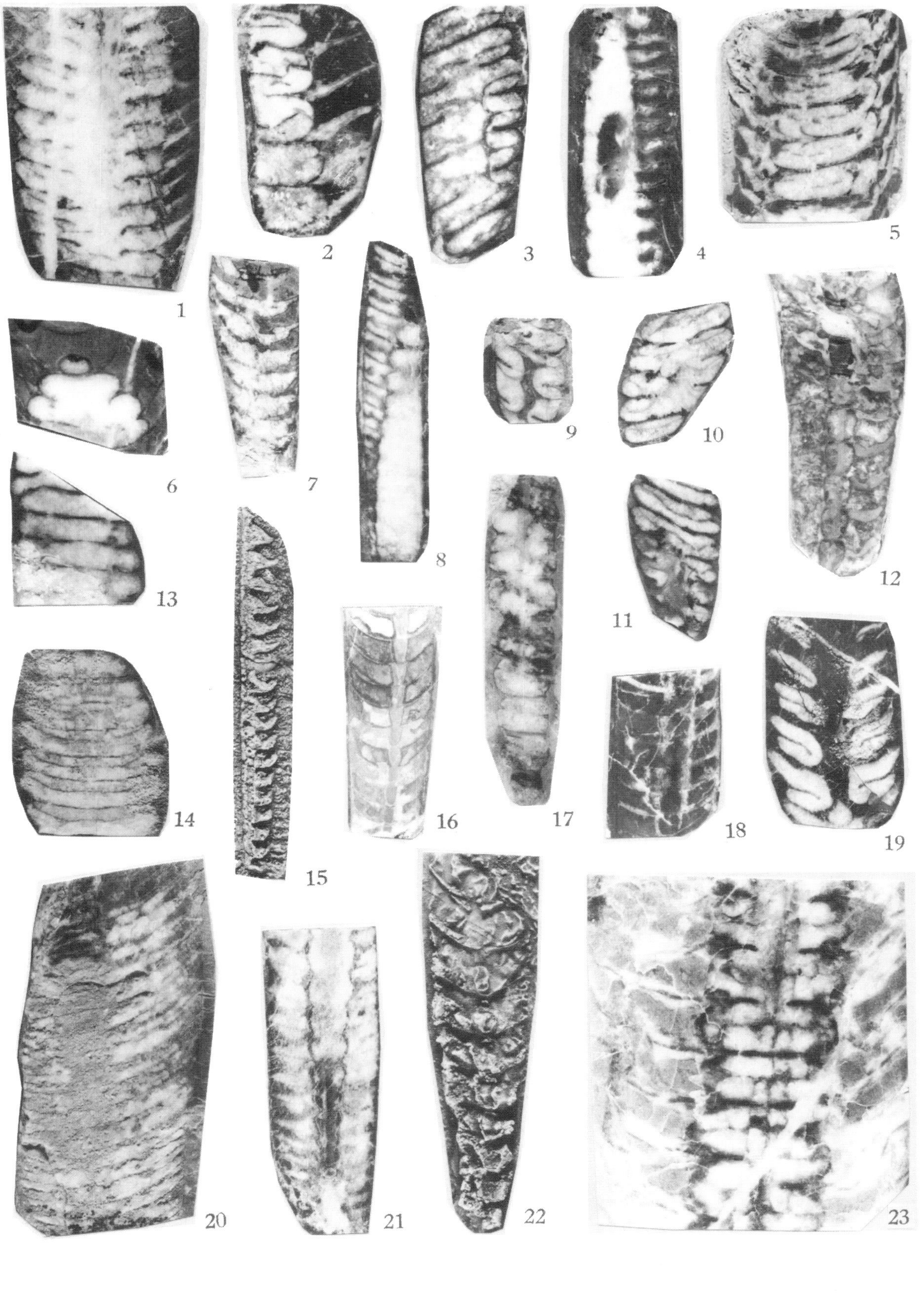

图版 XVIII

图版 XIX

图版 XX

Tc
0.1mm
1
Mag
0.1mm
2
0.5mm
3
Opx(Tc)
0.25mm
4
Ol Pr
0.5mm
5
Ol(Sep)
Pr(Bat)
0.5mm
6
Mp(Bat)
Ol(Sep)
0.25mm
7
Pr
Ol(Sep)
0.25mm
8

图版 XXI

Opx
0.5mm
1

Ol
0.5mm
2

Pr
0.5mm
3

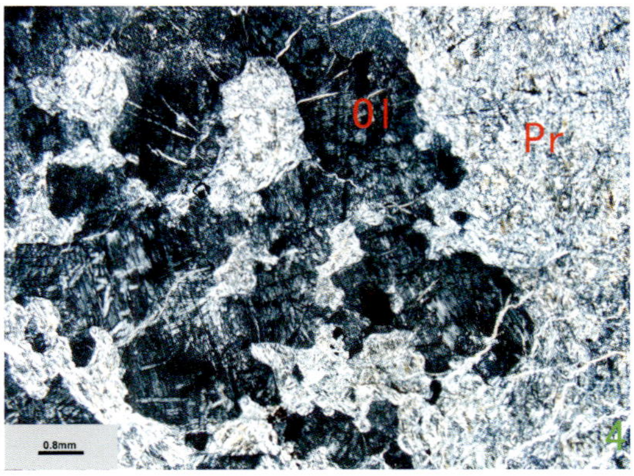
Ol
Pr
0.8mm
4

Pr
0.25mm
5

A
Pl
0.5mm
6

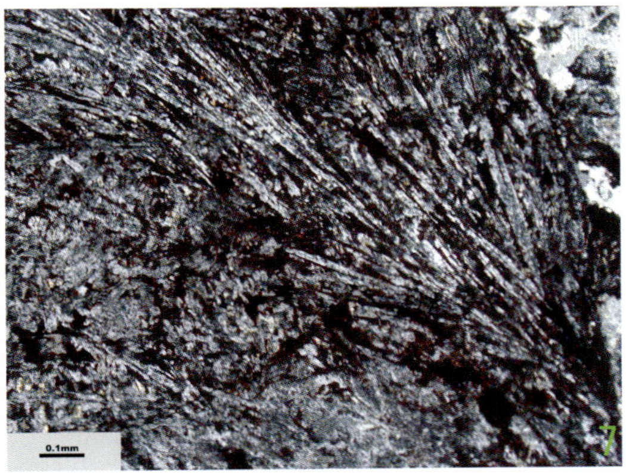
0.1mm
7

Pl
Cal
0.8mm
8

图版 XXII

Cal
Pl
Chl
Chc
0.25mm
1

Pl
0.05mm
2

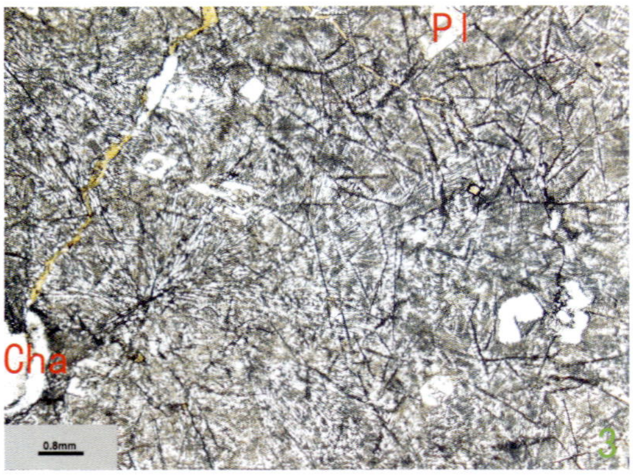
Pl
Cha
0.8mm
3

Pl
Cal
Prx
Cal
0.25mm
4

0.25mm
5

Pl
Prx
0.05mm
6

Pl
0.25mm
7

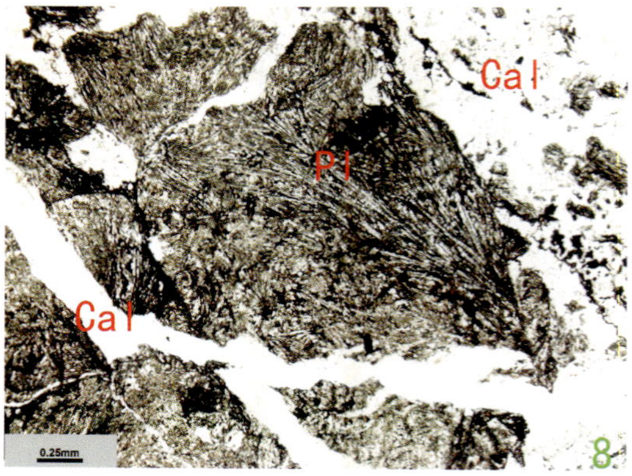
Cal
Pl
Cal
0.25mm
8

图版 XXIII

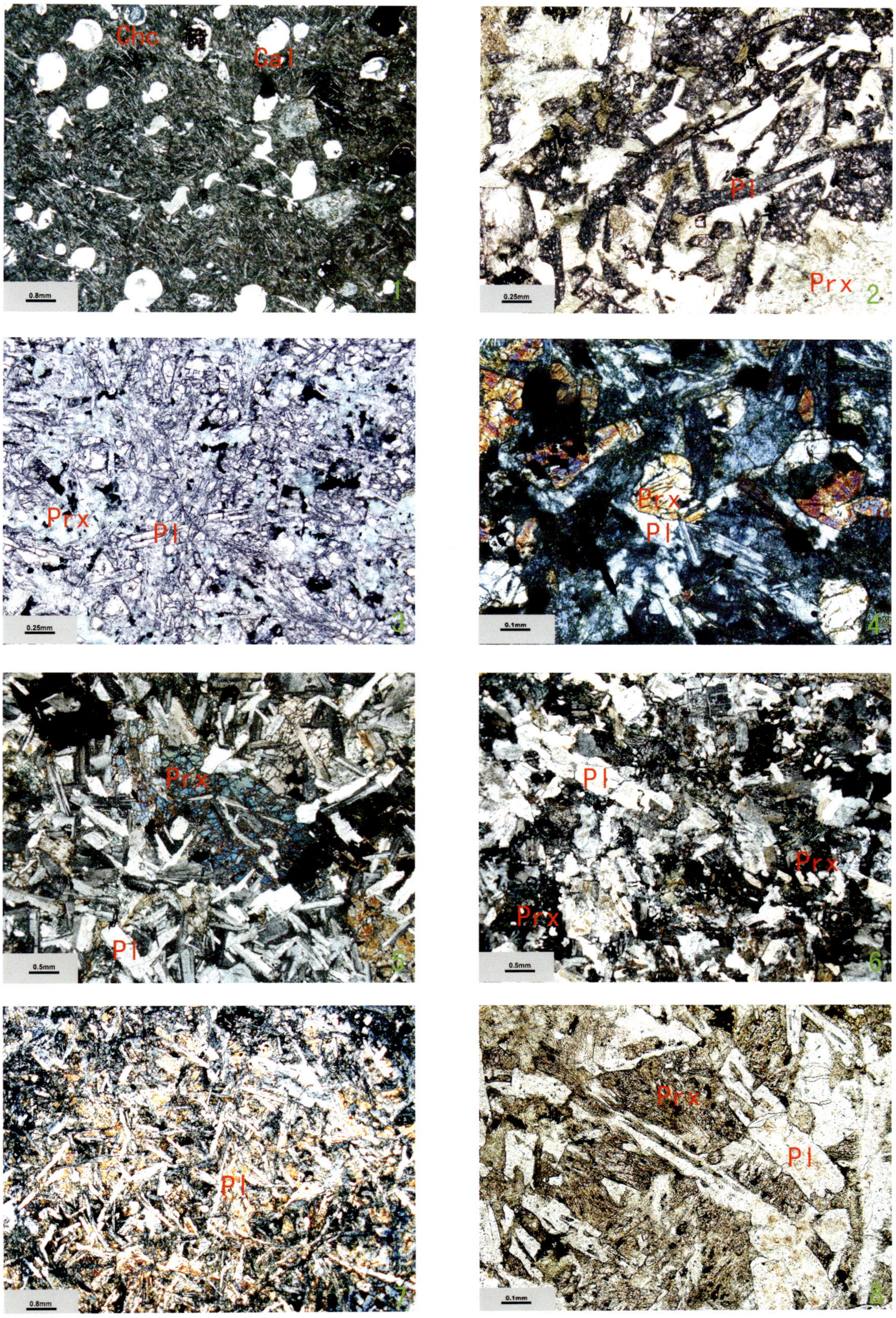
Chc
Cal
0.8mm
1
Pl
Prx
0.25mm
2
Prx
Pl
0.25mm
3
Prx
Pl
0.1mm
4
Prx
Pl
0.5mm
5
Pl
Prx
Prx
0.5mm
6
Pl
0.8mm
7
Prx
Pl
0.1mm
8

图版 XXIV

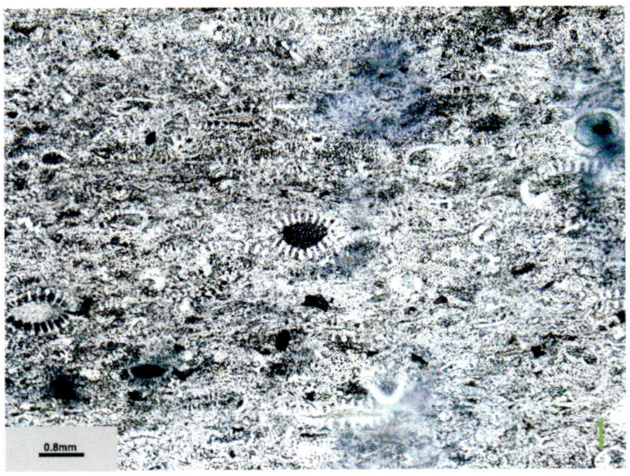
0.8mm
1

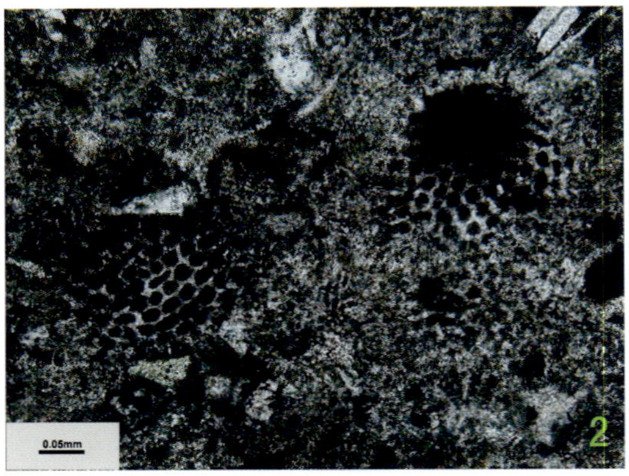
0.05mm
2

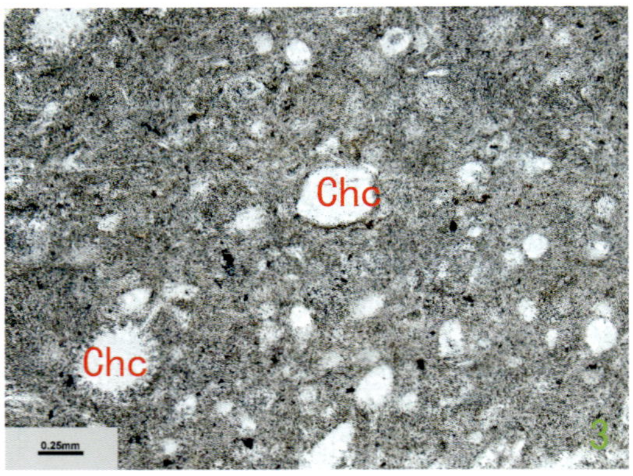
Chc
Chc
0.25mm
3

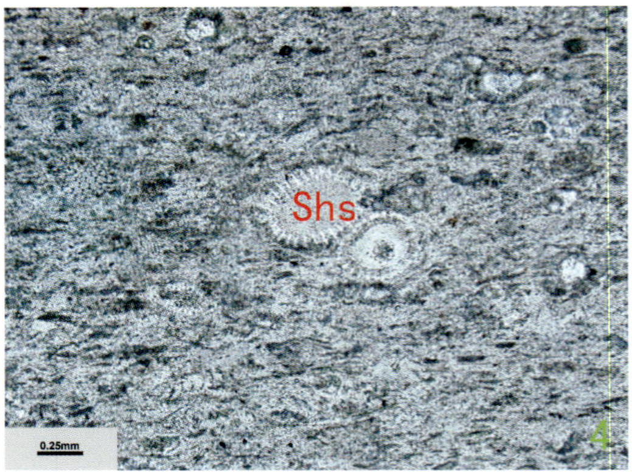
Shs
0.25mm
4

Bi
Og
Qz
0.5mm
5

Mi
My
0.1mm
6

Kp
Pl
0.5mm
7

Pl
Qz
0.5mm
8

图版 XXV

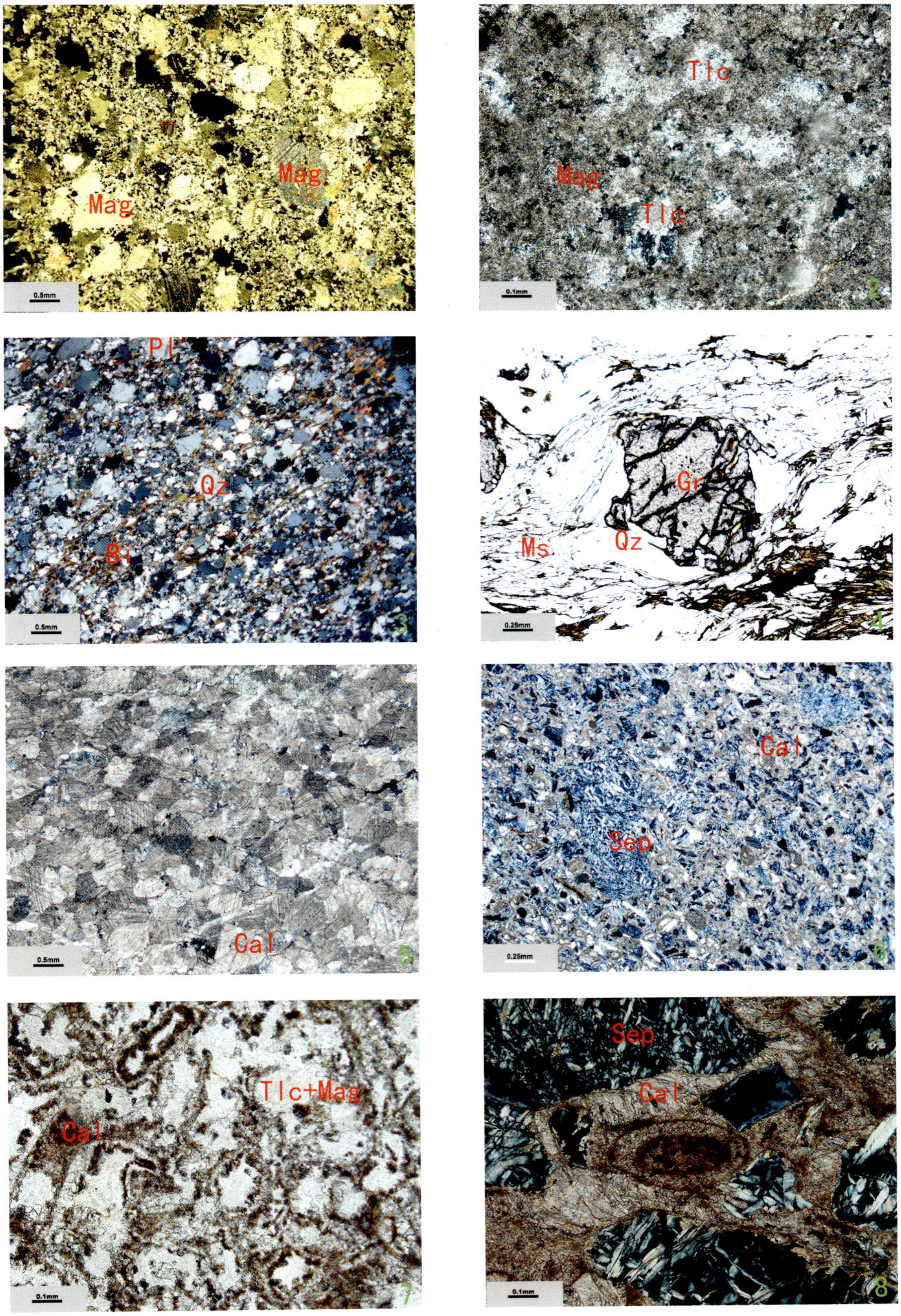

Mag
Mag
0.5mm
1
Tlc
Mag
Tlc
0.1mm
2
Pl
Qz
Bi
0.5mm
3
Gr
Ms
Qz
0.25mm
4
Cal
0.5mm
5
Cal
Sep
0.25mm
6
Tlc+Mag
Cal
0.1mm
7
Sep
Cal
0.1mm
8

图版 XXVI

Gr+Di
Sep
0.05mm
1
Mag
Tlc+Mag
0.8mm
2
Tlc+Mag
0.8mm
3
Sep
Sep
H
0.5mm
4
Tlc+Mag
0.5mm
5
Cal
0.5mm
6
Cal
0.1mm
7
Cal
0.5mm
8

图版 XXVII

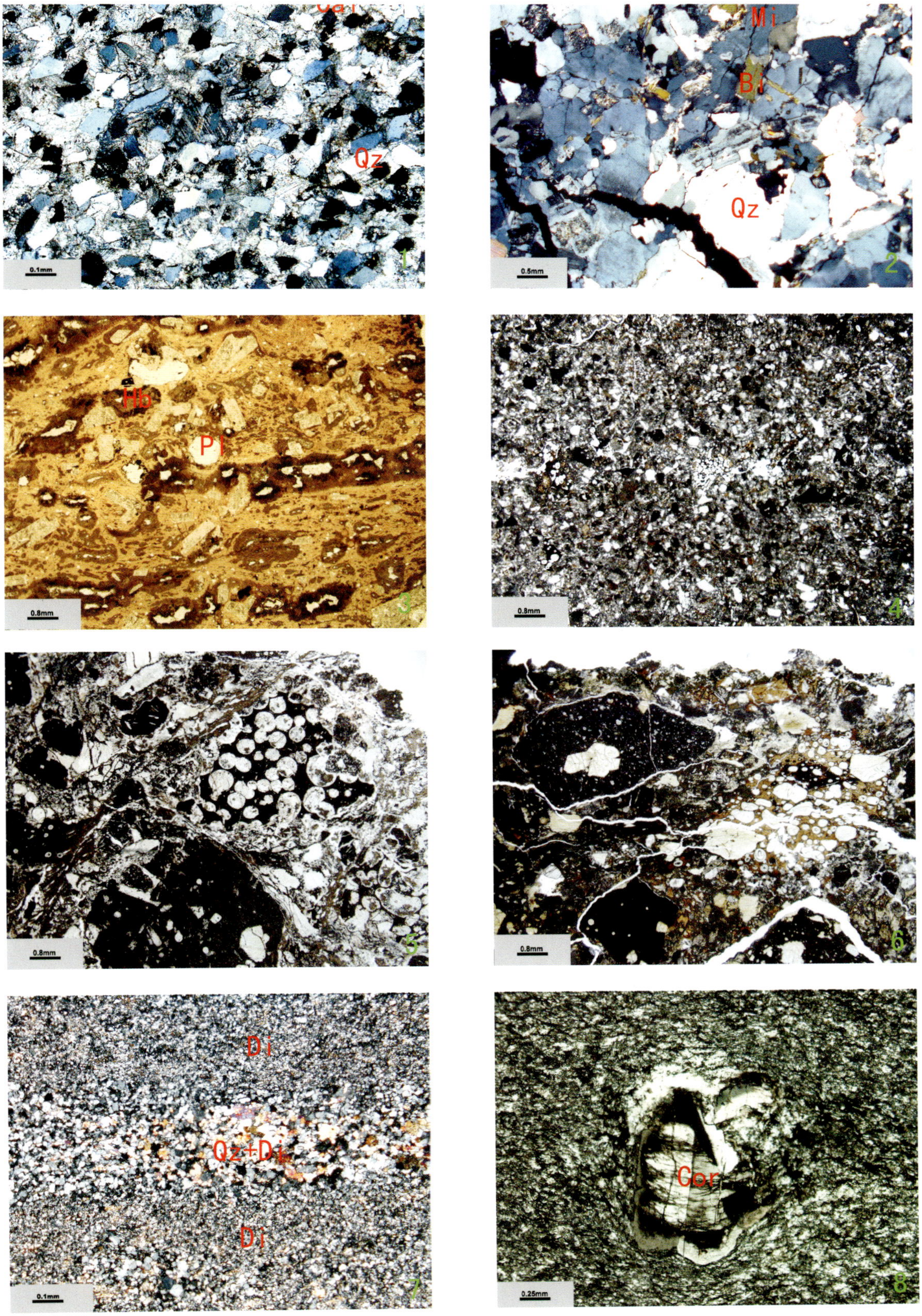
Qz
0.1mm
1
Mi
Bi
Qz
0.5mm
2
Hb
Pl
0.8mm
3
0.8mm
4
0.8mm
5
0.8mm
6
Di
Qz+Di
Di
0.1mm
7
Cor
0.25mm
8

图版 XXVIII

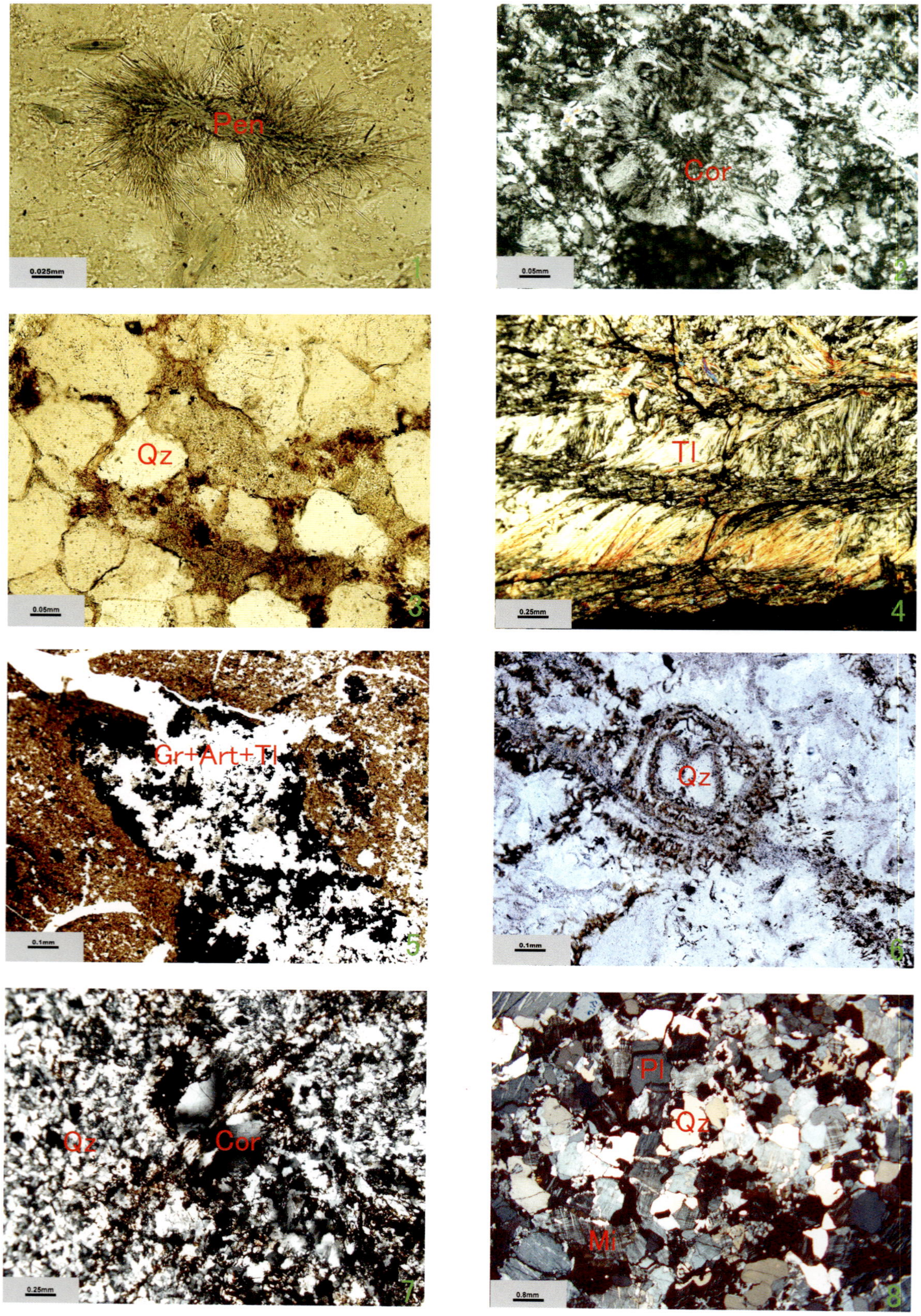
Pen
0.025mm
1
Cor
0.05mm
2
Qz
0.05mm
3
Tl
0.25mm
4
Gr+Art+Tl
0.1mm
5
Qz
0.1mm
6
Qz
Cor
0.25mm
7
Pl
Qz
Mi
0.8mm
8